水务行业技术工种培训教材

机 泵 运 行 工

深圳市水务（集团）有限公司　编著

中国建筑工业出版社

图书在版编目（CIP）数据

机泵运行工/深圳市水务(集团)有限公司　编著．—北京：中国建筑工业出版社，2005

水务行业技术工种培训教材

ISBN 978-7-112-07335-1

Ⅰ．机…　Ⅱ．深…　Ⅲ．给水排水泵-技术培训-教材　Ⅳ．TU991.35

中国版本图书馆 CIP 数据核字（2005）第 030037 号

水务行业技术工程培训教材

机 泵 运 行 工

深圳市水务（集团）有限公司　编著

*

中国建筑工业出版社出版、发行（北京西郊百万庄）

各地新华书店、建筑书店经销

廊坊市海涛印刷有限公司印刷

*

开本：787×1092毫米　1/16　印张：31½　字数：766 千字

2005 年 11 月第一版　2015 年 9 月第三次印刷

定价：**49.00** 元

ISBN 978-7-112-07335-1

（13289）

本书包括 5 部分，分别是：识图基本知识；机械基础知识；水泵；水泵站电气设备；给水处理。主要内容有：制图的一般规定；零件图与装配图；带传动；齿轮传动；蜗轮蜗杆传动；液压传动；气压传动；叶片泵；离心泵；水泵站；泵房变配电设备；三相异步电动机；安全用电；给水处理工艺等内容。

本书可供各自来水公司、排水公司、各水务集团、所属各工种的工人、管理人员使用。也可供相关专业人员参考。

*　　　*　　　*

责任编辑：田启铭　胡明安
责任设计：崔兰萍
责任校对：刘　梅　张　虹

水务行业技术工种培训教材

组织编写单位：深圳市水务（集团）有限公司

编写委员会：

主　　编：黄传奇

主　　审：梁相钦

成　　员：韩德宏　刘振深　郑庆章　闫振武　杜　红　姚文彧
　　　　　李庆华　陆坤明　张金松　钟　坚　廖　强　李德宏
　　　　　吴小怡

编写组长：柴培英

编写人员：徐辅萍　姚　青　柴培英　王垦宇　杨旭良　曾瑞恒
　　　　　李　锋　曾　旭　张　宏　王春光　钟　雯

出 版 说 明

为贯彻《建设部关于〈中共中央、国务院关于进一步加强人才工作的决定〉的意见》，落实建设部、劳动和社会保障部《关于建设行业生产操作人员实行资格证书制度的有关问题的通知》（建人教〔2002〕73号）精神，加快提高城市水务行业生产操作人员素质，培养高素质的水务技能人才，深圳水务（集团）有限公司组织编写了"水务行业技术工种培训教材"。

本套教材共13本，包括：安全用氯、供水管道检漏工、机泵运行工、供水调度工、供水营销员、供水仪表工、水表装修工、水质检验工、净水工、水务电工、供水管道工、污水处理工、下水道。

本套教材注重结合水务行业的工作实际，充分体现水务行业的工作特点，重点突出技能训练要求，注重实效，既体现了现代供水企业的技术操作要求，又兼顾了国内的实际发展水平，对我国供水事业的发展，具有很强的指导意义。

本套培训教材由中国建筑工业出版社出版发行。

前　言

机泵运行工作为供水行业的一个工种，在供水生产过程中起着十分重要的作用。随着我国经济的飞速发展和供水行业应用技术的不断进步，对机泵运行工的岗位条件和技能水平都提出了更高的要求，机泵运行工迫切需要掌握一定的专业知识，并不断提高自身的知识水平和工作技能。同时，对机泵运行工进行岗位技能培训，提高其技能水平，培养高水平的技能型人才，也是供水行业各级主管部门的责任和希望。高技能型人才的涌现，必然满足供水企业不断技术进步的需要，也必将推动我国供水事业的巨大发展。《机泵运行工》这本书就是为满足供水行业职业技能培训的实际需求而编写的。

《机泵运行工》这本书是根据编者多年从事职业技能培训的经验，并结合了供水行业的生产实际和技术应用情况编写而成的。本书较系统和深入地介绍了机泵运行工工种所能涉及的知识范围，不仅有利于机泵运行工学习和掌握基本的专业知识，也有利于其更深入地学习，掌握精深的理论和技术知识，不断提高技能水平。本书内容包括识图基本知识、机械基础知识、水泵、水泵站电气设备和给水处理五大部分。

本书第一部分由徐辅萍编写；第二部分第六～第十一章由姚青编写，第十二～第十四章由柴培英编写；第三部分第十五章由柴培英编写，第十六章由王垦宇、杨旭良编写，第十七～第二十二章由曾瑞恒、王垦宇、李锋、杨旭良、徐辅萍、曾旭编写；第四部分第二十三章、第二十四章、第二十七章由张宏编写，第二十五章、第二十六章由王春光编写；第五部分由钟雯编写。

由于工作繁忙、时间仓促和编者水平有限，本书错误和不足之处在所难免，欢迎读者批评指正，以便我们在再版时修订。

编　者

目　录

第一部分　识图基本知识

第二部分　机械基础知识

第五部分　给　水　处　理

第一部分　识图基本知识

人类在近代的生产活动中，无论是机器的设计、制造、维修或是船舶、桥梁等工程的设计与施工，还是机器设备的操作与使用，都离不开图样。工程制图与识图是了解机器原理与构造、从事工程技术工作必备的技能之一。

根据投影原理、标准或有关规定，准确地表达物体的形状、尺寸及其技术要求的图，称为图样。图样与语言、文字一样，都是人类表达、交流思想的工具，是人们传递技术信息和设计思想的媒介。作为机泵运行工，在工作中不但要能操作水泵机组，还要了解机组的构造原理、机房构造对机组运行性能的影响等。因此，必须掌握一定的制图和识图知识。

在机械工程上常用的图样是装配图和零件图，机组的安装还要依据土建工程图。我们这一部分的内容，要使大家对机械制图和工程制图与识图有初步的认识。

第一章　制图的一般规定

图样是现代化工业生产中的主要技术文件之一，它是表达设计思想、进行技术交流和指导生产的重要技术资料和主要依据。为了便于生产和进行技术交流，国家质量技术监督部门颁布了一系列有关制图的国家标准（简称"国标"或"GB"），对图样的表达方法、尺寸标注、所采用的符号等都做了统一规定，在绘制和识别图样时都应遵守，下面分别加以叙述。

一、图纸幅面及格式（GB/T 14689—1993）

绘制图纸时，应优先采用表 1-1 中规定的幅面尺寸。

无论图样是否装订，均应画出图框线，图框线必须用粗实线绘制，其格式分为不留装订边和留装订边两种，但同一产品的图纸只能采用同一种格式。

基本幅面尺寸（mm）　　　　表 1-1

幅面代号		A0	A1	A2	A3	A4
尺寸 $B \times L$		841×1189	594×841	420×594	297×420	210×297
边框	a	25				
	c	10			5	
	e	20			10	

留有装订边的图纸，其图框格式如图 1-1（a）、（b）所示；不留装订边的图纸，其图框格式如图 1-1（c）、（d）所示，其尺寸均按表 1-1 所示。

图框右下角必须有标题栏，标明设计者、图样名称、制图日期等。

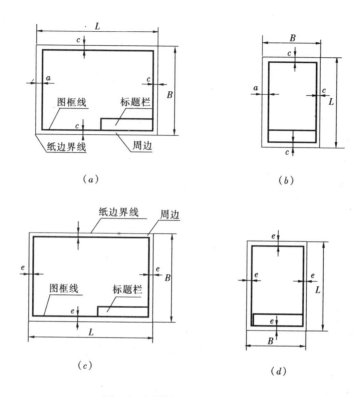

图 1-1　图样幅面及图框格式

（a）留有装订边的图纸（横放）；（b）留有装订边的图纸（竖放）；

（c）不留装订边的图纸（横放）；（d）不留装订边的图纸（竖放）

二、比例（GB/T 14690—1993）

比例是指图中图形与实物相应要素的线性尺寸之比。绘制图样时，一般应采用表 1-2 中规定的比例，并在标题栏的比例一栏中填写。

比　　例　　　　　　　　　　　　　　　表 1-2

与实物相同	1:1					
缩小的比例	1:1.5	1:2	1:2.5	1:3	1:4	1:5	1:10^n
	1:1.5×10^n		1:2×10^n		1:2.5×10^n		1:5×10^n
放大的比例	2:1	2.5:1	4:1	5:1	(10×n):1	

三、字体（GB 14691—1993）

图样中用来说明表达机件的文字、数字、字母等，在书写时应做到"字体工整、笔划清楚、间隔均匀、排列整齐"。

1. 汉字应写成长仿宋体，并采用国家正式推广的简化字。

2. 字体的号数，按字体的高度（单位为毫米），分为 20、14、10、7、5、3.5、2.5、1.8 共 8 种（后两种不宜用于汉字）。字体的宽度约等于高度的 2/3。

3. 图样中的数字及字母一般写成斜体，其字头向右倾斜与水平线成 75°角。

四、图线

在一张图中，如果所有的线条都用一种方式来画，很难清晰地表达出图样的轮廓、尺

2

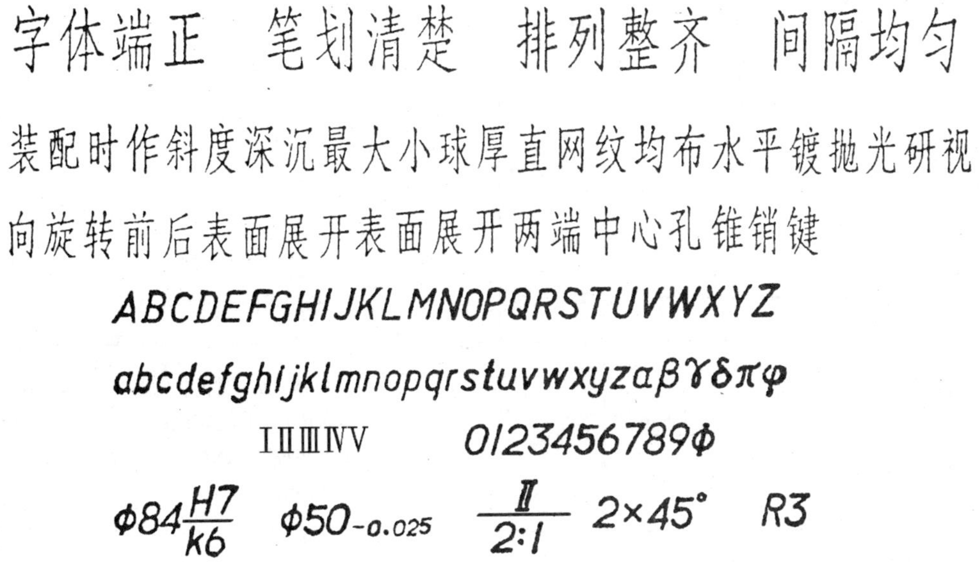

字体端正　笔划清楚　排列整齐　间隔均匀

装配时作斜度深沉最大小球厚直网纹均布水平镀抛光研视

向旋转前后表面展开表面展开两端中心孔锥销键

ABCDEFGHIJKLMNOPQRSTUVWXYZ

abcdefghijklmnopqrstuvwxyzαβγδπφ

ⅠⅡⅢⅣⅤ　　0123456789φ

$\phi 84\dfrac{H7}{k6}$　　$\phi 50_{-0.025}$　　$\dfrac{\text{Ⅱ}}{2:1}$　　$2\times45°$　　R3

图 1-2　各种字体的应用示例

寸、结构等，因此对图线做出以下规定：

　　1. 绘制图样的各种图线的名称、形式、宽度及应用如表 1-3 所示。各种图线的主要应用实例如图 1-3 所示。

图线形式及应用 表 1-3

No	线　型	名　称	图线宽度	在图上的一般应用
01		粗实线	b	1) 可见轮廓线； 2) 可见过渡线
		细实线	约 $b/3$	1) 尺寸线及尺寸界线； 2) 剖面线； 3) 重合断面的轮廓线； 4) 螺纹的牙底线及齿轮的齿根线； 5) 引出线； 6) 分界线及范围线
		波浪线	约 $b/3$	1) 断裂处的边界线； 2) 视图和剖视的分界线
		双折线	约 $b/3$	1) 断裂处的边界线； 2) 局部剖视图中视图与剖视的分界线
02		虚　线	约 $b/3$	1) 不可见轮廓线； 2) 不可见过渡线

3

No	线 型	名 称	图线宽度	在图上的一般应用
04	———·———·———	细点画线	约 $b/3$	1）轴线； 2）对称线和中心线； 3）齿轮的节圆和节线； 4）轨迹线
	———·———·———	粗点画线	b	有特殊要求的表面表示线
12	———··———··———	双点画线	约 $b/3$	1）相邻辅助零件的轮廓线； 2）极限位置的轮廓线； 3）假想投影轮廓线； 4）中断线

2. 图线分为粗线和细线，粗线的宽度 b 应按图的大小和复杂程度，在 $0.5 \sim 2mm$ 之间选择，细线的宽度约为 $b/3$。

3. 有两种或多种图线重合时，通常应按照图线所表达对象的重要程度，优先选择绘制顺序：

可见轮廓线→不可见轮廓线→尺寸线→各种用途的细实线→轴线和对称线（中心线）→假想线。

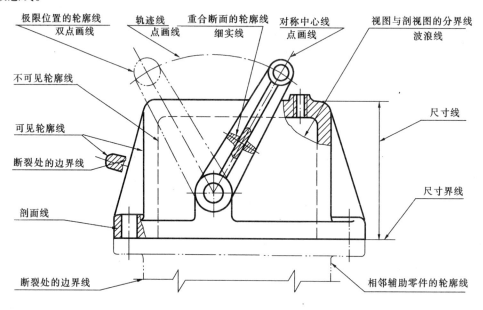

图 1-3　各种图线应用实例

五、剖面符号

在剖视和剖面图中，应采用表 1-4 所规定的剖面符号。剖面符号仅表示材料的类别，材料的名称和代号必须另行注明。

金属材料、普通砖通用剖面线（已有规定剖面符号者除外）	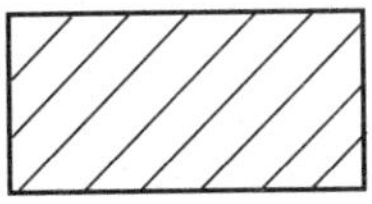	胶合板（不分层数）	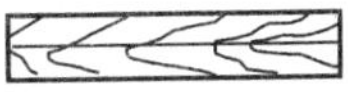
线圈绕组元件	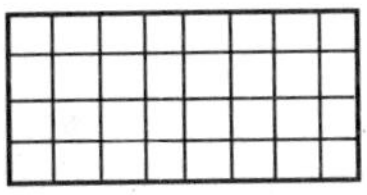	基础周围的泥土	
转子、电枢、变压器和电抗器等的叠钢片	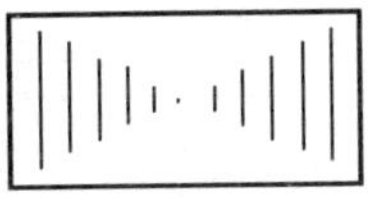	混凝土	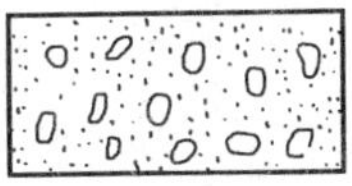
非金属材料（已有规定剖面符号者除外）	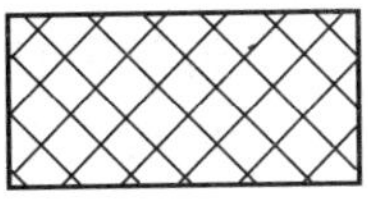	钢筋混凝土	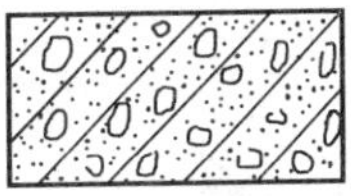
型砂、填砂、粉末冶金、砂轮、陶瓷刀片、硬盘合金刀片等	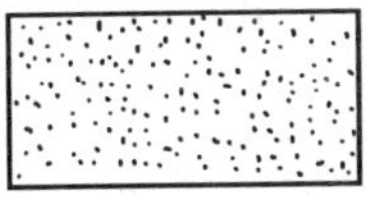	砖	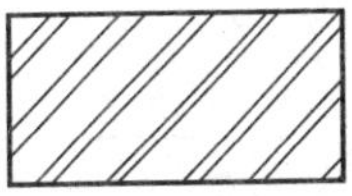
玻璃及供观察用的其他透明材料	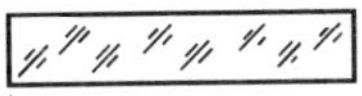	格网（筛网、过滤网等）	
木　材	纵　剖　面	液体	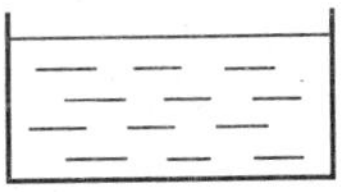
	 横　剖　面	气体材料	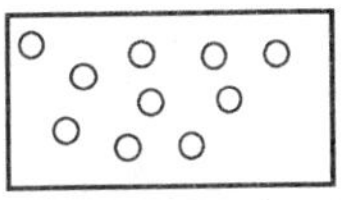

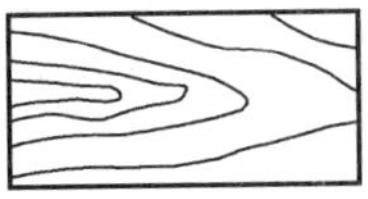

六、尺寸标注

1. 基本规则

(1) 机件的真实大小应以图样上所注的尺寸数值为依据，与图形的大小及绘图的准确度无关。

(2) 图样中（包括技术要求和其他说明）的尺寸，以毫米为单位，需标注计量单位的代号或名称，如采用其他单位时，则必须注明。

(3) 图样中所标注的尺寸，为该图样所示机件的最后完工尺寸，否则应另加说明。

(4) 机件的每一尺寸，一般只标注一次，并标注在反映该结构最清晰的图形上。

2. 尺寸数字

（1）线性尺寸的数字一般应注写在尺寸线的上方，也允许注写在尺寸线的中断处，如图 1-4 所示。

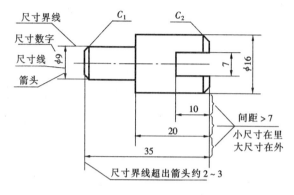

图 1-4　尺寸的标注示例

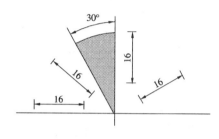

图 1-5　线性尺寸数字的方向

（2）线性数字的方向，一般应采用第一种方法注写，即按图 1-5 所示的方向注写，并尽可能避免在图示 30°范围内标注尺寸。

（3）角度的数字应一律写成水平方向，如图 1-6 所示。

3. 尺寸线和尺寸界线

（1）尺寸线和尺寸界线均用细实线绘制。标注线性尺寸时，尺寸线必须与所标注的线段平行。尺寸界线应从图形的轮廓线、轴线或对称中心线上引出，也可利用轮廓线、轴线或对称中心线作尺寸界线。

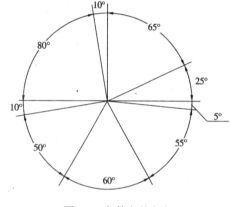

图 1-6　角数字的方向

（2）尺寸线不能用其他图线代替，也不得与其他图线重合。尺寸线的终端以箭头表示。

4. 圆的直径和圆弧半径的注法

（1）标注圆的直径时，尺寸线应通过圆心，尺寸线的两个终端应画成箭头，如图 1-7 所示。在尺寸数字前，应加注符号"ϕ"。当图形中的圆只画出一半、或略大于一半时，尺寸线略超过圆心，此时仅在尺寸线的一端画出箭头。

（2）标注圆弧的半径时，尺寸线的一端一般应画到圆心，以明确表明其圆心的位置，另一端画成箭头，如图 1-8 所示。在尺寸数字前，应加符号"R"。

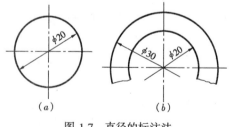

图 1-7　直径的标注法

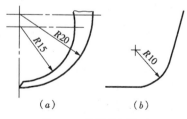

图 1-8　半径的标注法

第二章 三视图与组合体

第一节 投影的基本知识

当日光或灯光照射物体时，在地面或墙面上就会出现物体的影子。人们将这种现象进行科学的总结和抽象，提出投影的方法。

如图2-1所示，以射线出发点 S 为投影中心，射线称为投影线，预定平面 P 为投影平面，在 P 面上所得到的图形称为投影。这种对物体进行投影，在投影面上产生图像的方法称为投影法。

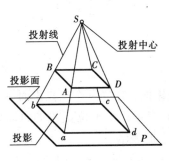

图 2-1 中心投影法

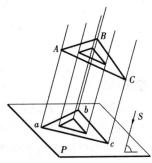

图 2-2 斜投影法

工程上常用各种投影法来绘制图样。一般分为中心投影法和平行投影法：

1. 中心投影法：投影线由一点发出的投影法称为中心投影法，见图2-1。

2. 平行投影法：投影线相互平行的投影法称为平行投影法。平行投影法又可分为斜投影法（见图2-2）和正投影法（见图2-3）。

由于正投影法的射线相互平行且垂直于投影面，其投影将反映平面图形的真实形状和大小，即使改变它与投影面之间的距离，其投影形状和大小也不会改变，而且作图也比较方便，因此在工程中得到广泛应用。实际应用时，把图纸看作投影面，画在纸上的图形就是物体的投影，即视图。

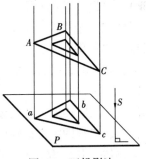

图 2-3 正投影法

第二节 三视图的形成与投影规律

在正投影中只用一个视图不能确定物体的形状和大小，如图2-4所示，两个形状不同的物体，它们在投影面 P 上的投影却完全相同。为了确切表达物体的总体形象和尺寸差别，需要在另外的方向再进行投影。在实际应用中，常用的是三视图。

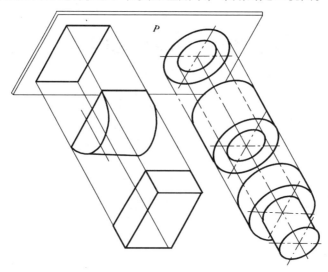

图 2-4　不同物体投影相同

一、三视图的形成

为了表达物体形象，通常选用互相垂直的三个投影面，建立一个三投影面体系，如图 2-5（a）所示。正立位置的平面称为正投影面，用 V 表示；水平位置的平面称为水平投影面，用 H 表示；侧立位置的平面称为侧投影面，用 W 表示。

把物体放在所建立的三个投影面中间，按图 2-5（a）所示箭头方向，用正投影的方法，分别得到三个投影，称为物体的三视图。把水平投影面（H）和侧面投影面（W）按图 2-5（b）箭头方向旋转，使之与正投影面（V）重合，把互相垂直的三个投影面展成一个平面。V 面上视图称为主视图，H 面上的视图称为俯视图，W 面上的视图称为左视图。

在画图时，投影面的边框及投影轴不必画出，三个视图的相对位置不能变动。将主视图放正，俯视图画在主视图的下方，左视图画在主视图的右方。为了使图清晰起见，不必画出投影间的连线，也不标注视图的名称，如图 2-5（c）、（d）所示。

二、三视图的投影规律

物体有长、宽、高三个方向的尺寸，三个视图不是孤立的，而是彼此关联的。如图 2-6 所示，主视图表明物体的高和长；俯视图反映物体的长和宽；左视图反映物体的高和宽。其投影规律可归纳为：主视图与俯视图长对正；主视图与左视图高平齐；俯视图与左视图宽相等，即"长对正，高平齐，宽相等"。这是画图和看图的主要依据。

三、组合体的组合形式及投影特征

任何复杂的形体，都可以看成是一些基本形体经过结合、切割、穿孔等方式组合而成的组合体。基本形体包括棱柱、棱锥、圆柱、圆锥、球和圆环、长方体等。无论以何种方式构成组合体，其基本形体的相邻表面都存在一定的相互关系，其形式可分

8

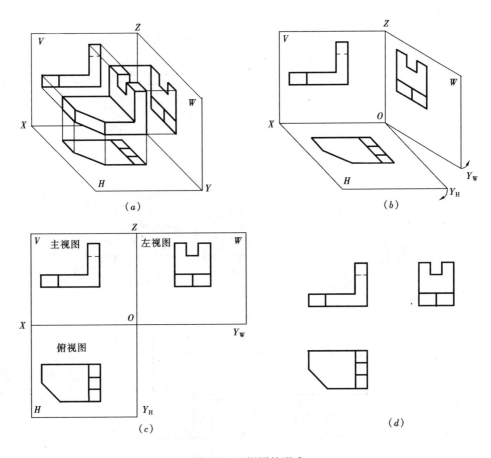

（a）　　　　　　　　　（b）

（c）　　　　　　　　　（d）

图 2-5　三视图的形成

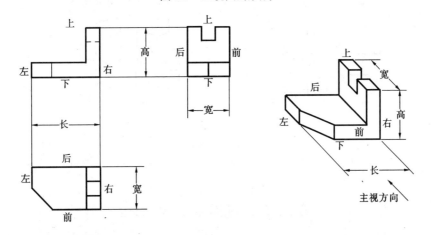

图 2-6　三视图之间的度量对应关系

为平行、相切、相交等，在画图时，有的分界线应画出。两基本体的表面为共面或光滑过渡时，分界线和切线不应画出。图 2-7 给出部分实例，大家在画图或识图时要仔细分析。

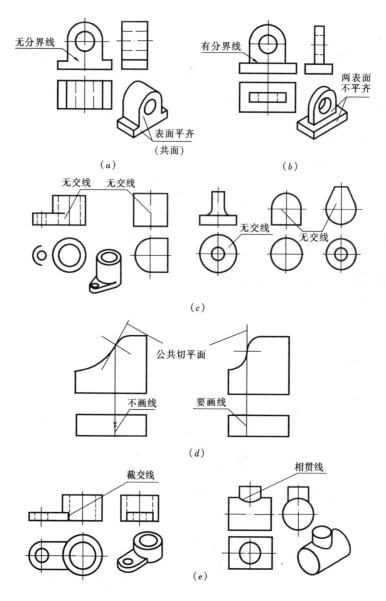

图 2-7 组合体相邻表面相互关系

(a)表面平齐；(b)表面不平齐；(c)表面相切；(d)两曲面相切；(e)曲面相交

第三节　视图的尺寸标注

视图只能表达物体的形状，而不能反映物体的真实大小。物体的真实大小是根据图样上所注的尺寸来确定，加工也要按照图样上的尺寸来制造。

一、尺寸种类

为了将尺寸标注得完整，在组合体的视图上，一般需标注下列几种尺寸：

(1) 定形尺寸：确定组合体各组成部分的长、宽、高三个方向的大小尺寸。

(2）定位尺寸：表示组合体各组成部分相对位置的尺寸。

（3）总体尺寸：表示组合体外形大小的总长、总宽、总高尺寸。

图 2-8 是一个轴承座，它的视图和具体标注如图 2-9 所示。

首先，按形体分析法，将整个组合体分解为若干个基本形体，然后逐个注出表示各组成部分的定形尺寸。如图 2-9（a）中，轴承座可分解为空心圆柱、底板、支承板等。空心圆柱的大小，应标注外径 $\phi22$、孔径 $\phi14$ 和长度 24 这三个尺寸。底板的大小，应标注长 60、宽 22、高 6 这三个尺寸。其他尺寸的标注如图 2-9（a）所示。

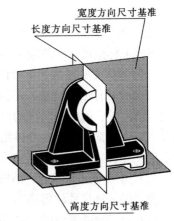

图 2-8 轴承座的尺寸基准

其次，标注确定和组成部分相对位置的定位尺寸如图 2-9（b）所示，空心圆柱与底板的相对位置，需标注轴线距底面的高 32 和空心圆柱在支承板的后面伸出的长 6 这两个尺寸。底板上的两个 $\phi6$ 孔的相对位置，应标注 48 和 16 这两个尺寸。

最后，标注总体尺寸。如图 2-9（b）所示，底板的长度 60，即为轴承座的总长（不必另行标注）。总宽由底板宽 22 和支承板后面伸出的长 6 决定。总高由空心圆柱轴线高 32 加上空心圆柱直径的一半决定。考虑总体尺寸时，为了避免重复，应对标注作适当的调整。

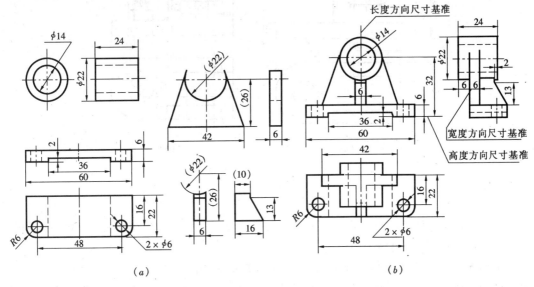

（a）   （b）

图 2-9 轴承座的尺寸标注

二、尺寸基准

在明确了视图中应注哪些尺寸的同时，还须考虑尺寸基准的问题。标注定位尺寸的起点称为尺寸基准，因此，长、宽、高方向至少各有一个尺寸基准。

关于基准的确定，一般可选择组合体的对称平面、底面、重要端面和回转体的轴线等。如图 2-8 所选的尺寸基准是：以左右对称面为长度方向的基准；以底板和支承板的后面作为宽度方向的基准；以底板的底面作为高度方向的基准。

基准选定后，各方向的主要尺寸就应从相应的尺寸基准进行标注。如图 2-9（b）所示，主、俯视图的 6、36、48、60 是从长度方向的基准进行标注的；俯、左视图中的 16、22、6、6 是从宽度方向的基准进行标注的；主、左视图中的 2、6、32 是从高度方向的基准进行标注的。

三、尺寸标注的基本要求

图样上标注尺寸一般应做到以下几点：

1. 尺寸标注要正确，符合国家标准《机械制图》中的有关规定，见第一章。

2. 尺寸标注必须完整，不遗漏，不重复。

所谓完整，就是指所注的尺寸，应能完全确定物体的形状和大小，即尺寸注得不多也不少。因物体都是由基本形体组成的，因此，只要通过形体分析，逐个地注出各基本形体的定形尺寸、它们之间的定位尺寸及总体尺寸，即能达到完整的要求。

3. 尺寸布置必须整齐、清晰。

为了保证将尺寸注得清晰，应注意以下几点：

（1）为了使图形清晰，应尽量将尺寸注在视图外面（图 2-10），与两视图有关的尺寸，最好注在两视图之间，如图 2-10（a）中的 100，以便于看图。

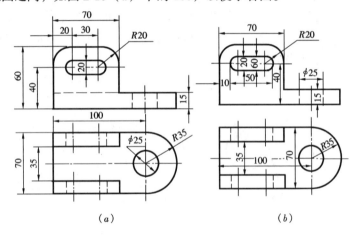

图 2-10　支架一
（a）清晰；（b）不好

（2）各基本形体的定形、定位尺寸不要分散，要尽量集中标注在反映该形体特征和明显反映各形体相对位置的视图上。

如图 2-11 所示，垂直板的尺寸 A、B、C、D 应集中注在左视图上；三角肋板的尺寸 E、F 应集中注在主视图上；而底板的尺寸 G、H、J、K 和 R 应集中注在俯视图上，尽量避免将尺寸注在虚线上。

（3）同心圆的直径尺寸，最好注在非圆视图上。

4. 尺寸标注要合理，要考虑设计与工艺的要求。

5. 标注尺寸的步骤

若要将尺寸注得完整、清晰，标注尺寸时必须按以下步骤进行：

（1）分析形体的结构特点；

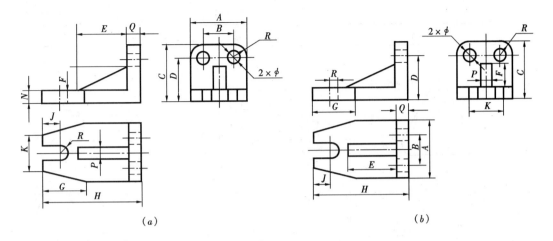

图 2-11　支架二

（a）清晰；（b）不好

（2）选定尺寸基准；

（3）标注三类尺寸，先注定形尺寸，再注定位尺寸，最后注总体尺寸；

（4）检查调整，按形体分析法，依次检查三类尺寸，将多余者去掉，遗漏者补齐，并对排列不够整齐之处进行调整。

四、常见结构的尺寸标注

表 2-1 列出了组合体常见结构的尺寸标注。形体的厚度尺寸，均可视为一致（左行为上下对应，右两行图为左右对应）。

组合体常见结构的尺寸标注　　　　　　　　　　　　　表 2-1

类别	图　　例	正　确　注　法	错误注法（只注出错处）
简化注法			
一般注法			

类别	图　例	正　确　注　法	错误注法（只注出错处）
简化注法			
一般注法			

第三章 零件常用的表达方法

前面已介绍了用主、俯、左三个视图表达机件的结构形状。对于结构复杂的零件，仅采用三个视图，往往不能将它们表达清楚，还需要采用其他表达方法。国家标准 GB/T 17451～17453—1998 作出了相应规定，不仅为确切地表达各种机件，力求制图简便、看图方便提供了依据，而且其表示法与国际一致，也为扩大国际技术交流和贸易创造了条件，下面分别加以介绍。

第一节 视 图

一、基本视图

物体向投影面投射所得的视图，称为基本视图。

所谓基本视图是用正六面体的六个平面作为基本投影面，从物体的前、后、左、右、上、下六个方向分别向六个基本投影面投影，得到的六个视图。除前面已介绍过的主视图、俯视图和左视图外，还有右视图、仰视图和后视图。

六个基本投射方向、六个基本视图的名称分别是：

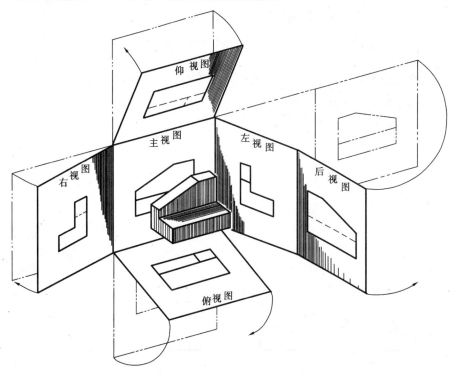

图 3-1 六个基本投影面的展开

自物体的前方投射：主视图；

自物体的上方投射：俯视图；

自物体的左方投射：左视图；

自物体的右方投射：右视图；

自物体的下方投射：仰视图；

自物体的后方投射：后视图。

各投影面的展开方法如图 3-1 所示，各基本视图如图 3-2 所示，六个基本视图之间，仍符合"长对正、高平齐、宽相等"的投影规律。

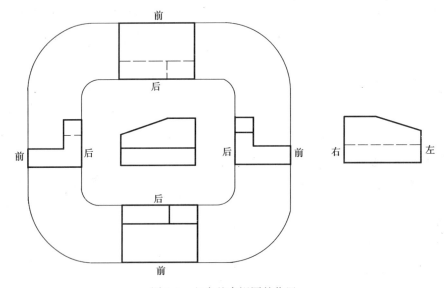

图 3-2 六个基本视图的位置

二、向视图

在实际设计绘图中，有时不能同时将六个基本视图都画在同一张图纸上，为了方便识读，国家标准规定了一种可以自由配置的视图—向视图，每个视图通常用注在主视图上表示投射方向的箭头旁的大写字母识别。如图 3-3 所示。

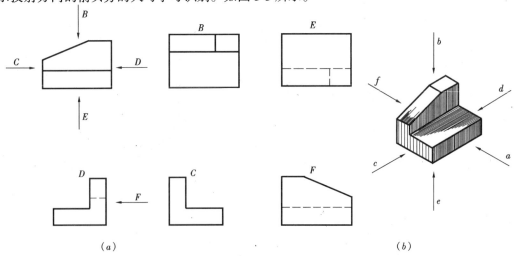

（a）　　　　　　　　　　　　　　　　　（b）

图 3-3 向视图及其标注

在实际应用中，注意以下几点：

1. 向视图必须予以明确标注，以免产生误解。在指明投射方向的箭头旁和相应向视图的上方必须标注相同的大写拉丁字母。

2. 字母应与正常的读图方向相一致，以便于识别。

3. 表示投射方向的箭头应尽可能配置在主视图上，以使所获视图与基本视图一致，表示后视图的箭头最好配置在左视图或右视图上。

三、局部视图

将物体的某一部分向基本投影面投射所得的视图，称为局部视图。

如图3-4（a）所示的机件，采用主、俯两个基本视图，其主要结构已表达清楚，但左、右两个凸台的形状不够明晰，若再画两个基本视图，大部分属于重复表达，这时可用两个局部视图来表达，清楚地反映了凸台的实形，图形也更为突出。

局部视图可按基本视图或向视图的形式配置和标注，断裂边界常以波浪线（或双折线、中断线）表示，如图3-4（b）中的左视图。如局部视图的外形轮廓成封闭状态时，可省略表示断裂边界的波浪线，如图3-4（b）中的B向视图。

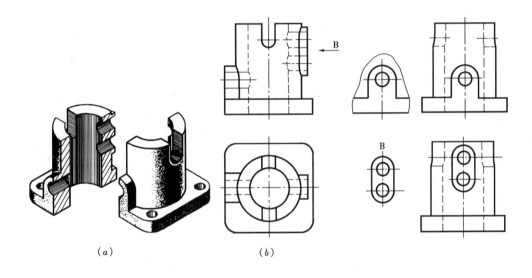

（a）　　　　　　　　　（b）

图 3-4　局部视图

四、斜视图

物体向不平行于基本投影面的平面投射所得的视图，称为斜视图。

当机件上某部分的倾斜结构不平行于任何基本投影面时，则在基本视图中不能反映该部分的实形。这时，可选择一个垂直于基本投影面的辅助投影面，与机件上倾斜的部分平行，将倾斜部分的结构投影，所得的视图即为斜视图，如图3-5所示。

斜视图的配置和标注与向视图相似。为了便于识读，可将斜视图旋转，在其相应视图上标明"X向旋转"或以旋转符号表示，如图3-6所示。

五、旋转视图

带有倾斜结构的机件，且具有明显的回转轴时，可假想将倾斜部分绕回转轴旋转到与某一选定的基本投影面平行后，再向该投影面投影，这样所得的视图称为旋转视图。旋转

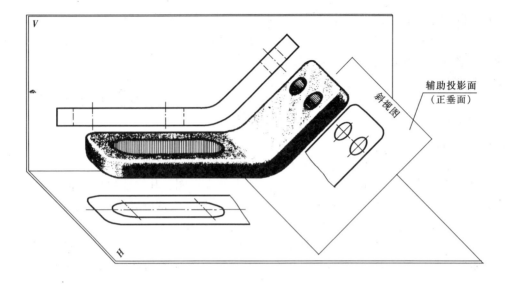

图 3-5　斜视图的形成

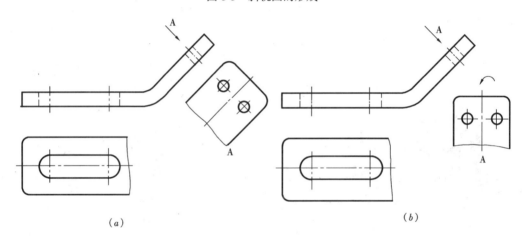

（a）　　　　　　　　　　　　　　　（b）

图 3-6　斜视图

视图一般按基本视图位置配置，因此不需标注，如图 3-7 的俯视图即为旋转视图。

斜视图和旋转视图都可以表达机件上倾斜部分的实际形状。不同在于：前者适用于一

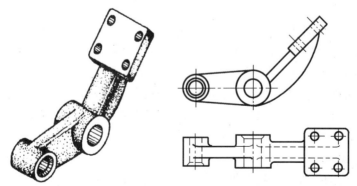

图 3-7　旋转视图

般没有明显回转轴的机件，且必须标注；后者适用于有明显回转轴的机件，而不必标注。

第二节 剖 视

当机件的内部结构比较复杂时，视图中的虚线较多，这些虚线与虚线、虚线与实线之间往往重叠交错，大大地影响了图形的清晰度，既不便于画图、看图，也不便于标注尺寸。为了清晰地表达机件的内部结构，在制图中通常采取剖视的方法。

一、剖视的基本概念

假想用剖切平面把物体剖开，将处在观察者和剖切平面之间的部分移去，而将其余部分向投影面投射所得的图形，称为剖视图，可简称剖视，如图 3-8 所示。采用剖视图，视图中不可见的部分变为可见，原有的虚线变成了实线，加上剖面线的作用，可使图形更清晰和有层次感，便于制图和识图。

画剖视图时，既可根据需要在某一个视图上采用剖视，亦可以同时在几个视图上采用剖视，它们之间是独立的，不受影响。

图 3-8 剖视的概念

二、剖视图的种类

剖视图可分为全剖视图、半剖视图和局部剖视图 3 种。

1. 全剖视图

用剖切面完全地剖开物体所得的剖视图，称为全剖视图，如图 3-9 所示。全剖视图主要用于表达内部形状复杂的不对称机件和外形简单的对称机件。

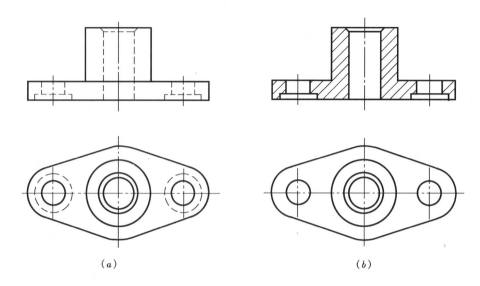

（a）　　　　　　　　　　　　　（b）

图 3-9　全剖视图

（a）视图；（b）剖视图

2. 半剖视图

当物体具有对称平面时，向垂直于对称平面的投影面上投射所得的图形，可以对称中心线为界，一半画成剖视，另一半画成视图，这种图形称为半剖视图，如图 3-10。它主要用于内外形状都需要表达的对称机件。

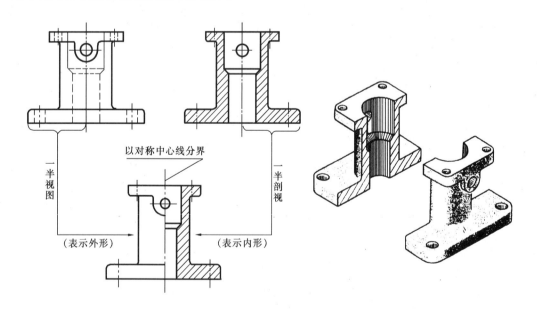

图 3-10　半剖视图

画半剖视图时要注意以下几点：

（1）半个剖视图与半个视图的分界线应画成细点划线。

（2）在表示外形的半个视图中，一般不画虚线。对于尚未表达清楚的结构，可用局部剖或虚线表示。

（3）半剖视图的标注仍符合剖视图的标注规则。

3．局部剖视图

用剖切面局部地剖开物体所得的剖视图，称为局部剖视图，如图3-11。局部剖视图一般适用于内、外形状都需要表达的不对称机件，或不宜采用全剖视图或半剖视图的地方（如轴、连杆、螺钉等实心零件上的某些孔或槽等）。

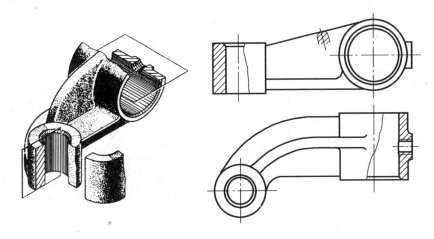

图 3-11　局部剖视图

画局部剖视图时要注意：

（1）局部剖视图中，可用波浪线作为剖开部分和未剖开部分的分界线。画波浪线时，不应与其他图线重合，也不能将波浪线画出机件轮廓线以外。如遇到孔、槽等空洞结构时，波浪线应终止在孔、槽的轮廓线处。

（2）局部剖视图的表达方法比较灵活，但在同一视图中，不宜多处采用，以免使图形过于零碎。

（3）局部剖视图的标注，在不致引起看图误解时，可省略标注。但当剖切位置不明显或局部剖视图未能按投影关系配置时，则必须按剖视图规则标注。

三、剖切面的种类

由于机件内部结构形状不同，画剖视图要根据机件的结构特点，选用不同的剖切面。在剖视图中，常见的剖切面有如下几种形式。

1．单一剖切面

用平行于基本投影面的一个剖切面剖开机件的方法称为单一剖切面，这种剖切方法应用较多，如图3-12所示。

2．几个相交的剖切平面

用几个相交的剖切平面（交线垂直于某一基本投影面）剖开机件的方法所得到的视图，通常称为旋转剖，如图3-13所示。

3．几个平行的剖切平面

几个平行的剖切平面可能是两个或两个以上，各剖切平面的转折必须是直角，如图3-14所示。

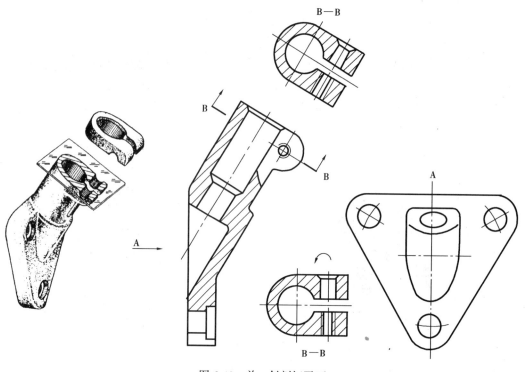

图 3-12 单一斜剖切平面

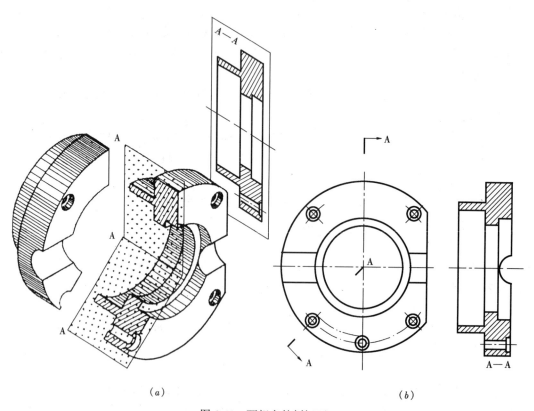

（a）

（b）

图 3-13 两相交的剖切面

画这种剖视图应注意以下几点：

（1）要正确选择剖切平面的位置，在图形内不应出现不完整的要素。

（2）不应在剖视图中画出各剖切平面的交线。

（3）当机件上的两个要素在图形上具有公共中心线或轴线时，可以各画一半，此时应以对称中心线或轴线为界。

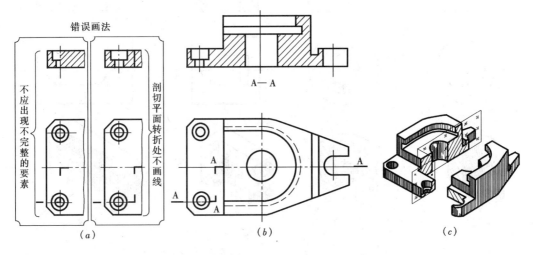

图 3-14　平行剖切面

四、识读剖视图的注意事项

1. 完整地识图：因为剖切是假想的，当一个视图取剖视后，其余视图应按完整机件画出，不可只画一半，如图 3-15 所示。

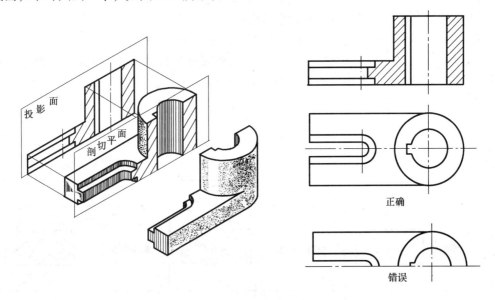

图 3-15　俯视图不可只画一半

2. 剖视图的对应：一般在剖视图的上方，用大写拉丁字母标出剖视图的名称"X-X"，在相应的视图上用剖切符号表示剖切位置，用箭头表示投射方向，并注上同样的字母，如

图 3-16 所示。但识图时，往往发现有的视图没有箭头或拉丁字母，因此要注意在下列情况下，可省略标注。

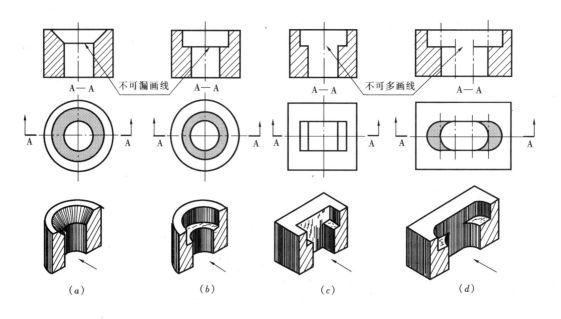

图 3-16 几种孔、槽的剖视图

（1）当剖视图按投影关系配置，中间又没有其他图形隔开时，可省略箭头，如图 3-14。

（2）当单一剖切平面通过机件的对称平面或基本对称平面，且剖视图按投影关系配置，中间又没有其他图形隔开时，可省略箭头。

（3）当单一剖切平面的剖切明显时，局部剖视图的标注可省略，如图 3-11 所示。

3. 剖面线的意义：在剖视图中，剖切到的断面部分称为剖面，在剖面上应画上剖面符号。各种材料具有不同的剖面符号，如表 3-1 所示。

材料的剖面符号（GB/T 4457.5—1984）　　　　　　　　表 3-1

金属材料（已有规定剖面符号者除外）		型砂、填砂、粉末冶金、砂轮、陶瓷刀片、硬质合金刀片等		木材纵剖面	
非金属材料（已有规定剖面符号者除外）		钢筋混凝土		木材横剖面	
转子、电枢、变压器和电抗器等的叠钢片		玻璃及供观察用的其他透明材料		液体	

24

线圈绕组元件		砖		木质胶合板（不分层数）	
混凝土		基础周围的泥土		格网（筛网、过滤网等）	

国家标准 GB/T 17453—1998 规定，不需在剖面区域中表示材料的类别时，可采用通用的剖面线，通常采用与主要轮廓或剖面区域的对称线成 45°的细实线绘制。应注意的是，同一物体的各个剖面区域，其剖面线的画法应一致，间距相等，方向相同。

当图形的主要轮廓线与水平成 45°时，该图形的剖面线应画成与水平成 30°或 60°的平行线，其倾斜方向仍与其他图形的剖面线一致。

4. 注意虚线的取舍：当剖视图中看不见的结构形状，在其他视图中已表达清楚时，其虚线可省略不画。如图 3-17 主视图中上、下突缘的后部在剖视图中为不可见，故虚线予以省略。

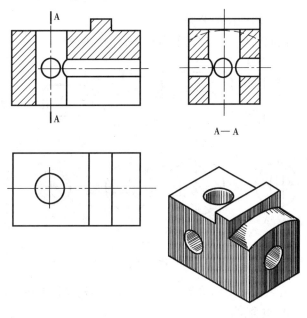

图 3-17　剖视图中虚线的取舍

5. 不可漏画的轮廓线：在剖切面后面的可见轮廓线，应全部用粗实线画出，如图 3-16 中阶梯孔的分界线。

第三节　剖　　面

一、剖面图的基本概念

假想用剖切面将物体的某处切断，仅画出该剖切面与物体接触部分的图形，并加上剖面符号，称为剖面图或断面图，可简称剖面或断面。剖面图常用于表达机件上某一局部的断面形状，如机件上的肋板、轮辐、键槽、小孔及各种型材的断面形状等。

剖面图和剖视图的区别在于：剖面图仅画出被剖切处断面的图形，而剖视图除画出断面形状之外，还必须画出剖切平面后的可见轮廓，如图 3-18 所示。

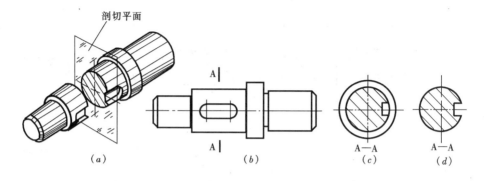

图 3-18　剖面图与剖视图

（a）、（b）剖切位置；（c）剖视图；（d）剖面图

二、剖面图的分类

剖面图可分为移出剖面和重合剖面两种。

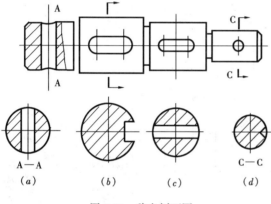

图 3-19　移出剖面图

1. 移出剖面

画在视图轮廓线之外的断面，称为移出剖面，如图 3-19 所示。移出剖面图的轮廓线用粗实线绘制。

画移出剖面时应注意以下几点：

（1）为读图方便，移出剖面图应尽可能画在剖切符号的延长线上，如图 3-19（b）、（c）所示，必要时可将移出剖面配置在其他适当位置，如图 3-19（a）、（d）所示。

（2）当剖切平面通过由回转面形成的孔或凹坑等结构的轴线时，这些结构应按剖视图画出，如图 3-19（a）、（d）所示。

2. 重合剖面

画在视图轮廓线内的剖面，称为重合剖面，如图 3-20 所示。

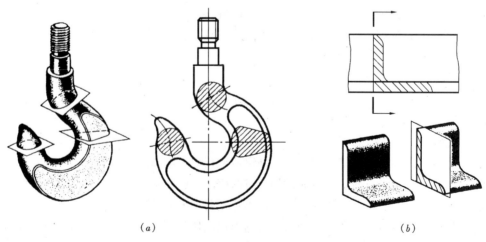

图 3-20　重合剖面图

重合剖面的轮廓线规定用细实线绘制。当视图中的轮廓线与重合剖面的图形重叠时，视图中的轮廓线仍应连续画出，不可间断。当重合面对称时，可省略标注。当重合剖面图形不对称时，应标注剖面符号及投影方向箭头。

三、剖面图的标注

剖面图的标注要注意以下几点：

1. 移出剖面一般应用剖切符号表示剖切位置，用箭头表示投射方向并注上大写拉丁字母。在剖面图的上方，用同样的字母标出相应的名称，如图 3-21 所示。

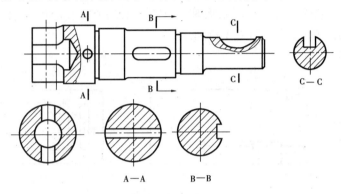

图 3-21　剖面图的标注

2. 不对称的重合剖面，及画在剖切符号延长线上的不对称移出剖面，要画出剖切符号和箭头，可省略字母，如图 3-19 所示。

3. 对称的重合剖面，及画在剖切平面延长线上的对称移出剖面，均不必标注，如图 3-20 所示。

4. 不配置在剖切符号延长线上的对称移出剖面（如图 3-21 中的 A-A），以及按投影关系配置的不对称移出剖面，均可省略箭头。

第四节　表达方法小结

一、局部放大图

将机件的部分结构用大于原图形所采用的比例画出的图形，称为局部放大图，如图 3-22 所示。当机件上的细小结构在视图中表达不清楚，或不便于标注尺寸和技术要求时，也可采用局部放大图。

局部放大图可根据需要画成视图、剖视图、剖面图，它与被放大部分的表达方式无关。为看图方便，局部放大图应尽量配置在被放大部位的附近。

局部放大图的比例，是指该图形中机件要素的线性尺寸与实际机件相应要素的线性尺寸之比，而与原图形所采用的比例无关。

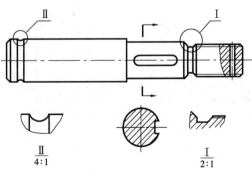

图 3-22　局部放大图

画局部放大图时，被放大的部位应用细实线圈起来，当同一张图上有几个被放大部分时，必须用罗马数字顺序地标明放大部位，并在局部放大图的上方标出相应的罗马数字和采用的比例。若只有一个放大部分时，不必标注罗马数字，只在局部放大图的上方标明采用的比例即可。

二、简化画法

当机件具有若干相同或对称结构时，我们可以采取简化画法，只需画出几个完整的结构，其他予以注明就可以清楚简洁地表达出机件结构了。

1.当机件具有齿或槽等若干相同结构时，只需画出几个完整的齿或槽，其余用细实线连接，并注明该结构的总数，如图 3-23 所示。

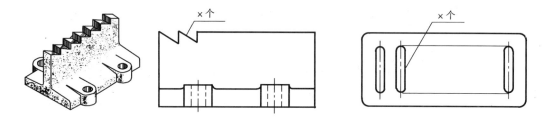

图 3-23　齿结构的简化画法

2.零件上对称结构的局部视图，可按图 3-24 所示方法绘制。

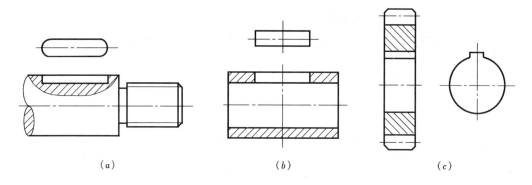

（a）　　　　　　　　　（b）　　　　　　　　　（c）

图 3-24　局部视图的简化画法

3.当回转体机件上的平面在图形中不能充分表达时，可用两条相交的细实线表示这些平面，如图 3-25 所示。

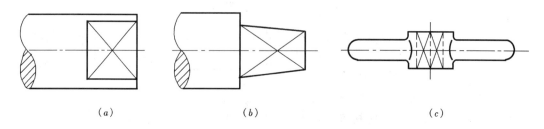

（a）　　　　　　　　　（b）　　　　　　　　　（c）

图 3-25　回转体结构的简化画法

28

4. 在不致引起误解时，对于对称机件的视图只画一半或四分之一，并在对称中心线的两端画出两条与其垂直的平等细实线，如图 3-26 所示。

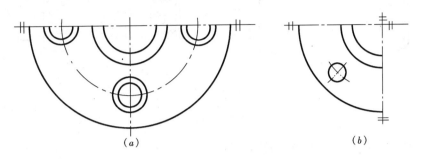

（a）   （b）

图 3-26　对称机件的简化画法

5. 较长的机件（轴、型材、连杆等）沿长度方向形状一致，或按一定规律变化时，可断开后缩短绘制，如图 3-27 所示。

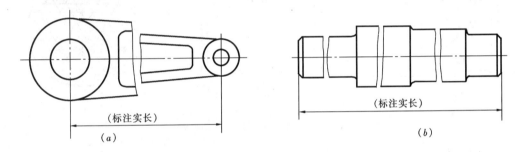

（标注实长）   （标注实长）

（a）   （b）

图 3-27　较长机件的折断画法

6. 对于机件的筋、轮辐及薄壁等，如按纵向剖切，这些结构都不画剖面符号，而用粗实线将它与其邻接部分分开，如图 3-28 所示。

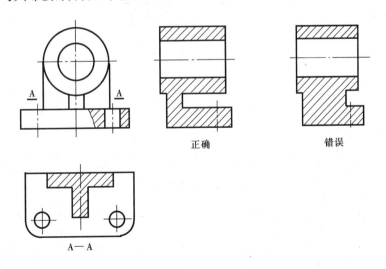

正确   错误

A—A

图 3-28　纵向剖切时筋的简化画法

7. 滚花一般采用在轮廓线附近用细实线局部画出的方法表示，如图 3-29 所示。

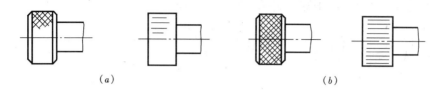

图 3-29 滚花的简化画法
（a）简化后；（b）简化前

8. 若干直径相同且规律分布的孔，可以仅画出一个或几个，其余用细点画线或"＋"表示其中心位置，或在技术要求中加以说明，如图 3-30 所示。

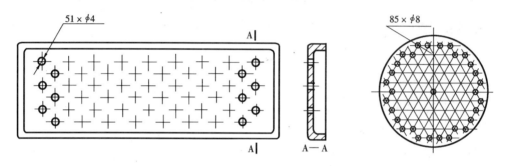

图 3-30 规律分布的孔的简化画法

三、应用说明

机件的结构形式各异，形状千变万化，为了清楚地表达各种各样的机件，制图标准中规定的表达方法多达几十种，在此作一简要归纳，见表 3-2 所示。

机件的各种表达方法　　　　　　　　　　　　　　　　　　　表 3-2

分类	用途	名称	适用条件	图形特点	说　明
视　图	主要用于表达机件的外部结构形状	基　本视　图	用于表达机件的外形	按常规配置	视图按规定位置配置，不加任何标注，视图中不必要的虚线应省略
		向视图	用于表达机件的外形（或内形）	随意配置	它是基本视图的另一种表达形式，可异地随意配置，必须标注
		局　部视　图	用于表达机件的局部外形	以波浪线分界，完整轮廓则封闭	一般应标注。但按投影关系配置，中间又无其他图形隔开时，可省略标注
		斜视图	用于表达机件倾斜部分的外形	图表倾斜或注有旋转符号	按投射方向配置，也可按向视图配置，图形可顺、逆时针旋转，旋转符号的方向要与实际转向一致，必须标注

分类	用途	名称	适用条件	图形特点	说　明
剖视图	主要用于表达机件的内部结构形状	全剖视图	用于表达内形复杂的不对称机件或外形简单的对称机件的整个内部形状（剖切面完全地剖开机件）	展示整个内腔及其后部看得见的结构形状	用单一剖切面、几个平行的剖切平面、几个相交的剖切面中的任何一种，均可得到全剖视图、半剖视图和局部视图； 剖视图也可根据需要按向视图的配置形式配置（必须标注）； 除单一剖切平面通过机件的对称面或剖切位置明显，且中间又无其他图形隔开，可省略标注外，含单一斜剖切面剖切在内的其余剖切方法，都必须标注
		半剖视图	用于同时表达具有对称平面的机件的外形与内形（沿机件的对称面切开）	组合的图形以对称线分界	
		局部剖视图	用于表达机件的局部内形和保留机件的局部外形，不宜采用全剖、半剖的机件（多沿机件的对称面、轴线局部地切开）	组合的图形多以波浪线分界。剖切的范围可大可小	
剖面图	主要用于表达机件某一剖面的形状	移出剖面	用于表达机件局部结构的剖面形状	画在视图之外，轮廓为粗实线	剖面图的标注，要根据图形是否对称及其配置部位，从看图的角度出发，为便于查找、辨向为原则，决定标注要素（箭头、方向等）
		重合剖面	用于表达机件局部结构的剖面形状	画在视图之内，轮廓为细实线	
局部放大图	用于机件上细小结构的放大	局部放大图	用于机件上细小结构在视图中表达不清楚或不便于标注尺寸和技术要求的部位	画在视图外，与细实线圈出的部位相对应	在放大图上方标明放大比例。该比例为该图形中机件要素的线性尺寸与实际机件相应要素的线性尺寸之比
简化画法	主要是为了提高绘图效率和增加图形的清晰度		回转体、长轴件、对称机件、滚花等		运用简化画法必须遵守投影规律及以下原则： （1）必须保证不致误解和不会产生理解不清，力求制图简便； （2）便于识读和绘制，注重简化的综合效果； （3）不可无据简化，避免随意性

第四章　零件图与装配图

任何机器或部件，都是由若干零件按着一定的装配关系和技术要求装配而成的。表示机器或部件及其装配关系的图样，称为装配图。表示零件结构、大小及技术要求的图样，称为零件图。

第一节　零　件　图

一、概述

零件是机器的部件中不可再拆开的独立部分。零件图表达了机器零件的详细的形状结构、尺寸大小、技术要求等，是生产中加工制造和检验零件的主要依据，必须符合实际，考虑到这个零件的功能、用途、材料、技术要求、加工工艺等。

绘制和识读零件图时，在充分运用图样画法、尺寸标注等知识的基础上，还要考虑零件的结构设计和尺寸标注是否合理，零件的尺寸精度应达到什么要求等。因此，一张完整的零件图，如图4-1，应包括以下内容：

1. 图形：可将零件各部分的结构形状正确、完整、清晰地表达出来。

2. 尺寸：可将制造零件所需的全部尺寸正确、完整、清晰、合理地标注出来。

3. 技术要求：用规定的代号、数字、字母或另加文字注解，简明、准确地给出零件在制造、检验或使用时应达到的各项技术指标，如表面粗糙度、尺寸公差等。

4. 标题栏：标题栏是由名称及代号区、说明区和其他区组成的栏目，具体内容应按规定详尽填写。一般应写明单位名称、图样名称、图样代号，材料、数量、比例，以及设计、审核、工艺、批准人员和签名时间等。

二、零件图的视图选择

在零件图中，需用一组必要的视图和其他表达方法以正确、完整、清晰和简便地表达零件的形状结构。

1. 主视图的选择

主视图是一组图形的核心，主视图选择得当与否将直接影响到其他视图位置和数量的选择。选择主视图的原则是将表示零件信息量最多的那个视图作为主视图，通常是零件的工作位置、加工位置或安装位置。

如图4-1的轴承座，根据它的工作位置和安装位置并尽量多地反映其形状特征的原则选定其主视图。图4-1的轴承孔主要是在车床上加工的，在加工的时候，轴水平安放，工作时通常是水平安装，所以选择主视图时，轴线应横放。

2. 内部结构的表达

零件的内部结构应尽量采用剖视图表示，避免过多的虚线。

图4-1的轴承座零件图中主视图左右对称，选用了半剖视图，左视图前后对称也选用

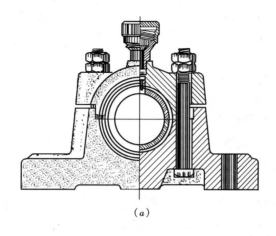

(a)

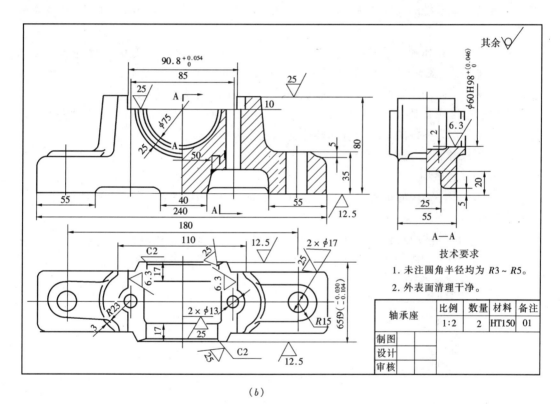

(b)

图 4-1 零件图

(a) 滑动轴承；(b) 轴承座零件图

了半剖视图，轴承座的内部形状就充分地表达出来，在俯视图中，只画外形，就可完全清楚地表达轴承座的形状并避免了杂乱的虚线。

3.其他视图

主视图确定后，应运用形体分析法对零件的各组成部分逐一进行分析，对主视图表达未尽的部分，再选其他视图完善。应注意以下几点：

（1）各个视图所表达的内容应相互配合，避免不必要的细节重复。在明确表示零件的前提下，使视图的数量最少。

（2）先选用基本视图，后选用其他视图；先表达零件的主要部分，后表达零件的次要部分。

（3）结构的表达要内外兼顾，大小兼顾，不可遗漏，以免给识图造成困难。

（4）局部细节可采用剖面图、局部视图等多种方法表达清楚。

三、零件图的尺寸标注

零件图中的尺寸标注，除了要符合前面所述的尺寸完整、清晰，并符合国家标准规定之外，还要尽量标注得合理，便于加工、测量和检查。

1．尺寸基准

尺寸基准即标注尺寸的起点，是指确定零件上几何元素位置的一些面、线、点。在零件的设计和生产实际中，尺寸基准按作用可分为设计基准和工艺基准。设计基准是根据机器的构造特点及零件的设计要求而选定的基准，工艺基准则是为便于加工和测量而选定的基准。

零件的长、宽和高三个方向上至少各有一个主要尺寸基准，复杂的零件还有辅助基准。如图 4-1 中，主视图的左右对称中心线为长度方向的主要尺寸基准，俯视图中的前后对称线为宽度方向的主要尺寸基准，底板面为高度方向的主要尺寸基准。

常用的基准还有基准面和基准线，一般底板的安装面、重要的端面、装配结合面、零件的对称面等作为零件的基准面，回转体的轴线作为基准线。

2．定形尺寸和定位尺寸要标注完整

3．其他注意事项

（1）确定零件结构的重要尺寸要直接注出。如图 4-1 中，轴承孔径 $\phi 60$ 是重要尺寸，必须直接标出。

（2）尺寸的标注应符合工艺要求，可按加工顺序、加工要求或测量要求标注，便于加工和检查。如图 4-2 中，轴的直径都标注在主视图中，这样便于加工和检查。

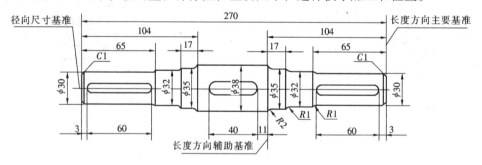

图 4-2　轴的尺寸标注

（3）尺寸的标注要尽量集中。如图 4-1 中，所有长度尺寸都集中在主俯视图之间。

（4）避免注成封闭的尺寸链。

四、零件图上的技术要求

零件图除了包括视图和尺寸外，还必须标注加工制造零件应达到的技术要求，这些技术要求包括尺寸公差、形状位置公差、表面粗糙度和对材料的热处理和表面处理的要求等。

34

五、零件图的识读

要读懂一张零件图，可按下面的几个步骤进行：

1. 浏览零件图

拿到一张零件图，首先应浏览一下，初步了解这个零件的名称、材料、大小、视图表达等。以泵体为例，如图4-3，泵体是以主视图、左视图、A向和C向局部视图来表达的，由长、宽、高方向的几个主要尺寸（85，100，115）可知这个零件的大小。它是由铸造产生毛坯，再经切削加工而成。

查看标题栏可知，这个零件以1:1绘制，材料为铸造铝合金ZL301，耐磨性中上等，用于制造负荷不大的薄壁零件。

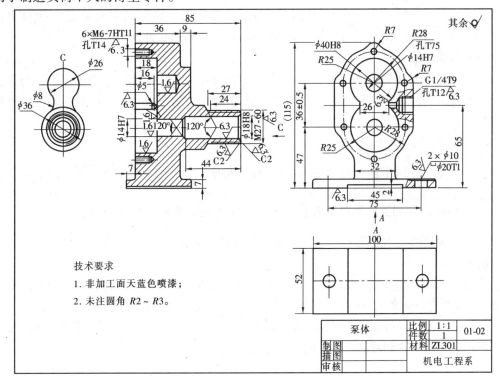

图 4-3　泵体零件图

2. 分析视图，想像形状

对照视图，可知泵体是由底板、空腔和两个支撑轴的孔组成，泵体立体图见图4-4。

3. 分析细节

分析视图可知，泵体的主要结构为一个直径为ϕ14H7的孔和ϕ18的阶梯孔组成，这两组孔支承转轴。

从左视图看泵体的外形为上下半圆柱，中间为棱柱的支承体，中间相交的两个空圆柱体（ϕ40H8），泵体的两边G1管螺纹为进油孔和出油孔，泵体的表面上有六个螺孔，可以想像这是与泵盖的结合面。

底板为长52mm、宽100mm、厚7mm的板，板的两边挖有两个ϕ10的通孔，这是与其他零件连接的安装孔。底板的下部设计有减少结合面的空槽。

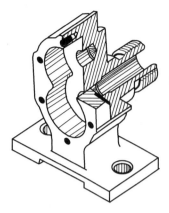

图 4-4 泵体立体图

4．分析尺寸

（1）尺寸基准

设定泵体左表面，即图中有六个螺孔的表面为长度方向的尺寸基准，因为这个面为结合面，较为重要。

两个 $\phi14$ 的孔是这个机件的主要结构，而 $\phi14H7$ 与 $\phi18$ 的阶梯孔一定是支承长轴的孔，因而可定为高度方向的尺寸基准。

左视图的对称面可定为宽度方向的尺寸基准。

（2）总体尺寸

从图上可知，长度方向的最大尺寸为 85mm，宽度方向的尺寸为 100mm，高度方向的尺寸为 115mm。

（3）其他尺寸

孔 $\phi14H7$ 和孔 $\phi40H8$ 为配合尺寸，精度要求最高，表面粗糙度数值也最小，与其他零件有配合关系，是这个零件的重要尺寸。G1/4 管螺纹为重要尺寸。此外，看清楚其他全部尺寸。

5．了解技术要求

这个零件只有两个配合尺寸孔 $\phi14H7$ 和 $\phi18H8$，加工面粗糙度为 $\overset{1.6}{\diagdown}$ （1.6μm）和 $\overset{6.3}{\diagdown}$ （6.3μm），非加工面粗糙度为 $\diagup\!\!\!\diagdown$ ，统一标注在图纸的右上角。

在文字表达的技术要求中，写明非加工面天蓝色喷漆和未注圆角 $R2\sim R3$。

6．综合分析

在经过前面的分类分析之后，对一些细节作综合分析，以达到对零件的精细的了解。该零件的底板为厚度 7mm 的长方形板，泵体后端在长轴出口处有螺纹 M27，进出油为管螺纹。

通过以上分析，可以清楚了解这个零件的形状、结构、尺寸、技术要求等，并可分析它们的用途，从而达到对这个零件的全面了解。

第二节　装　配　图

装配图是用来表示产品及其组成部分的连接、装配关系的图样。通过装配图可以了解机器或部件的结构形状、装配关系、工作原理和技术要求等，它是进行设计、安装、检测、使用和维修等工作的重要技术文件。作为机泵运行工，应能简单掌握装配图的识读，必要时应能根据装配图拆画简单零件图；在对机组进行检修保养需要重新装配时，能根据装配图对相关部件进行检测或进行简单装配。

一、装配图的作用及内容

1．装配图的作用

装配图通常用来表达机器或部件的工作原理和各零、部件之间的装配、连接关系及技术要求。装配图的作用有：

（1）在新产品的设计中，一般先画出机器或部件的装配图，然后根据装配图提供的总体结构和尺寸，再设计并绘制零件图。

（2）在产品制造中，装配图是制定工艺规程，进行装配、检验、调试等工作的依据。

（3）在使用和维修时，需要通过装配图了解机器的构造和装配关系等。

2. 装配图的内容

一张完整的装配图，与零件图相似，必须包括以下内容：

（1）一组视图

用来表示机器或部件的工作原理、零件间的装配关系、连接方式和零件的重要结构形状等。图 4-5 所示为滑动轴承的立体分解图，它直观地表示了滑动轴承各零件的外形结构，但不能清晰地表达各零件间的装配关系。图 4-6 所示为滑动轴承的装配图，图中采用两个基本视图，就可以清楚地表示轴承座、轴承盖和轴承衬套等零件的装配关系。

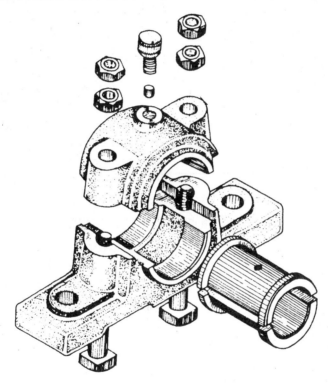

图 4-5　滑动轴承的立体分解图

（2）必要的尺寸

装配图上应有反映机器或部件的性能、规格和装配、安装等所需要的尺寸。

（3）技术要求

有关机器或部件的装配、调整、试验使用方面的要求和应达到的指标等。

（4）标题栏、零件的序号、明细栏

装配图中的零件编号、明细栏用于说明每个零件的名称、代号、数量和材料等。标题栏包括机器或部件的名称、比例及绘图、设计、审核等人员的签名。

二、装配图的表达方法

装配图的表达方法和零件图基本相同，所以零件图中所应用的各种表达方法都适用于

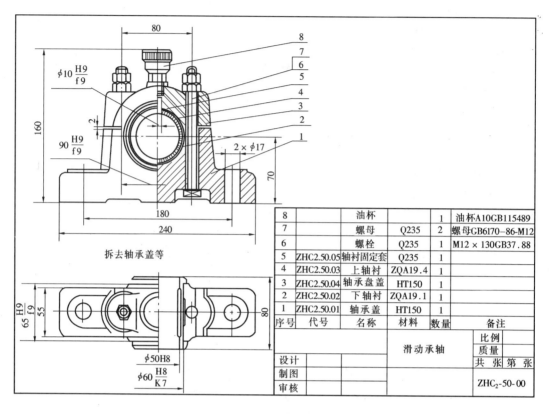

8		油杯		1	油杯A10GB115489
7		螺母	Q235	2	螺母GB6170-86-M12
6		螺栓	Q235	1	M12×130GB37.88
5	ZHC2.50.05	轴衬固定套	Q235	1	
4	ZHC2.50.03	上轴衬	ZQA19.4	1	
3	ZHC2.50.04	轴承盘盖	HT150	1	
2	ZHC2.50.02	下轴衬	ZQA19.1	1	
1	ZHC2.50.01	轴承盖	HT150	1	
序号	代号	名称	材料	数量	备注

图 4-6 滑动轴承的装配图

装配图。但装配图和零件图所表达的重点不同，因此，装配图还规定有一些规定画法和特殊的表达方式。

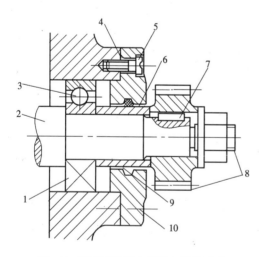

图 4-7 装配图的规定画法和简化画法

1—滚动轴承简化画法；2—轴（不剖）；3—球（不剖）；4—微小剖面涂黑；5—螺栓（不剖）；6—小间隙（夸大画法）；7—键（不剖）；8—倒角不画；9—油封简化画法；10—螺栓简化画法

1．规定画法（见图 4-7）

（1）相邻零件的接触面画一条线，非接触面，不论间隙多小，均画两条线，并留有间隙。

（2）相邻金属零件的剖面线方向与间隙应区别。在几个剖视、剖面中，同一零件的剖面线方向与间隔应一致。宽度小于或等于2mm 的狭小剖面，可涂黑代替剖面符号，如图4-7 中的垫片。

（3）对于螺纹紧固件以及轴、连杆、球、钩子、键、销等实心零件，若按纵向剖切，且剖切通过其对称平面或轴线时，这些零件均按不剖绘制。需要特别表明零件的构造，如键槽、销孔等，则可用局部剖视。

2．简化画法

（1）在装配图中，若干相同的零件组、螺纹紧固件等，可仅详细地画出一处，其余只需用细点划线标明中心位置即可，如图 4-7 所示。

（2）在装配图中，零件的工艺结构如小圆角、小倒角、退刀槽等可不画出，如图 4-7 所示。

（3）油封（密封圈）、滚动轴承等在装配图中可只画出对称图形的一半，另一半轮廓的对角线用细实线，如图 4-7 所示。

（4）在装配图中，当剖切平面通过某些部件为标准产品或该部件已由其他图形表示清楚时，可按不剖绘制，如图 4-6 中的油杯。

3．其他特殊表达方法

（1）拆卸画法

在装配图中，可假想沿某些零件的结合面剖切，如图 4-6 中的俯视图，或假想将某些可拆零件拆卸后绘制，需要说明时可加注"拆去 XX"等。应用上述表达方法时，零件的结合面不画剖面符号，被剖到的其他零件一般应画出剖面符号。

（2）假想画法

在装配图中，为表示某些运动零件的运动范围或极限位置时，其中一个极限位置用粗实线画出，另一极限位置用双点划线画出，如图 4-8 所示。

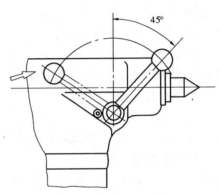

图 4-8　运动零件极限位置的表示法

（3）单独表达某一个或几个零件

在装配图中，必要时可单独画出某一个或几个零件的视图。但必须在所画视图的上方注出该零件的视图名称，在相应视图的附近用箭头指明投影方向，并注上同样的字母。

（4）夸大画法

微小间隙、薄垫片和簧丝较细的弹簧等，可适当夸大尺寸画出，如图 4-7 所示。

三、装配图的尺寸标注和技术要求

装配图的作用是表达零、部件的装配关系，因此，其尺寸标注的要求不同于零件图，不需要注出每个零件的全部尺寸，一般只需标注出规格尺寸、装配尺寸、安装尺寸、外形尺寸和其他重要尺寸五大类尺寸。

1．规格尺寸

说明部件规格或性能的尺寸，它是设计和选用产品时的主要依据，如图 4-6 中的 $\phi50H8$ 就是规格尺寸。

2．装配尺寸

装配尺寸是保证部件正确地装配，并说明配合性质及装配要求的尺寸，图 4-6 中 $90\dfrac{H9}{f9}$、$\phi10\dfrac{H9}{f9}$ 及连接螺栓中心距等都属于装配尺寸。

3．安装尺寸

将部件安装到地基上或与其他零件、部件相连接时所需要的尺寸，图 4-6 中地脚螺栓孔的尺寸等就属于安装尺寸。

4．外形尺寸

机器或部件的总长、总宽和总高的尺寸。它反映了机器或部件的体积大小，即该机器或部件在包装、运输和安装过程中所占空间的大小，图4-6中的240、80和160即是外形尺寸。

5. 其他重要尺寸

除以上四类尺寸外，在装配或使用中必须说明的尺寸，如运动零件的位移尺寸等。

上述五种尺寸，并不是每张装配图中都有，有时同一个尺寸可能有几种含义，因此在标注尺寸时，必须明确每个尺寸的作用，对装配图没有意义的结构尺寸不需标出。

装配图中的技术要求主要是指装配时的调整、试验和检验的有关数据、技术性能指标及使用、维护、保养等方面的要求，一般用文字在明细栏的附近逐条标明。

四、装配图的序号及明细栏

在生产中，为便于图纸管理、生产准备、机器装配和读图方便，对装配图上的各零、部件都要编注序号，并在标题栏上方绘制零件明细栏。

1. 零件序号编注一般规定

（1）装配图中所有不同的零、部件，必须分别编注不同的序号。规格相同的零件和标准化组件，如油杯、滚动轴承、电动机等只编一个号。

（2）装配图中的序号一般由指引线（细实线）、圆点（或箭头）、横线（或圆圈）和序号数字组成，如图4-9（a）所示。指引线应从零件的可见轮廓线内引出，并在末端画一圆点，在指引线的横线（或圆圈）上注写序号，序号字高应比该装配图中所注尺寸数字高度大一号。同一装配图中编注序号的形式相同。

（3）装配图中零件序号应与明细栏中的序号一致。

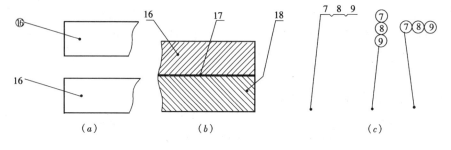

图 4-9　序号标注一般规定

（4）一组螺纹紧固件和装配关系清楚的零件组，可采用公共指引线，如图4-9（c）所示。

（5）指引线相互不能相交，当通过剖面线区域时，指引线不应与剖面线平行。必要时指引线可画成折线，如图4-9（b）所示。

（6）装配图中的序号应按水平或垂直方向排列整齐，并按统一方向顺次排列。

2. 标题栏及明细栏

标题栏及明细栏的格式国家标准已有规定，在绘制和填写标题栏和明细栏应注意以下问题：

（1）明细栏画在标题栏上方并相连，分界线为粗实线。明细栏的外框竖线是粗实线，横线及内部竖线均为细实线，当明细栏位置不够时，可分段画在标题栏左侧。

（2）明细栏中的序号应与图中零件序号一致，并自下而上顺序填写。

（3）标准件的图标代号可写入备注栏。

五、装配图的读法

不同的工作岗位看图的目的是不同的，有的需要了解机器或部件的用途和工作原理；有的要了解零件的连接方法和拆卸顺序；有的要拆画零件图等。一般说来，应按以下方法和步骤读装配图：

1. 概括了解

从标题栏和有关的说明书中了解机器或部件的名称和大致用途；从明细栏和图的序号了解机器或部件的组成。

2. 对视图进行初步分析

明确装配图的表达方法、投影关系和剖切位置，并结合标注的尺寸，想像出主要零件的主要结构形状。

图 4-10 为阀的装配图，该部件装配在液体管路中，用以控制管路的通断。该图采用了主（全剖视）、俯（全剖视）、左三个视图和一个 B 向视图的表达方法。有一条装配轴线，部件通过阀体上的 G1/2 螺纹孔、管接头上的 G3/4 螺孔装入液体管路中。

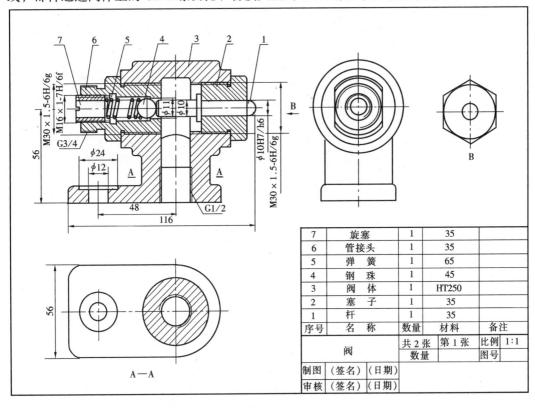

7	旋 塞	1	35	
6	管接头	1	35	
5	弹 簧	1	65	
4	钢 珠	1	45	
3	阀 体	1	HT250	
2	塞 子	1	35	
1	杆	1	35	
序号	名 称	数量	材料	备注
阀		共 2 张	第 1 张	比例 1:1
		数量		图号
制图	（签名）	（日期）		
审核	（签名）	（日期）		

图 4-10 阀装配图

3. 分析工作原理和装配关系

在概括了解的基础上，应对照各视图进一步研究机器或部件的工作原理、装配关系，这是看懂装配图的一个重要环节。读图时应先从反映工作原理的视图入手，分析机器或部件中零件的运动情况，从而了解工作原理，然后再根据投影规律，从反映装配关系的视图着手，分析各条装配轴线，弄清零件相互间的配合要求、定位和连接方式等。

图 4-10 所示阀的工作原理从主视图看最清楚，当杆 1 外力作用向左移动时，钢球 4 压缩弹簧 5，阀门被打开，当去掉外力时钢球在弹簧作用下将阀门关闭，旋塞 7 可以调整弹簧作用力的大小。

阀的装配关系从主视图看也最清楚，先将管接头拧入阀体左侧 M30×1.5 的阀体螺孔中，再将钢球 4、弹簧 5 依次装入管接头 6 中，然后将旋塞 7 拧入管接头，调整好弹簧压力。右侧将杆 1 装入塞子 2 的孔中，再将塞子 2 拧入阀体右侧 M30×1.5 的螺孔中，杆 1 和管接头 6 径向有 1mm 的间隙，管路接通时，液体由此间隙流过。

4. 分析零件结构

对主要的复杂零件要进行投影分析，想像出其主要形状及结构。

第五章 工 程 图

对从事各种不同专业的工程技术人员和操作人员，在生产实践活动中，往往要和房屋建筑发生各种各样的联系。我们机泵运行工不但应能正确操作机组，而且应了解机房布置、取水口、出水口位置等对机泵性能的影响，了解房屋建筑的基本知识并具备识读房屋建筑图的初步能力，因此本章简要介绍怎样才能识读工程图。

泵房属于工业建筑的一种，其基本组成和房屋相似，一般有基础、墙和柱、梁、地面、门、窗、走廊和台阶等。有了机械制图的基础，看懂工程图是不难的。

第一节 房屋工程图

一、房屋建筑图的分类

房屋是按施工图建造的，施工图按各专业工种分类，包括由建筑、结构、给水排水、采暖通风与空调、电气等的图样组成。一套房屋建筑施工图通常分为三大类。

1. 建筑施工图（简称"建施"）

建筑施工图主要表示房屋内部布置、外部形状、组成结构、装修方法及施工要求等，包括总平面图、建筑平面图、立面图、剖面图和详图等。

2. 结构施工图（简称"结施"）

反映房屋的承重构件的布置，构件的形状、大小、材料及其构造等情况。包括结构计算说明书、基础图、结构布置平面图以及构件的详图等。

3. 设备施工图（简称"设施"）

反映各种设备、管道和线路的布置、走向、安装要求等情况。包括给水排水、采暖通风与空调、电气等设备的布置平面图、系统图以及各种详图等。

与机泵运行相关的主要是建筑施工图和设备施工图，因此本节主要介绍建筑施工图。

二、房屋建筑图的基本表示方法

房屋建筑图与机械图一样，都是按正投影原理绘制的。但由于建筑物的形状、大小、结构以及材料与机器存在很大差别，所以在表达方法上也有所不同。目前，房屋建筑图的国家标准有6种，包括总纲性质的《房屋建筑制图统一标准》（GB/T 50001—2001），各专业部分的《总图制图标准》（GB/T 50103—2001）、《建筑制图标准》（GB/T 50104—2001）、《建筑结构制图标准》（GB/T 50105—2001）、《给水排水制图标准》（GB/T 50106—2001）和《暖通空调制图标准》（GB/T 50114—2001）等。

1. 图样的名称

房屋建筑图与机械图的图样名称的区别见表5-1。

建筑物是立体的，要将房屋的外表、结构、构造及各种设备完整地表达出来，一是按比例将它缩小，二是运用正投影原理，将房屋的外形及内部构造画到图纸上面。当沿着垂直于建筑物外墙的方向进行投影时，就可以得到建筑物外表各个立面的投影图；当用剖切的方法，就可以得到建筑物内部的平面和立面的投影图。再辅以建筑物局部的详图才可以完整地表示一个建筑物的外形及内部构造。

房屋建筑图与机械图的图样名称对照 表 5-1

房屋建筑图	正立面图	侧立面图	平面图	剖面图	详 图
机械图	主视图	左/右视图	俯视方向的全剖视图	剖视图	局部放大图

（1）建筑平面图

建筑平面图，就是假设用一个水平面把房屋沿窗台以上切开，移去上半部，从上垂直向下投影所得到的水平投影图。它主要表示房屋的面积、墙壁的厚度、房间的分布、楼梯及门窗的大小和位置等，如图 5-1 所示。

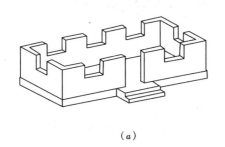 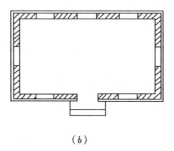

（a）　　　　　　　　　　　　　（b）

图 5-1　房屋平面图的形式
（a）假定沿水平方向剖切；（b）相应的平面图

（2）建筑立面图

建筑立面图，就是从房屋的正立面、背立面和侧立面进行投影所得到的投影图。通常按照建筑物的各个立面的不同朝向，将几个投影图分别称为东立面图、西立面图、南立面图和北立面图。有时候也把主要的立面图称为正立面图，两边的立面图称为左、右立面图，背后的立面图称为背立面图。它主要表示建筑物的长、宽、高的尺寸和外部形状，如图 5-2 所示。

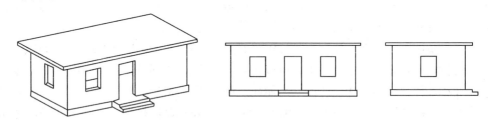

图 5-2　房屋立面图

（3）建筑剖面图

建筑剖面图，就是假设用一平面把房屋沿垂直方向切开，移去一边，向另一边进行投影所得到的正立投影图。它主要表示建筑物内部在垂直方向上的情况，如屋面坡度、楼房的分层、楼板厚度和门窗各部高度等。剖面图所选取的剖切位置，应该是建筑物内部有代表性或空间变化较复杂的部件，必要时可以采用阶梯剖面图法，从而达到完整表达的目的，如图5-3所示。

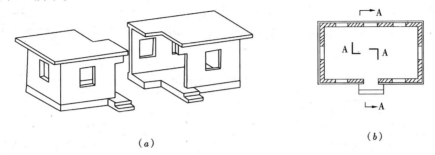

（a）　　　　　　　　　　　　　　　（b）

图 5-3　房屋转折剖切

（a）假定用转折的方法剖切；（b）相应的平面图

2. 图线

房屋建筑图所采用的图线有粗、中、细之分，包括有：粗实线、中实线、细实线、粗虚线、中虚线、细虚线、粗单点长画线、中单点长画线、细单点长画线、粗双点长画线、中双点长画线、细双点长画线、折断线和波浪线等14种线型，实际使用中较常用的有以下九种，各线型的具体用途见表5-2所示，大家可以在后面的识图过程中细心体会。

建筑图中线型的用途　　　　　　　　　表5-2

名　称	线　型	线　宽	用　途
粗实线		b	1. 平、剖面图中被剖切的主要建筑构造（包括构配件）的轮廓线； 2. 建筑立面图的外轮廓线； 3. 建筑构造详图中被剖切的主要部分的轮廓线； 4. 建筑构配件详图中的构配件的外轮廓线
中实线		$0.5b$	1. 平、剖面图中被剖切的次要建筑构造（包括构配件）的轮廓线； 2. 建筑平、立、剖面图中建筑构配件的轮廓线； 3. 建筑构造详图及建筑构配件详图中一般轮廓线
细实线		$0.35b$	小于 $0.5b$ 的图形线、尺寸线、尺寸界线、图例线、索引号、标高符号等
中虚线		$0.5b$	1. 建筑构造及建筑构配件不可见的轮廓线； 2. 平面图中起重机（吊车）轮廓线； 3. 拟扩建的建筑物轮廓线
细虚线		$0.35b$	图例线、小于 $0.5b$ 的不可见轮廓线
粗点划线		b	起重机（吊车）轨道线
细点划线		$0.35b$	中心线、对称线、定位轴线
折断线		$0.35b$	不需画全的断开界线
波浪线		$0.35b$	不需画全的断开界线 构造层次的断开界线

3. 比例

由于房屋建筑的形体较大，所以施工图一般用较小的比例绘制。房屋建筑的内部构造比较复杂，在小比例的平、立、剖面图中无法表达清楚，因此详图选用的比例要大一些，具体常用比例见表5-3所示。比例应注写在图名的右侧，比例的字高应比图名的字高小一号或二号。

建筑图选用的比例　　　　　　　　　　表 5-3

图　　　　名	比　　　　例
建筑物或构筑物的平面图、立面图、剖面图	1:50　1:100　1:200
建筑物或构筑物的局部放大图	1:10　1:20　1:50
配件及构造详图	1:1　1:2　1:5　1:10　1:20　1:50
总平面图	1:500　1:1000　1:2000

4. 尺寸标注

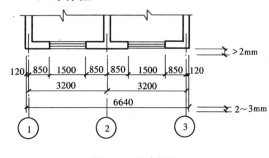

图 5-4　尺寸标注

房屋建筑图上的尺寸应包括尺寸界线、尺寸线、尺寸起止符号和尺寸数字，见图 5-4 所示。尺寸界线用细实线绘制，其一端应离开图样轮廓线不小于 2mm，另一端宜超出尺寸线 2～3mm；尺寸线用细实线绘制，应与被注长度平行，且不宜超出尺寸界线；尺寸起止符号用中粗斜短线绘制，其倾斜方向应与尺寸界线成顺时针45°，长度为2～3mm；尺寸数字应根据读数方向注写在靠近尺寸线的上方中部。图样上的尺寸单位，除标高及总平面图以米为单位外，均必须以毫米为单位。

三、房屋建筑图的图例

部分常用建筑材料的图例见表5-4所示。在房屋建筑图中的砖墙和金属材料的图例，与机械图中的金属和砖墙材料的剖面符号恰恰相反，金属的建筑材料图例画双线，砖墙的建筑材料图例画单线，其他材料的图例也不尽相同。

常用建筑材料的图例　　　　　　　　　　表 5-4

名　称	图　例	说　明	名　称	图　例	说　明
自然土壤		包括各种自然土壤	空心砖		包括各种多孔砖
夯实土壤			混凝土		1. 本图例仅适用于能承重的混凝土及钢筋混凝土； 2. 包括各种强度，骨料，添加剂的混凝土； 3. 在剖面图上画出钢筋时，不画图例线； 4. 断面较窄，不易画出图例线时，可涂黑
砂，灰土		靠近轮廓线点较密的点	钢筋混凝土		
砂砾石，碎砖三合土					

46

名　称	图　例	说　明	名　称	图　例	说　明
焦渣，矿渣		包括与水泥，石灰等混合而成的材料	木材		1. 上图为横断面，左上图为垫木、木砖、木龙骨； 2. 下图为纵断面
多孔材料		包括水泥珍珠岩，沥青珍珠岩，泡沫混凝土，非承重加气混凝土，泡沫塑料，软木等	金属		1. 包括各种金属； 2. 图形小时，可涂黑
纤维材料		包括麻丝，玻璃棉，矿渣棉，木丝板，纤维板等	网状材料		1. 包括金属，塑料等网状材料； 2. 注明材料
天然石材		包括岩层，砌体，铺地，贴面等材料	液体		注明液体名称
毛石			玻璃		包括平板玻璃，磨砂玻璃，夹丝玻璃，钢化玻璃等
普通砖		1. 包括砌体，砌块； 2. 断面较窄，不易画出图例线时，可涂红			
耐火砖		包括耐酸砖等	粉刷		本图例点较稀

在房屋建筑图例中，对比例小于或等于1:50的平面图和剖面图，砖墙的图例不画斜线，对比例小于或等于1:100的平面图和剖面图，钢筋混凝土构件（如柱、梁、板等）的建筑材料图例可不必画出，而应在底图上涂黑表示。

四、识读土建施工图的方法及注意事项

土建施工图包括建筑施工图和结构施工图两大部分，它的画法有些地方不同于机械图，有专门的建筑制图标准，为能正确地识读土建施工图，必须熟悉和掌握建筑图标准的有关规定。土建施工图识读方法和注意事项如下：

1. 通过平时工作了解建筑的类型，弄清房屋的基本组成、结构和构造；

2. 搞清比例的概念，并学会使用比例尺；

3. 熟悉建筑图例符号；

4. 识图的顺序通常为平面图、立面图、剖面图、详图，但不能机械地分开来看图，而应该有机地联系起来对照看图；

5. 识图时要细心，正确运用投影原理，使平面的图形在头脑里变成立体实物。

第二节　给排水工程图

给水工程通常是指自水源取水，将水净化处理后，经输配水系统送往用户，直至到达每一个用水点的一系列构筑物、设备、管道及其附近所组成的综合体。给水工程可分为室外给水工程和室内给水工程两大部分。

排水工程一般是指生活、生产污（废）水和雨水管网、污水处理及污水排放的一系列管道、设备及构筑物所组成的综合体。排水工程也可以分为室外排水工程和室内排水工程两大部分。

一、给排水施工图分类

给水排水工程施工图按图纸性质也可分为基本图和详图两大类；按图样内容来分，大致可以分为下面三种。

1. 室外管道附属设备图

指城市或村镇的居住区和工矿企业厂区的给水排水施工图，包括区域管道平面图、管道上的各种附属设备图、泵站及水池管道施工图、污水及雨水出口施工图等。

2. 室内管道及卫生设备图

指一幢建筑物内需要用水的房间以及工厂车间需要用水的设备的管道平面图等。

3. 水处理工艺设备图

主要是指给水厂、污水处理厂的平面布置图，水处理设备图，水流或污流的流程图等。

本节重点讲述与机泵运行联系较多的第一种。

二、给水系统的组成

室外给水工程是指从取水，经净水、贮水最后通过输配水管网，送到用水建筑物的这样一个系统。给水的水源有地面水（江、河、湖泊或水库）和地下水（潜水、承压水或泉水）。室外给水系统由以下构筑物组成：

1. 取水构筑物——在水源建造的取水构筑物。

2. 一级泵站——从吸水井或水源取原水，把水送到净水构筑物。

3. 净水构筑物——包括反应池、沉淀池、澄清池、滤池等对水进行净化处理。

4. 清水池——贮存处理过的清水。

5. 二级泵站——将清水加压送输水管网。

6. 输水管——由二级泵站至水塔或高位水池的输水管道。

7. 配水管网——将水送至用户的管网。

通常从取水构筑物到二级泵站都属于自来水厂的范围。

（一）泵站简介

泵站是给水工程中重要组成部分之一，水源的取水和清水的输送，都是由水泵来完成的。水泵种类很多，给水工程中常用的是离心水泵，排水工程中常用的是潜污泵。泵站的种类也很多，按泵站在给水系统中的作用，可分为一级泵站（又称取水泵站或混水泵站）、二级泵站（又称出水泵站或清水泵站）和加

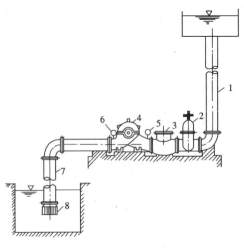

图 5-5　水泵管路与附件

1—压水管；2—闸阀；3—止回阀；4—水泵；5—压力表；
6—真空表；7—吸水管；8—滤网和底阀

压泵站等。

水泵机组在泵站内的平面布置，有横向排列、纵向排列和双行排列等几种形式。水泵机组的管路和附件，主要有滤网、底阀、吸水管、压水管、闸阀、止回阀、真空表和压力表等，如图5-5所示。

水泵吸水管一般采用一泵一管，即每台泵有单独的吸水管，吸水管力求长度要短，配件弯头要少，水平管段应有不小于0.005的沿水上升的坡度，当水平管线异径连接时，应采用偏心异径管并取管顶平，防止产生气囊。水泵的出水管上应设置闸阀及止回阀。

水泵站内除了水泵、吸水管、出水管及附件外，还设有水泵引水设备，在图纸识读时也应加以注意。

（二）给水管网简介

给水管网的布置有枝状和环状两种形式。枝状管网是指给水管网像树枝一样从干管到支管，如果管网中有一处损坏，将影响它以后管线的用水；环状管网是将管网连接成环，一旦部分管线损坏，断水范围较小。

从水源到水厂或水厂到管网之间的输水管道距离很长时，一般不接配水管，同时在管线最高处设排气阀，在最低处设排水阀或排泥阀，并在适当距离设置阀门，以便于检修。管道末端、转弯、分支处，当管径大于350mm时，应设混凝土支墩，以防管子接头脱节。管线上设置的闸门、水表、排气阀、泄水阀等附件，一般设置在检查井中。

三、排水系统简介

室外排水系统可分为污水排水系统和雨水排水系统。污水排水系统是指生活污水和工业废水系统，它是由管道、泵站、处理构筑物及出水口所组成。雨水排水系统由房屋雨水管道、厂区或庭院雨水管、街道雨水管道及出水口组成，如图5-6所示。

室外的排水体制有分流制和合流制两种。分流制是指生活污水、工业废水和雨水分别用两个或两个以上的排水系统进行排除的体制。合流制则是指污水和雨水用同一管道系统排除的体制。污水的局部处理构筑物有化粪池、隔油井、消毒池等。

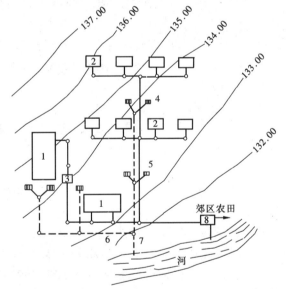

图5-6　排水系统的组成

1—生产车间；2—住宅；3—局部污水处理构筑物；4—雨水口；5—污水管道；6—雨水管道；7—出水管渠；8—污水处理厂

四、给排水工程施工图的识读

1. 平面图

室外给水排水管道平面图，主要表示一个厂区、地区给水排水布置情况，如图5-7所示。识读的主要内容和注意事项如下。

（1）查明管路平面布置与走向。通常给水管道用粗实线表示，排水管道用粗虚线表示，检查井用直径 2～3mm 的小圆表示。给水管道的走向是从大管径到小管径，通向建筑物的；排水管的走向则是从建筑物出来到检查井，各检查井之间从高标高到低标高，管径是从小到大的。

（2）室外给水管道要查明消火栓、水表井、阀门井的具体位置。当管路上有泵站、水池以及其他构筑物时，要查明这些构筑物的位置，管道进出的方向，以及各构筑物上管道、阀门及附件的设置情况。

（3）要了解给水排水管道的埋深及管径。管道标高往往标注绝对标高，识读时要搞清楚地面的自然标高，以便计算管道的埋设深度。室外给水排水管道的标高通常是按管底来标注的。

（4）室外排水管道识读时，特别要注意检查井的位置和检查井进出管的标高。当没有标高标注时，可用坡度计算出管道的相对标高。当排水管道有局部污水处理构筑物时，还要查明这些构筑物的位置，进出接管的管径、距离、坡度等，必要时应查看有关的详图，进一步搞清构筑物的构造以及构筑物上配管情况。

2. 纵断面图

由于地下管路种类繁多、布置复杂，为了更好地表示给水排水管道的纵断面布置情况，有些工程还绘制管道纵断面图。识读时应该掌握的主要内容和注意事项如下：

（1）查明管道、检查井的纵断面情况。有关数据均列在图样下面的表格中，一般应列有检查井编号及距离、管道埋深、管道标高、地面标高、管道坡度和管道直径等。

（2）由于管道长度方向比直径方向大得多，给制纵断面图时，纵横向采用不同的比例。横向比例，城市为 1:5000 或 1:10000，工矿企业为 1:1000 或 1:2000；纵向比例为 1:100 或 1:200。

3. 详图

室外给水排水详图，主要是表示管道节点、检查井、室外消火栓、阀门井、水塔水池构件、水处理设备及各种污水处理设备等。

五、识读举例

图 5-7、图 5-8、图 5-9 是某厂二级泵站管道平面布置图、A-A 剖面图和 B-B 剖面图，试对这套图纸进行识读。

从平面图图 5-7 上可以看出，该泵站设有两台 14sh-13A 型水泵，水泵中心间距 4100mm，水泵基础平面尺寸为 2600mm×1100mm。

从剖面图上可以看出，水泵的吸水管直径 ϕ500mm，埋地敷设，埋深 0.70m，用弯头返高到 0.575mm 后进入泵房，安装 ϕ500Z45T-10 的闸门和 ϕ500mm×350mm 偏心渐缩管与水泵入口连接。水泵出口安装 ϕ400mm×300mm90° 渐缩弯头，由弯头中心标高 0.587m 降至 -0.500m，经连接 ϕ400H44T-10 止回阀和 ϕ400Z944T-10 电动闸门后与管网接通。水泵出水管敷设在管沟内，为了排除管沟内的积水，管沟之间用 ϕ75mm 排水铸铁管连接起来，然后排至室外。识图时应注意与管配件明细表对照识读，才能准确了解图纸内容。

50

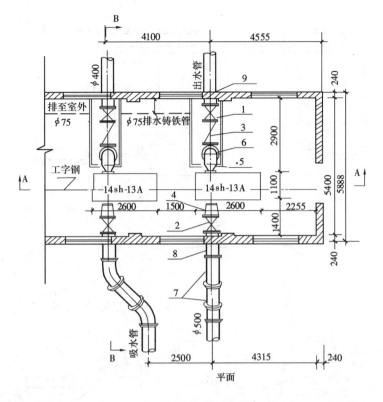

管 配 件 数 量 表

编号	名 称	规 格	材料	符 号	单位	数量	备 注
1	闸 阀	$\phi400Z944T\text{-}10$	钢	⋈	只	2	
2	闸 阀	$\phi500Z45T\text{-}10$	钢	⋈	只	2	
3	止回阀	$\phi400H44T\text{-}10$	钢	└┐	只	2	
4	偏心渐缩管	$\phi500\times350$	钢	▷◁	只	2	S311-12ϕ350 法兰 $PN=1.25$MPa
5	渐缩弯头	$\phi400\times300\times90°$	钢	⌐	只	2	
6	弯 头	$\phi400\times90°$	钢	⌐	只	2	S311-1
7	弯 头	$\phi500\times45°$	铸铁	⌐	只	4	
8	短 管	$\phi500\ L=1100$	钢	├	只	2	
9	短 管	$\phi400\ L=1500$	钢	├	只	2	

图 5-7 二级泵站管道平面布置图

图中代号标注见图 5-7。

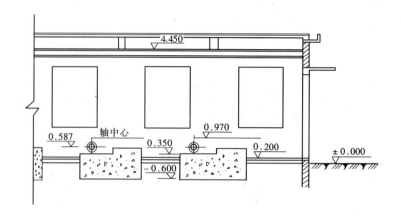

图 5-8　A-A

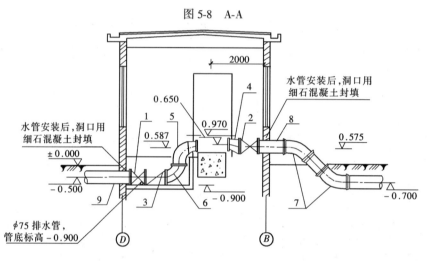

图 5-9　B-B

(图中代号标注见图 5-7)

第二部分　机械基础知识

第六章　带　传　动

第一节　带传动的工作原理和主要类型

带传动是由带和带轮组成传递运动和动力的传动，如图6-1。

带传动分为摩擦传动和啮合传动两类。属于摩擦传动类的带传动有平带传动、V带传动和圆带传动；属于啮合传动有同步带传动。

带传动是一种常用的机械传动，广泛应用在金属切削机床、输送机械、农业机械、纺织机械、通用机械等。通常选用的带传动有V带传动（即以前所称的△型传动）和平带传动。

一、工作原理

带传动是利用带作为中间挠性件，依靠带与带之间的摩擦力或啮合来传递运动或（和）动力的。如图6-1所示，把一根或几根闭合成环形的带张紧在主动轮 D_1 和从动轮 D_2 上，使带与两带轮之间的接触面产生正压力（或使同步带与两同步带轮上的齿相啮合），当主动轴 O_1 带动主动轮 D_1 旋转时，依靠带与两带轮接触面之间的摩擦力（或齿的啮合）使从动轮 D_2 带动从动轴 O_2 旋转，实现两轴间运动和（或）动力的传递。

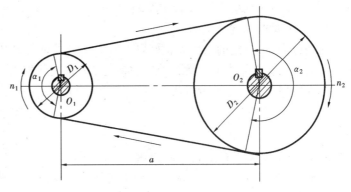

图6-1　带传动

二、传动比

带传动的传动比 i 就是带轮角速度之比，或带轮转速之比，用公式表示：

$$i = \frac{\omega_1}{\omega_2} = \frac{n_1}{n_2} \tag{6-1}$$

式中　ω_1——主动轮角速度（rad/s）；

　　　ω_2——从动轮角速度（rad/s）。

三、受力分析

环形带紧套在两个带轮的轮缘上。静止时，带绕过带轮上下两边的拉力相等，均为初

拉力 F_0，如图 6-2 所示。当带工作时，若主动带轮以转速 n_1 转动，由于带和轮缘的接触面上摩擦力 F_f 的作用，使从动轮以转速 n_2 转动。这时带两边的拉力发生了变化，带绕主动轮的一边被进一步拉紧，称为紧边（或称主动边），其拉力由 F_0 逐渐增加到 F_1；另一边则被放松，成为松边（或称从动边），其拉力由 F_0 逐渐减少到 F_2，如图 6-3 所示。

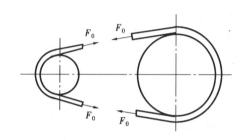

图 6-2　带传动受力分析（静止时）

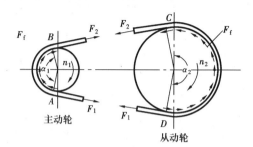

图 6-3　带传动受力分析（工作时）

假定带工作时总长度不变，则紧边拉力的增加量 $(F_1 - F_0)$ 近似等于松边拉力的减少量 $(F_0 - F_2)$，所以带轮两边带拉力之差称为带传动的有效拉力 F，即带所传递的圆周力。

$$F = F_1 - F_2 = \frac{1000p}{v} \tag{6-2}$$

式中　p——带传动所传递功率（kW）；

　　　v——带的速度（m/s）。

在初拉力 F_0 一定的条件下，如果带所传递的圆周力 F 超过带与带轮接触面间的极限摩擦力时，带会在轮缘上打滑，带传动丧失正常的工作能力，应设法避免。

带在轮缘上即将打滑时紧边拉力 F_1 和松边拉力 F_2 之间的关系，可用欧拉公式表示，即

$$F_1 = F_2 e^{f\alpha} \tag{6-3}$$

式中　e——自然对数的底，$e \approx 2.718$；

　　　f——摩擦因数（对 V 带传动，用当量摩擦因数 f_v 代替）；

　　　α——带轮包角（即带与带轮接触弧所对的圆心角），这里应为小带轮的包角 α_1（rad）。

带的有效拉力 F，即传递的圆周力，也可用欧拉公式表示为：

$$F = \frac{2F_0(e^{f\alpha} - 1)}{e^{f\alpha} + 1} \tag{6-4}$$

由此式可知：带的有效拉力的数值与带和带轮接触面之间的摩擦因数 f、包角 α 及初拉力 F_0 的大小有关。显然 f、α、F_0 越大，F 也越大。在一定的条件下 f 为一定值，若 F_0 一定，则 F 取决于小带轮的包角 α_1，为提高带传动的工作能力，α_1 不能太小（对于 V 带传动，通常取 $\alpha_1 > 120°$）。若 f 和 α_1 一定，则 F 取决于 F_0，但 F_0 过大，会使带过分拉伸而降低其使用寿命，同时会使作用在轴上的力过大。

四、带传动的类型和特点

1. 带传动的类型

带传动的类型取决于带的类型，如图 6-4 所示，根据传动带的横截面形状可以分为以下类型：

（1）平带

平带的横截面为矩形，工作面为内表面，工作时带的环形内表面与带轮的轮缘相接触，常用的平带有胶帆布平带、编织带等。

（2）V 带（△型带）

V 带是横截面为等腰梯形或近似为等腰梯形的环形传动带，工作面为两侧面，带工作时两个侧面与轮槽侧面相接触。

（3）圆带

圆带的横截面为圆形或近似为圆形。因它传递的功率小，所以较多应用于低速轻载传动，如家用器械与仪器仪表中。

（4）多楔带

多楔带是以平带为基体、内表面具有等距纵向楔的环形传动带。带的工作面为楔的侧面，兼有平带和 V 带的特点，具有挠性好、摩擦力大和结构紧凑的优点，常用于传递功率大又需要结构较小的场合。

（5）同步带

同步带是横截面为矩形或近似为矩形、内表面具有等距横向齿的环形传动带。它与同步轮组成啮合传动，其同步运动和动力是通过带齿和轮齿相啮合传递的，具有传动比恒定、效率高等优点，故应用日益广泛。

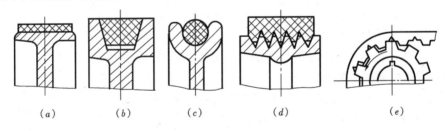

图 6-4 带的截面形状

（a）平带；（b）V 带；（c）圆带；（d）多楔带；（e）同步带

2. 带传动的特点

带传动的主要优点是：

（1）结构简单，使用维护方便，适用于两轴中心距较大的传动场合。

（2）由于传动带具有弹性，能缓冲、吸振，所以带传动平稳，噪声低。

（3）在过载时，传动带在带轮上会打滑，可以防止薄弱零件损坏，起安全保护作用。

带传动的主要缺点是：

（1）由于带工作时有弹性滑动，故传动比不准确。

（2）作用在轴上的力较大。

（3）传动效率较低，外形尺寸较大。

因此，根据其特点，带传动主要适用于 70kW 以下的中、小功率，带速为 5～25m/s，传动比不要求准确的机械中。目前，以平带与 V 带的应用最为广泛。

第二节 平 带 传 动

平带传动是由平带和带轮组成的摩擦传动，带的工作面与带轮的轮缘表面接触。

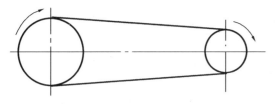

图 6-5 开口传动

一、平带传动的形式

1. 开口传动：开口传动是带轮两轴线平行、两轮宽的对称平面重合、转向相同的带传动，如图 6-5。这种形式在平带传动中应用最为广泛。

2. 交叉传动：交叉传动是带轮两轴线平行、两轮宽的对称平面重合、转向相反的带传动，如图 6-6。这种形式在平带传动中应用也较广泛。

3. 半交叉传动：半交叉传动是带轮两轴线在空间交错的带传动，交错角度通常为 90°，如图 6-7。

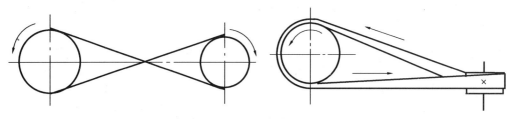

图 6-6 交叉传动   图 6-7 半交叉传动

4. 角度传动：角度传动是带轮两轴线相交的带传动，如图 6-8。

二、平带传动的主要参数

1. 包角 α：包角 α 是指带与带轮接触弧所对的圆心角，如图 6-1 所示。包角的大小，反映带与带轮轮缘表面间接触弧的长短。包角越小，接触弧越短，接触面间所产生的摩擦力总和也越小。为了提高平带传动的承载能力，包角就不能太小，一般要求包角 $\alpha \geq 150°$。由于大带轮上的包角是比小带轮上的包角大，因此只须验算小带轮上的包角是否满足要求即可，小带轮包角 α_1 的计算方法如下：

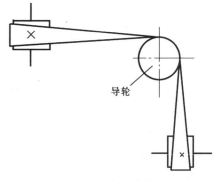

图 6-8 角度传动

开口传动 $\qquad \alpha_1 \approx 180° - \dfrac{D_2 - D_1}{a} \times 60°$ $\qquad$ (6-5)

交叉传动 $\qquad \alpha_1 \approx 180° + \dfrac{D_2 - D_1}{a} \times 60°$ $\qquad$ (6-6)

半交叉传动 $\qquad \alpha_1 \approx 180° + \dfrac{D_1}{a} \times 60°$ $\qquad$ (6-7)

式中　D_1——小带轮直径（mm）；

　　　D_2——大带轮直径（mm）；

　　　a——中心距（mm）。

2. 带长 L：平带的带长是指带的内周长度，其计算方法如下：

开口传动 $$L = 2a + \frac{\pi}{2}(D_2 + D_1) + \frac{(D_2 - D_1)^2}{4a} \tag{6-8}$$

交叉传动 $$L = 2a + \frac{\pi}{2}(D_2 + D_1) + \frac{(D_2 + D_1)^2}{4a} \tag{6-9}$$

半交叉传动 $$L = 2a + \frac{\pi}{2}(D_2 + D_1) + \frac{D_2^2 + D_1^2}{2a} \tag{6-10}$$

在实际使用中，按上式计算所得带长还须考虑平带在带轮上的张紧量、悬垂量（中心距较大时）和平带的接头量。

3. 传动比 i：在不考虑传动中的弹性滑动时，平带传动的传动比可用从动轮和主动轮直径之比计算，即

$$i = \frac{n_1}{n_2} = \frac{D_2}{D_1} \tag{6-11}$$

受小带轮的包角和带传动外廓尺寸的限制，平带传动的传动比 $i \leqslant 5$。

三、平带的类型和接头方式

1. 平带的主要类型：平带的主要类型有皮革平带、帆布芯平带、编织平带和复合平带等。其中以帆布芯平带（以帆布为抗拉体的平带）使用最为广泛。

2. 平带的接头方式：常用的有胶合、缝合、铰链带扣等接头方式，如图 6-9。经胶合和缝合的接头，传动时冲击小，传动速度可能高一些。铰链带扣式接头传递的功率较大，但传动速度不能太高，以免引起强烈的冲击和振动。当传动速度高时（$v \geqslant 25\text{m/s}$），可应用轻而薄的高速平带；传递功率较小时可用编织平带（编织带是由纤维线编织成的无接头平带）；传递功率较大时可采用由锦纶片或涤纶绳作承载层，工作面为铬鞣革或挂胶帆布的无接头复合平带。

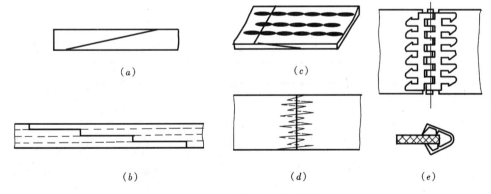

图 6-9　平带常用的接头方式

（a）皮革平带的胶合；（b）帆布芯平带的胶合；（c）用皮条缝合；

（d）用肠线缝合；（e）铰链带扣

第三节　V 带 传 动

V带传动是由一条或数条V带和V带轮组成的摩擦传动。V带安装在相应的轮槽内,仅与轮槽的两侧接触,而不与槽底接触。

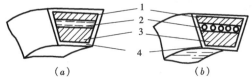

图 6-10　V 带的结构

（a）帘布结构；（b）线绳结构

1—伸张层；2—强力层；3—压缩层；4—包布层

一、V 带的结构和类型

V带是横截面为等腰梯形或近似为等腰梯形的传动带,其工作面为两侧面。

V带的结构分为帘布结构和线绳结构两种,如图 6-10。两种结构均由伸张层、强力层、压缩层和包布层组成。伸张层和压缩层在V带与带轮的接触工作时因弯曲而分别被伸张和压缩,这两层材质一般为胶料。强力层是V带的主要承力层,两种结构分别使用胶帘布和胶线绳,常用V带主要采用帘布结构,线绳结构比较柔软,抗弯曲疲劳性能也较好,但拉伸强度低,仅使用于胶帆布制成,对V带起保护作用。

常用的V带主要类型有:普通V带、窄V带、宽V带、半宽V带等,它们的楔角（V带两侧边的夹角 α）均为40°。其他还有楔角为60°的大楔角V带、专用于汽车和拖拉机内燃机的V带,具有均布横向齿形V带、由几条相同的普通V带或窄V带在顶面连成一体的联组V带等。

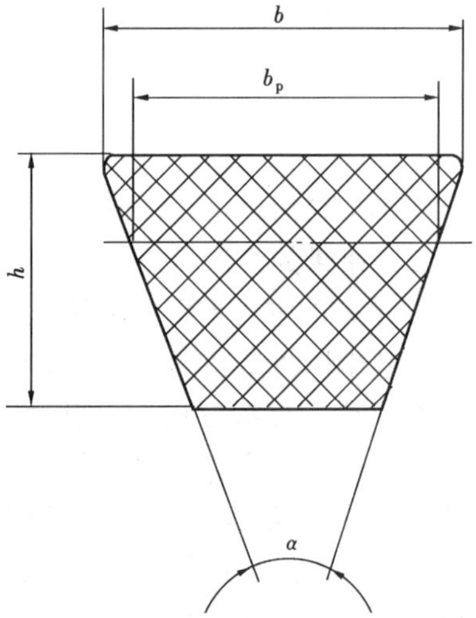

二、普通 V 带传动的主要参数

1. 普通V带的截面尺寸:普通V带分Y,Z,A,B,C,D,E七种型号,其截面形状如图 6-11 所示。各型号普通V带的截面尺寸见表 6-1。Y型V带的截面积最小,E型V带的截面积最大。V带的截面积愈大,其传递的功率也愈大。

图 6-11　普通 V 带的截面形状

普通 V 带的截面尺寸（mm）　　表 6-1

型　　号	节　宽 b_p	顶　宽 b	高　度 h	楔　角 α
Y	5.3	6.0	4.0	
Z	8.5	10.0	6.0	
A	11.0	13.0	8.0	
B	14.0	17.0	11.0	40°
C	19.0	22.0	14.0	
D	27.0	32.0	19.0	
E	32.0	38.0	25.0	

当V带垂直其底边弯曲时,在带中保持原长度不变的任意一条周线叫做V带的节线。

由全部节线构成的面叫做节面。节宽 b_p 就是带的节面宽度。当带垂直其底边弯曲时，该宽度保持不变。V带横截面中梯形轮廓的最大宽度叫做顶宽 b，梯形轮廓的高度叫做高度 h。带的高度与其节宽之比叫做相对高度 h/b_p。对于普通V带，其相对高度为0.7，窄V带、半宽V带和宽V带的相对高度分别约为0.9、0.5、0.3。

2．V带轮的轮槽截面：V带轮的轮槽截面形状如图6-12所示。其主要参数如下。

(1) 基准宽度 b_d：通常基准宽度和所配用V带的节面处于同一位置，也就是基准宽度等于节宽，$b_d = b_p$。

(2) 基准直径 d_d：指轮槽基准宽度处带轮的直径。带轮的基准直径不能太小，基准直径越小，传动时带在带轮上弯曲变形越严重，弯曲应力越大。因此，对各型号的普通V带带轮都规定有最小基准直径 d_{dmin}。

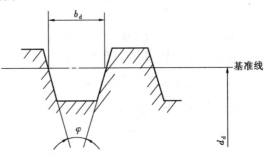

图 6-12　V带轮的轮槽截面

普通V带传动带轮的基准宽度 b_d 和最小基准直径 d_{dmin}。见表6-2。

普通 V 带传动带轮的基准宽度 b_d 和最小基准直径 d_{dmin}（mm）　　表6-2

普通 V 带型号	Y	Z	A	B	C	D	E
带轮基准宽度 b_d	5.3	8.5	11	14	19	27	32
带轮最小基准直径 d_{dmin}	20	50	75	125	200	355	500

(3) 槽角 ϕ：轮槽横截面两侧边的夹角。

由于V带与带轮接触时处于弯曲状态，除节线的周长和节宽 b_p 保持不变外，V带节面与顶面间的伸张层在弯曲时周线被拉长，横截面内宽度变窄；V带节面与底面间的压缩层在弯曲时周线被压短，横截面内宽度变宽。因此，处于弯曲状态的V带横截面内两侧边的夹角（楔角）α 会便变小。带轮直径越小，V带弯曲越严重，楔角 α 越小。为了保证变形后的V带两侧工作面与轮槽工作面紧密贴合，轮槽的槽角 ϕ 应比V带的楔角略小，对于 $\alpha = 40°$ 的V带传动，槽角常取38°、36°、34°。小带轮上V带变形严重，ϕ 取小一些，大带轮则 ϕ 取较大值。

3．传动比：

$$i = \frac{n_1}{n_2} = \frac{d_{p2}}{d_{p1}} \tag{6-12}$$

式中　d_{p1}——小带轮的节圆直径（mm）；

d_{p2}——大带轮的节圆直径（mm）。

轮槽上与配用V带的节宽 b_p 尺寸相同的宽度叫做轮槽节宽 l_p，轮槽节宽处的带轮直径叫做节径（节圆直径）d_p，轮槽的节宽与基准宽度的位置不一定重合，因此，节径不一定等于基准直径。只有在V带的节面和带轮的基准宽度重合时，基准宽度才等于节宽。

通常，带轮的节圆直径可视为基准直径 d_d，V带传动的传动比 $i \leqslant 7$。

4．带的基准长度 L_{d0}：带的基准长度是V带在规定的张紧力下，位于测量带轮基准直径上的周线长度。

带的基准长度按设计（或按机械结构传动需要初定）中心距 a_0 进行计算：

$$L_{d0} = 2a_0 + \frac{\pi}{2}(d_{d1} + d_{d2}) + \frac{(d_{d2} - d_{d1})^2}{4a_0} \qquad (6-13)$$

式中　L_{d0}——计算基准长度（mm）；

　　　a_0——设计或初定中心距（mm）；

　　　d_{d1}——小带轮基准直径（mm）；

　　　d_{d2}——大带轮基准直径（mm）。

5. 传动实际中心距 a：

$$a = A + \sqrt{A^2 - B} \qquad (6-14)$$

式中

$$A = \frac{L_{d0}}{4} - \frac{\pi(d_{d1} + d_{d2})}{8}$$

$$B = \frac{(d_{d2} - d_{d1})^2}{8}$$

6. 小带轮包角 α：

$$\alpha = 180° - 57.3° \times \frac{d_{d2} - d_{d1}}{a} \qquad (6-15)$$

对于 V 带传动，小带轮的包角一般要求 $\alpha \geqslant 120°$。

三、普通 V 带传动的选用要点

与平带传动比较，普通 V 带传动传动平稳，不易振动，摩擦力大，传递功率较大。在相同的条件下，普通 V 带的传动能力为平带的三倍。所以，普通 V 带传动应用最为广泛。

选用普通 V 带传动时，首先根据所需传递的功率和主动轮的转速选择普通 V 带的型号和 V 带的根数，其次选用带轮基准直径 d_d，并保证 $d_d \geqslant d_{dmin}$（表 6-2），然后确定带的基准长度 L_{d0} 并进行各项验算。选用时应注意以下问题：

（1）两带轮直径要选用适当，如小带轮直径太小，则 V 带在带轮上弯曲严重，传动时弯曲应力大，影响 V 带的使用寿命。

（2）普通 V 带的线速度应验算并限制在 5m/s $\leqslant v \leqslant$ 25m/s 范围内。V 带的线速度越大，V 带作圆周运动时，所产生的离心惯性力也越大，这使 V 带拉长，V 带与带轮之间的压力减小，导致摩擦力减小，降低传动时的有效圆周力。但 V 带的线速度也不宜过小，因为速度过小，在传递功率一定时，所需有效圆周力便过大，会引起打滑。

（3）V 带传动的中心距应适当，中心距越大，传动结构也越大，传动时还会引起 V 带颤动；中心距太小，小带轮上包角也越小，使摩擦力减小而影响传递的有效拉力。此外，由于单位时间内带在带轮上挠曲次数增多，使 V 带容易疲劳，影响 V 带的寿命。

四、普通 V 带传动的正确使用

正确的安装、调整、使用和维护是保证 V 带传动正常工作和延长寿命的有效措施。因此必须注意下列几点：

（1）选用普通 V 带时，要注意带的型号和基准长度不要搞错，以保证 V 带在轮槽上的正确位置。V 带顶面和带轮轮槽顶面取齐，如图 6-13（a）所示（新安装时 V 带顶面可略高出）。这样 V 带和轮槽的工作面之间可充分接触。如高出轮槽顶面太多，见图 6-13（b），则工作面的实际接触面积减小，使传动能力降低；如低于轮槽顶面过多，见图 6-13（c），会使 V 带底面与轮槽底面接触，从而导致 V 带传动因两侧工作面接触不良而使摩擦力锐减甚至丧失。

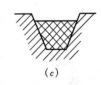

图 6-13　V 带在轮槽中的位置

（2）安装带轮时，各带轮轴线应相互平行，各带轮相对应的 V 形槽的对称平面应重合，误差不得超过 20′（图 6-14）。带轮安装在轴上不得摇晃摆动，轴和轴端不应有过大的变形，以免传动时 V 带的扭曲和工作侧面过早磨损。

（3）V 带的张紧程度要适当，不宜过松或过紧。过松，不能保证足够的张紧力，传动时容易打滑，传动能力不能充分发挥；过紧，带的张紧力过大，传动中磨损加剧，使带的使用寿命缩短。实践经验表明在中等中心距情况下，V 带安装后，用大拇指能将带按下 15mm 左右，则张紧程度合适，如图 6-15。

（4）对 V 带传动应定期检验并及时调整。如发现有不宜继续使用的 V 带，应及时更换。更换时应一组同时更换，而且使一组 V 带中各根带的实际长度尽量接近相等，以使各根 V 带在传动时受力均匀。

（5）V 带传动必须安装防护罩，这样即可防止伤人事故，又可防止润滑油、切削液及其他杂物等飞溅在 V 带上而影响传动，还可避免 V 带在露天作业下受烈日暴晒而过早老化变质。

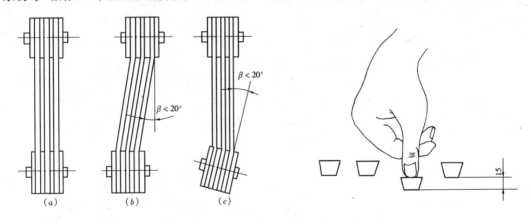

图 6-14　V 带和带轮的安装
（a）两带轮理想的正确位置；（b）、
（c）带轮安装实际位置的允许误差

图 6-15　V 带的张紧程度

第四节　带传动的张紧装置

带传动中，由于带长期受到拉力的作用，会产生永久变形而伸长，带由张紧变为松弛，张紧力逐渐减小，导致传动能力降低，甚至无法传动。因此，必须将带重新张紧。常用的张紧方法有两种，即调整中心距和使用张紧轮。

一、调整中心距

调整中心距的张紧装置有带的定期张紧和带的自动张紧两种。带的定期张紧装置一般用调整螺钉来调整两带轮轴线间的距离。如图 6-16（a）所示，将装有带轮的电动机固定

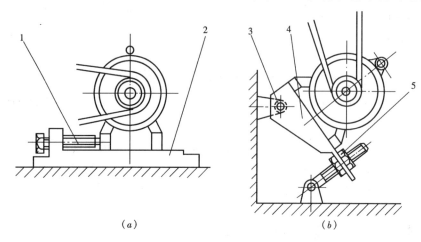

（a）　　　　　　　　　　　　（b）

图 6-16　带的定期张紧装置

（a）水平传动；（b）垂直传动

1—调整螺钉；2—滑槽；3—固定槽；4—托架；5—调节螺母

在滑座上，旋转调整螺钉使滑座沿滑槽移动，将电动机推到所需位置，使带达到预期的张紧程度，然后固定。这种张紧方式适用于水平传动或接近水平的传动。图 6-16（b）所示为垂直或接近垂直传动时采用的定期张紧方式。装有带轮的电动机安装在可以摆动的托架上，旋转调节螺母使托架绕固定轴摆动，达到调整中心距使带张紧的要求。

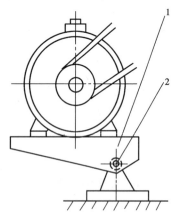

图 6-17　带的重力自动张紧装置

1—摆架；2—固定轴

如图 6-17 所示，将装有带轮的电动机固定在浮动的摆架上，利用电动机及摆架的自重，使带轮随同电动机绕固定轴摆动，自动保持张紧力。这种方式多用在小功率的传动中。

二、使用张紧轮

张紧轮是为改变带轮的包角或控制带的张紧力而压在带上的随动轮。当两带轮中心距不能调整时，可使用张紧轮张紧装置。

图 6-18 所示为平带传动时采用的张紧轮装置，它是利用平衡重锤使张紧轮张紧平带的。平带传动时，张紧轮应安放在平带松边的外侧，并要靠近小带轮处，这样可以增大小带轮上的包角，提高平带传动的传动能力。

图 6-19 所示为 V 带传动时采用的张紧轮装置。V 带传动中使用的张紧轮应安放在 V 带松边的内侧。张紧轮放在带外侧，带在传动时受双向弯曲而影响使用寿命；放在带的内侧时，传动时带只受单方向的弯曲，但会引起小带轮上

包角的减小，影响带的传动能力。因此，应使张紧轮尽量靠近大带轮处，这样可使小带轮上的包角不致减小太多。

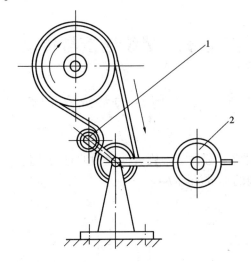

图 6-18　平带传动的张紧轮的装置
1—张紧轮；2—平衡重锤

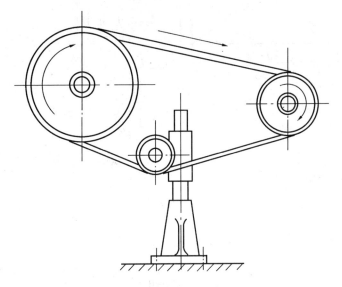

图 6-19　V带传动的张紧轮装置

第七章　螺纹连接与传动

第一节　螺纹的形成及种类

一、螺纹的形成

1.螺旋线：螺旋线是沿着圆柱或圆锥表面运动的点的轨迹，该点的轴向位移和相应的角位移成定比。螺旋线的形成如图7-1。

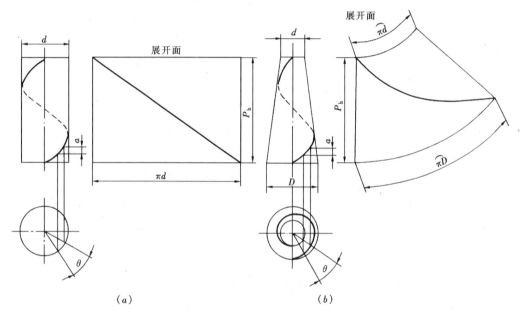

图7-1　螺旋线的形成

（a）圆柱螺旋线；（b）圆锥螺旋线

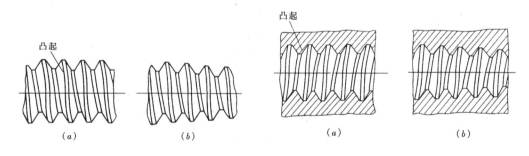

图7-2　外螺纹

（a）圆柱外螺纹；（b）圆锥外螺纹

图7-3　内螺纹

（a）圆柱内螺纹；（b）圆锥内螺纹

2.螺纹：螺纹是在圆柱或圆锥表面上，沿着螺旋线所形成的具有规定牙型的连续凸起，如图7-2、图7-3。凸起是指螺纹两侧面间的实体部分，又称为牙。在圆柱表面上所形成的螺纹称圆柱螺纹，如图 7-2（*a*）、图 7-3（*a*）。在圆锥表面上所形成的螺纹称圆锥螺纹，如图 7-2（*b*）、图 7-3（*b*）。

二、螺纹的种类

螺纹的种类较多。在圆柱或圆锥外表面上所形成的螺纹称外螺纹；在圆柱或圆锥内表面上所形成的螺纹称内螺纹。按螺纹的旋向不同，顺时针旋转时旋入的螺纹称右旋螺纹；逆时针旋转时旋入的螺纹称左旋螺纹。螺纹的旋向可以用右手来判定。如图 7-4（*a*）所示，伸展右手，掌心对着自己，四指并拢与螺杆的轴线平行，并指向旋入方向，若螺纹的旋向与拇指的指向一致为右旋螺纹，反之则为左旋螺纹。一般常用右旋螺纹。按螺旋线的数目不同，又可分成单线螺纹（沿一条螺旋线所形成的螺纹）和多

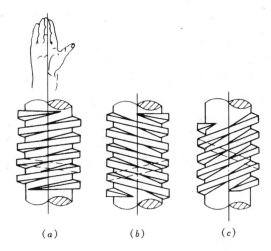

图 7-4　螺纹的旋向和线数

线螺纹（沿两条或两条以上的螺旋线所形成的螺纹，该螺旋线在轴向等距分布）。图 7-4 中，图（*a*）为单线右旋螺纹、图（*b*）为双线左旋螺纹、图（*c*）为三线右旋螺纹。

在通过螺纹轴线的剖面上，螺纹的轮廓形状成为螺纹牙型。按螺纹牙型不同，常用的螺纹有三角形螺纹、矩形螺纹、梯形螺纹和锯齿形螺纹（如图 7-5）。

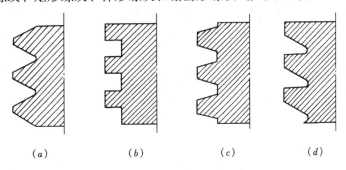

（*a*）　　　　（*b*）　　　　（*c*）　　　　（*d*）

图 7-5　螺纹的牙型
（*a*）三角形；（*b*）矩形；（*c*）梯形；（*d*）锯齿形

螺纹在机械中的应用主要有连接和传动，因此按其用途可分成连接螺纹和传动螺纹两大类。

1. 连接螺纹

内、外螺纹相互旋合形成的连接称为螺纹副。

连接螺纹的牙型多为三角形，而且多用单线螺纹，因为三角形螺纹的摩擦力大，强度高，自锁性能好。应用最广的普通螺纹，其牙型角为 60°，同一直径按螺距大小可分为粗牙和细牙两类。一般连接用粗牙普通螺纹。细牙普通螺纹用于薄壁零件或使用粗牙对强度有较大影响的零件。也常用于受冲击、振动或载荷交变的连接和微调机

构的调整。细牙螺纹比粗牙螺纹的自锁性好，螺纹零件的强度削弱较少，但容易滑扣。

用于管路连接的为管螺纹。管螺纹的牙型角为55°，分为非螺纹密封和用螺纹密封的两类。非螺纹密封的螺纹副，其内螺纹和外螺纹都是圆柱螺纹，连接本身不具备密封性能。若要求连接后具有密封性，可压紧被连接件螺纹副外的密封面，也可在密封面间添加密封物。用螺纹密封的螺纹副有两种连接形式：用圆锥内螺纹与圆锥外螺纹连接；用圆柱内螺纹与圆锥外螺纹连接。这两种方式本身都具有一定的密封能力，必要时也可以在螺纹副内添加密封物，以保证连接的密封性。

2. 传动螺纹

用于传动的螺纹有梯形螺纹、锯齿形螺纹和矩形螺纹。

（1）梯形螺纹：螺纹牙型为等腰梯形，牙型角 $\alpha = 30°$，是传动螺纹的主要形式，广泛应用于传递动力或运动的螺旋机构中。梯形螺纹牙根强度高，螺旋副对中性好，加工工艺性好，但与矩形螺纹比较，效率略低，如图7-6。

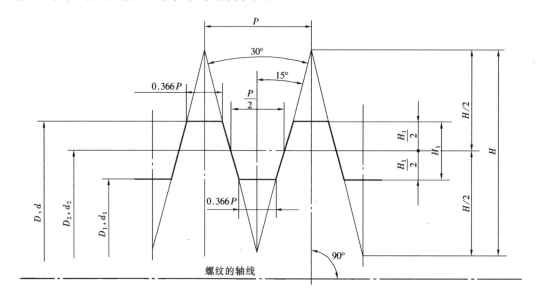

图 7-6　梯形螺纹基本牙型

D—内螺纹大径（公称直径）；d—外螺纹大径（公称直径）；D_2—内螺纹中径；d_2—外螺纹中径；

D_1—内螺纹小径；d_1—外螺纹小径；P—螺距；H—原始三角形高度；H_1—基本牙型高度

（2）锯齿形螺纹：承载牙侧的牙侧角（在螺纹牙型上，牙侧与螺纹轴线的垂线间的夹角）为3°，非承载牙侧的牙侧角为30°。锯齿形螺纹综合了矩形螺纹效率高和梯形螺纹牙根强度高的特点。其外螺纹的牙根有相当大的圆角，以减小应力集中。螺纹副的大径处无间隙，便于对中。锯齿形广泛应用于单向受力的传动机构，如图7-7。

（3）矩形螺纹：螺纹牙型为正方形，螺纹牙厚等于螺距的1/2。传动效率高，但对中精度低，牙根强度弱。矩形螺纹精确制造较为困难，螺旋副磨损后的间隙难以补偿或修复，主要用于传力机构中。

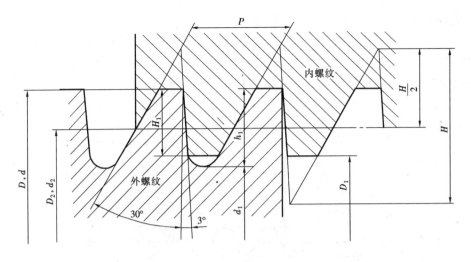

图 7-7 锯齿形螺纹

D—内螺纹大径（公称直径）；*d*—外螺纹大径（公称直径）；D_2—内螺纹中径；d_2—外螺纹中径；D_1—内
螺纹小径；d_1—外螺纹小径；*P*—螺距；*H*—原始三角形高度；H_1—内螺纹牙高；h_1—外螺纹牙高

第二节　普通螺纹的主要参数及代号、标记

一、普通螺纹的主要参数

普通螺纹的基本牙型如图 7-8 所示。

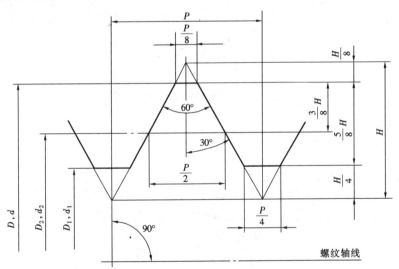

图 7-8　普通螺纹基本牙型

D—内螺纹大径（公称直径）；*d*—外螺纹大径（公称直径）；D_2—内螺纹中径；d_2—外
螺纹中径；D_1—内螺纹小径；d_1—外螺纹小径；*P*—螺距；*H*—原始三角形高度

普通螺纹的主要参数有：大径、小径、中径、螺距、导程、牙型角和螺纹升角等 7
个。

1. 大径（D、d）

普通螺纹的大径是指与外螺纹牙顶或内螺纹牙底相切的假想圆柱的直径，如图 7-9。

内螺纹的大径用代号 D 表示，外螺纹的大径用代号 d 表示。螺纹的公称直径是指代表螺纹尺寸的直径。普通螺纹的公称直径是大径（D，d）。

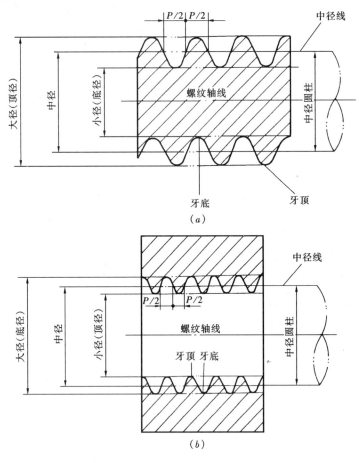

图 7-9　螺纹的大径、小径和中径
（a）外螺纹；（b）内螺纹

2. 小径（D_1，d_1）

普通螺纹的小径是指与外螺纹牙底或内螺纹牙顶相切的假想圆柱的直径，如图 7-9。

内螺纹的小径用代号 D_1 表示，外螺纹的小径用代号 d_1 表示。

$$D_1 = D - 2 \times (5/8)H \tag{2-1}$$
$$d_1 = d - 2 \times (5/8)H \tag{2-2}$$

3. 中径（D_2，d_2）

普通螺纹的中径是指一个假想圆柱的直径，该圆柱的素线通过牙型上沟槽和凸起宽度相等的地方。该假想圆柱称为中径圆柱，如图 7-9。

内螺纹的中径用代号 D_2 表示，外螺纹的中径用代号 d_2 表示。

$$D_2 = D - 2 \times (3/8)H \tag{2-3}$$
$$d_2 = d - 2 \times (3/8)H \tag{2-4}$$

4. 螺距（P）

螺距是指相邻两牙在中径线上对应两点间的轴向距离，如图 7-10，用代号 P 表示。

5. 导程（P_h）

导程是指同一条螺旋线上的相邻两牙在中径线上对应两点间的轴向距离（图 7-10），用代号 P_h 表示。单线螺纹的导程就等于螺距；多线螺纹的导程等于螺旋线数与螺距的乘积。

6. 牙型角（α）及牙侧角

牙型角是指在螺纹牙型上，两相邻牙侧间的夹角，如图 7-11，用代号 α 表示。

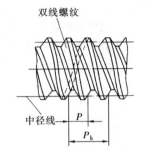

图 7-10　螺距和导程

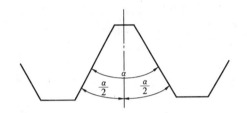

图 7-11　普通螺纹的牙型角

普通螺纹的牙型角 $\alpha = 60°$。牙型半角是牙型角的一半，用代号 $\alpha/2$ 表示。

牙侧角是指在螺纹牙型上，牙侧与螺纹轴线的垂线间的夹角，如图 7-12。螺纹的两牙侧角为代号 α_1、α_2 表示。对于普通螺纹，两牙侧角相等，并等于螺纹半角，即：

$$\alpha_1 = \alpha_2 = \alpha/2 = 30°$$

7. 螺纹升角（ϕ）

螺纹升角又称导程角，普通螺纹的螺纹升角是指在中径圆柱上，螺旋线的切线与垂直于螺纹轴线的平面的夹角，如图 7-13，用代号 ϕ 表示。

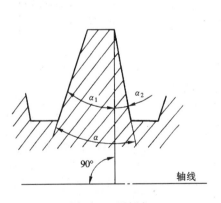

图 7-12　牙侧角

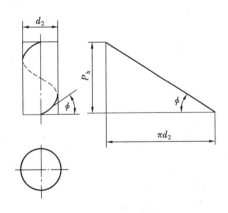

图 7-13　螺纹升角

二、普通螺纹的代号与标记

1. 普通螺纹代号

粗牙普通螺纹用字母 M 及公称直径表示；细牙普通螺纹用字母 M 及公称直径 × 螺距表示。当螺纹为左旋时，在螺纹代号之后加"LH"字。例如：

M24 表示公称直径为 24mm 的粗牙普通螺纹；

M24×1.5 表示公径直径为 24mm、螺距为 1.5mm、方向为右旋的细牙普通螺纹。

M24×1.5LH 表示公称直径为 24mm、螺距为 1.5mm、方向为左旋的细牙普通螺纹。

2. 普通螺纹标记

普通螺纹的完整标记由螺纹代号、螺纹公差带代号和螺纹旋合长度代号所组成。

螺纹公差带代号包括中径公差带代号与顶径（指外螺纹大径和内螺纹小径）公差带代号。公差带代号是由表示其大小的公差等级数字和表示其位置的字母所组成，例如 6H，6g 等。其中"6"为公差等级数字，"H"或"g"为基本偏差代号。

螺纹公差带代号标注在螺纹代号之后，中间用"—"分开。如果螺纹的中径公差带与顶径公差带代号不同，则分别注出。前者表示中径公差带，后者表示顶径公差带。如果中径公差带与顶径公差带代号相同，则只标注一个代号。例如：

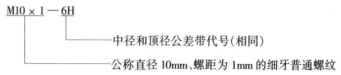

内、外螺纹装配在一起，其公差带代号用斜线分开，左边表示内螺纹公差带代号，右边表示外螺纹公差带代号。例如：

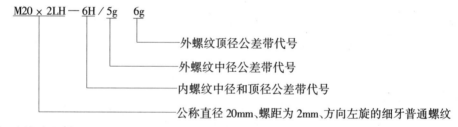

螺纹旋合长度是指两个相互配合的螺纹沿螺纹轴线方向相互旋合部分的长度（图 7-14）。螺纹的旋合长度分为三组，分别称为短旋合长度、中等旋合长度和长旋合长度，相应的代号为 S、N、L。

在一般情况下，不标注螺纹旋合长度，使用时按中等旋合长度确定。必要时，在螺纹公差带代号之后加注旋合长度代号 S 或 L，中间用"—"分开。特殊需要时，可注明旋合长度的数值，中间用"—"分开。例如：

M10—5g6g—S

M10—7H—L

M20×2—7g6g—40

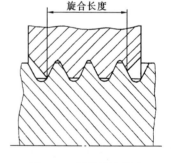

图 7-14　螺纹旋合长度

第三节　螺　纹　连　接

一、螺纹连接的基本类型

螺纹连接的基本类型有螺栓连接、双头螺柱连接、螺杆连接及紧定螺钉连接等，见图

7-15。

1. 螺栓连接

螺栓连接是利用一端带有头部（螺栓头），另一端有螺纹的螺杆穿过被连接件的孔，拧上螺母，将被连接件连接起来的，见图7-15（a）、（b）。

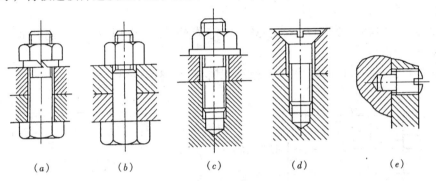

（a）　　　　（b）　　　　（c）　　　　（d）　　　　（e）

图7-15　螺纹连接的基本类型

螺栓连接的被连接件不需要加工螺纹，使用方便，广泛用于被连接件不太厚，并能从连接件两边进行装配的场合。一般螺栓连接采用图7-15（a）的结构形式。螺母与被连接件之间放置垫圈，拧紧螺母后，螺栓受拉力承受轴向载荷，并依靠螺栓连接对连接件的压紧力，使其产生能承受横向载荷的摩擦力。由于是依靠摩擦力来承载横向载荷，因此，其连接螺栓与被连接件的通孔允许有间隙存在，制造、安装精度要求不高而方便。

当连接需要承受较大横向载荷或需固定两被连接件的相对位置时，则应采用图7-15（b）所示的绞制孔螺栓连接。它是依靠螺栓光杆部分承受剪切和挤压来传递横向载荷的。这种连接要求的螺孔和螺栓加工精度较高。

2. 双头螺柱连接，见图7-15（c）。

这种连接是将两头都有螺纹的螺栓一端旋紧在被连接件的螺纹孔内，另一段穿过另一被连接件的孔，放上垫片，旋上螺母，使被连接件连成一体的。

双头螺柱连接常用于需多次装拆、取走上面被连接件，而下面被连接件又较厚或因结构需要采用盲孔的连接。

3. 螺钉连接，见图7-15（d）。

它是将螺钉直接拧入下面被连接件的螺纹孔内实现连接的。螺钉连接具有不需螺母，连接表面光整的特点。常用于被连接件之一较厚，且不经常装拆的场合（经常装拆易使螺纹孔损坏）。

4. 紧定螺钉连接，见图7-15（e）。

它是利用紧定螺钉旋入上面被连接的螺纹孔中，用其末端顶往另一被连接件的表面或顶入相应的凹坑中以固定两零件的相对位置。这种连接可传递不大的力及转矩，多用于轴和轴上零件的连接。

二、螺纹连接件

螺纹连接件包括螺钉、螺栓、螺母和垫圈。

由于使用条件不同，这些零件的式样也是多种多样的，但形状和尺寸在国家标准中都有规定。

1. 六角头螺栓，见图7-16。

六角头螺栓按加工要求不同分粗制和精制两种。粗制螺栓因精度较差，多用于土建和钢、木结构中的连接；精制螺栓又分普通精制螺栓和精制孔用螺栓，它们都用于机械连接中；但普通精制螺栓用于普通螺栓的连接，见图7-15（a），而精制孔用螺栓用于铰制孔螺栓连接，见图7-15（b）。

六角螺栓的材料一般为Q215、Q235、45等碳素钢，特殊用途的可采用合金钢。

2. 双头螺柱

见图7-17，双头螺柱两端均制有螺纹，其材料与螺栓相同。

L_1—端座
L_0—螺母座

图7-16 六角头螺栓　　　　　　　图7-17 双头螺栓

3. 地脚螺栓

见图7-18所示，地脚螺栓是专用于各种机器与地基连接的一种特殊螺栓。它有短、长两种类型，短型地脚螺栓长度为80～400mm，适用于稳定载荷；长型地脚螺栓长度为500～1500mm，适用于有冲击、振动或倾倒力很大的机器上。

4. 螺钉

螺钉的头部有多种形状，以适用不同的拧紧程度和机械结构上的需要，见图7-19所示。

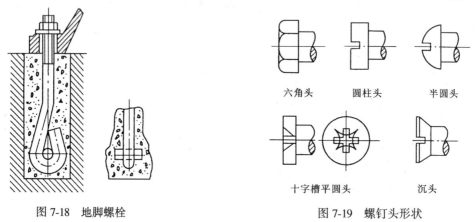

六角头　　　圆柱头　　　半圆头

十字槽平圆头　　　沉头

图7-18 地脚螺栓　　　　　　　图7-19 螺钉头形状

5. 紧定螺钉

一般情况下紧定螺钉沿杆全长都只有螺纹，其头部和末端具有多种形状，见图7-20所示，以适应不同紧定的需要。

6. 螺母

螺栓或双头螺柱连接都需要使用螺母。按制造要求也分粗制和精制两种，分别与粗制和精制螺栓配合使用。螺母的形状很多，图7-21所示是几种常见的螺母。

图7-21（a）所示六角螺母用得最多，其标准厚度 $H \approx 0.8d$，用于一般场合；当载荷较轻时，可用 $H \approx 0.6d$ 的扁螺母；在螺母需要经常拆卸的地方可采用 $H \approx 1.1d$ 的厚螺母。

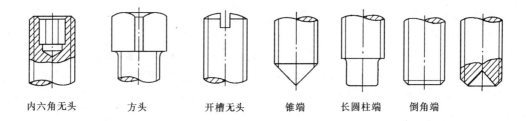

内六角无头　　方头　　开槽无头　　锥端　　长圆柱端　　倒角端

图 7-20　紧定螺钉

（a）头部结构；（b）尾部结构

图（b）所示圆螺母用于直径较大的地方，主要是轴类零件的连接上。按国家标准，为了减小对轴强度的影响，所有圆螺母均采用细牙螺纹。

图（c）所示的翼形螺母用于直接用手迅速装拆的连接，它只能承受较小的载荷。

图（d）所示的开槽螺母用于需机械防松的场合。

一般螺母的材料要比配用的螺栓材料软，以延长螺栓的使用寿命。

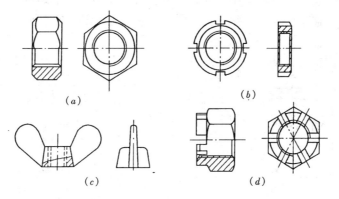

（a）　　　　　　　　　（b）

（c）　　　　　　　　　（d）

图 7-21　螺母形状

7. 垫圈

垫圈常放在螺母与被连接件之间，用途是保护被连接件表面不被刮伤，并增大螺母与被连接件之间的接触面积，还起垫平作用。

一般情况下，粗制螺母采用粗制垫片，见图 7-22 中（a），精制螺母采用精制垫片，见图 7-22（b）。当被连接件表面倾斜时，见图 7-23 所示，可采用斜垫片，见图 7-22 中（c）。垫片的材料应与相应的螺母相同。

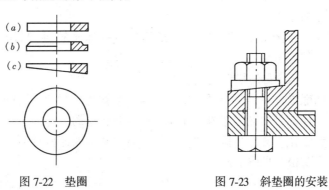

图 7-22　垫圈　　　　　　　图 7-23　斜垫圈的安装

73

此外，还有起防松作用的弹簧垫圈和止动垫圈等。

三、螺纹连接的防松

从理论设计上讲，所有标准连接螺栓都是自锁的，在静载荷的作用下不会发生松脱现象。但是在交变、连续冲击和振动载荷作用下，连接仍可能失去自锁作用而发生松·脱，甚至会因此而造成严重的事故。所以，为了保证螺纹连接的可靠，必须考虑其防松问题。

1. 摩擦防松装置

摩擦防松是利用加大螺纹连接间摩擦力的方法，使摩擦力不受外加载荷影响而始终有摩擦阻力来防止连接松脱的。

（1）双螺母（对顶螺母）防松（见图7-24）。

其防松方法是在螺栓上旋合两个螺母。当第二个螺母（副螺母）拧紧后，处于这对螺母间的一段螺栓受到拉伸，因而在螺纹接触面间产生了一定的附加摩擦力。不管外载荷情况如何，此附加摩擦力总是存在，从而达到防止松动的目的。

这种防松方面结构简单，工作较可靠。但它由于多用了一个螺母，不仅使螺栓加长，重量、成本增加，而且使螺栓外露太长。因此，它不适宜用于高速机器上和要求螺栓外露不能太长的连接上。

（2）弹簧垫圈防松，见图7-25。

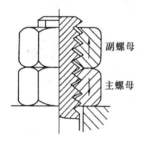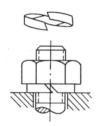

图7-24　双螺母防松　　　　　图7-25　弹簧垫圈防松

弹簧垫圈是用65Mn钢制成（经淬火处理），并开有70°的翘开斜口的垫圈。当螺母拧紧后，垫圈被压平而产生很大的弹簧反力，使螺母和螺栓的螺纹间始终保持很大的摩擦力，从而达到防松的目的。

弹簧垫圈结构简单，防松比较可靠，且由于弹簧垫圈是标准零件，选用方便，所以应用较广泛。

2. 机械防松装置

机械防松是利用机械的方法把螺母和螺栓连成一体来解决螺母与螺杆间的相对转动。

（1）开口销和开槽螺母防松，见图7-26。

它是采用开槽螺母，在螺母拧紧后，在螺栓末端钻孔，把开口销钉插入孔和槽后，将销的末端分开，来使螺母和螺栓连成一体而不能相对转动的。

这种防松装置工作可靠，装拆方便，常用于有振动的高速机器上。

（2）止动垫圈防松，见图7-27。

这种垫圈具有几个外翘和一个内翘，将内翘放入螺栓（或轴）的纵向槽内，拧紧螺母后将垫圈的一个外翅弯入到螺母的一个缺口中，即可防松。

（3）串连钢丝防松（见图7-28）。

它是用钢丝连续穿过一组螺栓头的小孔，使各螺栓通过钢丝的相互制约来防松的。这种防松方法适用于较紧凑的成组螺栓的连接。

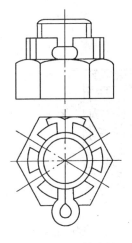

图 7-26　开口销防松

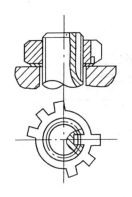

图 7-27　止动垫圈防松

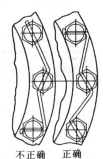

不正确　　正确

图 7-28　串联钢丝防松

第四节　螺　旋　传　动

一、螺旋传动的特点

螺旋传动是构件的一种空间运动，它由具有一定制约关系的转动及沿转动轴线方向的移动两部分组成。组成运动副的两构件只能沿轴线作相对螺旋运动的运动副称为螺旋副。螺旋副是面接触的低副。

螺旋传动是利用螺旋副来传递运动和（或）动力的一种机械传动，可以方便地把主动件的回转运动转变为从动件的直线运动。

与其他将回转运动转变为直线运动的传动装置（如曲柄滑块机构）相比，螺旋传动具有机构简单、工作连续、平稳、承载能力大、传动精度高等优点，因此，广泛应用于各种机械和仪器中。它的缺点是摩擦损失大，传动效率较低；但滚动螺旋传动的应用，已使螺旋传动摩擦大、易磨损和效率低的缺点得到了很大程度的改善。

常用的螺旋传动有普通螺旋传动、差动螺旋传动和滚珠螺旋传动等。

二、普通螺旋传动

由构件螺杆和螺母组成的简单螺旋副实现的传动是普通螺旋传动。

1. 普通螺旋传动的应用形式

（1）螺母固定不动螺杆回转并做直线运动：图7-29所示为螺杆回转并做直线运动的台虎钳。与活动钳口2组成转动副的螺杆1以右旋单线螺纹与螺母4啮合组成螺旋副。螺母4与固定钳口3连接。当螺杆按图示方向相对螺母4作回转运动时，螺杆连同活动钳口向右作直线运动（简称右移），与固定钳口实现对工作的夹紧；当螺旋反向回转时，活动钳口随螺杆左移，松开工件。通过螺旋传动，完成夹紧与松开工件的要求。

螺母不动，螺杆回转并移动的形式，通常应用于螺旋压力机、千分尺等。

（2）螺杆固定不动螺母回转并作直线运动：图 7-30 所示为螺旋千斤顶中的一种结构形式，螺杆 4 连接于底座固定不动，转动手柄 3 使螺母 2 回转并作上升或下降的直线运动，从而举起或放下托盘 1。

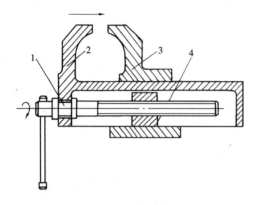

图 7-29　台虎钳
1—螺杆；2—活动钳口；3—固定钳口；4—螺母

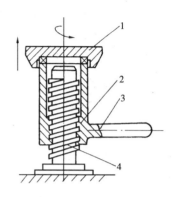

图 7-30　螺旋千斤顶
1—托盘；2—螺母；
3—手柄；4—螺杆

螺杆不动，螺母回转并作直线运动的形式常用于插齿机刀架传动等。

（3）螺杆回转螺母作直线运动：图 7-31 所示为螺杆回转、螺母作直线运行的传动结构图。螺杆 1 与机架 3 组成转动副，螺母 2 与螺杆以左旋螺纹啮合并与工作台 4 连接。当转动手轮使螺杆按图示方向回转时，螺母带动工作台沿机架的导轨向右作直线运动。

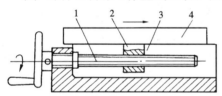

图 7-31　机床工作台移动机构
1—螺杆；2—螺母；3—机架；4—工作台

螺杆回转、螺母作直线运动的形式应用较广，如机床的滑板移动机构等。

（4）螺母回转螺杆作直线运动：图 7-32 为应力试验机上的观察镜螺旋调整装置。螺杆 2、螺母 3 为左旋螺旋副。当螺母按图示方向回转时，螺杆带动观察镜 1 向上移动；螺母反向回转时，螺杆连同观察镜向下移动。

2. 直线运动方向的判定

普通螺旋传动时，从动件作直线运动的方向（移动方向）不仅与螺纹的回转方向有关，还与螺纹的旋向有关。正确判定螺杆或螺母的移动方向十分重要。判定方法如下：

（1）右旋螺纹用右手，左旋螺纹用左手。手握空拳，四指指向与螺杆（或螺母）回转方向相同，大拇指竖直。

（2）若螺杆（或螺母）回转并移动，螺母（或螺杆）不动，则大拇指指向即为螺杆（或螺母）移动的方向（图 7-33）。

（3）若螺杆（或螺母）回转，螺母（或螺杆）移动，大拇指指向的相反方向即为螺母

（或螺杆）的移动方向（图 7-34）。

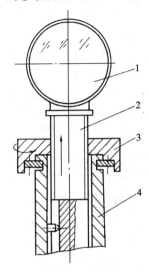

图 7-32　观察镜螺旋调整装置
1—观察镜；2—螺杆；3—螺母；4—机架

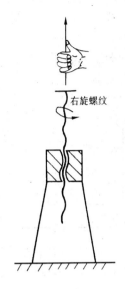

图 7-33　螺杆或螺母移动方向的判定

图 7-34 所示为卧式车床床鞍的丝杆螺母传动机构。丝杆为右旋螺杆，当丝杆如图示方向回转时，开合螺母带动床鞍向左移动。

3. 直线运动距离

在普通旋转传动中，螺杆（或螺母）的移动距离与螺纹的导程有关。螺杆相对螺母每回转一圈，螺杆（或螺母）移动一个等于导程的距离。因此，移动距离等于回转圈数与导程的乘积，即

$$L = NP_h \tag{7-5}$$

式中　L——螺杆（或螺母）的移动距离（mm）；

　　　N——回转圈数；

　　　P_h——螺纹导程（mm）。

移动速度可按下式计算：

$$v = nP_h \tag{7-6}$$

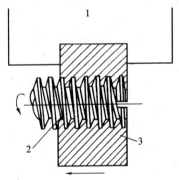

图 7-34　卧式车床床鞍的螺旋传动
1—床鞍；2—丝杆；3—开合螺母

式中　v——螺杆（或螺母）的移动速度（mm/min）；

　　　n——转速（r/min）；

　　　P_h——螺纹导程（mm）。

三、差动螺旋传动

由两个螺旋副组成的使活动的螺母与螺杆产生差动（即不一致）的螺旋传动称为差动螺旋传动。

1. 差动螺旋传动原理

图 7-35 所示为一差动螺旋机构。螺杆 1 分别与活动螺母 2 和机架 3 组成两个螺旋副，机架上为固定螺母（不能移动），活动螺母不能回转而只能沿机架的导向槽移动。设机架

和活动螺母的旋向同为右旋，当如图示方向回转螺杆时，螺杆相对机架向左移动，而活动螺母螺杆向右移动，这样活动螺母相对机架实现差动移动，螺杆每转1转，活动螺母实际移动距离为两段螺纹导程之差；如果机架上螺母螺纹旋向仍为右旋，活动螺母的螺纹旋向为左旋，则如图示回转螺杆时，螺杆相对机架左移，活动螺母螺杆亦左移，螺杆每转1转，活动螺母实际移动距离为两段螺纹的导程之和。

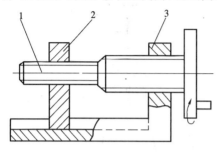

图 7-35　差动螺旋传动原理
1—螺杆；2—活动螺母；3—机架

2. 差动螺纹传动的移动距离和方向的确定

由上面分析可知，在图 7-35 所示差动螺旋机构中：

（1）螺杆上两螺纹旋向相同时，活动螺母移动距离减小。当机架上固定螺母的导程大于活动螺母的导程时，活动螺母移动方向与螺杆移动方向相同；当机架上固定螺母的导程小于活动螺母的导程时，活动螺母移动方向与螺杆移动方向相反；当两螺纹的导程相等时，活动螺母不移动（移动距离为零）。

（2）螺杆上两螺纹旋向相反时，活动螺母移动距离增大，活动螺母移动方向与螺杆移动方向相同。

（3）在判定差动螺旋传动中活动螺母的移动方向时，应先确定螺杆的移动方向。

差动螺旋传动中活动螺母的实际移动距离和方向，可用公式表示如下：

$$L = N(P_{h1} \pm P_{h2}) \tag{7-7}$$

式中　L——活动螺母的实际移动距离（mm）；

　　　N——螺杆的回转圈数；

　　　P_{h1}——机架上固定螺母的导程（mm）；

　　　P_{h2}——活动螺母的导程（mm）。

当两螺纹旋向相反时，公式中用"＋"号；当两螺纹旋向相同时，公式中用"－"号。计算结果为正值时，活动螺母实际移动方向与螺杆方向相同，计算结果为负值时，活动螺母实际移动方向与螺杆方向相反。

四、滚珠螺旋传动

在普通螺旋传动中，由于螺杆与螺母的牙侧表面之间的相对运动摩擦是滑动摩擦。因此，传动阻力大，摩擦损害严重，效率低。为了改善螺旋传动的功能，经常用滚珠螺旋传动新技术，如图 7-36，用滚动摩擦来替代滑动摩擦。

滚珠螺旋传动主要由滚珠 2、螺杆 3、螺母 4 及滚珠循环装置 1 组成；其工作原理是：在螺杆和螺母的螺纹滚道中，装有一定数量的滚珠（钢球），当螺杆与螺母作相对螺旋运动

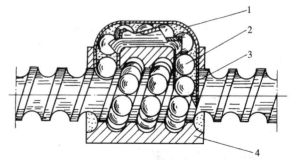

图 7-36　滚珠螺旋传动
1—滚珠循环装置；2—滚珠；3—螺杆；4—螺母

时，滚珠在螺纹滚道内滚动，并通过滚珠循环装置的通道构成封闭循环，从而实现螺杆和螺母间的滚动摩擦。

　　滚珠螺旋传动具有滚动摩擦阻力很小，摩擦损失小、传动效率高、传动时运动稳定、动作灵敏等优点。但其结构复杂，外形尺寸较大，制度技术要求高，因此成本也较高。目前主要应用于精密传动的数控机床（滚珠丝杆传动），以及自动控制装置、升降机构和精密测量仪器等。

第八章 齿 轮 传 动

第一节 齿轮传动的类型和应用特点

一、齿轮传动的应用特点

1. 齿轮、齿轮副与齿轮传动

齿轮是任意一个有齿的机械元件，它能利用它的齿与另一个有齿元件连续啮合，从而将运动传递给后者，或者从后者接受运动。

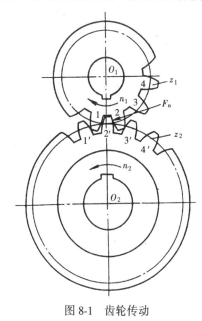

图 8-1 齿轮传动

齿轮副是由两个相互啮合的齿轮组成的基本机构，两齿轮轴线相对位置不变，并各绕其自身的轴线转动。齿轮副是线接触的高副。

齿轮传动是利用齿轮副来传递运动和（或）动力的一种机械传动。齿轮副的一对齿轮的齿依次交替地接触，从而实现一定规律的相对运动的过程和形态称为啮合。齿轮传动属啮合传动。如图 8-1 所示，当齿轮副工作时，主动轮 O_1 的轮齿 1、2、3、4…，通过啮合点（两齿轮轮齿的接触点）处的法向作用力，逐个地推动从动轮 O_2 的轮齿 1′、2′、3′、4′…，使从动轮转动并带动从动轴回转，从而实现将主动轴的运动和动力传递给从动轴。

2. 传动比

齿轮传动的传动比是主动齿轮与从动齿轮角速度（或转速）的比值，也等于两齿轮齿数的反比，即：

$$i = \frac{\omega_1}{\omega_2} = \frac{n_1}{n_2} = \frac{z_2}{z_1} \tag{8-1}$$

式中　ω_1、n_1——主动齿轮角速度、转速；

　　　ω_2、n_2——从动齿轮角速度、转速；

　　　z_1——主动齿轮齿数；

　　　z_2——从动齿轮齿数。

齿轮副的传动比不宜过大，否则会使结构尺寸过大，不利于制造和安装。通常，圆柱齿轮副的传动比 $i \leqslant 8$，圆锥齿轮副的传动比 $i \leqslant 5$。

3. 应用特点

齿轮传动是现代机械中应用最广的一种机械传动形式。在工程机械、矿山机械、冶金机械、各种机床及仪器、仪表工业中被广泛地用来传递运动和动力。齿轮传动除传递回转运动外，也可以用来把回转运动转变为直线往复运动（如齿轮齿条传动）。与摩擦轮传动、带传动和链传动等比较，齿轮传动具有如下优点：

（1）能保证瞬时传动比的恒定，传动平稳性好，传递运动准确可靠。

（2）传递的功率和速度范围大。传递的功率小，甚至低于 1W（如仪表中的齿轮传动），大至 $5 \times 10^4 kW$（如蜗轮发动机的减速器），甚至高达 $1 \times 10^5 kW$；其传动时圆周速度可达至 300m/s。

（3）传动效率高。一般传动效率 $\eta = 0.94 \sim 0.99$。

（4）结构紧凑，工作可靠，寿命长。设计正确、制造精良、润滑维护良好的齿轮传动，可使用数年乃至数十年。

齿轮传动也存在以下不足：

（1）制造和安装精度要求高，工作时有噪声。

（2）齿轮的齿数为整数，能获得的传动比受到一定的限制，不能实现无级变速。

（3）中心距过大时将导致齿轮传动机构结构庞大、笨重。因此，不适宜中心距较大的场合。

二、齿轮传动的基本要求

从传递运动和动力两个方面来考虑，齿轮传动应满足下列两个基本要求：

1. 传动要平稳

在齿轮传动过程中，应保证瞬时传动比恒定不变，以保持传动的平稳性，避免或减小传动中的冲击、振动和噪声。

2. 承载能力要大

要求齿轮的结构尺寸小、体积小，质量轻，而承受载荷的能力强，即强度高，耐磨性好，寿命长。

第二节　齿轮传动的常用类型

齿轮的种类很多，齿轮传动可以按不同方法进行分类。

1. 根据齿轮副两传动轴的相对位置不同，可分为平行轴齿轮传动，如图 8-2，相交轴齿轮传动，如图 8-3，交错轴齿轮传动，如图 8-4 三种。平行轴齿轮传动属平面传动，相交轴齿轮传动和交错齿轮传动属空间传动。

2. 根据齿轮分度曲面不同，可分为圆柱齿轮传动，如图 8-2、图 8-4（a）和锥齿轮传动，如图 8-3、图 8-4（b）。

3. 根据齿线形状不同，可分为直齿齿轮传动，如图 8-2（a）、（d）、（e），图 8-3（a），斜齿齿轮传动，如图 8-2（b）、图 8-3（b）、图 8-4（a）和曲线齿齿轮传动，如图 8-3（c）、图8-4（b）。

4. 根据齿轮传动的工作条件不同，可分为闭式齿轮传动和开式齿轮传动。前者齿轮副封闭在刚性箱体内，并能保证良好的润滑。后者齿轮副外露，易受灰尘及有害物质侵袭，且不能保证良好的润滑。

5. 根据齿轮齿廓曲线不同，可分为渐开线齿轮传动、摆线齿轮传动和圆弧齿轮传动等，其中渐开线齿轮传动应用最广。

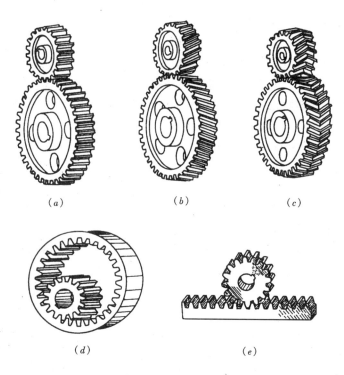

图 8-2　平行轴齿轮传动

(a) 直齿轮副；(b) 平行轴斜齿轮副；(c) 人字齿轮副；

(d) 内啮合直齿轮副；(e) 齿轮齿条副

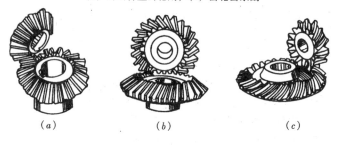

图 8-3　相交轴齿轮传动

(a) 直齿锥齿轮副；(b) 斜齿锥齿轮副；(c) 曲线齿锥齿轮副

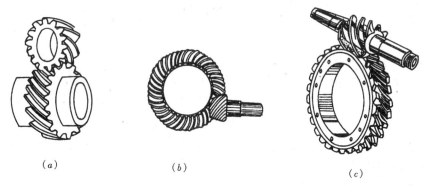

图 8-4　交错轴齿轮传动

(a) 交错轴斜齿轮副；(b) 准双曲面齿轮副；(c) 蜗杆副

齿轮传动分类如下：

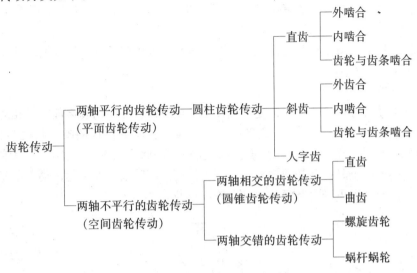

第三节 齿轮轮齿的失效形式

在齿轮的传动过程中，发生齿轮折断、齿面损坏等现象，从而失去其正常工作的能力，这种现象称为齿轮轮齿的失效。

由于齿轮传动的工作条件和应用范围各不相同，影响失效的原因很多。就其工作条件来说，有闭式、开式之分；就其使用情况来说，有低速、高速及轻载和重载之分。此外，齿轮的材料性能、热处理工艺的不同，以及齿轮结构的尺寸大小和加工精度等级的差别，均会使齿轮传动出现多种不同的失效形式。

一、齿面点蚀

轮齿在传递动力时，两工作齿面理论上是线接触，实际上因齿面的弹性变形而会形成很小的面接触。由于接触面积很小，所以产生很大的接触应力。传动过程中，齿面间接触应力从零增加到最大值，又由最大值降到零。当接触应力的循环次数超过某一限度时，工作齿面便会产生微小的疲劳裂纹。如果裂缝内渗入了润滑油，在另一齿轮的挤压下，封闭在裂缝内的油压会急剧升高，加速裂纹的扩展，最终导致表面层上小块金属的剥落，形成小坑（图8-5），这种现象称为疲劳点蚀（简称点蚀）。实践表明，点蚀多发生在靠近节线的齿根表面处，如图8-6所示。

点蚀使轮齿工作表面损坏，造成传动不平稳和产生噪声，轮齿啮合情况会逐渐恶化而报废。

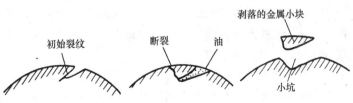

图8-5 润滑油对点蚀的影响

齿面点蚀是在润滑良好的闭式齿轮传动中轮齿失效的主要形式之一。在开式齿轮传动中，由于齿面磨损较快，点蚀还来不及出现或扩展，即被磨掉，所以一般看不出点蚀现象。

齿面抗点蚀的能力主要与齿面硬度有关，提高齿面硬度、减小齿面的表面粗糙度值和增大润滑油的粘度有利于防止点蚀。

二、齿面磨损

齿轮在传动过程中，轮齿不仅受到载荷的作用，而且接触的两齿面间有相对滑动，使齿面发生磨损，如图8-7所示。齿面磨损的速度符合预定的设计期限，则视为正常磨损。正常磨损的齿面很光亮，没有明显的痕迹，在规定的磨损量内，并不影响齿轮的正常工作。但齿面磨损严重时，渐开线齿廓被损坏，使齿侧间隙增大而引起传动不平稳，产生冲击和噪声，甚至会因齿厚过度磨薄而发生轮齿折断。

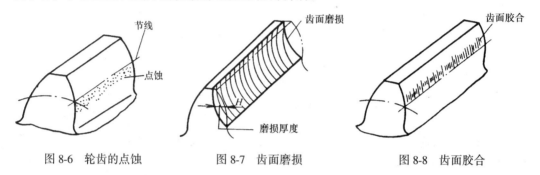

图8-6　轮齿的点蚀　　　　图8-7　齿面磨损　　　　图8-8　齿面胶合

产生齿面磨损的原因主要有：

（1）齿轮在传动过程中，工作齿面间有相对滑动。

（2）齿面不干净，有金属微粒、尘埃、污物等进入轮齿啮合区域，引起磨料磨损。

（3）润滑不好。

齿面磨损是润滑条件不好、易受灰尘及有害物质侵袭的开式齿轮传动的主要失效形式之一。

为减小齿面磨损，应尽可能采用润滑条件良好的闭式传动，同时，提高齿面硬度，减小轮齿表面粗糙度值。

三、齿面胶合

在重载传动中，齿轮副两齿轮工作齿面发生金属表面直接接触而形成"焊接"的现象，称为齿面胶合。产生齿面胶合的原因有以下两个：

（1）高速重载的闭式齿轮传动中，由于散热不好，导致润滑油油温升高，黏度降低，易于从两齿面接触处被挤出来，使工作齿面间的润滑油膜不易形成。

当两工作齿面金属直接接触时，齿面的瞬时高温会使较软的齿面金属熔焊在与之相啮合的另一个齿轮的齿面上，并因相对滑动在较软的工作齿面上形成与滑动的方向一致的撕裂沟痕。传动中，靠近节线的齿顶表面处相对速度较大，因此胶合常发生在该部位，如图8-8。齿面发生胶合现象后，将严重损坏而失效。

为防止产生齿胶合，对于低速传动，可采用黏度大的润滑油；对于高速传动，则可采用硫化润滑油，使其较牢固地吸附在齿面上而不易被挤掉。提高齿面的硬度和减小轮齿表面粗糙度，以及两齿轮选择不同材料（亲和力小）等措施均可减少胶合的发生。

四、轮齿折断

齿轮轮齿在传递动力时，相当于一根悬臂梁，在齿根处受到弯曲应力最大，且在齿根的过渡圆角处具有较大的应力集中，见图8-9（a）。传递载荷时，轮齿从啮合开始到啮合结束，随着啮合点位置的变化，齿根处的应力从零增加到某一最大值，然后又逐渐减小为零，轮齿在交变载荷的不断作用下，在轮齿根部的应力集中处便会产生疲劳裂纹（图8-9（b））。随着重复次数的增加，裂纹逐渐扩展，直至轮齿折断，如图8-9（c）。这种折断称为疲劳折断。

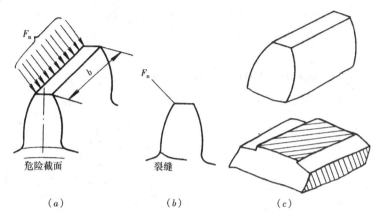

危险截面　　　裂缝

（a）　　　　　（b）　　　　　（c）

图8-9　轮齿的折断

此外，用脆性较大的材料（如铸铁、淬火钢等）制成的齿轮，当材料受到短时过载或过大的冲击载荷时，常会引起齿轮的突然折断，这种折断称为过载折断。

轮齿折断是开式齿轮传动和硬齿面闭式齿轮传动中齿轮失效的主要形式之一。轮齿折断常常是突然发生的，不仅使机器不能正常工作，甚至会造成重大事故，因此应引起特别注意。

防止轮齿折断的措施如下：

（1）选择适当的模数和齿宽，保证轮齿的强度。

（2）采用合适的材料和热处理方法。

（3）减小齿根处的应力集中，齿根圆角不宜过小。轮齿表面粗糙度值要小，使齿根危险截面处的最大弯曲应力值不超过材料的许用应力值。

五、齿面塑性变形

若轮齿材质较软，轮齿表面硬度不高，当工作于低速重载和频繁启动情况下，在较大的载荷和摩擦力的作用下，可能使齿面表层金属沿相对滑动方向发生局部的塑性流动，出现齿面塑性变形。主动轮上所受的摩擦力背离节线指向齿顶和齿根，产生塑性变形时在齿面沿节线处形成凹沟；从动轮上所受摩擦力则分别由齿顶和齿根指向节线，产生塑性变形时在齿面沿节线外形成凸棱。如图8-10所示。塑性变形严重时，在齿顶边缘处会出现飞边（主动轮上更容易出现）。

齿面的塑性变形破坏了齿廓的形状，导致齿轮轮齿失

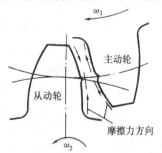

图8-10　轮齿的塑性变形

效。提高齿面硬度和采用黏度较高的润滑油，有利于防止或减轻齿面的塑性变形。

第四节　直齿圆柱齿轮的传动

一、渐开线的形成

在平面上，一条动直线（发生线）沿着一个固定的圆（基圆）作纯滚动时，此动直线上一点的轨迹，称为圆的渐开线。

如图 8-11 所示，直线 AB 与一半径为 r_b 的圆相切，并沿此圆作无滑移的纯滚动，直线 AB 上任意一点 K 的轨迹 CKD 称为该圆的渐开线，与直线作纯滚动的圆称为基圆，r_b 为基圆半径，直线 AB 称为发生线。

以渐开线作为齿廓曲线的齿轮称为渐开线齿轮。图 8-12 所示齿轮轮齿的可用齿廓是由同一基圆的两条相反（对称）的渐开线组成的，称为渐开线齿轮。

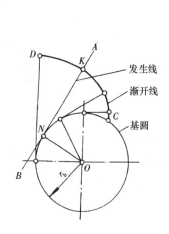

图 8-11　渐开线的形成

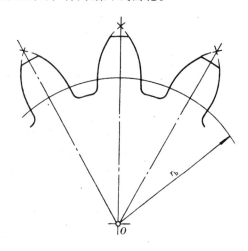

图 8-12　渐开线齿廓的形成

渐开线齿廓啮合时有下列特性：

1. 能保持传动比的恒定

渐开线齿轮传动的传动比等于主动轮和从动轮基圆半径的反比。由于两啮合齿轮的基圆半径是定值，所以，渐开线齿轮传动的传动比能保持恒定不变。

2. 具有传动的可分离性

由于齿轮传动的传动比 i 只与两轮基圆半径有关，而与两轮的中心距无关，所以对于基圆半径已确定的齿轮副，其传动比大小不受两轮安装时中心距误差的影响，这一啮合特性称为渐开线齿轮传动的可分离性，这给齿轮的制造、安装和使用带来极大的方便。图 8-13（a）是一对标准齿轮正确安装时的情形，图（b）是存在中心距误差（$a' > a$）时的情形。可以看出，中心距变大后，两轮节圆半径增大，啮合角亦因啮合线 $N_1 N_2$ 变陡而增大，但传动比 $i = \dfrac{r_{b2}}{r_{b1}}$ 保持不变。由于中心距变大后，两轮齿侧会出现间隙，在齿轮反向回转时，会产生冲击，所以，对中心距误差也应有一定规定。

3. 齿廓间具有相对滑动

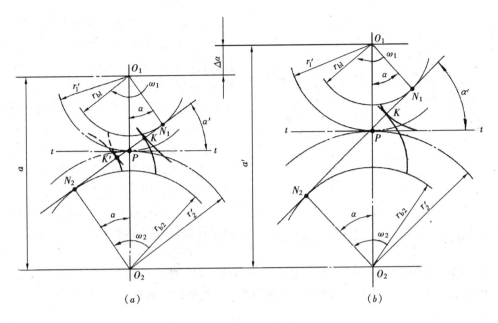

图 8-13　渐开线齿轮的啮合传动

齿轮副啮合传动时，在节点 P 处两轮的线速度相等，但在节点以外的其他任一啮合点（如图 8-14 中 K 点）啮合时，主动齿轮在 K 点的速度 v_1 与从动齿轮在 K 点的速度 v_2 的大小与方向均不相同。因此，传动中齿廓之间存在相对滑动，且啮合点离节点 P 越远，齿廓间相对滑动速度越大。在传动力的作用下，这种滑动必然引起齿轮的磨损。

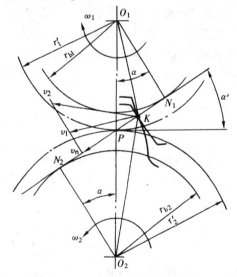

二、直齿圆柱齿轮的传动

（一）直齿圆柱齿轮各部分名称及其符号（见图 8-15）

1. 齿数

齿轮圆周上的齿轮总数目，用 z 表示。为了加工齿轮不发生齿根被切，削弱轮齿的抗弯强度，标准齿轮的齿数最少为 17。若允许有轻微根切，可变位制造齿轮，一般齿数不小于 13。

2. 齿槽宽、齿厚与分度圆

图 8-14　齿轮间的相对滑动

在某一圆周上，相邻两齿间的弧长与同一轮齿左右两廓间的弧长正好相等，则把这两个弧长的长度分别叫做齿槽宽和齿厚，而这一个圆叫做分度圆。齿槽宽用 e 表示，齿厚用 s 表示，分度圆直径用 d 表示。在分度圆上相邻两齿同侧对应点间的弧长叫齿距，用 p 表示，显然 $p = s + e$。

3. 齿顶圆和齿根圆

过轮齿顶端的圆为齿顶圆，其直径用 d_a 表示；过轮齿槽底面的圆叫齿根圆，其直径用 d_f 表示。

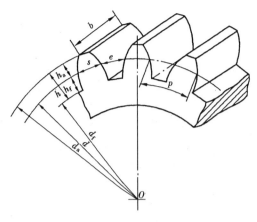

图 8-15　齿轮各部分的名称及其符号

4. 齿顶高、齿根高和全齿高

轮齿由分度圆到齿顶圆间的径向距离称为齿顶高，用 h_a 表示；分度圆到齿根圆间的径向距离称为齿根高，用 h_f 表示。齿根圆到齿顶圆间的径向距离称为全齿高，用 h 表示，显然 $h = h_a + h_f$。

5. 齿宽

齿宽是指轮齿在分度圆圆柱面母线方向上的宽度，用 b 表示。

（二）（渐开线）标准齿轮的主要参数及对齿轮传动的影响

1. 模数 m

在直径相同的分度圆上，如果齿数少，轮齿就会大一些；齿数多，轮齿就小一些。如果分度圆的直径为 d，轮齿的齿数为 z，牙距为 p，则他们三者有如下关系：

$$\pi d = zp \text{ 或 } d = \frac{p}{\pi} z \tag{8-2}$$

由于齿数 z 是整数，π 是无理数，为了便于计算和测量，使分度圆直径是个有理数，把 p/π 当做一个整体处理，把它变成一个有理数取值，并作为齿轮的基本参数。即令 $p/\pi = m$，称为模数，单位是毫米，于是 $d = mz$。

由模数的定义可以看出，模数 m 越大，齿距 p 越大，轮齿的尺寸也越大，齿轮的抗弯承载能力也就用越强。模数是齿轮的一个主要参数，我国规定的标准模数系列见表 8-1。

标准模数系列（mm）　　　　　　　　　　　　　　　　　表 8-1

第一系列	1　1.25　1.5　2　2.5　3　4　5　6　8　10　12　16　20　25　32　40　50		
第二系列	1.75　2.25　2.75　（3.25）　3.5　（3.75）　4.5　5.5　（6.5）　7　9　（11）　14　18　22　28 （30）　36　45		

注：1. 本表适用于渐开线齿轮。对于斜齿轮是指法面模数，对于直齿圆锥齿轮是指大端模数。

　　2. 优先采用第一系列，括号内的模数尽可能不用。

2. 压力角 α

参见图 8-16 所示，齿轮啮合传动时，齿轮齿廓的受力方向（F_n 的方向）与速度 v_k 方向所夹的锐角 α_k 称为压力角。压力角 α_k 越大，则推动齿轮转动的有效分力越小，而通向齿轮转动中心的无效径向力越大。因此，我们希望 α_k 不能太大。由于渐开线齿廓上的法线（即受力线）始终与渐开线的基圆相切，故在直角三角形 NOK 中有：

$$\cos\alpha_k = \frac{\text{基圆半径 } r_b}{\text{齿廓受力点到回转中心距 } r_k}$$

由于 r_k 是变化的，所以渐开线齿廓上各点的压力角是不相等的。通常所说的压力角 α 是指分度圆齿廓处的压力角，并规定取标准值。我国规定标准压力角 $\alpha = 20°$。由此规定可知压力角 α、分度圆半径 r 和基圆半径 r_b 三者间有如下关系：

$$\cos\alpha = r_b / r \tag{8-3}$$

3. 牙顶高系数 h_a^* 和径向间隙系数 c^*

在分度圆上，牙厚 $s =$ 齿槽宽 $e = \frac{1}{2}\pi m$，与模数 m 成正比。为了使齿形均称，规定齿的高度也和模数成正比，即齿轮高 $h_a = h_a^* m$，齿根高 $h_f = (h_a^* + c^*) m$。式中的 h_a^* 和 c^* 分别称为齿顶高系数和径向间隙系数。其标准值见表 8-2。

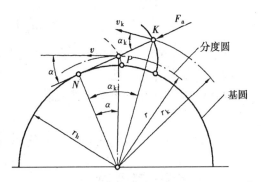

图 8-16　齿轮轮齿的压力角

渐开线圆柱齿轮的齿顶高系数和径向间隙系数　　　　表 8-2

类型 代号	模数 $m \leqslant 1mm$ 时	模数 $m > 1mm$ 时	
		正常齿制	短齿制
h_a^*	1	1	0.8
c^*	$\geqslant 0.35$	0.25	0.3

齿轮正常啮合传动时，一齿轮的齿顶与另一齿轮根间的径向间隙为 $c^* m$，其作用是避免一齿轮的齿顶与另一齿轮的齿根槽底发生顶撞，并能贮存润滑油润滑，冷却啮合面。

所谓标准齿轮就是指齿轮的模数 m、压力角 α、齿顶高系数 h_a^* 和径向间隙系数 c^* 均取标准值，并且分度圆上的齿厚和齿槽宽相等的齿轮。

（三）齿轮正确啮合、连续传动的条件及正确安装的中心距

1. 正确啮合的条件

一对标准齿轮能正确啮合的条件是它们的模数必须相等，压力角相等，即

$$m_1 = m_2 = m, \alpha_1 = \alpha_2 = \alpha \tag{8-4}$$

不符合此条件，相啮合的齿轮轮齿将相互卡住而无法传动。

2. 连续传动的条件

在齿轮传动中，当一对轮齿即将脱离啮合时，后一对轮齿必须进入啮合，否则，传动就会出现中断，发生冲击，无法保持传动的平稳性。为了保证传动连续平稳地进行，就要求一对齿轮在任何瞬时必须有一对或一对以上的轮齿处于啮合状态。而且，相啮合轮的齿数越多，传动的连续平稳性就越高，传载的能力也会增强。对于标准齿轮，一般都能满足在任何瞬时都有一对以上的齿啮合这一连续传动的条件。

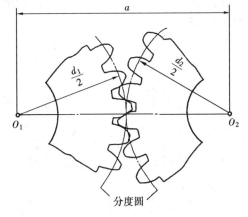

图 8-17　标准齿轮的中心距

3. 正确安装的中心距

一对模数相等的标准齿轮，由于其分度圆上的齿厚与齿槽宽相等，故正确安装时，两轮的分度圆相切，见图 8-17 所示。此时两齿轮的中心距 a 为

$$a = \frac{1}{2}(d_1 + d_2) = \frac{m}{2}(z_1 + z_2) \qquad (8\text{-}5)$$

因此，一对标准齿轮正确安装的中心距应等于 a。如果中心距大于 a，会出现大的齿侧间隙，并使啮合轮廓线减少，造成传动平稳性下降，换向传动打齿受冲击；中心距 $< a$，则因两轮齿齿厚相卡而无法安装。

第五节　其他齿轮传动及轮系传动

一、斜齿圆柱齿轮传动

1. 斜齿圆柱齿轮传动的特点

斜齿圆柱齿轮实际上是将一个直齿圆柱齿轮沿轴线扭转了一个角度，其轮齿形状见图8-18。它上面的轮齿可看成是按螺旋线的形式分布在圆柱体上。我们将分度圆圆柱上的螺旋线和齿轮轴线方向的夹角称为斜齿圆柱齿轮的螺旋角。图8-19为斜齿轮沿分度圆圆柱面上的展开图，其中带剖面线的部分表示齿厚，空白部分表示齿槽，角 β 为齿轮的螺旋角。螺旋角 β 是斜齿轮的一个重要参数，β 角越大，则轮齿倾斜越大；当 $\beta = 0$ 时，轮齿即为直齿圆柱齿轮。

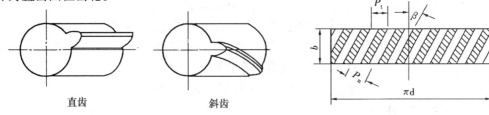

图 8-18　斜齿与直齿的比较　　　　　图 8-19　斜齿轮沿分度圆柱面展开

如图8-20所示，将一对斜齿圆柱齿轮齿面啮合的接触线与一对直齿圆柱齿轮齿面啮合的接触线进行比较，可以发现斜齿圆柱齿轮传动时，其接触线都是与轴线不平行的斜线（依次为1、2、3、4…）。且接触线的长短不一，从啮合开始到终了，接触线由零逐渐增大，到某一位置后又逐渐减小，直至脱离。因此，斜齿轮传动具有参加啮合的齿数较多、传动平稳、承载力高及轮齿受力由小到大、由大到小逐渐加载去载的特点。但斜齿圆柱齿轮传载时会发生附加的轴向分力，需要使用推力轴承，结构复杂，增加摩擦损失，使传递效率降低。为克服此缺点，可改用人字齿轮，见图8-21所示，使两边产生的轴向分力 F_a 相互抵消。但人字齿轮加工制造困难、精度较低，主要用于重型机构中。

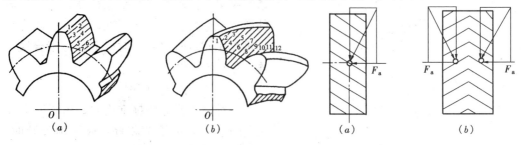

图 8-20　直齿圆柱齿轮与斜齿圆柱齿轮　　　图 8-21　斜齿轮和人字齿轮的轴向力
接触线的比较　　　　　　　　　　　　（a）斜齿轮；（b）人字齿轮

2. 斜齿圆柱齿轮的主要参数及啮合条件

(1) 螺旋角 β：前面已讲螺旋角 β 表示了斜齿圆柱齿轮轮齿的倾斜程度。β 越大，轮齿倾斜越大，传动平稳性越好，但轴向力也越大。一般斜齿轮的螺旋角 β 取 $8° \sim 15°$。对于人字齿轮，因附加的轴向力可以抵消，β 可取 $25° \sim 45°$。

(2) 模数：它有法面模数和端面模数之分。见图 8-19，法面模数 m_n 为法面齿距 p_n 与 π 的比，端面模数 m_t 为断面齿距 p_t 与 π 的比，它们之间有如下关系：

$$m_n = \frac{p_n}{\pi} = \frac{\cos\beta \cdot p_t}{\pi} = m_t \cos\beta$$

由于加工斜齿圆柱齿轮的刀具与加工直齿圆柱齿轮的刀具相同，但切削的方向沿着斜齿圆柱齿轮螺旋槽的方向，因此规定斜齿轮的法面模数为标准值。

(3) 压力角：它也有法面压力角 α_n 和端面压力角 α_t 之分。制造上规定法面压力角为标准值。

(4) 标准渐开线斜齿圆柱齿轮正确啮合的条件：条件为两轮的法面模数和法面压力角分别相等，两轮分度圆上的螺旋角大小相等，方向相反，即：

$$m_{n1} = m_{n2} = m \qquad \alpha_{n1} = \alpha_{n2} = \alpha \qquad \beta_1 = -\beta_2$$

二、直齿圆锥齿轮传动

圆锥齿轮传动是用来传递两相交轴之间的运动和动力。两轮几何轴线相互之间的夹角可以是任意的，但一般为 $90°$。圆锥齿轮的轮齿有直齿、斜齿和曲齿，见图 8-3，常用的是直齿。圆柱齿轮的轮齿均匀地分布在圆柱体上，而圆锥齿轮的轮齿则是均匀地分布在圆锥体上，且齿轮齿顶圆周长向锥顶方向逐渐缩小。

圆锥齿轮的加工和安装比较困难，而且圆锥齿轮传动中有一个齿轮必须悬臂支承，使结构复杂，齿轮啮合传动精度和承载能力降低，故圆锥齿轮传动一般用于轻载、低速的场合。

三、轮系的功用

在齿轮传动中，仅由一对齿轮传动是最简单的形式。在机械中，常用一系列相互啮合的齿轮系统来传递运动。这种由一系列齿轮组成的齿轮传动简称为轮系。采用轮系传动，主要是因轮系有如下作用：

1. 能获得大的传动比，并使结构紧凑。如图 8-22 所示，当需要两轴之间的传动比较大时，若仅用一对齿轮 1、2 来传动，虽然零件少，但由于两轮的齿数相差很大，使它们的尺寸相差很大。不仅结构大，而且小齿轮很容易损坏。若采用图中实线所示的轮系传动，则可在各齿轮尺寸相差不大的情况下，得到很大的传动比，并使结构显得紧凑。

2. 可作较大中心距的传动。如图 8-23 所示，当两轴中心距较大时，仅用一对齿轮传动，

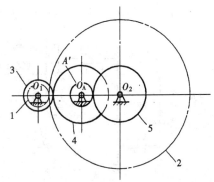

图 8-22　较大传动比传动

1~5—齿轮

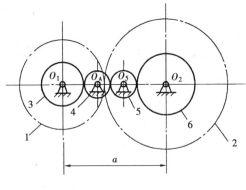

图 8-23　较大中心距传动

1~6—齿轮

势必将齿轮做得很大（见图点划线所示），不仅浪费材料，而且传动机构庞大。若采用轮系传动（见图中实线所示），则可避免上述缺陷。

3．可实现多极传动比的传动。如图 8-24 的所示，可获得双联移动齿轮和齿轮 2 啮合与双联移动齿轮和齿轮 2′ 啮合的两种不同传动比的传动。齿轮变速箱的变速就采用了轮系。

4．可改变从动轴的转向。如图 8-25 所示的三星轮齿换向轮系，当主动轴的齿轮 1 的转向不变时，利用三星齿轮中的齿轮 2 和齿轮 3 与齿轮 1 的转换啮合，实现从动轴的齿轮 4 正、反向的转动。

5．可实现分路传动。即通过轮系可把一个输入传动分解成两个或两个以上的独立传动，同时输出。

6．也可将两个传动合成为一个传动。

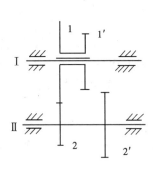

图 8-24　多极传动比传动

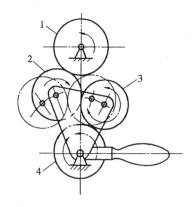

图 8-25　改变从动轴的转向

四、轮系的类型

根据轮系中齿轮轴轴线是否固定，轮系可分为定轴轮系和周转轮系两大类。

1．定轴轮系（又叫普通轮系）

定轴轮系是指在传动中所有齿轮的回转轴线都具有固定位置的轮系，见图 8-26 所示。

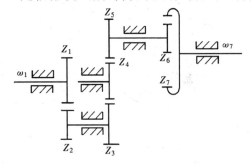

图 8-26　定轴轮系传动

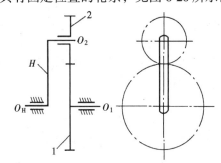

图 8-27　周转轮系传动

1、2—齿轮

2. 周转轮系

在传动中有一个或一个以上齿轮的回转轴线绕另一固定轴线回转的轮系称为周转轮系。图 8-27 所示为一种最简单的周转轮系，其中齿轮 1 和构件 H 各绕固定轴线 O_1 和 O_H 回转，而齿轮 2 一方面绕其轴线 O_2 回转（称自转），同时还和构件 H 一起绕固定轴线 O_H 回转（称公转）。

第九章 蜗轮蜗杆传动

第一节 蜗轮蜗杆传动的基本知识

一、蜗杆、蜗轮及传动

1. 蜗杆、蜗轮、蜗杆副等有关术语的定义

（1）蜗杆：一个齿轮，当它只具有一个或几个螺旋齿，并且与蜗轮啮合而组成交错轴齿轮副时，称为蜗杆。蜗杆的分度曲面可以是圆柱面、圆锥面或圆环面。

（2）蜗轮：一个齿轮，当它作为交错轴齿轮副中的大轮而与配对蜗杆相啮合时，称为蜗轮。蜗轮的分度曲面可以是圆柱面、圆锥面或圆环面。通常，它和配对的蜗杆呈线接触状态。

（3）蜗杆副：由蜗杆及其配对蜗轮组成的交错轴齿轮副称为蜗杆副。

2. 蜗杆传动

（1）蜗杆传动的组成：蜗杆传动是利用蜗杆副传递运动和（或）动力的一种机械运动。蜗杆传动是由交错轴斜齿轮传动演变而成。蜗杆与蜗轮的轴线在空间互相垂直交错而成90°，即轴交角 $\Sigma = 90°$，见图9-1。通常情况下，蜗杆是主动件，蜗轮是从动件。

蜗杆传动类似于螺旋传动。按蜗杆轮齿的螺旋方向不同，蜗杆有右旋和左旋之分，蜗杆螺旋线符合右手定则，即为右旋（R），反之为左旋（L），常用的为右旋蜗杆。蜗杆副中配对的蜗轮，其旋向与蜗杆相同。蜗杆轮齿的总数（蜗杆的齿数）称为蜗杆头数 z_1。只有1个齿的蜗杆称单头蜗杆，有2个或2个以上齿的蜗杆称多头蜗杆（通常蜗杆头数 z_1 = 1 ~ 4）。

（2）蜗杆传动的传动比：蜗杆传动的传动比是主动的蜗杆角速度与从动的蜗轮角速度的比值，传动比也等于蜗杆头数与蜗轮齿数的反比。即：

$$i = \frac{\omega_1}{\omega_2} = \frac{n_1}{n_2} = \frac{z_2}{z_1} \tag{9-1}$$

式中　ω_1、n_1——主动蜗杆角速度、转速；

　　　ω_2、n_2——从动蜗轮角速度、转速；

　　　z_1——主动蜗杆头数；

　　　z_2——从动蜗轮齿数。

在蜗轮齿数 z_2 不变的条件下，蜗杆头数 z_1 少则传动比大，但蜗杆的导程角 γ 小，蜗杆传动效率低。蜗杆头数越多，传动效率越高，但加工越困难。蜗杆传动用于分度机构时，一般采用单头蜗杆（$z_1 = 1$）；用于动力传动时，常取 $z_1 = 2 \sim 3$；当传递功率较大时，为提高传动效率，可取 $z_1 = 4$。

蜗轮的齿数 z_2 由传动比 i 和蜗杆头数 z_1 决定，即 $z_2 = z_1 i$。为了避免根切，蜗轮的最小齿数 z_{2min} 应满足：$z_1 = 1$ 时，$z_{2min} = 18$；$z_1 > 1$ 时，$z_{2min} = 27$。

（3）蜗杆传动回转方向的判定：蜗杆传动时，蜗轮的回转方向不仅与蜗杆的回转方向有关，而且与蜗杆轮齿的螺旋方向有关。蜗轮回转方向的判定方法如下：蜗杆右旋时用右手，左旋时用左手。半握拳，四指指向蜗杆回转方向，蜗轮的回转方向与大拇指指向相反，如图9-2所示。

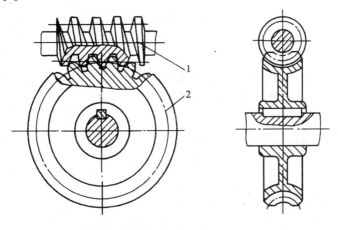

图 9-1　蜗杆传动

1—蜗杆；2—蜗轮

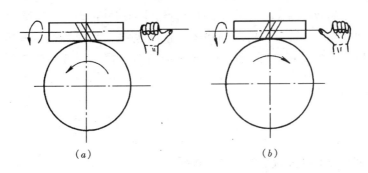

（a）　　　　　　　　　　（b）

图 9-2　蜗杆传动中蜗轮回转方向的判定

（a）右旋蜗杆传动；（b）左旋蜗杆传动

二、蜗杆传动的特点

1. 传动比大

蜗杆传动与齿轮传动一样能够保证准确的传动比，而且可以获得很大的传动比。齿轮传动中，为了避免根切，小齿轮的齿数不能太少，大齿轮的齿数又受到传动装置尺寸限制不能太多。因此，传动比受到限制。蜗杆传动中，蜗杆的头数 $z_1 = 1 \sim 4$，在蜗轮齿数 z_2 较少的情况下，单级传动就能得到很大的传动比。用于动力传动的蜗杆副，通常传动比 $i = 10 \sim 30$，一般传动时 $i = 8 \sim 60$，用于分度机构时可达 $i = 600 \sim 1000$，这样大的传动比，如用齿轮传动则需要采用多级传动才能获得。因此，在传动比较大时，蜗杆传动具有结构紧凑的特点。

2. 传动平稳，噪声小

蜗杆的齿为连续不断的螺旋面，传动时与蜗轮间的啮合是逐渐进入和退出，蜗轮的齿基本上是沿螺旋面滑动的，而且同时啮合的齿数较多。因此，蜗杆传动比齿轮传动平稳，没有冲击，噪声小。

3. 容易实现自锁

和螺旋传动一样，当蜗杆的导程角小于蜗杆副材料的当量摩擦角时，蜗杆传动具有自锁性。此时，只能由蜗杆带动蜗轮，而不能由蜗轮带动蜗杆。这一特性用于起重机械设备中，能起到安全保险的作用。如图 9-3 所示的手动起重装置（俗称手动葫芦），就是利用蜗杆的自锁特性使重物 G 停留在任意位置上，而不会自动下落。单头蜗杆的导程角较小，一般 $\gamma < 5°$，大多具有自锁性，而多头蜗杆随头数增多导程角增大，不一定具有自锁能力。

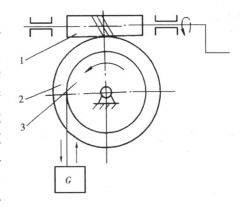

图 9-3　蜗杆自锁的应用
1—蜗杆；2—蜗轮；3—卷筒

4. 承载能力大

蜗杆传动中，蜗轮的分度圆柱面的素线由直线改为弧线，使蜗杆与蜗轮的啮合呈线接触，同时进入啮合的齿数较多，因此与点接触的交错轴斜齿轮传动相比，承载能力大。

5. 传动效率低

蜗杆传动时，啮合区相对滑动速度很大，摩擦损失较大，因此传动效率较齿轮传动低。一般蜗杆传动的效率 $\eta = 0.7 \sim 0.8$，具有自锁性的蜗杆传动，其效率 $\eta < 0.5$。传动效率低限制了传递功率，一般蜗杆传动的功率不超过 50kW。为了提高蜗杆传动的效率，减少传动中的摩擦，除应具有良好的润滑和冷却条件外，蜗轮还常采用青铜等减摩材料制造，因而成本较高。

第二节　蜗轮蜗杆传动的使用

一、蜗轮蜗杆传动的失效形式及材料选择

蜗轮蜗杆传动齿轮的失效形式和齿轮传动类似，有点蚀、胶合、磨损及折断等，但由于蜗杆与蜗轮沿轮齿螺旋线的切线方向滑动速度较大，产生热量，使润滑条件变坏。因此更容易出现胶合和磨损。其中闭式传动容易出现胶合，开式传动主要是齿面磨损。

蜗杆、蜗轮的材料主要根据传动的相对滑动速度来选择，为了减少磨损和避免胶合，蜗轮材料应具有良好的减摩性和耐摩性。常用的材料是青铜和铸铁。在滑动速度较高（$v = 5 \sim 25m/s$）的重要传动中应选用铸锡青铜 ZQSn10-1 和 ZQSn6-6-3，这些材料的减磨性和耐摩性都较好，但价格较贵。无锡青铜，如铸铝铁青铜 ZQA19-4 的抗胶合能力较差，可用于滑动速度 $v_s \leqslant 4m/s$ 的场合。对于低速（$v_s < 2m/s$）、不重要的传动，蜗轮材料可采用灰铸铁，如 HT150、HT200 等。为了防止变形，蜗轮通常应进行时效处理。蜗轮材料有时也采用高强度球墨铸铁、粉末冶金材料及非金属材料（如尼龙、增强尼龙等）。

蜗杆材料主要采用碳钢和合金钢，并要求有较高的硬度和一定的表面粗糙度。在重要传动中，蜗杆材料常采用 45、40、40Cr、42SiMn 等钢，经表面淬火（高频淬火）表面硬度达 HRC56 ～ 62，后者适用于有冲击载荷和精度要求高的场合。在一般不太重要或中速中载传动中，可采用 45、40 等钢，经调质处理（HB220 ～ 250），加工后的表面粗糙度不高于

$2.5\mu m$。

二、蜗杆和蜗轮的结构

蜗杆一般和轴制成一体，称为蜗杆轴，如图 9-4 所示。蜗轮可以制成整体的（图 9-5（a）），但为了节约贵重的有色金属，对大尺寸的蜗轮通常采用组合式结构，即齿圈用有色金

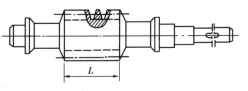

图 9-4　蜗杆轴结构图

属制造，而轮芯用钢或铸铁制成（图 9-5（b））。采用组合结构时，齿圈和轮芯间可用过盈联接，为工作可靠起见，又沿接合面圆周装上 4~8 个螺钉，这种结构用于尺寸不大而工作温度变化又较小的地方。齿圈与轮芯也可用绞制孔螺栓来联接（图 9-5（c）），由于装拆方便常用于尺寸较大或磨损后需要更换齿圈的场合。对于成批制造的蜗轮，常将青铜齿圈浇注在铸铁轮芯上，如图 9-5（d）。

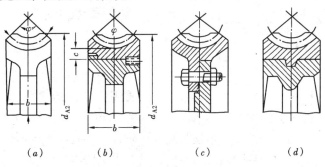

（a）　　　　（b）　　　　（c）　　　　（d）

图 9-5　蜗轮结构

三、蜗杆传动的润滑

蜗杆传动的润滑对蜗杆传动有较大影响，如果润滑不良，传动效率将显著降低，并且使轮齿早期发生胶合或磨损。蜗杆传动采用的润滑方式通常有：油池润滑、喷油润滑、压力喷油润滑等。

在保持蜗杆传动具有良好润滑条件的同时，对于重载、连续工作的闭式蜗杆传动，为了防止温升过高（一般油温不允许超过 75~85℃），必须采取一定散热措施以降低油温。通常采用的散热措施有：

（1）在箱体上加散热片，以增大散热面积；

（2）在蜗杆轴上安装风扇，以加强通风，帮助散热，如图 9-6（a）；

（3）在箱体内油池中装设蛇形水箱，用循环水冷却以降低油温，如图 9-6（b）；

（4）用循环油冷却，如图 9-6（c）。

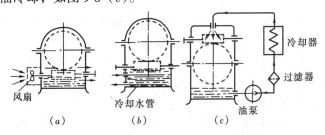

图 9-6　蜗杆传动散热措施

第十章 轴 系 零 件

第一节 轴的分类及轴的结构要求

轴是机械产品中的重要零件之一，用来支承作回转运动的传动零件（如齿轮、带轮、链轮等）、传递运动和转矩、承受载荷，以及保证装在轴上的零件具有确定的工作位置和具有一定的回转精度。

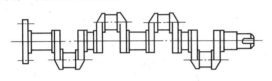

图 10-1 曲轴

一、轴的分类

按照轴的轴线形状不同，轴可以分为曲轴（图 10-1）和直轴两大类。曲轴用于将回转运动转变为直线往复运动或将直线往复运动转变为回转运动，是往复式机械中的专用零件。直轴按其外形不同，分为光轴和阶台轴两种（图 10-2）。光轴形状简单，加工方便，但轴上零件不易定位和装配；阶台轴各截面直径不等，便于零件的安装和固定，因此应用广泛。轴一般制成实心的，只有当机器结构要求在轴内装设其他零件或减轻轴的质量有特别重要的意义时，才将轴制成空心的，如车床的主轴等。

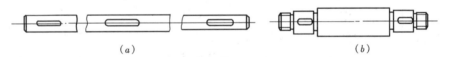

（a）   （b）

图 10-2 直轴

（a）光轴；（b）阶台轴

根据所受载荷不同，又可将直轴分为心轴、转轴和传动轴三类。

（1）心轴：用来支承回转零件，只受弯曲作用而不传递动力的轴称为心轴。心轴可以是转动的，如图 10-3（a）所示的车轴；也可以是固定不动的，如图 10-3（b）所示滑轮支承轴。

（2）转轴：既支承回转零件又传递动力，同时承受弯曲和扭转两种作用的轴称为转轴。机器中大多数的轴都属于这一类。在图 10-4（a）所示减速装置传动简图中，联轴器 6 所连接的左、右两根轴，传动带 2 连接的轴，小齿轮 3 连接的轴都是转轴。图 10-4（b）所示为与联轴器左半边相连的减速装置输出轴的结构简图。

（3）传动轴：用来传递动力，只受扭转作用而不受弯曲作用或弯曲作用很小的轴称为传动轴，如图 10-5 所示汽车传动轴（轴自重所引起的弯曲作用很小）。

二、对轴的结构的一般要求

轴主要由轴颈和连接各轴颈的轴身组成。被轴承支承的部位称为支承轴颈，支承回转零件的部位称为配合轴颈（也称工作轴颈）。轴的各部位直径应符合标准尺寸系列，支承

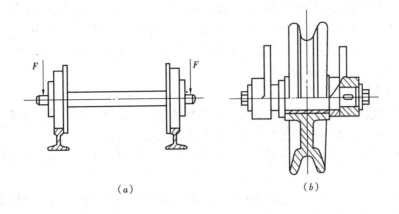

（a）   （b）

图 10-3　心轴

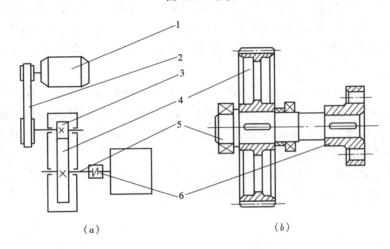

（a）   （b）

图 10-4　转轴

1—电动机；2—传动带；3—小齿轮；4—大齿轮；5—输出轴；6—联轴器

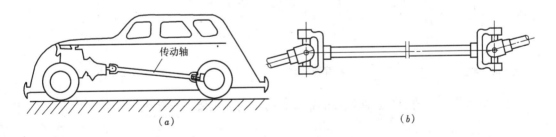

（a）   （b）

图 10-5　汽车传动轴

轴颈的直径还必须符合轴承内孔的直径系列。轴的直径除根据强度计算确定外，通常可应用经验式进行估算。例如，在一般减速器中，高速输入轴的轴径，可按照与其相连接的电动机轴的直径 d_0 来估算，如用经验式 $d = (0.8 \sim 1.2) d_0$ 估算。各级低速轴的轴径可按同级齿轮副的中心距 a 来估算，如用经验式 $d = (0.3 \sim 0.4) a$ 估算。估算后的轴径，应圆整为标准尺寸值。

光轴的结构简单，加工方便，但轴上零件如齿轮、带轮和轴承等的固定和装拆不便。

工程上一般采用阶台轴。阶台轴的各个阶台均有其作用，因此，轴的结构多种多样，没有标准的形式。为使轴的结构和其各个部位都具有合理的形状和尺寸，在考虑轴的结构时，应满足下述三个方面的要求：轴上的零件可靠固定；轴便于加工和尽量避免或减少应力集中；轴上零件便于安装和拆卸。

三、轴的结构工艺性

为方便轴的制造、轴上零件的装配和使用维修，在确定轴的结构时，会从工艺角度提出一些相应要求，即轴的结构工艺要求，主要有如下几方面：

（1）阶台轴的直径应该是中间大，两端小，由中间向两端依次减小，以便于轴上零件的装拆。

（2）轴端、轴颈与轴肩（或轴环）的过渡部位应有倒角或过渡圆角，以便于轴上零件的装配，避免划伤配合表面，并减少应力集中。轴肩（或轴环）的过渡圆角半径应小于轴上安装零件内孔的倒角高度或圆角半径，以保证轴上零件端面可靠贴合轴肩端面。轴上有多处圆角和倒角时，应尽可能使圆角半径相同和倒角大小一致，以减少刀具规格和换刀次数。自由表面的轴肩过渡圆角不受装配的限制，可取得大些（一般取 $r = 0.1d$），以减小应力集中。

（3）轴上有螺纹时，应有退刀槽（图 10-6），以便于螺纹车刀退出。需要磨削的阶台轴，应留有越程槽（图 10-7），以使磨削用砂轮越过工作表面。螺纹退刀槽取宽度 $b \geqslant 2P$（P 为螺距）。越程槽取宽度 $b = 2 \sim 4\text{mm}$，深度 $a = 0.5 \sim 1\text{mm}$。轴上有多个退刀槽或越程槽时，应尽可能取相同的尺寸，以方便加工。

（4）当轴上装有质量较大的零件或与轴颈过盈配合的零件时，其装入端应加工出半锥角为 $10°$ 的导向锥面（图 10-8），以便于装配。

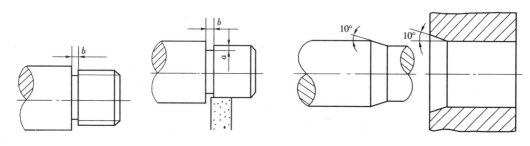

图 10-6　螺纹退刀槽　　　图 10-7　砂轮越程槽　　　图 10-8　导向锥面

（5）为了便于轴的加工及保证轴的精度，必要时应设置中心孔。

第二节　轴上零件的固定

一、轴上零件的轴向固定

轴上零件轴向固定的目的是保证零件在轴上有确定的轴向位置，防止零件作轴向移动，并能承受轴向力。常用的方法有利用轴肩、轴环、圆锥面，以及采用轴端挡圈、轴套、圆螺母、弹性挡圈等零件进行轴向固定。

1. 用轴肩和轴环固定

100

阶台轴的截面变化部位叫做轴肩或轴环（图 10-9）。用轴肩和轴环固定轴上零件，具有结构简单、定位可靠和能承受较大的轴向力等优点，是一种最常用的固定方法，常用于齿轮、带轮轴承和联轴器等传动零件的轴向固定。为了使零件的轴向固定可靠，轴肩和轴环的尺寸应选择适当。图 10-9（a）、（b）中轴肩和轴环的高度 $h = 2 \sim 10\mathrm{mm}$（轴径较小时取小值），固定滚动轴承时，应小于滚动轴承内圈厚度，以便于滚动轴承的拆卸；轴环的宽度 $b \approx 1.4h$。轴肩和轴环的圆角半径 r 应小于与轴配合零件的倒角尺寸 C 或圆角半径 R，如图 10-9（c）。

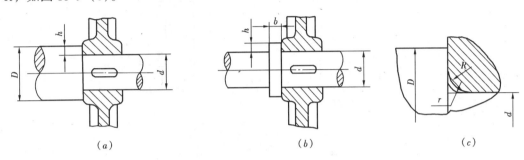

（a）　　　　　　　　　（b）　　　　　　　　　（c）

图 10-9　用轴肩和轴环固定
（a）用轴肩固定；（b）用轴环固定；（c）轴肩或轴环的圆角

2. 用轴端挡圈和圆锥面固定

当零件位于轴端时，可利用轴端挡圈或圆锥面加挡圈进行轴向固定。图 10-10 所示为轴端挡圈定位，轴径小时只需要一个螺钉锁紧，轴径大时则需要两个或两个以上的螺钉锁紧。为防止轴端挡圈和螺钉松动，可采用图示的锁紧装置。无轴肩和轴环的轴端，可采用图 10-11所示圆锥面加挡圈进行轴向固定，这种固定有较高的定心精度，并能承受冲击荷载，但加工锥形表面不如加工圆柱面简便。

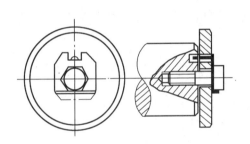

图 10-10　用轴端挡圈固定

3. 用轴套固定

轴套又称套筒，用其轴向固定零件时，主要依靠已确定位置的零件来作轴向定位，适用于相邻两零件间距较小的场合（图 10-12）。用轴套固定，结构简单，装拆方便，可避免在轴上开槽、切螺纹、钻孔而削弱轴的强度。若零件间距较大，会使轴套过长，增加材料用量和轴部件重量。

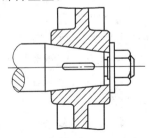

图 10-11　用圆锥面固定

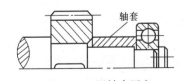

图 10-12　用轴套固定

4. 用圆螺母固定

当无法采用轴套固定或轴套太长时，可采用圆螺母作轴向固定（图10-13）。这种方法用在轴的中部或端部，具有装拆方便、固定可靠、能承受较大的轴向力等优点。其缺点是需在轴上切制螺纹，且螺纹的大径要比套装零件的孔径小，一般采用细牙螺纹，以减小对轴强度的影响。为防止圆螺母的松脱，常采用双螺母或一个螺母加止推垫圈来防松。

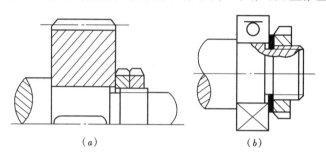

（a）　　　　　　　　　　（b）

图 10-13　用圆螺母固定

（a）双螺母固定；（b）螺母加止推垫圈固定

5. 用弹性挡圈固定

图10-14所示为利用弹性挡圈作轴向固定。弹性挡圈结构简单紧凑、拆装方便，但能承受的轴向力较小，而且要求切槽尺寸保持一定的精度，以免出现弹性挡圈与被固定零件间存在间隙或弹性挡圈不能装入切槽的现象。

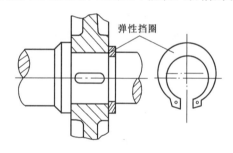

弹性挡圈

图 10-14　用弹性挡圈固定

二、轴上零件的周向固定

轴上零件周向固定的目的是为了传递转矩及防止零件与轴产生相对转动。常采用键和过盈配合等方法。

1. 用键作周向固定

用平键连接作轴向固定，结构简单，制造容易，装拆方便，对中性好，可用于较高精度、较高转速及受冲击或变载荷作用的固定连接。应用平键连接时，对于同一轴上轴径相差不大的轴上键槽，应尽可能采用同一规格的键槽尺寸，并使键槽位于相同的轴向位置，以方便加工。用楔键连接作周向固定，在传递转矩的同时，还能承受单向的轴向力，但对中性较差。用花键连接作周向固定，具有较高的承载能力，对中性与导向性均好，但成本高。

2. 用过盈配合作周向固定

该方法主要用于不拆卸的轴与轮毂的连接。由于包容件轮毂的配合尺寸（孔径）小于被包容件轴的配合尺寸（轴颈直径），装配后在两者之间产生较大压力，通过此压力所产生的摩擦力可传递转矩。这种连接简单，对轴的削弱小，对中性好，能承受较大的荷载和有较好的抗冲击性能。因其承载能力与抗冲击能力取决于过盈量的大小和配合处的表面质量，因此，配合表面的加工精度要求较高，表面粗糙度值也较小。

过盈量不大时，一般用压入法装配。当过盈量较大时，常采用温差法装配，即加热包容件轮毂或（和）冷却被包容件轴，利用材料的热胀冷缩以减少过盈量甚至形成间隙进行装配。用温差法装配不易擦伤表面，可以获得很高的连接强度。

对于对中性要求高、承受较大振动和冲击荷载的周向固定，可采用键连接与过盈配合组合的固定方法，以传递大的转矩及使轴上零件的周向固定更加牢固。

3. 其他方法作周向固定

在传递的载荷很小时，可以用圆锥销（图 10-15）或紧定螺钉（图 10-16）作周向固定。这两种方法均兼有轴向固定的作用。

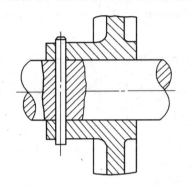 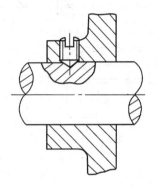

图 10-15　用圆锥销固定　　　　　　　　　图 10-16　用紧定螺钉固定

第三节　键连接和销连接

一、链连接

通过键将轴与轴上零件（齿轮、带轮、凸轮等）结合在一起，实现周向固定，并传递转矩的连接称为键连接。键连接属于可拆连接，具有结构简单、工作可靠、装拆方便及已经标准化特点，故得到广泛的应用。

常用的键连接类型有：平键连接、半圆键连接、楔键连接、切向键连接和花键连接等。

1. 平键连接

平键连接是矩形截面的连接件，置于轴和轴上零件的键槽内，键的两侧面为工作面，用以传递转矩。平键分普通平键和导向平键两种。

（1）普通平键连接：普通平键连接（图 10-17）对中性良好，装拆方便，适用于高速、

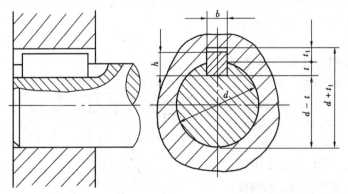

图 10-17　普通平键连接键和键槽剖面尺寸

高精度和承受变载、冲击的场合，但不能实现轴上零件的轴向定位。根据键的头部形状不同，普通平键有圆头（A型）、方头（B型）和单圆头（C型）三种形式（图10-18）。圆头普通平键因在键槽中不会发生轴向移动，而应用最广，单圆头普通平键（C型）则多应用在轴的端部。

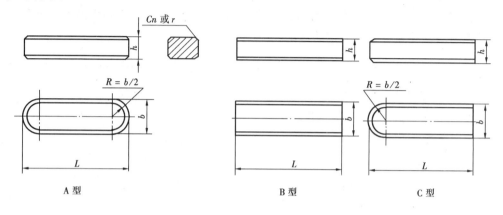

图10-18 普通平键的形式

普通平键工作时，轴和轴上零件沿轴向没有相对移动。

（2）导向平键连接：轴上安装的零件需要沿轴向移动时，可将普通平键加长，采用图10-19所示的导向平键连接。由于导向平键较长，且与键槽配合较松，因此，要用螺钉将其固定于轴槽内。为拆卸方便，在导向平键中部设有起键用螺孔。导向平键有圆头（A型）和方头（B型）两种形式。

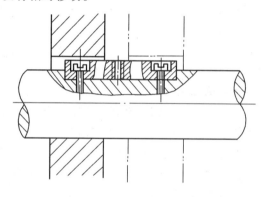

图10-19 导向平键连接

2. 半圆键连接

半圆键连接（图10-20）也是用侧面实现周向固定和传递转矩。其特点是制造容易，装拆方便，键在轴槽中能绕自身几何中心沿槽底圆弧摆动，以适应轮毂上键槽的斜度。由于键槽较深，削弱了轴的强度。因此，只能传递较小的转矩，一般用于轻载或辅助性连接，特别适用于锥形轴与轮毂的连接。

3. 楔键连接

楔键分普通楔键和钩头楔键两种。普通楔键有圆头（A型）、方头（B型）和单圆头（C型）三种形式（图10-21）；钩头楔键只有一种形式，图10-22。

楔键的上、下表面为工作面，上表面相对下表面有1∶100的斜度，轮毂槽底面相应也有1∶100的斜度。

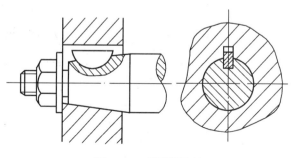

图10-20 半圆键连接

装配时，将楔键打入轴与轴上零件之间的键槽内，使之连接成一整体，从而实现转矩传递（图10-23）。楔键与键槽的两个侧面不相接触，为非工作面。楔键连接能使轴上零件轴向固定，并能使零件承受单方向的轴向力。由于键侧面为非工作面，因此，楔键连接的对中性差，在冲击和变载荷的作用下容易发生松脱。

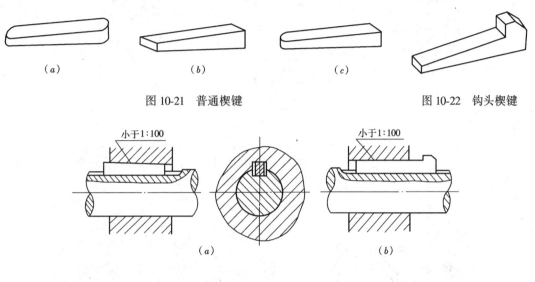

（a） （b） （c）

图10-21 普通楔键 图10-22 钩头楔键

图10-23 楔键连接

（a）普通楔键连接；（b）钩头楔键连接

楔键连接常用于精度要求不高、转速较低、承受单向轴向载荷的场合。钩头楔键用于不能从另一端将键打出的场合，钩头供拆卸用，应注意加以保护。

4．切向键连接

图10-24为切向键连接。切向键由一对具有1:100斜度的楔键沿斜面拼合而成，其上下两工作面互相平行，轴和轮毂上的键槽底面没有斜度。装配时，一对键分别自轮毂两边打入，使两工作面分别与轴和轮毂上键槽底面压紧。工作时，靠工作面的压紧作用传递转矩。一对切向键只能传递单向转矩，需要传递双向转矩时，可安装两对互成120°～135°的切向键，如图10-24（b）所示。

切向键连接，轴的削弱较严重，且对中性差，常用于轴径较大（$d > 60mm$）、精度要求不高、转速较低和传递转矩较大的场合。

5．花键连接

花键连接是两零件上等距分布且齿数相同的键齿相互连接，并传递转矩或运动的同轴构件，即花键连接是由带键齿的轴（外花键）和轮毂（内花键）所组成。

根据键齿的形状不同，常用的花键分为矩形花键和渐开线花键两类（图10-25）。

端平面上外花键的键齿或内花键的键槽的两侧齿形为相互平行的直线且对称于轴平面的花键称为矩形花键。矩形花键又分为圆柱直齿矩形花键（简称矩形花键）和圆柱斜齿矩形花键。

键齿在圆柱上（或圆锥）面上且齿形为渐开线的花键称为渐开线花键。渐开线花键又分为圆柱直齿渐开线花键、圆锥直齿渐开线花键和圆柱斜齿渐开线花键。在渐开线花键连

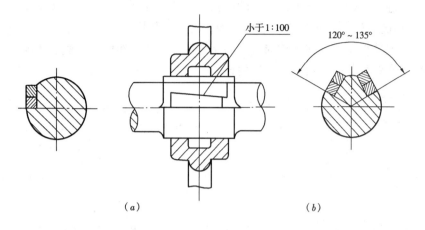

图 10-24　切向键连接

（a）一对切向键连接；（b）两对切向键连接

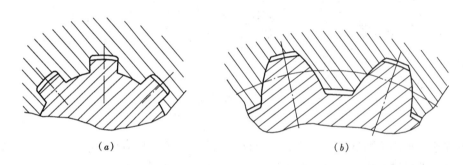

图 10-25　花键连接

（a）矩形花键连接；（b）渐开线花键连接

接中，外花键齿形为渐开线，内花键齿为直线的连接又称为三角形花键连接。

花键连接与平键、半圆键、楔键等单键连接相比，具有定心精度高、导向性好、承载能力强、能传递较大的转矩及连接可靠等优点，但花键制造较困难。

在花键中，由于矩形齿花键加工容易，所以得到广泛的应用。矩形花键连接的定心（即花键副工作轴线位置的限定）方式有三种：小径 d 定心、大径 D 定心和齿侧（即键宽 B）定心（图 10-26）。其中因内花键的小径可用内圆磨床加工，外花键的小径可由专用花键磨床加工，因而定心精度高。

渐开线花键的键齿采用齿形角为30°的渐开线齿形，与矩形齿花键相比较，它的齿根较厚，强度高，承载能力大，加工工艺与齿轮相同，通常采取齿侧定心方式（具有自动定心的特点），也可采取大径定心方式。渐开线花键连接常用于载荷较大、定心精度要求高、尺寸较大的连接。

三角形齿花键连接的外花键采用齿形角为45°的渐开线齿形，内花键则采用直线齿形，因此键齿细小，承载能力也小，常用于轻载和直径较小或薄壁零件与轴的连接。

二、销连接

1. 销的基本形式

销主要有圆柱销和圆锥销两种（图 10-27），其他形式的销都是由它们演化而来。在生

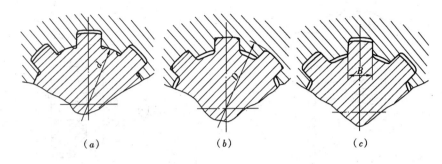

图 10-26　矩形花键连接的定心方式

(a) 小径定心；(b) 大径定心；(c) 侧齿定心

产中常用的有圆柱销、圆锥销和内螺纹圆锥销三种。销已标准化，使用时，可根据工作情况和结构的要求，按标准选择其形式和规格尺寸。

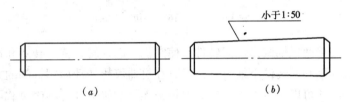

图 10-27　销

(a) 圆柱销；(b) 圆锥销

2. 销连接的应用特点

销连接可用来确定零件之间的相互位置、传递动力或转矩，还可用作安全装置中的被切断零件。

用作确定零件之间相互位置的销，通常称为定位销。定位销常采用圆锥销（图 10-28），因为圆锥销具有 1:50 的锥度，使连接具有可靠的自锁性，且可以在同一销孔中，多次装拆而不影响连接零件的相互位置精度。定位销在连接中一般不承受或只承受很小的载荷。定位销的直径可按结构要求确定，使用数量不得少于 2 个。销在每一个连接零件内的长度约为销直径的 1~2 倍。

定位销也可采用圆柱销，靠一定的配合固定在被连接零件的孔中。圆柱销如多次装拆，会降低连接的可靠性和影响定位的精度，因此，只适用于不经常装拆的定位连接中。

为方便装拆销连接，或对盲孔销连接，可采用内螺纹圆锥销（图 10-29）或内螺纹圆柱销。

用来传递动力或转矩的销称为连接销（图 10-30），可采用圆柱销或圆锥销，销孔须经铰制。连接销工作时受剪切和挤压作用，其尺寸应根据结构特点和工作情况，按经验和标准选取，必要时应作强度校核。

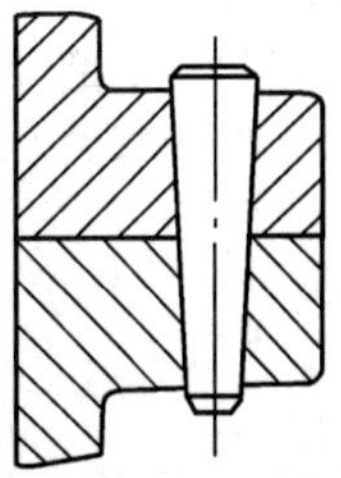

当传递的动力或转矩过载时，用于连接的销首先被切断，从而保护被连接零件免受损坏，这种销称为安全销。销的尺寸通常以过载 20%~30% 时即折断为依据确定。使用时，应考虑销切断后不易飞出和易于更换。为此，必要时可在销上切出槽口。

图 10-28　定位用圆锥销连接

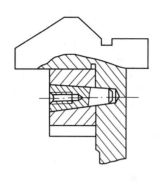

图 10-29　用内螺纹圆锥销定位

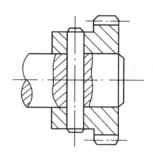

图 10-30　用作传递动力和
转矩的销连接

第四节　联　轴　器

联轴器用来连接两根轴或轴和回转件，使它们一起回转，传递转矩和运动。在机器运转过程中，两轴或轴和回转件不能分开，只有在机器停止转动后用拆卸的方法才能将它们分开。有的联轴器还可以用作安全装置，保护被连接的机械零件不因过载而损坏。

机械式联轴器分刚性联轴器、挠性联轴器和安全联轴器三大类。

刚性联轴器是不能补偿两轴有相对位移的联轴器，常用的有凸缘联轴器、套筒联轴器等。

挠性联轴器是能补偿两轴相对位移的联轴器，又分为无弹性元件挠性联轴器和弹性联轴器（包括金属弹性元件联轴器和非金属弹性元件联轴器）两类。

一、凸缘联轴器

凸缘联轴器利用螺栓连接两半联轴器的凸缘，以实现两轴的连接，是刚性联轴器中应用最广的一种联轴器。图 10-31（a）是其基本的结构形式，把两个带有凸缘（俗称法兰）的半联轴器用键分别与两轴连接，然后用螺栓把两个半联轴器连接成一体，以传递转矩和运动。凸缘联轴器要求严格对中，其对中方法有两种：一是在两半联轴器上分别制出凸肩和凹槽，互相配合而实现对中，如图 10-31（a）所示，一是两半联轴器上都制出凸肩，共同与一个剖分环配合而实现对中，如图 10-31（b）所示。凸肩凹槽配合的联轴器对中性好，但装拆时必须先作轴向移动后，才能作径向位移；剖分环配合的联轴器则可直接作径

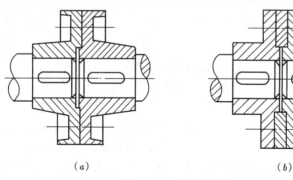

（a）　　　　　　　　　　　　　　　（b）

图 10-31　凸缘联轴器

向位移进行装拆，但由于采用剖分环，其对中性不及前者。

凸缘联轴器结构简单，维护方便，能传递较大的转矩，但对两轴之间的相对位移不能补偿，因此对两轴的对中性要求很高。当两轴之间有位移或偏斜存在时，就会在机件内引起附加载荷和严重磨损，严重影响轴和轴承的正常工作。此外，在传递载荷时不能缓和冲击和吸收振动。凸缘联轴器广泛地用于低速、大转矩、载荷平稳、短而刚性好的轴的连接。

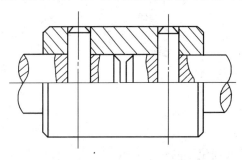

图 10-32　套筒联轴器

二、套筒联轴器

套筒联轴器通过公用套筒以某种方式连接两轴（图 10-32）。公用套筒与两轴连接的方式常采用键连接或销连接。套筒联轴器属刚性联轴器，结构简单，径向尺寸小，装拆时一根轴须作轴向移动。常用于两轴直径较小、两轴对中性精度高、工作平稳的场合。

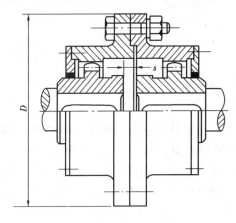

图 10-33　鼓形齿联轴器

三、鼓形齿联轴器（齿式联轴器）

鼓形齿联轴器通过内外齿啮合，实现两半联轴器的连接（图 10-33），属无弹性元件挠性联轴器，由两个带有外齿的凸缘内套筒和两个带有内齿的外套筒所组成。两内套筒分别用键与两轴连接，两外套筒用螺栓连接，通过内、外齿的啮合传递转矩和运动。外齿的齿顶部呈鼓状，使啮合时具有适当的间隙，当两轴传动中产生轴向、径向和偏角等位移时，可以得到补偿。上有注油孔用于注入润滑油，以减少磨损，联轴器两端装有密封圈，以防止润滑油泄漏。

鼓形齿联轴器的优点是转速高(可达 3500r/min)，能传递很大的转矩(可达 10^6N·m)，并能补偿较大的综合位移，工作可靠，对安装精度要求不高。其缺点是质量大，制造较困难，成本高。因此多用在重型机械中。

四、万向联轴器

万向联轴器允许在较大角位移时传递转矩，属无弹性元件挠性联轴器。图 10-34 所示为一种应用广泛的万向联轴器——十字轴式万向联轴器。它通过十字轴式中间件实现轴线相交的两轴的连接，由两个具有叉状端部的万向接头 1、3 和一个十字轴 2 组成。两轴与两万向接头用销连接，通过中间件十字轴传递转矩。

万向联轴器主要用于两轴相交的传动。两轴的交角最大可达 35° ~ 45°。用万向联轴器连接的两相交轴，主动轴回转一周，从动轴也回转一周，但两轴的瞬时角速度是不相等的。也就是说主动轴以等角速度回转时，从动轴以变角速度回转。两轴交角愈大，从动轴的角速度变化愈大。由于从动轴回转时角速度的变化，会产生附加载荷而不利于转动，因此常将万向联轴器成对使用，如图 10-35 所示。采用这种方式时，必须使中间连接轴的两

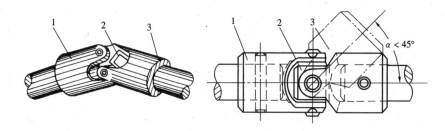

图 10-34　十字轴式万向联轴器

1、3—万向接头；2—十字轴

端叉面位于同一平面内，且主、从动轴与中间连接轴的两个夹角必须相等。

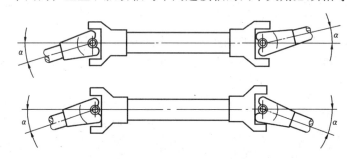

图 10-35　万向联轴器的成对使用

五、弹性套柱销联轴器和弹性柱销联轴器

弹性套柱销联轴器将一端带有弹性套的柱销装在两半联轴器凸缘孔中，而实现两半联轴器的连接。如图 10-36 所示，它的结构与凸缘联轴器相似，只是两个半联轴器的连接不是用螺栓，而是柱销。每个柱销上装有几个橡胶圈或皮革圈，利用圈的弹性补偿两轴的相对位移并缓和冲击、吸收振动。弹性套柱销联轴器通常应用于传递小转矩、高转速、启动频繁和回转方向须经常改变的机械设备中。

弹性柱销联轴器将若干非金属材料制成的柱销，置于两半联轴器凸缘孔中，而实现两半联轴器的连接(图 10-37)。柱销材料常用尼龙，其他具有弹性的非金属材料也可应用，如酚醛、榆木、胡桃木等。弹性柱销联轴器可允许较大的轴向窜动，但径向位移和偏角位移的补偿量不大。其具有结构简单、制造容易和维护方便等优点，一般多用于轻载的场合。

弹性套柱销联轴器和弹性柱销联轴器均属于非金属弹性元件弹性联轴器。

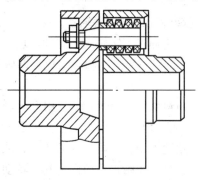

图 10-36　弹性套柱销联轴器

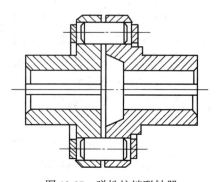

图 10-37　弹性柱销联轴器

第十一章 轴 承

用于确定轴与其他零件相对运动位置并起支承或导向作用的零（部）件称为轴承。简单地说，轴承是支承轴的零件或部件。按照轴承与轴工作表面间摩擦性质的不同，轴承可分为滑动轴承和滚动轴承两大类。

第一节 滑 动 轴 承

一、滑动轴承的类型和结构形式

仅发生滑动摩擦的轴承称为滑动轴承。根据所受荷载的方向不同，滑动轴承可分为径向滑动轴承、止推滑动轴承和径向止推滑动轴承三种主要形式（图 11-1）。

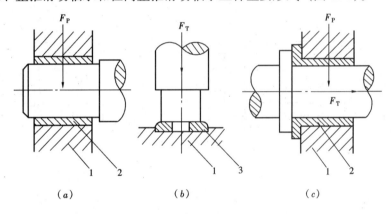

图 11-1　滑动轴承的形式

（a）径向滑动轴承；（b）止推滑动轴承；（c）径向止推滑动轴承

1—滑动轴承座　2—轴瓦或轴套　3—止推垫圈

滑动轴承主要由滑动轴承座、轴瓦或轴套组成。装有轴瓦或轴套的壳体称为滑动轴承座；径向滑动轴承中与支承轴颈（以下简称轴颈）相配的圆筒形整体零件称为轴套，与轴颈相配的对开式零件成为轴瓦；为承受轴向荷载而通常与径向滑动轴承一起使用的环形板或两个半环形板称为止推垫圈。为了减轻轴瓦或轴套与轴颈表面的摩擦，必须在滑动轴承内加入润滑剂。由于润滑剂的吸附作用，在轴瓦或轴套与轴颈表面会形成一层厚度约 0.1 ~0.2μm 的极薄油膜，使一部分相对滑动表面被油膜隔开（图 11-2），从而减小了滑动副的摩擦因数（摩擦因数约为 0.008 ~ 0.1）。这种使部分摩擦表面被润滑油隔开的润滑方式称为半液体润滑。一般滑动轴承的润滑均属于此类方式。

常用的径向滑动轴承有以下几种结构形式：

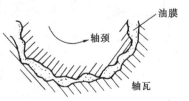

图 11-2　滑动轴承中的润滑状态

1.整体式径向滑动轴承：整体式径向滑动轴承的结构如图 11-3 所示。轴承用螺栓固定在机架上。滑动轴承座孔中压入用具有减磨特性的材料制成的轴套 2，并用紧定螺钉 3 固定。滑动轴承座顶部设有安装润滑装置的螺纹孔。轴套上开有油孔，并在内表面上开有油槽（图 11-4（b）），以输送润滑油，减小摩擦，简单的轴套内孔则无油槽，如图 11-4(a)所示。滑动轴承磨损后，只须更换轴套即可。

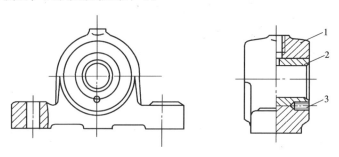

图 11-3　整体式径向滑动轴承
1—滑动轴承座；2—轴套；3—紧定螺钉

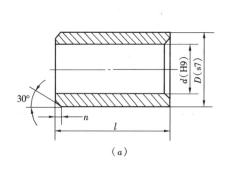 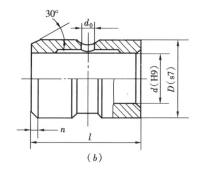

（a）　　　　　　　　　　　（b）

图 11-4　轴套

整体式滑动轴承结构简单，制造成本低，但只能通过轴向移动安装和拆卸轴颈或轴承，造成安装和检修困难。此外，轴承磨损后无法调整轴颈与轴承间的间隙，必须更换新的轴套。整体式滑动轴承应用于轻载、低速或间歇工作的场合。如绞车、手动起重机等。

2.对开式径向滑动轴承：对开式径向滑动轴承的结构如图 11-5 所示，由轴承盖 1、轴承座 5、上轴瓦 3、下轴瓦 4 和连接螺栓 2 等组成。轴承座是轴承的基础部分，用螺栓固定于机架上。轴承盖与轴承座的结合面呈阶台形式，以保证两者定位可靠，并防止横向错动。轴承盖与轴承座采用螺栓连接，并压紧上下轴瓦。通过轴承盖上连接的润滑装

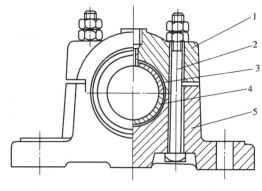

图 11-5　对开式径向滑动轴承
1—轴承盖；2—连接螺栓；3—上轴瓦；
4—下轴瓦；5—轴承座

置，可将润滑油经油孔输送到轴颈表面。在轴承盖与
轴承座之间，一般留有 5mm 左右的间隙，并在上下轴
瓦的对开面处垫入适量的调整垫片，当轴瓦磨损后可
根据其磨损程度，更换一些调整垫片，使轴颈与轴瓦
之间仍能保持要求的间隙。对开式滑动轴承间隙可
调，装拆方便，克服了整体式轴承的两个主要不足，
因此应用较广泛。

　　轴瓦的结构如图 11-6 所示。轴瓦的两端通常带有
凸缘，以防止在轴承座中发生轴向移动；一般用销钉
或紧定螺钉固定，以防止其周向转动。为了将润滑油
引入和分布到轴承的整个工作面上，轴瓦上加工有油
孔，并在内表面上开油槽，常见油槽形式如图 11-7 所
示。油槽不应开通，以减少润滑油在端部的泄漏。油
槽长度一般取轴瓦轴向宽度的 80%。

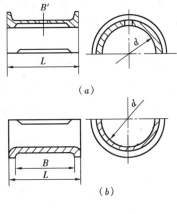

图 11-6　轴瓦
(a) 上轴瓦；(b) 下轴瓦

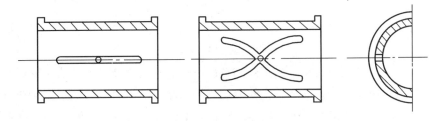

图 11-7　轴瓦上的油槽形式

　　3. 自位滑动轴承：自位滑动轴承是相对于轴颈表面可自行调整轴线偏角的滑动轴承
(图 11-8)，其特点是轴瓦与轴承盖、轴承座之间为球面接触，轴瓦在轴承中可随轴颈轴线
转动，因而可避免因轴线偏斜与轴承接触不良而引起轴瓦端部边缘的严重磨损（图 11-9）。
自位滑动轴承主要用于宽径比（滑动轴承宽度与孔径之比值）大于 1.5，或轴的挠度较
大，或两轴承内孔轴线的同轴度误差较大的场合。

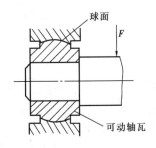

图 11-8　自位滑动轴承

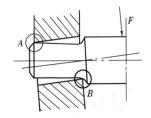

图 11-9　轴径与轴承接触不良

　　4. 可调间隙式滑动轴承：滑动轴承的轴瓦在使用中难免磨损，造成间隙增大，影响
运动精度。可采用间隙可调整的滑动轴承（图 11-10），可以避免上述不足，并延长轴瓦的
使用寿命。可调式轴承采用带锥形表面的轴套，有内锥外柱和内柱外锥两种形式，通过轴

颈与轴瓦间的轴向移动实现轴承径向间隙的调整。轴套圆锥面的锥度为 1∶30 ~ 1∶10。在图 11-10（a）中，轴颈为圆锥面，轴颈不动，拧动两端螺母调节轴套向右移动时，轴承径向间隙减小，反之则增大。在图 11-10（b）所示的结构中，轴套内表面采用圆柱面，可避免不均匀磨损，当轴受热膨胀伸长时，不会影响轴承与轴颈的配合间隙。因此，使用时间隙可以调整得较小，使回转精度提高。为了使轴套具有较好的弹性，便于间隙的调整，可在轴套上对称地切几条槽，其中一条为通槽，如图 11-10（c）所示。

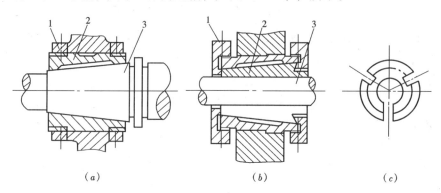

（a） （b） （c）

图 11-10　可调间隙式滑动轴承

1—螺母；2—轴套；3—轴

止推滑动轴承是承受轴向荷载的滑动轴承。由轴的端面或轴环传递轴向荷载，端面此时称为止推端面，轴环称为止推环，工作时均与轴承的止推垫圈相接触。止推端面有实心与空心两种形式，与环形的止推垫圈相接触（图 11-11）；止推环有单环与多环两种形式（图 11-12），多环式止推滑动轴承支承面积较大，适用于推力较大的场合。

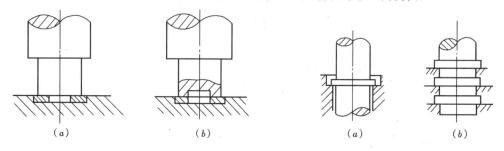

（a） （b） （a） （b）

图 11-11　端面止推形式　　　　　　图 11-12　轴环止推形式

（a）实心止推端面；（b）空心止推端面　　　（a）单环式；（b）多环式

图 11-13 所示为一种常见的止推滑动轴承，由轴承座 1、衬套 2、轴套 3 和止推垫圈 4 等组成。止推垫圈底部制成球面，以便于对中，并用销钉 5 与轴承座固定。润滑油从下部用压力注入并经上部流出。

二、轴瓦（轴套）的材料

1. 对轴瓦（轴套）材料的要求

轴瓦（轴套）是滑动轴承中直接和轴颈接触并有相对滑动的零件。因此，对它的材料有以下基本要求：

（1）良好的减磨性和耐磨性：良好的减磨性是指轴瓦（轴套）材料的摩擦因数小，与钢质轴颈不易产生胶合，相对滑动时不易发热，功率损失小。耐磨性好是指材料抵抗磨损的性能好，使用寿命长。一般情况下，材料的硬度越高越耐磨，为了不损坏机器中价值较高的轴，要求轴瓦（轴套）表面比轴颈表面硬度低一些，即工作中被磨损的应该是轴瓦（轴套），而不是轴颈。

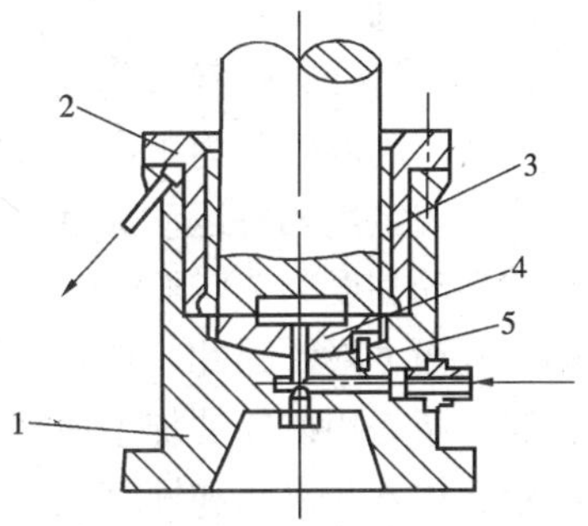

图 11-13　止推滑动轴承
1—轴承座；2—衬套；3—轴套；
4—止推垫圈；5—销钉

(2) 较好的强度和塑性：材料强度高，能保证在冲击、变载及较高压力下有足够的承载能力。塑性好则能适应轴颈的少量变形、偏斜，以保证轴瓦（轴套）与轴颈间的压力分布均匀。

(3) 对润滑油的吸附能力强：吸附能力强便于建立牢固的润滑油膜，改善工作条件。

(4) 良好的导热性：导热性好，则利于保持油膜，保证轴承的承载能力。

2．常用的轴瓦（轴套）材料

(1) 铸铁：有灰铸铁（如 HT150，HT200）和耐磨铸铁两种。灰铸铁用于低速、轻载、不受冲击的轴承；耐磨铸铁用于经淬火处理的轴颈相配合的轴承。

(2) 铜合金：有黄铜和青铜两种，用作轴承材料的大多为铸造铜合金。这类材料均具有较高的强度、较好的减磨性和耐磨性。铸造黄铜常用的有铝黄铜、锰黄铜、硅黄铜等，价格较青铜便宜，但减磨性及耐磨性不如青铜，常用于冲击小、负载平稳的轴承。铸造青铜常用的有锡青铜、铝青铜和铅青铜等，一般用于中速、中重载及冲击下的轴承。

(3) 轴承合金（巴式合金）：这种材料具有良好的减磨性和耐磨性，常用的有锡基轴承合金和铅基轴承合金两类。轴承合金强度较低且价格较贵，通常用铸造方法浇铸在材料强度较高的轴瓦（轴套）表面，形成减磨层（衬层），既有较高强度和刚度，又有良好减磨性和耐磨性，一般用于中高速、重载，以及冲击不大、负载稳定的重要轴承。

(4) 聚酰胺(PA)：俗称尼龙。有较好的自润性(无须外加润滑剂即可正常工作)、耐磨性、减振性和耐腐蚀性，但导热性差，吸水性大，尺寸也不稳定。一般用于温度、速度不高，载荷不大，散热条件较好的小型轴承，常用的聚酰胺有尼龙 6、尼龙 66、尼龙 1010 等。

三、滑动轴承的润滑

1．润滑的目的

轴承润滑的目的是为了减轻工作表面间的摩擦，降低磨损，同时还起到冷却、防振、吸振等作用。合理正确的润滑，对保证机器正常的运转，延长使用寿命有着重要的意义。

2．常用润滑剂

常用的润滑剂有润滑油和润滑脂两类。润滑油是液体，流动性好，内摩擦系数小，适用于高速轴承；润滑脂俗称"黄油"，在常温下是油膏状的半固体，其内摩擦阻力大，流动性差，散热性也差。但其吸振性能好，不易流失。多用于低速、重载或摆动的轴承中。

常用的润滑油有机械油、汽轮机油、齿轮油等。润滑油的主要指标是黏度，它是选择润滑油牌号的主要依据。黏度越小，内摩擦阻力越小，流动性好，润滑的润湿性，冷却性就好。但黏度太小，润滑油易被挤走，油膜不容易建立，易造成干的摩擦，并使吸振性能下降。同时由于润滑不良引起温度上升，使油液黏度值下降，润滑将恶性循环，直至引起抱轴或烧毁轴承轴瓦。

选择润滑油，轻载、高速、低温时，为减少内摩擦阻力应选黏度低的润滑油；而重载、慢速、高温时，为了易形成油膜应选黏度高的润滑油。

我国规定用相对运动黏度作为测量黏度的单位。例如 HJ20 机械油，表示在 50℃时润滑油的运动黏度为 $20 \times 10^{-6} mm^2/s$，数字越大表示润滑油黏度越大。此外，油的黏度随温度的上升而下降。因此，选择润滑油时，应考虑冬季和夏季用油的不同。

润滑脂是用矿物油加金属皂（如钙皂、钠皂、锂皂等）为稠化剂调制而成。它分钙基润滑脂、钠基润滑脂和锂基润滑脂。润滑脂的物理性能不如润滑油稳定，不宜在温度变化大或高速条件下使用。

3．润滑方法及润滑装置

在生产中，润滑的要求不同，采用的润滑方法和润滑装置也就不同。常用的润滑方法和润滑装置如下。

（1）油孔或油杯润滑

其润滑方法是人工定期地用油壶向轴承孔或油杯加油。图 11-14 所示为压注油杯，润滑时可用油壶顶开油孔油珠，压入润滑油来润滑轴承；图 11-15 所示的旋盖式油杯，在杯内充满润滑脂，隔一定时间旋紧一次油杯盖，把润滑脂挤到轴承内。这种润滑方式简单，只能间歇供油，一般用于低速、轻载或不重要的轴承中。

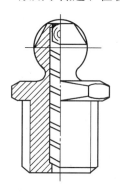

图 11-14　压注油杯

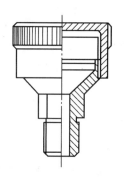

图 11-15　旋盖式油杯

（2）芯捻滴油润滑

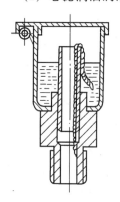

见图 11-16 所示，它是利用棉毛线的毛细管作用把油引入到轴颈处。这种润滑能连续均匀地供油，但供油量不大，且不易调节，不适用于高速的轴承。在使用时，应注意芯捻不能与轴颈接触，防止纱头夹入轴中。

（3）针阀式油杯润滑

如图 11-17 所示，当供油时，将手柄直立，阀杆提起，下端油孔敞开，使润滑油流入轴承中去；当手柄放平，阀杆在弹簧的推压下堵住油孔，停止供油。螺母用以调节供油量大小。这种装置工作可靠，可观察油的供应情况。

图 11-16　芯捻滴油油杯　　（4）油环润滑

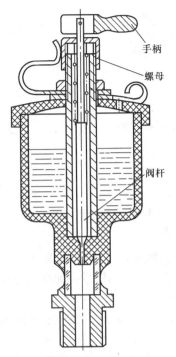

图 11-18 所示，在轴颈上套一个油环，油环下部浸在油池中。在轴旋转时，利用摩擦力带动环旋转，从而将油带到轴颈中去。油环润滑只能用于连续运转，水平轴的轴承。这种装置结构简单，供油充分，维护方便。但轴的转速不能太高和太低，一般在 100~2000r/min 范围内。

（5）飞溅润滑

飞溅润滑是利用回转件（如齿轮）将油池中的油溅成细滴或雾状直接飞入或汇集到油沟内，流入轴承中进行润滑，润滑简单可靠。它用于闭式的传动中，适用于中速机器的润滑。

（6）压力循环润滑

图 11-17 针阀式油杯

图 11-18 油环润滑

压力循环润滑是利用油泵并通过油管将润滑油送到各润滑点。这种润滑方法供油连续，供油量可调，工作安全可靠。但设备较复杂，适用于高速、精密或重载的重要机器设备的润滑。

第二节 滚 动 轴 承

一、滚动轴承概述

以滚动摩擦为主的轴承称为滚动轴承（图 11-19）。滚动轴承主要由外圈 1、内圈 2、滚动体 3 和保持架 4 等组成。外圈的内表面和内圈的外表面上制有凹槽，称为滚道。当内、外圈作相对回转时，滚动体在内、外圈的滚道间既作自转又作公转。滚动体是轴承中形成滚动摩擦必不可少的零件。保持架的作用是把滚动体均匀地隔开，以避免相邻的两滚动体直接接触而增加磨损。

滚动轴承的内、外圈分别与轴颈和轴承座装配在一起。通常内圈随轴颈一起回转，外圈固定不动，但也有外圈回转内圈固定的应用形式。

常用的滚动体形状如图 11-20 所示。

按照滚动轴承所承受荷载不同，滚动轴承可分为三大类：

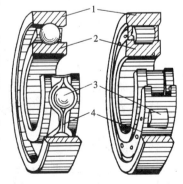

图 11-19 滚动轴承的基本结构

1—外圈；2—内圈；3—滚动体；

4—保持架

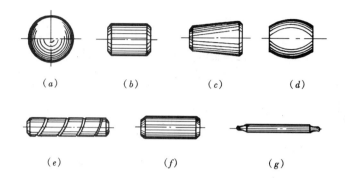

图 11-20 滚动体的形状

（a）球；（b）短圆柱滚子；（c）圆锥滚子；（d）球面滚子；
（e）螺旋滚子；（f）长圆柱滚子；（g）滚针

（1）向心轴承：仅承受径向（垂直于回转轴线）载荷的滚动轴承，如深沟球轴承。

（2）推力轴承：仅承受轴向（沿着或平行于回转轴线）载荷的滚动轴承，如推力球轴承。

（3）向心推力轴承：同时承受径向载荷和轴向载荷的滚动轴承，如角接触球轴承。

滚动轴承的滚动体和内、外圈应具有较高的硬度、接触疲劳强度、耐磨性和冲击韧性，一般用含铬合金钢制造，常用材料有 GCr6、GCr9、GCr15、GCr15Mn 等。经热处理后，工作表面硬度应达 61～65HRC，并须磨削和抛光。保持架一般用低碳钢板冲压成形，也有用有色金属合金（如黄铜）或塑料制成。

与滑动轴承比较，滚动轴承在使用上有以下优点：

（1）在一定条件下，摩擦阻力小，效率高。

（2）启动灵敏，工作稳定，且不随速度变化。

（3）在轴颈直径相同条件下，滚动轴承宽度较小。

（4）润滑简便，易于维护、密封。

（5）内部间隙小、回转精度高。

（6）标准化专业生产，供应充足，互换性好。

与滑动轴承比较，滚动轴承在使用上有以下不足：

（1）在轴颈直径相同条件下，滚动轴承径向尺寸大。

（2）抗冲击能力较差。

（3）寿命较短。

（4）安装精度要求高，由于滚动轴承不能剖分，有时（如位于长轴中部时）安装困难。

（5）高速时噪声大。

二、滚动轴承的类型和代号

1. 滚动轴承的类型及类型代号

滚动轴承（滚针轴承除外）共有 12 种基本类型。轴承类型代号用数字或字母表示（表 11-1）。

类型代号	轴 承 类 型	类型代号	轴 承 类 型
0	双列角接触球轴承	6	深沟球轴承
1	调心球轴承	7	角接触球轴承
2	调心滚子轴承和推力调心滚子轴承	8	推力圆柱滚子轴承
3	圆锥滚子轴承	N	圆柱滚子轴承。双列或多列用字母 NN 表示
4	双列深沟球轴承	U	外球面球轴承
5	推力球轴承	QJ	四点接触球轴承

2. 滚动轴承的代号

滚动轴承代号是用字母加数字来表示滚动轴承的结构、尺寸、公差等级、技术性能等特征的产品代号。轴承代号由基本代号、前置代号和后置代号构成，其排列如下：

前置代号　　　　基本代号　　　　后置代号

前置、后置代号是轴承在结构形状、尺寸、公差、技术要求等有所改变时，在其基本代号左右添加的补充代号。前置代号用字母表示；后置代号用字母（或加数字）表示。前置、后置代号的表示、含义及其排列和编制规则可查阅《滚动轴承　代号方法》（GB/T 272—1993）。这里只介绍基本代号。

基本代号表示滚动轴承的基本类型、结构和尺寸，是轴承代号的基础。基本代号由轴承类型代号（见表 11-1）、尺寸系列代号、内径代号构成，排列如下：

类型代号　　　　尺寸系列代号　　　　内径代号

尺寸系列代号由轴承的宽（高）度系列代号和直径系列代号组合而成。向心轴承和推力轴承尺寸系列代号见表 11-2。

向心轴承和推力轴承尺寸系列代号　　　　　　　　　表 11-2

直径系列代号	向 心 轴 承							推 力 轴 承			
	宽度系列代号							高度系列代号			
	8	0	1	2	3	4	5	6	7	9	1	2
	尺 寸 系 列 代 号										
7			17		37							
8		08	18	28	38	48	58	68				
9		09	19	29	39	49	59	69				
0		00	10	20	30	40	50	60	70	90	10	
1		01	11	21	31	41	51	61	71	91	11	
2	82	02	12	22	32	42	52	62	72	92	12	22
3	83	03	13	23	33				73	93	13	23
4		04		24					74	94	14	24
5										95		

表示滚动轴承的内径代号见表 11-3。

滚动轴承基本代号表示方法举例如下：

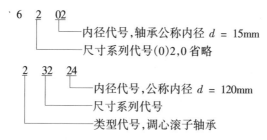

内径代号，轴承公称内径 $d=15mm$
尺寸系列代号(0)2，0省略

内径代号，公称内径 $d=120mm$
尺寸系列代号
类型代号，调心滚子轴承

滚动轴承的内径代号 表 11-3

轴承公称内径（mm）		内 径 代 号	示 例
0.6 到 10（非整数）		用公称内径毫米数直接表示，在其与尺寸系列代号之间用"/"分开	深沟球轴承 618/2.5 $d=2.5mm$
1 到 9（整数）		用公称内径毫米数直接表示，对深沟及角接触轴承7，8，9直径系列，内径与尺寸系列代号之间用"/"分开	深沟球轴承 62/2.5 $d=5mm$ 深沟球轴承 618/5 $d=5mm$
10 到 17	10	00	深沟球轴承 6200 $d=10mm$
	12	01	
	15	02	
	17	03	
20 到 480（22，28，32 除外）		公称内径除以 5 的商数，商数为一位时在商数左边加"0"，如 08	调心滚子轴承 23208 $d=40mm$
等于和大于 500，以及 22，28，32		用公称内径毫米数直接表示，与尺寸系列代号之间用"/"分开	调心滚子轴承 230/500 $d=500mm$ 深沟球轴承 62/22 $d=22mm$

三、滚动轴承的选用

滚动轴承是标准化零部件，种类繁多，特性各异，在了解各类轴承应用特点的基础上，选用时还应考虑以下一些因素：

（1）所承受载荷的大小、方向和性质：载荷的大小和方向是选择滚动轴承类型的最主要因素。当结构尺寸相同时，滚子轴承的承载能力比球轴承大，承受冲击荷载的能力也较强。

载荷较小且平稳时，可选用球轴承；载荷较大且有冲击时，宜选用滚子轴承。

仅为径向载荷时，可选用向心轴承；仅为轴向荷载时，可选用推力轴承。

当径向载荷 F_r 与轴向载荷 F_t 同时作用时：

轴向载荷远小于径向载荷（$F_t \ll F_r$）时，选用向心球轴承（深沟球轴承、调心球轴承等）；一般情形下，即轴向载荷小于径向载荷（$F_t < F_r$）时，选用向心推力轴承（角接触球轴承、四点接触球轴承等）；轴向载荷较大（$F_t > F_r$）时，可选用接触角较大的角接触球轴承或大锥角的圆锥滚子轴承；轴向载荷很大（$F_t \gg F_r$）时，可采取推力轴承与向心轴承组合，分别承受轴向载荷与径向载荷。

（2）转速和回转精度：当轴承的结构尺寸、精度相同时，球轴承比滚子轴承径向间隙小。理论上球轴承是点接触，极限转速高。转速高、回转精度高的轴宜用球轴承；滚子轴承一般用于低速轴上。轴向载荷较大或纯轴向载荷的高速轴（轴颈圆周速度大于 5m/s），宜用角接触轴承而不选用推力轴承，因为转速高时滚动体的离心惯性力很大，会使推力轴承工作条件恶化。

（3）调心性能：在支点跨距大或难以保证两轴承孔的同轴度时，应选择调心轴承，这类轴承在内外圈轴线有不大的相对偏斜时，仍能正常工作。具有调心性能的滚动轴承必须在轴的两端成对使用，如果一端采用调心轴承，另一端使用不能调心的轴承，则不能起调心作用。

（4）经济性：普通结构的轴承比特殊结构的轴承便宜，球轴承比滚子轴承便宜。只要能满足使用的基本要求，应尽可能选用普通结构的球轴承。滚动轴承的公差等级分 P0，P6，P6x，P5，P4，P2 等 6 级，轴承精度依次由低到高，其价格也依次升高。一般尽可能选用 P0 级（轴承代号中省略不表示），只有对回转精度有较高要求时，才选用相应公差等级的轴承。此外，选用轴承还应考虑轴承装拆是否方便、市场供应是否充足等因素。

第十二章 液压传动

第一节 概述

液压传动技术，是机械设备中发展速度最快的技术之一，特别是近年来，随着机电一体化技术的发展，与微电子、计算机技术相结合，液压传动进入了一个新的发展阶段。

液压传动是以液体（液压油等）作为工作介质进行能量传递和控制的一种传动形式。它通过各种元件组成不同功能的基本回路，再由若干基本回路有机地组合成具有一定控制功能的传动系统。

一、液压传动的工作原理

液压传动与气压传动的基本工作原理是相似的，现以图 12-1 所示液压千斤顶来简述液压传动的工作原理。

如图 12-1。当向上抬起杠杆时，小液压缸 1 内的小活塞向上运动，小液压缸下腔容积增大压力减小形成负压，单向阀 2 关闭，单向阀 3 打开使油箱 4 内的液压油在大气压作用下经吸油管进入小液压缸下腔。当向下压下杠杆时，小液压缸下腔容积减小压力增大，单向阀 3 关闭，单向阀 2 被顶开，液压油经排油管进入大液压缸 6 的下腔，推动大活塞向上移，从而顶起大活塞杆上的重物。如此不断地上下扳动杠杆，则使液压油不断地进入大液压缸下腔，使重物逐渐升起。当杠杆停止动作时，大液压缸下腔油液压力会使单向阀 2 关闭，大活塞连同重物一起被支持锁定在举起的位置。如要使重物落下，则打开截止阀 5，使大液压缸下腔液压油流入油箱，大活塞及重物在自重作用下向下移，迅速回复到原始位置。

由液压千斤顶的工作原理得知，小液压缸 1 与单向阀 2、3 一起完成吸油与排油，将扳动杠杆的机械能转换为液压油的压力能输出（相当于手动液压泵），大液压缸 6 将液压油的压力能转换为举起重物的机械能输出。在这里大、小液压缸组成了最简单的液压传动系统，实现了力和运动的传递。

1. 力的传递

设大液压缸活塞面积为 A_2，作用在活塞上的负载力为 F_2，该力在大液压缸中所产生的液体压力为 $p_2 = F_2/A_2$。根据帕斯卡原理，"在密闭容器内，施加于静止液体上的压力将以等值同时传到液体各点"，小液压缸的排油压力 p_1

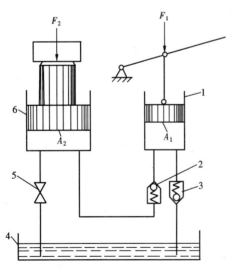

图 12-1　液压千斤顶工作原理图
1—小液压缸；2—排油单向阀；3—吸油单向阀；
4—油箱；5—截止阀；6—大液压缸

应等于大液压缸中的液体压力，即 $p_1 = p_2 = p$，小液压缸的排油压力又称为系统压力。

为了克服负载力使大液压缸活塞向上运动，作用在小液压缸活塞上的作用力 F_1 应为

$$F_1 = p_1 A_1 = p_2 A_1 = pA_1 = （F_2/A_2）A_1$$

式中 A_1 为小液压缸活塞的面积。

在 A_1、A_2 一定时，负载力 F_2 越大，系统中的压力 p 也越高，所需的作用力 F_1 也越大，即系统压力与外负载密切相关。这是液压传动工作原理的第一个特征：液压传动中工作压力取决于外负载。

2. 运动的传递

如果不考虑液体的可压缩性、漏损和缸体、管路的变形，小液压缸排出的液体体积必然等于进入大液压缸的液体体积。设小液压缸活塞位移为 s_1，大液压缸活塞位移为 s_2，则有

$$s_1 A_1 = s_2 A_2$$

上式两边同除以运动时间 t，得

$$q_1 = v_1 A_1 = v_2 A_2 = q_2$$

式中 v_1、v_2 分别为小液压缸活塞和大液压缸活塞的平均运动速度，q_1、q_2 分别为小液压缸排出的平均流量和大液压缸进入的平均流量。

由上述可见，液压传动是靠密闭工作容积变化相等的原则实现运动（速度和位移）传递的。调节进入液压缸的流量 q，即可调节活塞的运动速度 v，这是液压传动工作原理的第二个特征：活塞的运动速度只取决于输入流量的大小，而与外负载无关。

从上面的讨论还可以看出，与外负载力相对应的流体参数是流体压力，与运动速度相对应的流体参数是流体流量。因此，压力和流量是液压传动中两个最基本的参数。

二、液压传动系统的组成

工程实际中的液压传动系统，除液压泵、液压缸外，还设置有控制液压缸运动方向、速度和最大推力的装置。下面以图 12-2 机床工作台的液压传动系统为例，说明其组成。

系统由油箱 1、过滤器 2、液压泵 3、溢流阀 4、开停阀 5、节流阀 6、换向阀 7、液压缸 8 以及连接这些元件的油管、接头等组成。液压泵由电动机驱动从油箱中吸油，将油液加压后输入管路。油液经开停阀、节流阀、换向阀进入液压缸左腔，推动活塞而使工作台向右移动。这时液压缸右腔的油液经换向阀和回油管①流回油箱。

如果将换向阀手柄转换成图 12-2（b）中所示状态，则有压力的油液经过换向阀进入液压缸右腔，推动活塞而使工作台向左移动，并使液压缸左腔的油液经换向阀和回油管①流回油箱。

工作台的移动速度是通过节流阀来调节的。当节流阀口开大时，单位时间内进入液压缸的油量增多，工作台的移动速度就增大；反之，当节流阀口关小时，单位时间内进入液压缸的油量减少，则工作台的移动速度就减小。

为了克服移动工作台时受到的负载力（包括各种阻力），液压缸必须产生一个足够大的推力，这个推力是由液压缸中的油液压力所产生的。要克服的负载力越大，缸中的油液压力越高；负载力越小，压力就越低。

溢流阀的作用是调节与稳定系统的最大工作压力并溢出多余的油液。当工作台工作进给时，液压缸活塞（工作台）需要克服负载力。液压缸的工作压力取决于负载的大小，进

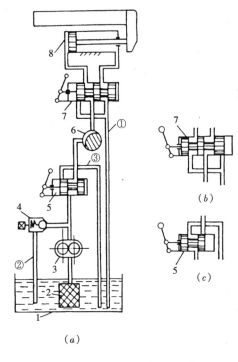

图 12-2　机床工作台液压传动系统结构原理图

1—油箱；2—过滤器；3—液压泵；4—溢流阀；5—开
停阀；6—节流阀；7—换向阀；8—液压缸

入到液压缸的压力油必须有足够的稳定压力才能推动活塞带动工作台运动。调节溢流阀的弹簧力，使之与液压缸最大负载力相平衡，当系统压力升高到稍大于溢流阀的弹簧力时，溢流阀便打开，将定量泵输出的部分油液经油管②溢流回油箱，这时系统压力不再升高，工作台保持稳定的低速运动（工作进给）。当工作台快速退回时，因负载小所以油的压力低，溢流阀打不开，泵的流量全部进入液压缸，工作台则可实现快速运动。

如果将开停阀手柄转换成图 12-2（c）中所示状态，则压力管中的油液将经开停阀和回油管③排回油箱，这时工作台停止运动。

这个例子中，液压泵将电动机的机械能转换为油液的压力能，然后通过液压缸将油液的压力能再转换为机械能以推动负载（工作台）运动。液压传动的过程就是机械能—液压能—机械能的能量转换过程。从上述例子可以看出液压传动系统的基本组成为：

（1）能源装置：如液压泵，它将动力部分（电动机或其他原动机）所输出的机械能转换成液压能，给系统提供压力油液。

（2）执行装置：如液压缸、液压马达，通过它将液压能转换成机械能，推动负载作直线运动或回转运动。

（3）控制装置：如方向阀、压力阀、流量阀等，通过它们的控制或调节，使液流的方向、压力和流量改变，从而改变执行元件的方向、力（或力矩）和速度。

（4）辅助装置：如油箱、管路、蓄能器、滤油器、管接头、压力表开关等，通过这些元件把系统连接起来，以实现各种工作循环。

（5）工作介质：如液压油，绝大多数液压油采用矿物油，系统用它来传递能量或信息。

三、液压传动系统原理图及图形符号

图 12-2 所示的液压传动系统中，各元件是以结构符号表示的，称为结构原理图。它直观性强，容易理解，但图形复杂，绘制不便。为了简化液压传动系统原理图，通常采用图形符号来绘制。图形符号抛开了元件的具体结构，只代表元件的功能和连接通路，用来表示系统中各元件的作用和整个系统的工作原理，简单明了，绘制方便。我国已制定了"气动与液压"图形符号标准 GB/T 786—93。图 12-3 就是按 GB/T 786—93 的规定绘制的机床工作台液压传动系统原理图。

四、液压传动的特点

1. 液压传动的优点

与机械传动、电气传动、气压传动等相比较，液压传动具有以下优点：

（1）在同等功率的情况下，液压传动装置的体积小、重量轻、结构紧凑，如液压马达的重量只有同等功率电动机重量的 10%～20%。当液压传动采用高压时(一般可达 32MPa),则更容易获得很大的力或力矩。

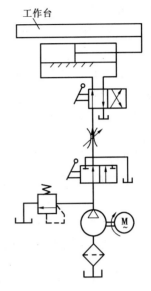

工作台

(2) 由于系统中各部分用管道连接,所以布局较灵活,不受严格的空间位置限制,能构成其他方法难以组成的复杂系统。

(3) 液压系统执行机构的运动比较平稳,能在低速下稳定运动。当负载变化时,其运动速度也较稳定。同时因其惯性小、反应快,所以易于实现快速起动、制动和频繁地换向。在往复回转运动时换向可达每分钟 500 次,往复直线运动时换向可达每分钟 1000 次。

(4) 液压传动可在大范围内实现无级调速,调速比一般可达 100 以上,最大可达 2000 以上,并且可在液压装置运行的过程中进行调速。

(5) 液压传动控制方便,容易实现自动化,因为它是对液体的压力、流量和流动方向进行控制或调节,操纵很方便。

图 12-3　机床工作台液压传动系统图形符号原理图

当液压控制和电气控制或气动控制结合使用时,能实现较复杂的自动工作循环和远程控制。

(6) 液压装置易于实现过载保护且液压件能自行润滑,因此使用寿命较长。

(7) 由于液压元件已实现了标准化、系列化和通用化,使液压系统的设计、制造和使用都比较方便。

2. 液压传动的缺点

液压传动的缺点是:

(1) 由于液压油的可压缩性和泄漏等因素的影响,液压传动不能保证严格的传动比。

(2) 液压传动过程中,能量需经两次转换,常有较多的能量损失(摩擦损失、泄漏损失等),传动效率偏低。

(3) 液压传动对油温的变化比较敏感,它的工作稳定性容易受到温度变化的影响,因此不宜在温度变化很大的环境中工作。

(4) 为了减少泄漏,液压元件在制造精度上的要求比较高,因此其造价较高,且对油液的污染比较敏感。

(5) 液压传动出现故障的原因较复杂,不易诊断。

第二节　液　压　泵

在液压系统中,液压泵是动力元件,它将原动机的机械能转换为液体的压力能输出,为执行元件提供动力,液压泵的性能好坏直接影响液压系统的工作性能和可靠性。液压泵的主要性能参数有压力、排量与流量、效率与功率、转速等。液压泵按主要运动构件的结构形状和运动方式可分为齿轮泵、叶片泵、柱塞泵、螺杆泵等。

一、齿轮泵

齿轮泵是一种常用液压泵,有外啮合、内啮合两种结构形式。具有结构简单、制造方便、价格低廉、工作可靠、自吸性好、对油液污染不敏感等优点。缺点是流量和压力脉动大，噪声也较大。

1. 外啮合齿轮泵

图 12-4 为外啮合齿轮泵的工作原理图。在液压泵壳体 1 内装有一对互相啮合的齿轮 2 和 3。壳体的左、右油腔被啮合着的轮齿分开，与前、后泵盖组成了两个密封容积。当齿轮按图示方向转动时，右边的轮齿逐渐脱离啮合，右侧密闭容积逐渐增大，形成真空吸入油液，称为吸油腔。被吸到啮间的油液，随着轮齿旋转而进入左侧油腔。左侧油腔的轮齿是逐渐进入啮合的，故左侧密闭容积逐渐减小，腔内油液受到挤压，从输油口挤出，此腔称为压油腔。齿轮不断旋转，压力油便源源不断地排出。

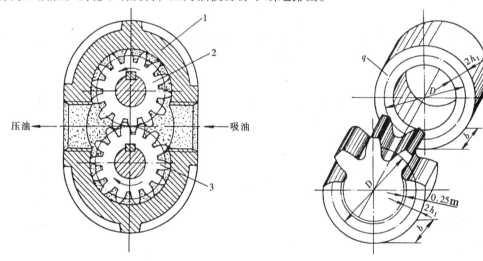

图 12-4 外啮合齿轮泵工作原理图
1—壳体；2—主动齿轮；3—从动齿轮

图 12-5 齿轮泵流量计算示意图

由齿轮泵的工作原理可知，齿轮泵的排量是由泵每转一周时，有多少个齿间将油液从吸油腔送至排油腔，以及齿间本身的有效容积来决定的。设齿轮的齿数为 z，则泵每转一周，送油的齿间数就是两齿轮齿数之和 $2z$。由于齿轮齿廓为渐开线，精确计算齿间容积比较困难。为了简化计算，可以认为齿间的容积与轮齿的体积相等，且齿间的有效深度等于两倍齿顶高 $2h_1$，如图 12-5 所示。这样，两个齿轮齿间的有效容积之和就相当于外径等于齿顶圆直径 D，厚度等于齿间有效深度 $2h_1$，宽度为齿宽 b 所构成的圆环的体积，即：

$$V = \left[\pi D^2/4 - \pi(D - 2 \times 2h_1)^2/4\right]b$$

设齿轮的模数为 m，则 $h_1 = m$，$D = m(z+2)$，代入上式则得齿轮泵理论排量的计算公式

$$V = 2\pi z m^2 b$$

齿轮泵的实际流量则为

$$q_v = 2\pi z m^2 b n \eta_v$$

式中　n——齿轮泵转速；

　　　η_v——齿轮泵容积效率。

126

从上面公式可以看出齿轮泵流量和几个主要参数的关系为：

（1）输油量与齿轮模数的平方成正比。

（2）在泵的直径一定时，.齿数少模数就大，输油量增大，但流量脉动大，齿数增加时模数就小，输油量减少，流量脉动也小。低压齿轮泵一般取 $z = 13 \sim 19$，中高压齿轮泵一般取 $z = 6 \sim 14$。

（3）输油量和齿宽 b、转速 n 成正比。一般齿宽 $b = （6 \sim 10）m$，转速 n 为 750、1000、1500rpm。转速过高会造成吸油不足，转速过低泵也不能正常工作。一般齿轮的最大圆周速度不应大于 $5 \sim 6m/s$。

（4）容积效率越高，输油量越大，泵的性能越好。齿轮泵的容积效率受齿轮泵的泄漏影响。齿轮泵的泄漏主要通过齿轮端面与泵盖间的轴向间隙、齿轮齿顶圆与泵体内孔间的径向间隙以及两齿轮的齿面啮合处等。因轴向间隙泄漏的距离短、面积大，故此处的泄漏量最大（占总泄漏量的 75% ~ 80%）。可见轴向间隙越大，泄漏量也越大，容积效率就越低。但轴向间隙过小，会造成齿轮端面与泵盖间的机械摩擦加大，从而降低机械效率，故必须选择合适的轴向间隙。CB 型齿轮泵在装配时，泵的轴向间隙完全由齿轮及泵体厚度的公差来确定，轴向间隙为 0.01 ~ 0.04mm。该泵的容积效率和机械效率均可达 90% 以上。

另外，由于齿轮泵的结构特点，齿轮泵存在径向不平衡力和困油现象。

2. 内啮合齿轮泵

内啮合齿轮泵有渐开线齿轮泵和摆线齿轮泵（又名转子泵）两种，如图 12-6 所示，其工作原理和外啮合齿轮泵完全相同。在渐开线齿形的内啮合齿轮泵中，小轮齿和内齿轮之间装有一块月牙形隔板，以便将吸油腔和压油腔隔开，见图 12-6（a）。在摆线齿形的内啮合齿轮泵中，由于小齿轮和内齿轮只相差一个齿，故不需设置隔板，见图 12-6（b）。内啮合齿轮泵中的小齿轮是主动轮，内齿轮的轴心线与小齿轮的轴心线有一偏心距 e，工作时各自绕自身轴心线转动。

内啮合齿轮泵结构紧凑、体积小、重量轻。由于齿轮转向相同、相对滑动速度小，故磨损小、使用寿命长。此外，内啮合齿轮泵还具有流量脉动小、自吸性能好、噪声小、效率高等优点，是一种高性能液压泵。但由于这种泵的加工精度高，加工设备较复杂，故价格较高，远不如外啮合齿轮泵使用普遍。

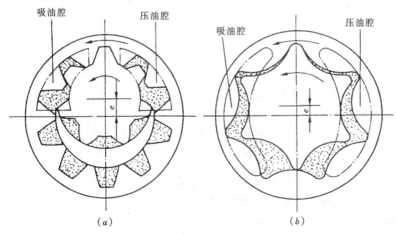

图 12-6　内啮合齿轮泵工作原理图

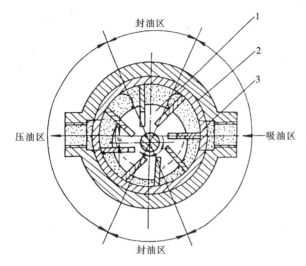

图 12-7　单作用式叶片泵工作原理图
1—转子；2—定子；3—叶片

二、叶片泵

叶片泵在液压系统中应用十分广泛，与其他液压泵相比较，具有结构紧凑、外形尺寸小、运转平稳、流量均匀、噪声小等优点，但也存在着结构复杂、制造困难、吸油能力差、对油液污染较敏感等缺点。

叶片泵按转子转一周密封腔的吸、排油次数来分类，可分为单作用式和双作用式两大类。

1. 单作用式叶片泵

单作用式叶片泵的工作原理，如图 12-7 所示。叶片泵由转子 1、定子 2、叶片 3 和端盖、配油盘等组成。定子的工作表面为一个内圆柱面，转子安放在定子中间，与定子有一偏心距 e。叶片装在转子上的槽内，可以在槽中灵活滑动。转子由传动轴带动旋转时，由于离心惯性和叶片根部压力油的作用，叶片顶部紧贴在定子内表面上，这样在定子、转子、每两个叶片和两侧配油盘之间，就形成了一个密封的工作腔。当转子按图所示方向旋转时，图中右边的叶片逐渐伸出，密封工作腔的容积逐渐加大，产生真空度，油箱中的油液由吸油口经配油盘的吸油窗口（图中的虚线弧形槽）被吸入密封工作腔中，从而完成吸油过程。相反地，图中左边的叶片被定子内表面推入转子的槽内，密封工作腔的容积逐渐减小，腔内油液受到压缩，经配油盘的压油窗口排出泵外，完成压油过程。在吸油区和压油区之间，各有一段封油区将它们相互隔开，以保证正常工作。这种泵的转子每转一周，每个密封工作腔完成吸油和压油动作各一次，所以称为单作用式叶片泵。由于转子上受到的径向液压力是不平衡的，故又称为非平衡式叶片泵。

单作用式叶片泵可以通过改变定子的偏心距 e，来调节泵的排量和流量，做成变量泵。自动调节式变量泵又有限压式、稳流量式等多种形式，其中以限压式变量叶片泵应用最广泛。

2. 双作用式叶片泵

双作用式叶片泵的工作原理，如图 12-8 所示。它的结构和工作原理与单作用式叶片泵相似，不同之处仅在于定子内表面不是圆孔，而是由两段长半径圆弧、两段短半径圆弧和四段过渡曲线组成的近似椭圆面，并且转子与定子中心重合。当转子顺时针旋转时，左上角和右下角与过渡曲线对应处密封工作腔的容积逐渐增大，为吸油区；左下角和右

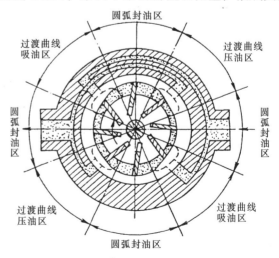

图 12-8　双作用式叶片泵工作原理图

上角与过渡曲线对应处密封工作腔的容积逐渐缩小，为压油区。吸油区与压油区之间，与长、短半径圆弧对应处的密封工作腔容积无变化，为封油区。这种泵的转子每转一周，每个密封工作腔完成吸油和压油动作各两次，故称为双作用式叶片泵。由于吸油区和压油区对称，如果叶片数为偶数，就会使径向液压力完全平衡，所以又称平衡式叶片泵，或卸荷式叶片泵。由于径向液压力平衡，故轴承受力较小，运转平稳，噪声也较小，使用寿命较长。但双作用式叶片泵不能改变排量。

三、柱塞泵

柱塞泵是利用柱塞在缸体内的往复运动，使密封容积产生变化，来实现泵的吸油和压油。由于柱塞与缸体内孔均是圆柱表面，因此加工方便，配合精度高，密封性好，所以柱塞泵具有压力高、结构紧凑、效率高及流量易于调节等优点。缺点是自吸性差，对油液污染敏感，结构复杂，成本高，常用于高压、大流量和变量的液压系统中，如车床、液压机、起重设备等的液压系统。

柱塞泵按柱塞排列方向的不同，可分为径向柱塞泵和轴向柱塞泵两大类。

1. 斜盘式轴向柱塞泵

斜盘式轴向柱塞泵的特点是缸体与传动轴同轴心线，通过斜盘使柱塞相对缸体作往复运动。

斜盘式轴向柱塞泵的工作原理如图 12-9 所示。配油盘 1 上的两个弧形孔（见左视图）为吸、排油窗口，斜盘 10 与配油盘均固定不动，弹簧 5 通过芯套 7 将回程盘 8 和滑靴 9 压紧在斜盘上。传动轴 2 通过键 3 带动缸体 4 和柱塞 6 旋转，当柱塞从图示最下方的位置向上方转动时，被滑靴（其头部为球铰连接）从柱塞孔中拉出，使柱塞与柱塞孔组成的密封工作容积加大而产生真空，油液通过配油盘的吸油窗口被吸进柱塞孔内，从而完成吸油过程。当柱塞从图示最上方的位置向下方转动时，柱塞被斜盘的斜面通过滑靴压进柱塞孔内，使密封工作容积减小，油液受压，通过配油盘的排油窗口排出泵外，从而完成排油过程。缸体旋转一周，每个柱塞都完成一次吸油和排油。

2. 径向柱塞泵

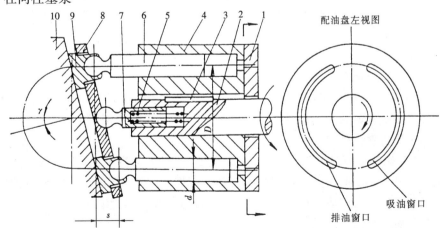

图 12-9　斜盘式轴向柱塞泵工作原理图

1—配油盘；2—传动轴；3—键；4—缸体；5—弹簧；6—柱塞；7—芯套；

8—回程盘；9—滑靴；10—斜盘

图 12-10 为径向柱塞泵的工作原理图，转子 2 上径向排列着柱塞孔，柱塞 1 可在其中自由滑动。衬套 3 固定在转子孔内，并随转子一起旋转，配油轴 5 固定不动。当转子顺时针方向旋转时，柱塞随转子一起旋转，在惯性作用下压紧在定子 4 的内壁上。由于转子与定子之间存在偏心距 e，所以柱塞在旋转的同时作往复运动，通过配油轴上的 a 孔 b 腔和 d 孔 c 腔完成吸、排油过程。转子每转一周，每个柱塞吸、排油各一次。移动定子改变偏心距 e，便可改变泵的排量。

径向柱塞泵的加工精度要求不太高，但径向尺寸大，结构较复杂，自吸能力差，配油轴受径向力的作用容易磨损，因而转速和压力不能太高。

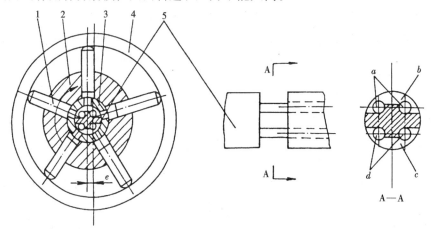

图 12-10　径向柱塞泵的工作原理图
1—柱塞；2—转子；3—衬套；4—定子；5—配油轴

四、螺杆泵

螺杆泵实质上是一种外啮合的螺线齿轮泵，泵内的螺杆可以为两根或多根，图 12-11 为三螺杆泵的工作原理图，三个互相啮合的双线螺杆装在壳体内，主动螺杆 1 为凸螺杆，两根从动螺杆 2 为凹螺杆。三根螺杆的外圆与壳体对应弧面保持着良好的配合，其间隙很小。在横截面内，它们的齿廓由几对共轭摆线组成，螺杆的啮合线将主动螺杆和从动螺杆的螺旋槽分割成多个相互隔离的密封工作腔。随着螺杆按图所示箭头方向旋转，这些密封工作腔一个接一个地在左端形成，并不断地从左向右移动，至右端消失。主动螺杆每转一周，每个密封工作腔移动一个螺旋导程。密封工作腔在左端形成时，容积逐渐增大并吸油，在右端消失时，容积逐渐缩小而将油液压出。螺杆泵的螺杆直径越大，螺旋槽愈深，导程越长，则排量就愈大；螺杆越长，吸油口和压油口之间的密封层次越多，密封就越好，泵的额定压力就越高。

图 12-12 为螺杆泵的结构简图。泵体由后盖 1、壳体 2 和前盖 5 组合而成，主动螺杆 3 和两根从动螺杆 4，与泵体一起组成密封工作腔。当主动螺杆按图所示箭头方向转动时，密封工作腔便由左向右移动，左端油口进油，右端油口排出压力油。

螺杆泵具有以下优点：

(1) 无困油现象，工作平稳。理论上流量没有脉动。

(2) 容积效率高，额定压力高。一般容积效率可达 95%，额定工作压力可达 20MPa。

(3) 结构简单，转动惯量小，可采用很高的转速。

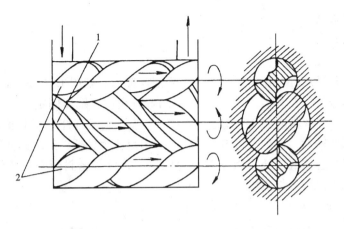

图 12-11　三螺杆泵工作原理图
1—主动螺杆；2—从动螺杆

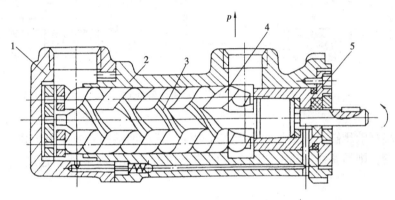

图 12-12　螺杆泵结构简图
1—后盖；2—壳体；3—主动螺杆；4—从动螺杆；5—前盖

（4）密封面积大，对油液的污染不敏感。

螺杆泵的缺点主要是螺杆形状复杂，加工精度高，需要专用设备。

螺杆泵主要用于对流量、压力的均匀性和工作平稳性有较高要求的精密机械液压系统中。

第三节　液　压　缸

液压缸是液压系统中的执行元件，是把液体的压力能转换成机械能的能量转换装置，用来驱动工作机构实现直线往复运动或摆动。液压缸结构简单，工作可靠，作直线往复运动时，省去减速机构，且没有传动间隙，传动平稳、反应快，因此在液压系统中被广泛应用。液压缸有多种形式，按其结构特点可分为活塞缸、柱塞缸、摆动缸三大类；按作用方式又可分为双作用式和单作用式两种。对于双作用式液压缸，两个方向的运动都是由压力油控制实现的，单作用式液压缸则只能使活塞（或柱塞）单方向运动，其反向运动必须依靠外力来实现。

一、活塞式液压缸

活塞式液压缸可分为双出杆和单出杆两种。

1. 双出杆液压缸

双出杆活塞式液压缸，在缸的两端都有活塞杆伸出，如图 12-13 所示。它主要由活塞杆 1、压盖 2、缸盖 3、缸体 4、活塞 5、密封圈 6 等组成。缸体固定在机身上，活塞杆和支架连在一起。缸体 4 与缸盖 3 采用法兰连接，活塞 5 与活塞杆 1 采用锥销连接。活塞与缸体之间采用间隙密封，这种密封内泄量较大，但对压力较低、运动速度较快的设备还是适用的。活塞杆与缸体端盖处采用 V 形密封圈密封，这种密封圈密封性较好，但摩擦力较大，其压紧力可由压盖 2 调整。

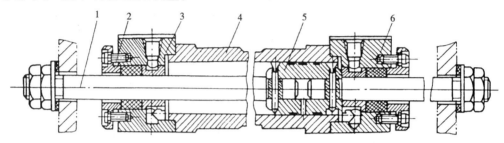

图 12-13　双出杆活塞式液压缸
1—活塞杆；2—压盖；3—缸盖；4—缸体；5—活塞；6—密封圈

对于双出杆液压缸，通常是两个活塞杆相同，活塞两端的有效面积相同。如果供油压力和流量不变，则活塞往复运动时两个方向的作用力 F_1 和 F_2 相等，速度 v_1 和 v_2 相等，计算如下：

$$F_1 = F_2 = (p_1 - p_2)A = (p_1 - p_2)\pi(D^2 - d^2)/4$$
$$v_1 = v_2 = 4q_v/[\pi(D^2 - d^2)]$$

式中　F_1、F_2——活塞上的作用力；

　　　　p_1、p_2——液压缸进口、出口压力；

　　　　v_1、v_2——活塞往复运动的速度；

　　　　A——活塞有效面积；

　　　　D——活塞直径；

　　　　d——活塞杆直径；

　　　　q_v——液压缸供油流量。

2. 单出杆液压缸

单出杆液压缸是仅在液压缸的一侧有活塞杆，图 12-14 所示是工程机械设备常用的一种单出杆液压缸。主要由缸底 1、活塞 2、O 形密封圈 3、Y 形密封圈 4、缸体 5、活塞杆 6、导向套 7 等组成。同双出杆液压缸一样，两端进、出油口都可以进、排油，实现双向往复运动，为双作用式液压缸。活塞与缸体的密封采用 Y 型密封圈密封，活塞的内孔与活塞杆之间采用 O 形密封圈密封。导向套起导向、定心作用，活塞上套有一个用聚四氟乙烯制成的支承环，缸盖上设有防尘圈 9，活塞杆左端设有缓冲柱塞 10。

由于液压缸两腔的有效面积不等，因此它在两个方向输出的推力 F_1、F_2，速度 v_1、

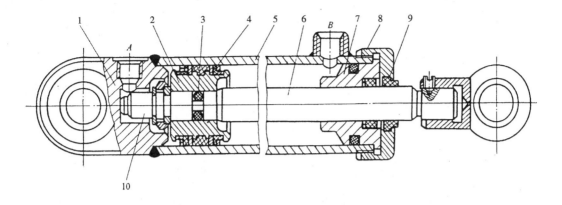

图 12-14　单出杆液压缸

1—缸底；2—活塞；3—O形密封圈；4—Y形密封圈；5—缸体；6—活塞杆；
7—导向套；8—缸盖；9—防尘圈；10—缓冲柱塞

v_2 也不等，如图 12-15 所示，其值计算如下

$$F_1 = p_1 A_1 - p_2 A_2 = \pi[(p_1 - p_2)D^2 + p_2 d^2]/4$$

$$F_2 = p_1 A_2 - p_2 A_1 = \pi[(p_1 - p_2)D^2 + p_1 d^2]/4$$

$$v_1 = q_v/A_1 = 4q_v/(\pi D^2)$$

$$v_2 = q_v/A_2 = 4q_v/[\pi(D^2 - d^2)]$$

式中　F_1、F_2——活塞上的作用力；

　　　p_1、p_2——液压缸液压油进口、出口压力；

　　　v_1、v_2——活塞的往复运动的速度；

　　　A_1、A_2——活塞无杆腔、有杆腔的面积；

　　　D——活塞直径（缸体内径）；

　　　d——活塞杆直径；

　　　q_v——液压缸供油流量。

由于 $A_1 > A_2$，所以在供油流量一致的情况下 $v_1 < v_2$。

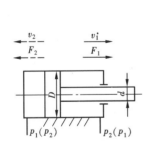

图 12-15　单出杆液压缸
计算简图

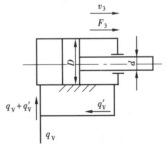

图 12-16　差动连接液压缸

当单出杆液压缸两腔互通，都通入压力油，见图 12－16。由于无杆腔面积大于有杆
腔面积，两腔互通后压力相等（$p_1 = p_2 = p$），活塞向右的作用力大于向左的作用力，这时

活塞向右运动，并使有杆腔的油流入无杆腔，这种连接称为差动连接。

差动连接时，活塞杆运动速度（v_3）与非差动连接时液压油进入无杆腔时的速度（v_1）相比变快，输出推力（F_3）比 F_1 变小。此时有杆腔流出的流量为：

$$q'_v = v_3 A_2$$

流入无杆腔的流量为：

$$q_v + q'_v = v_3 A_1$$

由上两式可得：

$$v_3 = q_v/(A_1 - A_2) = 4q_v/(\pi d^2)$$

输出推力 F_3 为：

$$F_3 = p(\pi d^2/4)$$

由上式可以看出，差动连接时，相当于活塞杆面积在起作用。欲使差动液压缸往复速度相等，即 $v_2 = v_3$，则需满足 $D = 1.414d$。差动连接在不增加泵的流量的前提下提高了运动速度，从而满足了工程上常用的工况：快进（差动连接）→工进（无杆腔进油）→快退（有杆腔进油），因而差动连接常用于组合机床和各类专业机械的液压系统中。

单出杆液压缸由于结构紧凑，在工程中得到广泛应用。

二、柱塞式液压缸

由于活塞式液压缸内壁精度要求很高，当缸体较长时，孔的精加工较困难，故改用柱塞缸。因柱塞缸内壁不与柱塞接触，缸体内壁可以粗加工或不加工，只要求柱塞精加工即可。

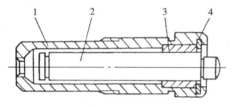

图 12-17　柱塞式液压缸
1—缸体；2—柱塞；3—导向套；4—弹簧卡圈

如图 12-17 所示，柱塞缸由缸体 1、柱塞 2、导向套 3、弹簧卡圈 4 等组成。其特点如下：

（1）柱塞和缸体内壁不接触，具有加工工艺性好、成本低的优点，适用于行程较长的场合。

（2）柱塞缸是单作用缸，即只能实现一个方向的运动，回程要靠外力（如弹簧力、重力）或成对使用。

（3）柱塞工作时总是受压，因而要有足够的刚度。

（4）柱塞重力较大（有时做成中空结构），水平使用时因自重会下垂，引起密封件和导向套单边磨损，故多垂直使用。

柱塞输出的力和速度分别为：

$$F = pA = p(\pi d^2/4)$$
$$v = q_v/A = 4q_v/(\pi d^2)$$

式中　d——柱塞直径；

　　　A——柱塞截面积；

　　　v——柱塞运动速度；

　　　q_v——供油流量。

除了上面介绍的两种液压缸外，在工程应用中，还有其他类型的液压缸，如摆动式液压缸、伸缩液压缸、齿条活塞液压缸、增压缸等。液压缸的选用应根据工作的实际需要，选用或设计加工技术参数适合、使用性能保证的液压缸产品。

第四节 液压控制阀

在液压系统中，液压控制阀用来控制油液的压力、流量和流动方向，从而控制液压执行元件的启动、停止、运动方向、速度、作用力等，满足液压设备对各工况的要求，是组成液压系统的重要元件。液压控制阀简称液压阀。

液压控制阀的种类繁多，功能各异。根据用途可以将液压控制阀分为：方向控制阀、压力控制阀、流量控制阀。这三类阀可以相互组合，成为复合阀，以减少管路连接，使结构紧凑。液压控制阀还可以按操纵方式、控制方式、连接方式进行分类。

液压传动系统对液压控制阀的基本要求是：动作灵敏，工作可靠，工作时冲击和振动小；油液通过时压力损失小；密封性能好，内泄漏少，无外泄漏；结构紧凑，安装、调试、维护方便，通用性好。

一、方向控制阀

方向控制阀的作用是控制液压系统中液流方向的。方向控制阀的工作原理是利用阀芯和阀体间相对位置的改变，实现油路与油路间的接通或断开，以满足系统对油流方向的要求。方向控制阀分为单向阀和换向阀两类。

1. 单向阀

（1）普通单向阀

普通单向阀（简称单向阀）的作用是仅允许液流沿一个方向通过，而反向液流则截止。要求其正向液流通过时压力损失小，反向截止时密封性能好。

图 12-18 所示为普通单向阀的结构。图 12-18（a）为管式连接单向阀，图 12-18（b）为板式连接单向阀，图 12-18（c）为单向阀的图形符号。单向阀由阀体、阀芯和弹簧等组成。当压力油从 P_1 口进入单向阀时，油压克服弹簧力的作用推动阀芯，使油路接通，油液经阀口、阀芯上的径向孔 a 和轴向孔 b，从 P_2 口流出；当压力油从 P_2 口流入时，油压以及弹簧的弹力将阀芯压紧在阀体 1 上，关闭 P_2 至 P_1 的通道，使油液不能通过。在这里，弹簧力很小，仅起复位作用。因此，单向阀的开启压力一般在 0.03～0.05MPa 左右。

单向阀常安装在泵的出口，既可防止系统的压力冲击影响泵的正常工作，又可防止当泵不工作时油液倒流。单向阀还被用来分隔油路以防止干扰。当使用硬弹簧，使单向阀的开启压力达到 0.3～0.6MPa，可当背压阀使用。

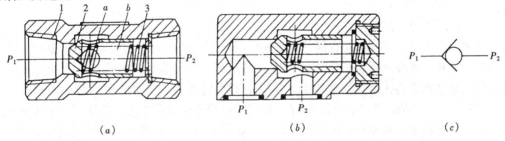

（a）　　　　　　　　　　　　（b）　　　　　　　　　　　　（c）

图 12-18　普通单向阀

（a）管式连接单向阀；（b）板式连接单向阀；（c）图形符号

1—阀体；2—阀芯；3—弹簧

（2）液控单向阀

图 12-19 所示为液控单向阀的结构。图 12-19（a）液控单向阀比普通单向阀多一控制油口 C，当控制口不通压力油而通油箱时，液控单向阀的作用与普通单向阀一样。当控制油口通压力油时，就有一液压力作用在控制活塞的下端，推动控制活塞克服阀芯上端的弹簧力和液压力顶开单向阀阀芯，使阀口开启，油口 P_1 和 P_2 接通，这时正反向的液流可自由通过。图 12-19（b）为带有卸荷阀芯的液控单向阀，在阀芯内装有直径较小的卸荷阀芯 3，因卸荷阀芯承压面积小，不需多大推力便可将它先行顶开，P_1 和 P_2 两腔可通过卸荷阀芯圆杆上的小缺口相互沟通，使 P_2 腔逐渐卸压，直至阀芯两端油压平衡，控制活塞便可较容易地将单向阀阀芯顶开。该阀常用于 P_2 腔压力很高的场合。

液控单向阀既可以对反向液流起截止作用，密封性能好，又可以在一定条件下允许正反向液流自由通过，因此常用于液压系统的保压、锁紧和平衡回路中。

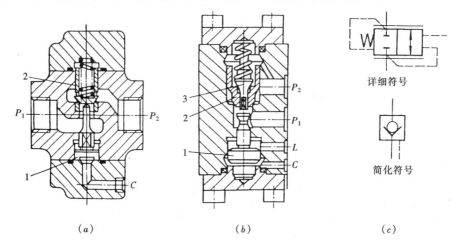

（a）　　　　　　　　（b）　　　　　　　　（c）

图 12-19　液控单向阀
（a）简式；（b）复式；（c）图形符号
1—控制活塞；2—单向阀阀芯；3—卸载阀小阀芯

2. 换向阀

换向阀是利用改变阀芯与阀体的相对位置，控制相应油路接通、切断或变换油液的方向，从而实现对执行元件运动方向的控制。换向阀阀芯的结构形式有滑阀式、转阀式和锥阀式等，其中以滑阀式应用最多。

（1）换向原理及图形符号

滑阀式换向阀是利用阀芯在阀体内作轴向滑动来实现换向作用的。图 12-20 所示滑阀阀芯是一个具有多段环形槽的圆柱体（图示阀芯有三个台肩，阀体孔内有五个沉割槽）。每条槽都通过相应的孔道与外部相通，其中 P 口为进油口，T 口为回油口，A 和 B 通执行元件的两腔。当阀芯处于图 12-20（b）位置时，四个油口互不通，液压缸两腔不通压力油，处于停机状态。若使换向阀的阀芯右移，如图 12-20（a）所示，阀体上的油口 P 和 A 相通，B 和 T 相通，压力油经 P、A 油口进入液压缸左腔，活塞右移，右腔油液经 B、T 油口回油箱。反之，若使阀芯左移，如图 12-20（c）所示，则 P 和 B 相通，A 和 T 相通，活塞便左移。

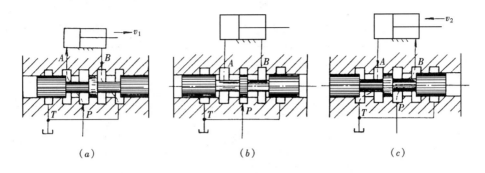

图 12-20 滑阀式换向阀的换向原理

（2）换向阀的分类

按阀芯在阀体内的工作位置数和换向阀所控制的油口通路数分，换向阀有两位两通、两位三通、两位四通、两位五通等类型（见表 12-1）。不同的位数和通路数是由阀体上的沉割槽和阀芯上台肩的不同组合形成的。将五通阀的两个回油口 T_1 和 T_2 沟通成一个油口 T，便成四通阀。

按阀芯换位的控制方式分，换向阀有手动、机动、电磁、液动和电液动等类型。

（3）换向阀的符号表示

表 12-1 列出了几种常用的滑阀式换向阀的结构原理图以及与之相对应的图形符号，有关说明如下：

常用换向阀的结构原理和图形符号   表 12-1

位 和 通	结 构 原 理 图	图 形 符 号
两位两通		
两位三通		
两位四通		
两位五通		

137

位 和 通	结 构 原 理 图	图 形 符 号
三位四通	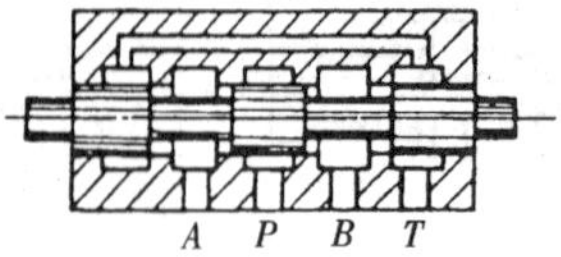	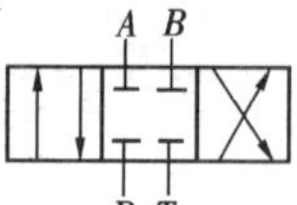
三位五通	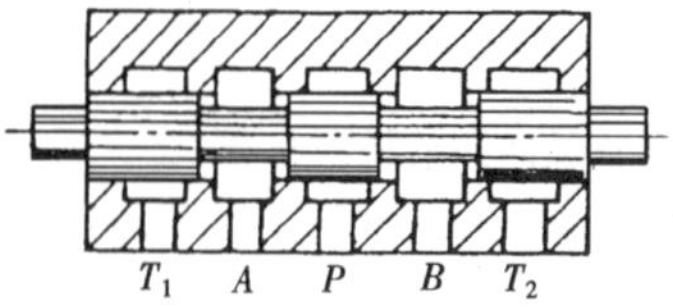	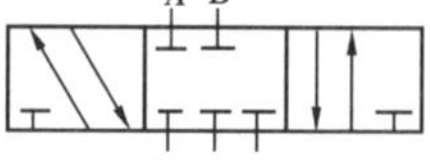

1）用方格数表示阀的工作位置数，三格即三个工作位置。

2）在一个方格内，箭头或堵塞符号"⊥"与方格的相交点数为油口通路数。箭头表示两油口相通，并不表示实际流向；"⊥"表示该油口不通流。

3）P 表示进油口，T 表示通油箱的回油口，A 和 B 表示连接其他两个工作油路的油口。

4）控制方式和复位弹簧的符号画在方格的两侧。

5）三位阀的中位、两位阀靠有弹簧的那一位为常态位。两位两通阀有常开型和常闭型两种，前者的常态位连通，用代号 H 表示，后者则不通，不标注代号。在液压系统图中，换向阀的符号与油路的连接应画在常态位上。

（4）电磁换向阀

手动换向阀是由操作者手动操作来直接控制的换向阀，这种阀适用于动作频繁、工作持续时间短的场合，操作较安全，常应用于工程机械中。机动换向阀是由行程挡块（或凸轮）推动阀芯实现换向的，这种阀结构简单，动作可靠，换向位置精度高，改变挡块的迎角或凸轮外形，可使阀芯获得合适的换向速度，减小换向冲击。但该阀要安装在它的操纵件旁，安装位置受一定限制，常应用于机床液压系统的速度换接回路中。这里着重介绍一下电磁换向阀。

电磁换向阀也称电磁阀，依靠电磁铁产生的电磁力推动阀芯动作。

电磁铁按使用电源不同，电磁铁可分为交流电磁铁和直流电磁铁两种。交流电磁铁使用电压为 220V 或 380V，直流电磁铁使用电压为 24V。交流电磁铁的优点是电源方便，电磁吸力大，换向迅速；缺点是噪声大，启动电流大，在阀芯被卡住时易烧毁电磁铁线圈。直流电磁铁工作可靠，换向冲击小，噪声小，但需要有直流电源。按电磁铁的铁心能否浸泡在油里，电磁铁可分为干式和湿式两种。干式电磁铁不允许油液进入电磁铁内部，因此推动阀芯的推杆处要有可靠的密封；湿式电磁铁可以浸在油液中工作，所以电磁阀的相对运动件之间就不需要密封装置，这就减小了阀芯的运动阻力，提高了滑阀换向的可靠性，湿式电磁铁性能好，但价格较高。

由于电磁阀控制方便，所以在各种液压设备中应用广泛。但由于电磁铁吸力的限制，所以电磁阀只宜用于流量不大的场合。

图 12-21 是两位两通电磁阀，它由阀芯 1、弹簧 2、阀体 3、推杆 4 和电磁铁 6 等件组成。电磁铁未通电，处于常态位，P 口与 A 口不通；当电磁铁 6 通电时，电磁铁的铁心通过推杆 4 克服弹簧 2 的预紧力，推动阀芯 1 向右，使 P 口与 A 口相通。在电磁铁顶部有一手动推杆 7，用它可以检查电磁铁是否动作了，另外在电气发生故障时可临时用手操纵。

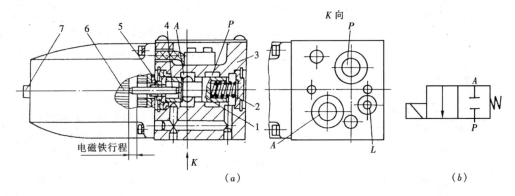

图 12-21　两位两通电磁阀

（a）结构图；（b）图形符号

1—阀芯；2—弹簧；3—阀体；4—推杆；5—密封圈；6—电磁铁；7—手动推杆

图 12-22 是三位四通电磁换向阀，当电磁铁未通电时，阀芯 2 在左右两个对中弹簧 4 的作用下位于中位，油口 P、A、B、T 均不相通；左边电磁铁通电，铁心 9 通过推杆将阀芯推至右端，则 P 与 A 相通，B 与 T 相通；同理当右侧电磁铁通电时，P 口与 B 口相通，A 口与 T 口相通。因此，通过控制左右电磁铁的通电和断电，就可以控制液流的方向，实现执行元件的换向。

另外，还有液动换向阀、电液动换向阀，这里不再介绍。

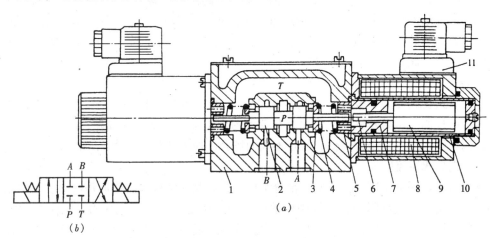

图 12-22　三位四通电磁阀

（a）结构图；（b）图形符号

1—阀体；2—阀芯；3—定位套；4—对中弹簧；5—挡圈；6—推杆；

7—环；8—线圈；9—铁心；10—导套；11—插头组件

二、压力控制阀

在液压系统中，控制液体压力的阀统称为压力控制阀。其共同特点是，利用作用于阀芯上的液体压力和弹簧力相平衡的原理进行工作。常用的压力控制阀有溢流阀、减压阀、顺序阀和压力继电器等。

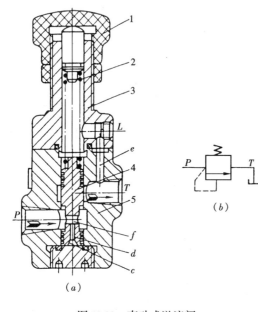

图 12-23　直动式溢流阀

（a）结构图；（b）图形符号

1—调节螺母；2—调节弹簧；3—上盖；4—阀芯；5—阀体
c—下腔；d—轴向阻尼孔；e—孔；f—径向孔

1. 溢流阀

溢流阀有多种用途，主要是在溢流的同时使液压系统压力得到调整并保持恒定。溢流阀按其工作原理分为直动式溢流阀和先导式溢流阀两种。

（1）直动式溢流阀

图 12-23 所示为滑阀型直动式溢流阀。图中 P 为进油口，T 为回油口，被控压力油由 P 口进入溢流阀，经阀芯 4 的径向孔 f、轴向阻尼孔 d 进入下腔 c，阀芯下腔有一个小的承压面积以依靠液压力将阀芯托起。当进油口 P 口压力较低时，向上的液压力不足以克服弹簧的预紧力，阀芯处于最下端位置，将 P 口和 T 口隔断，阀处于关闭状态，溢流阀没有溢流；当进油口压力升高，液压力等于弹簧的预紧力时，阀芯即将开启，这一状态的压力称为开启压力。当进油口压力继续升高，使液压力大于弹簧的预紧力时，阀芯向上移动，阀口打开，油液由 P 口经 T 口排回油箱，溢流阀溢流，阀芯处于某一新的平衡位置。

阀芯上的阻尼孔 g 对阀芯的运动形成阻尼，可避免阀芯产生振动，提高阀工作的稳定性。调节弹簧的预压缩量，便可改变阀口的开启压力，从而调节了控制阀的进口压力（即调定压力），此弹簧称为调压弹簧。

直动式溢流阀是利用阀芯上端的弹簧力直接与下端面的液压力相平衡来进行压力控制的。因此，这类阀的弹簧较硬，特别是流量较大时，阀的开口大，弹簧力有较大的变化量，造成所控制的压力随流量的变化而有较大的变化。再由于弹簧较硬，调节比较费力，故这种阀只适用于系统压力较低、流量不大的场合，最大调整压力为 2.5MPa。

（2）先导式溢流阀

先导式溢流阀由主阀和先导阀两部分组成。先导阀的结构和工作原理与直动式溢流阀相同，是一个小规格锥阀型，先导阀内的弹簧用来调定主阀的溢流压力。主阀控制溢流量，主阀的弹簧不起调压作用，仅是为了克服摩擦力使主阀芯及时复位，该弹簧又称稳压弹簧。

先导式溢流阀常见的结构如图 12-24 所示。下部是主滑阀，上部是先导调压阀。压力油通过过油口（图中未画出）进入油腔 P 后，经主滑阀阀芯 5 的轴向孔 g 进入阀芯下端，同时油液又经阻尼孔 e 进入阀芯 5 的上腔，并经 b 孔、a 孔作用于先导调压阀的先导阀芯

3上。当系统压力低于先导阀芯的调定压力时，先导阀芯闭合，主阀阀芯在稳压弹簧4的作用下处于最下端位置，将溢流口 T 封闭。当系统压力升高。压力油在先导阀芯 3 上的作用力大于先导阀调压弹簧的调定压力时，先导阀被打开，主阀上腔的压力油经先导阀开口、回油口 T 而流回油箱。这时由于主阀阀芯上阻尼孔 e 的作用而产生了压力降，使主阀阀芯上部的油压小于下部的油压。当此压力差对阀芯所形成的作用力超过稳压弹簧力时，阀芯被抬起，进油腔 P 和回油腔 T 相通，实现了溢流作用。调节螺母 1 可改变调压弹簧2 的压紧力，从而实现调节系统溢流压力。

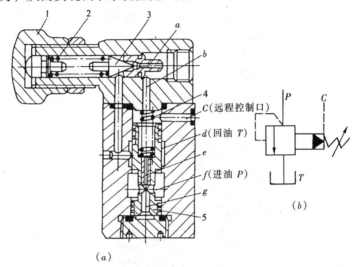

图 12-24　先导式溢流阀（Y形）

（a）结构图；（b）图形符号

1—调节螺母；2—调压弹簧；3—先导阀芯；4—稳压弹簧；5—主阀阀芯

由于主阀阀芯上腔存在油压，所以稳压弹簧4 的刚度可以较小，弹簧力的变化也较小。先导式溢流阀在溢流量变化较大时，阀口可以上下波动，但进口处的压力变化则较小，这就克服了直动式溢流阀的缺点。同时，先导阀的阀孔一般做得较小，调压弹簧2 的刚度也不大，因此调压比较轻便。这种阀振动小、噪声低、压力稳定，但要先导阀和主阀都动作以后才能起控制压力的作用，因此不如直动式溢流阀响应快。先导式溢流阀适用于中、高压系统。Y形先导式溢流阀的最大调整压力为 6.3MPa。

若将控制口 C 接上调压阀，即可改变主阀阀芯上腔压力的大小，从而实现远程调压；当 C 口与油箱接通时，可实现系统卸荷。

2. 减压阀

减压阀是一种利用液流流过缝隙产生压降的原理，使出口压力低于进口压力的压力控制阀。可分为定压减压阀、定比减压阀和定差减压阀三大类。定压减压阀用于保证出口压力为定值，定比减压阀用于保证进出口压力成比例，定差减压阀用于保证进出口压力差不变。定压减压阀在实际中应用广泛。减压阀也被称为调压阀。

按工作原理减压阀分为直动式和先导式两种，其中先导式减压阀应用较广。图 12-25是一种常用的先导式减压阀结构原理图。它由先导阀和主阀两部分组成，由先导阀调压，主阀减压。压力为 p_1 的压力油从进油口流入，经节流口减压后压力降为 p_2 并从出油口流出。出油口油液通过小孔流入阀芯底部，并通过阻尼孔 9 流入阀芯上腔，作用在调压锥阀 3 上。当出口压力小于调压锥阀的调定压力时，调压锥阀 3 关闭。由于阻尼孔中没有油液流动，所以主阀芯上、下两端的油压相等。这时主阀芯在主阀弹簧作用下处于最下端位置，减压口全部打开，减压阀不起减压作用。当出油口的压力超过调压弹簧的调定压力时，锥阀被打开，出油口的油液经阻尼孔到主阀芯上腔的先导阀阀口，再经泄油口流回油箱。因阻尼孔的降压作用，主阀上腔压力 $p_3 < p_2$，主阀芯在上下两端压力差（$p_2 - p_3$）的作用下，克服上端弹簧力向上移动，主阀阀口减小，起到减压作用。当出口压力 p_2 下降到调定值时，先导阀芯和主阀芯同时处于受力平衡，出口压力稳定不变等于调定压力。调节调压弹簧的预紧力即可调节阀的出口压力。

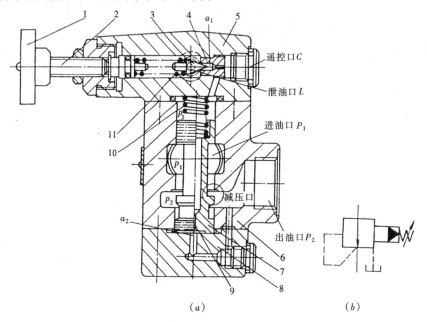

图 12-25　先导式减压阀

（a）结构图；（b）图形符号

1—调压手轮；2—调节螺钉；3—锥阀；4—锥阀座；5—阀盖；6—阀体；7—主阀芯；

8—端盖；9—阻尼孔；10—主阀弹簧；11—调压弹簧

　　减压阀常用于降低系统某一支路的油液的压力，使该二次油路的压力稳定且低于系统的调定压力。如夹紧油路、润滑油路和控制油路。必须说明的是，减压阀出口压力还与出口的负载有关，若因负载建立的压力低于调定压力，则出口压力由负载决定，此时减压阀不起减压作用。与溢流阀相同，减压阀亦可以在先导阀的遥控口接远程调压阀实现远程控制或多级调压。

　　减压阀和溢流阀的结构相似，调节原理也相似，但其主要差别在于：

　　1）减压阀为出口压力控制，保证出口压力为定值，溢流阀为进口压力控制，保证进口压力恒定。

　　2）常态时减压阀阀口常开，溢流阀阀口常闭。

　　3）减压阀串联在系统中，其出口油液通执行元件，因此泄漏油需单独引回油箱（外泄），而溢流阀的出口直接接口油箱，它是并联在系统中的，因此其泄漏油引至出口（内泄）。

三、流量控制阀

流量控制阀是依靠改变控制阀口的大小来改变液阻，从而调节通过阀口的流量，达到改变执行元件运动速度的目的。流量控制阀有节流阀、调速阀、溢流节流阀和分流集流阀等多种。

1. 节流阀

（1）节流阀的结构与原理

图 12-26 是一种典型的节流阀。油液从进油口 P_1 进入，经阀芯上的三角槽节流口，从出油口 P_2 流出。转动手柄可使推杆推动阀芯作轴向移动，从而改变节流口的通流面积。这样就调节了通过节流阀流量的大小。节流阀结构简单，制造容易，体积小，但负载和温度的变化对流量的稳定性影响较大，因此只适用于负载和温度变化不大，或速度稳定性要求较低的液压系统。

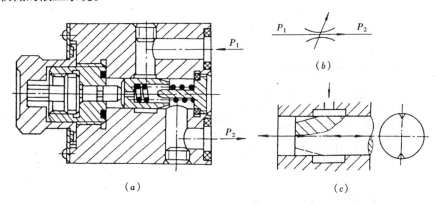

图 12-26 节流阀
（a）结构图；（b）图形符号；（c）阀口结构图

（2）单向节流阀

图 12-27 为单向节流阀。当压力油从油口 P_1 进入，经阀芯上的三角槽节流口从油口 P_2 流出，这时起节流作用。当压力油从油口 P_2 进入时，在压力油作用下阀芯克服软弹簧的作用力而下移，油液不再经过节流口而直接从油口 P_1 流出，这时起单向阀作用。

（3）节流阀的作用

1）节流阀主要起节流调速作用。

2）起负载阻尼作用。对某些液压系统，通流量是一定的，改变节流阀开口面积将改变液体流动的阻力（即液阻），节流口面积越小液阻越大。

3）起压力缓冲作用。在液流压力容易发生突变的地方安装节流元件可延缓压力突变对后继续压元件的影响，起保护作用。

2. 调速阀

调速阀是由定差减压阀与节流阀串联而成。定差减压阀能自动保持节流阀前、后的压力差不变，从而使通过节流阀的流量不受负载变化的影响。

调速阀的工作原理如图 12-28 所示。调速阀的进口压力 p_1 由溢流阀调节，工作时基

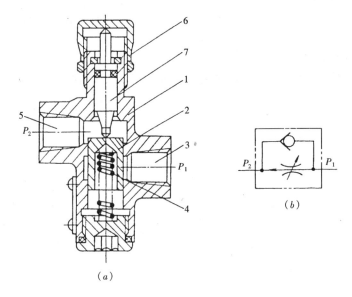

图 12-27 单向节流阀

(a) 结构图；(b) 图形符号

1—阀体；2—阀芯；3、5—油口；4—弹簧；6—螺母；7—顶杆

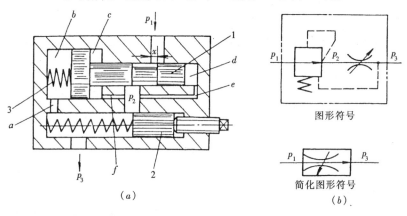

图形符号

简化图形符号

图 12-28 调速阀

(a) 结构原理图；(b) 图形符号

1—定差减压阀阀芯；2—节流阀阀芯；3—弹簧

本保持恒定。压力油进入调速阀后，先经过定差减压阀的阀口 x 后压力降为 p_2，然后经节流阀流出，其压力为 p_3。节流阀前点压力为 p_2 的油液经通道 e 和 f 进入定差减压阀的 c 腔和 d 腔；而节流阀后点压力为 p_3 的油液经通道 a 引入定差减压阀的 b 腔。当减压阀阀芯在弹簧力 F_s、液压力 p_2 和 p_3 的作用下处于某一平衡位置时（忽略摩擦力和液动力），其受力平衡方程为：

$$p_2 A_1 + p_2 A_2 = p_3 A + F_s$$

式中 A_1、A_2、A 分别为 d 腔、c 腔和 b 腔内压力油作用于阀芯的有效面积，且 $A = A_1 + A_2$，故得：

$$p_2 - p_3 = \Delta p = F_s/A$$

因为弹簧刚度较低，且工作过程中减压阀阀芯位移较小，可认为弹簧力 F_s 基本保持不变，故节流阀两端压差不变，可保持通过节流阀的流量稳定。

若调速阀出口处油压 p_3 由于负载变化而增加，则作用在阀芯左端的力也随之增加，阀芯失去平衡而右移，于是开口 x 增大，液阻减小（即减压阀的减压作用减小），使 p_2 也随之增加，直到阀芯在新的位置上得到平衡为止。因此，当 p_3 增加时，p_2 也增加，其差值 Δp 基本保持不变。同理，当 p_3 减小时，p_2 也随之减小，Δp 仍保持不变。由于定差减压阀自动调节液阻，使节流阀前后的压差保持不变，从而保持了流量的稳定。

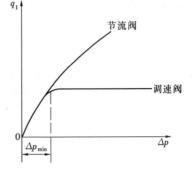

图 12-29　调速阀与节流阀特性比较

调速阀与节流阀的特性比较如图 12-29 所示。从图中可以看出，节流阀的流量随压差的变化而变化较大，而调速阀在进、出口压力差大于一定数值（$\Delta p_{\min}$）后，流量基本恒定不变。调速阀在压差 $< \Delta p_{\min}$ 区域内，压差不足以克服定差减压阀阀芯上的阻力，减压阀起不到调节作用，此时其流量特性与节流阀相同。因此，要使调速阀正常工作，就必须保证有一个最小压力差（中低压调速阀为 0.5MPa，高压调速阀为 1MPa）。

第五节　液压系统辅助装置

液压系统的辅助装置有蓄能器、滤油器、油箱、密封件、管件等，是液压系统的一个重要组成部分。液压辅件的合理选用，有利于保证液压系统的效率、工作稳定性、寿命、噪声、温升等技术性能。

一、蓄能器

1．蓄能器的功用

蓄能器是用来储存和释放液体压力能的装置，其主要功用如下：

（1）作为辅助动力源：在液压系统工作循环中不同阶段需要的流量变化很大时，常采用蓄能器和一个流量较小的泵组成油源。当系统需要的流量不多时，蓄能器将液压泵多余的流量储存起来；当系统短时期需要较大流量时，蓄能器将储存的压力油释放出来与泵一起向系统供油。另外，蓄能器可作为应急能源使用，避免在突然停电或液压泵发生故障时压力油中断。

（2）保压和补充泄漏：有的液压系统需要较长时间保压而液压泵卸荷，此时可利用蓄能器释放所储存的压力油，补偿系统的泄漏，维持系统的压力。

（3）吸收压力冲击和消除压力脉动：由于液压阀突然关闭或换向，系统可能产生液压冲击，此时可在产生液压冲击源附近处安装蓄能器吸收这种冲击，使压力冲击峰值降低。

2．蓄能器的类型和结构

蓄能器的类型主要有垂锤式、弹簧式和充气式三类。常用的是充气式，它是利用密封气体的压缩、膨胀来储存和释放能量的，所充气体一般采用惰性气体或氮气。充气式又分为气瓶式、活塞式和气囊式三种。下面主要介绍常用的活塞式和气囊式两种蓄能器。

（1）活塞式蓄能器

图 12-30（a）为活塞式蓄能器。它利用在缸中浮动的活塞使气体与油液隔开，气体经充气阀进入上腔，活塞的凹部面向上腔，以增加气塞的容积，下腔油口 a 充压力油。该蓄能器结构较简单，安装与维修方便，但活塞惯性和摩擦阻力会影响蓄能器动作的灵敏性，而且活塞不能完全防止气体渗入油液，故这种蓄能器的性能并不十分理想。适用于压力低于 20MPa 的系统储能或吸收压力脉动。

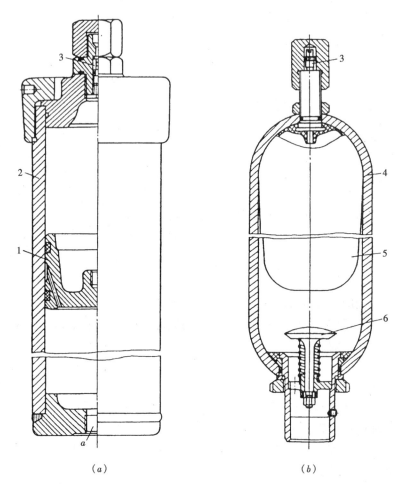

（a）   （b）

图 12-30　充气式蓄能器

（a）活塞蓄能器；（b）气囊式蓄能器

1—活塞；2—缸筒；3—充气阀；4—壳体；5—气囊；6—限位阀

（2）气囊式蓄能器

图 12-30（b）为气囊式蓄能器。壳体 4 内有一个用耐油橡胶作原料与充气阀 3 一起压制而成的气囊 5。充气阀只有在向气囊充气时才打开，平时关闭。壳体下部装有限位阀 6，在工作状态下，压力油经限位阀进、出，当油液排空时，限位阀可以防止气囊被挤出。这种蓄能器的特点是气囊惯性小，反应灵敏，结构尺寸小，重量轻，安装方便，维护容易，适用温度范围为 – 20～70℃。气囊有折合型和波纹型两种，前者容量较大，可用来储蓄能量，后者则适用于吸收冲击，工作压力可达 32MPa。

3．蓄能器的使用和安装

蓄能器的容量和充气压力是根据它在工作中将要输送出去的油液体积、系统最高压力和所要维持的最低工作压力来决定的。一般取充气压力 = （0.8～0.85）最低工作压力。

蓄能器在液压回路中的安放位置，随其功用的不同而异。在安装蓄能器时应注意以下几点：

（1）气囊式蓄能器原则上应垂直安装（油口向下），只有在空间位置受到限制时才考虑倾斜或水平安装。

（2）吸收冲击压力和脉动压力的蓄能器应尽可能装在振源附近。

（3）装在管道上的蓄能器，要承受一个相当于其入口面积与油液压力乘积的力，因而必须用支持板或支持架固定。

（4）蓄能器与管道系统之间应安装截止阀，供充气、检修时使用。蓄能器与液压泵之间应安装单向阀，以防止停泵时压力油倒流。

二、过滤器

据统计，在液压系统的故障中，至少有 70%～80% 以上是由于液压油被污染而造成的。这是因为液压系统在运行过程中，由于磨损等原因液压油中会产生杂质，当杂质存在时，这些杂质反过来则会加速液压系统元件的磨损、擦伤密封件，影响元件及系统的性能和使用寿命，重则堵塞节流孔，卡住阀类元件，使元件动作失灵以至损坏。因此，保持液压油的清洁就是液压系统正常工作的必要条件，油过滤器的作用就是不断净化液压油，使其污染程度控制在允许范围内。

1. 对油过滤器的要求

（1）过滤精度：过滤精度是指被过滤器阻挡的最小杂质颗粒的尺寸。若以直径 d 表示，则可分为四级：粗（$d \geqslant 0.1$mm）、普通（$d \geqslant 0.01$mm）、精（$d \geqslant 0.005$mm）、特精（$d \geqslant 0.001$mm）。工作压力越高，在液压元件中相对运动零件间的间隙越小，要求过滤精度越高。一般要求颗粒直径 d 小于间隙值的一半，如在伺服系统中，因伺服阀阀芯与阀套的间隙仅为 0.002～0.004mm，所以应选用特精级油过滤器。高压系统中选用精密级过滤器，中、低压系统中选用普通级过滤器。

（2）通油能力：通油能力系指在一定压差下通过油过滤器的最大流量，也可用滤心的有效过滤面积表示。

（3）强度：滤心应有足够的机械强度，不因液压力而破坏。

（4）耐蚀性：滤心抗腐蚀性好。

（5）便于清洗、更换，成本低等。

2. 油过滤器类型和结构

油过滤器主要有机械式和磁性两大类，其中，机械式油过滤器又分为网式、线隙式、纸心式、烧结式等多种类型。按其连接形式不同又可分为管式、板式和法兰式三种。

（1）网式油过滤器

图 12-31 所示为网式油过滤器。由筒形骨架上包一层或两层铜丝网组成，其过滤精度与网孔大小

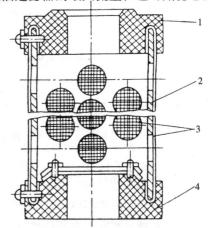

图 12-31　网式油过滤器
1、4—端盖；2—骨架；3—滤网

147

及网的层数有关，过滤精度 0.08 ~ 0.18mm，压力损失不超过 0.01MPa。其特点是结构简单，通油能力大，清洗方便，但过滤精度较低。一般安装在液压泵的吸油口处。

（2）线隙式油过滤器

图 12-32 所示为线隙式油过滤器。滤心是用铜线或铝线绕在筒形骨架上制成，依靠线间缝隙过滤。它分为吸油管用和压油管用两种，前者过滤精度为 0.05 ~ 0.1mm，通过额定流量时压力损失小于 0.02MPa；后者过滤精度为 0.03 ~ 0.08mm，压力损失小于 0.06 ~ 0.3MPa。其特点是结构简单，通油能力大，过滤程度比网式的高，但滤芯材料强度较低，不易清洗。这种滤油器多用于中、低压系统，安装在回油低压管路或泵吸油口。

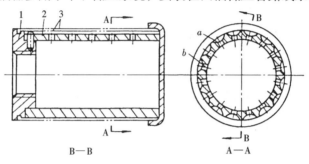

图 12-32　线隙式油过滤器
1—端盖；2—骨架；3—线圈

（3）纸芯式油过滤器

图 12-33 所示为纸芯式油过滤器。滤芯由 0.35 ~ 0.7mm 厚的平纹或波纹的酚醛树脂或木浆的微孔滤纸包在薄钢板制成的骨架上。滤纸制成折叠式，以增加过滤面积。滤纸用骨架支撑，以增大滤芯强度。过滤精度高（0.005 ~ 0.03mm），压力损失 0.04 ~ 0.4MPa。该种过滤器重量轻，过滤效果好，成本低，但不能清洗，需定期更换滤芯。常用于对油液要求较高的场合。

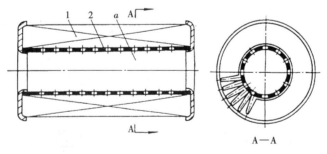

图 12-33　纸芯式油过滤器
1—滤纸；2—骨架

（4）烧结式油过滤器

图 12-34 所示为烧结式油过滤器，滤芯 3 由颗粒状金属（青铜、碳钢、镍铬钢等）烧结而成。它通过颗粒间的微孔进行过滤。粉末粒度越细，间隙越小，过滤精度越高。过滤精度一般为 0.01 ~ 0.1mm，压力损失 0.03 ~ 0.2MPa。该种过滤器制造简单，抗腐蚀，滤芯强度大，能在较高油温下工作，但金属颗粒易脱落，堵塞后难于清洗。

（5）磁性油过滤器

磁性油过滤器的工作原理就是利用磁铁吸附油液中的铁质微粒。它常与其他形式滤芯一起制成复合式油过滤器，对加工金属的机床液压系统特别适用。

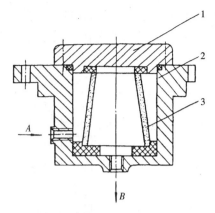

图12-34　烧结式油过滤器
1—端盖；2—壳体；3—滤芯

3. 油过滤器的选用与安装

（1）油过滤器的选用

油过滤器选用时，应考虑以下几点：

1）具有足够大的通油能力，压力损失小。

2）过滤精度满足使用要求。

3）滤芯具有足够的强度，不因压力作用而损坏。

4）滤芯抗腐蚀性好，能在规定温度下持久地工作。

5）滤芯的清洗和维护要方便。

（2）油过滤器的安装

油过滤器在液压系统中的安装位置，通常有以下几种：

1）安装在液压泵的吸油管路上：这种安装方式要求滤油器有较大的通油能力和较小的阻力（阻力不超过0.01～0.02MPa），否则将造成液压泵吸油不畅或空穴现象。该安装方式一般都采用过滤精度较低的网式油过滤器。这种安装方式的作用主要是保护液压泵。

2）安装在压油管路上：这种安装方式可以保护除泵以外的其他液压元件。由于油过滤器在高压下工作，壳体应能承受系统的工作压力和冲击压力。过滤阻力不应超过0.35MPa，以减少因过滤所引起的压力损失和滤芯所受的液压力。为了防止油过滤器堵塞时引起液压泵过载或使滤芯裂损，可在压力油路上设置一旁路阀与油过滤器并联，或在油过滤器上设置堵塞指示装置。此种方式常用于过滤精度要求高的系统及伺服阀和调速阀前。

3）安装在回油管路上：由于回油管路压力较低，这种安装方式可采用强度和刚度较低的油过滤器。这种方式能经常地清除油液中的杂质，从而间接地保护系统。可并联一单向阀作为安全阀，以防堵塞引起系统压力提高。

4）单独过滤系统：在大型液压系统中，可专门设置由液压泵和过滤器组成的独立过滤系统，专门滤除油箱中的污物，通过不断循环，提高油液的清洁度。专用过滤车也是一种独立的过滤系统。

三、油箱

1. 油箱的作用和结构

油箱在液压系统中的主要作用是储存液压系统所需的足够油液，散发油液中的热量，分离渗入油液中的空气及沉淀物。

油箱可分总体式和分离式两种。总体式油箱是利用设备机身内腔作为油箱，其结构紧凑，易于回收各处漏油，但增加了机身结构的复杂性，维修不便，散热性差，同时还会使邻近的机件产生热变形。分离式油箱则是采用一个与设备机身分开的单独的油箱，它可以减少温升和液压泵驱动电机的振动对设备工作性能的影响，安放灵活，维修保养方便，便于设计成通用化、系列化产品，组合机床、自动线和精密设备大多采用分离式油箱。

图 12-35 是一个分离式油箱的结构。

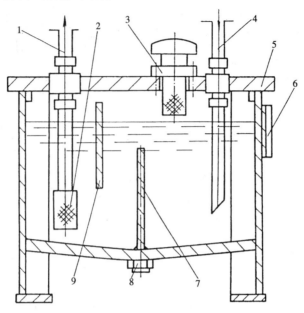

图 12-35　分离式油箱

1—吸油管；2—网式油过滤器；3—空气过滤器；4—回油管；

5—顶盖；6—油位器；7、9—隔板；8—放油塞

2. 油箱的容量估算

合理地确定油箱容量是保证液压系统正常工作的重要条件。初步设计时，可用下述经验公式确定油箱的有效容积。

$$V = aq_\mathrm{p}$$

式中　V——油箱容积（L）；

q_p——液压泵的总额定流量（L/min）；

a——经验分钟数（min），其数值确定如下：

低压系统：$a = 2 \sim 4\mathrm{min}$；

中压系统：$a = 5 \sim 7\mathrm{min}$；

中、高压或高压大功率系统：$a = 6 \sim 12\mathrm{min}$。

此外还要考虑到，液压系统回油后油箱不至溢流，油面高度一般不超过油箱高度的 0.8 倍。

3. 油箱设计时注意事项

油箱结构设计时应注意以下几点：

（1）油箱要有足够的强度和刚度：通常箱体用 2.5 ~ 5mm 的钢板焊接制成，尺寸大者要加焊加强筋。箱盖若安装其他附件，则应加厚及局部加强。

（2）防污密封：为防止油液污染，盖板及窗口各连接处均需加密封垫，各油管通过的孔都要加密封圈，注油器上要加滤网。

（3）吸油管与回油管设置：吸、回油管距离应尽量远些或设隔板分开，管口应插入最低油面以下。吸油管应设吸油过滤器，回油管切成45°斜口并应面向箱壁，以增大通流面积。

（4）油温控制：油箱正常工作温度应在15～65℃之间。必要时应设温度计和热交换器。

（5）油箱内壁的加工：新油箱内壁要经喷丸、酸洗和表面清洗，然后可涂一层与工作液相容的塑料薄膜或耐油清漆。

（6）对功率较大且连续工作的液压系统，应进行热平衡计算，然后再确定油箱的有效容积。

（7）油箱底部做成适当斜度，并安装放油塞。为方便清洗、维修，结构上应考虑便于拆卸。大、中型油箱应设起吊结构。

第六节　液压传动系统的安装调试和使用维护

一、液压传动系统的安装

液压设备在安装前，首先要弄清主机对液压系统的要求及液压系统与机、电、气的动作关系，以充分理解其设计意图；然后验收所有零、部件（型号、规格、数量和质量），并做好清洗等准备工作。

（1）液压泵和电动机的安装：泵与电动机的轴线，在安装时应保证同心，一般要求用弹性联轴节联接，不允许使用皮带传动泵轴，以免受径向力的作用，破坏轴的密封。安装基础要有足够的刚性；液压泵进、出口不能接反；有外引泄的泵必须将泄漏油单独引出；需要在泵壳内灌油的泵，要灌液压油；可用手调转，单向泵不能反转。

（2）液压缸的安装：首先应校正液压缸外圆的上母线、侧母线与机座导轨导向面的平行；垂直安装的液压缸要防止因重力跌落；长行程缸应一端固定，允许另一端浮动，允许其伸长；液压缸的负载中心与推力中心最好重合，免受颠覆力矩，保护密封件不受偏载；液压缸缓冲机构不得失灵；密封圈的预压缩量不要太大；活塞在缸内移动灵活、无阻滞现象。

（3）液压阀的安装：阀体孔或阀板的安装，要防止紧固螺钉因拧得过紧而产生变形；纸垫不得破损，以免窜腔短路；方向阀各油口的通断情况应与原理图上的图形符号相一致；要特别注意外形相似的溢流阀、减压阀和顺序阀；调压弹簧要放松，等调试时再逐步旋紧调压；安装伺服阀必须先安装冲洗板，对管路进行冲洗；在油液污染度符合要求后才能正式安装；伺服阀进口安装精密过滤器。

（4）液压系统的配管：根据通过流量、允许流速和工作压力选配管径、壁厚、材质和连接方式。对管子要进行检验和处理。管路要求越短越好，尽量垂直或平行，少拐弯，避免交叉。吸油管要粗、短、直，尽量减少吸油阻力，确保吸油高度一般不大于0.5m，严防管接头处泄漏。安装橡胶软管要防止扭转，应留有一定的松弛量。配管要进行二次安装，第一次试装后取下进行清洗，然后进行正式安装。

二、液压传动系统的调试

调试前应全面检查液压管路、电气线路是否正确可靠，油压液牌号与说明书上是否一致，油箱内油液高度是否在油面线上。将调节手柄置于零位，选择开关置于"调整"、"手动"位置上。检查防护装置，确定调试项目、顺序和测量方法，准备检测仪表。熟悉设备的操作手柄、按钮、表牌等。

（1）空载试车：空载试车的目的是检查各液压元件工作是否正常，工作循环是否符合要求。

先空载起动液压泵，以额定转速、规定转向运转，听是否有异常声响，观察泵是否漏气（油箱液面上有无气泡），泵的卸荷压力是否在允许范围内。在执行元件处于停位或低速运动时调整压力阀，使系统压力升高到规定值。调整润滑系统的压力和流量；有两台以上大功率主泵时不能同时起动；若在低温下起动泵时，则要开开停停，使油温上升后再起动；一般先起动控制用的泵，后起动主泵，调整控制油路的压力。

然后操纵手柄使各执行元件逐一空载运行，速度由慢到快，行程也逐渐增加，直至低速全程运行以排除系统中的空气；检查接头、元件接合面是否泄漏，检查油箱液面是否下降和滤油器是否露出油面（因为执行元件运动后大量油液要进入油管填充其空腔）。

接着在空载条件下，使各执行元件按预定进行自动工作循环或顺序动作，同时调整各调压弹簧的设定值，如：溢流阀、顺序阀、减压阀、压力继电器、限压式变量泵等的限定压力；电接点压力表上、下限；变量泵偏心或倾角；挡铁及限位开关位置；各液压阻尼开口；保压或延时时间；电磁铁吸动或释放等；检查各动作的协调，如连锁、联动；同步和顺序的正确性；检查起动停止、速度换接的运动平稳性，有否误信号、误动作和爬行、冲击等现象；要重复多次，使工作循环趋于稳定；一般空载运行2h后，再检查油温及液压系统要求的精度，如换向、定位、分度精度及停留时间等。

（2）负载试车：一般设备可进行轻负载、最大工作负载、超负载试车。负载试车的目的是检查液压设备在承受负载后，是否实现预定的工作要求，如速度负载特性如何、泄漏是否严重、功率损耗及油温是否在设计允许值内（一般机床液压系统油温为30～50℃、压力机为40～70℃、工程机械为50～80℃），液压冲击、振动、噪声是否在允许范围内等。对金属切削机床液压系统要进行试切削，在规定的切削范围内，对试件进行加工，是否达到所规定的尺寸精度和表面粗糙度。对高压液压系统要进行试压，试验压力为工作压力的两倍或大于压力剧变时的尖峰值，并由低到高分级试压，检查泄漏和耐压强度是否合格。

调试期间，对流量、压力、速度、油温、电磁铁和电动机的电流值等各种参数的测试应作好现场记录。如发现液压元件不合要求，在必要或允许的条件下，可单独在试验台上对元件的性能和参数进行测试，测试条件可按有关规定；对元件的主要性能和参数的测试方法，也可按部标或厂标的规定进行。

三、液压传动系统的使用与维护

保证液压系统的正常工作性能，在很大程度上取决于正确的使用与及时的维护保养。

（1）制定完善的操作规程：设备正式使用前，应制定详细的操作规程，并对操作人员进行严格的操作培训，让其熟悉设备情况与各种性能，熟练掌握设备的各项操作技能，经考核合格后，才可准予上岗。

（2）建立严格的维护保养制度：严格的维护保养制度是减少故障，使设备处于完好状态的保证。应建立设备的巡检和维护保养制度，制定设备巡检时间、项目和内容要求，并进行记录；制定设备的日常保养要求和定期维护保养计划。

（3）故障及排除方法：由于液压元件都是密封的，故发生故障时不易查找原因。一般从现象入手，分析可能的原因并逐个检查、测试。只要找到故障源，故障就不难排除。能否迅速地找到故障源，一方面决定于对系统和元件的结构、工作原理的了解，另一方面还有赖于实践经验的积累，有时可通过一些辅助性试验来查找故障。有关具体液压系统中各种故障的现象、原因及排除措施，可参考相关手册。

第十三章 气 压 传 动

第一节 概　　述

一、气压传动系统的工作原理

气压传动的工作原理与液压传动的工作原理基本相同，不同的主要是工作介质。液压传动以液压油为工作介质，而气压传动以压缩空气为工作介质来传递动力和运动，从而实现传动和控制。

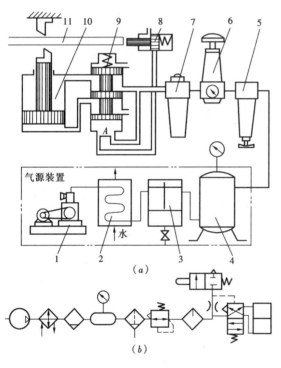

图 13-1　气动剪切机的工作原理图
（a）结构原理图；（b）图形符号图
1—空气压缩机；2—冷却器；3—油水分离器；4—贮气罐；
5—水分滤气器；6—减压阀；7—油雾器；8—行程阀；9—气控换向阀；10—气缸；11—工料

下面以气动剪切机为例，介绍气动系统的工作原理。图 13-1 为气动剪切机的工作原理图，图示位置为剪切前的预备状态。空气压缩机 1 产生的压缩空气，经过冷却器 2、油水分离器 3 进行降温及初步净化后，送入贮气罐 4 备用。压缩空气从贮气罐引出先经过分水滤气器 5 再次净化，然后经减压阀 6、油雾器 7 和气控换向阀 9 到达气缸 10。此时，换向阀 A 腔的压缩空气将阀芯推到上位，使气缸上腔充压，活塞处于下位，剪切机的剪口张开，处于预备工作状态。当送料机构将工料 11 送入剪切机并送到规定位置时，工料将行程阀 8 的阀芯向右推动，行程阀将换向阀的 A 腔与大气连通。换向阀的阀芯在弹簧的作用下移到下位，将气缸上腔与大气连通，下腔与压缩空气连通。压缩空气推动活塞带动剪刀快速向上运动将工料剪下。工料被切下后即与行程阀脱开，行程阀阀芯在弹簧作用下复位，将排气通道封闭。

换向阀 A 腔压力上升，阀芯移到上位，使气路换向。气缸下腔排气，上腔进入压缩空气，推动活塞带动剪刀向下运动，系统又恢复到图示的预备状态，待第二次进料剪切。气路中行程阀的安装位置可以根据工料的长度进行左右调整。换向阀是根据行程阀的指令来改变压缩空气的通道使气缸活塞实现往复运动。气缸下腔进入压缩空气时，活塞向上运动将压缩空气的压力能转换为机械能使剪切机构切断工料。此外，还可根据实际需要，在气路中加入流量控制阀，控制剪切机构的运动速度。

二、气压传动系统的组成

气压传动系统由以下装置和元件组成：

(1) 气源装置：气源装置即压缩空气的发生装置，其主体部分是空气压缩机（简称空压机）。它将原动机（如电动机）供给的机械能转换为空气的压力能并经净化设备净化，为各类气动设备提供洁净的压缩空气。还包括贮气罐、冷干机等。

(2) 执行机构：执行机构是系统的能量输出装置，如气缸和气马达。它们将气体的压力能转换为机械能，并输出到工作机构上去。

(3) 控制元件：即用以控制调节压缩空气的压力、流量、流动方向以及系统执行机构的工作程序的元件，有压力阀、流量阀、方向阀和气动逻辑元件等。

(4) 辅助元件：系统中起辅助作用的元件，如油雾器、消声器、管件、散热器等。

(5) 气动传感器及信号处理装置：感测、转换和处理气动信号的元器件，如比值器、定值器、放大器、电气转换器、压力传感器、压差传感器、位置传感器等。

三、气压传动的特点

1. 气压传动的优点

气压传动在工业生产各领域得到迅速发展和广泛应用，是由于它具有如下优点：

(1) 采用空气作为传动介质，来源方便，取之不尽；用后直接可排入大气而不污染环境，且不需回气管路。故气动系统结构较简单，安装自由度大，使用维护方便，使用成本低。

(2) 用空气作为工作介质降低了对元件材质的要求，可以采用多种材料制造元件，如轻金属、塑料、尼龙等，降低了制造成本。

(3) 空气的性质受温度的影响小，使用安全，高温下不会发生燃烧和爆炸，所以对环境的适应性强，特别是在易燃、易爆、高尘埃、强磁、辐射及振动等恶劣环境中，比液压、电气及电子控制都优越。

(4) 空气的黏度很小（约为油黏度的万分之一），在管道中流动时的压力损失小，管道不易堵塞，空气也没有变质问题，所以节能、高效。它适用于集中供气和远距离输送。

(5) 与液压传动相比，气压传动反应快，动作迅速，一般只需 0.02 ~ 0.03s 就可建立起需要的压力和速度。因此，它特别适用于实现系统的自动控制。

(6) 调节控制方便，既可组成全气动控制回路，也可与电气、液压结合实现混合控制。

2. 气压传动的缺点

(1) 由于空气的可压缩性大，所以气动系统的稳定性差，负载变化时对工作速度的影响较大。速度调节较难。

(2) 由于工作压力低（一般为 0.4 ~ 0.8MPa），且结构尺寸不宜过大，所以气动系统不易获得较大的输出力和力矩。因此，气压传动不适于重载系统。

(3) 气动装置中的信号传递速度仅限于声速范围内，比光、电信号慢，故不宜用于信号传递速度要求十分高的场合。同时，实现生产过程的遥控也较困难。

(4) 需对气源中的杂质及水蒸气进行净化处理，净化处理的过程较复杂。空气无润滑性能，故在系统中需要润滑处应设润滑给油装置。

(5) 气动系统有较大的排气噪声，使环境恶化、危害人体健康、影响人的情绪，应设法消除或降低噪声。

(6) 气动系统有泄漏，一定量的外泄漏也是允许的，但应尽可能减少泄漏。

第二节 气 源 装 置

气源装置的作用是为气动设备提供符合需要的压缩空气。由空气压缩机产生的压缩空气必须经过降温、净化等一系列处理以后才能用于传动系统。因此，除空气压缩机外气源装置还包括冷却器、油水分离器、干燥机、过滤器及贮气罐等。

一、空气压缩机

空气压缩机简称空压机，是气源装置的主体，是将原动机的机械能转换成气体压力能的装置。空气经过空压机后变成在压力和流量方面符合气动设备要求的压缩空气。

1. 空气压缩机的分类

空气压缩机的种类很多，按照国家标准的规定分为容积式和动力式两大类。若按空压机的公称排气压力范围来分，则可分为低压式（0.2~1MPa）、中压式（1~10MPa）、高压式（10~100MPa）和超高压式（>100MPa）等。

容积式空压机是通过机件的运动，使密封容积发生周期性大小的变化，从而完成对空气的吸入和压缩过程。这种空压机又有几种不同形式，如活塞式、螺杆式、滑片式等。其中常用的是活塞式低压空压机。

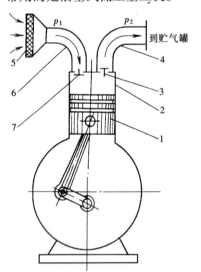

图 13-2 立式活塞式空压机工作原理图
1—活塞；2—气缸；3—排气阀；4—排气管；
5—空气过滤器；6—进气管；7—进气阀

动力式空压机是利用转子或叶轮的高速旋转使空气产生高速度、高动能，再使气流速度降低，将动能转化为压力能。这种空压机常见的有离心式空压机。

2. 空压机的工作原理

（1）活塞式空压机

活塞式空压机有立式和卧式两种结构形式。图13-2是立式活塞式空压机工作原理图。它是利用曲柄连杆机构，将原动机的回转运动转变为活塞的往复直线运动。当活塞1向下运动时，气缸2的容积增大，压力降低而出现真空度，排气阀3关闭。外界空气在大气压作用下，经过空气过滤器5和进气管6，推开进气阀7进入气缸内，此过程称作吸气过程。当活塞向上运动时，气缸的容积减小，空气受到压缩，压力逐渐升高而使进气阀关闭，排气阀3被打开，压缩空气经排气管4进入贮气罐。这一过程称为压缩过程。单级单缸空压机就是这样循环往复运动，不断产生压缩空气。工程中大多数空压机是由多缸多活塞组合而成。卧式活塞式空压机的工作原理与立式相同。

（2）螺杆式空压机

螺杆式空压机是油润滑的容积式空压机，它能提供稳定、无脉冲的压缩空气。压缩机主要包括两个螺杆转子、耐磨损轴承和壳体。由于构造紧凑、噪声低、性能好，该种空压机在工业中愈来愈得到广泛的应用。螺杆式空压机的工作原理如图13-3所示。其实现空气压缩的过程可分为四大过程：

1）进气过程：当转子经过入口时，空气从轴向吸入主机。

2）封闭过程：转子经过入口后，一定体积的空气被密封在两个转子形成的压缩腔内。

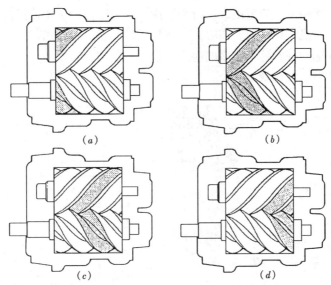

图13-3 螺杆式空压机工作原理图

（a）进气过程；（b）封闭过程；（c）压缩和输送过程；（d）排气过程

3）压缩和输送过程：随着转子的转动，压缩腔的体积不断减少，空气压力升高。

4）排气过程：空气到达另一端的出口，完成压缩排气。

空压机主机中两个转子的端面结构见图13-4。两个转子分别称为阳转子和阴转子，阳转子主动，阴转子从动。两个转子互不接触，中间充有0.003～0.005英寸的油膜，润滑油在主机中主要起冷却、密封和润滑三大作用。阴、阳转子的凹槽和凸起构成的密封条能防止空气的回流。影响主机排气量的三大因素是转子长度、转子直径和转速。

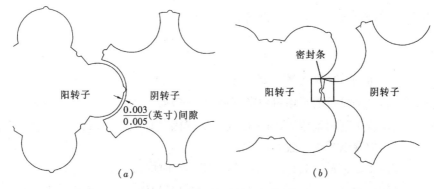

图13-4 空压机转子端面结构

（a）转子间隙；（b）密封条

（3）离心式空压机

离心式空压机是利用离心式叶轮的高速旋转将空气迅速加速，使空气获得较大的动能，然后进入截面积逐渐扩大的扩压器内，将动能转换为压力能，从排气口排出。这种空压机噪声小、压力平稳，所以在大用气量的气压传动中的应用较多。其单级式压力较低，一般用双级式或多级式。其工作原理见图 13-5。

3．空压机的选择

活塞式空压机适用的压力范围大，特别适用于压力较高的中小流量场合，目前仍是应用最广泛的一种空压机。螺杆式、离心式空压机运转平稳，排气均匀，是具有发展前途的空压机，在工业实际中得到越来越多的应用，螺杆式适用于低压力、中小流量的场合，离心式则适用于低压力、大流量的场合。

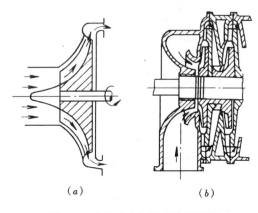

图 13-5　离心式空压机工作原理图
（a）单级；（b）双级

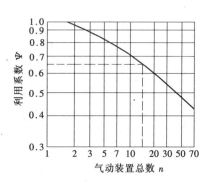

图 13-6　气动设备利用系数

选择空压机，主要根据气动系统所需要的工作压力和流量两个参数。

（1）空压机额定压力的选择

空压机的额定压力应略高于气动系统的工作压力。目前，一般气动系统的工作压力为 0.5～0.8MPa，因此选用额定排气压力为 0.7～1MPa 的低压空压机。特殊需要时，也可选用中压、高压空压机。

（2）空压机供气量（流量）的选择

空压机的供气量可按下面的公式进行计算。

$$Q_{\mathrm{j}} = \psi K_1 K_2 \Sigma q_{\mathrm{z}}$$

式中　Q_{j}——空压机的计算供气量（$\mathrm{m^3/s}$）；

　　　　q_{z}——单台气动设备的平均自由空气耗量（$\mathrm{m^3/s}$）；

　　　　ψ——气动设备利用系数，由图 13-6 选取（因气动设备较多时，一般不会同时使用，故乘以利用系数）；

　　　　K_1——漏损系数，$K_1 = 1.15～1.5$（风动工具多时取大值）；

　　　　K_2——备用系数，$K_2 = 1.3～1.6$（考虑各工作时间用气量不等及增设气动装置的可能性而乘以备用系数）。

由于上式是按自由空气流量来计算的，而每台气动设备的实际工作压力不同，故必须将不同压力下的压缩空气流量转换成自由空气流量来进行计算。自由空气流量与压缩空气流量之间的转换关系用下式计算。

$$q_z = q_y(p_y/p_o)$$

式中　q_z——自由空气流量（m^3/s）；

　　　q_y——压缩空气流量（m^3/s）；

　　　p_y——压缩空气的绝对压力（Pa）；

　　　p_o——大气压力（Pa）。

根据以上的计算并结合实际使用情况，来选择适当规格和型号的空压机。

二、气源净化装置

1. 气源净化的必要性

空压机排出的压缩空气，由于在压缩过程中温度很高（140～170℃之间），使主机中部分润滑油及空气中的水分汽化，再加上从空气中吸入的灰尘，压缩空气中就含有大量由油气、水蒸气和灰尘混合而成的杂质。这些杂质若被带进气动系统中，就会产生下列不良的影响：

（1）油气聚集在贮气罐、管道、气动系统的容器内，形成易燃物，有引起爆炸的危险。另一方面油分被高温汽化后会形成一种有机酸，对金属设备、气动装置有腐蚀作用，影响设备的寿命。

（2）由水、油、灰尘形成的混合物沉积在管道内或元件中，使流通面积减小，增大了气流阻力或者造成堵塞，造成气动系统工作不稳定甚至控制失灵。

（3）在寒冷的地方，管道及附件内凝结的水分会冻结，使气路不畅通，或造成气动装置损坏，影响正常工作。

（4）压缩空气中灰尘等固体杂质会引起气缸、气动马达、气动换向阀等相对运动表面间的严重磨损，从而破坏密封，增加泄漏，降低它们的使用寿命。

由此可见，直接从空压机排出的压缩空气，如果不进行净化处理，不除去压缩空气中的水分、油分和灰尘等杂质，是不能提供给气动装置使用的。必须在气源系统中设置一定的干燥除水、除油及除尘等净化装置，以满足不同气动系统的使用要求。

2. 压缩空气质量等级

ISO 8573 标准对压缩空气的质量进行了分级，具体要求见表 13-1。

压缩空气质量等级 表 13-1

质量等级	尘　粒		压力露点（℃）	含油量（mg/m^3）	用　途
	尺寸（μm）	密度（mg/m^3）			
1	0.1	0.1	−70	0.01	热干燥用气
2	1	1	−40	0.1	精密气动仪表
3	5	5	−20	1	气动测量仪器、气动轴承
4	15	8	3	5	一般气压传动
5	40	10	7	25	各种气动工具、采矿机械

注：压力露点为 0.7MPa 压力下的露点温度值。

实际生产中，不同的行业和用途对压缩空气质量的要求是不一样的，各质量指标也不一定属于同一质量等级。不同的净化装置组合可得到不同的压缩空气质量指标。表13-2列出了几种净化装置组合所得到的压缩空气指标和参考用途。

几种净化装置组合所得到的压缩空气指标和参考用途　　　　　　表 13-2

NO	净 化 装 置 组 合	得到的压缩空气指标	参 考 用 途
1	空压机→贮气罐→油水分离过滤器（3μ）	温度：< 45℃ 油分：3PPm 尘粒：≤3μ	建筑、清洁、喷砂、金属制品、压力成型、气动机械
2	空压机→贮气罐→油水分离过滤器（3μ）→冷冻式干燥机→过滤器（1μ）	露点 - 23℃ 油分：1PPm 尘粒：≤1μ	喷涂、零件干燥、精密机械、驱动气缸
3	空压机→贮气罐→过滤器（1μ）→冷冻式干燥机→过滤器（0.01μ）	露点 - 23℃ 油分：0.01PPm 尘粒：≤0.01μ	仪表、印刷、包装及纺织、电子
4	空压机→贮气罐→油水分离过滤器（3μ）→冷冻式干燥机→过滤器（1μ）→过滤器（0.01μ）→吸附式过滤器	露点 - 40℃ 油分：0.003PPm 尘粒：≤0.01μ	光学器材、磁带制品、粉体输送、食品、医药、呼吸用气
5	空压机→贮气罐→油水分离过滤器（3μ）→过滤器（1μ）→吸附式干燥机→过滤器（0.01μ）	露点 - 40℃ ~ - 70℃ 油分：0.003PPm 尘粒：≤0.01μ	高级喷涂、胶片、精密仪表

注：表中露点为常压露点。

3.冷却器

冷却器安装在空压机排气口处的管道上，也称后冷却器。它的作用是将空压机排出的压缩空气温度由 140 ~ 170℃降至 40 ~ 50℃，使压缩空气中的油雾和水汽迅速达到饱和而凝结成水滴和油滴，以便经油水分离器后排出。后冷却器分为风冷式和水冷式两种。

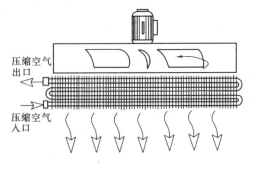

图 13-7　风冷式后冷却器工作原理

（1）风冷式后冷却器：风冷式后冷却器的工作原理见图 13-7。从空压机排出的压缩空气进入冷却器后，经过较长而且多弯曲的管道进行冷却后从出口排出。为了增强散热效果，管道上有很多散热片，风扇将冷空气吹向管道及散热片，从而使压缩空气冷却。通常风冷式后冷却器适用的进口压缩空气的最高温度为 100℃，最高使用压力为 0.8 ~ 1.0MPa，冷却后出口压缩空气的温度比室温高 15℃左右。

（2）水冷式后冷却器：水冷式后冷却器的工作原理见图 13 - 8。冷却器的壳体是个高压容器，在壳体内排有冷却水管，水管外壁装金属片，以增强冷却效果。在冷却过程中生成的冷凝水通过排水器排出。在此种冷却器上应安装安全阀、压力表。最好还安装上水和空气的温度计。水冷式后冷却器适用的进口压缩空气的最高温度为 180～200℃，压力为 0.8～1.0MPa。冷却后出口压缩空气的温度比冷却水温度最多高出约 10℃。

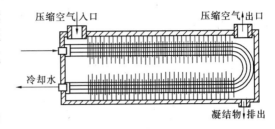

图 13-8　水冷式后冷却器工作原理

4. 油水分离器

油水分离器的作用是分离压缩空气中凝结的水分、油分和尘粒等杂质，使压缩空气得到初步净化。其结构形式有撞击回转式、离心旋转式、水浴式以及以上形式的组合。

(1) 撞击回转式油水分离器：撞击回转式油水分离器结构如图 13-9 所示。其工作原理是：当压缩空气由进气管 4 进入分离器壳体以后，气流先受到隔板 2 的阻挡，被撞击而折回向下（见图中箭头所示流向），之后又上升并产生环形回转，最后从输出管 3 排出。与此同时，在压缩空气中凝聚的水滴、油滴等杂质，受惯性力的作用而分离析出，沉降于壳体底部，由排放阀 6 定期排出。为了提高油水分离的效果，气流回转后上升的速度不能太快，一般不超过 1m/s。通常油水分离器的高度 H 为其内径 D 的 3.5～5 倍。

(2) 离心旋转式油水分离器：离心旋转式油水分离器结构如图 13-10 右图所示。压缩空气从切向进入分离器后，产生强烈旋转，使压缩空气中的水滴、油滴等杂质在惯性力的作用下被分离出来而沉降到容器底部，再由排污阀定期排出。

(3) 水浴式油水分离器：其结构如图 13-10 左图所示。压缩空气从管道进入分离器底部以后，经水洗和过滤后从出口输出。其优点是可清除压缩空气中大量的油分等杂质，其缺点是当工作时间稍长时，液面会漂浮一层油污，需经常清洗和排除。

在要求净化程度高的气动系统中，可将水浴式与离心旋转式油水分离器串联组合使用，其结构如图 13-10 所示，这样可以显著增强净化效果。在气源系统中，油水分离器最好设置两套，交替使用以便排除污物和清洗。

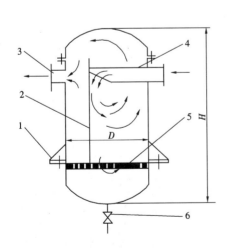

图 13-9　撞击回转式油水分离器

1—支架；2—隔板；3—输出管；
4—进气管；5—栅板；6—排放阀

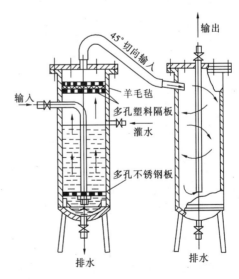

图 13-10　水浴式与离心旋转式油水
分离器串联组合使用

5. 干燥器

从空压机产生的压缩空气，经冷却器的冷却和油水分离器的初步净化，已可满足一般气压传动系统的需要，但此时的压缩空气仍含有少量的油、水、粉尘等杂质，对某些要求高的系统及精密气动装置，还必须经过干燥、过滤等装置进一步净化处理后才能使用。

使空气干燥的方法很多，有冷冻法、吸附法、膜分离法及离心分离法等。目前使用最广泛的是冷冻法和吸附法。

（1）冷冻式干燥器：此种干燥器采用制冷的方法使压缩空气冷却到一定的露点温度，使空气中超过饱和水蒸气压力下的多余水分析出。冷冻式干燥器一般可使压缩空气露点达到 – 23℃。此法适用于处理低压、大流量并对干燥程度要求不高的压缩空气。

冷冻式干燥器的核心结构是制冷剂与压缩空气的热交换器。常用的有螺旋套管式热交换器，如图 13-11 所示，制冷剂从螺旋管内通过，压缩空气从螺旋管与套管之间通过。这种热交换器的热交换效率较高且压缩空气的压降较小，同时空气流还可消除聚积的污染物。还有铜焊板式热交换器见图 13-12，压缩空气与制冷剂分隔层通过，达到热交换的目的。这种热交换器重量轻，结构紧凑，热交换效率较高，使用一段时间以后可以进行冲洗，清除积存的污染物。

图 13-11　螺旋套管式热交换器　　　　图 13-12　铜焊板式热交换器

（2）吸附式干燥器：吸附式干燥器利用具有吸附性能的吸附剂（如硅胶、铝胶或分子筛等）来吸附压缩空气中的水分而达到干燥的目的。此法的除水效果最好。例如，采用铝胶可将压缩空气干燥到含湿量为 $0.005g/m^3$，相当于把露点降低到 – 64℃。干燥吸附剂可根据表 13-3 选用。此外，也可用活性炭作吸附剂，还能吸附油分。

干燥吸附剂的性能　　　　　　　　　　表 13-3

名　　称	分子式	干燥后含湿量（g/m^3）	相应的露点（℃）
粒状氯化钙	$CaCl_2$	1.5	– 14
棒状苛性钠	NaOH	0.8	– 19
棒状苛性钾	KOH	0.014	– 58
硅胶	$SiO_2 \cdot H_2O$	0.03	– 52
铝胶（活性氧化铝）	$Al_2O_3 \cdot H_2O$	0.005	– 64
分子筛		0.011 ~ 0.003	– 60 ~ – 70

吸附法是干燥处理方法中应用最普遍的一种方法。吸附式干燥器的形式很多，图 13-13 所示是最常见的一种。外壳呈圆筒形，其中分层设置栅板、吸附剂、滤网等。

当干燥器使用一段时间以后，吸附剂吸水达到饱和状态而失去吸附能力，因此需设法除去吸附剂中的水分，使其恢复干燥状态，以便继续使用，这就是吸附剂的再生。具体做法是：先将干燥器的进、出气管关闭，使之脱离工作状态，然后从再生空气进气管7输入干燥的热空气（温度一般为180～200℃）。热空气通过吸附层时将其所含水分蒸发成水蒸气并一起由再生空气排气管4、6排出。经过一定的再生时间后，吸附剂被干燥并恢复了吸湿能力。这时，将再生空气的进、排气管关闭，将压缩空气的进、出气管打开，干燥器便继续进入工作状态。因此，为保证供气的连续性，一般气源系统设置两套干燥器，一套用于空气干燥，另一套用于吸附剂再生，两套自动切换，交替工作。

应该注意的是，吸附剂对湿空气中的油分十分敏感，一旦油分附着于吸附剂表面，其吸湿能力就会明显下降，吸附剂也将迅速老化。因此，使用这种干燥器时，应在进气管上安装除油器。

（3）中空膜式干燥器：此种干燥器是国内外最新开发应用的一种干燥器。其结构原理见图13-14。中空高分子膜为干燥元件，它具有水蒸气容易透过，

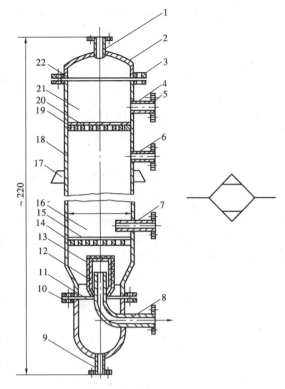

图 13-13　吸附式干燥器

1—湿空气进气管；2—顶盖；3、5、10—法兰；4、6—再生空气排气管；7—再生空气进气管；8—干燥空气输出管；9—排水管；11、22—密封垫；12、15、20—铜丝过滤网；13—毛毡；14—下栅板；16、21—吸附剂层；17—支承板；18—筒体；19—上栅板

而空气很难透过的特性。水分子是在中空膜内外水蒸气的分压差的作用下，在膜内移动的。当湿空气从中空膜内侧通过时，水蒸气透过膜到达膜的外侧进入大气中。干燥的空气被引出一小部分经降压后吹向中空膜外侧，起清洗作用。这种干燥器没有运动部件，安装使用方便，维修简单，寿命长，且无需电源，工作中无冷凝水，其露点温度可达 –40℃。

6. 过滤器

空气的过滤是气动系统中的重要环节。不同的场合，对压缩空气的过滤要求也不同。

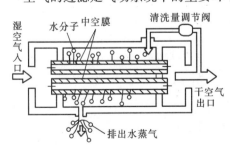

图 13-14　中空膜式干燥器结构原理

过滤器的作用是进一步滤除压缩空气中的杂质。有些过滤器常与干燥器、油水分离器等做成一体，因此过滤器的形式很多。

（1）预过滤器：用于除去 $1\mu m$ 以上的粒子，并可凝聚液态油和水，在 21℃ 条件下油雾含量不超过 $0.5mg/m^3$。

（2）高效过滤器：用于除去包括油、水在内的 $0.01\mu m$ 以上的粒子，在 21℃ 条件下油雾含

量不超过 0.01mg/m³。需前置使用预过滤器。

（3）超高效过滤器：用于除去包括油、水在内的 0.01μm 以上的粒子，含油量不超过 0.001mg/m³。需前置使用预过滤器。

（4）活性炭过滤器：用于除去油蒸气和碳氢化合物异味，在 21℃ 条件下含油量不超过 0.003mg/m³。需前置使用高效过滤器。

（5）通用除尘过滤器：用于除去 1μm 以上的灰尘颗粒粒子。

（6）高级除尘过滤器：用于除去 0.01μm 以上的灰尘颗粒粒子。

一般过滤器工作原理是：空气由切线方向进入过滤器筒内，在惯性的作用下，夹杂在空气中较大的水滴、油滴等分离出来沉降到筒底，而微粒灰尘和雾状水气则在气体通过中间滤芯时被拦截面滤除，干燥洁净的空气便从筒顶输出口输出。滤芯材料为多孔钢板、毛毡、滤网等过滤吸附材料。沉降到筒底的污水则由浮球阀自动排出过滤器。滤芯要定期进行清洗，以免内部污物过多时，导致过滤器不能正常工作，可拆下用酒精进行清洗。过滤器一般应安装在冷却器和贮气罐之后靠近使用点和温度最低处，这样可使油、水蒸气尽量多的凝结而被过滤器凝聚排除。除可安装在气源系统中，亦可安装在气动设备的压缩空气入口处，可防止洁净空气被下游管道中原有尘垢污染。在安装过滤器和连接用气点之前要彻底吹扫管道，过滤器应垂直安装，并在下方留有足够空间以检查和更换滤芯。由排污阀排出的液体可用适当的管子收集排放。

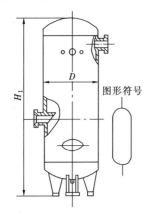

图 13-15　立式贮气罐

7. 贮气罐

（1）贮气罐的作用

1）贮存一定数量的压缩空气，以解决空压机的输出气量和气动设备的耗气量之间的不平衡，同时也是应急动力源。

2）消除空压机排气的压力脉动，保证输出气流的连续性和平稳性。

3）对分离压缩空气中的油、水等杂质有一定作用。

（2）贮气罐的结构

贮气罐一般多采用焊接结构，以立式居多，其结构形式见图 13-15。罐的高度为其内径的 2～3 倍。进气口在下，出气口在上，并尽可能加大两管口之间的距离，以利于充分分离空气中的水分等杂质。罐上安装安全阀，其调整压力为工作压力的 110%。装设压力表可以指示罐内压力。设置人孔或手孔，以便检查和清理内部。底部设排放油、水的接管和阀口。贮气罐的容积，可参考下列经验公式进行选择：

$$q_v < 6m^3/min \text{ 时，} V_c = 0.2q_v$$

$$q_v = 6 \sim 30m^3/min \text{ 时，} V_c = 0.15q_v$$

$$q_v > 30m^3/min \text{ 时，} V_c = 0.1q_v$$

式中　q_v——空压机的额定排气量（m^3/min）；

　　　V_c——贮气罐容积（m^3）。

第三节 气 缸

气缸是气压传动中最常用的一种执行元件，它将压缩空气的压力能转变为运动部件的机械能，用于实现直线往复运动或摆动。与液压缸相比，它具有结构简单、制造成本低、污染少、便于维修、动作迅速等优点，但由于推力小，所以广泛用于轻载系统。

一、气缸的分类

气缸的使用条件不同，其结构、形状也有多种形式，其分类方法也很多，常见的分类方法如下：

（1）按压缩空气作用在活塞端面上的方向分：可分为单作用气缸和双作用气缸。

（2）按结构不同分：可分为活塞式气缸、柱塞式气缸、叶片式气缸、薄膜式气缸及气—液阻尼缸等。

（3）按安装方式分：可分为耳座式、法兰式、轴销式和凸缘式。

（4）按气缸的功能分：可分为普通气缸和特殊气缸。普通气缸指一般活塞式单作用气缸和双作用气缸，用于无特殊要求的场合。特殊气缸用于有特殊要求的场合，如气—液阻尼缸、薄膜式气缸、冲击式气缸、增压气缸、步进气缸及回转气缸等。

二、常用气缸工作原理和用途

1. 单作用气缸

所谓单作用是指压缩空气仅在气缸的一端进气，并推动活塞（或柱塞）运动，而活塞或柱塞的返回则有借助于其他外力，如重力、弹簧力等，其结构原理见图 13-16。

这种气缸的特点是：

（1）由于单边进气，所以结构简单、耗气量小。

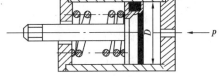

图 13-16 单作用气缸

（2）由于用弹簧复位，使压缩空气的能量有一部分用来克服弹簧的弹力，因而减小了活塞杆的输出推力。

（3）缸体内因安装弹簧而减小了空间，使活塞的有效行程缩短了。

（4）气缸复位弹簧的弹力是随其变形大小而变化的，因此活塞杆的推力和运动速度在行程中具有变化的。

基于上述特点，单作用活塞式气缸多用于短行程及对活塞杆推力、运动速度均匀性要求不高的场合，如定位和夹紧装置等。

气缸工作时，活塞杆上输出的推力必须克服弹簧的弹力及各种阻力，推力可用下式计算：

$$F = \pi R^2 p\eta - F_t$$

式中 F——活塞杆上的推力（工作负载）（kg）；

$\quad\quad R$——活塞半径（cm），$R = D/2$；

$\quad\quad p$——气缸工作压力（kg/cm²）；

$\quad\quad F_t$——弹簧力（kg）；

$\quad\quad \eta$——考虑总阻力损失时的效率，一般取 $0.7 \sim 0.8$，活塞运动速度 $v < 0.2\text{m/s}$ 时取

大值，$v > 0.2\text{m/s}$ 时取小值。

气缸工作时的总阻力包括运动部件的惯性力和各密封处的摩擦阻力等，它与多种因素有关。综合考虑以后，以效率 η 的形式计入上式中。

2. 双作用气缸

（1）单活塞杆双作用气缸

该种气缸是使用最为广泛的一种普通气缸，其结构如图 13-17 所示。

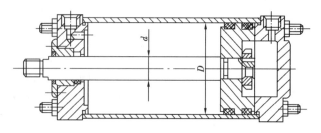

图 13-17　单活塞杆双作用气缸

气缸工作时活塞杆上的输出力用下式计算：

$$F_1 = \pi R^2 p \eta$$

$$F_2 = \pi (R^2 - r^2) p \eta$$

式中　F_1——无杆腔进气时活塞杆上的输出力（kg）；

　　　F_2——有杆腔进气时活塞杆上的输出力（kg）；

　　　R——活塞半径（cm），$R = D/2$；

　　　r——活塞杆半径（cm），$r = d/2$；

　　　p——气缸工作压力（kg/cm²）；

　　　η——考虑总阻力损失时的效率，一般取 0.7～0.8，活塞运动速度 $v < 0.2\text{m/s}$ 时取大值，$v > 0.2\text{m/s}$ 时取小值。

可以看出，不同进气时活塞杆上的作用力是不同的，无杆腔进气时活塞杆受压力 F_1，有杆腔进气时活塞杆受拉力 F_2。

（2）双活塞杆双作用气缸

双活塞杆气缸用得较少，其结构与单活塞杆气缸基本相同，只是活塞两侧都装有活塞杆。因两端活塞杆直径相同，所以活塞往复运动的速度和输出力均相等，其输出力可用上面的计算式计算。此种气缸常用于气动加工机械及包装机械等设备上。

（3）缓冲气缸

这种气缸的运动速度一般都较快，常达 1m/s，为了防止活塞与气缸端盖发生碰撞，必须设置缓冲装置，使活塞接近端盖时逐渐减速。图 13-18 为一种缓冲气缸的结构图。

此种气缸的两侧都设置了缓冲装置。在活塞到达行程终点前，缓冲柱塞将柱塞孔堵住，使气缸的排气不能从柱塞孔内的大孔排出，只能从缸盖上的小孔排出，由于排气量减小，从而使活塞向前运动速度减慢。

在实际应用中，常使用单向节流阀来调节气缸内空气缓慢地排出，从而减慢活塞运动的速度。当活塞反向运动时，压缩空气经单向阀进入气缸，不会限制压缩空气的进入，因而能正常起动。调节节流阀 2、9 的开度，即可调节缓冲效果，称为可调缓冲气缸。如做

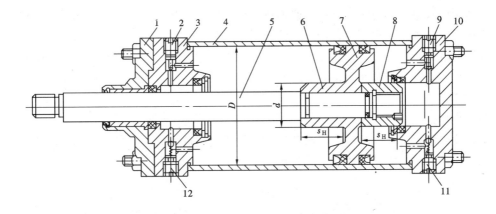

图 13-18　缓冲气缸

1—压盖；2、9—节流阀；3—前缸盖；4—缸体；5—活塞杆；6、8—缓冲柱塞；7—活塞；

10—后缸盖；11、12—单向阀

成固定节流孔，其开度不可调，则为不可调缓冲气缸。气缸缓冲装置的种类很多，上述只是最常用的缓冲装置。此外，也可在气动回路上采取措施使气缸具有缓冲作用。

3. 组合气缸

所谓组合气缸是指气缸与液压缸的组合，如气—液阻尼缸、气—液增压缸等。

普通气缸工作时，由于气体可压缩性大，当外载荷变化较大时会产生"爬行"或"自走"现象，使气缸的工作不稳定。为了使活塞运动平稳而采用了气—液阻尼缸。气—液阻尼缸是由气缸和液压缸组合而成。它是以压缩空气为能源，并利用油液的不可压缩性来获得活塞的平稳运动。图 13-19 为气—液阻尼缸的工作原理图。

它将液压缸和气缸串联成一个整体，两个活塞固定在一根活塞杆上。当气缸右腔供气时，活塞克服外载并带动液压缸活塞向左运动。此时液压缸左腔排油，油液只能经节流阀1缓慢流回右腔，对整个活塞的运动起到阻尼作用。因此，调节节流阀，就能达到调节活塞运动速度的目的。当压缩空气进入气缸左腔时，液压缸右腔排油，此时单向阀3开启，活塞能快速返回。这种气—液阻尼缸也可使用双活塞杆腔作为液压缸，这样可以使液压缸左右腔的排油量相等，此时油箱2的作用只是补充液压缸因向外泄漏而减少的油量，因此改用油杯就可以了。

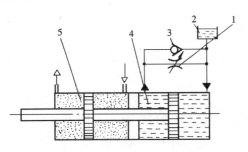

图 13-19　气—液阻尼缸工作原理图

1—节流阀；2—油箱；3—单向阀；

4—液压缸；5—气缸

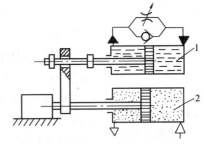

图 13-20　并联型气—液阻尼缸工作原理图

1—液压缸；2—气缸

上述为串联型气—液阻尼缸。串联型缸体长，加工与装配的工艺要求高，且两缸间可能产生窜油窜气现象，也有并联型气—液阻尼缸，其结构原理如图 13-20 所示。

并联型缸体短，加工与装配工艺性好，但安装要求较高，这种缸体两缸直径可以不同，且两缸不会有互相串通的现象。

4．特殊气缸

（1）膜片式气缸

膜片式气缸由缸体、膜片、膜盘和活塞杆等主要零件组成。它可以是单作用式的，也可以是双作用式的，其结构如图 13-21 所示。

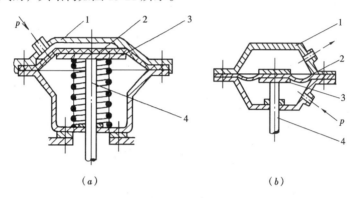

（a）　　　　　　　　　　（b）

图 13-21　膜片式气缸
（a）单作用式；（b）双作用式
1—缸体；2—膜片；3—膜盘；4—活塞杆

其膜片有盘形膜片和平膜片两种。膜片材料为夹织物橡胶、钢片或磷青钢片，金属膜片只用于行程小的气缸中。膜片式气缸与活塞式气缸相比较，具有结构紧凑、简单、制造容易、成本低、维修方便、寿命长、泄漏少、效率高等优点。但因膜片的变形量有限，故其行程短，一般不超过 40 ~ 50mm，其最大行程 S_{max} 与缸径 D 的关系如下：

平膜片气缸　　$S_{max} = （0.12 ~ 0.15）D$

盘形膜片气缸　$S_{max} = （0.20 ~ 0.25）D$

因膜片变形要吸收能量，所以活塞杆上的输出力随着行程的加大而减小。

（2）冲击气缸

冲击气缸是一种较新型的气动执行元件。与普通气缸比较，其结构特点是增加了一个具有一定容积的蓄能腔和喷嘴，其工作原理如图 13-22 所示。

冲击气缸由缸体、中盖、活塞和活塞杆等主要零件组成。中盖与缸体固定，它和活塞把气缸分隔成三部分，即蓄能腔 3、活塞腔 2 和活塞杆腔 1。中盖 5 的中心开有喷嘴口 4。

当压缩空气进入蓄能腔时，其压力只能通过喷嘴口的小面积作用在活塞上，还不能克服活塞杆腔的排气压力所产生的向上的推力以及活塞与缸体间的摩擦力，喷嘴处于关闭状态，从而使蓄能腔的

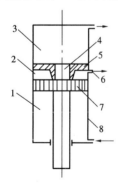

图 13-22　冲击气缸
工作原理图
1—活塞杆腔；2—活塞腔；
3—蓄能腔；4—喷嘴口；
5—中盖；6—泄气口；
7—活塞；8—缸体

充气压力逐渐升高。当充气压力升高到能使活塞向下移动时，活塞的下移使喷嘴口开启，聚集在蓄能腔中的压缩空气通过喷嘴口突然作用于活塞的全面积上。喷嘴口处的气流速度可达声速，高速气流进入活塞腔进一步膨胀并产生冲击波，波的阵面压力可高达气源压力的几倍到几十倍，给予活塞很大的向下的推力。此时活塞杆腔内的压力很小，活塞在很大的压差作用下迅速加速，加速度可达 $1000m/s^2$ 以上，在很短的时间内（0.25～1.25s）以极高的速度（平均速度可达 8m/s）向下冲击，从而获得很大的动能。

冲击气缸的用途广泛，可用于锻造、冲压、铆接、下料、压配等各方面。在铸造生产中，可用来破碎铸铁锭及废铸件等。

根据活塞杆腔的气体在工作时能否迅速排出缸外，冲击气缸可分为非快排型和快排型两种。图 13-23 所示为非快排型冲击气缸结构示意图。当压缩空气由进气口 8 输入蓄能腔 1 一定时间后，将推动活塞 5 下移，使气压扩大作用在整个活塞上，从而使活塞快速向下冲击。活塞杆腔的气体通过排气口 3 排出。

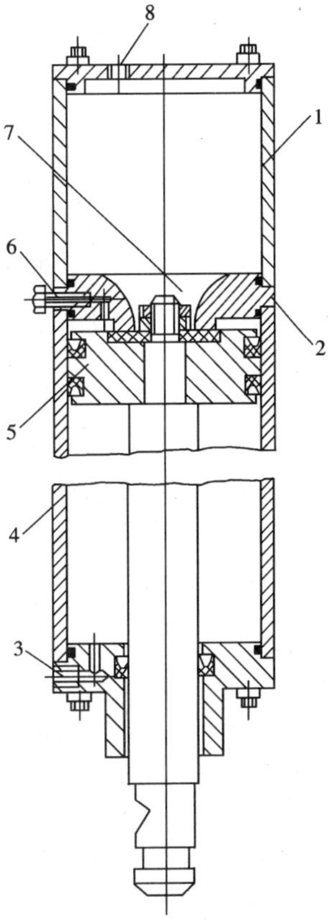

（3）回转气缸

回转气缸的工作原理见图 13-24 所示。回转气缸主要由导气头、缸体、活塞、活塞杆等零件组成。缸体 3 连同缸盖及导气头心 6 可被携带回转，活塞 4 及活塞杆 1 只能作往复直线运动，导气头体 9 因外接管道而固定不动。

为避免缸体转动，还有一种固定式回转气缸，如图 13-25所示。这种气缸缸体借助过渡法兰固定在机架上，拉杆通过轴承可在空心的活塞中自由转动，并与活塞一起作轴向往复运动。这种气缸缸体不旋转，使用安全。

回转气缸主要用于机床夹具和线材卷曲等装置上。

图 13-23 非快排型冲击气缸

1—蓄能腔；2—中盖；3—排气口；
4—气缸；5—活塞；6—排气小孔；
7—喷嘴口；8—进气口

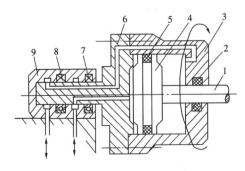

图 13-24 回转气缸工作原理图

1—活塞杆；2、5—密封装置；3—缸体；4—活塞；
6—缸盖及导气头心；7、8—轴承；9—导气头体

5. 标准化气缸简介

（1）标准化气缸的系列和标记

标准化气缸使用的标记是用符号"QG"表示气缸，用符号"A、B、C、D、H"表示五种系列，具体的标记方法是：

| QG | A、B、C、D、H | 缸径×行程 |

五种标准化气缸系列为：

QGA　无缓冲普通气缸

QGB　细杆（标准杆）缓冲气缸

QGC　粗杆缓冲气缸

QGD　气—液阻尼缸

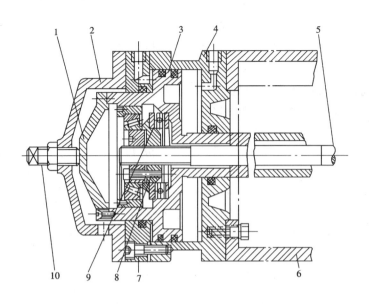

图 13-25　固定式回转气缸

1—活塞盖；2—顶盖；3—活塞；4—缸体；5—拉杆；6—机架；

7—缸盖；8—固定螺母；9—止推轴承；10—调整螺钉

QGH　回转气缸

例如标记为 QGA100×125 的标准化气缸，即是缸径为 100mm、行程为 125mm 的无缓冲普通气缸。

（2）标准化气缸的主要参数

标准化气缸的主要参数的缸径 D 和行程 s。因为在一定的气源压力下，缸径 D 标志气缸活塞杆的理论输出力，行程 s 标志气缸的作用范围。

标准化气缸的缸径 D（mm）有如下数值：

40、50、63、80、100、125、160、200、250、320、400

行程 s（mm）的数值为：

对无缓冲气缸 $s = （0.5～2）D$

对有缓冲气缸 $s = （1～10）D$

标准气缸的详细参数、外形尺寸、连接方法及安装方式等，可参阅有关手册。

三、气缸的选择及使用要求

使用气缸应首先立足于选择标准气缸，其次才是自行设计气缸。

1. 气缸的选择要点

（1）气缸输出力的大小：根据工作机构所需要力的大小来确定活塞杆上的输出力（推力或拉力）。一般按公式计算出活塞杆的输出力再乘以 1.15～2 的备用系数，并据此去选择和确定气缸内径。为了避免气缸容积过大，应尽量采用扩力机构（参考有关手册的气缸应用举例），以减小气缸尺寸。

（2）气缸行程的长度：它与使用场合和执行机构的行程长度有关，并受结构的限制，一般应比所需行程长 5～10mm。

（3）活塞（或缸）的运动速度：它主要取决于气缸进、排气口及管道内径的大小，内径越大则活塞运动速度越高。为了得到缓慢而平稳的运动速度，通常可选用带节流装置或气—液阻尼装置的气缸。

（4）安装方式：它由安装位置、使用目的等因素来决定。工件作周期性转动或连续转动时，应选用回转气缸，此外在一般场合应尽量选用固定式气缸。如有特殊要求，则选用相适应的特殊气缸或组合气缸。

2. 气缸的使用要求

（1）气缸一般的工作条件是：周围介质温度为 - 35 ~ 80℃，工作压力为 0.4 ~ 0.6MPa。

（2）安装时要注意运动方向。活塞杆不允许承受偏载或横向负载。

（3）在行程中负载有变化时，应使用输出力有足够余量的气缸，并要附加缓冲装置。

（4）不使用满行程。特别当活塞杆伸出时，不要使活塞与缸盖相碰，否则容易破坏零件。

（5）应在气缸进气口设置油雾器进行润滑。气缸的合理润滑极为重要，往往因润滑不好而产生爬行，甚至不能正常工作。不允许用油润滑时，可用无油润滑气缸。

第四节　气动控制阀

在气压传动系统中，用来控制与调节压缩空气的压力、流量、流动方向和发送信号，为保证执行元件按照设计程序正常动作的元件称为气动控制阀。

同液压阀一样，按功能可将气动控制阀分为压力控制阀、流量控制阀和方向控制阀三大类。

一、压力控制阀

压力控制阀主要用来控制系统中气体的压力。从阀的作用来看，压力控制阀可分为三类。一类阀是当输入压力变化时，能保证输出压力不变，如减压阀、定值器等；一类阀是用于保持一定的输入压力，如溢流阀等；还有一类阀是根据不同的压力进行某种控制的，如顺序阀、平衡阀等。

1. 减压阀

由于气源空气压力往往比每台设备实际所需要的压力高些，同时压力波动值比较大，因此需要用减压阀将其压力减到每台设备所需要的压力。减压阀的作用是将输出压力调节在比输入压力低的调定值上，并保持稳定不变。减压阀也称调压阀。与液体减压阀一样，气动减压阀也是以出口压力为控制信号的。

减压阀可分为直动式减压阀和先导式减压阀两类。减压阀的溢流结构有非溢流式、溢流式和恒量排气式三种，见图 13-26。非溢流式没有溢流孔，使用时回路中要安装一个放气阀以排出输出侧的部分气体，它适用于调节有害气体的压力；溢流式是当减压阀的输出压力超过调定压力时，气流能从溢流孔中排出，维持输出压力不变；恒量排气式始终有微量气体从溢流阀座上的小孔排出。

（1）减压阀的工作原理

1）直动式减压阀

图 13-27 为直动式减压阀的结构原理图。如顺时针旋转手柄 1，经过调压弹簧 2、3，推动膜片 5 和阀杆 6 下移，使阀芯 9 也下移，打开阀口便有气流通过。同时，输出气压经

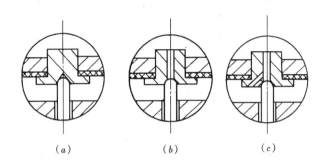

图 13-26　减压阀的溢流结构
（a）非溢流式；（b）溢流式；（c）恒量排气式

阻尼孔 7 在膜片 5 上产生向上的推力。这个作用力总是趋于把阀口关小，使输出压力下降，这样的作用称为负反馈。当作用在膜片上的反馈力与弹簧力相平衡时，减压阀便有稳定的压力输出。

　　当减压阀出口压力增高，则输出端压力将膜片向上推，阀芯 9 在复位弹簧 10 的作用下向上移，减小阀口开度，使输出压力下降，直到达到调定的压力为止。反之，当出口压力下降时，阀门的开度增大，流量加大，使输出压力上升直到调定值，从而保持输出压力稳定在调定值上。阻尼孔的主要作用是提高调压精度，对输出的压力波动起阻尼作用，避免产生振荡。

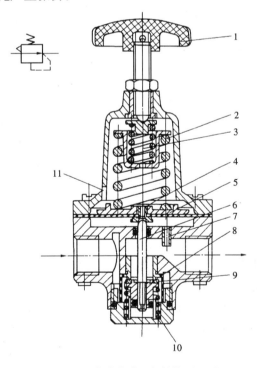

图 13-27　直动式减压阀结构原理图
1—手柄；2、3—调压弹簧；4—溢流口；5—膜片；
6—阀杆；7—阻尼孔；8—阀座；9—阀芯；
10—复位弹簧；11—排气孔

　　当减压阀进口压力发生波动时，输出压力也随之变化并直接通过阻尼孔作用在膜片下部，使原有的平衡状态破坏，改变阀口的开度，达到新的平衡，保持其输出压力不变。

　　逆时针旋转手柄，调压弹簧放松，膜片在输出压力作用下向上变形，阀口变小，输出压力降低。

　　2）先导式减压阀

　　当减压阀的输出压力较高或配管内径很大时，用直动式减压阀调压，输出压力波动较大，阀的尺寸也会很大，为克服这些缺点可采用先导式减压阀。

　　先导式减压阀工作原理和主阀结构与直动式减压阀基本相同。先导式减压阀所采用的调压空气是由小型直动式减压阀供给的。若把小型直动式减压阀装在主阀的内部，则称为内部先导式减压阀。若将小型直动式减压阀装在主阀的外部，则称为外部先导式减压阀。

　　图 13-28 为先导式减压阀（内部先导式）

结构原理图。当喷嘴 4 与挡板 3 之间的距离发生微小变化时（零点几毫米），就会使 B 室中的压力发生明显变化，从而使膜片 10 产生较大的位移，并控制阀芯 6，使之上下移动并使进气阀口 8 开大或关小。对阀芯控制的灵敏度提高，使输出压力的波动减小，因而稳压精度比直动式减压阀高。

(2) 减压阀压力特性和流量特性

1) 压力特性

减压阀的压力特性是在一定的流量下，输出压力和输入压力之间的函数关系。图 13-29 为减压阀的压力特性曲线。由图可知，当输出压力调定后，只有当输入压力在大于一定压力的范围内变化时，输出压力才会保持稳定。否则当输入压力降低时，输出压力会随之降低而不稳定。

2) 流量特性

减压阀流量特性表示输入压力为定值时，输出流量和输出压力之间的函数关系。图 13-30 是减压阀的流量特性曲线。由图可以看出，输入压力一定时，输出压力越低，流量变化引起输出压力的波动越小。

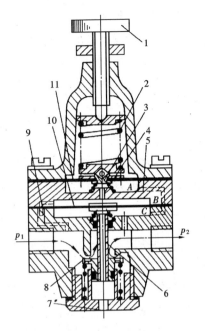

图 13-28　先导式减压阀（内部先导式）结构原理图

1—旋钮；2—调压弹簧；3—挡板；4—喷嘴；5—孔道；6—阀芯；7—排气口；8—进气阀口；9—固定节流口；10、11—膜片
A—上气室；B—中气室；C—下气室

减压阀的结构直接影响阀的调压精度。对于直动式减压阀来说，弹簧刚度越小，调压精度越高。但弹簧刚度不能太小，要与阀工作压力和公称流量相适应；膜片直径越大，调压精度越好，但又不能太大，以免影响弹簧刚度和阀结构的大小；在保证密封的前提下，应尽量减少阀芯上密封圈产生的摩擦力以便提高调压精度。

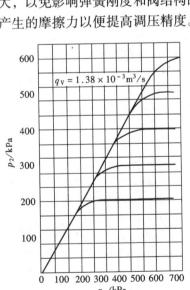

图 13-29　减压阀压力特性曲线

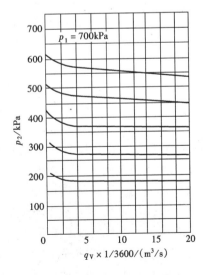

图 13-30　减压阀流量特性曲线

（3）减压阀的选择与使用

为使气动控制系统能正常工作，选用减压阀时应考虑以下一些问题：

1）根据所要求的工作压力、调压范围、最大流量和稳压精度来选择减压阀。减压阀的公称流量是主要参数，一般与阀的接管口径相对应。稳压精度高时应选用先导式精密减压阀。

2）在易燃、易爆等人不宜接近的场合，应选用外部先导式液压阀。但遥控距离不宜超过 30m。

3）减压阀一般都用管式连接，特殊需要也可用板式连接，减压阀常与过滤器、油雾器联用，若此则应考虑采用气动二联件或三联件，以节省空间。

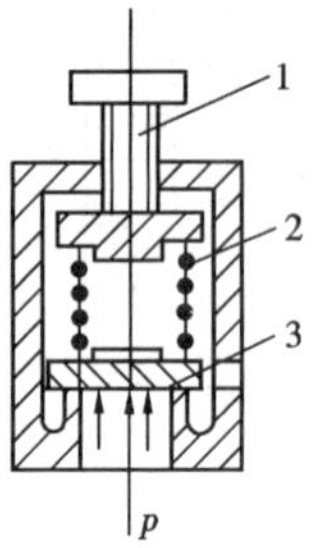

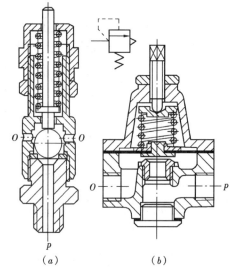

图 13-31　溢流阀工作原理图
1—调节杆；2—弹簧；3—阀芯

4）减压阀不用时应旋松手柄，以免阀内膜片因长期受力而变形。

2. 溢流阀

溢流阀的结构有球阀式和膜片式，按动作原理分则有直动式和先导式两种。

（1）溢流阀的工作原理

1）直动式溢流阀

图 13-31 为直动式溢流阀的工作原理图。当气体作用在阀芯 3 上的力小于弹簧 2 的作用力时，阀处于关闭状态。当系统压力升高，作用在阀芯上的力略大于弹簧力时，则阀芯被气压托起而上移，阀开启并溢流，使气压不再升高。通过手轮调节杆 1 调节弹簧力，就可改变阀的进口压力，达到调节系统压力的目的。

图 13-32 是直动式溢流阀的结构图。其中球阀式溢流阀的结构较简单、坚固，但灵敏度与稳定性较差。膜片式溢流阀结构较复杂，膜片较易损坏，但膜片惯性小，动作灵敏度高。

2）先导式溢流阀

先导式溢流阀一般都采用膜片式结构，如图 13-33 所示。采用一个小型直动式减压阀或气动定值器作为它的先导阀。工作时，由减压阀减压后的空气从 C 口进入阀内控制膜片（相当于直动式阀中的弹簧）。调节 C 口的进气压力，就调节了主阀的开启压力。这种阀较直动式的流量特性好、灵敏度高，压力超调量小。适用于大流量和远距离控制的场合。

（2）溢流阀的使用

1）作溢流阀用：用于调节和稳定系统压力。正常工作时，溢流阀有一定的开启量，使一部分多余气体溢出，以保持进口处的气体压力基本不变，即保持系统压力基本不变。所以溢流阀的调节压力等于系统的工作压力。

2）作安全阀用：用于保护系统，当系统以调整的压力正常工作时，此阀关闭，不溢流。只有在系统因某些原因（如过载等）使系统压力升

图 13-32　直动式溢流阀
（a）球阀式；（b）膜片式

高到超过工作压力一定数值时，此阀开启，溢流泄压，对系统起到安全保护作用。作安全阀用时其调整压力要高于系统工作压力。

3. 顺序阀

顺序阀是依靠气路中压力的变化来控制执行元件按顺序动作的压力阀。顺序阀的动作原理与溢流阀基本一样，所不同的是溢流阀的出口为溢流口，输出压力为零。而顺序阀相当于一个控制开关，当进口的气体压力达到顺序阀的调整压力而将阀打开时，阀的出口输出二次压力。

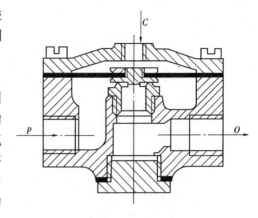

图 13-33　先导式溢流阀

二、流量控制阀

与液压流量控制阀一样，气压传动中的流量控制阀也是通过改变阀的通流面积来实现流量控制的，其中包括节流阀、单向节流阀和排气消声节流阀等。

1. 节流阀

节流阀常见的节流口形状如图 13-34 所示。对于节流阀调节特性的要求是，流量调节范围大、阀芯的位移量与通过的流量成线性关系。节流阀节流口的形状对调节特性影响较大。对于针阀型来说，当阀开度较小时调节比较灵敏，当超过一定开度时，调节流量的灵敏度就差了。三角沟槽型通流面积与阀芯位移量成线性关系。圆柱斜切型的通流面积与阀芯位移量成指数（指数大于 1）关系，能进行小流量精密调节。

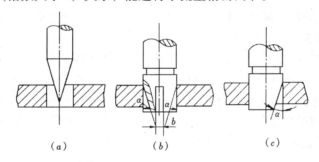

（a）　　　　　（b）　　　　　（c）

图 13-34　节流阀常用节流口形式

（a）针阀型；（b）三角沟槽型；（c）圆柱斜切型

图 13-35 为节流阀的结构图及图形符号。其金属阀芯经研配密封，采用三角沟槽式节流口。调节纹为细牙螺纹，通过手轮调节阀芯的轴向位置即可调节通流面积。该阀常用于速度控制回路和延时回路。

2. 单向节流阀

在气动的调速回路中，经常遇到节流阀与单向阀联合使用的情况。因此，将单向阀与节流阀设计成为复合式阀即单向节流阀。单向节流阀的结构如图 13-36 所示。当气流正向流动时，从进口 P 流向出口 A，中间要经过节流阀的节流孔而受到控制。当气流反向流动时，从 A 口进入推开单向阀阀芯直接到达 P 口流出，不必经过节流阀的节流孔。此阀常用于单向节流调速回路中。

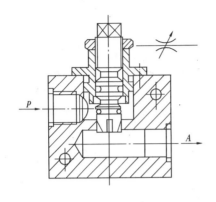

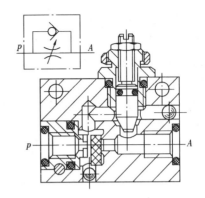

图 13-35　节流阀结构图　　　　　　图 13-36　单向节流阀结构图

用流量控制阀控制执行元件的运动速度，除了在极少数场合（如气缸推举重物）采用进气节流方式外，一般均宜采用排气节流方式，以便获得更好的速度稳定性和动作的可靠性。但由于气体的可压缩性大，气压传动速度的控制比液压传动困难。特别是在超低速控制中，单用气动很难实现。一般气缸的运动速度不得低于 30mm/s。在使用流量控制阀控制执行元件速度时必须充分注意以下几点：

（1）流量阀应尽量安装在气缸附近，以减少气体压缩对速度的影响。

（2）气缸和活塞间的润滑要好。要特别注意气缸内表面的加工精度和表面粗糙度。

（3）气缸的负载要稳定。在外负载变化很大的情况下，可采用气—液联动以便进行较准确地调速。

（4）管道上不能存在漏气现象。

三、方向控制阀

与液压方向控制阀相同，气动方向控制阀也分为换向阀和单向阀。但由于气压传动的特点，气动换向阀按阀芯结构不同分为截止式、膜片式、滑阀式、滑块式、旋塞式等，见图 13-37。按控制方式可分为电磁控制、气压控制、机械控制和手动控制等，见表 13-4。

（1）截止式：如图 13-37（a）所示，特点是行程短，流阻小，结构尺寸小，阀芯始终受进气压力，所以密封性好，适用于大流量场合。但换向冲击力较大。

（2）膜片式：如图 13-37（b）所示，特点是用弹性膜片实现密封，密封效果好，防腐蚀，也可用膜片带动其他阀芯实现控制。

（3）滑阀式：如图 13-37（c）所示，特点是行程长，开启时间长，换向力小，通用性强，一般要求使用含油雾的压缩空气。

（4）滑块式：如图 13-37（d）所示，其特点是结构简单，可制成多种形式多通路阀，应用广泛。但运动阻力较大，宜在通径 15mm 以内使用。

（5）旋塞式：如图 13-37（f）所示，其特点是其运动阻力比滑块式更大，但结构紧凑，通径在 20mm 以上的手动旋转阀较多采用。

下面介绍几种常用的方向控制阀。

1．电磁换向阀

由电磁力操纵的换向阀称电磁换向阀，简称电磁阀。它由电磁铁和主阀两部分组成，利用电磁铁的吸力使主阀切换。因电磁阀可以远距离控制，且响应快，所以应用普遍，种

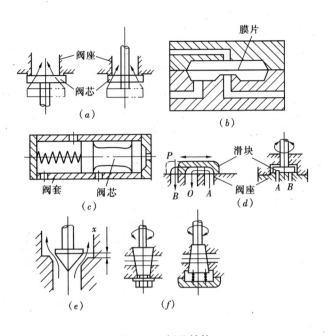

图 13-37 阀芯结构

(a) 截止式；(b) 膜片式；(c) 滑阀式；(d) 滑块式；

(e) 锥形式；(f) 旋塞式

类繁多。一般分为直动式和先导式两类。

方向控制阀分类   表 13-4

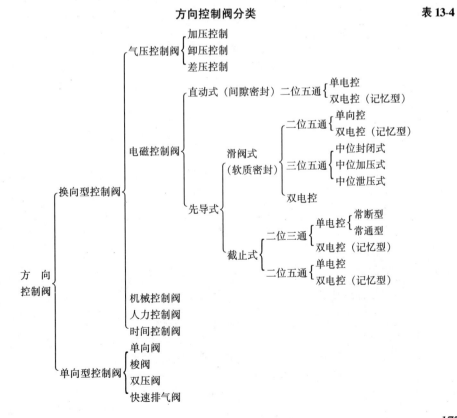

177

（1）直动式单电控电磁换向阀

直动式单电控电磁换向阀的工作原理如图 13-38 所示，它只有一个电磁铁，通电时，电磁铁 1 推动阀芯 2 向下运动，将 A 与 O 口切断，P 与 A 口接通。断电时，阀芯靠弹簧力的作用恢复原位，A 与 P 断开，A 与 O 接通，阀处于排气状态。

图 13-39 所示为一个二位三通微型电磁阀的结构原理图，这类阀因通径小（1.2～3mm），常用于控制小流量气体的场合，或多做先导阀使用。弹簧力应小于电磁力。

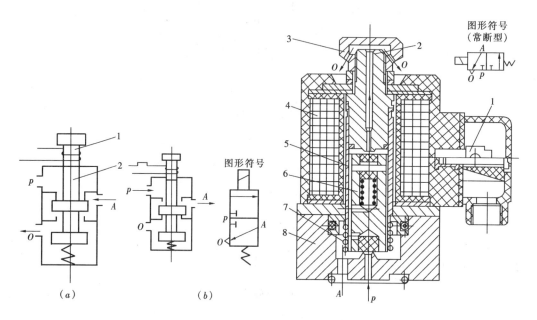

图 13-38 直动式单电控电磁换向阀工作原理图
（a）断电时状态；（b）通电时状态
1—电磁铁；2—阀芯

图 13-39 二位三通微型电磁阀结构原理图
1—接线压板；2—静铁心；3—防尘螺母；4—线圈组件；
5—隔磁套管；6—动铁心；7—弹簧；8—阀体

（2）先导式双电控换向阀

图 13-40 是先导式双电控二位五通换向阀工作原理图。当电磁先导阀 1 的线圈通电时（先导阀 2 断电），主阀 3 的 K_1 腔进气，K_2 腔排气，使主阀阀芯向右移动，P 与 A 接通，同时 B 与 O_2 接通，B 口排气。反之，当 K_2 腔进气，K_1 腔排气时，主阀芯向左移动，P 与 B 接通，同时 A 与 O_1 接通，A 口排气。先导式双电控阀具有记忆功能，即通电时换向，断电时并不返回原位。应注意的是，两电磁铁不能同时通电。

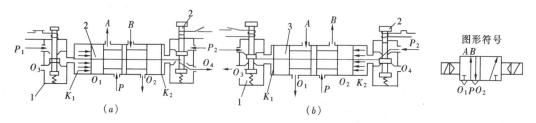

图 13-40 先导式双电控二位五通换向阀工作原理图
（a）先导阀 1 通电、2 断电时状态；（b）先导阀 2 通电、1 断电时状态
1、2—先导阀；3—主阀

图 13-41 是先导式双电控三位五通滑阀式换向阀。电磁先导阀采用了两个微型电磁阀，主阀采用软质密封。两端控制腔 K_1、K_2 分别与先导阀 A_1、A_2 相通。由于两先导阀为常开型，由 P 口来的压缩空气经 A_1、A_2 分别送到 K_1、K_2 腔，推动对中活塞使阀芯处

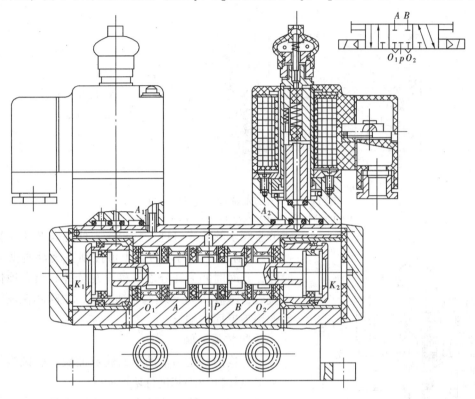

图 13-41　先导式双电控三位五通换向阀

于中位，各通路彼此隔断。当左先导阀线圈通电时，K_1 腔经 A_1 向外排空，阀芯左移，使 P 口通 B 口、A 口通 O_1 口。同理，当右先导阀线圈通电时，P 口通 A 口、B 口通 O_2 口。此阀适当改变阀芯的形状即可改变其中位机能。此种阀动作较灵敏，不适于垂直安装或振动大的场合。

2. 气压控制阀

气压控制阀是利用压缩空气的压力来进行切换的换向阀。其结构相当于将先导型电磁阀的先导部分去掉后，仅留下主阀部分的情况。也就是用可控气源取代了先导电磁阀。

图 13-42 是单气控滑阀式换向阀。弹簧力使阀芯处于右位工作，当 Z 口出现信号气压时即可推动活塞克服弹簧力使阀芯移到左位而切换气路。气压信号消失，则弹簧又使阀芯复位。该阀的密封是安装在阀芯上的，使用寿命长。

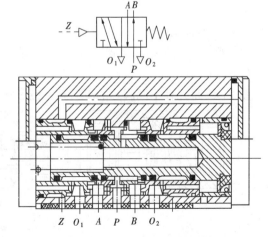

图 13-42　二位五通单气控滑阀式换向阀

图 13-43 所示为气压延时换向阀。它是一种带有时间信号元件的换向阀，气容 C 和一个单向节流阀组成时间信号元件，用它来控制主阀换向。当 K 口通入信号气流，气流通

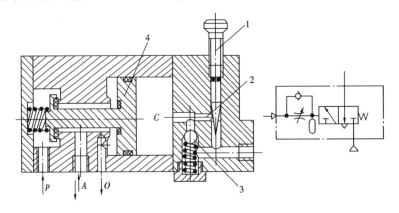

图 13-43　气压延时换向阀及功能符号
1—节流阀；2—恒节流孔；3—单向阀；4—主阀芯

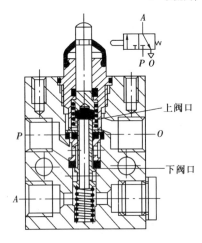

图 13-44　直动式二位三通机控阀

过节流阀 1 的节流口进入气容 C，使主阀芯 4 左移而换向。控制节流阀阀口的大小可控制主阀延时换向的时间，延时时间为几分之一秒至几分钟。当去掉信号气流后，气容 C 经单向阀快速放气，主阀芯在左端弹簧作用下返回右端。

3. 机控换向阀

机控换向阀是指借助于凸轮或撞块等机械构件的运动，直接推动阀芯进行切换的阀。

图 13-44 为直动式二位三通滑柱式机控阀。常态时弹簧将阀芯及滑柱推至上位，A 口与 O 口通，当驱动力将滑柱、阀芯压下时则 P 口与 A 口通。该阀要求驱动力与滑柱运动方向的夹角不能太大，否则应采用滚轮杠杆或滚轮折杆等驱动器，使驱动力通过驱动器推动滑柱。

4. 单向型控制阀

单向型控制阀包括单向阀、梭阀、双压阀、快速排气阀、截止阀等。

(1) 单向阀

图 13-45 是几种不同阀芯的单向阀。锥形和球形阀芯的单向阀，空气流阻小但制造比

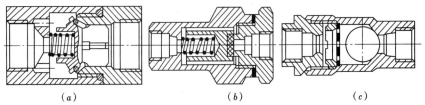

(a)　　　　　　　　(b)　　　　　　　　(c)

图 13-45　单向阀
(a) 锥形阀芯；(b) 平面阀芯；(c) 球形阀芯

平面阀芯困难。为了减小流阻，大流量单向阀常不用弹簧，使用时应垂直安装，阀座在下面，以缩短阀的关闭时间，并提高其密封性。

（2）梭阀

梭阀相当于具有共同出口的两个单向阀的组合，如图 13-46 所示。两个输入口 X 与 Y 中任一口有输入信号则输出口 A 便有输出，而无输入之口便自动封阀。若 X 与 Y 皆有输入，则较强的信号从 A 口输出。该阀适合在不同位置操纵阀或气缸时用，也可用于逻辑气路上。如在需要手动、自动操作转换的回路中，就需要用梭阀来实现，它的作用相当于"或"门逻辑功能。

图 13-47 为梭阀应用的例子，当电磁阀通电、手动阀处于复位状态时，气流将阀芯推向右端，P_1 与 A 接通，气控阀右位接入工作状态，活塞杆向右移动；如电磁阀断电，活塞杆将返回。电磁阀断电后，按下手动阀，气流将梭阀芯推向左端使 P_2 与 A 接通，活塞杆向右伸出；放开按钮，活塞杆返回。在这里，梭阀将控制信号 P_1 和 P_2 有秩序地输入气控阀，起"或"门逻辑功能。

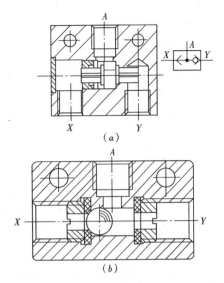

图 13-46　梭阀

（a）截止式；（b）球阀式

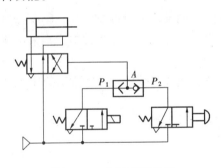

图 13-47　梭阀应用举例

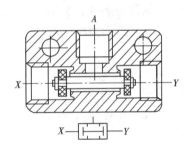

图 13-48　双压阀

（3）双压阀

双压阀的结构与梭阀相似，但作用相反。如图 13-48 所示，只有在两个输入口 X 和 Y 都有信号出现时，A 口才有输出。若两个信号压力不同时，则压力较低的一个信号从 A 口输出。该阀在逻辑气路中起"与"门元件作用。

（4）快速排气阀

此阀可用来使气缸快速排气，以提高气缸的运动速度。其结构如图 13-49 所示。当气缸进气时，压缩空气从 P 到 A 进入气缸，排气口 O 被皮碗封住；当气缸排气时，P 口泄压被封住，气缸的回气从 O 口直接快速排出。

具有消声器的快排阀，能消除排气噪声。为了能更好地利用其快排特性，应将该阀直接安装在气缸的排气口上。

方向控制阀作为在气动系统中的主要执行机构和元件，其选择和使用应注意以下几点：

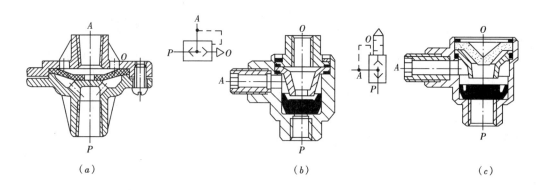

图 13-49　快速排气阀

(a) 膜片式；(b) 截止式；(c) 消声排气式

（1）根据所需流量选择阀的通径。对于直接控制气动执行机构的主控阀，要根据工作压力状态下的最大流量来选择阀的通径。一般情况下所选阀的额定流量应大于实际的最大流量。对于信号阀（手控、机控），则根据它所控制阀的远近，控制阀的数量和动作时间等因素来选择阀的通径。

（2）考虑阀的机能是否保证工作需要，要尽量选择与所需机能一致的阀。如选不到，可用其他阀代替。

（3）考虑阀的技术条件与使用场合是否一致。如压力、电源条件（交、直流、电压等）、介质温度、环境温度、湿度及粉尘等。

（4）根据使用条件和要求来选择阀的结构形式。如果对密封性要求高，则应选弹性软质密封；如要求换向力小、有记忆性能，则应选滑阀；如气源过滤条件差，则采用截止阀好些。

（5）安装方式的选择，要从安装维护方面考虑，板式连接较好，特别对集中控制的系统优点更为突出。

（6）优先采用标准化系列化产品，尽量避免采用专用阀。

第五节　辅　助　元　件

根据气动设备的具体情况，有时还需要安装一些专用元件，以解决润滑、噪声等问题，同时组成系统也需要管道及各种管接头来连接。本节只介绍油雾器和消声器两种辅助元件。

一、油雾器

油雾器是一种特殊的注油装置，其作用是以压缩空气为动力把润滑油雾化以后注入气流中，并随气流进入需要润滑的部件，达到润滑的目的。图 13-50 是普通油雾器的结构图。压缩空气从输入口进入后，一部分气体从小孔 a 经特殊单向阀进入贮油杯 5 的上腔 c 中，使油面受压，油经吸油管 6 将单向阀的钢球 7 顶起。钢球上部管口是一个小方形孔，不能被钢球完全封死，油能不断地经节流阀 8 流入视油器 9，滴入喷嘴 1 中，再被主管道的气流从小孔 b 中引射出来并雾化后从输出口输出。通过视油器 9 可以观察滴油量，滴油量可用节流阀 8 调节。

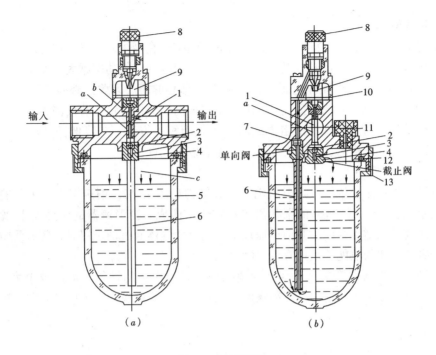

图 13-50 油雾器

(a) 正面图；(b) 侧面图

1—喷嘴；2、7—钢球；3—弹簧；4—阀座；5—贮油杯；6—吸油管；8—节流阀；
9—视油器；10—密封垫；11—油塞；12—密封圈；13—螺母

此油雾器可以在不停气状态下加油。实现不停气加油的关键部件是由阀座 4、钢球 2 及弹簧 3 组成的特殊单向阀。其工作情况如图 13-51 所示。

图 13-51 (a) 为没有气流输入时的情况，弹簧把钢球顶起封住加油通道，因而处于截止状态。图 13-51 (b) 为正常工作状态，此时压缩空气推开钢球使加压通道畅通，气体进入油杯加压，由于弹簧及油压对钢球的作用，使钢球悬于中间位置，阀处于打开状态。图 13-51 (c) 为加油时，松开油塞使 c 腔与大气相通而压力下降，于是钢球 2 被压缩空气压在阀座上，基本切断了压缩空气进入 c 腔的通道（仍有泄漏）；又因钢球的作用封住了吸油管，压缩空气也不会从吸油管倒灌入贮油杯中，所以可在不停气状态下从油塞口加油。需要注意的是，上述过程必须在气源压力超过一定数值时才能实现，否则单向阀关闭不严压缩空气进入杯内，将使油液从加油孔喷出。油雾器的最低不停气加油压力一般为 0.1MPa，油雾器的供油量应根据气动设备的情况确定。一般以 $10m^3$ 自由空气供给 $1cm^3$ 润滑油为宜。油雾器的安装位置应尽量靠近换向阀，与阀的距离一般不应超过 5m，必须注意管径的大小和管道的弯曲程度。应尽量避免将油雾器安装在换向阀与气缸之间，以免浪费润滑油。

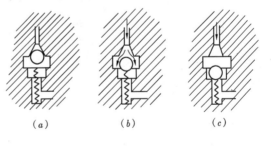

图 13-51 油雾器特殊单向阀的工作情况

(a) 不工作时；(b) 工作（进气）时；(c) 加油时

二、消声器

气压传动系统一般不设排气管道，用后的压缩空气直接排入大气。这样因气体的急速膨胀及形成涡流等现象，将产生强烈的噪声。排气速度和排气功率越大，噪声也越高，一般可达 100～120dB。噪声使环境恶化，危害人的身心健康。因此，必须设法消除或减弱噪声。为此，可在气动系统的排气口，尤其是在换向阀的排气口，装设消声器来降低排气噪声。消声器就是通过对气流的阻尼或增加排气面积等方法，来降低排气速度和排气功率，从而达到降低噪声的目的。常用的消声器有以下几种。

1. 吸收型消声器

吸收型消声器主要依靠吸声材料消声，其结构见图 13-52。消声罩 2 为多孔的吸声材料，一般用直径 0.2～0.3mm 的聚苯乙烯颗粒烧结而成。当消声器的直径大于 20mm 时，多采用铜珠烧结以增加强度。其消声原理是：当有压气体通过消声罩时，气流受阻，声能量被部分吸收转化为热能，从而降低了噪声强度。

吸收型消声器结构简单，有良好的消除中、高频噪声的性能，消声效果大于 20dB。气动系统的排气噪声主要是中、高频噪声，尤其是高频噪声较多。因此，采用这种消声器是合适的。

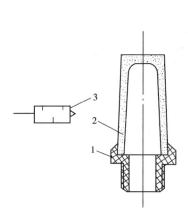

图 13-52　吸收型消声器

1—连接螺钉；2—消声罩；3—图形符号

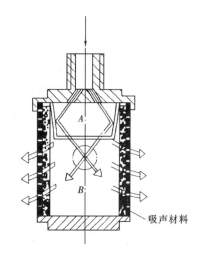

图 13-53　膨胀干涉吸收型消声器

2. 膨胀干涉型消声器

它的原理是使气体膨胀互相干涉而消声。这种消声器呈管状，其直径比排气孔大得多，气流在里面膨胀、扩散、反射和互相干涉，从而消弱了噪声强度。这种消声器结构简单，排气阻力小，主要用于消除中、低频噪声，尤其是低频噪声。它的缺点是结构较大，不够紧凑。

3. 膨胀干涉吸收型消声器

它是前两种消声器的组合应用，其结构如图 13-53 所示。在消声套内壁敷设吸声材料，气流从斜孔引入，在 A 室扩散、减速并被器壁反射到 B 室，气流束相互撞击、干涉，进一步减速而使噪声减弱；然后气流在经消声材料及消声套上的孔排入大气时，噪声再一次被削弱。这种消声器的效果较前两种好，低频可消声 20dB，高频可消声 45dB。

第十四章 钳工基本知识

第一节 公 差 与 配 合

一、基本术语及定义

1. 尺寸的术语及定义

尺寸是指以特定单位表示线性尺寸值的数值。基本尺寸是通过其应用上、下偏差可以算出极限尺寸的尺寸，基本尺寸在设计时通过计算或依据经验给定。孔和轴的基本尺寸分别以字母 D、d 表示。极限尺寸是指一个孔或轴允许的尺寸的两个极端，允许的最大尺寸称为最大极限尺寸，允许的最小尺寸称为最小极限尺寸。实际尺寸是指通过测量获得的某一孔、轴的尺寸。

2. 偏差与公差的术语及定义

偏差是指某一尺寸（实际尺寸、极限尺寸）减其基本尺寸所得的代数差。极限偏差是指极限尺寸减其基本尺寸所得的代数差，最大极限尺寸减其基本尺寸所得的代数差称为上偏差，最小极限尺寸减其基本尺寸所得的代数差称为下偏差。孔和轴的上偏差分别以 ES、es 表示，孔和轴的下偏差分别以 EI、ei 表示。实际偏差是指实际尺寸减其基本尺寸所得的代数差。尺寸公差简称公差，是最大极限

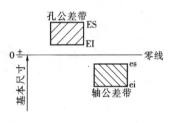

图 14-1　公差带图

尺寸减最小极限尺寸之差，或是上偏差减下偏差之差。孔和轴的公差分别以 T_h、T_s 表示。公差带是指在极限与配合图解中，代表上偏差和下偏差或最大极限尺寸和最小极限尺寸的两条直线所限定的一个区域。极限与配合图解简称公差带图，如图 14-1 所示，由零线和公差带组成。

3. 配合的术语及定义

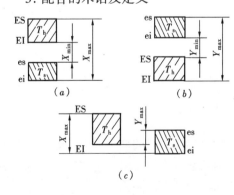

图 14-2　配合的种类

（a）间隙配合；（b）过盈配合；（c）过渡配合

孔的尺寸减去相配合的轴的尺寸为正时是间隙，孔的尺寸减去相配合的轴的尺寸为负时是过盈。当设计给定了相互配合的孔、轴极限尺寸（或极限偏差）以后，也就相应地确定了间隙或过盈允许变动的界限，亦称为极限间隙（最大间隙 X_{max} 与最小间隙 X_{min}）或极限过盈（最大过盈 Y_{max} 与最小过盈 Y_{min}）。

配合是指基本尺寸相同、相互结合的孔和轴公差带之间的关系。相配合的孔和轴的基本尺寸必须相同。由于配合是指一批孔、轴的装配关系，而不是指单个孔和轴的装配

关系，所以用公差带关系来反映配合比较确切。根据孔、轴公差带相对位置关系不同，可以把配合分成如下三类，见图14-2所示。

（1）间隙配合：间隙配合是指具有间隙（包括最小间隙等于零）的配合。此时，孔的公差带在轴的公差带之上。表示对间隙配合松紧程度要求的特征值是最大间隙和最小间隙，有时也用平均间隙。

（2）过盈配合：过盈配合是指具有过盈（包括最小过盈等于零）的配合。此时，孔的公差带在轴的公差带之下。表示过盈配合松紧程度要求的特征值是最大过盈与最小过盈，有时也用平均过盈。

（3）过渡配合：过渡配合是指可能具有间隙或过盈的配合。此时，孔的公差带与轴的公差带相互交叠。表示过渡配合松紧程度要求的特征值是最大间隙与最大过盈。

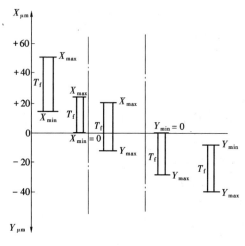

图14-3　配合公差带图

配合公差（T_f）是组成配合的孔与轴的公差之和，它是允许间隙或过盈的变动量。配合公差是反映配合松紧程度一致性要求的特征值。配合公差带是指在配合公差带图中，由代表极限间隙或极限过盈的两条直线所限定的区域。配合公差带图就是以零间隙（零过盈）为零线，用适当比例画出极限间隙或极限过盈，以表示间隙或过盈允许变动范围的图形，如图14-3所示。通常，零线水平放置，零线以上表示间隙，零线以下表示过盈。配合公差带的大小取决于配合公差的大小，配合公差带相对于零线的位置取决于极限间隙或极限过盈的大小，前者表示配合的精度，后者表示配合的松紧。

二、公差带的标准化

公差带的标准化是指公差带的大小和位置的标准化。经标准化的公差与偏差制度称为极限制，它是一系列标准的孔、轴公差数值和极限偏差数值。配合制则是同一极限制的孔和轴组成配合的一种制度。

1. 标准公差系列

极限与配合在常用基本尺寸内规定了 IT01、IT0、IT1、IT2、…、IT18 共 20 个标准等级。由若干标准公差所组成的系列称为标准公差系列，它以表格的形式给出，称为标准公差数值。标准公差数值可在国标或机械设计手册中查到。

2. 基本偏差系列

基本偏差是指在极限与配合制中，确定公差带相对零线位置的那个极限偏差，一般为靠近零线的那个偏差。基本偏差是决定公差带位置的参数。为了公差带位置的标准化，满足孔和轴配合松紧程度的不同要求，国标规定了孔和轴的基本偏差系列。

在标准基本偏差系列中，国际对孔和轴各设定了 28 个基本偏差。它们的代号用拉丁字母表示，大写表示孔的基本偏差，小写表示轴的基本偏差，如图14-4所示。

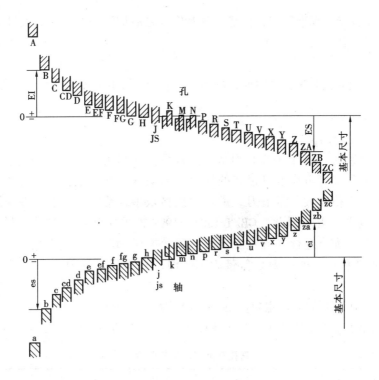

图 14-4　基本偏差系列图

由图可以看出，基本偏差有如下特点：

（1）孔与轴同字母的基本偏差相对零线基本呈对称分布。对于轴，a～h 的基本偏差为上偏差 es，j～zc（js 除外）以下偏差 ei 为基本偏差；对于孔，A～H 的基本偏差为下偏差 EI，J～ZC（JS 除外）的基本偏差为上偏差 ES。

（2）由于 js 和 JS 所形成的公差带相对于零线对称分布，因此其基本偏差可以是上偏差（+IT/2）或下偏差（-IT/2）。

（3）h 和 H 的基本偏差均为零，即 h 的上偏差 es = 0，H 的下偏差 EI = 0。

（4）代号 K、M、N，随公差等级不同而有两种基本偏差，k 在 IT4～IT7 时，基本偏差 ei 为正值，其他公差等级时 ei 为零。

轴和孔的基本偏差数值可在国标或有关机械设计手册中查到，使用时应按查到的表中的数值选用。有了轴和孔的基本偏差和标准公差，就可以算出另一极限偏差（上偏差或下偏差），轴和孔的极限偏差数值也可在有关手册中查到。

配合制是确定基本偏差系列的基础，同时为了以尽可能少的标准公差带形成最多种类的配合，国标规定了两种配合制：基孔制配合和基轴制配合。

基孔制配合是指基本偏差为一定的孔的公差带，与不同基本偏差的轴的公差带形成各种配合的一种制度。基孔制配合的孔称为基准孔，代号为 H，并规定 EI = 0。

基轴制配合是指基本偏差为一定的轴的公差带，与不同基本偏差的孔的公差带形成各种配合的一种制度。基轴制配合的轴称为基准轴，代号为 h，并规定 es = 0。

3. 公差带代号与配合代号

对于基本尺寸一定的孔和轴，若给定了基本偏差代号和公差等级，则其公差带的位置和大小即已完全确定。标准规定，在基本偏差代号之后加注公差等级的代号（数字），就称为公差带代号，如 H8、F8、D9 等为孔的公差带代号，h7、f7、k6 等为轴的公差带代号。

将相配孔、轴的公差带代号写成分数形式，分子为孔的公差带代号，分母为轴的公差带代号，就称为配合代号，如 $\frac{H8}{f7}$、$\frac{K7}{h6}$、$\frac{H9}{h9}$ 等。

4. 公差带与配合的优化

由标准公差系列（20 个等级）和基本偏差系列（28 种）可以组成许多公差带，而这些孔、轴公差带又可组成数量很多的配合，如果这些孔、轴公差带和配合都投入使用，将造成公差表格庞大，定值刀、量具的规格众多，给生产和管理带来麻烦，显然是不经济的，也没必要。因此，GB/T 1801—1999 根据实际需要对基本尺寸至 500mm 的轴、孔公差带与配合进行了规定。轴的一般公差带为 116 种，常用公差带为 59 种，优先公差带为 13 种。孔的一般公差带为 105 种，常用公差带为 44 种，优先公差带为 13 种。

表 14-1 列出了基孔制的常用配合 59 种，优先配合（方框内的）13 种。

表 14-2 列出了基轴制的常用配合 47 种，优先配合（方框内的）13 种。

基孔制常用、优先配合 表 14-1

基准孔	轴																				
	a	b	c	d	e	f	g	h	js	k	m	n	p	r	s	t	u	v	x	y	z
	间隙配合								过渡配合			过盈配合									
H6						$\frac{H6}{f5}$	$\frac{H6}{g5}$	$\frac{H6}{h5}$	$\frac{H6}{js5}$	$\frac{H6}{k5}$	$\frac{H6}{m5}$	$\frac{H6}{n5}$	$\frac{H6}{p5}$	$\frac{H6}{r5}$	$\frac{H6}{s5}$	$\frac{H6}{t5}$					
H7						$\frac{H7}{f6}$	$\boxed{\frac{H7}{g6}}$	$\boxed{\frac{H7}{h6}}$	$\frac{H7}{js6}$	$\boxed{\frac{H7}{k6}}$	$\frac{H7}{m6}$	$\boxed{\frac{H7}{n6}}$	$\boxed{\frac{H7}{p6}}$	$\frac{H7}{r6}$	$\boxed{\frac{H7}{s6}}$	$\frac{H7}{t6}$	$\boxed{\frac{H7}{u6}}$	$\frac{H7}{v6}$	$\frac{H7}{x6}$	$\frac{H7}{y6}$	$\frac{H7}{z6}$
H8					$\frac{H8}{e7}$	$\boxed{\frac{H8}{f7}}$	$\frac{H8}{g7}$	$\boxed{\frac{H8}{h7}}$	$\frac{H8}{js7}$	$\frac{H8}{k7}$	$\frac{H8}{m7}$	$\frac{H8}{n7}$	$\frac{H8}{p7}$	$\frac{H8}{r7}$	$\frac{H8}{s7}$	$\frac{H8}{t7}$	$\frac{H8}{u7}$				
H9				$\frac{H8}{d8}$	$\frac{H8}{e8}$	$\frac{H8}{f8}$		$\frac{H8}{h8}$													
H10			$\frac{H9}{c9}$	$\boxed{\frac{H9}{d9}}$	$\frac{H9}{e9}$	$\frac{H8}{f9}$		$\boxed{\frac{H9}{h9}}$													
H11			$\frac{H10}{c10}$	$\frac{H10}{d10}$				$\frac{H10}{h10}$													
H12	$\frac{H11}{a10}$	$\frac{H11}{b11}$	$\boxed{\frac{H11}{c11}}$	$\frac{H11}{d11}$				$\boxed{\frac{H11}{h11}}$													
		$\frac{H12}{b12}$						$\frac{H12}{h12}$													

注：带方框者为优先配合。

基准轴	孔																
	A	B	C	D	E	F	G	H	JS	K	M	N	P	R	S	T	U
	间隙配合								过渡配合			过盈配合					
h5						$\frac{F6}{h5}$	$\frac{G6}{h5}$	$\frac{H6}{h5}$	$\frac{JS6}{h5}$	$\frac{K6}{h5}$	$\frac{M6}{h5}$	$\frac{N6}{h5}$	$\frac{P6}{h5}$	$\frac{R6}{h5}$	$\frac{S6}{h5}$	$\frac{T6}{h5}$	
h6						$\frac{F7}{h6}$	$\frac{G7}{h6}$	$\frac{H7}{h6}$	$\frac{JS7}{h6}$	$\frac{K7}{h6}$	$\frac{M7}{h6}$	$\frac{N7}{h6}$	$\frac{P7}{h6}$	$\frac{R7}{h6}$	$\frac{S7}{h6}$	$\frac{T7}{h6}$	$\frac{U7}{h6}$
h7					$\frac{E8}{h7}$	$\frac{F8}{h7}$		$\frac{H8}{h7}$	$\frac{JS8}{h7}$	$\frac{K8}{h7}$	$\frac{M8}{h7}$	$\frac{N8}{h7}$					
h8				$\frac{D8}{h8}$	$\frac{E8}{h8}$	$\frac{F8}{h8}$		$\frac{H8}{h8}$									
h9				$\frac{D9}{h9}$	$\frac{E9}{h9}$	$\frac{F9}{h9}$		$\frac{H9}{h9}$									
h10				$\frac{D10}{h10}$				$\frac{H10}{h10}$									
h11	$\frac{A11}{h11}$	$\frac{B11}{h11}$	$\frac{C11}{h11}$	$\frac{D11}{h11}$				$\frac{H11}{h11}$									
h12		$\frac{B12}{h12}$						$\frac{H12}{h12}$									

注：带方框者为优先配合。

三、公差带与配合的选择

公差与配合（极限与配合）国家标准的应用，实际上就是如何根据使用要求正确合理地选择符合标准规定的孔、轴的公差带大小和公差带位置。在基本尺寸确定以后，就是配合制、公差等级和配合种类的选择问题。

1. 配合制的选择

国家标准规定的孔、轴基本偏差数值，可以保证在一定条件下基孔制的配合与相应的基轴制配合性质相同。所以，在一般情况下，无论选用基孔制配合还是基轴制配合，都可以满足同样的使用要求。可以说，配合制的选择基本上与使用要求无关，主要的考虑因素是生产的经济性和结构的合理性。

（1）一般情况下优先选用基孔制配合

从工艺上看，对较高精度的中、小尺寸孔，广泛采用定值刀、量具（钻头、铰刀、拉刀、塞规等）加工和检验，且每把刀具只能加工一种尺寸的孔。加工轴则不然，不同尺寸的轴只需要用某种刀具通过调整其与工件的相对位置即可加工。因此，采用基孔制可减少定值刀、量具的规格和数量，经济性较好。

（2）在某些情况下应当选用基轴制

如直接采用冷拉钢材做轴，不再切削加工，宜采用基轴制。有些零件由于结构或工艺上的原因，也必须采用基轴制。

（3）与标准件配合时应按标准件确定

例如，为了获得所要求的配合性质，滚动轴承内圈与轴的配合应采用基孔制配合，而滚动轴承外圈与壳体孔的配合应采用基轴制配合。

（4）特殊需要时采用非基准件配合

2. 公差等级的选用

公差等级的选择十分重要，但要准确地选定是十分困难的。公差等级过低，将不能满足使用性能的要求和保证产品的质量；公差等级过高，将使生产成本成倍地增加，显然不符合经济性的要求。所以，选择时必须综合考虑这两个对立方面的要求，正确合理地确定公差等级。一般情况下可从以下几个方面来考虑：

(1) 既实用又经济

在满足使用要求的条件下，尽可能选用较低的公差等级，这样可以取得较好的综合经济效益。生产中主要采用类比法来确定公差等级，所谓类比法就是参考经过被实践证明为合理的类似产品上的相应尺寸的公差，来确定要求设计的孔、轴公差等级。只有某些特殊重要的配合，有可能根据使用要求确定其间隙或过盈的允许变动界限时，才用计算法进行精确设计，确定其公差等级。可参照国标中规定的 20 个公差等级的大致应用范围，进行类比法选择公差等级。确定公差等级时，还应考虑工艺上的可能性，了解在正常条件下公差等级和加工方法的大致关系，各种加工方法可能达到的公差等级可查阅有关手册。

(2) 工艺等价

工艺等价原则是指使相配合的孔、轴加工难易程度相当。对基本尺寸 ≤500mm 的较高公差等级的配合，由于孔比同级轴的加工成本高，所以，当标准公差 ≤ IT8 时，国标推荐孔比轴低一级相配合。但对基本尺寸 ≤500mm、标准公差 > IT8 时，或基本尺寸 > 500mm 的配合，孔、轴加工难易程度相当，取同级配合。

(3) 与相配零件的精度相适应

例如，与齿轮孔配合的轴的公差等级要与齿轮精度相适应；与滚动轴承配合的轴颈或壳体孔的公差等级，应与滚动轴承的精度相当。

3. 配合种类的选用

选择配合种类的主要依据是使用要求，应该按照工作条件要求的松紧（由配合的孔、轴公差带相对位置决定）来选择适当的配合。选择基本偏差代号通常有以下三种方法。

(1) 计算法

计算法是根据一定的理论和公式，计算出所需间隙和过盈，然后对照国标选择适当配合的方法。

(2) 试验法

试验法是根据多次试验的结果，寻求最合理的间隙和过盈，从而确定配合的一种方法。这种方法主要用于重要的、关键性的一些配合。一般采用试验法的结果较为准确可靠，但试验工作量大。

(3) 类比法

类比法是参考同类型机器或机构中，经过生产实践验证的已用配合的实例，再考虑所设计机器的使用要求，并进行分析对比确定所需配合的方法。在生产实践中，广泛使用选择配合的方法就是类比法。要掌握这种方法，应该做到以下两点：

1) 分析零件的工作条件和使用要求

用类比法选择配合种类时，要先根据工作条件和使用要求确定配合类别。若工作时相配孔、轴有相对运动，或虽无相对运动却要求装拆方便，则应选用间隙配合；主要靠过盈来保证相对静止或传递负荷的相配孔、轴，应该选用过盈配合；若相配孔、轴既要求对准中心（同轴），又要求装拆方便，则应选用过渡配合。

配合类别确定后，再进一步选择配合的松紧。经常拆卸、工作时孔的温度比较低、形状和位置误差较大时，配合应松一些；有冲击和振动、表面较粗糙、对中性要求高时，配合应紧一些。

2）了解各配合的特性与应用

基准制选定后，配合的松紧程度的选择就是选取非基准件的基本偏差代号。为此，必须了解各基本偏差代号的配合特性。

另外，在实际工作中，应根据工作条件的要求，首先从标准规定的优先配合中选用，不能满足要求时，再从常用配合中选用。若常用配合还不能满足要求，则可依次由优先公差带、常用公差带以及一般用途公差带中选择适当的孔、轴组成要求的配合。在个别特殊情况下，也允许根据国家标准规定的标准公差系列和基本偏差系列，组成孔、轴公差带，获得适当的配合。表 14-3 列出了标准规定的基孔制和基轴制各 10 种优先配合的选用说明，可供参考。

优先配合的选用说明 表 14-3

优先配合	说　　明
$\dfrac{H11}{c11}$，$\dfrac{C11}{h11}$	间隙极大。用于转速很高，轴、孔温差很大的滑动轴承；要求大公差、大间隙的外露部分；要求装配极方便的配合
$\dfrac{H9}{d9}$，$\dfrac{D9}{h9}$	间隙很大。用于转速较高、轴颈压力较大、精度要求不高的滑动轴承
$\dfrac{H8}{f7}$，$\dfrac{F8}{h7}$	间隙不大。用于中等转速、中等轴颈压力、有一定精度要求的一般滑动轴承；要求装配方便的中等定位精度的配合
$\dfrac{H7}{g6}$，$\dfrac{G7}{h6}$	间隙很小。用于低转速或轴向移动的精密定位的配合；需要精确定位又经常装拆的不动配合
$\dfrac{H7}{h6}$，$\dfrac{H8}{h7}$，$\dfrac{H9}{h9}$，$\dfrac{H11}{h11}$	最小间隙为零。用于间隙定位配合，工作时一般无相对运动；也用于高精度低速轴向移动的配合。公差等级由定位精度决定
$\dfrac{H7}{k6}$，$\dfrac{K7}{h6}$	平均间隙接近于零。用于要求装拆的精密定位的配合
$\dfrac{H7}{n6}$，$\dfrac{N7}{h6}$	较紧的过渡配合。用于一般不拆卸的更精密定位的配合
$\dfrac{H7}{p6}$，$\dfrac{P7}{h6}$	过盈很小。用于要求定位精度高、配合刚性好的配合；不能只靠过盈传递载荷
$\dfrac{H7}{s6}$，$\dfrac{S7}{h6}$	过盈适中。用于靠过盈传递中等载荷的配合
$\dfrac{H7}{u6}$，$\dfrac{U7}{h6}$	过盈较大。用于靠过盈传递较大载荷的配合。装配时需加热孔或冷却轴

四、线性尺寸的一般公差

一般公差是指在车间一般加工条件下可以保证的公差。它是机床设备在正常维护和操作情况下，可以达到的经济加工精度。一般公差主要用于较低精度的非配合尺寸。采用一般公差的尺寸时，在该尺寸后不标注极限偏差或其他代号（故亦称未注公差），而且在正常情况下，一般可不检验。

GB/T 1804—1992 规定了线性尺寸的一般公差分 f、m、c、v 四个公差等级（见表 14-4），分别表示精密级、中等级、粗糙级和最粗级。各公差等级和尺寸分段内的极限偏差数值均为对称分布，即上、下偏差大小相等，符号相反。

线性尺寸一般公差的公差等级及其极限偏差数值（mm） 表 14-4

公差等级	尺 寸 分 段							
	0.5 ~ 3	>3 ~ 6	>6 ~ 30	>30 ~ 120	>120 ~ 400	>400 ~ 1000	>1000 ~ 2000	>2000 ~ 4000
f（精密级）	±0.05	±0.05	±0.1	±0.15	±0.2	±0.3	±0.5	—
m（中等级）	±0.1	±0.1	±0.2	±0.3	±0.5	±0.8	±1.2	±2
c（粗糙级）	±0.2	±0.3	±0.5	±0.8	±1.2	±2	±3	±4
v（最粗级）	—	±0.5	±1	±1.5	±2.5	±4	±6	±8

规定线性尺寸的未注公差，应该根据产品的精度要求和车间的加工条件，选取本标准规定的公差等级，并在图样上、技术文件或相应的标准中，用本标准号和公差等级符号表示。例如，选用中等级时，表示为：GB/T 1804—m。

GB/T 1804—1992 还对倒圆半径和倒角高度尺寸这两种常用的特定线性尺寸的一般公差作了规定，见表 14-5。

倒圆半径与倒角高度尺寸一般公差的公差等级及其极限偏差数值（mm） 表 14-5

公差等级	尺 寸 分 段			
	0.5 ~ 3	>3 ~ 6	>6 ~ 30	>30
f（精密级）	±0.2	±0.3	±1	±2
m（中等级）				
c（粗糙级）	±0.4	±1	±2	±4
v（最粗级）				

第二节　常用的钳工工具、量具

一、常用钳工工具

1. 划线工具

划线工具是用于划线操作的一类工具的总称。

（1）划线平台（划线平板）：用于放置划线的工件。

（2）划针：用于工件的画线。

（3）划规：用于画图、圆弧、分角度、等分线段及量取尺寸等。规格有 150mm、200mm、250mm、300mm。

（4）高度游标卡尺：用于垂直方向精密划线，其精度一般为 0.02mm。

（5）V 形铁：主要用来支持放置圆形工件。V 形铁相邻各边互相垂直，V 形槽一般是 90°。

（6）样冲：用来在已划好线的位置上冲眼定位。样冲的尖角一般磨成 45° ~ 60°角。用样冲冲眼时，要使样冲尖对准线条的正中；样冲眼的深浅要适当，薄壁零件和较光滑的表面冲眼要浅些甚至不冲眼，而粗糙的表面冲眼要深些。

2. 手锤

手锤在钳工操作中使用广泛。按材料不同，可分为钢锤、铜锤、木锤等。手锤的规格用锤头的重量来表示，钢制手锤从 1/4 磅到 24 磅共有 20 多种规格。

3. 錾子

錾子又名凿子，是錾切的工具。錾子一般用碳素工具钢锻成，并经淬火处理，錾子的前角愈大，錾切愈省力；楔角越大，强度越高，錾切阻力增大，楔角一般在 30°～60°，錾切高硬度材料时，楔角应大些，錾切低硬度材料时，楔角可小些。

錾子可分为扁錾、狭錾和油槽錾三种。扁錾主要用于錾切和分割材料，狭錾主要用于錾削沟槽，油槽錾主要錾削润滑油槽。

錾子的热处理包括淬火和回火两个过程，以保证錾子切削部分具有适当的硬度。其热处理过程为：把约 20mm 长的錾子切削部分加热到 750～780℃后取出，然后浸入冷水中冷却，当錾子露出水面部分变成黑色时，从水中取出，利用余热在空气中冷却回火。

4. 钢锯

钢锯是锯割的工具，有手锯和弓锯床。手锯用来锯割小的工件。手锯由锯弓和锯条组成，锯条长度以两端安装孔中心距来表示，锯齿分为粗、中、细三种，粗细是以锯条每英寸长度上的齿数来表示，常用锯条长度有三种，分别为 200mm、250mm 和 300mm。弓锯床可用于锯割较大的棒料。弓锯床由机座、机架、锯条、传动机构、电机、冷却系统组成，其结构简单，使用方便，由于以电力为动力，可以大大节省人力。

5. 剪板机

剪板机是裁切板材的工具。有手动剪板机和专用剪板机床。手动剪板机可用于 4mm 以下板材的剪切，也可用于直径 12mm 以下圆钢的剪切。专用剪板机床可用于较厚板材的剪切。

6. 锉刀

锉刀是锉削的工具。锉刀按齿纹距大小分为不同粗细等级。1 号为粗齿锉刀，适用于大余量锉削；2 号为中齿锉刀，适用于粗锉后的加工；3 号为细齿锉刀，适用于较硬材料的锉削和工件表面的锉光；4 号、5 号为双细齿锉刀，适用于精加工时打光表面。

按用途，锉刀可分为普通锉、特种锉和整形锉三种。普通锉按其断面的不同又分齐头扁锉（其主要工作面是锉齿的上、下两面）、方锉、尖头扁锉、三角锉、半圆锉和圆锉。特种锉有不同的断面形状，用于加工工件上特殊形状的表面。整形锉用于修整精细的金属工件。

锉刀的长度有 100mm、125mm、150mm、200mm、250mm、300mm、350mm、400mm、450mm，可根据需要选用。

7. 丝锥和板牙

丝锥是攻丝的工具，板牙是套丝的工具。

丝锥可分为手用丝锥、机用丝锥和斜槽丝锥。手用丝锥一般一套有两支，分头锥和二锥，两支丝锥切削部分的斜角不同，头锥斜角小，约有六个不完整的牙齿，以便于起削。

机用丝锥用在机床上进行攻丝，一般一套只有一支，手柄较长，便于装夹。斜槽丝锥有左、右斜槽丝锥两种，左斜槽丝锥用于加工通孔，右斜槽丝锥用于加工不通孔，丝锥使切屑向上排出。粗牙普通螺纹丝锥的标注格式为：每组支数—螺纹代号和公称直径—精度等级（螺距不标注）。如直径 10mm、螺距 1.5mm、精度 3 级手用（或机用）单支丝锥，其标注为 M10—3（或 M10—3a）；直径 10mm、螺距 1.5mm、精度 3 级手用（或机用）两支一套丝锥，其标注为 2—M10—3（或 2—M10—3a）。细牙普通螺纹丝锥的标注格式为：直径 × 螺距，如 M10×1.25、M10×1.5。

板牙可分为手用板牙和机用板牙。手用板牙装在铰板装置上，通过人工旋转铰板把手进行套丝，手用板牙有圆板牙和圆锥管螺纹板牙，圆板牙有 M2×0.4、M3×0.5、M4×0.7、M5×0.8、M6×1、M8×1.25、M8×1、M10×1.5、M10×1.25、M12×1.75、M12×1.5、M14×2、M16×2、M18×2.5、M20×2.5、M24×3 等；圆锥管螺纹板牙有 1/16、1/8、1/4、3/8、1/2、3/4、1、2 英寸等。机用板牙为牙板，4 个一组，按编号安装在电动套丝机的板牙架上，通过电动旋转进行套丝，机用板牙通常可加工 $DN15 \sim DN100$ 的管螺纹。

8. 刮刀

刮刀是刮削的工具。刮刀分为平面刮刀和曲面刮刀，平面刮刀粗刮时，其端部形状磨成平的；细刮和精刮时，其端部略为凸起，刃口成圆弧形。在砂轮机上刃磨刮刀时要经常用水冷却，防止磨削时发热而退火使刮刀刃口变软。

9. 砂轮机

砂轮机是用于刃磨刀具、工具和打磨工件的机具。砂轮机由砂轮、电动机和机体组成，可分为固定式和手持式两种。固定式砂轮机主要用于刃磨刀具和工具，也可用于小工件的打磨；手持式砂轮机则主要用于工作现场工件表面、坡口、飞边、焊缝等的打磨，使用灵活方便，安装上小的砂轮切割片还可以进行工件局部切割、开口等，安装上钢丝轮可用于工件表面打磨除锈。

使用砂轮机时，应注意下列要求：

（1）砂轮机应安装安全防护罩，以防砂轮片破裂飞出伤人。

（2）用砂轮机磨削刀具和工件时，用力要适当、均匀，不能用力过大、过猛。

（3）新装砂轮片应符合砂轮片质量要求，两面夹板不小于砂轮直径的一半。砂轮片眼孔与轴配合应紧密，宜用双螺母固定，拧紧螺母时用力要适当。新装砂轮片要空转几分钟，完好后再投入使用。

（4）不准两人同时使用一个砂轮，操作时，人站立的位置应与砂轮机中心线成 45°角，并用砂轮的外圆表面磨削。

（5）使用手持式砂轮机时，一定要拿牢拿稳，磨削方向不能对着人及物品。

10. 砂轮切割机

砂轮切割机，又称型材切割机，主要用于切割小型材料及工件，如型材、圆钢、钢管等。砂轮切割机由砂轮、电动机和机架、机座等组成。砂轮片的外径、中心孔直径和厚度分别为 300mm、20mm 和 3mm。砂轮片的上部有一个能遮盖 180°以上的防护罩，以保障安全。

使用砂轮切割机时，应注意下列要求：

（1）砂轮片要安装牢靠，不能松动，固定螺母应可靠。

（2）砂轮机应有防护罩，以保证安全。

（3）工件一定要用夹具固定牢靠，以防工件松动损坏砂轮。

（4）切割工件时，砂轮按下时用力要均匀，同时用力不能过大。

（5）切割火花不要对着人及物品。

（6）厚大的工件不要用砂轮切割机进行切割。

11. 台虎钳

台虎钳是用来夹持工件的，又称台钳或虎钳。台虎钳由固定部分、活动部分和钳口等组成，分固定式和回转式。

台虎钳使用时，应注意下列要求：

（1）虎钳的大小是用钳口的宽度来表示。虎钳夹持工件的松紧应根据工件的特点、工作的需要和虎钳的大小决定，不能盲目用力，更不能使用套管、锤击等方法旋紧手柄，以防损坏虎钳。虎钳不能胜任的过大工件，不要勉强夹持。若工件宽度超过钳口宽度过多，需用其他支持物支撑时，不应使钳口受力过大。

（2）虎钳的螺杆要经常加油，保持良好的润滑，以便活动夹脚移动自由。

（3）工件应夹在虎钳中间，否则要在另一边放上等厚的木块或金属块，以使夹持力均匀，不损坏虎钳。

（4）由于钳口是由硬质钢制成的，当夹持精制工件或软金属时，要用铜、铝或铅作护口来保护，以免损坏工件。

12. 手电钻

手电钻主要用于加工无法用台钻加工的孔。手电钻由电机、钻轴、钻头等组成。钻孔直径从 0.5mm 到 13mm。使用手电钻时，要注意保持钻头与被加工孔的表面垂直；手握持时要稳定，不要随意摆动钻头，以防钻头折断。

13. 台钻

台钻属于小型钻床，置于台面使用，一般用于钻削加工小直径的孔。台钻主要由底座、工作台、立柱、头架、钻头等组成。

最常用的钻头是麻花钻头，钻头由柄部、颈部和切削部组成。钻柄分有圆柱形钻柄（一般用于直径小于 13mm 的钻头）和圆锥形钻柄（一般用于直径大于 13mm 的钻头）。钻头切削部分的几何参数有顶角、前角、后角、横刃斜角和螺旋角。前角的大小在主切削刃上的各点是不同的，主切削刃上每一点的后角是不等的。钻头可在砂轮机上进行刃磨，刃磨时钻头轴线顺时针旋转 35°～45°，钻柄下摆角度约等于后角，按此步骤磨好一面，再磨另一面。钻头刃磨后常用目测法进行检查。

钻孔时钻头要固定夹紧，工件要把持牢靠，排屑应畅通。台钻在累计运转满 500h 后应进行一次定期保养，清洁工作台和底座台面等，对配合、转动部位进行润滑。

二、常用钳工量具

量具是用于测量各种工件尺寸的工具，钳工常用的测量工具一般分为简单量具和精密量具。

1. 简单量具

（1）钢板尺：钢板尺用不锈钢制成。规格有 150mm、300mm、500mm、1000mm、

1500mm、2000mm 等。其测量精度能达到 0.2～0.5mm。测量时钢板尺应紧靠所测工件的边端面或表面，以求读数准确。

（2）钢卷尺：钢卷尺用薄的弹簧钢制成。小钢卷尺规格有 1m、2m、3.5m，大钢卷尺规格有 5m、10m、15m、30m、50m、100m 等。使用中不要弯折，不要与电焊钳接触，以免钢尺被电弧损坏。使用后擦干净并涂上防锈油。

（3）角尺：角尺又叫直角尺，角尺是用于测量或检查工件上相互垂直的平面的垂直度的量具。其规格也有多种。使用精密角尺时，应手握角尺座轻放轻靠，防止拖拉和撞击。

（4）卡规：卡规是一种间接量具，有内卡和外卡之分。使用时与钢板尺或其他刻度量具一起使用。

2. 精密量具

（1）游标卡尺

游标卡尺属于游标类量具，是一种精密量具，可以用来测量工件的外径、内径、长度、宽度、深度和孔距

1）游标卡尺的精度（分度值）

游标卡尺的精度有三种：0.1mm（1/10）、0.05mm（1/20）和 0.02mm（1/50）。它们的主尺刻度每格均为 1mm，所不同的是当两量爪合并时主尺与游标尺相对应的刻度格数不同（即它们的精度不同）。

0.1mm（1/10）的游标卡尺，主尺刻度每小格 1mm，当两量爪合并时，主尺上 9mm（9 格）刚好等于游标尺上 10 格；

0.05mm（1/20）的游标卡尺，主尺刻度每小格 1mm，当两量爪合并时，主尺上 19mm（19 格）刚好等于游标尺上 20 格；

0.02mm（1/50）的游标卡尺，主尺刻度每小格 1mm，当两量爪合并时，主尺上 49mm（49 格）刚好等于游标尺上 50 格。

2）游标卡尺读数方法

A. 先读整数部分：游标零刻线是读数的基准，游标零刻线所指示的主尺上左边刻线的数值就是读数的整数部分。

B. 再读小数部分：判断游标零刻线右边是哪一条游标刻线与主尺刻线重合，将该线的序号乘游标分度值所得的积即为读数的小数部分。

C. 求和：将读数的整数部分和小数部分相加即为所测量的尺寸读数。

3）游标卡尺的结构形式和用途

A. 单面卡尺：单面卡尺的结构形式如图 14-5 所示。单面卡尺带有内、外量爪，可以测量内尺寸和外尺寸。

B. 双面卡尺：双面卡尺的结构型式如图 14-6 所示。双面卡尺的上量爪为刀口形外量爪。适宜测量喉径尺寸；双面卡尺的下量爪为内、外量爪，可测内、外尺寸。

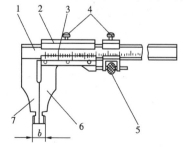

图 14-5　单面卡尺

1—主尺；2—尺框；3—游标尺；4—紧固螺钉；5—微动装置；6、7—内、外量爪

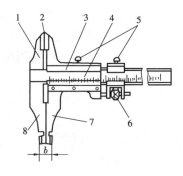

图 14-6 双面卡尺

1—主尺；2—刀口外量爪；3—尺框；
4—游标尺；5—紧固螺钉；6—微动装
置；7、8—内、外量爪

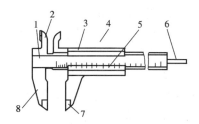

图 14-7 三用卡尺

1—主尺；2—刀口内量爪；3—尺框；
4—紧固螺钉；5—游标尺；6—深度尺；
7、8—外量爪

C．三用卡尺：三用卡尺的结构形式如图 14-7 所示。三用卡尺的内量爪带刀口形，用于测量内尺寸；外量爪带平面和刀口形的测量面，用于测量外尺寸；主尺背面带有深度尺，用于测量深度和高度。

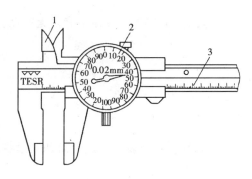

图 14-8 带表卡尺

1—内量爪；2—百分表；3—标尺

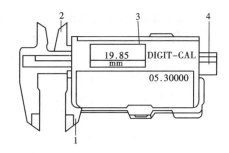

图 14-9 电子卡尺

1—外量爪；2—内量爪；3—游框显字机构；
4—尺身

游标卡尺读数时，效率不高，为了提高游标卡尺的读数效率，近年来出现了带表卡尺（见图 14-8）和电子卡尺（见图 14-9）。

4）游标卡尺使用注意事项

A．使用前注意事项

a．先把量爪和被测工件表面擦净，以免影响测量精度。

b．检查各部件的相互作用，如尺框和微动装置移动是否灵活，紧固螺钉能否起作用。

c．校对零位。使卡尺两量爪紧密贴合，且无明显的光隙，同时观察游标零刻线与主尺零刻线是否对齐，游标的尾刻线与主尺的相应刻线是否对齐。如果零线对不齐或量爪有磨损，应送计量部门检修。有时也可以把量爪闭合三次，观察各次读数是否一致，如果三次读数虽然不是"零"，但读数三次完全一样，则可把这个数值记下来，在测量时加以修正。

B．使用时注意事项

a．为排除温度对测量的影响，测量前，卡尺应放在被测工件附近，以使卡尺和被测工件具有相同温度。

b．要掌握好量爪面与工件表面接触的压力，既不能太大，也不能太小，刚好使测量面与工件接触，同时量爪还能沿工件表面自由滑动。有微动装置的卡尺，应使用微动装置。

c．使用卡尺测量外径时，应先使卡尺两量爪间距略大于被测工件的尺寸，再使量爪接触被测工件表面，并找出最小尺寸。

d．测量内径时，应先使卡尺两量爪间距略小于被测工件的尺寸，再使量爪接触被测孔表面，并找出最大尺寸。

e．测量喉径尺寸时，应使用刀口形量爪进行测量。

f．用三用卡尺测量深度时，卡尺的深度尺应垂直放好，不要前后、左右倾斜，要使深度尺的削角边靠近槽壁，卡尺端面应与被测工件的顶面贴合，测深尺应与被测底面接触。

g．读数时，卡尺应朝着亮光的方向，使视线尽可能和尺上所读的刻线面垂直，以免由于视线的歪斜而引起读数误差。也可在工件的同一位置多测量几次，取它的平均读数。

h．不能用卡尺测量运动着的工件。不准以卡尺代替卡钳在工件上拖拉。

i．卡尺不要放在强磁场附近（如磨床的磁性工作台上）。卡尺要远离热源。

C．使用后注意事项

a．卡尺使用完毕后，应松开紧固装置，擦净放在盒内，量具盒要放在干燥、无振动、无腐蚀性气体的地方。

b．应定期进行检定。

（2）外径千分尺（千分尺）

千分尺属于螺旋副量具，其测量精度比游标卡尺高。

1）外径千分尺的结构

外径千分尺的结构如图 14-10 所示，由尺架、测微螺杆、测力装置、微分筒和锁紧装置等组成。

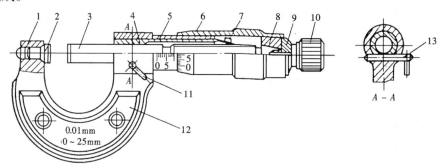

图 14-10　外径千分尺

1—尺架；2—测砧；3—测微螺杆；4—螺纹轴套；5—固定套筒；6—微分筒；7—调节螺母；
8—接头；9—垫片；10—测力装置；11—锁紧装置；12—绝热板；13—锁紧轴

尺架 1 的一端装有测砧 2，另一端是测微头。尺架的两侧面上覆盖着绝热板 12，以防止使用时手的温度影响千分尺的测量精度。测微头由零件 3～9 组成。螺纹轴套 4 镶入尺架中，固定套筒 5 用螺钉固定在它的上面，测微螺杆的中部是精度很高的外螺纹，其螺距为 0.5mm，与螺纹轴套 4 右端的螺孔精密配合，其配合间隙可用调节螺母 7 调整，使测微螺杆自如的转动而间隙极小。测微螺杆 3 右端的外锥与接头 8 的内锥相配，接头上开有轴向槽，胀开后使微分筒 6 与测微螺杆 3 结合成一体。

外径千分尺的测力装置主要靠一对棘轮和弹簧的作用，在测量时，当测量力超过弹簧的弹力时，棘轮便打滑，测微螺杆停止旋进。通过测力装置，可以控制和调节测量力的大小。

外径千分尺的锁紧装置用于固定测得的尺寸或所需要的尺寸。

由于精密测微螺杆在制造上的困难，螺杆移动量一般为 25mm。千分尺的测量范围有 0 ~ 25mm，25 ~ 50mm，50 ~ 75mm…，最大可到 3000mm。按精度的不同，千分尺分为 0 级、1 级和 2 级。

2）外径千分尺的用途

外径千分尺主要用来测量外尺寸和形位误差。

3）千分尺的读数原理

千分尺的读数机构由固定套筒和微分筒组成，在固定套筒 5 上刻有纵刻线，作为微分筒读数的基准线，纵刻线上下方各刻有 25 个格，每格刻线间距为 1mm，上一排刻线的起始位置与下一排刻线的起始位置错开 0.5mm，这样可读得 0.5mm 数。微分筒圆周刻有 50 等分的刻线，测微螺杆的螺距为 0.5mm。因此，当微分筒旋转一周时，测微螺杆移动 0.5mm，微分筒转一格（1/50 转）时，测微螺杆移动 0.5/50 = 0.01mm。故千分尺的分度值为 0.01mm。

4）千分尺的读数方法

A. 先读整数部分：从微分筒锥面的端面左边在固定套筒上露出来的刻线读出被测工件的毫米整数或半毫米数。

B. 再读小数部分：从微分筒上由固定套筒纵刻线所对准的刻线读出被测工件的小数部分。不足一格的数，由估读法确定。

C. 求和：将整数和小数部分相加，即为被测工件的尺寸。

5）千分尺的使用注意事项

A. 测量不同精度等级的工件，应选用不同精度等级的外径千分尺。

B. 测量前应校对零位。对于 0 ~ 25mm 的外径千分尺，校对零位时应使两测量面接触；大于 25mm 时，应在两测量面之间正确安放校对棒校对零位。

C. 测量时，应使测砧测量面与被测表面接触，然后摆动测微头端找到正确位置后，在千分尺上读取被测值。当千分尺离开被测表面读数时，应先用锁紧装置将测微螺杆锁紧再进行读数。

D. 测量时，千分尺测量面与被测表面将要接触时，不要再转动微分筒，一定要用测力装置驱动测微螺杆，使其测量面与被测表面接触，待测力装置发出"咔、咔"声后再读数。使用测力装置时，用力不可过猛，应平稳地转动旋转帽，防止测力急剧加大。当逆时针转动测微螺杆时，不应再用测力装置，应转动微分筒，以免测力装置松动。

E. 千分尺测量轴的中心线应与被测长度方向相一致，不要歪斜。

F. 要在静态情况下测量被加工的工件，不能在工件转动或加工时测量。

G. 千分尺不能当卡规或卡钳使用，防止划坏千分尺的测量面。

H. 读整数或半毫米数时，注意不要错读一圈。

l. 使用完后，要用软布擦净，应使两测量面保持一点距离，涂油后放入工具盒内。

（3）百分表

百分表属于表类量具，体积小，读数直观，使用方便。

1）百分表的结构

百分表的结构外形如图 14-11 所示。它是由表体部分、传动部分和读数装置等组成。测量时，被测尺寸的变化引起测量头 9 的微小移动，经传动装置转变成读数装置中长指针 6 的转动，被测的读数可从刻度盘上读出。

百分表的分度值为 0.01mm。测量范围分为 0～3mm、0～5mm 和 0～10mm 等。精度等级分为 0 级、1 级和 2 级。

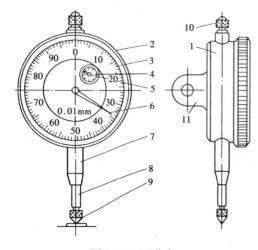

图 14-11　百分表
1—表体；2—表圈；3—表盘；4—转数指示盘；5—转数指针；6—指针；7—套筒；8—测量杆；9—测量头；10—挡帽；11—耳环

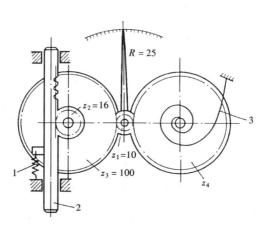

图 14-12　百分表传动机构工作原理图
1—复位弹簧；2—测杆；3—细丝弹簧

2）百分表的用途

百分表不仅能作比较测量，也能用作绝对测量。它一般用于测量工件的长度尺寸和形位公差，也可以用于检验机床设备的几何精度或调整工件的装夹位置及作为某些测量装置的测量元件。

3）百分表的工作原理

百分表的工作原理是将测杆的直线位移，经过齿条与齿轮传动，转变为指针的角位移。其传动原理如图 14-12 所示。

测量时，测杆作直线移动，测杆上的齿条带动小齿轮 z_2 旋转。当测杆上升 1mm 时，齿条上升 1.6 齿。齿轮 z_2 的齿数是 16 齿，所以齿条推动齿轮 z_2 转动 1/10 周，与 z_2 固定在同一轴上大齿轮 z_3 的齿数是 100 齿，所以 z_3 转过 $100 \times 1/10 = 10$ 齿。小齿轮 z_1 的齿数是 10 齿，经 z_3 带动 z_1 以及固定在同一轴上的长指针正好转一周。刻度盘圆周上刻成 100 等份，当测杆移动 1mm 时，长指针转动 100 个分度。由此可知，指针转过一个分度，就相当于测杆移动 0.01mm。

齿轮传动是有间隙的，为了消除由于齿轮啮合间隙引起的误差，在细丝弹簧的作用下，和小指针固联的齿轮也与中心齿轮 z_1 始终保持单面啮合。而复位弹簧使测量杆保持在一定位置，测量时可产生一定的测量力。

4）百分表使用注意事项

A. 百分表应牢固地装夹在表座上，夹紧力不宜过大，以免使套筒变形而卡住测杆。测杆移动应灵活。

B. 测量头与工件表面接触时，测杆应有约 1mm 的压缩量，以保持一定的起始测量力，提高示值的稳定性。在比较测量时，如果存在负向偏差，预压量还要大一些。

C. 为了读数方便，测量前可把百分表的指针指到表盘的零位。绝对测量时，把测量用的平板作为对零位的基准。相对测量时，把量块作为对零位的基准。

D. 测量平面时，测杆与被测工件表面应垂直，否则将产生测量误差。

E. 测量圆柱形工件时，测杆轴线应与工件直径方向一致。

F. 必要时，可根据被测件的形状、表面粗糙度和材料的不同，选用适当形状的测量头。如用平测头测量球形的工件，用球面测头测量圆柱形或平表面的工件，用尖测头或小球面测头测量凹面或形状复杂的表面。

（4）千分表

1）千分表的结构及工作原理

千分表的结构形式及工作原理与百分表基本相似，但传动级数比百分表多，放大比比百分表大。纯齿轮式千分表的传动机构如图 14-13 所示。

千分表的分度值有 0.001mm、0.002mm 和 0.005mm 三种。测量范围为 $0 \sim 0.1mm$、$0 \sim 0.2mm$、$0 \sim 0.5mm$、$0 \sim 1mm$ 和 $0 \sim 2mm$。

2）千分表的用途

千分表与百分表的用途基本相同，但千分表的精度较高。千分表用于测量工件的尺寸及形位误差，也可用于检验机床的几何精度或用于调整加工工件的位置，还可用作检验装置的读数装置。

3）千分表使用注意事项

A. 合理选用千分表，分度值为 0.001mm 的千分表用于测量 IT5、IT6 的工件；分度值为 0.005mm 的千分表用于测量 IT6、IT7 的工件。

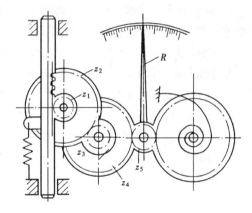

图 14-13　纯齿轮式千分表

B. 其他使用注意事项与百分表相同，由于千分表精度高，测量范围小，调整时需格外仔细、精心。

（5）塞尺（厚薄规）

塞尺属于极限量具，用于检查两结合面精度，即结合面缝隙大小。由一组薄钢片制成，长度有 50mm、100mm、150mm 等。

1）分类

可根据塞尺的片数和测量范围对塞尺进行分类，如 16 片测量范围 0.03 ~ 1.00mm 的塞尺各片的厚度如下 1.00、0.75、0.50、0.40、0.30、0.25、0.20、0.15、0.10、0.09、0.08、0.07、0.06、0.05、0.04、0.03。另外还有 13 片测量范围 0.02 ~ 0.10mm、11 片测量

范围 0.03 ~ 0.50mm、11 片测量范围 0.50 ~ 1.00mm 的塞尺。

2）塞尺使用注意事项

A. 使用时应根据被测间隙的大小，选择塞尺片的厚度，可用一片或数片组合进行测量。

B. 使用前应先清除工件及塞缝上的油污或杂物。

C. 测量时，塞尺塞入力度不能太大，并用拇指和食指握住距塞尺前端 10mm 处，以免塞尺产生弯折。

D. 使用完后，应擦拭干净，并涂上防锈油。

3. 测量仪表

（1）水平仪

水平仪又称水平尺，用于测量平面对水平或垂直位置的偏差，有框式和条式两种形式。其规格从 150mm 到 1000mm 有多种。测量时，当水平仪处于水平位置或垂直位置时，气泡位于水准器中央位置。水平仪的精度用单位长度的高度差来表示，如精度 0.02/1000，其含义为：当气泡移动一格时，水平仪的底面倾斜角度是 4″，每米高度差为 0.02mm。

使用水平仪注意事项：

A. 测量前，应将被测量表面擦试干净。

B. 使用水平仪时，应轻拿轻放，不得碰撞，也不得在所测工件表面上滑移。

C. 温度对水平仪测量精度影响很大，测量时，水平仪应远离热流和热源，操作者应手握水平仪护框，不得用手接触水准器，或对着水准器呼气。

D. 测量设备水平度时，应将水平仪在测量面上转动 180°，进行比较测量。

E. 观测时，视线要垂直对准水准器，以免产生视差。

F. 在调整被测物水平度时，水平仪一定要拿开。

G. 测量工件铅垂直面时，应用力将水平仪紧靠在工件立面上。

H. 水平仪使用后应擦拭干净，涂上一层无酸无水的防护油脂，置于盒内和干燥处，并不得与其他工具混放。

（2）经纬仪

经纬仪属于光学量仪，是机械设备精度检查的一种高精度的测量仪器，常与平行光管组成光学系统，可用于坐标镗床的水平转台和万能转台、精密滚齿机和齿轮磨床的分度精度的测量。在机械设备安装中对大型设备基础找纵横向中心线、垂直线位置和地面上两个方向之间的水平角测定等。

其他光学量仪还有光学计，可测量工件外径和高度尺寸，由于测量精度高，还可作为长度基准传递仪器，用来鉴定 5 等和 6 等量块及量规等；工具显微镜，可用于测量各种长度和角度，特别适合于测量各种复杂的工具和零件；投影仪，可用于测量小零件和复杂零件的内、外尺寸和角度等。

第三节　钳工加工操作

一、划线

划线是按图纸的要求在工件材料上划出加工的位置和界线。划线分平面划线和立体划线两种，划线精度一般要求在 0.25~0.5mm。工件的最后加工尺寸要通过量具的测量来保证，而不能靠划线直接确定工件的最后加工尺寸。

1. 划线前的准备

(1) 确定划线的方法，准备划线用的工具。

(2) 清理工件毛坯、材料，需要时对毛坯、材料进行涂色，涂色时，涂料尽可能涂得薄而均匀，以保证划线清晰，不易剥落。

(3) 在有孔的工件上装设中心塞块，对于小孔可用铅块，对于较大的孔可用木料。

2. 选择划线基准

划线基准是以工件上某个点、线、面为依据，划出工件加工尺寸界限和加工中以校正尺寸的基准，划线时的基准与设计基准要一致。

3. 划线时的找正和借料

(1) 找正：划线前做好对工件毛坯、材料的找正，使工件表面与基准面处于平行或垂直的位置，其目的是使工件加工表面与不加工表面之间保持尺寸均匀，并使各加工表面的加工余量得到合理和均匀的分布。

(2) 借料：由于工件毛坯在尺寸、形状和位置上存在一定的缺陷和误差，当误差不大时，通过试划和调整可使各加工表面都有一定的加工余量，从而使缺陷和误差得到弥补。

4. 划线注意事项

(1) 划线时工件材料要固定好，以免划线时材料位置移动影响划线的准确性，要选择合适的材料支持、固定、夹紧。

(2) 从原材料下料准备工件毛坯时，要注意充分利用材料和节约材料。

(3) 要根据工件的最后加工方法，保证足够的加工尺寸余量。

(4) 划线时，要一次划成，不要连续几次重复地划，否则易使划线变粗、走位。

二、錾切

錾切是用錾子对金属进行切削加工的一种方法。

1. 錾切的方法

(1) 錾子握法：手握錾身，錾子头部伸出 20mm 左右，手握錾子力要轻，不要握得太紧，以免掌心承受过大的冲击和振动。錾切时握錾子的手要保持小臂处于水平位置，并能下垂或抬高。

(2) 挥锤：挥锤有手挥、肘挥和臂挥三种。手挥时，只有手腕运动，锤击力较小，一般用于开始錾切和结尾或剔油槽等场合。肘挥时锤击力增大，臂挥时锤击力最大。

2. 錾切注意事项

(1) 要保持錾子刃口锋利。

(2) 要及时磨掉錾子头部明显的翘边，以免碎裂飞出伤人。

(3) 手柄和锤头连接应牢固，防止锤头脱出伤人。

(4) 必要时佩戴防护眼镜，以免錾切碎屑飞出伤人。

(5) 錾子、手锤头部和手柄不准沾油，以防滑出。

(6) 刃磨錾子时一定要搁在砂轮机中心线以上，用力不能过猛，防止錾子卡到砂轮机和搁架之间，发生事故。

三、锯割

锯割用钢锯将材料分割或在工件上锯出狭槽。锯割可采用手工锯割和机械锯割,手工锯割使用手锯,适合较小材料的锯割;机械锯割使用弓锯床,适于较大材料的锯割。

手工锯割起锯方式分远边和近边两种,起锯角一般要小(不超过15°为宜),角度太大,锯齿会卡住工件棱角而折断锯条。起锯时行程要短,压力要小,速度要慢。细齿条适于锯割硬材料和薄型材料,锯割时速度适当放慢。粗齿条适于锯软材料和较大表面的工件和材料。当锯割深锯缝时,可将锯条与锯弓调整成90°。

四、锉削

锉削使用锉刀对工件表面进行加工,使之符合图纸要求的尺寸、形状及表面粗糙度。

1. 锉刀选用原则

(1)锉刀粗细选用:由工件加工余量、加工精度、表面粗糙度及工件材料决定。

(2)锉刀断面形状的选用:由工件加工表面的形状决定。

(3)锉刀长度的选用:由工件加工面的大小和加工余量决定。

2. 锉刀使用规则

(1)锉刀不能用于锉毛坯的硬皮及经过淬硬的工件。

(2)锉刀应先使用一面,用钝后再用另一面,不能用新锉刀锉硬金属。

(3)锉刀不能沾水、沾油,不得用手擦刚用过的表面。

(4)锉刀不用时,不可重叠放置。

3. 锉削的方法

锉削因工件表面形状不同分有平面锉削、圆弧面锉削和直角面锉削。其中平面锉削又分为交叉锉、顺向锉和推锉。

(1)交叉锉:锉刀运行方向是交叉的,从锉削痕迹上可显出高低部位,交叉锉能锉出准确的平面,一般在开始锉削时都采用交叉锉的方法。

(2)顺向锉:顺锉法一般在交叉锉后使用,顺锉法能得到正直的锉痕,锉削面比较整齐。

(3)推锉法:适宜加工余量较小,用于平面及尺寸的修平,使锉纹顺直。

锉削加工的一般规律是,需要对几个面同时进行锉削时,一般尽可能选择大的平面或长的平面作为基准面,内、外表面都要锉削时,先锉外表面,后锉内表面。

4. 锉削的注意事项

(1)工件要夹持牢靠,以免锉削时产生抖动。

(2)锉削开始时,左手压力大,右手压力小,随锉刀前推,左手压力逐渐减小,右手压力逐渐增大,到中间位置时,两手压力相等。

(3)当锉削逐渐接近最后的要求时,要特别注意锉削方法,保证锉削质量。

五、钻孔与铰孔

钻孔是在实体材料上用钻头加工出圆孔,铰孔是使用绞刀对圆孔进行校准和修光孔壁。

1. 钻孔的方法

(1)先在钻孔中心上打好样冲眼,备好冷却液以便冷却钻头。

(2)钻时先锪窝,以检查窝是否偏斜。

（3）钻不通孔时，应按钻头深度调整挡块，并通过测量实际尺寸来检查钻孔深度是否准确。

（4）钻深孔时，一般钻孔深度达到直径 3 倍时钻头要退出排屑，以后每钻进一定深度，钻头要退出排屑一次，以免钻头因排屑不畅而扭断。

（5）直径超过 30mm 的大孔，先用 0.5～0.7 倍孔径的钻头预钻孔，然后再用所需孔径的钻头扩孔。

（6）在斜面上钻孔时，必须在钻孔面上先加工出一个与钻头相垂直的平面，然后进行钻孔。

（7）若两种材料不同，则在钻骑缝螺钉孔前，钻孔中心样冲眼要打偏在硬材料零件上，也就是钻孔时钻头要往硬材料一边"借"，由于两种材料切削抗力不同，钻削过程中钻头朝软材料一边偏移，最后钻出的孔正好在两个零件中间。

2. 钻孔注意事项

（1）工件钻孔时不准戴手套，女子必须戴帽子。

（2）要在工件下面垫上垫块，当孔临近钻穿时要减小进刀量。

（3）在钻孔过程中不准用手拉铁屑和用嘴吹铁屑。

（4）钻头未停止时，不准手握钻夹头。

（5）松紧钻头必须用钥匙，不准用东西敲打，钻头从钻头套中退出时要用斜铁敲出。

（6）钻床变速前应先停车后再进行变速。

3. 铰孔的方法

（1）铰孔是对孔的精加工，可使孔获得较高的精度和光洁度。应根据孔径的尺寸和精度要求选择合适的铰刀，粗铰切削余量一般为 0.15～0.35mm，精铰切削余量一般为 0.05～0.15mm。

（2）铰刀有手铰刀和机铰刀，手铰刀用于手工铰孔，机铰刀装在钻床或车床上进行铰孔。

（3）铰孔是在钻孔的基础上进行的，孔的位置精度是由钻孔保证的，而铰孔只能保证孔本身的精度。

六、攻丝与套丝

攻丝是用丝锥在孔壁上加工螺纹的过程，套丝是用板牙在圆杆、管子上切削螺纹的过程。

1. 攻丝的方法

（1）底孔直径的确定：与被加工螺纹的外径、螺距和材料有关，通过查表或由经验公式计算来确定。

对于硬性材料：$D = d - 1.1t$

对于韧性材料：$D = d - t$

式中　D——底孔直径；

　　　d——螺纹外径；

　　　t——螺距。

（2）将丝锥插入圆孔时，保持丝锥与工件表面垂直，适当加力，并顺时针转动（左螺纹逆时针转动），待丝锥切削部分切入工件 1～2 圈时，校正丝锥与工件表面是否垂直，然后继续旋转（不加压）攻丝。

（3）攻丝时要经常向相反方向转动约 1/4 圈左右，使切屑割断，易于排出孔外。

（4）攻丝时可用机油、二硫化钼等进行润滑。

2．套丝的方法

（1）套丝工具为板牙和板牙架。

（2）圆杆或管子套丝的直径由经验公式确定：

$$D = d - 0.13t$$

式中　D——圆杆或管子的直径；

d——螺纹外径；

t——螺距。

（3）圆杆端部要倒成 15°～20°的斜角，便于板牙容易切入工件。

（4）套丝时圆杆要用硬木、V 形块或厚钢板作衬垫夹正、夹牢。

（5）套丝时板牙的端面与圆杆的轴线要垂直，加力适当，当板牙切入工件 1～2 圈时，校正板牙与工件表面是否垂直，然后继续旋转套丝。

（6）套丝时要不断地向相反方向旋转，使切屑切断，便于排出。

（7）套丝时用机油进行润滑，以提高螺纹表面的质量和延长板牙寿命。

七、刮削

刮削属精加工方法，在已加工的工件表面上刮去一层很薄的金属。其刮削余量一般随刮削面积的大小而定。

1．刮削显示剂

刮削工件表面通常配合标准表面并辅之显示剂加以刮削。常用的显示剂有：红丹粉、普鲁士蓝油、烟墨油等。调制显示剂时，干稀要适当。一般粗刮时，可调得稀一些，精刮时可调得干一些。显示剂可涂在工件上，也可涂在标准表面上。涂在工件表面所显示的研点是不着色的黑点，不闪光。涂在标准表面上，工件表面只有高处着色，研点比较暗淡。刮削精度常用 25mm×25mm 内的研点数来表示。

2．刮削前的准备

（1）准备好刮削工具和显示剂。

（2）检查工件表面质量和刮削余量是否符合要求，打磨毛刺。

（3）调整工件，放置时应平稳、牢固。

（4）涂上显示剂，确定刮削部位。

3．刮削方式

刮削方式有平面刮削和曲面刮削。其中平面刮削又分手刮法和挺刮法两种。刮削一般要经过粗刮、细刮、精刮和刮花的过程。

（1）粗刮：刮去工件表面有明显的加工痕迹或锈蚀，加工余量较大。

（2）细刮：是在粗刮的基础上，把已贴合的点子刮去，使一个贴合点变成几个贴合点，从而增加贴合的数目，直到符合所要求的表面。

（3）精刮：在细刮的基础上，再进一步提高表面质量。精刮时，每刀必须刮在研点上，点子越多，刀痕要越小，刮时要越轻。

（4）刮花：在已刮好的工件表面上用刮刀刮去极薄的一层金属，形成花纹以改善润滑。

八、研磨

研磨是用研磨工具和研磨剂从工件表面磨掉一层金属屑，使工件具有准确的形状、尺寸和很细的表面粗糙度。研磨常和刮削配合进行。通过研磨后的工件尺寸精度达到0.05~0.01mm，粗糙度达到 Ra1.6~Ra0.1，最细可达到 Ra0.012。

1. 研磨剂

研磨剂是由磨料和研磨液混合而成的一种混合剂。

（1）磨料：磨料在研磨中起切削的作用。磨料的粗细用粒度表示，有氧化铝系列、碳化物系列和金刚石系列等。其中金刚石系列硬度最硬，用于精研磨和粗研磨。

（2）研磨液：在研磨过程中起润滑冷却作用。使研磨表面不易划伤，并能提高表面研磨精度。常用的有机油、煤油和猪油。

2. 研磨工具

常用的研磨工具有：平板、圆盘、圆柱体等。选用时根据工件表面形状而定。

3. 研磨的方法

研磨方法有平面研磨、圆柱面研磨和圆锥面研磨。根据研磨表面的形状，选择研磨平板或研磨棒。研磨分粗研和精研。在平面研磨中，粗研时采用表面带沟槽的平板，精研时用光滑平板。

九、矫正与弯曲

矫正是将金属板材、型材上不应有的弯曲、翘曲、变形等缺陷进行消除的过程。弯曲是将金属板材、型材、棒材、管材等加工成所需的角度和弧度的过程。对金属材料进行矫正和弯曲，会引起金属材料硬度增加、材质变脆（这种现象称为冷作硬化），因此，一般只有塑性较好、变形不大的材料才能进行矫正和弯曲。

1. 矫正工具

常用的矫正工具有：

（1）平板和铁砧：用作矫正较大面积的板材或工件的基础。

（2）手锤：用于锤击材料。对已加工过的表面、薄板或有色金属等，矫正时应使用铜锤、木锤等软质手锤。

（3）抽条和方木条：适用于矫正较大面积的薄板。

（4）螺旋压力机：适用于矫正较长的轴类零件和棒料。

2. 矫正的方法

（1）根据材料的类型、材质，选择相应的矫正工具。

（2）检查弯曲方向、程度和部位，并作好记录。

（3）根据弯曲方向和部位选择合理的锤击点及锤击方向。如矫正中部凸起的板材，由于凸起部位的材料厚度已经变薄，因此不能采用锤击凸起部位来矫正，而应锤击板料的边缘使其延展。锤击时，应从外到里逐渐由重到轻，锤击点由密到稀。

（4）边矫正，边检查，直到矫直符合要求为止。

3. 弯曲的方法

（1）弯曲方法有冷弯和热弯两种，冷弯是在常温下进行，热弯是将弯曲部位加热，然后进行弯曲。

（2）弯曲的一般过程与矫正类似，一般厚度在 5mm 以上的板料需进行热弯。通常情况下只进行冷弯。对于管子的弯曲，一般直径在 12mm 以下可用冷弯的方法，直径在 12mm 以上的可用热弯或煨管机煨弯。

第四节　管件加工操作

一、焊接弯头制作

1. 焊接弯头的结构

在钢制管道施工中，有时需要利用管道制作管件，如焊接弯头等。焊接弯头也叫虾米腰或虾壳弯，就是利用现有的管道割切成断节，然后拼合焊接而成。图 14-14 是 90°焊接弯头的拼制结构图。

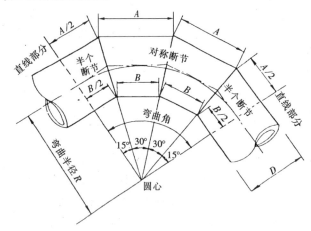

图 14-14　90°焊接弯头拼制结构图

焊接弯头的弯曲半径 R 一般为管道外径或公称直径的 1～1.5 倍，即 $R = (1 \sim 1.5)D$，只有在设计提出要求时，才采用更大的弯曲半径。

从图 14-14 可以看出，90°焊接弯头是由 2 个 15°的半个断节和 2 个 30°的对称断节组成的。如果去掉一个 30°对称断节，可以拼成 60°焊接弯头；如果去掉 2 个对称断节，剩余的 2 个 15°的半个断节可以拼成 30°焊接弯头。可见，对一定直径、一定弯曲半径的 30°、60°、90°焊接弯头来说，其对称断节、半个断节的尺寸是一样的，展开放样时只需采用一个样板就可以了。

常用几种角度焊接弯头的拼制图见图 14-15，在各分图中，上图表示焊接弯头的拼制结构，下图表示断节在管道上的下料尺寸。表 14-6 列出了各焊接弯头拼制管节数的组成。

常用几种焊接弯头拼制管节数组成　　　　　　　　　　　　　　　表 14-6

弯头角度	总节数	两端节		中间节	
		节　数	每节角度	节　数	每节角度
90°	4	2	15°	2	30°
60°	3	2	15°	1	30°
45°	3	2	11.25°	1	22.5°
30°	2	2	15°	0	—
22.5°	2	2	11.25°	0	—

对于公称直径大于 400mm 的焊接弯头可增加中间节数，但其内侧的最小宽度（也称

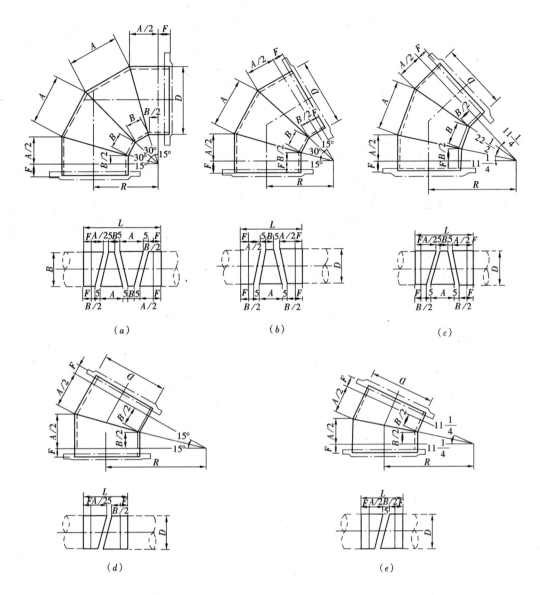

图 14-15　几种角度焊接弯头拼制图

（a）90°弯头；（b）60°弯头；（c）45°弯头；（d）30°弯头；（e）22.5°弯头

腹高）不得小于 50mm。节数增加，管道局部阻力减少，有利于介质流动的顺畅。

焊接弯头如采用钢板卷制时，要检查其间周长偏差。当 $DN > 1000mm$ 时，不超过 $\pm 6mm$；当 $DN \leqslant 1000mm$ 时，不超过 $\pm 4mm$。

2. 焊接弯头的尺寸

对于 30°、60° 和 90° 的焊接弯头来说，可先确定 15° 的半个断节的尺寸 $A/2$ 及 $B/2$，这样 30° 断节的尺寸 A 及 B 也就知道了；对于 22.5° 和 45° 的弯头，可先确定 11.25° 的半个断节的尺寸 $A/2$ 及 $B/2$，45° 弯头中 22.5° 断节的尺寸 A 及 B 也就知道了。总之，在确定焊接弯头的尺寸时，应先确定其半个断节的尺寸。

图 14-16 是根据已知管道外径 D、弯曲半径 R 和半个断节对应的圆心角 $\alpha/2$ 画出来

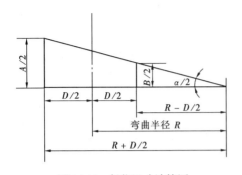

图 14-16 断节尺寸计算图

$\alpha/2 = 15°$（30°、60°、90°弯头）

$\alpha/2 = 11.25°$（22.5°、45°弯头）

的。前面已经说过，对于 30°、60°、90°、弯头，$\alpha/2$ 为 15°；对于 22.5°、45° 弯头，$\alpha/2$ 为 11.25°。

除利用作图法可以求出 15°断节和 11.25°断节的尺寸，还可以利用计算方法计算得到。

对于 15°断节：

$$A/2 = (R + D/2)\tan 15° = (R + D/2) \times 0.268$$
$$B/2 = (R - D/2)\tan 15° = (R - D/2) \times 0.268$$

对于 11.25 断节：

$$A/2 = (R + D/2)\tan 11.25° = (R + D/2) \times 0.199$$
$$B/2 = (R - D/2)\tan 11.25° = (R - D/2) \times 0.199$$

3. 焊接弯头断节的展开图

在实际工作中，焊接弯头断节的展开图通常画在油毡上，经剪裁成为样板，然后利用样板在钢管上画出各个断节。

现以钢管外径 D 为 108mm、弯曲半径 R 为 160mm 的 90°、60°焊接弯头为例，说明 30°断节展开图画法，见图 14-17。

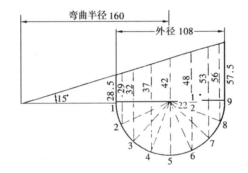

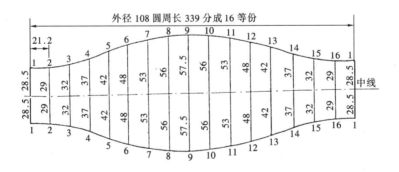

图 14-17　30°断节展开图

先以给定条件（管子外径 108、弯曲半径 160）画出一个 15°断节。以管端为直径画出半圆，并将半圆 8 等分，从点 2～8 共 7 个点上引出平行线与断节的斜面相交，此时断节平面与斜面间各线段的尺寸依次为：28.5、29、32、……57.5（mm），28.5 即为 B/2，57.5 即为 A/2。

断节的展开：先画一条水平中线，按管子外径计算出周长（108 × 3.14 = 339），取定并 16 等分，通过各等分点画出与中线相垂直的线段 1—1、2—2、……16—16、1—1；在中线上下两侧按图示相应截取 28.5、29、32……57.5（mm）的各个尺寸，将各个交点连为两条光滑曲线，便成为一个 30°的断节样板。如果只使用其一半（以中线分），便可得到 15°断节样板。

采用同样的方法，可以画出 45°、22.5°焊接弯头所用的 22.5°和 11.25°断节样板。

二、弯管制作

在管道安装工程中，常常需要改变管路走向。当管径在 DN50 以下时，应尽可能采用弯管的方法，来实现设计要求的角度。使用弯管、少用或不用成品弯头管件，这样不仅能减少焊接工作量，又有利于保证工程质量，减降工程成本，同时也改善了管道的水力条件。

1. 弯管的方法

弯管方法可分为冷弯和热煨两种方法。

（1）冷弯

冷弯是在管子不加热的情况下，对管子进行弯曲。冷弯通常使用手动弯管器、液压弯管器和电动弯管机等工具进行，其共同优点是管子不需加热，管内不需灌砂，操作简便，效率高，但冷弯只适用于管径小、管壁薄的管子。冷弯时弯管弯曲半径一般不应小于管径的 4 倍。弯曲直径大于 50mm 以上的管子时，应在管内放置芯棒，以免弯管的椭圆度超过规定。

1）手动弯管器弯管：一般可以弯制直径 32mm 以下的管子。弯管时，把要弯曲的管子插入定胎轮和动胎轮之间，管子一端由夹持器固定，然后人工推动操作杠，带动动胎轮围绕定胎轮转动，使管子弯曲直至弯成所需角度。每一对胎轮（胎具）只能弯一种直径管子。

2）液压弯管器弯管：液压弯管器利用液压原理通过弯管靠模把管子弯曲，不同的管径使用不同的靠模。由于用液压操作，工作省力省工，效率较高。

3）电动弯管机弯管：电动弯管机是由电动机通过减速装置带动传动胎轮，在胎轮上设有管子夹持器，以夹紧管子固定在动胎轮上。然后旋转压紧模上丝杠使导槽与管子相接触。弯制时，动胎轮和被加紧的管子一起旋转至所需弯曲角度。电动弯管机也配有各种尺寸的胎轮和导槽，以满足弯制各种管径管子的需要。

（2）热弯

热弯高压管的弯曲半径应大于管子直径的 5 倍，热弯中低压管的弯曲半径应不小于管子直径的 3.5 倍。当管道的直径大于 32mm 时，应在管道内装填砂子。首先将管子一端用木塞堵上，灌入干燥砂子（一定要干燥，必要时要进行烘烤），用榔头轻轻在管外壁上敲打，将管内的砂子振实，再将管子的另一端用木塞堵上，然后根据尺寸要求划好线进行加热。加热方法可采用加热炉，也可使用氧气——乙炔焰加热（施工现场一般采用后者加热），要使受热管段受热均匀，并使管内的砂子同时受热，当受热管段表面呈橙红色时（900～950℃）即可进行煨制。

当管径较小（32mm 以下）或者弯曲的角度不大时，可适当降低热煨加热温度。在整个弯管过程中，用力要均匀，速度不宜过快，但操作要连续，不可间断，当受热管表面呈暗红色时（700℃）应停止撅制。如果一次弯曲没有达到要求的角度，可重新加热后再进行煨制，但加热次数一般不应超过两次。管子热弯完成后，应在其冷却前在加热部位涂上机油，以免氧化生锈。在煨制过程中要注意安全，必须将管子固定在压力架下，以防止加热管烫伤操作人员，操作人员必须穿戴好防护用品。

2. 弯管的质量要求

弯管的表面要求无裂纹、无分层、无过烧等缺陷，且过渡圆滑。对壁厚减薄率和椭圆率有以下要求。

（1）壁厚减薄率

壁厚减薄率的计算公式为：

$$\frac{弯曲前壁厚 - 弯曲后壁厚}{弯曲前壁厚} \times 100\%$$

现行规范中规定，中低压弯管的减薄率不超过 15%，高压弯管的减薄率不超过 10%。

（2）椭圆率

管子在弯曲过程中，截面会产生椭圆，造成弯曲部位强度的降低，弯管椭圆率的计算公式为：

$$\frac{最大外径 - 最小外径}{最大外径} \times 100\%$$

现行规范对不同管道的最大允许椭圆率有具体的规定，中、低压管为 8%，高压管为 5%。

弯管在制作过程中，除了产生壁厚减薄和椭圆以外，弯管的内侧管壁会因受挤压而产生波纹，如图 14-18 示。

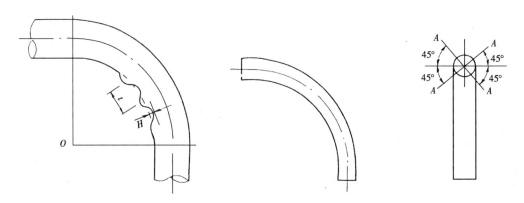

图 14-18　弯管内侧的波纹　　　　图 14-19　弯制有缝管时焊缝的正确位置

对于一般中、低压钢管，其弯管波距 t 与波纹高度 H 的要求是：波距 t 应大于或等于 $4H$，波纹高度 H 的允许值为：$DN < 100$ 时，$H = 4mm$；$DN = 100$ 时，$H = 5mm$；$DN = 125 \sim 219$ 时，$H = 6mm$；$DN = 250 \sim 300$ 时，$H = 7mm$。

无论进行管子的冷弯还是热弯，如果使用的管子是直缝钢管（如一般焊接钢管）。在弯制前应将焊缝置于图 14-19 所示与弯曲平面成 45° 的位置，因为这几个位置受到的弯曲应力最小，也就是说，把弯管时对管子焊缝的不利影响降低到最小程度。

3. 弯管尺寸计算

（1）90°弯管计算

212

管道安装中使用最多的便是 90°弯管。弯曲半径通常用管子公称直径或外径的几倍来计算。对于冷弯管常取 $R = 5D$；热弯管常取 $R = 4D$。从图 14-20 中可以看出，管子弯曲部分的长度，也就是以 R 为半径所画圆的周长的 1/4，即：

$$弧 ab = 2\pi R/4 = 1.57R$$

也就是说，90°弯管的弯曲部分的展开长度是弯曲半径的 1.57 倍。

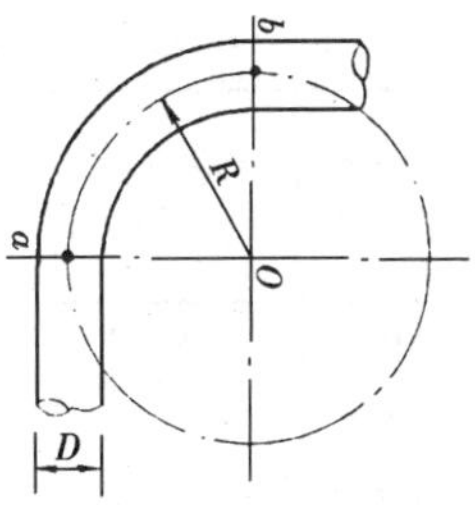

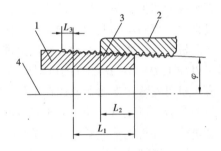

图 14-20　90°弯管

（2）任意弯管计算

任意弯管是指任意弯曲半径和任意弯曲角度的弯管。如图 14-21 所示，管道弯曲部分的展开长度可用下式计算：

$$L = \pi\alpha R/180 = 0.01745\alpha R$$

图中
$$C = R\tan(\alpha/2)$$

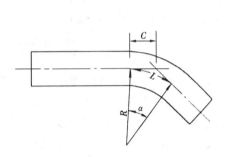

图 14-21　任意弯管

图 14-22　圆锥形管螺纹
1—管子；2—管接头；3—基面；4—管子中心线

弯管开始前，应首先根据有关实际尺寸和计算的弯管尺寸在直管上进行划线，划线工作不能一次完成的，应在第一个弯制作好之后，再根据实际发生的误差情况，进行下一步的划线和弯制，以避免误差的累加。无论进行冷弯还是热弯，在弯管操作时要比预定角度多弯 2°~3°，然后借助弯管的回弹力，即能得到要求的角度。

三、管螺纹加工与连接

管螺纹连接用于镀锌及非镀锌焊接钢管的连接，也常用于管道与螺纹阀件、仪表附件以及带管螺纹的机械管口的连接。

1. 管螺纹的类型

焊接钢管采用螺纹连接时，使用的是牙型角为 55°的英制管螺纹。管螺纹有圆锥形和圆柱形两种。圆锥形管螺纹如图 14-22 所示，图中 L_1 为有效螺纹长度，即是螺纹的工作长度，L_2 为基准距离，即是管端到基面的距离，L_3 为螺纹尾长度。基面是一个指定的截面，在该截面中，圆锥形管螺纹的直径（外径、中径、内径）与同规格圆柱形管螺纹的直径相等。圆锥形管螺纹的倾斜角 $\phi = 1°47'24''$，圆锥度为 1:16。圆锥形管螺纹的尺寸见表 14-7。

圆柱形管螺纹每英寸内的牙数、螺距、牙高、有效螺纹长度，都与圆锥形管螺纹相等，直径与圆锥形管螺基面上的直径相等。

				基面上的基本直径（mm）				
管子公称直径	每英寸内的牙数	螺距（mm）	牙高（mm）	大径	中径	小径	管端到基面距离（mm）	有效螺纹长度（mm）
DN15	14	1.814	1.162	20.956	19.794	18.632	7.5	15
DN20	14	1.814	1.162	26.442	25.281	24.119	9.5	17
DN25	11	2.309	1.479	33.250	31.771	30.293	11	19
DN32	11	2.309	1.479	41.912	40.433	38.954	13	22
DN40	11	2.309	1.479	47.805	46.326	44.847	14	23
DN50	11	2.309	1.479	59.616	58.137	56.659	16	26
DN65	11	2.309	1.479	75.187	73.708	72.230	18.5	30
DN80	11	2.309	1.479	87.887	86.409	84.930	20.5	32
DN100	11	2.309	1.479	113.034	111.556	110.077	25.5	38

圆锥形管螺纹尺寸　　　　表 14-7

2. 管螺纹的加工方法

管螺纹的加工有手工和机械两种方法。手工套丝是用管子铰板在管子上铰出螺纹，在套丝过程中，应向丝扣上加注润滑液，使丝扣和板牙得到润滑和冷却，每个丝头应分2～3次套成。机械套丝通常在电动套丝机上进行，有时也可在车床上加工，电动套丝机有多种型号，以加工 DN15～DN100 的机型最为常用。

套丝机可安装在支腿上或放在工作台上进行套丝。套丝前，应进行空负荷试车，并检查润滑液是否可以正常流出。在套管端螺纹时，先在套丝架上装好板牙，再把套丝架拉开，插进管子并将管子抱紧，在管子另一头，用管支架予以支撑。放下套丝架，把润滑液管放下，润滑液就从管内流出来，把润滑液管调在适当的位置，合上开关，扳动进给手把，使板牙对准管子头，稍加一点力，套丝操作就开始了。板牙对上管子后很快就套出一个标准丝扣。

套丝机一般以低速工作，如有变速箱，要根据套出螺纹的质量选择一定速度，不得逐级加速，以防"爆牙"或管端变形。套丝时，严禁用锤击的方法旋紧或放松背面挡脚、进刀手把和活动标盘。长管套丝时，管子另一端一定要支平。螺纹套成后，要将进刀手把和管子夹头松开，再将管子缓缓地取出，防止碰伤螺纹。套丝的次数：DN25mm 以上要分两次进行，切不可一次套成，以免损坏板牙或产生"硌牙"。

加工出来的圆锥形管螺纹要完整、光滑，不得有毛刺和乱丝，断丝和缺丝的总长度不得超过螺纹全扣数的 10%。

3. 管螺纹的连接

管螺纹连接时，要在外螺纹与内螺纹之间加密封填料，对于水、煤气、压缩空气等温度在 120℃ 以下的无腐蚀性介质，可使用白铅油和麻丝。聚四氟乙烯生料带的化学稳定性好，可用于氧气、乙炔、各种燃气及其他具有一定腐蚀性、温度在 200℃ 以内的介质。当工作温度超过 200℃ 或输送的介质有特殊要求时，应按设计要求使用密封材料。拧紧管螺纹时，不得将填料挤入管内。拧紧后的螺纹，以其尾部露出 1～2 扣为宜，同时应将挤出的密封填料清除干净。

第五节 装配与安装技术

一、设备拆卸

设备在检修、清洗和安装的过程中，往往需要对其零件、部件进行拆卸。设备拆卸时，应先熟悉设备技术文件和有关技术资料，了解其构造、性能和原装配程序及装配数据；分析设备的结构特点、传动系统、零部件之间的配合关系；明确它们的用途和作用，搞清楚设备的精度检验方法和标准，然后考虑拆卸方法和程序。

拆卸一般有以下方法：

（1）击卸：击卸是用手锤敲击的方法使配合的零件松动而达到拆卸的目的。拆卸时应根据零件的尺寸、重量和配合牢固程度，选择适当重量的手锤，受击部位应使用铜棒或木棒等进行保护，击卸时要注意对称轮换敲击，不要一直单边敲击，用力大小要适当，以防损坏零件。该方法适用于过渡配合零件的拆卸。

（2）拉卸和压卸：对于精度要求较高，不允许敲击或无法击卸拆卸的零件，可采用拉卸和压卸的方法。拉卸使用拉拔器，又称拉码、拉爪，有机械拉码和液压拉码，拉码的钩爪有两爪和三爪之分，可根据零件的大小选择适当的拉拔器。实际工作中，根据零件的特殊结构需要，还可自行设计制作专用的拉拔器。压卸在压力机或压床上进行，应根据零件的大小和不同结构，选择合适的传力工件。采用拉卸和压卸，零件受力比较均匀，零件的偏斜和损坏的可能性较小。这种方法适用于过盈配合零件的拆卸。

（3）温差法拆卸：温差法拆卸是利用金属热胀冷缩的特性，采取加热包容件，或者冷却被包容件的方法来拆卸零件。该种方法适用于一般过盈较大、尺寸较大等无法用压卸方法进行拆卸的场合。加热方法常采用焦炭、乙炔、热油、电感应加热，常用的冷却方法是利用液化空气、干冰或电冰箱等制冷方法。

（4）破坏拆卸：当必须拆卸焊接、铆接、密封连接等固定连接件，或套与轴咬死、花键轴扭转变形、零件锈死等，无法或难以采取其他措施进行拆卸时，采取破坏拆卸这种方法。破坏拆卸时，要注意保护主件，防止主要零件和与拆卸无关的其他零件的破坏。

进行拆卸时，当拆卸的零件比较多时，要记清拆卸的顺序或进行编号记录，有关零件的位置也要记清楚或进行标记。拆卸下来的零件，要注意摆放，防止丢失，对精密的零件，要按要求采取必要的保护措施。

二、设备除锈

设备除锈是除去设备及零、部件表面的锈蚀产物。设备装配前，必须对零、部件锈蚀的表面进行除锈。除锈的方法可参照下表 14-8 选用。

金属表面除锈方法   表 14-8

金属表面粗糙度 Ra（μm）	常 用 除 锈 方 法
> 50	用砂轮、钢丝刷、刮具、砂布、喷砂或酸洗除锈
50～6.3	用非金属刮具、油石或 150 号的砂布沾机械油擦拭或酸洗除锈
3.2～1.6	用细油石或 150～180 号的砂布沾机械油擦拭或酸洗除锈
0.8～0.2	用 180 号或 240 号的砂布沾机械油擦拭，然后用干净的绒布沾机械油和细研磨膏的混合剂进行磨光

除锈后的零、部件必要时应进行及时的清洗和防锈处理。清洗的目的是清除零、部件表面的锈蚀物及污垢等，进行清洁；除锈的目的是为了防止除锈后的金属表面又发生锈蚀现象。清洗宜采用碱性清洗液和乳化除油液进行清洗；防锈可采用涂防锈油脂等方法。

三、设备清洗

设备清洗是指清除和洗净零件表面的油脂、污垢和粘附的其他杂质。清洗的过程可分为初洗、细洗和精洗。初洗主要是去掉零件表面油脂、污垢、漆片和锈迹；细洗是对初洗后的零件，再用清洗剂对零件表面的油渍、渣子等脏物进行清洗、冲洗；精洗是用洁净的清洗剂作最后清洗，也可用压缩空气吹一下表面，再用清洗剂冲洗。设备零部件经清洗后，应立即进行干燥处理，必要时要采取防返锈措施。

1. 清洗方法

设备的清洗方法很多，常见的有：擦洗、刷洗、浸洗、喷洗和超声波清洗等方法。

(1) 擦洗和刷洗：擦洗是利用棉布、棉纱浸上清洗剂对设备及零、部件进行清洗。刷洗是使用毛刷浸上清洗剂对设备及零、部件进行清洗。这两种方法适用于对大、中型零、部件进行初洗。

(2) 浸洗：浸洗是将金属零、部件放入盛有清洗剂的容器内浸泡一段时间的清洗方法。浸洗时间的长短根据清洗液的性质、温度和装配件的要求确定，一般为 2～20min。必要时可采用加热浸洗，但应注意控制清洗液的温度。也可和刷洗方法结合进行。该方法适用于清洗形状较复杂的中、小型零、部件，或者油脂干涸、油脂变质的零、部件。

(3) 喷洗：喷洗是利用清洗机采用溶剂油、蒸汽、热空气、轻柴油、金属清洗剂、三氯乙烯或碱液等清洗液对金属等、部件进行清洗的一种方法。适用于清洗形状复杂、油垢粘附严重的零件。可以和浸洗方法联合使用。但对精密零件、滚动轴承等不得用喷洗的方法。

(4) 超声波清洗：超声波清洗是利用超声波清洗装置产生的超声波作用，将零件上粘附的油物、杂质除掉。这种方法适用于对零件进行最后的清洗。

2. 清洗剂

常用的清洗剂有各种石油溶剂、碱性清洗剂和清洗漆膜溶剂等。

(1) 石油系溶剂：主要有汽油、煤油、轻柴油和机械油等。

1) 汽油：汽油是一种良好的清洗剂，对油脂、漆类的去除能力很强，是最常用的一种清洗剂。在汽油中加入 2%～5% 的油溶性缓蚀剂或防锈油，可使清洗的零件具有短期防锈能力。

2) 煤油：煤油与汽油一样，也是一种良好的清洗剂。它的清洗能力不如汽油强，但其挥发性和易燃性比汽油低，适用于一般机械零件的清洗。精密的零件一般不宜用煤油作最后的清洗。

3) 轻柴油和机械油：轻柴油和机械油的黏度比煤油大，也可用作一般清洗剂。机械油加热后的使用效果较好，其加热温度不得超过 120℃。

(2) 碱性清洗液：碱性清洗液是一种成本较低的脱脂除垢清洗剂，适用于形状简单、易清洗的零、部件，不宜用于精密件、形状复杂多孔、深孔部件。使用时一般加热至 60～90℃ 进行清洗，浸洗或喷洗 10 分钟后，用清水清洗，效果较好。常用的碱性清洗液见表 14-9 的规定。

配方（质量百分比）	适 用 范 围
氢氧化钠 0.5~1，碳酸钠 5~10，硅酸钠 3~4，余量为水	碱性较强，能清洗矿物油、植物油和钠基脂，适用于一般钢铁件
氢氧化钠 1~2，磷酸三钠 5~8，硅酸钠 3~4，余量为水	碱性较强，能清洗矿物油、植物油和钠基脂，适用于一般钢铁件
氢氧化钠 0.5~1.5，磷酸钠 3~7，碳酸钠 2~5，硅酸钠 1~2，余量为水	适用于铜及其他合金件
磷酸三钠 5~8，磷酸二氢钠 2~3，硅酸钠 5~6，烷基苯酸酸钠 0.5~1，余量为水	碱性较弱，适用于铜和铝合金件

（3）金属清洗剂：金属清洗剂是常用的一种脱脂清洗剂，适用于形状简单、易清洗的钢铁、铝质等零件的清洗。宜用于精密件及油污不太严重的零件。几种常用的金属清洗剂见表 14-10。

金 属 清 洗 剂　　　　　　　表 14-10

型号规格	工艺参数			适 用 范 围	使 用 要 求
	清洗液浓度（%）	使用温度（℃）	清洗方法		
FCX—52 固态粉末或颗粒	2~3	15~40	浸洗刷洗擦洗	代替汽油、煤油和三氯乙烯清洗金属零部件上的润滑油（脂）和防锈油	清洗后在 FTC—3 脱水防锈剂中浸泡 1min 即可防锈
32—1 棕黄色黏稠液体	3~5	50~80	刷洗擦洗	代替汽油、煤油和三氯乙烯清洗各种机电产品的零部件、轴承和齿轮等上的油污或防锈油	清洗中应注意补充清洗剂，以保持其浓度
TM—1 淡黄色透明液体	5	40~50	浸洗刷洗擦洗	清洗钢、铁材料及制品或铝、铜及其合金制品上的防锈油（脂）、内燃机积炭、沥青质污垢、机械润滑油等	清洗钢合金零部件时，可在配液中加入 0.01% 的苯并三氮唑
SS—2	10~12	50~60	刷洗擦洗	钢、铝合金和铜合金等制品上的机械油、油污和润滑脂	轻油污可在室温下清洗

（4）清洗漆膜溶剂：主要有松香水、松节油、苯、甲苯、二甲苯和丙酮等。它们常用来作为稀释调和漆、磁漆、醇酸漆、油基清漆和沥青漆等的溶剂。因此，常用来清洗上述漆膜。

（5）脱脂剂：在禁油条件下工作的零、部件及管路应进行脱脂处理，常用脱脂剂见下表 14-11。脱脂后应将残余的脱脂剂清除干净。另外碱性清洗液和金属清洗剂也可作为脱脂剂。

脱脂剂名称	适 用 范 围	注 意 事 项
工业四氯化碳（CCl_4）	黑色金属、铜和非金属件	在水和金属共同存在时发生水解生成微量盐酸
工业三氯乙烯（C_2HCl_3）	金属件	产品必须含稳定剂，对一般金属无腐蚀性，有毒
工业酒精（C_2H_5OH）	脱脂要求不高的设备和零部件	产品浓度应不低于95.6%，脱脂能力较弱
98%浓硝酸	浓硝酸装置的耐酸管件和陶瓷	为强氧化剂，能溶解或腐蚀某些金属

3. 清洗后检查

清洗后的设备零、部件，应检查其清洁度，清洁度检查方法如下。

（1）目测法：在室内白天或在 15～25W 日光灯下用肉眼观察，表面应无任何残留污物。

（2）擦拭法：用洁净的白布擦拭清洗的检验部位，布的表面应无异物污染。

（3）溶剂法：用新溶剂洗涤，观察或分析溶剂中应无污染、悬浮或沉淀物。

（4）酸碱度法：将清洗后的金属表面用蒸馏水局部湿润，用精密 pH 试纸测定残留酸碱度，应符合设备技术要求。

四、设备装配

设备装配是将设备的零、部件进行组装、安装的过程。装配工作质量的好坏，直接关系到设备的性能和使用寿命。

1. 装配的基本步骤

装配工作的基本顺序一般与拆卸工作的基本顺序相反，基本上由小到大，从里向外进行安装，其步骤是：

（1）首先要熟悉图纸和设备构造，了解设备部件、零件或组合件之间的相互关系以及进行零件尺寸和配合精度的检查。

（2）先组装组合件，然后组装部件，最后进行总装配。每组装一个零件时，都应先检查其质量和清洁程度，必要时清洗零件并涂上润滑油（脂），以确保装配质量。

（3）总装配后的设备应进行试运转，对试运转中发现的问题应及时调整和处理。

（4）最后对设备进行必要的防锈保护。

2. 装配注意事项

（1）螺纹连接拧紧时，要注意拧紧力的大小，可采用控制力矩法、控制扭角法等既保证可靠锁紧连接，又防止螺纹破坏。拧紧成组螺栓或螺母时，应按照从中间开始，逐渐向四周对角对称扩展，分次逐步拧紧。螺纹连接还要注意采取有效的防松措施。不锈钢、铜、铝等材质的螺栓装配时应在螺纹部分涂上润滑剂。

（2）对于设备上较精密的螺纹连接或温度高于 200℃ 条件下工作的连接件及配合件装配时，应在其配合表面涂上防咬合剂。防咬合剂可用二硫化钼粉、二硫化钨粉或石墨磷片与润滑油（脂）进行调制。

（3）带有内腔的设备或部件在封闭前，应仔细检查和清理，其内部不得有任何异物。

（4）键连接装配前，应将键与槽的毛刺、杂质清理干净，并检查键与槽的表面粗糙度、平面度和配合尺寸。现场配置的各种类型的键，均要符合国家现行标准规定的尺寸和精度，键用型钢的抗拉强度不应小于 588N/mm^2。

（5）对于具有过盈的配合件的装配，装配前应实测出过盈量的平均值，应根据实测过盈值选择合适的装配方法。过渡配合一般可采用锤或压力机进行装配，过盈配合一般采用压力机或温差法进行装配，过盈量大于 0.1mm 时宜采用温差法装配，温差法加热或冷却的温度应进行计算。在常温下装配时，应将配合面清洗干净，并涂上一层不含二硫化钼添加剂的润滑油，装入时用力应均匀，不得直接打击装配件。

（6）滚动轴承锤击法装配时，应在轴径或轴承内圈的表面上涂上一层机油，以便于安装。滚动轴承热装时，将轴承在机油中加热 15min，温度不应超过 100℃，加热时，轴承不能与加热容器底部接触，以防轴承过热。轴承取出过后，应一次迅速装到正确的位置上，以防轴承变冷却影响装配。

（7）皮带张紧力的大小是保证皮带正常传动的重要因素，皮带的张紧力大小要适当。张紧力过小，皮带容易打滑；过大，皮带寿命低，轴及轴承受力大。合适的张紧力可根据以下经验判断：用大拇指在三角皮带切边的中间处，能将三角皮带按下 15mm 左右即可。也可通过有关计算进行判断。

（8）齿轮与齿轮、蜗杆与蜗轮装配后应盘动检查，转动应平稳、灵活，无异常声响。

（9）装配 O 形密封圈时，密封圈不得有扭曲和损伤，同时预压量要正确。当橡胶密封圈用于固定密封和法兰密封时，其预压量宜为橡胶圈直径的 20%～25%；当用于动密封时，其预压量宜为橡胶圈直径的 10%～15%。

（10）装配 U、V、Y 形密封圈时，支承环、密封环和压环应组装正确，且不宜压得过紧；凹槽应对着压力高的一侧，唇边不得损伤。

五、联轴器对中

1. 对中要求

联轴器对中安装时，两轴的同轴度与联轴器端面间隙必须符合设计、安装规范或设备技术文件的规定。弹性圈柱销联轴器的对中要求可参考表 14-12。

弹性圈柱销联轴器对中允许偏差（摘自 GB 50231—1998）　　　表 14-12

联轴器外径（mm）	两轴心径向位移（mm）	两轴线倾斜度	端面间隙（mm）
71	0.04	0.2/1000	2～4
80			
95			
106			
130	0.05		3～5
160			
190			
224			4～6
250			
315			
400			
475	0.08		5～7
600	0.10		

2. 对中方法

(1) 用刀口直尺、塞尺或百分表对中的方法

此方法的对中精度为 0.01。在两个半联轴器分别与轴装配好后，按照对中允许偏差的要求对联轴器进行对中操作，在首先达到两个半联轴器端面间隙的条件下，用刀口直尺检查两个半联轴器上端面（0°）的平齐度，借以检查联轴器两轴心径向位移偏差和两轴线倾斜度，可用塞尺测量检查，塞尺片最薄厚度为 0.02～0.03mm，并根据检查结果进行调整对中。然后，同时转动两个半联轴器分别在 90°、180°、270° 方向进行同样的检查并进行调整，可反复测量、调整，直至最后达到对中的要求。也可用两只百分表，用专用工具固定在联轴器的外端面上，在 0°、90°、180°、270° 四个方位上分别检测两个半联轴器径向和轴向的相对位移偏差，并进行调整，直到达到允许偏差要求，实现对中。

(2) 激光对中技术

激光对中是利用激光来进行测量并使对中数据处理计算机程序化的一种先进技术方法。该方法对中误差小、精度高，对中精度可达 0.001mm。与传统对中方法相比，该方法操作简单，经过训练容易掌握。

使用 Easy-Laser 激光对中仪进行水平机械联轴器对中过程如下：

1) 将测量单元（激光发射器和接受器）用 2 个 V 形轴固定器及固定杆分别固定在两个半联轴器外侧的轴上。

2) 对中测量开始后，按显示屏上提示要求，分别输入测量单元之间的间距、测量单元（发射器）到联轴器中间端面之间的距离、测量单元（发射器）与调整设备前脚之间的距离、测量单元（发射器）与调整设备后脚之间的距离。

3) 将两轴测量单元同时转至水平位置（0°），按下测量键进行测量。

4) 将两轴测量单元再转至上侧位置（90°），按下测量键进行测量。

5) 将两轴测量单元再转至另一侧水平位置（180°），按下测量键进行测量，至此测量工作完成。

6) 测量工作完成后，有关数据会显示在显示器上，这些数据包括：水平方向位移偏移值、角度偏差值以及设备前脚、后脚水平方向位置调整值；垂直方向位移偏移值、角度偏差值以及设备前脚、后脚垂直方向高度调整值。

7) 根据检测的调整值，对设备前、后脚进行调整，先调整垂直方向，后调整水平方向。注意调整值的正、负号，确定调整是向上还是向下、是向前还是向后。对垂直方向进行调整时，应使用标准垫片，尽量避免使用铜片。

8) 调整后，再按以上方法进行测量，直至达到允许偏差值要求范围，完成对中。

六、离心泵安装

1. 安装方法和技术要求

(1) 安装前的检查和验收

1) 基础检查：基础平面尺寸、位置和标高应符合工程设计的要求，基础纵、横向轴线和平面外形尺寸允许偏差值 ±20mm，标高允许偏差 −20mm；基础平面的水平度和垂直度允许偏差值为 5/1000。

2) 设备验收：水泵应完好无损，零部件齐全，无锈蚀等缺陷；出入口保护完好；主要安装尺寸应与工程设计相符；盘车灵活，无阻滞现象。

（2）水泵找正

水泵中心线找正的目的是使水泵摆放的位置正确，不偏斜。找正时，在水泵的进水口中心和泵轴的中心分别用线坠吊垂线，移动水泵，使线锤尖和设备基础表面上事先用墨线弹出的水泵纵横中心线相交。泵的纵、横中心线按图纸尺寸允许偏差为±5mm。

（3）水泵找平

离心泵机组分带底座和不带底座两种形式，一般小型离心泵出厂时均与电机装配在同一铸铁底座上，口径较大的泵出厂时不带底座，水泵和动力电机直接安装在基础上。

带底座水泵安装时，如果水泵、电机与底座分离时，先在基础上套上地脚螺栓和螺母，调整底座位置，使底座上的中心线和基础上的中心线一致，然后用水平仪在底座加工面上检查是否水平，不水平时，可在底座下加垫铁找平。垫铁的种类有斜垫铁、平垫铁和开口垫铁、垫铁的平面尺寸一般为：（60mm×80mm）~（100mm×150mm），厚度为1~20mm。垫铁一般放置在底座的四个角下面，每处叠加的数量不宜多于3块，垫铁找平后，拧紧设备地脚螺栓上的螺母，并对底座水平度进行一次复核，底座装好后，把水泵吊放在底座上，对水泵的水平度进行检查和调整。如果水泵和电机已经是安装在底座上的，则直接进行找平。

无共用底座水泵安装时，水泵的找平在设备基础上进行。

整体安装的泵，纵向安装水平度偏差不应大于0.10/1000，横向安装水平度偏差不应大于0.20/1000，在泵的进出口法兰面或其他水平面上进行测量；分体安装的泵纵向和横向安装水平度偏差均不应大于0.05/1000，并应在水平中分面、轴的外露部分、底座的水平加工面上进行测量。泵轴中心标高的允许偏差为±10mm。

找平时使用的量具，可使用水准仪或0.1~0.3mm/m精度的水平尺。小型水泵一般用水平尺测量，操作时，把水平尺放在水泵轴上，测其轴向（横向）水平度，调整水泵的轴向位置，使水平尺气泡居中，误差不应超过0.1mm/m，然后把水平尺平行靠在水泵进、出口法兰的垂直面上，测其径向（纵向）水平度。大型水泵找平用水准仪或吊垂线法进行测量，吊垂线法是将垂线从水泵进、出口吊下，用钢板尺测出法兰面距垂线的距离，上下相等则说明找平。水泵轴中心线的高度可用水准仪进行测量，小型水泵也可用钢板尺直接检测。

（4）二次灌浆、固定

水泵找正找平后，方可向地脚螺栓孔和基础与水泵底座之间的空隙内灌注水泥砂浆。二次灌浆前应检查地脚螺栓的位置和垫铁的放置情况，同一组垫铁应相互焊牢固，并进一步复查泵的标高、水平度及中心位置，检查基础表面的油污和杂物是否清除干净，完全符合要求后即可进行二次灌浆。待水泥砂浆完全凝固后才可拧紧地脚螺栓以固定水泵，固定后在对水泵的位置及水平度进行复查，以免水泵二次灌浆或拧紧地脚螺栓过程中发生移动，如有变化，可通过调整泵体与底座之间的垫铁来找平找正，并反复测量、调整，使之达到要求。

（5）电动机安装

分体安装的水泵机组，在水泵安装固定后，才安装电动机，或者说电动机的安装是以水泵为基准。电动机的轴中心线与水泵的泵轴中心线应在同一轴线上。

将电动机的轴中心线调整到与水泵的轴中心线在同一条直线上，其方法是通过测量和调整电动机与水泵连接处的联轴器的相对位置来完成，即把电动机作为调整设备进行联轴器对中，使两个半联轴器的轴心径向位移、两轴线倾斜度和轴向端面间隙符合安装技术要求或有关标准规定的该种联轴器的对中允许偏差。

电动机调整对中后，拧紧地脚螺栓进行固定。待电动机进行空负荷试运转后，再将联轴器的连接螺栓装好。

（6）水泵检查

水泵安装完成后，试运行前，应对水泵进行一次全面检查。必要时进行开盖检查、调整，使之达到技术条件要求。

水泵轴承使用的润滑油/脂的牌号应符合设备技术文件要求规定，变质的要进行更换。密封填料不可压得过紧，待运行时再进行调整。管道及其他附件与水泵的连接应无松动。检查泵体内有无杂物，盘动转子应灵活，无阻滞现象，无异常响声，如有异常应拆卸泵壳检查排除。

（7）水泵试运转

水泵安装完后，必须进行试车，试车目的是检查水泵的运行性能和状态是否满足有关技术的要求。试运转前，除了全面检查水泵自身的情况外，还要保证水泵运行的条件。

要检查电动机的转向是否和水泵的转向一致，通常用"点启动"即可完成转向检查。对于吸水水位较低的情况，试运转前应使水泵内腔及吸水管内注满水，吸水水位高差较大的离心泵和大型离心泵，启动前要把水泵出水阀门关闭，待水泵启动后再逐渐打开出水阀门，以防止启动负荷过大而造成事故。试车过程中如发现故障或水泵吸不上水时，应立即关停电动机。

试运转时，通常是全开启水泵进水阀门，全关闭水泵出水阀门，抽掉吸水管内的空气，使吸水管内充满水，开启水泵运转正常后，打开水泵出水阀门。出水阀门打开不宜超过 3min，不能在出水阀门关闭的状态下长时间运转。

水泵在额定工况点连续试运转时间不应小于 2 小时。试运转应达到下列要求：运转中无异常声响和摩擦现象；各固定连接部位无松动；管道连接牢固无渗漏；轴承温升正常；泵的安全保护和电控装置及各部分仪表均应灵敏、正确、可靠；密封泄漏量符合要求且温升应正常；电动机的功率或电流不超过额定值；水泵的振动符合《泵的振动测量与评价方法》（JB/T 8097—1999）中的有关规定要求。

第三部分　水　泵

第十五章　绪　论

第一节　水　泵　的　应　用

泵在国民经济生产各部门得到广泛的应用。凡是流体都可以用泵来输送,有些固体、粉体也可以用泵输送。泵除广泛应用于农田灌溉、石油化工、采矿冶金、发电、城市给排水等行业外,在舰艇的喷水推进、航空航天中的火箭燃料供给等方面亦被应用。泵抽送的液体介质除水外,还有化工原料、油类、酸、碱等,直到超低温的液态气体和高温熔融金属。下面介绍水泵在几个方面的应用。

一、水利、农业用泵

水利是农业的命脉。在水利引水工程中,泵是重要的提升设备。水泵在各级泵站中实现水的提升,达到输送的目的,使用的泵型有离心泵、轴流泵和混流泵等。在农业生产中,农业灌溉用泵数量相当大,使用较多的是普通的离心清水泵,另外潜水泵或深井泵也被广泛使用。

二、石油化工用泵

泵是石油化工的主要设备之一。以石油工业为例,钻井用泥浆泵(冷却钻头、冲洗钻屑和用泥浆加固井壁),采油用采油泵(抽油)和注水泵(向地层深处加压使油自动从井口喷出),输油管线用输油泵,炼油厂中使用各种类型的泵在复杂的生产工艺过程中输送生产介质、提供化学反应所需的流量和压力。

三、采矿、冶金用泵

在采矿和冶金工业中,泵是使用最多的设备,矿井下需用排水泵,水力采矿需用高压水泵,煤还可以用水力进行长距离输送,在选矿、冶炼和轧制过程中也需要用水泵来供水。

四、发电工业用泵

火力发电是一个汽水循环的过程,锅炉把水加热变成蒸汽,蒸汽推动汽轮机旋转,汽轮机带动发电机旋转发电。其中从加热器向锅炉供水用的泵叫锅炉给水泵,从汽轮机排出的废汽到冷凝器凝结成水,需用冷凝泵将凝结的水打入加热器进行再循环,而冷凝器用的冷却循环水是由循环水泵供给的,另外锅炉排灰用灰渣泵。

原子能发电与火力发电实质相同,也是一个汽水循环过程。其中同样需要给水泵和冷凝泵,但泵必须作一些改进以适应核电站运行的特殊要求。另外,在原子能反应堆的炉心,由核分裂所产生的热量,靠循环冷却剂把它带到反应堆外去加热水,使之变成蒸汽,冷却剂是用冷却剂循环泵来完成的，冷却剂循环泵是核电站中最重要的设备。

蓄能电站是利用蓄能机组实现电网的安全经济运行，提高电网供电质量。夜间用电低谷时利用剩余的电力作为水泵的动力，把水从下游水库提升到上游水库，实现把电能转化为水的势能达到蓄能，白天用电高峰时上游水库的水通过发电机组把水的势能又转化为电能，补充电网电力的峰荷需要。蓄能泵多是单级立式机组。

五、城市给排水用泵

泵在城市供排水系统处于非常重要的位置，是整个供排水系统正常运转的枢纽，是各个供排水企业的关键设备。在供水系统中，水一般取自江河、湖泊、水库或地下水井等，利用离心泵等通过输水管道把水源水抽吸、提升、转输至净水构筑物或净水车间。在净化过程中要使用各种加药计量泵、反冲泵、排泥泵、回流泵等。净化合格的水通过送水泵抽吸和提升后送出水厂，输入城市供水管网。如果用水区域所处位置较远或其地势较高时，供水管网中还要采用增压泵。各居民小区、用水企业为了确保供水，可能还要建立二次供水泵站及设施。这样，自来水送到用户，是通过使用一系列不同功能的泵来实现的。

在城市排水系统中，有雨水泵站和污水泵站。雨水泵站常采用轴流泵实现城市的防洪排涝，将雨水直接送入江河等。污水泵站采用潜污泵、离心泵实现各种污水的提升并输送至污水处理厂。在污水处理厂，污水经过污水泵的提升后进入处理工艺，在处理过程中还要使用排泥泵、活性污泥回流泵等，处理后合格的水再通过提升泵排入河流、大海。

第二节　水泵的发展历史

水泵在历史上发展演变是随着人类社会的发展需要和技术的进步而进行的，水泵在历史上的发展过程大致可分为三个阶段。

1. 第一阶段：通过工作体的提升运动使流体的位能增加。早在公元前 770 年～公元前 475 年的春秋时代，我国农村中使用一种符合杠杆原理的取水吊杆，早期应用于提升井水之用，后来，又发展成绞盘原理的辘轳、扬水轮、龙骨水车和管链式水车等提水工具。至唐宋时代（公元 618 年～1279 年），在我国这种管链式水车提水已较普通，它使连续提水有了可能，并可利用水力资源作为动力，显示了我国古代劳动人民的聪明才智和创造精神。但是这些提水工具的动力都是以人力、畜力、风力、水力等自然力为基础，是一定社会条件下的产物，其提水量和高度都不很大，这样的提水工具仅能满足当时分散的农业个体劳动和手工业作坊生产的需要。

2. 第二阶段：通过工作体对流体的挤压运动使流体的压能增加。在公元前数百年，希腊人就开始制造由竹筒做成的由人力或畜力来带动的最简单的活塞式水泵或转叶式螺旋泵。直至 1784 年第一次产业革命后，社会生产力得到了极大解放，随着冶炼工业及机器制造业的不断完善，活塞式水泵的材料、结构等方面也发生了很大的进步，而蒸汽机的出现，改变了水泵用人力、畜力驱动的历史，社会上开始用蒸汽机驱动活塞式水泵，至 19世纪出现了构造上更趋成熟的蒸汽活塞式水泵。此后，在很长的一段时期中，蒸汽活塞式水泵普遍地用于世界各大城市的供水事业中。在我国早期的自来水厂，如北京、上海等地，同样采用蒸汽活塞式泵来输送水。从产业革命的意义上讲，蒸汽活塞式水泵的出现和普遍使用，在提水工具上是一个很大的飞跃。它是由简单的提水工具转化为抽水机的一个重要标志。它具备了一切发达的机器所具有的三个基本要素：动力机、传动机构和工作机。它已能完成人力做功所达不到的程度。人们可以把活塞泵、动力机、传动机构三者组合为抽水机组，再把安装好的抽水机组配上管道、阀门等附件，成为抽水装置。

3. 第三阶段：通过工作体的高速旋转运动使流体的压能和动能增加。例如通过叶轮的旋转运动使液体的压能和动能增加的离心泵的出现。利用离心力原理来抽水的思想远在公元 15 世纪末，由意大利学者达·芬奇首先提出，后来法国物理学家巴宾在 1689 年制造了第一台离心式水泵，但由于构造简陋、原动力不足等原因而长期未能得到发展。直到 19 世纪末，电力工业迅速发展，电动机相继问世后，才解决了离心泵的高速驱动问题，使离心式水泵得到广泛的应用。

我国水泵制造业在解放前是很落后的，大体上是以维修为主，所使用的水泵主要靠进口。新中国成立后，相继在北京、沈阳、上海、长沙等地建立了水泵生产厂，并且成立了水泵方面的专业性研究机构。至 20 世纪 60 年代初期我国自己生产的各种主要类型水泵已基本能满足国内各行业的需要。特别是在改革开放以来，随着我国经济的持续、快速、健康向前发展，我国水泵制造业也有了突飞猛进的发展，水泵的种类繁多，品种齐全，水泵的性能和制造质量也有了相当大的提高。

目前，水泵发展总的趋势是：

1. 大型化、大容量化。改革开放以来，随着经济和社会发展的实际需要，大型水泵发展很快，巨型轴流泵的叶轮直径已经可达 7m，流量可达 $100m^3/s$，潜水电泵直径已达 1m，扬程可达 200 多米，用于城市给水工程的双吸离心泵的功率已达 5500kW。广州蓄能水电厂每台蓄能机组抽水工况输入功率达 300MW，最大扬程 550m，最大流量 $60m^3/s$。

2. 高效节能化。新技术、新材料、新工艺不断出现，为提高水泵工作效率，节约能耗提供了必要的条件。水泵的高效节能也是生产企业降低生产成本、提高生产效益的需要。近十几年水泵研究与制造单位不断优化设计，推出了一批又一批高效节能泵型。目前较大型水泵的效率可达到 95% 以上，但是总体来看，水泵制造厂和水泵使用单位在节能方面的工作仍是大量的，仍需要继续努力。如采用超滑金属涂料处理水泵过流部件表面，使用注入式层状剪切密封填料代替纤维盘根填料，都有助于提高水泵的运行效率，实现节能。

3. 系列化、通用化、标准化。水泵产品的系列化、通用化、标准化是现代化工业生产的必然要求。水泵产品的系列化、通用化、标准化不仅有利于水泵的设计、制造，也有利于水泵产品的选型。我国自 20 世纪 60 年代以来，在统一型号、系列分类、定型尺寸等方面做了大量工作。20 世纪 70 年代以后我国的水泵系列标准又不断向国际通用标准（ISO 标准）靠拢，为水泵在世界范围内在技术上和产品上的交流创造了条件。

4. 自动化、智能化。随着生产自动化要求水平的提高，对水泵产品的要求也不断提高。要实现机泵的远程自动控制，减少或免除人工的现场操作，实现无人化管理；同时要实现设备的在线检测和故障诊断。使设备的运行随时处于监控状态，设备的维修、维护也采用预知维修的先进方式。

今后，随着能源结构的变化和科学技术的进步，对水泵产品的要求也必然进一步提高，也即意味着在水泵的基础理论、技术、结构设计、制造工艺、模型试验等一系列方面都需要进行创新，水泵产品也必将迎来崭新的发展。

第三节　水泵的定义和分类

一、水泵的定义

水泵是一种流体机械，属通用机械类。通常把抽吸、提升、输送液体和使液体压力增加的机器统称为泵。从能量转换的角度看，泵是一种能量转换的机器。它通过工作体的运动把外加的能量转换为被抽送的液体的能量，使液体的动能和压力能增加，从而达到提升和输送液体的目的。所谓工作体是指叶轮、转子、螺杆、活塞等，外加的能量一般是动力机的机械能，如电动机的机械能。

二、水泵的分类

水泵在给排水行业及国民经济其他各部门得到广泛的应用，水泵的种类和形式多种多样，按工作原理可将水泵分为叶片泵、容积泵、其他类型泵三大类。

1. 叶片泵

利用安装在泵轴上的叶轮的高速旋转运动，叶轮的叶片与被输送的液体发生相互作用，迫使液体产生运动，从而实现液体的输送。由于叶轮中叶片形状不同，旋转时液体通过叶轮的受力也不同，液体流出叶轮的方向也就不同。按液体流出叶轮的方向，叶片泵又分为离心泵、混流泵、轴流泵三种基本类型，见图15-1。另外，旋涡泵也属于一种叶片泵，它通过旋转的叶轮叶片使泵内环形流道内的液体实现旋涡形的三维流动，从而实现液体的加压输送。叶片泵具有效率高、启动快、工作稳定、性能可靠、容易调节等优点，在给排水行业中得到广泛使用。

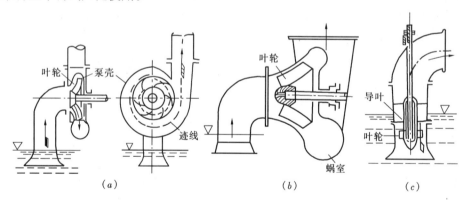

图15-1　叶片泵的三种基本类型简图

（a）离心泵；（b）混流泵；（c）轴流泵

2. 容积泵

利用泵内机械部件的运动，使泵内工作腔室的容积发生周期性的变化，对被输送的液体产生吸入和压出的作用，从而实现液体的输送。使工作腔室的容积变化的方式有往复运动和旋转运动两种，利用活塞在缸体内作往复运动，利用转子作回转运动等都可以实现这种工作原理。属于这类泵的有往复泵（包括隔膜泵、活塞泵、试压泵等）、转子泵（包括罗茨泵、螺杆泵、齿轮泵等），在给排水行业中这类泵多用于计量加药、设备的液压系统中等。

226

3.其他类型泵

其他类型泵是指叶片泵和容积泵以外的一些特殊类型的泵，如射流泵、螺旋泵、提升水泵等。这些泵的工作原理各不相同，射流泵是利用高速液体在特殊形状的管段（喉管）中运动，形成负压而产生抽吸作用来输送液体或气体，制水企业中使用的水射器即采用射流泵的原理将药剂如氯、氨、臭氧投加到水中。螺旋泵是依靠螺旋形的叶片旋转时的推进作用来达到提升液体的目的，转速低，扬程低，但流量范围较大。提升水车则是利用转轮周边上的水斗来实现水的提升，是一种简易提水工具，适用流量、扬程较小的场合。

各种类型水泵的使用范围是不相同的。图 15-2 所示为常用的几种类型水泵的总型谱图。

由图可以看出，各类叶片泵的使用范围相当广泛。混流泵和轴流泵适用于低扬程、大流量场合，往复泵适用于高扬程、小流量场合，而离心泵适用场合介于前两者之间，其适用范围最广，在实际使用中数量也最多。

从给水排水工程来看，一般水厂的扬程约在 20~100m 之间，单泵流量一般在 50~10000m³/h 之间，要满足这样的工作区间，由总型谱图可以看出，使用离心泵是很合适的，即使在某些大型水

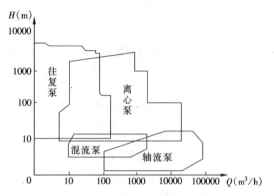

图 15-2 常用几种类型水泵的总型谱图

厂、水源泵站，也可以在泵站中采用多台离心泵并联工作方式，来满足城市不同的供水量要求。城市污水、雨水泵站的特点是流量大、扬程低，流量可超过 10000m³/h 以上，而扬程一般在 2~15m 之间，这样的工作范围，采用混流泵、轴流泵较为合适。

各种泵的性能比较见表 15-1。

泵 的 性 能 比 较　　　　　　　　　　表 15-1

指　标		叶　片　泵			容　积　泵	
		离心泵	轴流泵	旋涡泵	往复泵	转子泵
流量	均匀性	均匀			不均匀	比较均匀
	稳定性	不恒定，随管路情况变化而变化			恒定	
	范围（m³/h）	1.6~30000	150~245000	0.4~10	0~600	1~600
扬程	特点	对应一定流量，只能达到一定的扬程			对应一定流量可达到不同扬程，由管路系统确定	
	范围	10~2600m	2~20m	8~150m	0.2~100MPa	0.2~60MPa
效率	特点	在设计点最高，偏离愈远，效率愈低			扬程高时，效率降低较少	扬程高时，效率降低较大
	范围（最高点）	0.5~0.8	0.7~0.9	0.25~0.5	0.7~0.85	0.6~0.8
结构特点		结构简单，造价低，体积小，重量轻，安装检修方便			结构复杂，振动大，体积大，造价高	同离心泵

指　标		叶　片　泵			容　积　泵	
		离心泵	轴流泵	旋涡泵	往复泵	转子泵
操作与维修	流量调节方法	出口节流，改变叶轮外径，或改变转速	出口节流或改变叶片安装角度	不能用出口阀调节，只能用旁路调节	同旋涡泵，另还可调节转速和行程	同旋涡泵
	自吸作用	一般没有	没有	部分型号有	有	有
	启动	出口阀关闭	出口阀全开		出口阀全开	
	维修	简便			麻烦	简便
适用范围		黏度较低的各种介质	特别适用于大流量、低扬程、黏度较低的介质	特别适用于小流量、较高压力的低黏度清洁介质	适用于高压力、小流量的清洁介质（含悬浮液或要求完全无泄漏可用隔膜泵）	适用于中低压力、中小流量尤其适用于黏性高的介质

第四节　水泵的型号表示方法及铭牌

一、水泵的型号

泵的型号一般由字母和数字组合而成，字母表示泵的类型、结构特点等，数字表示泵的吸入口直径、流量、扬程等性能参数。

1. 单级单吸离心泵

单级单吸离心泵常用的型号有 IS、GD 型等，采用一个单吸叶轮，有水平安装和垂直安装形式。

（1）IS 型单级单吸悬臂式离心泵

IS 型单级单吸悬臂式离心泵是符合国际标准 ISO2858 所规定技术要求的泵型，该泵噪声低，振动小，维修方便，适用于吸送清水及物理化学性质类似于水不含固体颗粒的液体，广泛应用于工农业及城市供排水。其结构见图 15-3。

型号意义说明如下：

例如：IS200—150—250B。

  IS——符合国际标准单级单吸悬臂式离心泵；

  200——泵进口直径（mm）；

  150——泵出口直径（mm）；

  250——泵叶轮名义直径（mm）；

  B——叶轮经第二次切削。

（2）GD 型管道式离心泵

GD 型管道式离心泵是单级单吸式离心泵，直接安装在管路上对输送的液体进行加压，在工农业生产供水系统中得到广泛的应用。其结构见图 15-4。

型号意义说明如下：

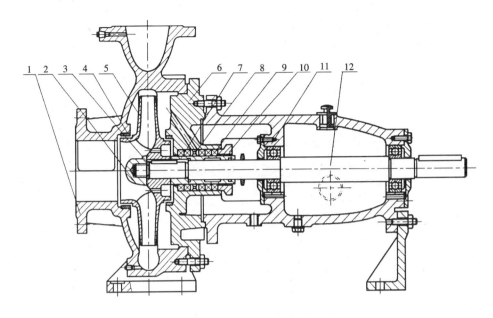

图 15-3　IS 型单级单吸悬臂式离心泵

1—泵体；2—叶轮螺母；3—止动垫圈；4—密封环；5—叶轮；6—泵盖；

7—输套；8—填料环；9—填料；10—压盖；11—轴承部件；12—泵轴

例如：GD100—32A。

GD——管道式离心泵；

100——泵进、出口直径（mm）；

32——泵扬程（m）；

A——叶轮经第一次切削。

2. 单级双吸离心泵

单级双吸离心泵常用有三种型号：S、Sh、SA。这三种泵泵体均为水平中开式，泵的进口和出口与下半部泵体铸在一起，在泵轴线下方，并与泵轴垂直，无需拆卸管路及电动机就可检修泵的内部。其结构见图 15-5。

（1）S 型单级双吸离心泵

S 型双吸离心泵是 Sh 型改进型，泵的性能指标比 Sh 型泵的相应产品先进，流量和扬程范围大，用来输送不含固体颗粒、温度不超过 80℃ 的清洁液体。

型号意义说明如下：

例如：300S—12。

300——泵进口直径(mm)；

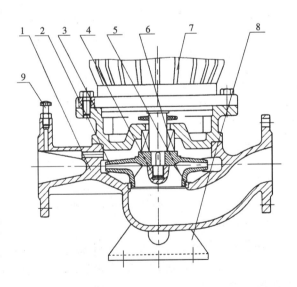

图 15-4　GD 型管道式离心泵

1—泵体；2—叶轮；3—泵盖；4—叶轮螺母；5—机械密封；

6—密封环；7—电机；8—泵座；9—排气阀

S——单级双吸卧式离心泵；

12——水泵扬程（m）。

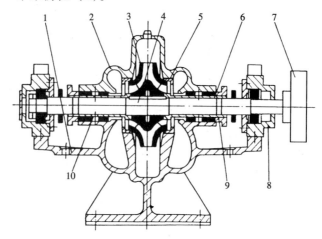

图 15-5 单级双吸离心泵

1—泵体；2—泵盖；3—叶轮；4—泵轴；5—密封环；

6—轴套；7—联轴器；8—轴承体；9—填料压盖；10—填料

（2）Sh 型单级双吸离心泵

Sh 型泵用途和 S 型泵相同，适用城市给水、排水、电站、水利工程等。

型号意义说明如下：

例如：10Sh—19。

        10——泵进口直径（英寸）；

        Sh——单级双吸卧式离心泵；

        19——泵的比转数的 1/10。

（3）SA 型单级双吸离心泵

SA 型泵在给、排水行业中应用较多。

型号意义说明如下：

例如：24SA—10A。

        24——泵进口直径（英寸）；

        SA——单级双吸卧式离心泵；

        10——泵的比转数的 1/10；

        A——叶轮外径第一次切削。

3．多级离心泵

多级离心泵常见的型号有 D、DA、DL、TSWA 型等。多级离心泵的扬程一般较高，但流量较小，有立式和卧式。在城市给水系统中多用于住宅小区加压泵站中，也可用于工矿企业供、排水用途。其结构见图 15-6。

（1）D 型多级分段式离心泵

该型泵为卧式单吸多级离心泵，泵进水口位于进水段上成水平方向，出水口在出水段上垂直向上。根据扬程需要可增减叶轮级数，当级数增加时，泵的扬程按比例增加，但流

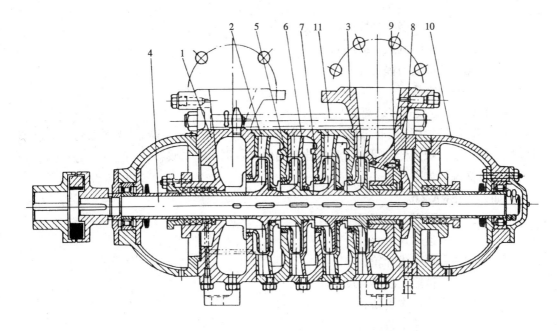

图 15-6　多级离心泵

1—吸入段；2—中断；3—压出段；4—泵轴；5—叶轮；

6—导叶；7—密封环；8—平衡盘；9—平衡圈；10—轴承部；11—螺栓

量不变。

型号意义说明如下：

例如：D25—30×4。

   D——多级分段式离心泵；

   25——泵设计点流量（m³/h）；

   30——泵单级扬程（m）；

   4——泵级数。

（2）DA 型多级分段式离心泵

该型泵结构形式基本同 D 型。

型号意义说明如下：

例如：6DA—8×4。

   6——泵进口直径（英寸）；

   DA——单吸多级分段式离心泵；

   8——泵的比转数的 1/10；

   4——泵叶轮级数。

（3）DL 型立式多级分段式离心泵

该型泵为立式单吸多级离心泵，泵的进水口和出水口分别位于泵的下、上端，成水平方向，其他结构基本同卧式多级泵。

型号意义说明如下：

例如：80DL50—20×3。

   80——进口直径（mm）；

DL——立式多级分段式离心泵;

　　50——泵的流量（m^3/h）;

　　20——单级扬程（m）;

　　3——级数。

（4）TSWA 型分段式多级离心泵

TSWA 型分段式多级离心泵是 TSW 型水泵的更新产品，较 TSW 型效率更高，抗汽蚀性能好，振动小，噪声低，可用于高层建筑的供水、消防、采暖等。

型号意义说明如下：

例如：50TSWA×6。

　　50——泵吸入口直径（mm）;

　　T——透平式;

　　S——单吸式叶轮;

　　W——被输送液体温度低于80℃;

　　A——第一次更新;

　　6——叶轮个数。

4. 混流泵

混流泵有 HW、HL 型等，混流泵流量大，扬程低，可供水利设施、企业、电站、城市给排水之用。其结构见图 15-7。

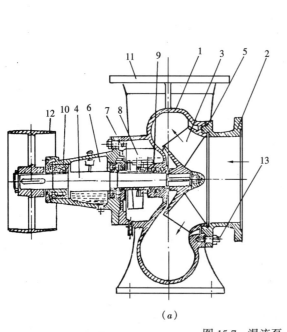
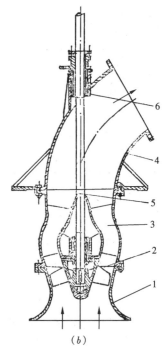

（a）　　　　　　　　　　　　　　（b）

图 15-7　混流泵

（a）HW 型

1—泵壳; 2—泵盖; 3—叶轮; 4—泵轴; 5—减漏环; 6—轴承箱; 7—轴套; 8—填料压盖;
9—填料; 10—轴承; 11—出水口; 12—皮带轮; 13—双头螺栓

（b）HL 型

1—进水喇叭; 2—叶轮; 3—导叶体; 4—出水弯管; 5—泵轴; 6—橡胶轴承

（1）HW 型卧式混流泵

该型泵为单级单吸、涡壳式混流泵，水平安装。分直接传动和变速传动。

型号意义说明如下：

例如：300HW—8A。

　　　300——水泵进、出口直径（mm）；

　　　HW——卧式涡壳式混流泵；

　　　　8——扬程（m）；

　　　　A——叶轮外径经切削或换用不同性能的叶轮。

（2）HL 型立式混流泵

该型泵为单级单吸、立式安装，泵体可做成涡壳形，可采用立式电机直接传动。

型号意义说明如下：

例如：900HL—10。

　　　900——水泵进、出口直径（mm）；

　　　HL——立式混流泵；

　　　10——设计点扬程（m）。

5. 轴流泵

轴流泵有 ZL、QZ 型等，轴流泵输送扬程小，但流量大，适合于城市给排水及水利工程大流量、小扬程的情况。

（1）ZL 型轴流泵

ZL 型轴流泵是单级、立式结构轴流泵，根据叶片调节的可能性，可分为半调节式和全调节式，全调节式通过一套机构来实现自动调节流量和扬程，无需拆卸叶轮。其结构见图 15-8。

型号意义说明如下：

例如：40ZLB—50。

　　　40——水泵出口直径(英寸)；

　　　Z——轴流泵；

　　　L——立式结构；

　　　B——半调节式（如为 Q，则为全调节式）；

　　　50——比转数的 1/10。

（2）QZ 型轴流泵

QZ 型轴流泵为潜水轴流泵，潜水电机置于泵的上方，潜水电机为干式结构，采用 F 级绝缘、可靠的机械密封和辅助密封，并有泄漏和内部绕组温升保护装置。

型号意义说明如下：

例如：350QZ—70。

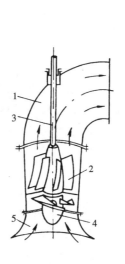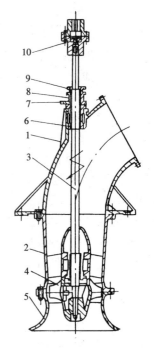

图 15-8　ZL 型轴流泵

1—出水弯管；2—导叶；3—泵轴；4—叶轮；5—进水管；6—轴承；7—填料盒；8—填料；9—填料压盖；10—联轴器

350——水泵出口直径（mm）；

QZ——潜水轴流泵；

70——比转数的1/10。

6. 深井泵

深井泵是将地下深井中的水抽送到地面的水泵，有带滤水管的水下泵体部分（Ⅰ）、装有传动轴的扬水管部分（Ⅱ）和泵座及电机传动装置部分（Ⅲ），基本型号有J、JC型，有半开式叶轮和封闭式叶轮两种叶型，适用于以地下水为水源的城市、企业、农村供水之用，也可用于矿井排水和农田排灌。其结构见图15-9。

型号意义说明如下：

例如：10J80×9。

  10——泵适用的最小井径（英寸）；

   J——深井泵；

  80——流量（m³/h）；

   9——泵的级数。

又如：300JC210—10.5×6。

  300——适用最小井径（mm）；

   JC——长轴深井泵；

  210——流量（m³/h）；

 10.5——单级扬程（m）；

   6——泵级数。

7. 深井潜水泵

深井潜水泵同深井泵一样，从地下取水。深井潜水泵由潜水电动机、水泵工作部分（包括扬水管）、控制箱三部分组成，水泵工作部分和电动机直接相连，一起浸没在水下。基本型号有QJ、JQ。其外形见图15-10。

型号意义说明如下：

例如：175QJ50—48/4。

  175——泵适用的最小井径（mm）；

   QJ——立式井用离心潜水泵；

   50——流量（m³/h）；

   48——总扬程（m）；

    4——级数。

又如：12JQ80—60。

  12——泵适用的最小井径（英寸）；

   JQ——井用潜水泵；

   80——流量（m³/h）；

   60——扬程（m）。

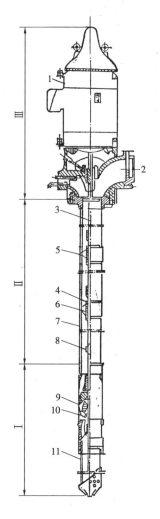

图15-9 深井泵
1—电动机；2—泵座；3—电机轴；4—轴承支架；5—联管器；6—橡胶轴承；7—输水管；8—联轴器；9—导流壳；10—叶轮；11—滤水管

234

8. 污水泵

污水泵的种类及型号较多，一般安装有无堵塞、防缠绕大流道叶轮，适合于抽送带有固体悬浮物、颗粒及纤维的液体，可供城市、企业排除污水之用。

PW、PWL 型泵为卧式与立式杂质污水泵，单级单吸。

PWF 型泵为卧式耐腐蚀杂质污水泵，单级单吸悬臂式，适用于排送酸性、碱性或其他腐蚀性污水和废水。

WD、WDL 型泵为低扬程卧式与立式污水泵，单级单吸悬臂离心式。

WG 型泵为高扬程卧式污水泵，单级单吸悬臂离心式。

WGF 型泵为高扬程卧式耐腐蚀污水泵，单级单吸悬臂离心式。

LP 型泵为立式排水泵。

WL 型泵为立式排污泵。

WQ 型泵为潜污泵。

YW 型泵为液下式排污泵。

ZW 型泵为自吸无堵塞排污泵。

NL 型泵为污水泥浆泵。

型号意义说明如下：

例如：200WL Ⅰ（Ⅱ）480—13。

    200——泵出口直径（mm）；

    WL——立式排污泵；

    Ⅰ——电动机直联式（Ⅱ为加长轴联结式）；

    480——额定流量（m³/h）；

    13——扬程（m）；

又如：150WQ—200—30—37；

    150——泵出口直径（mm）；

    WQ——污水潜水泵；

    200——流量（m³/h）；

    30——扬程（m）；

    37——电动机功率（kW）。

再如：100YW80—10。

    100——泵出口直径（mm）；

    Y——液下式；

    W——污水泵；

    80——流量（m³/h）；

    10——扬程（m）。

9. 计量泵

J 型计量泵适用于输送温度为 -30～100℃、黏

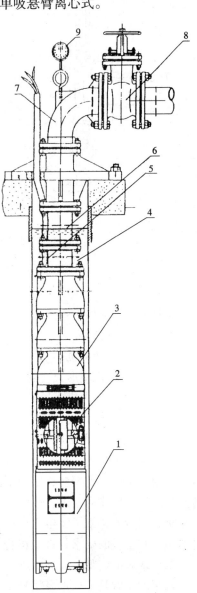

图 15-10 深井潜水泵

1—潜水电机；2—滤网（进水口）；3—潜水泵；4—出水管；5—电机电缆；6—动水位；7—弯头；8—阀门；9—压力表

235

度为 0.3～800mm^2/s，不含固体颗粒的腐蚀性或非腐蚀性液体。有单缸泵和多缸泵，液缸的结构形式有柱塞式和隔膜式两种。泵的流量是通过调节泵的行程来进行控制的，可采取手动调节和电动控制实现。在自来水和污水处理企业用于处理药剂的计量输送投加。计量泵结构示意图见图 15-11。

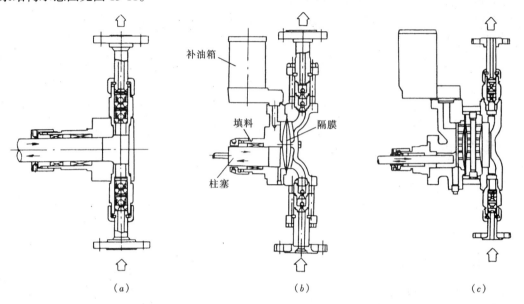

图 15-11　计量泵
（a）柱塞式计量泵；（b）单隔膜计量泵；（c）双隔膜计量泵

型号意义说明如下：

例如：JZ—320/4。

J——计量泵；

Z——机座形式（W 为微型机座，X 为小机座，Z 为中机座，D 为大机座，T 为特大机座）；

320——最大设计流量（L/h）；

4——最大排出压力（kg/cm^2）。

上面仅对主要的几种泵型的型号表示方法进行了介绍，这些泵型在给排水工程中使用较多。由于泵的种类繁多，用途不同，各个生产厂家对泵的型号编写方法会稍有不同，随着泵的结构和性能的改进，泵的型号表示也会随着变化。在选择泵型时，首先要明确工程的要求，然后要详细了解生产厂家提供的有关技术资料，搞清楚所选择泵型的实际结构和性能是否和工程的要求相符，符合一致后才可选定泵的型号。

二、水泵的铭牌

水泵的铭牌是记录水泵型号、主要性能参数、生产厂家等的一个金属标牌，通常钉在泵的外壳上。水泵的铭牌对于水泵的选择、使用和管理具有简洁、明了的标识作用。铭牌的内容因泵型和生产厂家不同而各异，但其所包含的有关主要性能参数却是非常重要的。

图 15-12 是一台水泵的铭牌，铭牌上的扬程和流量数值是水泵在设计额定转速下，当水泵的效率最高时所测得的数值，标准测试条件为水温 20℃，大气压力为 0.1MPa

（10.33mH₂O）。在水泵的实际运行工况下，由于温度、管网条件等的变化和不同，水泵的运行参数与铭牌参数相比会大大不同。为了保证和提高水泵的运行效率，应尽量使水泵在接近最高效率的区域（即高效区）工作。

$$×××水泵厂$$

型　号：24SA—10J	扬　程：39m
流　量：2700m³/h	重　量：4100kg
转　速：742r/min	必须汽蚀余量：5.9m
输功率：322.2kW	
出厂编号：981117	出厂日期：1998.12

图 15-12　水泵的铭牌

第五节　水泵的选用

一、选型条件

1. 被输送介质的性质

被输送介质的物理化学性质直接影响泵的性能、材料和结构，是选型时必须考虑的重要因素。介质的物理化学性质包括：密度、黏度、汽化压力、固体颗粒含量及大小、气体含量、腐蚀性、磨蚀性、毒性等。

2. 工艺参数

工艺参数是泵选型的最重要依据，应根据工艺流程和操作变化范围慎重确定。

（1）流量：流量是指生产工艺中要求输送的介质量，工艺设计人员一般应给出正常、最小和最大流量。泵数据表上往往只给出正常和额定流量。选泵时，要求泵的额定流量应不小于工艺要求的最大流量，或取正常流量的 1.1~1.15 倍。

（2）扬程：扬程是指生产工艺中所需的扬程值，也称计算扬程。一般要求泵的额定扬程为工艺所需扬程的 1.05~1.1 倍。

（3）安装高度：安装高度指工艺要求泵的安装高度。安装高度决定泵的吸程、泵的进口压力和出口压力。

（4）温度：温度指泵进口介质的温度。泵的适用温度必须大于工艺过程中泵进口介质的最高温度。

（5）操作状态：操作状态分连续操作和间歇操作两种。

3. 现场条件

现场条件包括泵的安装位置（室内、室外）、环境温度、相对湿度、大气压力、大气腐蚀状况及危险区域的划分等级等条件。

二、泵类型的选择

泵的类型应根据输送介质的物理化学性质、工艺参数、操作周期和泵的结构特性等因素合理选择。

（1）有流量计量要求时，应选用计量泵。

（2）扬程要求很高，流量很小且无合适小流量高扬程离心泵可选用时；可选用往复泵，如汽蚀要求不高时也可选用旋涡泵。

（3）扬程很低，流量很大时，可选用轴流泵和混流泵。

（4）介质黏度较大（大于 $650 \sim 1000 mm^2/s$）时，可考虑选用转子泵或往复泵，黏度特别大时，可选用特殊设计的高黏度转子泵和高黏度往复泵。

（5）介质含气量 $>5\%$，流量较小且黏度小于 $37.4 mm^2/s$ 时，可选用旋涡泵。如允许流量有脉动，可选用往复泵。

（6）对启动频繁或灌泵不便的场合，应选用具有自吸性能的泵，如自吸式离心泵、自吸式旋涡泵、容积式泵等。

（7）离心泵具有结构简单、输液无脉动、流量调节简单等优点，因此除以上情况外，应尽可能选用离心泵。

三、泵系列和材料的选择

泵的系列是指泵厂生产的同一类结构和用途的泵，如 IS 型清水泵、S 型单级双吸离心泵等。当泵的类型确定后，就可以根据介质特性和工艺参数来选择泵的系列和材料。

如确定选用离心泵后，可进一步考虑如下项目：

（1）根据介质特性决定选用哪种特性泵，如清水泵、耐腐蚀泵、杂质泵等，介质为剧毒、贵重或有放射性等不允许有泄漏物质时，应考虑选用无泄漏泵（如屏蔽泵、磁力泵）或带有泄漏液收集和泄漏报警装置的双端面机械密封泵。

（2）根据现场安装条件选择卧式泵、立式泵（含液下泵、管道泵）。

（3）根据流量大小选用单吸泵、双吸泵或小流量离心泵。

（4）根据扬程高低选用单级泵、多级泵或高速离心泵等。

以上各项确定后，即可根据各类泵中不同系列泵的性能参数和特点以及生产厂的条件，选择合适的泵系列及生产厂，并确定制造、检验标准。

如确定选用计量泵后，可进一步考虑如下项目：

（1）当介质为易燃、易爆、剧毒及贵重液体时，常选用隔膜计量泵。为防止隔膜破裂时，介质与液压油混合引起事故，可选用双隔膜计量泵并带隔膜破裂报警装置。

（2）流量调节一般为手动，如需自动调节时可选用电动或气动调节方式。

泵的材料选用应根据腐蚀类型，选择满足腐蚀要求、机械性能好、价格相对便宜的材料。

四、泵型号的确定

泵的类型、系列和材料选定后就可以根据泵厂提供的泵样本及有关技术资料确定泵的型号。

1. 离心泵型号的确定

（1）确定泵的额定流量和扬程

（2）查系列型谱图

按额定流量和扬程，初步查出、选择泵的型号。

（3）校核

按性能曲线校核泵的额定工作点是否落在泵的高效工作区内；校核泵的汽蚀余量是否符合要求。

2. 容积式泵型号的确定

（1）确定工艺要求的额定流量和额定出口压力

（2）查容积式泵样本或技术资料找出的泵最大输出流量和最大出口压力

（3）选择流量和压力满足要求的泵型

（4）校核泵的汽蚀余量

五、电动机功率的确定

电动机的配用功率 P 一般由下式计算：

$$P = KP_a / \eta_传 \quad (kW)$$

式中 P_a——泵的轴功率（kW），由泵的额定扬程、额定流量、介质密度、效率确定；

        $\eta_传$——泵传动装置的传动效率，见表 15-2；

        K——电动机功率裕量系数，见表 15-3。

泵传动装置的传动效率 $\eta_传$ 表 15-2

传 动 形 式		传动效率 $\eta_传$
平带传动		0.9 ~ 0.93
V 带传动		0.95
齿轮传动	平行齿轮 1 级	0.93 ~ 0.96
	伞齿轮 1 级	0.93 ~ 0.96
	行星齿轮	0.95 ~ 0.98
	蜗轮蜗杆	0.7 ~ 0.9
液力耦合器传动		0.95 ~ 0.97
直联传动		1.0

电动机功率裕量系数 K 表 15-3

泵的轴功率（kW）	< 1	1 ~ 2	2 ~ 5	5 ~ 10	10 ~ 25	25 ~ 60	60 ~ 100	> 100
裕量系数 K	1.7	1.7 ~ 1.5	1.5 ~ 1.3	1.3 ~ 1.25	1.25 ~ 1.15	1.15 ~ 1.10	1.10 ~ 1.08	1.08 ~ 1.05

六、轴封形式的确定

轴封是防止泵轴与壳体处泄漏而设置的密封装置。常用的轴封形式有填料密封、机械密封和动力密封等。

1. 填料密封

填料密封结构简单、价格便宜、维修方便，但泄漏量大、功耗损失大。因此填料密封用于输送一般介质，如水。一般不适用于石油及化工介质，特别是不能用在贵重、易爆和有毒介质中。

2. 机械密封

机械密封也称端面密封，密封效果好，泄漏量很小，寿命长，但价格贵，加工安装、维修保养比一般密封要求高。机械密封适用于输送石油及化工介质，可用于各种不同黏度、强腐蚀性和含颗粒的介质。

3. 动力密封

动力密封可分为背叶片密封和副叶轮密封两类。泵工作时靠背叶片（或副叶轮）的离心力作用使轴封处的介质压力下降至常压或负压状态，使泵在使用过程中不泄漏。停机时离心力消失，背叶片（或副叶轮）的密封作用失效，这时靠停机密封装置起到密封作用。

与背叶片（或副叶轮）配套的停机密封装置中较多地采用填料密封。填料密封有普通式和机械松紧式两种。普通式填料密封与一般的填料密封泵相似，要求轴封处保持微正压，以避免填料的干摩擦。机械松紧式填料停机密封采用配重，使泵在运行时填料松开，停机时填料压紧。

七、联轴器选用

泵的联轴器是用来传递功率。要求能够补偿泵轴与电机轴的相对位移，缓和冲击，改变轴系的自振频率和避免发生危害性振动等。常用的联轴器形式有爪形弹性联轴器、弹性圈柱销联轴器和膜片联轴器等。

1. 爪形弹性联轴器

爪形弹性联轴器又称弹性块联轴器。特点是体积小，重量轻，结构简单，安装方便，价格低廉，常用于小功率及不太重要的场合。爪形弹性联轴器最大许用扭矩为 850N·m，最大轴径为 50mm。

2. 弹性圈柱销联轴器

弹性圈柱销联轴器以柱销与两个半联轴器的凸缘相联，柱销的一端以圆锥面和螺母与半联轴器凸缘上的锥形销孔形成固定配合，另一端带有弹性橡胶圈，装在另一半联轴器凸缘的柱销孔中。弹性圈柱销联轴器的特点是结构紧凑，安装方便，更换容易，具有一定的弹性和缓冲性能，但补偿两轴相对位移量不大，广泛应用于各种旋转泵中。弹性圈柱销联轴器最大许用扭矩为 36000N·m，最大轴径为 200mm。

3. 膜片联轴器

膜片联轴器采用一组厚度很薄的金属弹簧片，用螺栓分别与主、从动轴上的两半联轴器联接，通过膜片传递扭矩和运动。膜片联轴器结构简单，不需要润滑和维护，抗高温，抗不对中性能好，易保持平衡精度，具有较好的补偿两轴相对位移的性能，可靠性高，传动扭矩大，但价格较高。最大许用扭矩 200000N·m，最大轴径为 360mm。

第十六章 叶 片 泵

第一节 叶 片 泵 的 分 类

叶片泵在实际工作中应用最多，根据其结构形式、性能等特点，可将叶片泵分类如下。

一、按液体流出叶轮的方向分

1. 离心式：安装径流式叶轮，液体流出方向垂直于泵轴线。

2. 混流式：安装斜流式叶轮，液体流出方向与泵轴线成一角度。

3. 轴流式：安装轴流式叶轮，液体流出方向沿着泵轴线方向。

二、按叶轮的数量分

1. 单级：只装有一个叶轮，其扬程较小，结构简单。

2. 多级：在同一根泵轴上安装两个或两个以上的叶轮，水在泵内依次流过各个叶轮，逐级得到加压，以获得更大的能量，从而可实现较高的出水扬程。

三、按叶轮进水方式分

1. 单吸：装单吸叶轮，水从叶轮一侧吸入叶轮，会造成叶轮两侧受到的水的压力不同，从而产生轴向力，在水泵结构设计时，可采取措施消除这个轴向力。

2. 双吸：装双吸叶轮，水从叶轮两侧同时吸入叶轮，不会产生轴向力，进水流量大。

四、按泵轴方向分

1. 卧式：泵轴处于水平位置。

2. 立式：泵轴处于垂直位置。

3. 斜式：泵轴处于倾斜位置。

五、按叶片可动性分

1. 叶片可调式：叶轮的叶片安装角可以调节。

2. 叶片固定式：叶轮的叶片安装角是固定的。

六、按壳体剖分方式分

1. 分段式：壳体按与主轴垂直的平面分开，在分段式多级泵中，每一级壳体都是分开式的。

2. 中开式：壳体在通过轴心线的平面上分开，又可分为水平中开式、垂直中开式和斜中开式。

七、按泵的出口压力分

1. 低压泵：扬程低于 $100mH_2O$。

2. 中压泵：扬程为 $100 \sim 650mH_2O$。

3. 高压泵：扬程在 $650mH_2O$ 以上。

八、按泵的用途分

有清水泵、热水泵、冷凝泵、污水泵、渣浆泵、泥浆泵、纸浆泵、油泵、耐腐蚀泵、船用泵等。

九、按结构的特殊性分

有深井泵、潜水电泵、自吸泵、管道泵、无堵塞泵等。

在给水排水生产中，常用的叶片泵有：单级悬臂式泵、单级双吸泵、多级分段式泵、大型立式单级泵、混流泵、轴流泵、深井泵、潜水电泵等。

第二节 离心泵的结构

常用的离心泵有单级单吸离心泵、单级双吸离心泵和多级泵，这些泵按泵轴的方向又分为立式泵和卧式泵。

一、单级单吸离心泵的结构

单级是只有一个叶轮，单吸是指叶轮内单侧吸水，泵轴的一端有两个轴承支承转动，另一端悬出并装有叶轮和轴封装置，所以这种泵称为悬臂式离心泵。

1. 卧式单级单吸离心泵

如图 16-1 所示。泵轴为水平放置，托架内的轴承可用机油润滑或用黄油润滑，轴封有用填料密封的，也有用机械密封的，化工用泵多数是用机械密封。叶轮靠轮毂处，一般钻有平衡孔，以平衡轴向力。叶轮的取出有两种方式，一种是连托架一起从泵壳取出，不必拆卸进出水管，叫做后开门；另一种拆下泵盖后再取出叶轮，不必拆电机，叫前开门。这种泵的结构简单，工作可靠，零件数少，容易加工，用途广，产量较大，一般适用中小流量的水泵。

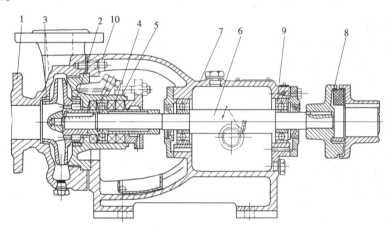

图 16-1 后开门式的单吸单级泵

1—泵体；2—叶轮；3—密封环；4—轴套；5—后盖；6—泵轴；7—托架；

8—联轴器；9—轴承；10—托架止口螺母

2. 立式单级单吸离心泵

单级单吸泵采用立式结构形式的主要目的是为了减小大型泵机组的占地面积，节约基建投资，降低泵的标高。

立式单级单吸泵如图16-2所示。

一般通过刚性联轴器与电机直联传动，且轴向力由装于电机上部的轴承承受，以简化泵的结构。

为便于起吊，泵体上铸有起吊柄；为便于更换上部的径向滚动轴承，在上轴承体上备有调节螺栓，既可以在安装时用来调整上部径向滚动轴承的轴向位置，又可用来顶出已损坏的轴承；为了便于更换下轴承，下轴承体的外圆比上轴承体的外圆要小些，且选用了利用紧定套作轴向紧固的双列向心球面滚子轴承；为了减小电机上部轴承的轴向负荷，在叶轮上开有平衡孔。

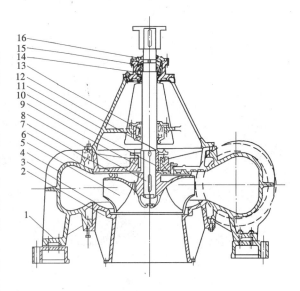

图 16-2　立式单吸单级离心泵

1—泵座；2—泵盖（下）；3—密封环；4—泵体；5—叶轮；6—泵盖（上）；7—密封环；8—轴；9—填料；10—护盖；11—支座；12—填料压盖；13—双列向心球面滚子轴承；14—单向推力球轴承；15—单列向心球轴承；16—轴承端盖

二、单级双吸离心泵的结构

结构特点：吸入口和吐出口均在泵轴心线下方，与轴线垂直成水平方向，检修时将泵盖揭开即可将全部零件拆下，不必拆卸电动机及管路。主要由泵体、泵盖、轴、叶轮、密封环、轴套、轴承部件和密封部件组成。轴的材质为优质碳素结构钢，其他零部件的材质基本上采用铸铁。叶轮、密封环、轴套为易损零件。如图16-3所示。

三、分段式多级离心泵的结构

分段式多级离心泵结构紧凑，有利于提高标准化、通用化程度的结构形式。由于这种泵的扬程取决于泵的级数，所以这种泵的扬程范围较广，在离心泵中它能达到的扬程最高。几乎所有的各种用途的高扬程离心泵均采用这种结构形式。仅目前列为标准系列的分段式多级离心泵产品就有供输送常温清水的 D 型泵系列，供发电厂用的 DG 型锅炉给水泵系列，供石油化工部门用的 Y 型油泵系列；至于尚未列为标准系列的各厂生产的各种用途的分段式多级泵的种类就更多了。

分段式多级离心泵的主要零件有吸入段、中段、压出段、轴、叶轮、导叶、密封环、平衡盘、平衡板、轴承部件等。随着工况的变化，平衡盘与平衡板之间的轴向间隙亦发生相应的变化，可自动平衡转子部件的轴向力，如图16-4所示。

四、单级单吸离心泵轴向力的产生及平衡方法

1. 轴向力的产生

在离心泵的工作原理中知道：液体在叶轮的作用下，在泵内形成高压区和低压区，并用密封环隔开。在密封环半径以外的叶轮前后盖板，所受到的压力是对称的，故没有轴向力。但在密封环半径以内的叶轮，进口的压力比后盖板的压力小，形成压力差，因此，产生轴向力，它的方向始终指向进水口。如图16-5。

轴向力总是把叶轮推向进水口，使泵轴窜动，若泵轴的轴向定位不好，就造成叶轮与

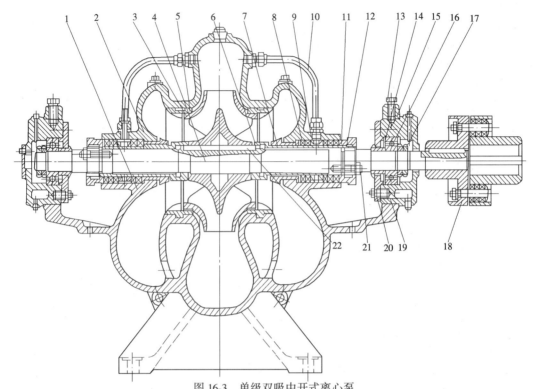

图 16-3　单级双吸中开式离心泵

1—泵座；2—泵盖；3—叶轮；4—轴；5—密封环；6—轴套；7—填料套；8—填料；9—水封环；
10—水封管；11—填料压盖；12—轴套螺母；13—固定螺钉；14—轴承体；15—轴承体压盖；16—
深沟球轴承；17—固定螺母；18—联轴器；19—轴承挡套；20—轴承；21—压盖螺栓；22—键

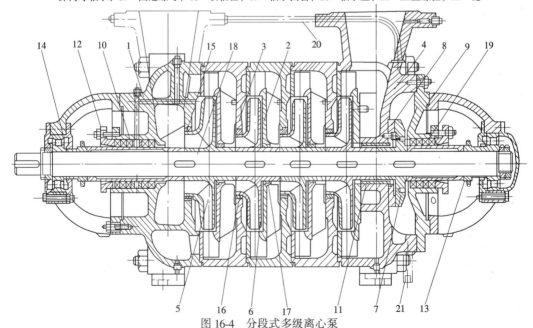

图 16-4　分段式多级离心泵

1—前段；2—导叶；3—中段；4—后段；5—首级叶轮；6—叶轮；7—平衡盘；8—平衡环；
9—尾盖；10—填料；11—平衡套；12—填料压盖；13—O形圈；14—轴承部件；15—首级密封环；
16—密封环；17—导叶套；18—轴；19—轴套；20—平衡管部件；21—平衡短管

泵壳摩擦，使泵工作不正常。

2. 轴向力平衡方法

（1）开平衡孔

在叶轮后盖板靠近轮毂处，钻几个小孔，降低叶轮背面的压力，使轴向力减小，如图16-6。一般可平衡轴向力的80%，但由于部分液体回流到叶轮入口，使水泵的容积损失增加，可使水泵的效率降低2%～5%。

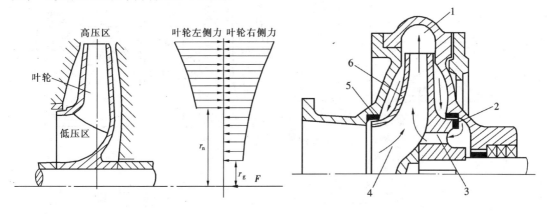

图 16-5　轴向推力示意图

图 16-6　平衡孔平衡轴向力
1—流道；2、5—密封环；3—平衡孔；
4—吸入口；6—叶轮

（2）采用平衡筋板

利用叶轮后盖板上的径向筋板平衡或减小轴向力，如图16-7。筋板的旋转强迫叶轮后面液体旋转，使液体产生离心力，从而降低叶轮背面的压力，达到减小轴向力的目的。

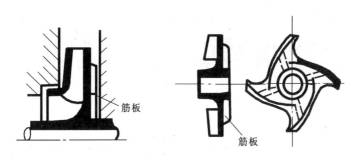

图 16-7　利用筋板平衡轴向力

（3）采用双吸叶轮

它是由两个对称的单吸叶轮背靠背装在一起，相当于两个单吸叶轮并联工作。这种叶轮的轴向力会自动平衡。如图16-8。但由于制造形状难于做到完全一致，始终存在残余的轴向力，一般由泵轴一端的轴承来承受。

（4）采用平衡盘

多级泵在最后一级叶轮后面装一个平衡盘来平衡轴向力。如图16-9。其工作原理：在平衡盘上，由于两侧存在压力差，因此，有个向后的力作用在平衡盘上，这个力叫平衡力，方向与叶轮轴向力相反。当叶轮上的轴向力大于平衡力时，泵转子就会向前移动，使轴向间隙 b_0 减小。因此，液体的泄漏量也减小，结果平衡盘面的压力 p' 提高，p' 提高后就增加平衡盘上的平衡力，使转子往后移动，轴向间隙 b_0 增加，液体的泄漏量增加，p' 下降，轴向力大于平衡力，转子又向前移，转子如此的前后移动，最后达到某一个平衡位置，使平衡力等于轴向力。从平衡盘泄漏的液体，被引到泵的进水口。

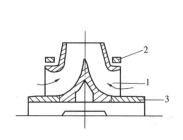

图 16-8　单级对称进水法
平衡轴向力

1—叶轮；2—密封环；3—轴套

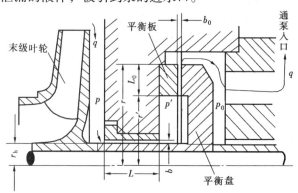

图 16-9　分段式多级泵的平衡盘装置

第三节　离心泵的主要零部件

一、叶轮

叶轮是离水泵的主要零件，也是离水泵的过流部分的核心。因此，叶轮的内表面应光滑，以减少液体流动的阻力。叶轮在泵壳内高速旋转，把机械能传给液体，使液体的内能增加。

1. 叶轮的结构

叶轮的结构一般由关盖板、后盖板、叶片组成。前盖板有进水口，后盖板装在泵轴上。有数片叶片，一般是后弯式；高比转数的叶片进口有扭曲形状。

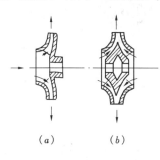

（a）　　　（b）

图 16-10　叶轮的类型

（a）单吸式叶轮；（b）双吸式叶轮

B. 半开式叶轮：只有后盖板，没有前盖板的叶轮，如图 16-11（b）。这种叶轮适用于含有悬浮杂质的液体。

（1）按吸入方向分

A. 单吸式叶轮：液体从叶轮一侧流入叶轮，如图 16-10（a）。

B. 双吸式叶轮：液体从叶轮两侧流入叶轮，相当于两个单吸式叶轮装在一起，有两个前盖板，一个公共的后盖板，并且比前盖板小，如图16-10（b）。

（2）按盖板形式分

A. 开式叶轮：没有前、后盖板，叶片装在轮毂上，如图 16-11（a）。这种叶轮清除杂物更方便，一般小型污水泵常用此叶轮。

C.闭式叶轮：前、后盖板中间装有叶片，如图 16-11（c）。这种叶轮具有较高的强度，一般离心泵都采用这种叶轮。

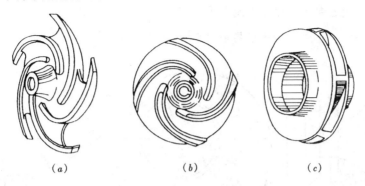

图 16-11　叶轮盖板形式
（a）开式叶轮；（b）半开式叶轮；（c）闭式叶轮

2.叶轮的材料

由于叶轮高速旋转，受力较大，而且有汽蚀的作用，所以叶轮的材料应具有较高的强度、抗汽蚀、耐冲刷的性能。一般采用铸铁或球墨铸铁、铸钢、不锈钢、青铜等金属材料，小型的酸碱泵也有用塑料的。

3.叶轮损坏的形式

叶轮损坏多数是密封环部位的磨损，其次是汽蚀损坏。源水泵由于砂石较多，使叶片磨损较严重或打坏。单吸式水泵存在轴向力，若轴向力得不到限制，会使叶轮前盖板受到磨损。

由于叶轮高速旋转，所以叶轮装配前要做静平衡试验，特别是较大的叶轮，否则会引起水泵的振动。

二、泵壳

泵壳是泵的过流部分，包括吸入室和压出室。

1.功能与作用

（1）吸入室是把液体均匀地、以最小的损失引入叶轮进口。单吸式悬臂泵多数采用圆锥形吸入室，锥度一般为 7°~8°，它的结构简单，制造方便。如图 16-12 所示。

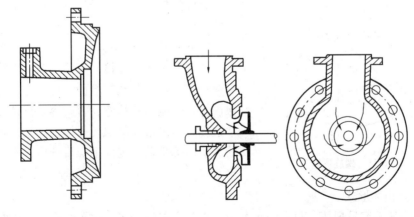

图 16-12　直锥形吸水室　　　　　图 16-13　环状吸水室

多级泵多采用环形吸入室，它的轴向尺寸小，但容易使流体产生旋涡，而且泵轴的旋转，使进口速度分布不均匀。如图16-13所示。

双吸中开式离心泵多采用半螺旋形吸入室，这种吸入室速度分布比较均匀，不产生旋涡，能量损失比较少，但结构比较复杂。如图16-14所示。

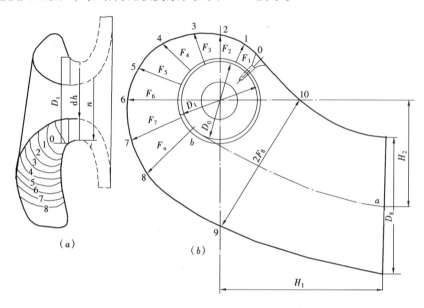

图16-14　半螺旋形吸水室

（2）压出室是把叶轮甩出的液体收集起来，并在扩散段使流速降低，压力升高，从泵口排出。所以压出室多数是螺旋形，它使水泵性能的高效区比较宽，切削叶轮轮外径后对水泵效率影响较小。但在非设计工况运行时，会产生不平衡的径向力，引起水泵的振动。如图16-15所示。

吸入室和压出室的流道一般无法进行机械加工，它的粗糙度是靠铸造的精度保证。因此要提高流道表面的粗糙度，降低流动损失，就必须改变铸造的型砂。

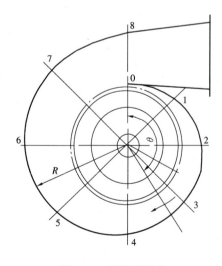

图16-15　螺旋形蜗室

2. 拆装应注意的事项

泵盖与泵体的连接一般是用双头螺栓，螺母应有垫片，保护泵盖孔的端面，螺栓露出螺母部分应保护好，不能涂有油漆，否则容易把螺栓拧出。经常这样容易把泵体的螺牙损坏，修复螺牙是很麻烦的。所以拆泵盖一定要把螺母拧出，不要把螺栓拧出。

3. 泵壳损坏形式

泵壳一般不容易损坏，只有源水泵由于水质含泥沙较多，对泵壳摩擦造成磨损。

4. 泵壳的材料

泵壳的材料一般是用铸铁。若是抽送腐蚀性液体，泵壳可采用不锈钢或塑料等耐腐蚀材料。

三、泵轴

1. 功能与作用

泵轴是把原动机的旋转扭矩传递给叶轮，使叶轮高速旋转，不断地把液体吸入和增大压力并排入管路。

2. 结构和材料

泵轴的材料一般采用碳钢或不锈钢。它应具有足够强度与刚度，并通过平键来与叶轮连接传递转矩，通过轴套及轴套螺母来固定工作叶轮的位置。

3. 装配要点及注意事项

泵轴表面比较光滑，拆装时应注意保护，不要碰伤，特别是轴承位。轴端的顶针孔也要保护好，它是用来检查轴弯曲的基准，拆装叶轮不能用铁锤直接敲打轴端，应垫上硬木保护。

4. 泵轴损坏的形式

泵轴损坏多数是轴承位置因拆装次数多而松动，变成动配合，造成轴与轴承内圈相对运动，摩损泵轴，并使水泵振动；其次是腐蚀、弯曲、扭断等形式。

四、密封环

1. 功能与作用

密封环一般装在叶轮进水口处相配合的泵壳上，密封环的作用是保持叶轮进口外缘与泵壳间有适宜的转动间隙，同时减少液体由高压区向低压区的泄漏。

2. 结构和材料

密封环结构有单环型、单环带转角型、双环型等，如图 16-16 所示。图（a）为单环型，单环型是较为简单的一种，只需控制径向间隙即可，从密封环间隙泄漏的水流方向与水泵进水方向相反，增加进水的阻力。图（b）为单环带转角型，是目前大中型单级双吸卧式离心泵采用得较普遍的一种。为便于检查，组装后密封环上下、左右的实际间隙，常在环的特定部位开有 10～20mm 宽的槽（一般按直径方向每隔 90°开一槽），以便用厚薄规测量密封环与叶轮间的径向间隙。这种环的泄漏水流对水泵进水干扰较小。图（c）是双环型。即在相同的径向间隙条件下，它的泄漏量比上述形式的密封环较小，但它要控制好两个环的配合精度，要留有一定的轴向间隙，且测量又较麻烦，因而用得较少。密封环的材料一般用铸铁、钢、不锈钢等，而镶于叶轮进口端的摩擦面一般采用青铜。

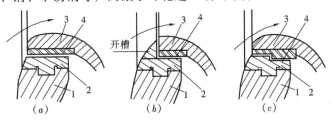

图 16-16　密封环结构

（a）单环型；（b）单环带转角型；（c）双环型

1—泵壳；2—镶在泵壳上的密封环；3—叶轮；4—镶在叶轮上的承磨环

3．装配要点及注意事项

密封环与叶轮进口的径向间隙既不能过大，也不能过小。间隙过大时，容积损失也加大；间隙过小时，叶轮与口环之间可能产生摩擦，增大机械损失，有时还会引起振动及设备事故。通常，根据不同泵型，密封间隙保持在 0.25 ~ 1.10mm 之间为宜，磨损较大的密封环应进行更换。

4．常见损坏形式

密封环损坏的形式多数是磨损，及时更换磨损过多的密封环，可以有效地提高容积效率，节省用电量。

五、轴承体

轴承体包括轴承和轴承座。

1．轴承座

轴承座是用来固定轴承的，它安装在泵体上，用螺栓连接，并用定位销固定位置，保证拆装后位置不变。因此，拆装时应存放好定位销，以免丢失。

2．轴承

轴承是用于支承水泵的转动部分，保证转动灵活、平稳，根据水泵的大小和结构不同，轴承可分为滚动轴和滑动轴承。

（1）滚动轴承

滚动轴承具有摩擦阻力小、转速高、外形尺寸小、规格标准、方便更换、润滑油耗量小等优点。但工作噪音较大，加工精度要求高，承受冲击负荷能力较差。小型高转速的水泵多数采用滚动轴承。

滚动轴承的结构比较简单，由内圈、外圈、滚动体、保持架等组成。滚动体有球形、圆柱形、圆锥形（推力轴承），有两排滚动体和单排滚动体。保持架是把滚动体隔开来，一般是用低碳钢或青铜制成。球轴承的内外圈有光滑圆弧形的滚道。如图 16-17 所示。轴承的材料一般都是用轴承钢或铬合金钢等耐磨、硬度较高的材料制成。

滚动轴承的损坏，多数是磨损或保持架损坏。发现轴承损坏应及时更换。

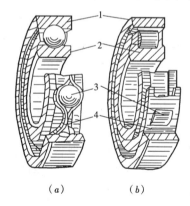

图 16-17　滚动轴承的基本构造
（a）球形滚动体；（b）圆柱形滚动体
1—外圈；2—内圈；3—滚动体；4—保持架

（2）滑动轴承

一般大中型的水泵多采用滑动轴承，因为大中型水泵的转动部分比较重，滑动轴承可以承受较大的重量，工作可靠，平稳无噪声，因为用液体润滑剂，故能形成润滑油膜。它具有吸振的作用，而且能承受较大的冲击负荷。但它的结构复杂，零件多体积大，小型水泵都不采用。

滑动轴承是由轴承座、轴瓦、油环、油标孔或油杆、排油孔组成。如图 16-18 所示。

轴承座是支轴承及转动部件，内部有容纳润滑油的空腔，轴承座多数是铸铁，铸钢或钢板焊接制成，分轴承座和轴承盖。轴承盖与轴承座有止口定位，并用螺栓连接。

轴瓦是安装在轴承座与轴颈之间。它分瓦背和瓦衬，瓦背一般用青铜或铸铁铸成，也有用钢板压成。瓦衬是用巴氏合金浇铸在瓦背上，经机械加工而成，巴氏合金的摩擦系数小，导热好，并具有抗绞合性能和一定的强度。巴氏合金磨损后，可重新浇铸。

油环是套在轴上，靠轴与油环之间的摩擦力旋转，把油池的油带到轴上来润滑轴承，故水泵运行时，油环一定要转动，否则轴承得不到润滑。

油标孔或油杆是用来观察润滑油面位置，油标孔或油杆都有刻线，加油时要在刻线范围内，不能太多也不能太少。

排油孔是在油池的最低处用来放油，因为润滑油要定时更换。

六、轴封装置

离心泵的轴封装置的作用是防止泵内液体往泵外泄漏。对双吸式泵，当泵轴高于进水面时，又可防止空气进入泵内。常用的轴封装置有填料密封和机械密封。

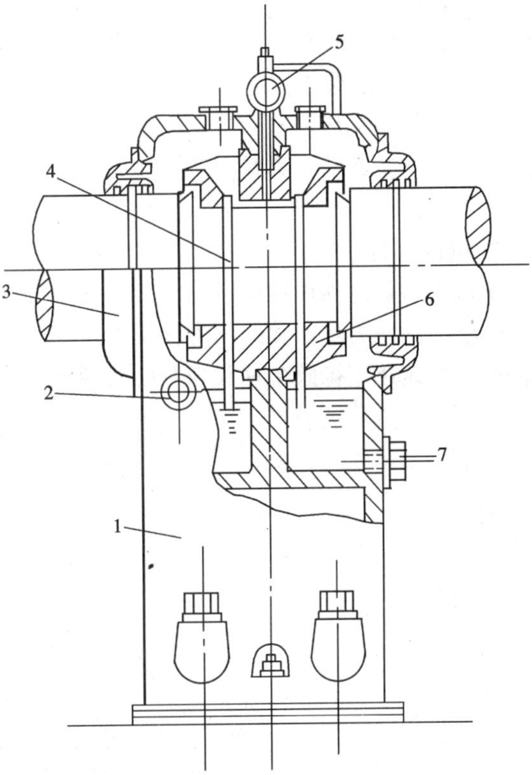

1．填料密封

填料密封是由填料套、填料、填料

图 16-18　滑动轴承组合

1—轴承座；2—油标孔；3—挡油环；
4—油环；5—油杆；6—轴瓦；7—排油塞

环、冷却水管填料压盖等零件组成。如图 16-19 所示。由于填料有可塑性，当填料压盖压紧填料时，使填料与轴套表面紧密接触来实现防止液体泄漏，同时由于填料混有石墨、黄油之类的润滑剂，可以起润滑作用。另外，填料环可从高压区引来冷却水，均匀地分布到填料的圆周上，进行冷却和润滑。

填料的种类较多，有石墨石棉纤维填料、石棉黄油填料，还有较耐磨损的合成纤维填料，如聚四氯乙烯等。

填料密封的结构简单，使用方便，成本低，适用性广，但使用寿命短，摩擦阻力较大，密封效果不太理想。

2．安装填料应注意事项

（1）选择规格要适合。若规格稍有大小，可用锤子敲扁，使之适合。

（2）下料的长度要正确，可用填料绕轴一圈确定长度。

（3）切口要与泵轴是 45°，以便压紧填料时切口会封闭。

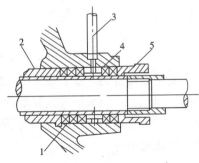

图 16-19　压盖填料型填料盒

1—填料；2—填料套；3—水封管；
4—水封环；5—压盖

（4）装在轴上的填料，相邻切口应错开大于90°。

（5）填料环要对准冷却水管口，以便使填料得到冷却水和润滑。

（6）填料不能装得太满，应留有3～5mm，以便给填料压盖定位，否则填料压盖内径容易与泵轴摩擦发热。

（7）填料装好后，填料压盖不能压得太紧，以免增加泵启动的阻力，待开机后再调节。

3．机械密封

机械密封是由动环和静环的光洁、精密的平面（此两个零件是经研磨而成，不能互换）在液体的压力和弹簧的压力作用下，相互紧贴并相对旋转而构成的动密封装置。动环和静环的安装还用橡胶垫片和橡胶圈对液体进行密封。如图16-20所示。

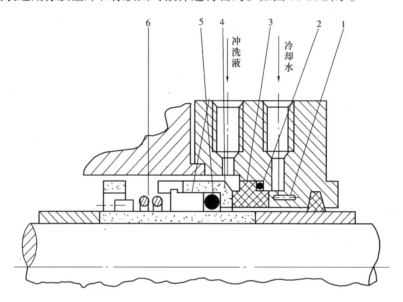

图16-20　机械密封结构原理

1—防转销；2—静环密封圈；3—静环；4—动环；5—动环密封圈；6—弹簧

机械密封与填料密封比较有许多优点，使用的寿命长，而且不会泄漏或很少泄漏，维修的周期长，一般情况可免去日常维修，摩擦阻力小，一般只有填料密封方式的10%～50%。轴或轴套不受磨损是目前泵轴密封的发展方向，但机械密封的结构较复杂，加工精度和安装要求较高，因此成本较贵。

七、联轴器

联轴器是把电机轴与水泵轴连接起来，传递功率。在安装时两根轴的中心线要尽可能对中，从而提高传动效率。但要做到完全对中是很困难的。因此，一般采用弹性联轴器来补偿不同轴度的误差，同时弹性联轴器也有缓冲、减振的作用。常用的弹性联轴器有弹性圈柱销联轴器、爪形弹性联轴器、尼龙柱销联轴器、齿式联轴器等。

1．弹性圈柱销联轴器

这种联轴器由两个半联轴器、弹性橡胶圈、柱销、挡圈等组成。如图16-21所示。每根柱销套上几个断面为梯形的弹性橡胶圈，再插入从动盘的销孔里。柱销靠锥度与主动盘

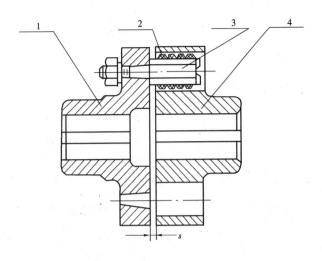

图 16-21 弹性圈柱销联轴器

1、4—对轮半联轴器；2—弹性橡胶圈；3—柱销

连接，并用弹簧垫圈、螺母紧固。主动盘的扭矩通过柱销、弹性橡胶圈传给从动盘。弹性橡胶圈起补偿两轴的不同轴度和缓冲、减振的作用，磨损后可更换。这种联轴器的外形轮廓较大，大中型水泵常采用此种联轴器。

2．爪形弹性联轴器

这种联轴器由两个端面带爪形的半联轴器，中间装个星形橡胶圈。如图 16-22 所示。主动轮的爪形拨动星形橡胶，星形橡胶圈再拨动从动爪形轮。这种联轴器的构造简单、装卸方便、弹性好、外形尺寸小、能承受冲击载荷，所以中小型水泵常采用它。

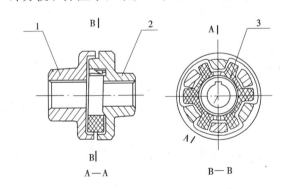

图 16-22 爪形弹性联轴器

1、2—爪形联轴器；3—星形橡胶圈

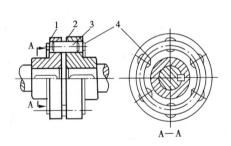

图 16-23 尼龙柱销联轴器

1、2—半联轴器；3—尼龙柱销；4—挡环

3．尼龙柱销联轴器

它的结构与弹性圈柱销联轴器相似，只是用尼龙柱销代替橡胶圈与柱销。如图 16-23 所示。它的结构简单，制造容易，维修方便，外形尺寸小。有一定的缓冲，吸振的能力，但尼龙销对温度较敏感，工作温度在 −20~70℃范围。

4．齿式联轴器

大型水泵常采用齿式联轴器，它由两个带外齿的内套筒，分别与主动轴和从动轴连

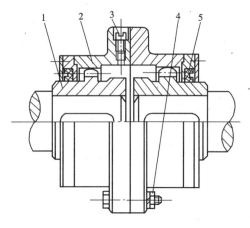

图 16-24　齿式联轴器

1—内套筒；2—外套筒；3—注油孔；

4—螺栓；5—密封圈

接，中间套上一个内齿圈外套筒。如图 16-24 所示。外齿的齿顶制成球面，内、外齿具有较大的侧隙，因此，这种联轴器允许两轴间有较大的综合位移，外形轮廓尺寸较小，传送扭矩大。

5. 联轴器的安装要求

虽然弹性联轴器允许两半联轴器存在偏差，但允许值很小，按建设部行业标准（CJJ 58—1994）规定应满足下表要求：

联轴器间距允许公差（mm）　表 16-1

联轴器外径	间距	上下左右允许偏差
≤300	3~4	≤0.03
>300~500	4~6	≤0.04
>500	6~8	≤0.05

对较大型机泵，应在运行中实测电机轴线升高值，并予以调整，以保证电机和水泵在运行中达到同心。

6. 损坏形式

联轴器一般不会损坏，但如果柱销螺母松动，则容易把柱销和与它配合的销孔损坏。如果安装时水泵轴与电机轴对中偏差较大时，容易磨损橡胶弹性圈。如果发现联轴器下面的地面上有很多橡胶碎片，则说明联轴器的对中性不好，应重新调整。

第四节　其他叶片泵的结构

一、混流泵的结构

混流泵可分为蜗壳式混流泵和导叶式混流泵。

1. 蜗壳式混流泵

图 16-25 所示，蜗壳式混流泵一般均采用悬架式悬臂结构，泵的全部重量均由铸在泵体下面的地脚承受。这是由于蜗壳式混流泵体较大且重。如果采用托架式悬臂结构，则需要托架尺寸较大，且应保证一定的强度和刚度，以承受泵的整个重量，这就使得泵的外形尺寸增大，重量增加。

蜗壳式混流泵叶轮一般采用平面密封，这种密封方式的优点是密封间隙如因磨损增大，可通过减小泵盖和泵体之间的垫片厚度来减小密封间隙。蜗壳式混流泵在我国生产和使用均较普遍，是因为它与导叶式混流泵相比，结构简单，制造、安装、维护均较方便。

2. 导叶式混流泵

导叶式混流泵如图 16-26 所示，无论从外观或内部结构看，都与轴流泵比较相似。泵转子的径向力由上、下两个橡胶轴承承受。由于上面的橡胶轴承一般位于进水池液面以上，启动前应通过管引水润滑，启动后，靠被输送的水润滑，不必另行引水。泵转子的轴向力，如果是直接传动，可由电动机上的推力轴承承受。

二、轴流泵的结构

结构特点：轴流泵主要由泵体、转动部件、传动装置等组成。如图16-27所示。泵体主要由吸入肘管(吸入喇叭口)、叶轮室、导叶体、弯管等零件组成。转动部分包括轴、叶轮等主要零件,大型轴流泵还包括调节机构。轴流泵的出水流道一般采用直锥式扩散出水管,末端装有出水活门。安装形式分为双基准方式安装及单基准直联立式安装。转向:从电机方向俯视,水泵为顺时针方向旋转。叶片分自动调节式、可调节式和固定式。自动调节式叶片是根据需要的流量、扬程、叶片的角度通过液压系统自动改变角度。可调节式是把水泵停下来用人工改变叶片的角度。固定式是叶片与轮毂做成整体,叶片角度不能改变。转

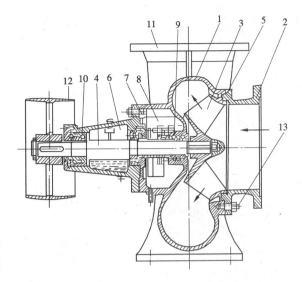

图 16-25　蜗壳式混流泵

1—泵壳；2—泵盖；3—叶轮；4—泵轴；5—密封环；
6—轴承箱；7—轴套；8—填料压盖；9—填料；10—轴
承；11—出水口；12—皮带轮；13—双头螺栓

动部分的重量及工作时水的压力和水的重量由推力轴承支承,靠叶轮处有橡胶轴承(导轴承)来控制。叶轮的出口有导叶防止液体的旋转,减少损失;另外起到升压作用。

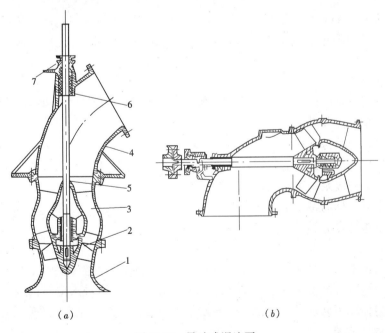

（a）　　　　　　　　　　　（b）

图 16-26　导叶式混流泵

（a）立式导叶式混流泵；（b）卧式导叶式混流泵

1—进水喇叭；2—叶轮；3—导叶体；4—出水弯管；5—泵轴；6—橡胶轴承；7—填料函

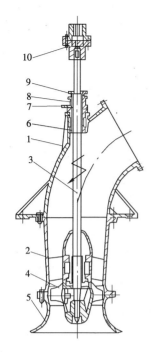

图 16-27　轴流泵

1—出水弯管；2—导叶；3—泵

轴；4—叶轮；5—进水管；6—

轴承；7—填料函；8—填料；

9—填料压盖；10—联轴器

三、长轴深井泵的结构

结构特点：长轴深井泵主要由泵体部分、扬水管部分、泵座部分、动力系统部分四部分组成。其中前两部分位于井下，后两部分位于井上。如图 16-28 所示。

1. 泵体部分

该部分主要包括滤水管、半开式叶轮（或封闭式叶轮）、锥套、下导流壳、中导流壳、上导流壳、壳轴承、叶轮轴及抛沙环（部分型号采用）等零件。

泵体内各导流壳之间的联接有螺纹联接和法兰联接两种形式，叶轮采用锥套固定于叶轮轴上。

2. 扬水管部分

该部分由扬水管、传动轴、支架轴承、支架及联轴器等零件组成。扬水管间的联接有螺纹联接和法兰联接两种形式。

深井泵在运转前，应将清水通入泵座润滑水孔，以保证轴与轴承的润滑。将支架轴承材料由橡胶改为自润滑材料，深井泵运转前可不预润。

3. 泵座部分

该部分由泵座、填料装置、引水管等零件组成。用多个地脚螺栓将泵座固定于基础上。

4. 动力系统部分

该泵有直接传动和间接传动两种形式。

直接传动采用 YLB 系列深井泵专用三相异步电动机作为动力，深井泵的轴向力由电机承受。间接传动采用 Y 系列立式三相异步电动机作动力，深井泵的轴向力由推力盘（出厂时配带）承受。

四、潜水泵的结构

潜水泵的特点是电机与泵做成一体，潜入水下工作，根据工作场地的性质和条件可分为作业面潜水泵和深井潜水泵。由于潜水泵体积小、重量轻、移动方便，特别适宜于突发性的排灌需要；作为深井提水机具也是较为理想的。作业面潜水泵和深井潜水泵的区别主要是后者径向尺寸受到井径的限制，且要求有较高的扬程。因此，泵的级数较多；作业面潜水泵一般均为单级泵，对径向尺寸无严格限制。

由于潜水泵结构的特性主要不在于泵本身，而在于电机的结构特点，因此，潜水泵亦可按电机的结构特点分类。

1. 干式潜水泵

这种潜水泵不允许水（或其他被输送的介质）进入电机内腔，因此，除应对绕组绝缘加强防潮外，与一般电机无区别。但为了防止被输送的介质进入电机内腔，要求轴封严密，因而轴封损坏不易及时发觉，往往导致电机损毁，可见这种结构可靠性差。

2. 半干式潜水泵

电动机定子用很薄的金属套筒或其他有机合成材料的屏蔽套筒进行封闭，让转子在介质中工作。这种屏蔽套保证了电机结构可靠，不受腐蚀，可用于各种介质。但由于屏蔽的

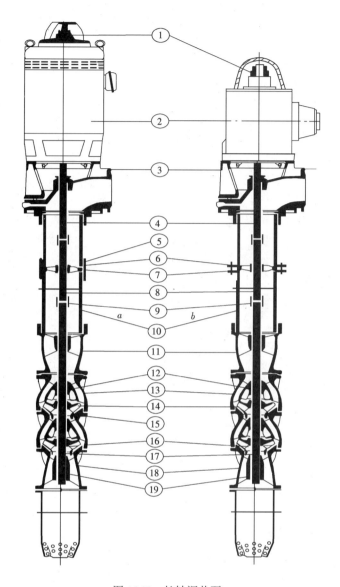

图 16-28　长轴深井泵

1—调节螺母；2—电机；3—泵座；4—电机轴；5—联管器；6—支架；7—支架轴承；8—传动轴；9—联轴器；10—扬水管；11—上导流壳；12—壳轴承；13—中导流壳；14—叶轮；15—密封环；16—锥套；17—叶轮轴；18—下导流壳；19—上、下壳轴承

存在影响电机性能。另外，这种结构制造困难，造价高，广泛采用受到限制。

3. 充油式潜水泵

在电机内部充满变压器油或锭子油，以防止水和潮汽侵入电机内腔，并起绝缘、冷却和润滑作用。这种结构的零部件不容易腐蚀，但须防止水的侵入和油的泄漏，要求轴封严密；由于油的黏性，转子磨耗大；易污染井水，不宜抽吸饮用水。按照电机内部是否有保持油液压力的装置，又可分为压力充油式（见图 16-29）和密封充油式两种结构形式。

4. 充气式潜水泵

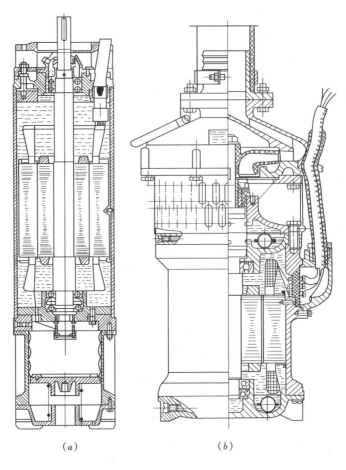

（a）　　　　　　　　　（b）

图 16-29　压力充油式潜水泵

（a）JQSY 型；（b）JQB-56-9 型

　　充气式潜水泵（气垫密封潜水泵）主要的密封结构是：装在电机上轴承的上端盖、电机壳和装在电机下轴承的气封套组成一个上部密封的容器。电机位于此容器的上部和普通电机一样。在导流体中部有三个泄水孔，泄水孔与电机下轴承间的一段空间叫做气封室，潜水越深，水压越大，进入气封室的水也就越多。当潜水深度为 10m 时，空气所占的体积是泄水孔以上密封容器的空间体积的一半，如图 16-30 所示。

　　气封室和电机壳内自然存在的空气受到压缩后，体积缩小，一部分空气通过电机下轴承下部油封圈的间隙进入电机内。电机设计时应保证在某一规定的潜深时，气封室内的水位仍然在下轴承以下。

　　虽然电机总泡在水里，但由于水的蒸发与外界压力成反比，与温度成正比；气封室内的压力总是高于大气压。电泵工作时，井水不断的经过泵，流经电机外壳，冷却条件好；压力高，温度低，所以水蒸发少，内部零件不易受潮生锈。电泵长期运行后，电机转子及其内部零件仍然光亮如新，没有锈迹。

　　这种潜水泵较适用于所掌握的静水位和动水位变化数值准确且潜水深度不太大的场合。

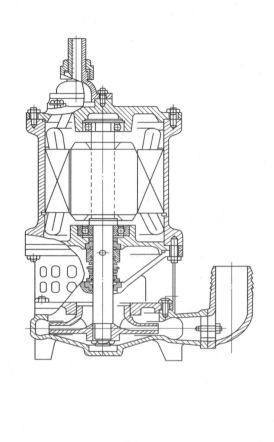
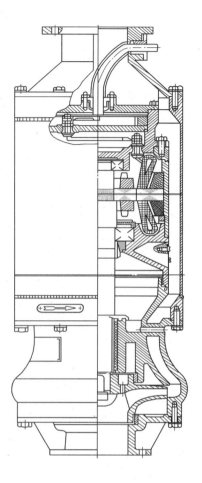

图 16-30　充气式潜水泵

5.湿式潜水泵

这种结构允许水直接进入电机腔，对轴封基本无要求，仅要求防泥沙。但定子要采用耐水绝缘导线，或采用合成树脂浇注。由于目前采用的耐水绝缘材料耐热性差，与铁心、导线的膨胀系数差别较大，易龟裂，有待进一步解决材料和工艺问题。尽管这样，但湿式结构从根本上解决了防水防潮问题，为深井潜水泵提供了有利条件，从国内发展情况看，发展湿式结构将是主要的，这与我国电气绝缘材料和合成工业的发展是分不开的。在目前湿式结构的发展过程中，遇到的主要问题有：高强度、耐绝缘的材料和工艺问题，水润滑的止推轴承和导轴承的材料和寿命问题，电机防锈和防泥沙的问题等。

四、污水泵的结构

WL型系列立式无堵塞排污泵为单吸蜗壳式泵，泵内装有无堵塞防缠绕型单（双）大流道叶轮，泵体和进水管上都设有手孔，以供排除杂物。液体沿轴向吸入，水平方向排出。电机与泵的联接有两种方式，一是电机装在与泵体连为一体的支架上，二是电机单独设基础通过加长轴与泵轴联接。从电机上方看，泵顺时针方向旋转。出口法兰上备有安装压力表的管螺孔，用户可在此安装压力表，以测定泵运行时的出水压力。上轴承盖和轴承架上装有旋盖式油杯，以便补充轴承体内的润滑脂。填料密封采用耐磨损的聚四氟乙烯浸

259

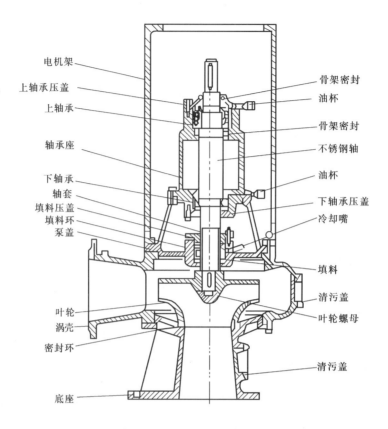

图 16-31　WL 型系列立式排污泵

润石棉填料，结构设计独特，磨损后可以调节，使用寿命较长。采用高质量轴承、机械密封、不锈钢轴，使用性能优良。

　　WL 型系列立式排污泵具有三个突出的特点：（1）高效节能；（2）功率曲线平坦，可以在全扬程范围内运行而无过载之忧；（3）采用单（双）大流道叶轮，或双叶片、三叶片叶轮，无堵塞、防缠绕性能良好，能顺利地输送含大固体颗粒、食品塑料袋等长纤维或其它悬浮物的液体。能抽送最大固体颗粒直径 10～250mm，纤维长度 150～1500mm。该产品适用于输送城市生活污水、工矿企业污水、泥浆、粪便、灰渣及纸浆等，还适用于作循环水泵、给水排水用泵及其他用途。

第十七章　离心泵的基本性能参数

第一节　离心泵的基本方程式

一、液体在叶轮里的流动情况

叶轮在充满液体的泵壳里旋转时，液体也随着叶轮一起旋转，称为圆周运动，其速度称圆周速度，用 μ 表示，如图 17-1 （a）。另外，液体旋转时会产生离心力，由叶轮中心向外流动，称相对运动，其速度称为相对速度，用 w 表示，如图 17-1 （b）。

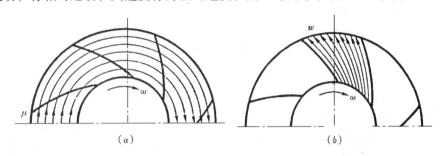

图 17-1　液体的圆周运动和相对运动

（a）液体的圆周运动；（b）液体相对运动

液体相对于不动的泵体的运动，称绝对运动，其速度称绝对速度，用 v 表示，如图 17-2。

这三个速度在叶轮不同位置上，它们的方向和大小都不相同。圆周速度的方向与叶轮圆周切线方向一致，大小是随叶轮半径的增加而增加。相对速度的方向与叶片相切，大小也是随叶轮半径的增加而增加。绝对速度 v 等于圆周速度 μ 和相对速度 w 的矢量和，即是具有方向和大小的相加，可用速度三角形求解，如图 17-2 所示。液体在叶轮任何点的速度三角形都不一样。对我们分析液体在叶轮里运动状态最有用的是叶轮入口和

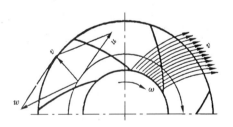

图 17-2　液体的绝对运动与液体
在叶轮中任意点的速度三角形

出口的流动状态。如果叶轮的大小尺寸和形状已知，在给定其他参数的条件下，可以作出叶轮入口和出口的速度三角形，从而可以分析液体在叶轮里的流动状态。通常把绝对速度分解成两个互相垂直的分速度，一个与圆周速度方向垂直，称轴面分速度 v_{m}，一个与圆周速度方向一致称圆周分速度 v_{u}，如图 17-3 所示。

绝对速度与圆周速度的夹角用 α 表示，相对速度与圆周速度的夹角用 β 表示，α、β 的角度值在叶片各点是不相同的，是随速度的变化而变化。叶轮入口用 α_1、β_1 表示，叶

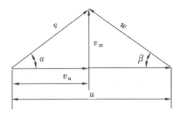

图 17-3 速度三角形

轮出口用 α_2、β_2 表示。α 和 β 的选择由设计者根据水泵的要求选择，工程使用的离心泵叶轮其 β_1、β_2 都小于 $90°$。叶片与旋转方向呈后弯式，叫后弯叶片，它的水力损失较小，水泵效率较高，一般 $\beta_2 = 20° \sim 30°$。

二、扬程的产生

做一简单如图 17-4 装置：两个上下连通的杯子，把水倒进杯里，使水位稍低于上连通的管，开始两个杯子的水平面平衡。用一根筷子在左边的杯子中急速旋转，水就随着旋转，旋转的液体会产生离心力。离心力的大小与杯子的半径有关，靠杯壁的离心力大，液面较高，中心的离心力小，液面较低，旋转越快，液面差越大，因此两个杯子的水就会流动。离心泵就是利用这种原理，在充满液体的水泵里，叶轮在原动机带动下高速旋转，使液体产生离心力，增加液体的内能，产生了扬程。

三、离心泵的基本方程式

单位重量的液体通过泵后所获得的能量称为扬程。如果不考虑损失，此扬程称理论扬程。理论扬程与液体在叶轮中的运动状态关系的方程式，叫离心泵的基本方程式，基本方程式是用理论力学的动量矩定理推导出来的：

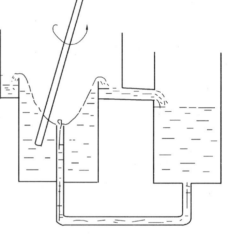

图 17-4 离心泵的工作原理

$$H_T = \frac{1}{g}(u_2 v_{u2} - u_1 v_{u1})$$

从基本方程式可以看出：

1. 叶轮的叶片传给液体的能量仅与液体在叶轮入口与出口的速度大小和方向有关；

2. 理论扬程仅与液体的运动状态有关，与液体的种类无关；

3. 当液体无旋转地进入叶轮时，即液体进入叶轮的绝对速度没有圆周分速度。

$v_{u1} = 0$，则基本方程式成为：

$$H_T = \frac{u_2 v_{u2}}{g}$$

一般情况 $v_{u2} = \dfrac{u_2}{2}$ 所以上式成为：

$$H_T = \frac{u_2^2}{2g}$$

用上式可估算水泵的扬程。

【例】　有一台铭牌已丢失的水泵，但电机铭牌未丢失，其转速为 1450r/min，打开泵盖测量叶轮的直径为 310mm，估算该泵的扬程。

【解】　先求叶轮的圆周速度 u_2

$$u_2 = \frac{\pi D_2 n}{60} = \frac{3.14 \times 0.31 \times 1450}{60} = 23.5 \text{m/s}$$

则
$$H = \frac{u_2^2}{2g} = \frac{23.5^2}{2 \times 9.8} = 28.2 \text{m}$$

该水泵的扬程大约在 28m 左右。

第二节　离心泵的工作原理

离心泵是叶片泵的一种，在生产实际中种类最多，使用也最多。由于这种泵是靠叶轮高速旋转时叶片带动液体一起旋转，使液体获得离心力而实现液体的输送，所以这种泵称做离心泵。

液体为什么会产生离心力？实际上任何做圆周运动的物体都会产生离心力。大到天体的运动，行星围绕恒星运动，行星会产生离心力。为什么行星没有脱离它的轨道而逐渐远离恒星？是因为恒星对行星还有一个万有引力。生活中当你坐在快速行驶的汽车上，在汽车转弯时，你会感到你的身体不由自主地向外倾斜，这就是离心力的作用。利用离心力的作用原理，人们发明制造了很多机器，如摇蜜机、洗衣机、污泥脱水机等，水泵也是其中一种。

旋转的物体产生的离心力的大小，可以用下式来进行计算：

$$F = m\omega^2 R$$

式中　　F——离心力（N）；

　　　　m——物体质量（kg）；

　　　　ω——物体旋转的角速度（rad/s）；

　　　　R——物体旋转半径（m）。

离心泵的工作原理示意图 17-5。当叶轮在泵壳内高速旋转时，叶片带动水一起高速旋转，旋转运动使水产生离心力，水在离心力的作用下以很高的速度甩出叶轮，飞向泵壳蜗室的汇流槽中，这时的水具有很大的冲击动能，由于蜗室汇流槽断面面积是逐渐扩大的，汇集在这里的水流速度逐渐降低，压力逐渐增高。由于泵的压力高于水泵出水管路的压力，水总是由高压区流向低压区。所以，水通过水泵获得能量后便源源不断地流向水管路，得到输送。离心泵出水压力的高低与叶轮直径的大小和叶轮转速的高低有着直接的关系，叶轮直径大、转速高，产生的离心力就大，水泵的出水压力就高；叶轮直径小、转速低，产生的离心力就小，水泵的出水压力就低。

叶轮中的水受离心力的作用被强迫甩向叶轮周边区域的同时，叶轮中心部位由于水的损失便形成一个负压区，而水泵吸水池的液面却在大气压力作用下，吸水池内的水通过水泵吸水管进入叶轮中

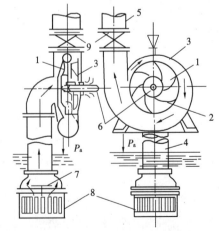

图 17-5　单级单吸式离心泵工作原理示意图
1—叶轮；2—叶片；3—泵壳；4—吸水管；5—出水管；6—轴；7—底阀；8—连蓬头；9—闸阀

263

心，填补叶轮中心部位所形成的真空，这样就实现了水泵吸水的过程。从吸水池的液面到水泵叶轮吸入口中心的垂直距离称为吸程。如果泵内叶轮中心部位绝对真空，外面的大气压力为一个标准大气压，那么这台离心泵的吸程最大可达10.33m。这是个理想状态时的数值，事实上达不到，因为泵内的中心部位压力不可能达到绝对真空，吸水管路在水通过时产生摩擦阻力，也要消耗一部分能量，轴封装配也做不到绝对不漏气，所以，离心泵最大吸程一般在6~8m左右。

离心泵工作的过程就是离心泵不断出水和吸水的过程，把叶轮高速旋转的机械能转化为被输送水的动能和势能，从而实现水泵的连续输水。

离心泵在启动前，一定要使泵壳内充满水，如果叶轮在空气中旋转，由于空气的质量远远小于水的质量，空气所获得的离心力不足以在叶轮中心部位形成所需要的真空度，从而吸水池中的水不会进入到水泵内，水泵将无法完成吸水过程，水泵也就无法正常工作。可以采用真空引水设备实现水泵真空吊水使水腔充满水。

第三节 离心泵的性能参数

每台水泵都有一个铭牌，铭牌标明水泵的型号和水泵工作能力指标。这些表示水泵工作性能的参数叫泵的性能参数。如流量、扬程、转速、轴功率、效率、允许吸上真空高度或汽蚀余量等。铭牌上的这些参数值是水泵工作的最佳值，也叫额定值，在选择水泵时就应参考这些数值。

一、流量

流量是单位时间内水泵输送液体的数量，用 Q 表示，有体积流量和重量流量两种表示方法。

1. 体积流量：用 Q 表示，单位：m^3/h、m^3/s、L/s。

2. 重量流量：用 G 表示，单位：t/h、kg/s。

重量流量与体积流量的关系：$G = \gamma Q$，式中 γ 为液体的质量密度（kg/m^3）。

水泵工作时的流量不一定等于额定流量，它随其他参数变化而变化。

二、扬程

水泵的扬程是单位重量的液体，通过泵后所获得的能量，也叫总扬程或全扬程，用 H 表示，扬程的单位：m，也有用压力表示，如 kg/m^2、MPa，它们的关系：

$$1MPa = 10kg/cm^2 = 102m$$

水泵工作时的扬程也是变化的，铭牌上所标的扬程是在额定转速、额定流量下的扬程，计算水泵扬程不能只计最低水位至最高水位的垂直距离，还应计及管道的阻力损失，如图17-6所示，所以水泵的扬程为：

$$H = H_实 + h_{吸损} + h_{压损}$$

三、功率

单位时间内所做的功叫功率。水泵的功率是指轴功率，单位为 kW。水泵还有有效功率、配套功率和输入功率。$kg \cdot m/s$ 和 $N \cdot m/s$，也是功率的单位。在物理学中常用。它们的关系：

$$1kW = 102kg \cdot m/s = 1000N \cdot m/s$$

1kg = 9.8N(N 是牛顿)

1. 有效功率

有效功率是单位时间内水泵对排出液体所做的功，即是把机械能无损失全部变为液体的内能，用 N_e 表示，单位是 kW。有效功率可以从水泵的流量 Q，扬程 H 和输送液体的密度 γ 计算。

$$N_e = \frac{\gamma QH}{102}(kW)$$

式中　Q——液体的体积流量（m³/s）；

　　　H——泵的扬程（m）；

　　　γ——液体的密度（kg/m³）；

或者　　　　$$N_e = \frac{\rho QH}{1000}(kW)$$

式中　ρ——液体的重力密度（N/m³）。

有效功率的公式，不管水的重量是用1000kg/m³计算，还是用9800N/m³计算，最后的数值都是 9.8（即 1000/102≈9.8），所以有效功率 $N_e = 9.8QH$。有些人认为9.8与重力加速度的数值相近，故用 g 代替，即 $N_e = gQH$。这里的 g 只有数值，不是重力加速度的单位。

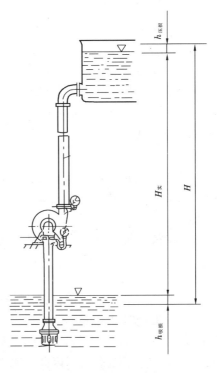

图 17-6　水泵扬程示意图

【例】　一台 300S-58 型的水泵在额定工况下的流量为 790m³/h，扬程为 58m，其有效功率为多少？

【解】　$Q = 790m^3/h = 0.219m^3/s$　$H = 58m$

$$N_e = \frac{\gamma QH}{102}$$

$$N_e = 9.8QH = 124.47kW$$

2. 轴功率

轴功率是原动机传给水泵轴的功率，用 N 表示，单位 kW。因为水泵工作时总存在各种损失。所以传给水泵轴的功率不能全部变为有效功率。因此，轴功率比有效功率要大，两者的关系：

$$N = \frac{N_e}{\eta}(kW)$$

式中　η——水泵的效率。

3. 配套功率

配套功率是水泵选用的功率，用 $N_配$ 表示，单位 kW。配套功率应比轴功率大，其原因是：

（1）原动机的动力传递到泵轴，中间有传动装置，它要消耗一部分功率；

（2）水泵工作时，由于工况的变化，有时可能要超负荷工作。因此，功率应具有一定的储备量，对动力机起保护作用。一般增加 10%～30% 的轴功率作为储备功率，大泵取小值，小泵取大值。

4. 输入功率

输入功率是水泵工作时电机实际所消耗的功率，用 $N_入$ 表示，单位 kW。输入电机的功率，不等于电机输出的功率，因为电机本身要消耗一部分功率，消耗多少，可用电机的效率 $\eta_电$ 表示；电机的输出功率传到水泵轴功率，中间的传动装置要消耗一些功率，消耗多少也可用传动效率 $\eta_传$ 表示；水泵的轴功率变为水泵的有效功率前面已讲与水泵的效率 η 有关。这些功率的关系为：

$$N_e = N \cdot \eta = N_入 \cdot \eta_电 \cdot \eta_传 \cdot \eta$$

配套功率与以上这些功率没有等量关系，它们只是起控制作用。在使用时，输入功率尽量不要超过配套功率。否则电机可能发热。

四、效率

水泵的效率是有效功率与轴功率的比值，用 η 表示。

$$\eta = \frac{N_e}{N}$$

因为水泵工作时，内部存在各种损失，所以水泵的效率始终小于 1，但各不同种类的水泵，它们的效率大小是不一样的。设计制造水平高的企业，它的效率就高些。大型水泵比小型水泵效率高，水泵铭牌上的效率是在额定转速下水泵的最高值。水泵的效率是随流量、扬程的变化而变化的。因此，水泵运行时应尽量调节到额定的参数附近，使水泵在高效区工作，从而节省电能。

【例】 某台泵工作时的流量为 $Q = 3170\text{m}^3/\text{h}$，扬程为 47m，轴功率为 465kW。

求：①该泵的有效功率 N_e；

②该泵的效率 η；

③若该泵的传动效率与储备功率之和按 20% 考虑，计算配套功率。

【解】 $Q = 3170\text{m}^3/\text{h} = 0.88\text{m}^3/\text{s}$　$H = 47\text{m}$　$\gamma = 1000\text{kg/m}^3$

$$N_e = \frac{\gamma QH}{102} = \frac{1000 \times 0.88 \times 47}{102} = 405.33\text{kW}$$

$$\eta = \frac{N_e}{N} = \frac{405.33}{465} = 0.8716 = 87.16\%$$

$$N_配 = 465 \times (1 + 0.2) = 558\text{kW}　\text{取电机功率为 560kW}。$$

五、转速

水泵的转速是指泵轴每分钟的转数，用 n 表示，单位为转/分。

水泵的转速是设计者选定的转速，是水泵设计的基本参数之一，转速改变后，流量、扬程、轴功率、效率都要变，所以使用时一定要保证在额定转速下运行。一般水泵与电机都是直联传动，水泵的转速就是电机的转速。大型的水泵转速较低，是因为大型水泵叶轮直径大，转动的惯性大，离心力也大。由于材料强度的限制，所以大型泵的转速不能太高。有些水泵厂规定转速只能往低于额定转速调，不能往高于额定转速方向调，就是怕离心力过大造成事故。

六、允许吸上真空高度和汽蚀余量

1. 允许吸上真空高度

允许吸上真空高度是水泵在标准状况下（水温为 20℃，表面压力为一个大气压）运转时，水泵进口处允许的最大真空度，用 H_s 表示，单位为米。所谓允许是水泵不发生汽蚀现象的情况下运转。

2. 汽蚀余量

汽蚀余量是指水泵进口处，单位质量液体所具有超过饱和蒸汽压力的富余能量，用 Δh 表示，单位为米。

七、比转数

比转数是表示水泵特性的一个综合参数，用 n_s 表示，是无因次单位。

$$n_s = \frac{3.65n\sqrt{Q}}{H^{3/4}}$$

式中　n——水泵的转速（r/min）；

　　　Q——水泵的流量（m³/s）；

　　　H——水泵的扬程（m）。

比转数是从相似理论中引出的一个综合参数，它说明相似的泵其 Q、H、n 之间的关系，相似的泵在相似工况下，其比转数相等，但同一台泵在不同的工况下其比转数并不相等。通常把最佳工况的比转数 n_s 定为该泵的比转数。在计算比转数时应注意：

1. 单吸单级离心泵可直接用 Q、H、n 代进公式计算出 n_s：

2. 对双吸单级泵计算比转数时，流量应给 2 除，即 $n_s = \dfrac{3.65n\sqrt{\dfrac{Q}{2}}}{H^{3/4}}$；

3. 对多级泵计算比转数时，其总扬程应给级数 i 除，即 $n_s = \dfrac{3.65n\sqrt{Q}}{\left(\dfrac{H}{i}\right)^{3/4}}$。

比转数在水泵设计时是一个重要参数，比转数确定后，叶轮形状和水泵的性能曲线形状大致就确定了，所以按比转数可以把离心泵分为低比转数离心泵、中比转数离心泵、高比转数离心泵、混流泵和轴流泵，如表 17-1。

比转数与叶轮形状和性能曲线形状的关系　　　　　　　　　　　表 17-1

泵的类型	离 心 泵			混 流 泵	轴 流 泵
	低比转数	中比转数	高比转数		
比转数 n_s	$30 < n_s < 80$	$80 < n_s < 150$	$150 < n_s < 300$	$300 < n_s < 500$	$500 < n_s < 1000$
叶轮形状					
尺寸比 $\dfrac{D_2}{D_0}$	≈ 3	≈ 2.3	$\approx 1.8 \sim 1.4$	$\approx 1.2 \sim 1.1$	≈ 1
叶片形状	圆柱形叶片	入口处扭曲 出口处圆柱形	扭曲叶片	扭曲叶片	轴流泵翼型

泵的类型	离心泵			混流泵	轴流泵
	低比转数	中比转数	高比转数		
性能曲线形状					
流量-扬程曲线特点	关死扬程为设计工况的 1.1~1.3 倍,扬程随流量减少而增加,变化比较缓慢			关死扬程为设计工况的 1.5~1.8 倍,扬程随流量减少而增加,变化较急	关死扬程为设计工况的2倍左右,扬程随流量减少而急速上升,又急速下降
流量-功率曲线特点	关死点功率较小,轴功率随流量增加而上升			流量变动时轴功率变化较少	关死点功率最大,设计工况附近变化比较小,以后轴功率随流量增大而下降
流量-效率曲线特点	比较平坦			比轴流泵平坦	急速上升后又急速下降

由于比转数与叶轮形状有关,所以水泵的各种损失和离心泵的总效率都与比转数有关,人们对比转数在离心泵的作用总结三句口决:

比转数用处大,设计计算要用它;

叶轮形状由它定,效率损失随着它;

比转数小扬程高,比转数大流量大。

第四节　离心泵的能量损失及提高水泵效率的措施

离心泵的效率不可能等于 1,就是说轴功率大于有效功率,大的那部分就是泵内的损失。从泵产品的说明书中获知,有些泵的效率已超过 90%,但在使用中很少能达到这个水平。供水的耗电量又很大,占企业总成本的 35%~45%。所以降低水泵的能量损失,提高水泵的效率有着重要的经济意义。

一、离心泵的能量损失

离心泵的能量损失可分为:机械损失、容积损失、水力损失三部分。

1.机械损失

所谓机械损失即是运动件之间的摩擦造成的损失。在水泵中,轴封、轴承以及叶轮圆盘与水的摩擦要消耗功率,这部分损失称机械损失。

(1)轴封和轴承的摩擦损失

轴封和轴承的摩擦损失一般为 $\Delta N = (0.01 \sim 0.03)N$,大泵取小值,小泵取大值,有些泵可能更大一些。采用填料密封时,填料压板压得太紧时,摩擦损失会增加,甚至发热烧毁。对小型水泵若填料压得太紧,有时会启动不起,时间长会把电机烧毁。因此,合理压紧填料是十分重要的,一般修理后的水泵,试机前填料压板不要压得太紧,待试机时进行调节。目前有许多泵采用机械密封,它的摩擦系数只有0.1,甚至更小,自润滑性好,安全可靠,耐磨,寿命长,是极好的轴封零件,也是发展的方向。

(2)圆盘摩擦损失

离心泵叶轮在充满液体的泵内旋转时,叶轮前后盖板外表面与液体产生摩擦造成损失,称圆盘摩擦损失。因为初次测定这部分损失是借用圆盘试验,故把这种损失称圆盘摩擦损失。

圆盘摩擦损失在机械损失中占的比例较大,尤其是中、低比转数的离心泵,圆盘摩擦损失更大。由图17-7可看出,高比转数的离心泵,圆盘摩擦损失占的比例较小,而低比转数的离心泵,圆盘摩擦损失急剧增加。当比转数 n_s = 30 时,圆盘摩擦损失接近轴功率的30%。试验证明,圆盘摩擦损失与叶轮直径的五次方成正比,与转速的三次方成正比,所以用提高转速的方法提高水泵扬程,比用增加叶轮直径的方法提高水泵扬程较合理。

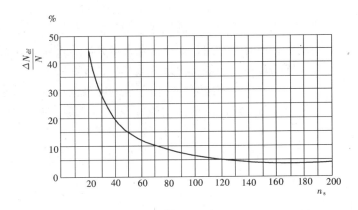

图 17-7 圆盘摩擦损失与比转数 n_s 的关系

ΔN_{df}—圆盘摩擦损失功率

$$\Delta N_{df} = 0.88 \times 10^{-6} \gamma u_2^3 D_2^2 = \frac{0.88}{21.6} \times 10^{-10} \gamma \pi^3 n^3 D_2^5$$

2.容积损失

从离心泵的工作原理获悉,水泵能产生扬程是把叶轮旋转机械能变为液体的内能,因此液体从进口到出口压力是不断增加的,故在泵内存在压力差,形成高压区和低压区。由于结构上的需要,叶轮与泵体存在间隙,高压区的液体通过密封环间隙流回到低压区,这部分液体虽经过叶轮获得的能量,但没有被利用,在泵内循环流动,因克服间隙的阻力而消耗获得的能量,这种能量损失称容积损失。

容积损失还包括单级单吸式泵和多级泵平衡轴向力所消耗的液体和从填料滴水消耗的液体(如图17-8、图17-9所示)。

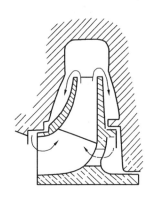

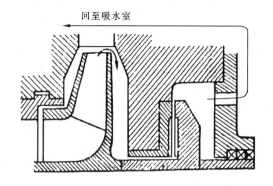

图 17-8　泵内液体的泄漏　　　　　　图 17-9　带平衡盘的多级泵的容积泄漏

（1）从叶轮密封环间隙泄漏液体的损失称密封环泄漏损失，对双吸式泵来说，这部分损失较多，因为叶轮两侧都有密封环，而且泄漏损失取决于密封环间隙的大小，间隙增加，泄漏损失增加。所以超过规定的间隙更换密封环是非常必要的，大型低比转数的离心泵，这部分损失是相当可观的。密封环的泄漏量可以通过水力学公式计算出来。

（2）一般单吸式泵和多级泵由于叶轮受力不平衡，存在轴向力。为了平衡轴向力，水泵的结构有意留出孔或缝，让一部分液体由高压区泄漏到低压区，从而减小轴向力，这部分液体也经过叶轮获得能量，没有被利用，而消耗在克服孔、缝的阻力。这部分损失也属容积损失。由于平衡孔、缝的存在，一般将使泵的效率降低 3%～6%。

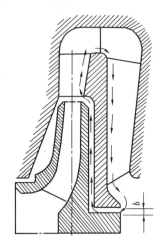

图 17-10　分段式多级泵级
间隔板处的泄漏

在多级泵中，由于级间隔板前后压力不等，有一部分液体经级间隙流回前级叶轮出口侧隙，如图 17-10。这部分液体不经叶轮，所以不属容积损失，但由于有级间泄漏使叶轮侧隙内的圆盘摩擦损失增加，从而影响到泵的总效率。

3. 水力损失

离心泵工作时，液体与泵壁面有摩擦损失。液体在流动中由于速度大小不同故有内部摩擦损失。液体流动的方向改变，有旋涡，冲击等都会造成损失。这些能量损失称水力损失，离心泵的水力损失与叶轮形状、泵壁面的粗糙度和液体的黏度有关。

水力损失可分为三部分：

（1）液体在泵吸入室的损失

液体在吸入室有沿程损失、变径损失，有时还有冲击损失。但吸入室内的流速不大，且流程短，故吸入室内的水力损失很小，一般不考虑。

（2）液体在叶轮内的损失

液体在叶轮内有沿程损失。液体在进入叶轮时，由于流速大小发生变化，而且流速的方向完全不同，有冲击和旋涡。液体在流出叶轮时还有出口损失，这部分损失占水力损失较多。

（3）液体在压出室的损失

液体在压出室也存在沿程摩擦损失，还有扩散、转弯、冲击、旋涡、出口等损失。

二、提高水泵效率的措施

离心泵的损失包括机械损失、容积损失和水力损失三部分，只要降低这三部分的损失就可以提高水泵的效率。

1．降低机械损失

（1）降低轴封损失的措施

选择质量好的填料，如化学纤维填料，其摩擦系数较小，而且耐用。安装填料时要小心，按规程操作，填料压板的压力要适中，滴水按规定要求，防止填料发热。

选用机械密封，既耐用又安全、可靠，而且摩擦损失又少。

采用新型注入式密封填料，这种填料不需要冷却，对轴套无摩擦，运动发生在其本身，而本身的摩擦系数较小。该种填料呈胶泥状混合物，填料的补充是用注入枪从原水封管入口处打进去，如图 17-11。

（2）降低轴承摩擦损失的措施

经常检查轴承润滑油的质量和数量，发现不够应及时添加，定期更换润滑油。如果发现轴承室渗有水，润滑油变白，则要及时更换。发现轴承损坏应及时更换。

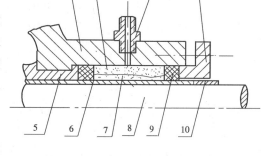

图 17-11　注入式密封填料安装简图
1—泵体；2—静止层；3—加料接头；4—压盖；
5—填料套；6—轴套；7—旋转层；8—泵轴；
9—密封端环；10—轴套螺母

（3）降低圆盘损失的措施

1）叶轮圆盘损失与叶轮直径五次方成正比，与叶轮转速三次方成正比，所以在给定扬程的情况下，用提高转速的方法，可以减少圆盘损失。

2）圆盘损失与叶轮前后盖板外表面和泵壳内表面的粗糙度有关，降低粗糙度可以减少摩擦损失，实验证明：

A．铸铁泵壳的粗糙表面涂漆后，泵的效率较未涂漆时提高 2%～3%。

B．叶轮前后盖板及泵壳内表面用砂轮磨光后，泵的效率可提高 2%～4%。

C．叶轮圆盘损失还与叶轮和泵体之间的侧隙大小有关，如图 17-12 所示。对一般离心泵来说 $B/D = 2\%～5\%$ 范围内叶轮圆盘损失比较小。

D．水泵结构设计合理，叶轮的圆盘摩擦损失可以减少，如图 17-13 所示。开式泵腔比闭式泵腔的效率要高一点。

2．降低容积损失的措施

（1）增加液体通过密封环的阻力，可以减少液体由高压区漏向低压区。如采用锯齿环或迷宫环，液体的泄漏阻力比圆柱环要大。

（2）减少密封环间隙 b，可以有效地减少泄漏量。一台 $n_s = 40$ 的离心泵改变密封环间隙的试验表明，当间隙 b 由 0.5mm 减少到 0.3mm 时，水泵的效率可提高 4%～

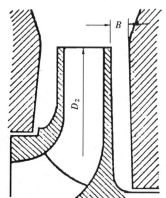

图 17-12　叶轮和泵体间的侧隙

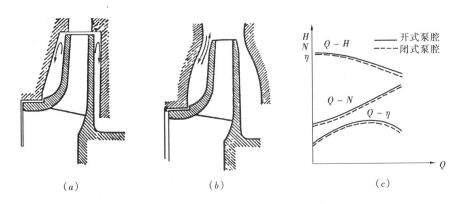

(a) (b) (c)

图 17-13　开式泵腔与闭式泵腔的比较

(a) 闭式泵腔；(b) 开式泵腔；(c) 叶轮圆盘摩擦损失功率的回收

4.5%。

(3) 减少其他方面的容积损失，如填料处。

3. 降低水力损失的措施

降低水力损失的措施主要是设计者在设计泵时，合理选择各种参数及流道的几何形状，一般应注意下列几个问题：

(1) 液体在过流部件的速度大小应合理确定，而且速度变化要平缓；

(2) 避免在流道内出现死水区；

(3) 合理选择叶轮的叶片入口角和出口角，可以减少冲击损失；

(4) 避免在流道内存在尖角及突然转变的情况；

(5) 流道表面应尽量光滑，不得有黏砂、飞边、毛刺等铸造缺陷。

国产水泵一般流道都比较粗糙，叶轮的叶片之间的流道也不光滑，定期检修时，花点时间用手提砂轮机，打磨光滑，水泵效率提高 3%，是完全能实现的。目前贝尔佐纳公司有一种超光滑涂料 1341，试验证明，涂在泵壳和叶轮上，水泵的效率可提高 2%～4.8%。供水行业的水泵每天 24h 不停运转，只要能提高水泵效率 1%，年长月久，其效益非常可观。

第十八章　离心泵的汽蚀

第一节　离心泵汽蚀现象的发生过程

一、水的物理性质

水冷却到0℃就开始结冰，变成固体，水加热到100℃就会沸腾变成水蒸气，这些水的物理现象中学时就学过。所谓水的三态，即水在不同条件下可以以三种状态（固态、液态、汽态）出现，条件就是温度和压力。严格地说水应在一个标准大气压（10.33m水柱）下，加热到100℃就有汽泡从水中逸出来成为蒸汽。如果把水面的压力降低到0.024个大气压（0.248m），20℃的水也能沸腾，产生蒸汽。在高山上空气的压力低，温度不到100℃，水也会沸腾，就是这个道理。在一定温度下，液体开始汽化的临界压力叫汽化压力。

二、汽蚀的产生过程

现在就利用水由液态变为汽态的现象，来分析水泵发生汽蚀过程。

水泵工作时，水之所以能从低处被吸上来，是因为叶轮旋转使水产生离心力，把叶轮中心的水甩向四周，使叶轮中心的压力降低形成低压区，此压力比大气压还低，水就在大气压力的作用下往进水管流入到叶轮中心。如果由于某些原因，叶轮中心的压力降到很低，低于该温度下的汽化压力，水就会汽化，产生汽泡。另外，原来溶解于水中的气体也会从水中分离出来。这些汽泡随水流带到高压区，汽泡在周围压力的作用下，被压破而重新凝结。在凝结过程中，液体的质点从四周向汽泡中心加速运动，质点相互撞击，冲击力大，产生很高的局部压力，其压力可达几百个大气压。撞击的频率可达每秒上千万次，就像子弹头一样连续撞击金属表面，使金属表面由于疲劳产生剥落破坏，此破坏现象叫机械剥蚀。同时汽泡中还杂有活性气体（如氧气等），借助凝结过程放出的热量，对金属起化学腐蚀作用。在机械剥蚀和化学腐蚀的共同作用下，加速了金属的破坏作用，这种现象叫汽蚀现象。

如果水泵经常在汽蚀工况下运行，叶轮的叶片会很快被破坏成像蚂蚁窝一样，严重时叶片会被击穿。

离心泵发生少量的汽蚀，泵内发生异声，对水泵的工作没有明显的影响，允许吸上真空高度的性能曲线也没有明显的变化。如果汽蚀发展到一定程度，汽泡大量产生，响声大，水泵振动也大，压力表指针摆动大，流量、扬程、效率明显降低，允许吸上真空高度的性能曲线有明显下降，严重时会抽不上水。

三、汽化压力与温度的关系

从上面的分析获知，水泵发生汽蚀的原因是水泵进口处的真空度太高，即压力太低，从而使液体达到汽化压力。水的汽化压力与温度的关系，见表18-1。

水的温度与饱和蒸汽压力的关系										表 18-1
水温（℃）	5	10	20	30	40	50	60	70	80	90	100
饱和蒸汽压力 p_v/γ（mH$_2$O）	0.09	0.12	0.24	0.43	0.75	1.25	2.03	3.11	4.82	7.14	10.33

第二节 允许吸上真空高度

一、水泵安装高度的确定

离心泵的泵轴中心线到液面的垂直高度叫几何安装高度。既然离心泵有吸水的性能，是否就可以把水泵安装离水平面更高的地方？因为水泵安装得高有许多好处，如不怕水浸，减少工程的开挖深度，方便施工，降低工程投资，但不能无限制地提高几何安装高度。从离心泵的工作原理可知，泵能把低处的液体吸上来，是因为液体在叶轮旋转时产生离心力，使叶轮入口处形成真空度。即使是绝对真空，水在一个大气压作用下只能上升到 10.33m，如果达到绝对真空，水在常温下就要汽化，产生汽泡，水泵就不能工作。水泵进口处的真空度究竟与哪些参数有关系呢？它与液体表面的压力，液体在吸水管流动的速度，管道的阻力和液体的重度等有关。

根据流体力学伯努利能量方程式求出：

$$H_s = H_g + \frac{v_1^2}{2g} + h_w$$

式中 H_s——吸上真空高度（m）；

H_g——几何安装高度（m）；

v_1——吸水管液体流动的速度（m/s）；

h_w——泵吸水管道的阻力损失（m）。

所以

$$H_g = H_s - \frac{v_1^2}{2g} - h_w$$

即几何安装高度等于吸上真空高度减去流动损失和吸水管的阻力损失。

二、允许吸上真空高度的计算

在标准状态（温度为 20℃，压力为一个大气压）下运行的水泵，以清水试验可测得水泵最大吸上真空高度。最大吸上真空高度值是水泵即将发生汽蚀的真空度值，或叫临界汽化压力，用 H_{smax} 表示。为了保证水泵运行时不发生汽蚀，规定留 0.3m 的余量，即叫允许吸上真空高度，用 $[H_s]$ 表示。

$$[H_s] = H_{smax} - 0.3$$

水泵铭牌上就是这个 $[H_s]$ 值，这个值是代表标准状态下的数值。如果工作的环境压力和液体的温度不同，$[H_s]$ 的值也不同，故必须进行修正。

温度与汽化压力的关系从表 18-1 可查得，因此，允许吸上真空高度 $[H_s]$ 应减去温度升高的汽化压力与 20℃的汽化压力之差，修正后的允许吸上真空高度值为：

$$[H_s]' = [H_s] - \left(\frac{p_v}{\gamma} - 0.24\right)$$

如求液体温度为40℃时，允许用吸上真空高度值，查表 18-1，40℃的汽化压力为 0.75m 水柱，则 0.75 - 0.24 = 0.51，$[H_s]' = [H_s] - 0.51$。

水面的压力与吸上真空度也有密切的关系，因为吸上真空度是在一个标准大气压的条件下测试出来的，如果水面的压力没有一个标准大气压，吸上真空高度就应小一些。大气压力与海拔高度的关系见表 18-2。

海拔高度与大气压力的关系　　　　　　　　　　　　　表 18-2

海拔高度 (m)	0	100	200	300	400	500	600	700	800	900	1000	1500	2000
大气压力 p_0/γ (mH₂O)	10.3	10.2	10.1	10.0	9.8	9.7	9.6	9.5	9.4	9.3	9.2	8.6	8.1

这样，如果水泵安装的地形海拔高度较高，允许吸上真空高度也应做修正，则

$$[H_s]' = [H_s] - \left(10.33 - \frac{p_0}{\gamma}\right)$$

如果水泵在高原使用，水的温度又较高，这两项对允许吸下真空高度都应进行修正，其结果是：

$$[H_s]' = [H_s] - \left(\frac{p_v}{\gamma} - 0.24\right) - \left(10.33 - \frac{p_0}{\gamma}\right)$$

因此，允许吸上真空高度不但与进水管的流速，管道的阻力有关，还与水泵安装的高程及水温有关。

【例】　有一台安装在海拔 1500m 的高原地区，当地水的最高温度为 40℃，从该水泵铭牌上查到的允许吸上真空高度 $[H_s] = 4.8m$，求当地的允许吸上真空高度。

【解】　查表 18-1 和 18-2 得

$$[H_s]' = 4.8 - (10.33 - 8.6) - (0.75 - 0.24) = 2.56m$$

产品的允许吸上真空高度，在安装使用时一定要进行修整，从上面的例子中看出，产品的 $[H_s]$ 是 4.8m，由于高程和温度的影响使 $[H_s]$ 降低 2.24m。如果再考虑流速和进水管阻力的影响，几何安装高度就得更低。

第三节　汽　蚀　余　量

汽蚀余量是水泵入口处，单位重量的液体具有超过汽化压力的富余量，用 Δh 表示。它是液体进入叶轮前所剩余的并能够有效地加以利用来防止汽蚀发生的这部分能量，有些资料称为有效的汽蚀余量或可利用的汽蚀余量，用外文 NPSH 表示，如图 18-1 所示，汽蚀余量 Δh 为：

$$\Delta h = \frac{10^4 p_0}{\gamma} - \frac{10^4 p_v}{\gamma} - H_g - h_w$$

式中　Δh——汽蚀余量（m）；

p_0——液面大气压力（kg/cm²）；

p_v——液体的汽化压力（kg/cm²）；

γ——液体密度（kg/m³）；

H_g——水泵的安装高度（m）；

h_w——进水管路的阻力损失（m）。

水泵的汽蚀实验，是用降低进水水位或增加吸水管的阻力等方法来增加泵吸入口的真空度，测得开始发生汽蚀时的真空度 H_{smax}，再根据关系式计算出最小汽蚀余量 Δh_{min}。

$$\Delta h_{min} = \frac{10^4 p_0}{\gamma} - \frac{10^4 p_v}{\gamma} - H_{smax} + \frac{v_1^2}{2g}$$

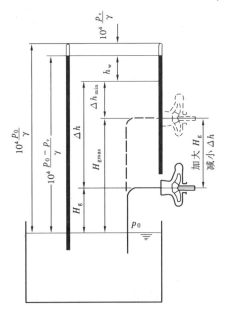

图 18-1　Δh 与 H_g 的关系

最小汽蚀余量 Δh_{min} 是水泵开始汽蚀的临界值，有文献称它为必需的汽蚀余量。为安全起见，使用时应加一定安全量作为允许汽蚀余量，用 $[\Delta h]$ 表示，对清水泵一般加 0.3m，即：

$$[\Delta h] = \Delta h_{min} + 0.3$$

为了不发生汽蚀，要求泵吸入口有足够的汽蚀余量，$\Delta h > [\Delta h]$。安装使用时，汽蚀余量受水泵吸入口和叶轮的几何形状的影响，同时也受到转速、流量的影响，流量增加时，汽蚀余量降低，即使同一台泵，在不同工况下运转所对应的 Δh_{min} 也不一样。因此，相同流量的水泵其 Δh_{min} 的大小，可用来衡量它们的汽蚀性能的好坏。Δh_{min} 越小，其汽蚀性能越好。

允许吸上真空高度 $[H_s]$ 与允许汽蚀余量 $[\Delta h]$ 及其他参数的关系如下：

$$[H_s] = \frac{10^4 p_0}{\gamma} - \frac{10^4 p_v}{\gamma} - [\Delta h] + \frac{v_1^2}{2g}$$

从公式中可以看出，H_s 与 Δh 成反比，即汽蚀余量越大的泵，其允许吸上真空高度就越低，要求水泵安装的高度也越低。

由

$$\Delta h = \frac{10^4 p_0}{\gamma} - \frac{10^4 p_v}{\gamma} - H_g - h_w \quad 得$$

$$H_g = \frac{10^4 p_0}{\gamma} - \frac{10^4 p_v}{\gamma} - \Delta h - h_w$$

式中 p_0 可从水泵所在的地方的海拔高度查出，p_v 可从当地的最高水温查得对应的汽化压力，h_w 可通过进水管的装置计算出来。因此水泵的几何安装高度就可以计算出来。

允许吸上真空高度与允许汽蚀余量，都是用来决定水泵安装高度的参数。在使用时，应注意海拔高度、液体的温度、进水的速度和进水系统的阻力对它们的影响。水泵产品提供的允许吸上真空高度或汽蚀余量是极限值。

【例】　某台泵铭牌上的流量为 790m³/h，必需的汽蚀余量是 4.4m。该泵进口直径为 300mm，吸水系统的水力损失为 1m，该泵安装在海拔 100m，液体最高温度为 30℃，求该泵的允许吸上真空高度 $[H_s]$ 和几何安装高度。

【解】 流量 $790 \text{m}^3/\text{h} = \dfrac{790}{3600} = 0.219 \text{m}^3/\text{s}$

$$\Delta h_{\min} = 4.4 \quad 则 [\Delta h] = \Delta h_{\min} + 0.3 = 4.4 + 0.3 = 4.7\text{m}$$

$$进水截面积 = \frac{\pi D^2}{4} = \frac{3.14 \times 0.3^2}{4} = 0.07065 \text{m}^2$$

$$进水流速 = \frac{Q}{A} = \frac{0.219}{0.07065} = 3.1 \text{m/s}$$

查表海拔 100m，大气压为 10.2m，温度 30℃查表，汽化压力为 0.43m

所以

$$[H_s] = \frac{p_0 - p_v}{\gamma} - [\Delta h] + \frac{v_1^2}{2g}$$

$$= 10.2 - 0.43 - 4.7 + \frac{3.1^2}{2 \times 9.8}$$

$$= 5.56 (\text{m})$$

$$[H_g] = \frac{p_0 - p_v}{\gamma} - [\Delta h] - h_w$$

$$= 10.2 - 0.43 - 4.7 - 1$$

$$= 4.07 (\text{m}) \quad 取 4\text{m}$$

则几何安装高度为 4m。

第四节 抗 汽 蚀 措 施

一、改进叶轮入口的几何形状

在前一节中已讲过汽蚀余量与流速和叶轮的几何形状有关。下面介绍几种提高叶轮抗汽蚀性能的方法。

1. 采用双吸叶轮

对于流量相同的泵，双吸式叶轮比单吸式叶轮进水的速度降低一半左右，所以双吸式叶轮的 $\Delta h_{\min}$ 相当于单吸式叶轮的 $\Delta h_{\min}$ 的 0.63 倍，提高了抗汽蚀性能。

2. 降低叶轮入口速度

叶轮进口速度的平方与汽蚀余量是呈正比，速度降低必须加大叶轮进口的直径 D_0，直径增加则密封的间隙面积增大，从而使泄漏量也增大，使泵的容积效率降低。另外，叶轮入口直径增加后相对缩短流道长度，影响水力效率，使水泵效率降低。所以用降低叶轮入口速度的方法提高汽蚀性能，还要兼顾到泵的效率。

3. 增加叶片入口边宽度 b_1

增加叶片入口边宽度 b_1，如图 18-2，也就是降低叶轮入口相对速度，这也可以提高泵的汽蚀性能。一般用增大叶轮入口直径 D_0 与增大 b_1，同时考虑效果比较好。

4. 合理选择叶片数和冲角

叶片数增加虽然可以改善液体流动情况，但会增加摩擦损失，同时提高进水速度，使汽蚀性能恶化。因此，应合理

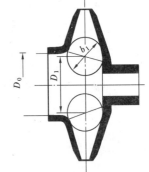

图 18-2 增加叶轮入口直径和
叶片入口边宽度

选择叶片数。

冲角是液体进入叶轮的流动方向与叶片安装角度之差。叶片安装角大于流动方向为正冲角，一般正冲角为 3°～15°。正冲角对泵的抗汽蚀性能有一定的影响，特别是对大流量的工况，正冲角可以延缓汽蚀性能的急剧恶化。

二、提高叶轮进水压力

因为汽蚀的原因是叶轮进口处压力过低，故在叶轮前加诱导轮，提高进口处的压力，可提高水泵抗汽蚀性能。诱导轮是螺旋形，它装在叶轮前面，如图 18-3 所示。

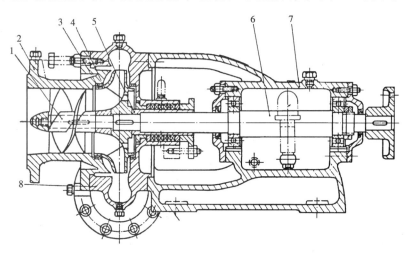

图 18-3　带有诱导轮的离心泵

1—诱导轮；2—泵盖；3—密封环；4—叶轮；5—轴套；6—泵轴；7—托架；8—泵体

三、采用抗汽蚀材料

用抗汽蚀材料制造的叶轮，可延长叶轮的使用寿命。一般材料的强度和韧性越高，硬度和化学稳定性越高，其抗汽蚀性能越好，如铝铁青铜 9-4，不锈钢 2Cr13，稀土合金铸铁和镍铬合金等材料，这些都比普通灰铸铁的抗汽蚀性能好得多。另外，在水泵流道和叶轮表面，喷涂一层耐汽蚀材料，如镍铬等金属或有机聚合材料都可以提高水泵的抗汽蚀性能。

四、在使用方面的措施

1．降低水泵的安装高度。

2．减小吸水管路的阻力。如加大进水管，减少管路附件，尽量不转弯，提高管道的光洁度等。

3．在运行中发现水泵汽蚀严重可关小出水阀，减小流量，减小流速，消除汽蚀。

4．尽量调节水泵在额定工况点工作，避免在大流量，低扬程的工况工作。

第十九章　离心泵的性能

离心泵的主要参数，如流量、扬程、转速、功率、效率、允许吸上真空高度，这些参数之间既互相联系又互相制约。当其中一个参数变化时，其他参数也跟随变化。通常把泵的主要参数之间的相互关系和变化规律用曲线表示，这些曲线称离心泵的性能曲线，或叫特性曲线。性能曲线是液体在泵内运动规律的外部表现，离心泵的性能曲线是选择水泵的依据。

第一节　离心泵性能曲线及其影响参数

一、离心泵的性能曲线

离心泵性能曲线是用试验的方法得出来的。在固定转速（一般是额定转速）下，用改变流量的方法，测得对应的扬程、轴功率、允许吸上真空高度，然后把许多同类点用光滑曲线连起来，就成各性能曲线。常用的性能曲线有：流量-扬程曲线，流量-功率曲线、流量-效率曲线、流量-允许吸上真空高度曲线或流量-汽蚀余量曲线（如图 19-1）。在性能曲线上，任何一个流量，都可以找出一组与其对应的扬程、功率、效率和允许吸上真空高度。通常把这一组相对应的参数称为工况点。与效率最高点对应的参数称最佳工况点。

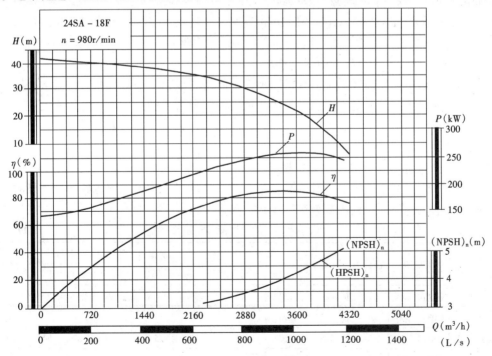

图 19-1　水泵性能曲线

二、影响性能曲线的参数

1. 流量-扬程曲线（Q-H）

在离心泵的流量-扬程曲线中，当流量为零时扬程最高，叫做关死扬程。然后随着流量的增加扬程逐渐降低。降低的快慢（即平坦或陡峭）与比转数 n_s、叶轮出口宽度 b_2、叶片出口安放角 β_2 和过流部件的形状有关。一般 b_2、β_2 增大，n_s 减少，流量-扬程曲线较平坦，反之则曲线较陡，如图 19-2。

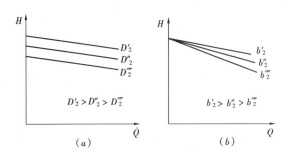

图 19-2　D_2 和 b_2 对泵性能曲线的影响

（a）D_2 对泵性能曲线的影响；（b）b_2 对泵性能曲线的影响

2. 流量-功率曲线（Q-N）

轴功率是随着流量的增大而逐渐增加，但增加的快慢也与比转数 n_s 有关。比转数小，轴功率随流量的增大而增加得较快，曲线较陡。比转数大，曲线比较平坦。当流量等于零时，即出水关闭，轴功率不等于零，这是因为叶轮用于克服液体的阻力，和机械摩擦的阻力所消耗的功率，是水泵工作的最小功率。所以，水泵启动要求关闭出水阀，从而减轻启动负荷。但关闭阀门的时间不能太长，否则泵内液体会发热。

3. 流量-效率曲线（Q-η）

流量-效率曲线，是从所测得流量对应的功率和扬程（用公式 $\eta = \dfrac{N_e}{N} = \dfrac{9.8QH}{N}$）计算出来的。当流量为零时，效率也为零，随着流量的增加，效率先是增加，到达一定值后又随流量的增加而逐渐下降，像一条抛物线。效率最高点对应的工况叫做最佳工况点，在最高工况点附近运行的水泵效率最高，称为高效区。高效区的宽窄与比转数 n_s 有关，一般比转数小的泵，高效区比较宽，水泵工作范围较大；比转数大的，高效区比较窄，水泵工作范围较小。

4. 流量-允许吸上真空高度曲线（Q-Hs）

允许吸上真空高度曲线是随流量的增加先下降得较慢，后下降较快，当流量增加到一定值，曲线突然下降，此时水泵已经发生汽蚀。曲线所表示的是该流量点的最大值。所以水泵工作时，实际吸上真空高度值应比曲线上的值小，否则将容易发生汽蚀。

三、水泵性能曲线的应用

1. 水泵性能曲线是选泵的主要依据

每家生产水泵的企业，都有其产品目录。从产品的目录中可找到各种型号水泵的性能曲线和性能表，性能表中列出高效区的参数，如表 19-1。

水 泵 的 性 能 表　　　　　　　　　　　表 19-1

水泵型号	流量 Q		扬程 H	转速 n	功率 N		效率 η	必需汽蚀余量	叶轮直径	泵口径		泵重
					轴功率	配用功率				入口	出口	
	m³/h	L/s	m	r/min	kW	kW	%	m	mm	mm		kg
24SAX-10J	2160	600	43	745	290	400	87	5.6	725	600	500	4100
	2700	750	39		320		89	5.9				
	2970	825	36		334.6		87	8.2				

水泵的性能表列有三组数值，中间这组数值的效率最高，即叫最佳工况。如果水泵能在这组数值运行，则效率最高，但实际使用中水泵经常在高效区工作是困难的。因为供水的压力是随用户用水多少而变化的，压力的变化使水泵效率也产生变化。如果供水的工况能落在水泵性能表中这三组数值，应当是相当满意了。其实高效区的范围不是水泵生产企业规定，而应当是使用泵的企业规定，因为效率的高低关系到企业的切身利益。所以选泵应根据企业供水的压力变化范围，对照产品的性能曲线，性能表进行选择。供水量大小可以用并联的方法增加，也可以选择压力相近、流量不同的泵进行调配。

2. 利用性能曲线可以检查在线仪表的误差

因为性能曲线有一一对应的关系，即某一流量对应一个扬程，一个功率。如果在线仪表（如流量计、压力表、功率表）没有一一对应的关系，说明某种仪表可能有误差，特别是流量计误差是经常变化的，压力表使用时间太长也不准确。

有些小水厂没有安装流量计，可以根据性能曲线，用一一对应的关系，从每个压力中找到对应的流量，进行估算供水量。

3. 利用性能曲线可以检查水泵是否需要大修

如果确认在线仪表的精度准确，则从流量、扬程计算水泵的有效功率，再从功率表计算出轴功率，有效功率与轴功率之比，求有水泵的效率。如果计算出来的效率与水泵厂提供的效率相差较大，而且水泵用的时间比较长，说明水泵的磨损较大。如密封环、轴套、轴承等的磨损，使水泵的效率降低，则应进行大修或更换磨损的零件。

第二节　管路系统特性曲线及水泵工作点

一、水在管路中流动的损失

谁都知道水往低处流，就是说水要流动一定要有高差。水在管路流动也要有高差，叫做水头。水头是用来克服水的流动损失和增加流动速度，水在管道中流动有两种损失。

1. 沿程阻力损失

水在管道流动，水流与管壁有摩擦要造成损失。另外，水流动的速度也不同，有大有小，管中心的快些，靠管壁的慢些，快与慢之间也存在摩擦，这些摩擦造成的损失称沿程阻力损失。

2. 局部损失

管路中的管有大变小，有小变大，有转弯，有阀门，水流经过该处时，水流速度要变化，方向也要改变，同时也存在冲击、挤压、旋涡等，都会造成损失，这些损失叫局部损失。

所以水在管道中流动时有沿程损失和局部损失：

$$h_{损} = h_{沿} + h_{局}$$

式中　　$h_{损}$——管路阻力损失（m）；

　　　　$h_{沿}$——管路沿程损失的总和（m）；

　　　　$h_{局}$——管路局部损失的总和（m）。

水的沿程损失与水管的大小、管壁的粗糙度、管的长度和流动的速度有关：

$$h_{沿} = \lambda \frac{L}{d} \cdot \frac{V^2}{2g}$$

式中　λ——管路摩擦阻力系数；

L——管路长度（m）；

d——管的直径（m）；

V——管路水流平均速度（m/s）；

g——重力加速度（m/s²）。

为了使用方便，把不同种类的管、按管径大小、流量大小，测得每千米长的水头损失，叫水力坡度，也叫坡降，用 i 表示，i 在手册中可以查到。

管路的局部损失与各类管件的形状和附件种类，水流速度有关：

$$h_{局} = \Sigma\xi \frac{V^2}{2g}$$

式中　ξ——管件的局部阻力系数，可从手册中查到；

V——管件水流速度（m/s）；

g——重力加速度（m/s²）。

从上可以看出，管路损失只与水流速度的平方成正比，而流速又可从流量计算出来。当管路系统确定好，即管的直径、长度、管的附件已安装好，则管路系统的损失系数也就确定了，如果用一个常数 C 表示，则管路的损失可以写成：

$$h_{损} = C \cdot Q^2$$

用坐标表示管路损失与流量的关系曲线是条倒抛物线，（如图 19-3 所示）。管路系统的阻力系数 C 决定抛物线的位置，如果 C 越大，曲线就越靠纵坐标位置，即是同样的流量，它的阻力损失更大。

二、管路特性曲线

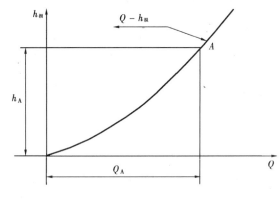

图 19-3　管路损失曲线

当水泵向管路系统供水时，管路的压力表示为

$$H = H_{ST} + C \cdot Q^2$$

式中 H_{ST} 称静扬程，可以理解为吸水池至高位水池的垂直高度。在供水行业也可以理解为服务水压，即是说用户不用水，没有流量，但水泵必须保证管路末端的最低水压。其曲线如图 19-4 中所示，此曲线称管路特性曲线。

三、离心泵供水运行的工作点

水泵供水管路特性曲线与水泵的流量-扬程曲线的交点，如图 19-4 的 M 点，叫离心泵装置的工作点。工作点 M 是水泵工作时的流量、扬程刚好满足管路在该流量下的阻力损失。

如果用户的用水量增加，则工况点就要向大流量移动，假设移动到 D 点，对水泵来说流量增加，扬程就要降低，但管路特性曲线则流量增加时，管路的阻力损失要增加，水头就增加。因此，产生矛盾，对供水系统为说，系统解决矛盾的方法是降低服务水压，如

图 19-5。所以有些用户就得不到水。此时水厂可多开机，增加供水量，解决这个矛盾。

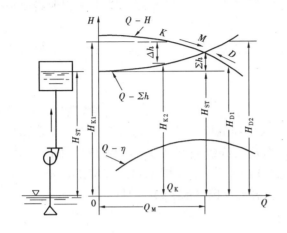

图 19-4　离心泵装置的工作点

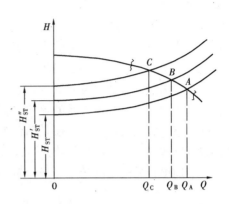

图 19-5　离心泵工况点随水位变化

如果用户用水量减少，工作点也要向小流量移动，此时水泵因流量的减少扬程会增加，而管路特性曲线则流量的减少，阻力损失也减少，水头就降低，因此也产生矛盾。系统解决矛盾的办法是提高服务水压，但过高的水压对管路也不安全，此时水厂会停几台机，减少供水量来解决此矛盾。

为了解决用户用水量的变化，引起供水压力的变化，所以水厂的泵房总是安装几台水泵机组同时向管网供水，用开停机的方法调节供水量。

第三节　离心泵的并联和串联

一、离心泵并联工作

几台泵同时向一条出水管供水，称为泵的并联工作，并联工作的目的是增加供水量，调节供水压力。

1. 水泵并联工作的特点

（1）增加供水量，总的供水量等于并联后单台水泵出水量的和。

（2）用开停机的方法调节供水的流量和压力，以达到节能和安全供水的目的。

（3）在并联工作中，若某台机出现故障，可以换另一台机，其他几台机仍继续工作。因此，水泵并联提高泵站运行调度的灵活性和供水的可靠性。

2. 并联工作后流量与压力变化的规律

（1）不同型号的水泵并联

不同型号的水泵并联在绘制其特性曲线时，先把并联的各水泵流量-扬程曲线绘制在同一坐标图上，然后把对应同一扬程下的

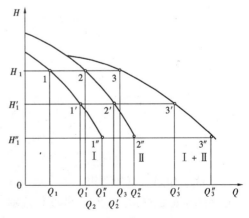

图 19-6　水泵并联 Q-H 曲线

流量值加起来，作一个点，把不同扬程的点用光滑的曲线连起来，此曲线就是并联后的流量-扬程曲线，如图 19-6 所示。并联后的流量-扬程曲线比原来各台的流量-扬程曲线要平坦些。

不同型号的泵并联工作时，低扬程的泵其关死扬程都应大于并联后的扬程，否则会造成并联后的流量反比开单台机的小的现象。

（2）相同型号水泵的并联工作

以两台相同型号的水泵并联为例，在单一台泵的流量-扬程曲线上，均匀取几点，在各点对应的流量×2 为并联后的流量，以并联后的流量和对应的扬程，在坐标上取几个点，然后用光滑曲线连起来，便是两台泵并联后的流量-扬程曲线，如图 19-7 所示。同样的道理可以作出几台泵的流量-扬程曲线，如图 19-8 所示。从图 19-8 可以看出，并联台数越多，平均单台的流量就越小，扬程越高，这样容易偏离水泵的高效区。

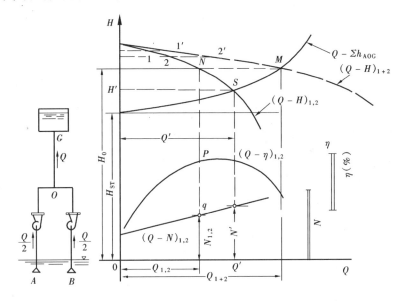

图 19-7　同型号、同水位、对称布置的两台水泵并联

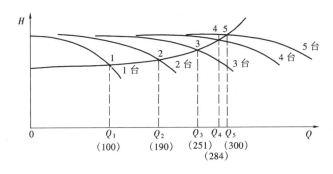

图 19-8　五台同型号水泵并联

3. 并联工作对水泵的要求

并联的水泵要特别注意压力的变化范围，即是供水最大的压力与供水最小的压力。选择的水泵的高效区尽量落在这压力的变化范围，使供水少时水泵的效率高，供水量大时水

泵的效率也不低，但做到都高效比较困难。因此，水泵并联的台数不能太多，一般是4～6台。

另外，不同型号水泵并联时，最低扬程的水泵其扬程都应比并联后最高扬程高，这样才不致产生低扬程水泵倒流现象。所以不同型号水泵并联，它们的扬程不能相差太多。

二、离心泵串联工作

水泵串联工作是：第一台泵的出水口与第二台泵的进水口连接，第三台泵的进水口与第二台泵的出水口连接……，依次连接进行工作的。串联工作的目的是增加扬程，如图19-9所示。

城镇的供水很少采用串联的方法来提高扬程。因为，目前我国的水泵产品已完全能满足所需扬程的要求。另外，串联工作也给管理方面带来许多麻烦。但在某些地方，如高层楼的供水，或地形较高的地方供水，有时也采用串联方法供水。它可以充分利用管道的压力，因为总扬程等于各串联水泵的扬程之和，所以可以节省用电。但如果供水管道的直径较小，这种方法会影响其他用户供水的压力，一般供水企业不同意这样做。城市供水也有加压泵，但它的水泵不是串联工作。要加压的地方必须建水池，把管网的水先流入水池，再用泵从水池吸水进行加压，所以一般高层大楼的地下室都有水池，蓄水的目的除了

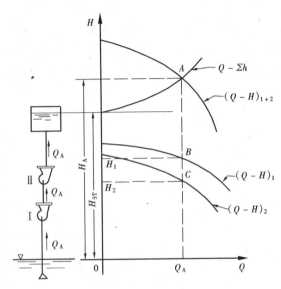

图 19-9　水泵串联工作

供生活饮用外，还能起消防作用，同时也减轻水厂高峰供水期的压力。因为各加压站的水池可在低峰供水期把水池灌满，这种加压站就不会与水厂抢水，但这种方式不能利用管道的压力，所以要多消耗一些电能。

如果需要用串联工作，则应注意下列几点：

1. 参加串联的水泵其扬程之和应达到需要的扬程，各台泵的流量应相同，进出口直径也相同。如果流量各有大小，则大流量的泵应排在前，否则后面的泵吸水不足会造成汽蚀，损坏水泵。

2. 如果轴流泵与离心泵串联，则轴流泵应放在前，离心泵放在后。

3. 几台泵串联工作，只在最后一台泵安装止回阀，其他各台不需要安装止回阀。

4. 串联的水泵可以放在一起，首尾连接进行工作用。此种方法排在后面的泵其泵壳的耐压应满足要求，否则泵壳容易被压裂。

5. 串联水泵开机时，先开第三级，次开第二级，再开第一级，这样依次进行。停机时则先停第一级，然后依次向后停。如果第二级是轴流泵，必须注意在开、停机时，第一级的出水阀不能全关，否则轴流泵的功率会增加。

第四节　改变水泵性能的方法

城市供水的压力是由用户决定的，用水量多时，供水压力会降低；用水量少时，供水压力就升高。从水泵的性能中可知，只有在额定范围运行，水泵的效率才比较高。偏离额定工况，水泵的效率就要降低。因此，要在供水压力变化的情况下，使水泵都能高效运行，只有通过改变离心泵的性能，或者改变管路装置性能，才能使水泵运行效率较高。

一、改变管路特性曲线

在第二节讲到的管路系统特性曲线，它可以用公式：$H = H_{ST} + CQ^2$ 表示，管路阻力系数 C 改变后，管路特性曲线也改变。所以可采用改变出水阀的开度来改变 C，如图 19-10 所示。图中工况点 A 表示出水阀全开时，该装置的极限工况点。关小出水阀，管道局部阻力增加，管路阻力系数 C 值加大，管道系统特性曲线变陡，水泵装置工况点向左移至 B 点或 C 点，出水量减少，出水压力升高。用关小出水阀的方法调节流量，也可使功率减小，对原动机无过载危害，调节也方便易行，但要消耗水泵的能量（图 19-10 阴影部分），即是说把水泵出来的水，用出水阀挡住，造成阀前压力高，阀后压力低，水泵的压力高，所以出水量减少。这种用增加管路阻力的方法来减少供水量，一般供水企业不采用，它要多消耗电能。

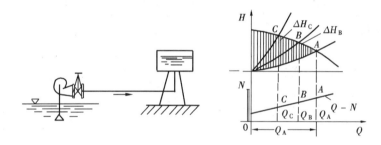

图 19-10　闸阀节流调节

二、改变水泵性能曲线

改变水泵性能曲线，常用的方法有改变原动机的转速或切削水泵叶轮外径。

1. 改变离心泵的转速

在一定范围内改变离心泵的转速，可以改变泵的性能曲线，没有附加的能量损失，或者损失很少。

离心泵的流量 Q，扬程 H，轴功率 N 与转速的变化有一定的规律，称为比例定律：

$$\frac{Q_1}{Q_2} = \frac{n_1}{n_2}$$

$$\frac{H_1}{H_2} = \left(\frac{n_1}{n_2}\right)^2$$

$$\frac{N_1}{N_2} = \left(\frac{n_1}{n_2}\right)^3$$

式中　　　n_1——泵原来的转速；

　　　　　n_2——改变后的转速；

　Q_1、H_1、N_1——泵转速改变前的流量、扬程、轴功率；

　Q_2、H_2、N_2——改变后的流量、扬程、轴功率。

改变转速后的水泵性能曲线如图 19-11，当转速改变超过原转速的 20% 时，水的效率要发生变化，转速越低，水泵的效率下降也越多。转速往高调，虽然水泵的效率可以提高，但在生产厂家一般不同意，特别是大型离心泵，叶轮直径较大，转速提高其离心力增加，怕零件的强度不够，所以有些厂规定只能往低速调，不能往高速调。

改变电动机转速的方法，利用电动机转速的公式：

$$n_2 = \frac{60f_1}{P}(1 - S)$$

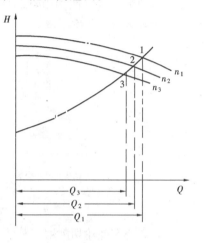

式中　n_2——电动机的转速；

　　　f_1——电流的频率；

　　　P——磁极对数；

　　　S——转差率。

从公式中可以看出，只要改变 P、f_1、S 三个因素中任何一种，都可以改变电动机的转速 n_2。改变 P 叫变极调速，改变 f_1 叫变频调速，改变 S 叫串级调速。电动机的调速，在第四部分有详细介绍。

图 19-11　改变转速来调节泵的性能曲线

2. 切削叶轮外径

切削叶轮外径是把叶轮外削一小部分，叶轮外径变小后，水泵的性能也发生变化，这种办法简单易行，投资小。实践证明，在一定范围内切削叶轮外径，水泵的流量、扬程、轴功率按下面公式规律变化，此规律叫切削叶轮定律。

$$\frac{Q_1}{Q_2} = \frac{D_1}{D_2}$$

$$\frac{H_1}{H_2} = \left(\frac{D_1}{D_2}\right)^2$$

$$\frac{N_1}{N_2} = \left(\frac{D_1}{D_2}\right)^3$$

式中　D_1、Q_1、H_1、N_1——切削前的叶轮直径、流量、扬程、轴功率；

　　　D_2、Q_2、H_2、N_2——切削后的叶轮直径、流量、扬程、轴功率。

叶轮直径不能任意切削，切削太多会使水泵的效率下降较多，切多少才不致影响水泵的效率呢？它是由水泵比转数决定的。经大量的实验证明，按表 19-2 范围切削，水泵的效率可视为不变，或变化很小。

当 $n_s < 60$ 的水泵，少量切削不但效率不降低，而且略有提高。

离心泵叶轮的允许切削量 表 19-2

比转数 n_s	60	100	200	300	350	350 以上
最大允许切削量（%）	20	15	11	9	7	0
效率下降值	每切削 10%，效率下降 1%		每切削 4%，效率下降 1%			

切削叶轮直径除切削量要控制外，还应注意下面事项：

（1）低比转数的水泵，叶轮的前后盖板可以同时切削。高比转数的水泵，后盖板比前盖板要多切削一些，如图 19-12 所示。分段多级泵的叶轮只切削叶片，前后盖板不能切削，否则导致水泵效率下降。

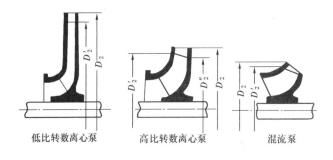

图 19-12　叶轮的切削方式

（2）离心泵叶轮切削后，其叶片出口水舌端显得比较厚，可以在叶片的非工作面锉去一部分金属，使舌变薄，如图 19-13。这样，可以使叶轮的出口宽度增加，可增加出水量，也改善叶轮的工作性能，一般可提高水泵效率 1%～3%。切削叶轮后，水泵的性能曲线的变化规律与改变转速后的变化规律相同。

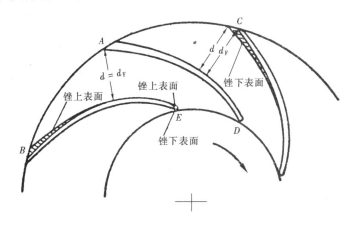

图 19-13　叶轮切削后叶片的锉尖

3. 液力耦合器调速

液力耦合器与机组的安装和液力耦合器的结构如图 19-14（a）、（b）。这种调速方法是电动机的转速不变，通过中间液力耦合器的滑差传动改变水泵的转速。从图 19-14（b）的结构和工作原理简图可看出，液力耦合器由泵轮、涡轮和转动外壳等主要部件组成，泵

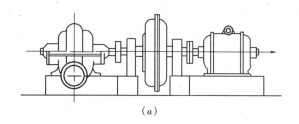

(a)

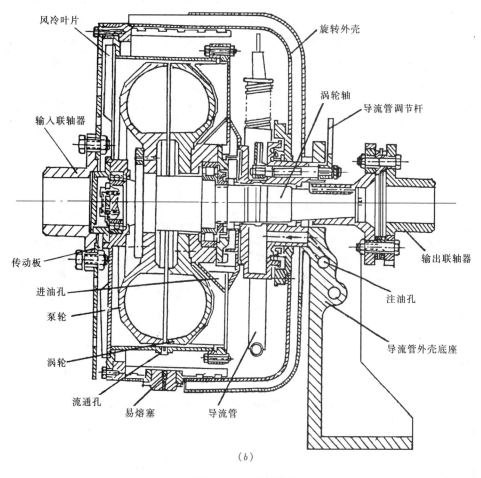

(b)

图 19-14　液力耦合器

(a)液力耦合器和水泵机组装配图；(b)液力耦合器构造简图

轮与涡轮对称布置，几何尺寸相同。轮内有许多径向辐射叶片，一般泵轮与电动机联接，涡轮与水泵联接，传动介质（用液压油 HL32 号）贮存在泵轮和涡轮中。当电机带动泵轮转动时，油在叶片的作用下产生离心力，由泵轮内侧流向外缘，形成高压高速的油流冲向涡轮叶片，使涡轮随泵轮作用方向旋转。油在涡轮中则由外缘流向内侧。油在流动过程压力和速度下降，然后流入泵轮，如此循环，把能量传给涡轮，实现功率传递过程。运转中只要改变充油量，就可在电动机恒定转速下改变水泵的转速，一般液力耦合器的调速范围可达 40％～97％额定转速。用液力耦合器电机可空载启动，同时水泵阻力增加时电机不超负荷。但由于它是滑差传动，有相当一部分能量要变为热能损失掉。

以上三种改变水泵性能的方法，各有各的优缺点。

电调速方法，操作方便，调压范围较大，并能实现自动调节，但系统比较复杂，投资大。

切削叶轮外径的方法最简单方便，投资最少，但只能满足一定工况点，对压力频繁变化的供水单位不太适用。

液力耦合器调速，启动平稳，有过载保护和无级调速作用，操作也方便，适用工况经常变化的供水，但存在一定的功率消耗，传动效率一般为96%～97%，投资比电调速要低一些。

如果水厂供水的压力变化不大，而且现在用的水泵又有多余的扬程，即供水的压力低于水泵的额定扬程，同时水泵的比转数又允许，即用切削叶轮直径的办法，使水泵的效率提高，达到降低电耗的目的。

【例】 某水厂的送水泵房有4台350S-44型水泵，供水压力经常在32m左右，供水量在3800m³/h左右，试分析如何改变水泵性能，效益最好。

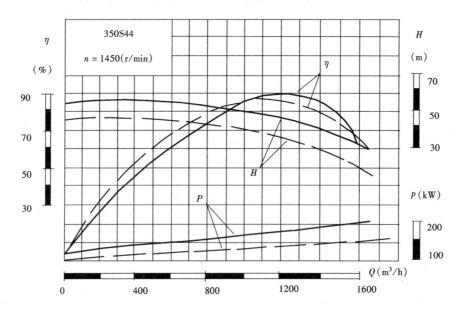

图 19-15　350S-44 型水泵性能曲线

【解】 从350S-44型水泵性能曲线图19-15可以看出，开2台机时压力在32m，流量为3100m³/h。压力是符合要求，但流量太小，流量不够供水压力还要下降，而且在此工况点的效率也很低，只有60%左右。由于水泵在大流量区工作，电机的功率大，可能会超负荷，同时也容易出现汽蚀现象。若开3台机，流量增加了，压力也随之增加，从性能曲线可看到其压力43m左右，比需要的供水压力高出11m，此时虽然水泵的效率较高，但超过的扬程会增加功率的消耗，同时也增加管路的漏耗。

如果改变叶轮直径，把原来的叶轮（直径 ϕ410）换成叶轮直径 ϕ375，即是350S-44A型，其性能即是虚线。从曲线可以看出，当扬程为32m时，流量为1300m³/h，开3台则流量为3900m³/h左右，正好是管路特性曲线要求的扬程和流量，而且此点的水泵效率较高，在82%左右。所以用改变叶轮直径的方法，使水泵的性能满足管路的特性，这种方法最简单，花的成本最少。如果把原来配套的 225kW 的电机换成 160kW 的电机，效益将更好。

改变水泵性能的方法很多，但必须根据实际情况，不能盲目跟随，能用简单方便的办法提高水泵的效率，就不一定要用调速电机，因为调速设备造价高，而且设备本身也要消耗电能，同时要求维护人员应具备较高的技术等级。

第二十章 水泵机组的运行

水泵在供水企业中所起的作用是非常重要的，如果水泵不能运转，则供水会停止，没有水的情况会造成许多社会活动不能进行，特别是那些不能停水的生产企业。停水不但造成损失，而且可能发生危险。所以每个供水企业都要制订一套科学、完善的规章制度，要求操作人员严格按规章制度及操作规程工作，而且要求对自己操作的设备要熟悉，对它的结构、工作原理要了解清楚。同时还要认真保养设备，经常检查及维护，保持设备经常处于良好状态，只有这样才能确保安全供水。

第一节 水泵机组运行的要求

离心泵机组一般是指水泵和它所配套的电机。对机组运行的要求，主要是对机组所处状态的要求。它们包括：运行前的准备；机组的启动及启动后的检查；机组运行的要求；机组停机的操作要求。

运行的要求除对机组的要求外，对泵房其他设备也有要求，如配电设备、抽真空设备、进出水管上所装的各种阀门和各种计量仪表，它们在运行中所处的状态也应当了解。

一、运行前的准备

1. 电机运行前的检查

（1）检查三相电源的电压是否符合规定。

（2）检查启动装置的位置或信号灯是否正确。

（3）检查轴承的油位和油质，若有冷却系统应检查冷却系统是否正常。

（4）电动机较长时间不运行，运行前还应检查绝缘是否符合要求。

（5）大型电动机若用水冷却，应检查要冷却系统的阀门是否打开。

2. 水泵运行前的准备

（1）检查清水池或吸水井的水位是否允许开机。

（2）检查进水阀是否打开，出水阀是否关闭。

（3）检查轴承的油位是否正常。

（4）检查填料冷却水管的阀门是否打开。源水泵若用备用水冷却的应检查冷却系统的水量及阀门是否处于正常状态。

（5）停机较长时间（7天以上）启动的水泵应盘车检查转动是否灵活，联轴器的螺母是否松动，泵内是否有异物。

（6）启动真空泵抽泵内和进水管的空气，或排气（水泵轴线低于进水水面）或灌水（进水管有底阀）。

（7）启动前最好先关闭压力表的阀门，待启动后再慢慢打开，避免冲击造成压力表不准。

二、机组启动及启动后的检查

待完成开机前的准备工作后，报告调度或有关的负责人，获得启动命令后方可启动。

1. 按启动按钮时，要沉着果断，一按到位，不能三心二意，并且眼睛要看电流表的电流变化，一般情况电流表先转向大值，甚至摆到底，然后再往回摆。

2. 耳朵应听电机、水泵的声音是否正常。

3. 打开压力表阀门，观察压力是否正常。

4. 达到额定转速后，缓慢打开出水阀门，并注意压力和电流的变化是否符合规律。一般电机功率小于或等于 110kW 的离心泵，闭阀连续时间不能超过 3min，大于 110kW 的电机不宜超过 5min。有些离心泵启动后未打开出水阀时，噪声很大，是因为水的撞击声。待阀门打开后，此声音会消失。

5. 检查轴承的油环是否转动带油，并听轴承是否有异声。

6. 检查填料的滴水是否正常，若过大或过小都要及时调节。

7. 检查电机、水泵及管道的振动是否符合要求。

8. 看出水量是否合理。

9. 遇到下列情况之一应立即停机检查。

（1）启动后压力很小甚至没有，同时电流也很小，证明水泵里有空气，应停机排气或抽气后再启动。

（2）水泵或电机振动过大，声音不正常。

（3）电机的电流及声音不正常。

（4）打开出水阀时，压力表的压力不变化仍很高，同时电流也不变，可能出水阀损坏、阀板不转。

（5）轴承损坏、声音异常或滑动轴承的油环不转，出现干摩擦现象。

10. 机组达到正常运转，经检查各项都符合要求，操作人员才能离开。

三、机组运行的要求

对机组运行要求，一般规定一个小时巡视一次，并记录有关仪表的数值，巡视的目的是发现不正常现象，在巡视过程中应做到眼看、手摸、耳听、鼻闻，可按下列要求进行。

1. 注意清水池或吸水井的水位

一般泵房的吸水井，都有最低水位的规定，超过这个规定进水可能会产生旋涡造成水泵进空气，结果水泵可能汽蚀或抽不上水，造成用户水中汽泡很多，呈乳白色水。另外水位过低也容易把池底沉积的泥沙被水泵吸进，使自来水变浑。新安装的水泵，应特别注意检查真空表的真空度，从而检验水泵的安装高度，以免使水泵出现汽蚀现象。

2. 观测机组的振动和声音

机组的振动，国家有标准，作为操作人员只能用手摸感觉，凭经验判断是否振动过大。一般公司都有振动测试仪，经技术人员测定合格的机组，操作人员就以此为标准，感觉出振动大小，然后再用手摸测量其他机组。如果发现振动过大，可检查机组的固定螺栓是否松动，若松动可及时紧固，但遇到振动强烈应立即停机检查。

机组的声音，主要是听轴承的响声和电机的响声。水泵运行时可能有异物，或汽蚀才有异常响声。轴承可用听针或螺丝刀一头与轴承座接触，用耳朵听，若有电子监听器就更清楚，一般都可以发现轴承是否有损坏。电动机的异常响声，多数是风扇叶有裂纹或摩擦的响声，转速不均匀，鼠笼断条缺相等的响声。水泵汽蚀多数是在大流量压力低时发生，除有响声外，压力表指针摆动很大，流量下降，功率上升，严重时振动很大，此时可用关小出水阀消除。运行人员要经常听机组的响声，积累经验，把异常的响声听出来，保护机组安全运行。

3. 对机组温度进行监测

机组的温度主要是轴承温度、填料温度和电机的温度。

轴承温度，根据规定，滚动轴承的温度不得超过 75℃，滑动轴承温度不得超过 70℃。大型水泵轴承部位装有温度传感器，可以随时看到温度值。

填料温度要求是微温，如果手摸有烫手现象，则温度过高应及时处理。填料温度升高都是因为冷却不好或压得太紧。因此，水泵运行时要注意填料的滴水，规定填料的滴水是 30~60ml/min，漏水太多也会影响到水泵的容积效率，过小可能使轴套与填料之间的摩擦损失增加，而且双吸泵也容易进气。新装的填料待启动后再调节填料压盖的压力，有时压盖碰到轴套也会发热，此时压盖温度特别高。巡视时也要观察集水槽有无积水，因为集水槽的排水孔比较小，容易被杂物堵塞。积水的结果会使轴承座进水，造成润滑脂渗水变质，影响润滑效果。

电机各部分的温度和温升，根据国家行业标准 CJJ58—1994 要求，如表 20-1。温度与温升是不同的。温度 = 环境温度 + 温升，一般环境温度最大值规定为 40℃。大型电机一般都装有温度传感器，可以方便看到各处的温度值。但中小型电机还需要操作人员用手摸测温。60℃以上烫手。现在有红外线测温器或其他形式的测温器，这种测温器既方便又安全，不必再用手摸测温。

电动机各部分允许运行温度和温升   表 20-1

名　　称		允许温度（℃）	温升（℃）	测定方式
定子绕组	A 级绝缘	100	60	电阻法 温度计法
	E 级绝缘	110	70	
	B 级绝缘	120	80	
	F 级绝缘	140	100	
转子绕组	A 级绝缘	105	65	电阻法
	B 级绝缘	130	90	
定子	A 级绝缘		60	温度计法
	E 级绝缘		75	
铁芯	B 级绝缘		80	
	F 级绝缘		100	
滑环	A 级绝缘		60	温度计法
	B 级绝缘		80	

4. 对电机运行电流的要求

电机运行的电流一般不超过额定电流，三相不平衡电流不超过 10%。运行电流还受到电机进口冷却空气温度的影响，如表 20-2。从表中可以看出，进风温度超过 40℃后，进风温度每升高 1℃，运行电流应降低额定电流的 1%；进风温度低于 40℃时，每降低

1℃，运行电流可升高额定电流的1%。所以说冷却温度对运行电流的影响很大。

不过运行电流与电机制造厂的质量也有很大关系。质量好的电机，运行电流超过额定电流10%，电机的温度仍在标准范围内。有些质量差的电机，运行电流不到额定电流，温度已超过允许值，所以使用时电流的大小，取决于电机的温度高低。

运行电机的电流和温度是主要控制指标，所以操作人员要每隔半小时或1小时抄一次表，记录每台电机的电流和温度。

电动机允许运行电流　　　　　　　　　　　表 20-2

冷却空气（进风）温度（℃）	25	30	35	40	45	50
允许电流相当额定电流的倍数	1.1	1.08	1.05	1.0	0.95	0.875

5. 对运行电压的要求

运行的电压可在其额定电压的±10%范围内变动，按额定功率运行时，三相最大不平衡线电压，不得超过5%；运行中任一相电流不超过额定值时，不平衡电压不应超过10%。在巡视时要注意电压是否符合规定，因为电压过高或过低都对电机的安全有影响。运行的电压也是主要控制指标，每隔半小时或1小时抄一次表，记录运行的电压。如果发现电压超过规定值，应及时向有关部门报告，确定解决方法。

6. 对水泵压力和真空的记录

真空度和压力是用来测试水泵扬程的，而且真空度过高时会造成水泵汽蚀，所以运行人员每隔半小时或一小时要记录每台泵的真空和压力值，判断水泵运行是否正常。同时真空度和压力数值又是计算水泵综合单位电耗的参数，所以抄表时要认真细致。

7. 按时记录电量和水量

电度表测量水泵输入的功率，流量计测量水泵的流量，用这两个指标检查水泵机组的安全性和经济性，所以运行人员要按时抄表。通过电量和水量，运行人员也可以判断水泵机组运转是否正常、机泵效率的高低、供水方式是否合理等，同时也可以为设备维护部门提供检修或改造的技术数据。

8. 巡视要认真、到位

很多故障都是在巡视过程中发现，所以巡视要认真、到位。泵房的事故不是经常发生，因此，会使运行人员麻痹大意，不按时巡视或巡视不到位，特别是深夜班。虽然现在很多单位都有自动控制设备，但自动控制也有失误现象，如水位控制器失灵，就可能造成溢流；机房内集水井的液位器失灵，就会造成水浸机房。很多事故都是偶然事件造成的，但如果能做到认真负责，偶然事件就可以减少或避免。

四、停机的操作要求

机房的停机必须得到调度或有关人员的命令后方可停机，停机可按下列操作程序：

1. 缓慢关闭出水阀，使水的流速慢慢减小，防止水锤压力过大，造成事故。

2. 切断电机的电源，停止水泵转动，此时要注意水泵是否反转或反转的速度，若反转过快应调整止回阀。

3. 关闭压力表及冷却水的阀门。

4. 做好机组周围的环境卫生。

5. 抄流量计和电度表的底表数，并填写停机记录。

第二节 提高运行经济性的措施

我国的电力工业近年来发展很快，但我国的国民经济发展也很快，人民生活水平提高得更快，因此电力的供求仍存在一定的缺口，所以用电的单位提高电能的利用率，节省电力消耗，仍是非常必要的。据统计，全国泵的耗电量占发电总量的 20%，如果把泵的效率提高 1%，所节省的电量相当 24 万 kW 的发电机一年的发电量。供水行业的供水用电费用占企业成本的 35% ~ 45%。如何提高泵的效率，降低企业成本，是企业领导和工程技术人员的责任，也是操作者的责任。

一、提高清水池水位

提高清水池的水位，即是减少水泵做功，从而减少电能的消耗，每千方水升高 1 米需要 4 度电左右（水泵的效率在 75%）。若清水池日平均水位能提高 1m，日供水 20 万 t 的水厂，每天可节电 800 度，一个月就节省 2.4 万度，一年就节约近 30 万度电，此数量就相当可观。只要合理调度，清水池水位提高 1m 是不会很困难的。

城市供水都有一定的规律，存在高峰期和低峰期。利用清水池的容积在低峰期蓄水，高峰期就可以补充一些水量。如果水厂的制水能力较大，在低峰期除蓄水外，还可把滤池冲洗干净，待高峰供水期到来就可加大制水量，使高峰供水期做到制水量与供水量平衡，这样就能保持清水池有较高的水位。不过每天还应把清水池水位降低到一定值，否则，总是高水位的水池，有些水停留的时间太长也不好，水质受影响。

二、提高水泵效率

在第十七章第四节中已讲过提高水泵效率的措施，那些措施是从水泵内部结构方面进行提高。在运行方面，第十九章第四节改变水泵性能方法中，用调速、改变叶轮外径使工况点落在高效区也是提高水泵效率的有效方法。这里是从水泵的改选型号方面来提高水泵的效率。所谓改选水泵型号，是现有的水泵不太适合供水的要求，根据现在的压力和水量，选择效率更高的水泵。如有一个日供水 8 万 m^3，扬程为 90m 的水厂，原选用 5 台 300S-90 型水泵（4 用 1 备），该水泵的额定流量 790m^3/h，扬程 90m，轴功率 242kW，效率 79%，每天的耗电量 27229kWh。如果重新选用 16SA-9 型水泵 3 台（2 用 1 备），该水泵的额定流量 1620m^3/h，扬程 90m，轴功率 473kW，效率 84%，每天的耗电量为 25953kWh，相比之下每天相差 1276 多度电，每年可节省 46 万多度电，相当 35 万元，两年左右就可以从节省的电费收回投资。一般来说水泵越大其效率越高。

新设计的水厂向新安装的管网供水，其供水压力与所选择水泵的扬程，总是有点差距，因为管网的压力是计算出来的，用此压力来选择水泵的扬程，实际使用时供水的压力与计算值肯定有差距。所以选择水泵的扬程与供水的压力也肯定不相同，因此要使水泵工作在高效区是相当困难的。所以新泵房的水泵一般都要调节，能在水泵效率降低较小的情况下调节，可用调节水泵性能方法调节，如果调节的范围较大，或者调节后水泵的效率降低较多，则用重新选择水泵的办法，其效益较大。因为供水的水泵每天 24 小时都在运转，即使水泵效率只提高 1%，一年所省的电量也是相当可观的。另外，新型的水泵效率总比老型号的水泵效率高。

三、提高电机和传动效率

1. 提高电机效率

电机效率主要决定于电机制造的质量和采用的材料，对我们使用者来说是无法提高的，但我们可以选择效率高的电机。或者选择容量恰当的电机，避免大马拉小车。选择效率高的电机所花的投资虽然多一些，但很容易从节电的效益收回。在使用过程中，加强维护，及时除尘，注意通风，尽可能降低环境的温度，经常检查润滑油质、油量，及时修复损坏部分，这些也是提高电机效率的措施。

2. 提高传动效率

供水行业的电机与水泵的连接，几乎都是采用弹性联轴器。影响弹性联轴器的传动效率，主要是安装时是否对中，对中包括两边联轴器的上下、左右、倾斜度和方向的偏差，偏差越小传动效率越高。在供水行业标准 CJJ58—94 中，对弹性联轴器的规定如下：

(1) 表面光洁、无残损；

(2) 联轴器与轴配合符合现行国家标准《公差与配合》中 K7/h6 配合公差要求；

(3) 电机联轴器与水泵联轴器之间的间距及两轮缘上下左右允许偏差符合表 20-3 规定。

联轴器间距允许公差（mm） 表 20-3

联轴器外径	间　　距	上下左右允许偏差
≤300	3～4	≤0.03
>300～500	4～6	≤0.04
>500	6～8	≤0.05

(4) 对大型机泵，应在运行停止时，立即实测电机轴线升高值并予以调整，以保证电机和水泵在运行过程中达到同心。

(5) 水泵联轴器与电机联轴器外径应相同，轴缘对轴的跳动偏差应小于 0.05mm。

(6) 其他形式联轴器按说明书及图纸要求检修。

如果能达到以上的要求，传动效率肯定较高，对于第 4 条要求是因为大型电机的尺寸较大，电机工作时由于温度的升高使电机轴线升高。结果即使调整得很对中，工作时仍不对中，所以一般调整时应把电机轴线中心稍放低些，使工作时温度升高膨胀后正好对中。

大型的水泵机组一般都没有底盘，电机和水泵分别安装在基础上，因此要保证对中是比较困难的。水泵机组的联轴器调整，一般是调整电机，因为水泵管道固定死，无法调整，为了调整方便，一般电机的基脚应固定在经加工的厚铁板上，铁板固定在基础上，要微调电机就比较方便而且准确。

对中的调整方法：简单的是用钢片直尺，一边贴紧联轴器半边，看另半边的漏光。联轴器的上下左右都检查。然后确定调整量。用塞规或游标卡尺，测量联轴器间距，可确定方向偏差。精密的调节是用百分表，表架固定在联轴器的一半边，表的测量头与联轴器的另半边接触，旋转一周，可看出偏差。调整好后把机脚螺丝锁紧，锁紧后再测量，直到符合要求为止。所以调整联轴器是一项细致的工作，但工作很有效益，如果能使传动效率提高 1%，则每年的电耗可以降低不少。

联轴器调整得好坏直接影响到传动效率，如果发现联轴器的地面上有许多黑色的橡胶碎片，或者停机后手摸联轴器感到烫手，都说明联轴器调整不好，必须重新调整，否则会影响到传动效率。

另外，联轴器的外缘应保护好，因为它是用来调整的基准，所以不能用锤敲打或撞击。弹性联轴器的柱销锥面，安装时要注意清洁，螺纹要完好，安装时要拧紧，防止松动，因为柱销松动很容易把锥孔搞坏。

四、其他节能方法

1. 采用节能的止回阀

几乎每台水泵的出口都装有止回阀，它是用来防止水倒流的阀门。止回阀的种类很多，有旋启式止回阀、多瓣式止回阀、微阻缓闭止回阀、液控蝶阀、液控球阀、电磁双速自闭闸阀（简称双速阀）。这些止回阀中双速阀的节能效果最好。

双速阀的驱动是利用液体本身的压力，无需配备压力源，它具有双速缓闭防水锤作用。该阀门的阻力系数最小，全开时的通径与水管的直径相同，表 20-4 是 $\phi500$ 的旋启式止回阀与双速阀的节能比较。

设止回阀内水的流速为 $v = 2$（m/s）

止回阀的流量为 $Q = \dfrac{\pi}{4} D^2 v$（m³/s）

止回阀所产生的水头损失 $h = \zeta \dfrac{V^2}{2g}$（m）

年消耗功率：$\qquad N = \dfrac{\gamma Q h}{102\eta_1 \eta_2 \eta_3} K \cdot 24 \cdot 365$（kWh）

式中　γ——水的密度（kg/m³）；

$\qquad Q$——过阀流量（m³/s）；

$\qquad h$——水头损失（m）；

$\qquad \eta_1$——电机效率（取 0.9）；

$\qquad \eta_2$——水泵效率（取 0.7）；

$\qquad \eta_3$——传动效率（取 0.98）；

$\qquad K$——超负荷系数（取 1.1）。

旋启式止回阀与双速阀的节能比较

表 20-4

	ζ	Q（m³/s）	h（m）	N（kWh）	节电量（kWh）
旋启式止回阀	1.8	0.3926	0.3673	22050	21317.6
双速阀	0.06	0.3926	0.0122	732	

$\phi500$ 的双速阀比旋启止回阀一年节电 21317kWh。

另外，进水管的布置对水力损失也有影响，水流转弯是要产生水头损失的，因此尽量减少弯头，如 $\phi600$ 以上的 90°弯头，其阻力系数 >1，如果流速为 2m/s 以上，其水头损失约为 0.2m。汇流三通也应尽量采用阻力系数小的结构形式。进水口不带喇叭比带喇叭口阻力系数要增加 4~5 倍。所以合理布置进、出水管对节能也有帮助。

第三节　综合单位电耗及其计算方法

综合单位电耗是用来计算水泵机组的综合效率，是衡量企业电力利用率的一种指标。

企业的综合单位电耗低，说明该企业的电能利用率高，企业的成本就低。这项指标必须引起企业领导、管理人员及操作人员的重视

一、综合单位电耗的含义

从综合单位电耗的单位：千瓦时/千立米·兆帕（kWh/（km³·MPa）可以看出，它表示每千方水升高102m所消耗的电量。因为它与扬程有关系，所以这个单位是属可比单位，不论哪个企业，都可用综合单位电耗的高低进行比较电能的利用率。以前有些企业是用每千方水的耗电量（kWh/km³）作为电耗的单位，这种单位识能对本企业内不同时间的电耗进行比较，如上月的电耗与本月的电耗比较，或者去年与今年电耗的比较，不能与别的单位进行比较，因为各企业的供水扬程不相同，扬程高的企业，每千方水的耗电量肯定要高一些。1992年国家对二级供水企业单位综合电耗的要求是450kWh/（km³·MPa）。这个指标目前看来已经落后，现在有的供水企业的单位综合电耗已降低到340kWh/（km³·MPa）。

从水泵电机消耗的电能知道：

$$输入电机的功率 = \frac{水泵有效功率}{机组综合效率}$$

要使输入电机的功率降低，只有提高机组的综合效率。机组的效率包括：电机效率、传动效率、水泵效率。在并联供水的各机组中，出水压力是相同的，哪台机组的流量大，电流又小，则该机组的综合效率就高。因此操作人员要了解各台泵状况，尽量使用效率较高的机组。

二、综合单位电耗的计算方法

综合单位电耗很少计算其瞬时值，一般都是计算每天或每月或全年的综合单位电耗，它等于电量除以水量×压力，即综合单位电耗 = $\frac{电量}{水量 \times 压力}$，电量、水量可从仪表中抄录。为了准确，要求抄表要准时。扬程的计算可按下式

$$H = (p_2 - p_1) + (Z_2 - Z_1) + \frac{v_2^2 - v_1^2}{2g}$$

式中　H——扬程（MPa）；

p_2——泵出口压力（MPa）；

p_1——泵进口真空度（MPa）；

Z_2——压力表中心至泵轴中心线距离（m）；

Z_1——真空表中心至泵轴中心线距离（m）；

v_2——出水管流速（m/s）；

v_1——进水管流速（m/s）。

压力表与真空表的指示值，一般都是MPa，如果不是用MPa，应把它折算成MPa。Z_2、Z_1是压力表和真空表中心至水泵中心线的距离，一般都把它们安装在同一水平上，所以$Z_2 - Z_1 = 0$。

进出水管的流速是不同的，一般出水管都比进水管小，但相差不是很大，所以$\frac{v_2^2 - v_1^2}{2g}$的值很小，在运行计算中一般都忽略不计，如果要精确计算，则应计入。因此，水泵的扬程H简化为：

$$H = p_2 - p_1$$

有的水泵进口安装的是真空压力表，因为它的吸水水井位有时高于泵轴线，有时低于泵轴线，所以计算扬程时应注意，真空表是正值时，扬程等于压力表值减真空表值。若真空表是负值时，扬程等于压力表值加上真空表值。

如某台泵的压力表指示值 0.4MPa，真空表指示 – 0.02MPa，则扬程 = 0.4 + 0.02 = 0.42MPa。若真空表指示为 + 0.02MPa，则扬程 = 0.4 – 0.02 = 0.38MPa。

扬程求出来后就可以进行平均。若是求日平均扬程，则把每小时的扬程加起来再除于 24，得出日平均扬程，但由于一天中每小时的供水量有多有少，特别是深夜供水量少，压力也低，为了精确起见可用加权平均法，即：

$$H = \frac{\Sigma HQ}{\Sigma Q}$$

把每小时的扬程与每小时的流量的乘积加起来，除于一天的供水量，即是说哪个小时的供水多，该小时的扬程份量占得多，这样求出来的扬程就更合理。

【例】某厂日供水 35 万 m³，日用电量为 48440kW/h，平均扬程为 0.4MPa，求该厂的综合单位电耗。

【解】综合单位电耗 = 48440 ÷ （350 × 0.4）= 346kWh/km³·MPa

第四节　水泵机组的日常保养

设备的日常保养工作由运行人员负责，这项工作对设备的完好和安全供水非常重要。每个运行人员都应当学会，并认真执行，从而提高设备的耐用性和安全性。

设备的失效都是从小到大，达到某一程度后会加速破坏，所以当设备出现小问题时，就应把它排除，不要等到它发展到一定程度后再处理，这样会造成更大的浪费，所谓小洞不补，大洞吃苦。为了做好设备日常保养工作，必须按下列要求。

一、水泵的日常保养要求

1. 经常检查轴承润滑油的数量和质量，及时补充油量和更换变质的油，同时要按规程定期更换润滑油。轴承的温度要符合要求。

2. 经常检查填料的滴水，随时调整填料压盖的松紧，使填料的滴水在 30 ~ 60ml/min。集水槽排水应畅通，不存在积水现象。

3. 根据填料磨损情况，及时更换填料，更换时应按规程：切口与泵轴呈 45°，开口应错开大于 90°。更换填料前应检查水封环是否对准冷却水口。

4. 经常检查水泵机组的振动、地脚螺栓和管道的连接螺栓有无松动现象，并及时紧固，处理不了应及时上报。

5. 检查阀门的密封，做到不漏水、不漏油、不漏气、无锈迹。

6. 经常注意仪表的指示是否正确，发现仪表失灵或损坏应及时上报。

7. 设备外观应做到防腐有效，铜铁分明，无锈蚀，不漏水，不漏油，不漏气，不漏电。

8. 各部零件应完整，设备铭牌、标志牌应清洁明晰。

9. 经常保持设备周围及室内的环境卫生，值班室应整齐美观，泵房应保持通风。

二、电机的日常保养要求

1. 保持轴承润滑的油位，不足时应及时补充，油质变坏应及时更换，发现有漏油、甩油现象要及时处理。

2. 绕线式异步电动机和同步电动机的电刷磨损到 2/3 时，应及时更换，发现电刷跳火应及时处理，电机的温升不能超过规定值。

3. 井用潜水泵电机，每月要测量一次引线及绕组的绝缘电阻，应符合运行电阻的要求。

4. 设备铭牌及有关标志牌要清晰。

5. 电机与附属设备的外壳及周围环境应保持清洁。

6. 没有空调的机房应保持通风，降低室内温度。

第五节 水泵机组的定期检修

定期检修由修理班负责，操作人员配合工作。周期为 3~6 个月，也可根据运行的技术状态、监测的数据确定检修项目，对有问题的零件进行修理或更换。由于原水泵水质不如清水泵，因此，原水泵定期检修间隔时间比清水泵短些，即使运转情况很好，每年至少也应检修一次。

一、定期检修的内容及应达到的要求

1. 润滑系统

更换润滑油，清洗油室、轴承。检查油环、油封及紧固件，更换下来的油经沉淀、过滤后进行化验，若指标未超过规定仍能作其他润滑使用。润滑系统应达到下列要求：

（1）油室盖、油环、油封、密封垫等零件齐全完好。

（2）油室内外清洁，无渗漏现象。

（3）油标清晰明亮。

（4）油质、油位符合要求。

（5）轴承座固定牢固。

2. 传动装置

检查联轴器弹性柱销孔的磨损量是否符合要求，弹性柱销是否紧固，联轴器有无破损，外表是否光洁、圆整，键连接是否紧固，联轴器的轴向定位是否紧固可靠，联轴器间隙是否符合要求，联轴器的对中性是否达到要求。

3. 地脚螺栓

检查地脚螺栓是否紧固，垫铁是否松动。

4. 填料函及水封管道

（1）检查水封管道安装是否整齐、牢固，有无泄漏，水封压力是否正常。

（2）检查填料压盖内孔的磨损量是否符合要求，检查压盖紧定螺栓是否松动，螺孔和螺栓是否完好。

（3）更换填料。

（4）冲洗集水槽和排水管，使排水通畅，管固定牢固。

5. 阀门

（1）检查法兰连接部位螺栓是否齐全，是否松动，防腐是否有效，有无泄漏。

（2）检查或更换阀杆填料，使其无泄漏。

（3）检查阀门运转情况，应做到启闭灵活，关闭严密。

（4）校验电动阀门的限位装置和过力矩保护装置，应做到限位准确，保护可靠。

（5）检查阀门部件是否齐全，结构是否完好，各易损件的磨损是否在允许范围。

（6）对液控阀门应检查液压系统有无渗漏，必要时更换或修复密封件。校验液压系统的各项参数（压力、速度、行程等）是否符合规定值。检查油箱油质、油量是否符合要求，油标是否清晰明亮，压力表视值是否正确。做好液压系统的清洁工作。

6. 真空泵及管道系统

（1）清洗循环水箱，包括气水分离器、储气罐，排除箱底污物。

（2）检查更换真空泵填料，检查填料压盖的压力使滴水符合要求。

（3）检查真空泵和电机的地脚是否松动，联轴器是否完好，校验机组的同轴度，误差是否在规定值范围。

（4）检查真空系统的管道安装是否整齐，固定是否牢固，阀门的启闭是否灵活，关闭是否严密，配件是否齐全，校验真空表视值是否正确，仪表开关是否完好。

7. 电气设备定期维护

按电气设备定期试验项目及周期，严格执行电气设备预防性试验规程。

定期检修应在不影响供水的前提下进行。一般机房都有备用机，所以先检查备用机，检查后再换一台机，一台一台轮流检查，这样一般不会影响供水。检修后要做好详细记录，为大修设备提供技术资料。检修前要准备好一些配件，以免把设备拆开后，损坏零件找不到配件，影响完工期，从而影响供水和供水的安全性。定期检修要特别注意供水的安全，要按操作规程进行，不能疏忽，该关的开关一定要关好，因为很多事故都是疏忽麻痹造成的。检修好的水泵机组一定要试运转，因为只有运转才能发现问题。

二、水泵拆装应注意事项

水泵经过一段时间的运行后，会出现一些磨损的现象，当磨损达到一定程度，就必须更换磨损件，否则就会降低水泵效率。要更换零件，就必须拆装水泵。

1. 拆装水泵应注意事项

（1）拆下的水泵零件应按顺序放置好，不能乱丢乱放，以免碰伤零件。拆下的螺钉、螺母、垫圈、键等小零件，应存放在盒子内，以免丢失。sh 型水泵有些零件形状相似，但有左右之分，应分别放置，防止装配时搞错。

（2）要用专用工具，尽量用梅花扳手的呆扳手，少用活动扳手。不能用力过猛，以防损坏零件。用力时要兼顾周围，防止人员滑倒或碰伤。

（3）拆装较紧的零部件，禁止用大锤猛击，拆装生锈的螺母可用小锤敲击振动，敲击面应垫硬木，或加煤油渗透后拆卸。

（4）光滑的表面应保护好，不要碰伤或损坏，拆装应按顺序进行，不能盲目乱拆，防止损坏零部件。

（5）拆下的废填料、废黄油或机油，应收集起来，不能乱放，保持工作场地的卫生清洁。

（6）应做专用支承架，把泵轴转动零件支承好，方便拆装。

2．sh 型水泵的拆装

（1）开泵盖

拆下泵盖与泵体的连接螺母。它是双头螺栓，经常因为螺栓凸出螺母部分生锈或涂有油漆，拆卸时把螺母连螺栓一起卸下来。如果经常这样，容易把泵体的螺牙磨坏，磨坏泵体的螺牙要修理就比较麻烦，所以泵盖的连接螺栓凸出部分要保护好，使螺母容易拆卸。把填料压盖的螺母拆卸，并把填料压盖拉开，因为填料压盖的螺栓一个与泵体连接，一个与泵盖连接。还应把泵盖上的两个对称的定位销拔出，并放好防止丢失。如果泵盖顶有抽真空的管道也应拆卸。较长时间没有开盖的水泵，最好利用泵盖上对称的起出螺钉，先把泵盖顶起，使泵盖与泵体分离。最后应检查泵盖的连接螺母是否全部拆卸，检查无问题才可把泵盖吊起，起吊前应看看吊绳是否垂直，起吊时先点动，待泵盖与泵体分离后再起吊。泵盖吊开后，即可看清叶轮及其他零件的情况，检查填料是否需要更换，水封环是否对准冷却水口，测量密封环的间隙等工作。

（2）拆卸转子

拆卸两端轴承固定螺栓，即可把整个转子吊起，在起吊前最好先用撬棒在集水槽位置，把泵轴撬动，起吊时较轻。把吊起的整个转子放在支承架上，防止叶轮等零件碰坏。

（3）拆卸转子部件

1）拆卸联轴器：先检查键和键槽、轴端是否有碰伤或生锈。用三脚拉马或自制两杆螺栓穿过联轴器的柱销孔，如图 20-1，再用螺杆顶在轴中心孔内。旋转螺杆把联轴器拉出。如果拉出的力很大时，可敲击螺杆端头振动，或用加热的方法使联轴器膨胀，但温度不能太高，在 100°C 左右。在操作过程应注意保护联轴器外缘不要碰坏，因为它是检查联轴器对中的基准。

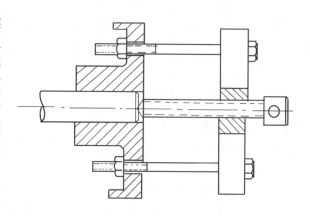

图 20-1　拆卸联轴器

2）拆卸轴承（滚动轴承）：先把轴承端盖拆卸，用煤油或柴油把轴承洗干净，检查轴承是否损坏，滚子的保持架是否完好，磨损是否超过标准，检查轴承的径向间隙可用保险丝放在滚道上，让滚子压过，再测量保险丝的厚度。如果轴承符合使用要求，轴套及叶轮没有什么问题，则把转子其他部分清理干净，可把转子装回去再用。如果轴套磨损超过要求，则应把轴承拆卸。拆卸轴承时，先把轴承座用拉马拉下，左右分开放置。再拆轴承锁紧螺母，轴承的锁紧螺母一般在非联轴器端，联轴器端的轴承内圈一般不固定，让泵轴因热膨胀有伸长的余地。锁紧螺母分左旋和右旋，它的旋向与同侧的轴套螺母相同。辨别旋向有两种方法，一种是与叶轮旋转方向相同的是锁紧螺母松开的方向，另一种方法是站在进水口看泵，左边是左旋，右边是右旋。锁紧螺母一般是圆螺母，应用勾头扳手拆卸。拆卸轴承可用专用的拉具，把轴承拆卸后，轴两端的轴承盖、挡套、甩水圈、填料压盖、水封环，填料套，密封环可以取下，按左右放好。然后拆轴套，注意轴套螺母也是有左、右旋之分。按站在进水口看泵，左边是左旋，右边是右旋的方法，辨认旋向。如果轴套磨损很大，又与轴配合较紧，则可把轴套敲裂，方便取出。如果轴套还能使用，则应保护好轴套，把泵轴清理干净，去除锈蚀，方便轴套取出。

3）拆卸叶轮：叶轮损坏的形式多数是密封环部位磨损严重、汽蚀严重或者叶片打坏，才更换叶轮。一般密封环部位磨损不大可不拆叶轮，不拆叶轮还方便车床的装夹、校正。把叶轮密封环部位在车床上车圆整，再配一个密封环就成了。配密封环最好到生产厂购买，并要求密封环的外缘尺寸已加工好，内径则进行实配。如果要拆叶轮。应把通过叶轮的那端清洗干净，除锈，并检查有无碰伤。如有碰伤部位，应用细牙锉刀修整，把转子放在支架上，用千斤顶把泵轴顶出来，如图 20-2。如果叶轮不是很大，可按图 20-3 的方法，使泵轴与叶轮脱离。

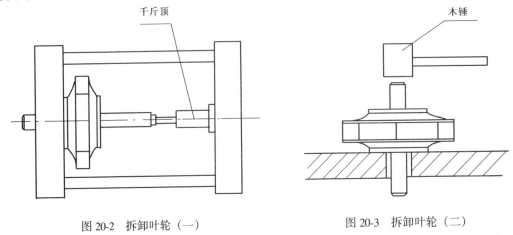

图 20-2　拆卸叶轮（一）　　　　　　　　图 20-3　拆卸叶轮（二）

经过上述的拆卸，基本上把水泵的零部件拆卸完毕，然后把拆卸的零件清理干净，检查磨损情况，能修复的修复，不能修复的则更换。

（4）装配

装配的程序基本上与拆卸相反，先装叶轮。装叶轮时特别要注意叶轮的转向，认好水泵的工作位置，联轴器在左右那一端，叶片的曲率是背着泵轴旋转方向。叶轮的轴孔及键槽要清理干净，泵轴的键要对准叶轮的键槽，泵轴涂上机油。泵轴装进叶轮后，一般叶轮键两端露出，用于卡住轴套，所以装轴套时，应注意轴套的缺口，必须对准叶轮键。轴套螺母用手拧紧即可，待装入泵体时调节叶轮对中再拼紧轴套螺母。

装配转子各部件，按拆卸时零件放置的顺序，把轴两端的密封环、填料套、水封环、填料压盖（有些填料压盖是对开式，则无需套上）、甩水圈、轴承挡套与轴承盖分别套进泵轴并细致检查有无装错，确认无误后再装轴承。中、小型轴承可直接装入，用套管把轴承内圈打到位，大型轴承最好用机油加热后套到泵轴上，待冷却后把黄油填到滚子的间隙内，再装上轴承座。装轴承压盖时，纸垫应完好，轴承盖内的贮油应适量，一般是容积的 2/3～3/4 为宜，太多轴承也要发热。最后装联轴器，可用大木头撞击，或端面垫上木头用大的锤子打进。

把转子装入泵体，转子全部零件装好后，用吊车吊起，放入泵体前应把泵体与密封环接触的槽、轴承座的弧形槽清理干净，然后将密封环对准泵体的环槽，填料套对准位置，慢慢放下转子，使密封环的止转凸缘全部在泵体上。用锤柄敲击密封环、轴承座使接触妥贴。

检查叶轮是否在蜗壳中间，密封环与叶轮的轴向间隙两边是否相等，若有偏差，可用轴套螺母调节，调好后用勾头扳手把轴套螺母拼紧。转动叶轮检查是否灵活轻松，有无卡擦现象。如果发现有卡擦现象，或使劲才能扳动叶轮时，应检查密封环，检查时可用锤柄轻敲两密封环，如果仍然较紧，可在轴承座下垫入薄纸再试，直到灵活为止。如果始终都发现转动阻力大，则应重新吊起转子，再详细检查，着重检查接触部分有无碰坏、损伤，接触部分有无杂物、铁锈，密封环外缘的沟槽要仔细清理。总之要使转子转动灵活才能盖泵盖。

在盖上泵盖之前，要把泵体与泵盖的接触面用 0.3~0.5mm 厚的青壳纸垫好，可用黄油涂在接触面上，既好固定又防漏。按装填料的规程装好填料，但不能装得太满，应留 3~5mm 给填料压盖外径定位，否则压盖无定位，容易使压盖内径碰到泵油，造成发热。特别要注意水封环对准冷却水管口，最好稍偏外侧，因为压紧填料时，水封环会向里移动。盖上泵盖，插上定位销，均匀对称拧紧泵盖螺母。装上填料压盖，但不要压紧填料，待试机时再调整。此时转动联轴器会比未装填料前阻力大一点，这是正常现象，试机运行后转动就会灵活。

水泵安装好后，一般都应试机，只有试机才能进行调节，才能发现问题，使机房的每台水泵都应处于完好状态，随时都可以开机。

第六节　离心泵常见故障及处理方法

离心泵在使用过程中若不按操作规程、维修时的马虎粗心、或使用条件发生变化、使用时间较长，有时就会发生一些故障，常见故障的原因及排除方法如下。

一、启动后不出水的原因及排除方法（见表 20-5）。

表 20-5

故 障 原 因	排 除 方 法
1. 灌水不足或底阀漏水，或真空泵未将泵内和进水管的空气抽干净	可用木头振动进水管或用管网水回冲，使底阀关闭，无效时再检查底阀。如果用真空泵抽气，应停机后再继续抽气
2. 进水管或填料漏气	可利用火焰检查进水系统的漏气，填料漏气可压紧填料
3. 吸水井水位太低产生旋涡进气	待水位高后再启动或采用木板防止产生旋涡
4. 进水口或叶轮槽有杂物堵塞，或底阀卡死	原水泵容易出此故障，可停机清除杂物，修理底阀
5. 旋转方向相反	电机修理后接线搞错，可将两根线对换
6. 水泵转速不够	提高转速或更换皮带轮
7. 叶轮严重损坏或叶轮键脱落	检查叶轮键，或更换叶轮
8. 水泵扬程不足	检查管网系统压力，检查吸水池水位是否太低
9. 进水阀或出水阀或室外阀未打开	检查进、出水阀门和室外阀门
10. 阀板销断裂	检查阀门的传动机构

以上 10 种原因，究竟是哪种原因，或者还有以外的原因，就要看各种仪表的显示和

一些表面现象。如启动后压力低、电流小、没有流量、机声异常等现象，可能是泵内空气未抽干净，或进水口、叶轮堵塞。如启动后瞬时有压力，但很快又降下去，可能是进水管或填料漏气。启动后压力比运行的压力还高，电流比运行的小，没有流量，可能出水阀门未开或阀门损坏。通过现象的分析，可以准确地找到原因，原因找到后，处理就方便。

二、水泵出水量不足的原因及排除方法（见表20-6）

表20-6

故 障 原 因	排 除 方 法
1.进水管漏气或进水口淹没深度不够，吸入空气，填料漏气	用火焰检查漏气，用木板防止吸入水口进空气，调节填料压盖
2.吸水口或叶轮有些杂物堵塞	停机后清除
3.输水高度过高或输水管阻力过大	核实管路阻力，或重新选用水泵
4.转速过低	检查电压或调速系统，提高转速
5.密封环磨损过大	更换密封环
6.阀门开度不足，或止回阀损坏，阻碍水流	检查阀门开度，检查止回阀
7.叶轮局部损坏	更换叶轮
8.吸水高度过大	改变安装高度
9.流量计误差过大	调整流量计，核对流量

出水量少的原因中，有许多与不出水的原因相同，就是程度不同而已。如进水系统漏气，少量漏气水泵还能出水，只是出水呈乳白色，是许多气泡分布在水中，占据水的体积，所以流量减少。如果漏气量大，则水泵就不出水。如输水高度过高或管网阻力大，也是程度不同而已。若水泵的关死扬程都达不到输水高度，则水泵不出水，如果输水高度比水泵的关死扬程稍低，水泵出水量就小。

并联供水的水泵，很少每台泵有独立的流量计，所以很难检查出水量小，因为相同型号的水泵在同一压力下，出水量是不相同的。因此，要求操作者要熟悉各台泵的性能，做到心中有数，就容易发现出水量小的故障。一般使用时间长的泵，密封环的磨损较大，使出水量减少。原水泵可能吸水口或叶轮堵塞，造成流量减少。

三、水泵功率消耗过大的原因及排除方法（见表20-7）

表20-7

故 障 原 因	排 除 方 法
1.填料压得太紧	放松填料压盖，检查填料的规格
2.流量过大	关小出水阀门
3.联轴器对中误差过大或皮带过紧	重新调节联轴器，调节皮带的紧度
4.泵轴弯曲或轴承损坏	校正泵轴，更换轴承
5.转速过快	调节转速，检查电压
6.叶轮与泵壳摩擦或有杂物	检查密封环间隙，检查叶轮的轴向定位，清除杂物
7.液体含泥沙太多	降低出水量、扬程或转速

在使用中功率过大，多数原因是供水压力过低，使水泵流量过大，造成消耗功率过

大。原水泵可能是杂物进入叶轮造成摩擦，增加功率的消耗。如果发现联轴器下面有许多黑色的橡胶碎末，则说明联轴器的对中性差。水泵的有效功率与液体的密度成正比，密度大的液体消耗的功率大。新的水泵的间隙较小，容易造成摩擦，消耗功率。单吸悬臂式水泵和多级泵的轴向力较大，若叶轮螺母松动或轴向定位不牢固，会造成叶轮与泵体摩擦使功率增加。

四、水泵杂声和振动的原因及排除方法（见表20-8）

表 20-8

故 障 原 因	排 除 方 法
1. 水泵、电机的地脚螺栓松动	拧紧地脚螺母
2. 叶轮损坏或局部堵塞	更换叶轮，清除堵物
3. 泵轴弯曲或轴承损坏	校正泵轴，更换轴承
4. 联轴器的对中性差	重新校整联轴器
5. 吸水水位太高，进水系统漏气，水泵发生汽蚀	提高吸水池水位，检查进水系统的漏气
6. 叶轮平衡性差	叶轮进行静平衡试验
7. 叶轮螺母松动	紧固叶轮螺母

杂声和振动是与正常运行的机泵比较出来的，所以操作人员在巡视时，应耳听、手摸，把正常的机声和振动感觉出来，逐步积累经验。如汽蚀引起的响声，像爆竹声，严重的像炮响声，并伴随压力表指针剧烈摆动，流量、扬程下降等现象。泵轴弯曲，叶轮不平衡，轴承磨损，其现象基本相同，声音与转速同步。联轴器对中性差，起初振动较大，随着橡胶的磨损，间隙变大，振动又会减小。

五、轴承发热的原因及排除方法（见表20-9）

表 20-9

故 障 原 因	排 除 方 法
1. 润滑油量过多或过少，油环不转	润滑油量过多应减少至2/3，太少应加油。检查油环不转的原因
2. 润滑油变质或油不清洁	放出所有润滑油，并用煤油清洗油室、轴承，再加油
3. 皮带过紧	调整皮带的张力
4. 轴承装配间隙不适当	检查轴与轴承配合
5. 泵轴弯曲或联轴器对中性差	检查并校正泵轴，调节联轴器的对中
6. 轴承的轴向推力过大	检查平衡孔、平衡盘，有无堵塞
7. 轴承损坏	更换轴承

滚动轴承的温度最高是75℃，滑动轴承是70℃，大型轴承有测温显示装置，可以直接看出温度，中小型水泵一般没有。因此，必须靠操作者手摸感觉出来。对温度的感觉可用温度计测量玻璃杯热水的温度，再用手摸感觉出温度的高低，对温度积累感性经验。

轴承发热多数都是新装的轴承由于装配间隙不当或过盈量太大，使轴承转动阻力增加，造成轴承发热。如果温度不是特别高，让它转动一定时间后，温度会降低。如果温度越来越高，则应停机检查。油质不好，特别是水容易混到润滑油，使润滑油变白，润滑的质量降低，使轴承发热。

六、填料函发热或漏水过大的原因及排除方法（见表 20-10）

表 20-10

故 障 原 因	排 除 方 法
1. 填料压盖得太紧	放松填料压盖，使填料滴水正常
2. 填料环未对冷却水管口，或冷却水管堵塞	检查填料环位置，疏通冷却水管
3. 轴套磨损过多	更换轴套
4. 填料质量太差	更换质量好的填料
5. 轴承磨损	更换轴承
6. 填料压盖与轴套接触产生摩擦	调整压盖位置

填料发热的原因多数是填料压得太紧，因此，新装填料不能压得太紧，待运转时进行调节。有些填料压盖与泵体的配合间隙过松，使压盖偏移与轴套摩擦发热，此时填料压盖的温度比填料函高。如果没有滴水或滴水太小，使填料发热，则是填料环未对正冷却水管口，或冷却水管堵塞。如果轴承磨损过大或泵轴弯曲，使泵轴摆动旋转，造成填料受压摩擦而发热，此时填料滴水无法调节，怎么压都会大量漏水。吸水池的水位高于水泵轴线时，双吸泵若停机后填料漏水很大，开机时很少滴水，说明填料摩损过多，因为双吸泵在运行时填料函一般是负压，有可能漏气。因此，必须及时调节填料压盖或更换填料，用外来水冷却填料，如果水压很高也会造成漏水过大。

七、运行中突然停止出水的原因及排除方法（见表 20-11）

表 20-11

故 障 原 因	排 除 方 法
1. 进水口或叶轮突然被杂物堵塞	停机清除杂物
2. 水池水位下降，进水口吸入大量空气	待水位升高后重新启动
3. 进水系统或填料漏气过大，进入空气过多	检查进水系统和填料，必要时更换填料
4. 悬臂式水泵的叶轮螺母松脱、叶轮键脱落使叶轮不转或泵轴扭断	停机打开泵盖检查，如果键槽不损坏可重新安装使用，轴断则换轴

突然停止出水，多数原因是水泵突然进入大量空气，原水泵则有可能是进水口或叶轮被杂物堵塞。悬臂离心泵，由于叶轮螺母的防松垫片效果不好，是容易松动的，叶轮键又较短，也容易脱落。泵轴在安装叶轮部位轴径较小，若材料质量或热处理工艺不当，在使用时开停机频繁也容易断裂。

八、泵轴被卡死的原因及排除方法（见表 20-12）

表 20-12

故 障 原 因	排 除 方 法
1. 叶轮与密封环的间隙太小或不均匀，新泵放置时间较长密封环部位生锈	打开泵盖检查处理
2. 泵轴弯曲	校正泵轴

故 障 原 因	排 除 方 法
3. 填料与泵轴摩擦发热膨胀	查明发热原因并进行排除
4. 泵轴生锈严重或填料压得太紧	除锈，减小填料压紧的压力
5. 轴承损坏，被金属碎片卡死	更换轴承
6. 由于长时无水或缺水运转，密封环部位间隙小，叶轮受热膨胀，密封环部位卡死	此种故障一般是运行控制失灵或操作者失职，一般是要烧电机。取出密封环和叶轮后，可用轻敲振动的方法使密封环与叶轮分开，如果是熔焊，则只好把密封环在车床上车去保存叶轮

新的水泵转不动，多数原因是生锈（密封环处和填料处），所以一些新的泵不带填料，就是这个原因。密封环部位在安装时涂有防锈油，但若时间长或环境湿度大，也容易生锈。轴承损坏、泵轴弯曲、填料干摩擦一般发生在旧泵。密封环受热膨胀卡死，使水泵无水或缺水，所以操作者要经常巡视，使水泵不在无水或缺水环境中长时间运转。

第七节 深井泵的运行

深井泵是抽取地下 10m 以上的地下水，适用于井口 100～500mm，流量一般为 8～900m^3/h，扬程在 10～150m 范围，它的动力在地面上。泵浸没在井中水面以下，用根长轴把动力传给叶轮，有时也叫长轴深井泵，此种泵在北方用得较多，南方极少用。北方城市常把它作为原水泵和补压泵用，因为北方的地下水较深，受污染较少，大部分符合卫生要求。

一、运行前的检查项目和应注意事项

1. 检查配电系统的电压，各开关位置，指示灯。

2. 检查电动机的绝缘，轴承的润滑油，电机的接地，防倒转装置是否灵活。

3. 检查各处的连接螺栓是否松动，填料压盖有无偏压，填料是否添加，压盖螺栓压力是否平衡，泵轴转动是否灵活。

4. 调节叶轮轴向间隙，如果井泵较长时间没有运转，叶轮轴向间隙可调至比正常运转大 1～2mm，防止井中大量出砂磨损叶轮，待水清后再调回。

5. 预润水是润滑长轴中间的橡胶轴承，开机前由于没有水，因此，必须加注预润水。当静水位深度为 50～100m 时预润水要连续灌注 5min 以上才能启动，直至井泵出水后才能停止加注。

二、长轴深井泵的启动、运行和停机

通过以上检查合格后，关闭出水阀门（一般只关 3/4，留 1/4 作为排除水管中的空气）即可启动，但在启动过程中还应注意以下事项：

1. 深井泵的启动

（1）若是全压启动，则要一推到底，以免接触不良；若是降压启动，应先将启动补偿器手柄推到"启动"位置，当电机转速和电流值接近额定值时（约 15～20s）迅速将手柄搬到"运转"位置。

（2）启动时间不能太长，以免电机发热烧毁，两次启动时间相隔 3～5min，既可防止电机过热，又可避免水倒流，造成第二次启动负荷过大。

（3）电动机冷态启动，不能连续启动三次。在接近允许温度状态下，不能启动，待冷却至常温后再启动。

（4）如果启动阻力过大启动不起，可将补偿器电压调高一级（由70%提高为80%的启动电压）重新启动。

（5）启动时应听机组声音，看电流的变化、填料的滴水、机组的振动等，若有异常应停机检查。

（6）缓慢打开出水阀，注意电流和流量的变化，控制电流不超过额定值。取水化验，浊度和细菌符合要求后可向管网供水。

（7）运行半小时后可进行各种参数的记录，如电流、电压、流量、压力、动水位、功率、振动等。

2. 深井泵的运行

抽取地下水的深井泵一般都比较分散，多数采用遥控操作，现在已经发展到遥控监视，但还必须进行定期巡视，一般一天2～3次，巡视应包括下列内容：

（1）对电气的观测：如电压、电流是否符合要求，电机的振动是否正常，地脚螺栓是否松动，电机及轴承的温度是否过高，声音是否正常，三相电压，电流是否平衡，相差是否在规定范围内等。

（2）对水泵部分的观测：填料的滴水是否正常，太大太小都应调节。电机轴承的温度及润滑油是否在规定范围内，出水的压力、流量是否正常，与电机功率是否有对应关系，发现问题立即上报，定期（最少每月1～2次）对动、静水位进行测量。

（3）对水质的观测：一般要求出水应无色、无味、无臭，每升水中含砂小于10粒，如果是补压井不允许有砂。

（4）若运行中发现大量涌砂，长期抽不清，应认真研究分析，否则会造成井塌陷事故。

3. 深井泵的停机

（1）停机前如发现水中含砂较多，则不能停机，待水变清后再停机，以免造成停机后的砂粒沉积卡死叶轮，影响下次启动。

（2）操作停机应先逐渐关小出水阀，然后停机，防止水锤。使用补偿器启动的应先停补偿器，再切断电源。

（3）遥控停机应注意从仪表观测机泵是否真的停下，如果停不下来，应尽快派人到现场拉闸停机，再检查停机不了的原因。

（4）停机后应检查出水阀、止回阀是否关严，有无漏水现象，发现问题应立即上报。

（5）停机时间较长，应将室内管道水泄入井管内或采用其他防冻措施。

（6）记录停机时间、电量、水量等，并定期搞好室内环境卫生。

（7）停机后对一些在运行中无法处理的问题要进行处理，如更换填料、更换润滑油以及电气设备的接触面修整，紧固机座螺栓等，以维护系统的正常可靠。长期停止使用的井泵每周都要开半小时，以防止生锈。

三、深井泵常见的故障及处理方法

1. 启动困难或无法启动（见表20-13）

表 20-13

故 障 原 因	排 除 方 法
(1) 电压过低或单相或电机受潮	立即停电,检查原因,一般现象是通电后发出嗡嗡响声,电机不转或微慢转动
(2) 电动机转向不对,止逆转装置发出"咯噔"的响声	立即停机,更换电机或配电盘上任意两根线对换装上
(3) 启动前未灌预润水,使橡胶轴承干磨发热抱轴	在预润水口灌水或加注肥皂水,若盘机能转动,则可以再启动;如果仍转不动,则应更换橡胶轴承
(4) 橡胶轴承过紧或轴弯	用肥皂水预润滑橡胶轴承,能转动泵轴,则可以再启动,用大扳手仍不能转动,则要提吊井泵,处理橡胶轴承或校正泵轴
(5) 叶轮轴向间隙过小,没有调节好,或泵内沉积有泥砂,或泵内有杂物	把叶轮提高,转动泵轴,若能转动,则可以按启动程序启动;如果砂太多卡得太死,则应吊泵,清理泥砂和杂物
(6) 由于安装质量问题或井管倾斜度过大使泵轴弯曲	在安装过程应发现,安装好后,泵轴无法转动,多数是这种原因
(7) 电机轴承损坏卡住,使电机无法转动	更换电机轴承

2. 运行中出水量过小或不出水(见表 20-14)

表 20-14

故 障 原 因	排 除 方 法
(1) 水位下降使泵进入空气或泵的滤水管堵塞	此种现象是电流表指针摆动,出水含有大量的气泡。关小出水阀,则气泡减少或消失。长久解决的办法是加长井泵增加扬程或洗井增加出水量,或更换流量小的井泵
(2) 叶轮密封环磨损过大	吊井泵更换密封环
(3) 水泵轴或电机轴扭断	完全不出水并且转动轻快无阻力,应提泵修理
(4) 扬水管破裂或连接螺栓松动,扬水管漏水	提泵修理,注意提泵时要防止泵掉入井中
(5) 叶轮一级或二级与泵轴脱离不转,使扬程降低,流量减少或不出水	用关死扬程的方法测得扬程与泵特性对比,提泵修理
(6) 电压过低或缺相运行	缺相运行转速特别低应立即停机,长期电压低可把变压器电压调高

第八节 潜水泵的运行

潜水泵是把电机与水泵装成整体,放入井下,抽取地下水,这样可节省泵座、传动轴和中间联轴器等,有取代长轴深井泵的趋势,适用井径与深井泵相同,一般为 100 ~ 500mm,流量一般为 2 ~ 1200m³/h,扬程为 10 ~ 400m。

一、运行前的检查项目

潜水泵在投入使用前，应检查供电的线路，包括线路和电机的绝缘电阻三相电压是否合格，电气仪表，开关，启动装置，保护设备等。供水管道、排水管道的连接是否牢固，阀门开关位置是否正确。测量静水位并做好记录。然后关闭出水阀（只关 3/4 留 1/4 排气），一切准备工作做好后才能启动。

二、潜水泵的启动、运行和停机

1. 潜水泵的启动

（1）启动要沉着果断，动作要迅速，按操作规程，先把手柄推到"启动"位置，待电机启动稳定后，再把手柄扳到"运行"位置。

（2）启动时要看电流变化、机声和振动，若有异常应停机检查。

（3）逐渐打开出水阀，注意电流的变化，尽量控制电流在额定值。

（4）新机或大修后的机，第一次运行 4h 后，应停机并趁热测量绝缘电阻，其值应大于 0.5MΩ，否则不能继续运行。

（5）潜水泵停机后再启动间隔应大于 5min，防止电机过热和管内液体未完全流入井中，造成较大的启动电流，烧毁电机或扭断泵轴。

（6）取水化验水质，符合规定，若是补压井则可向管网供水。

2. 潜水泵的运行

潜水泵运行要求较少，按时抄表，定时巡视，观察压力、电流和流量的变化是否符合性能曲线要求。流量控制在 0.7～1.2 额定流量下工作。扬程过低会造成流量过大，容易烧毁电机。经常测量井水位，防止水位降低过多，造成进空气。

3. 潜水泵停机

（1）停机时先关闭出水阀，然后停机。

（2）长时停止运行的潜水泵，每周应运行半小时，启动时，应测量绝缘电阻，不应低于 0.5MΩ。

（3）冬季不使用时应做好防冻工作。

（4）停机后做好记录，抄有关仪表的数据，并做好周围环境卫生。

三、潜水泵的常见故障与排除方法

潜水泵与长轴深井泵虽然结构不相同，但故障的种类是相差不多的。

1. 潜水泵不能启动（见表 20-15）

表 20-15

故 障 原 因	排 除 方 法
（1）电机烧毁	提泵检查，测量三相绝缘电阻
（2）缺相，启动时发出嗡嗡响声	检查线路，找出原因后，可重新启动
（3）叶轮被杂物或泥砂卡死	倒灌水冲洗或提泵，清除杂物，泥砂
（4）电缆或定子绕组断路	提泵检查
（5）电压过低，电机动力不足	检查供电电压和导线截面是否符合要求
（6）电机转子与定子卡死	提泵检查，清除水垢

2. 电动机启动后不出水或出水量明显减少（见表20-16）

表 20-16

故 障 原 因	排 除 方 法
(1) 水泵进口滤网，叶轮，导流壳，扬水管堵塞	电流指针摆动，扬水管振动，应停机检查，提泵清除堵塞物
(2) 动水位下降，原泵扬程不足	更换扬程高的泵或洗井提高动水位
(3) 动水位下降太多，泵进口有旋涡，进入空气	电流周期性摆动，出水含有气泡，临时办法是减少出水量；长期的办法是加长扬水管，洗井，增加水井的出水量
(4) 扬水管连接螺栓松动或扬水管腐蚀漏水	可用测水表，慢慢放下，检查漏水，或提泵检查
(5) 电压过低使转速不足	检查电压，如无法升压则应停机，否则容易烧电机
(6) 叶轮腐蚀严重或密封环间隙过大	一般使用时间较长易出现此故障，应提泵，更换叶轮，密封环
(7) 叶轮与泵轴脱开	可用关死扬程与额定扬程比较，确定有个别叶轮不转，应提泵检查
(8) 流量计误差大	调节流量计

3. 潜水泵突然出水中断（见表20-17）

表 20-17

故 障 原 因	排 除 方 法
(1) 扬程过低造成水量过大，使电流较长时间超过额定值，烧毁电机	应立即切断电源，提泵检查
(2) 井中突然涌入大量泥砂，增加阻力，电机超负荷，使过流保护动作，电机停转	检查电气线路若正常，可向扬水管内灌水冲洗泵头，将泥砂排入井中，再重新启动，逐渐加大排水量，待水清后可向管网输水
(3) 叶轮轴向定位或轴承损坏，使叶轮磨泵体，阻力增加，跳闸，或烧毁电机	一般使用时间过长，或检修时不注意，易造成此故障，应提泵检查
(4) 电源电压长期过低使电流增大，电机过热烧坏	提泵检查
(5) 电缆曾受拉使截面减小，电流增加时发热，烧断	用电表测量，提泵更换电缆

第九节　污水泵的运行

一、运行前的检查项目

1. 将变压器的电力电缆接到控制柜的主开关上。

2. 检查控制柜上的电源电压是否能满足电机端电压的要求。电源电压应高于电机的额定电压。两者之间差一个电缆压降。

3. 关上控制柜的柜门，如有行程开关随之而合上。

4. 检查输水管道上的闸阀启闭是否灵活。

5. 将闸阀的开启度放在 1/4 到 1/6 的位置上，以降低电机的启动电流和减小启动时水泵对电机的轴向力。

注意泵启动时闸阀不能全部关闭，否则泵启动后上水时扬水管中的空气会无法排出，而使泵组和扬水管路振动。反之，如闸阀全部开启，会增加电机的启动功率与启动电流，有时甚至会使启动发生困难。

二、污水泵的启动、运行和停机

1. 污水泵的启动

通过控制柜启动泵。当用手动操作启动泵时，合上电源开关，泵随即启动。这时可观察控制柜上的电压表、电流表和信号指示灯来了解泵的启动过程。电泵启动瞬间电压表的电压迅速下降，电流表的电流迅速上升，甚至表针打到头，但很快电压表和电流表的表针就会稳定在某一位置上。此后电压表的表针便回到电源电压值，表明电机启动后已在慢慢的加速。再过某一时刻电流表的表针便回落到某一电流值，即表明泵启动完毕。稍待片刻将闸阀全部打开，水泵就会出水。一般中小型潜水泵整个启动过程从电源开关合闸到水泵出水只 1min 左右，大型潜水电泵，扬程较高，启动过程要几分钟。

当用自动控制启动水泵时，按下控制柜上的启动按钮后主开关会自动合闸，泵随即启动。观察电压表、电流表的表针以及控制柜上信号指示灯，可以了解泵的自动启动过程。

污水泵启动时的注意事项：

（1）手动操作开关满压直接启动电机时，开关要一次合上，动作果断而且迅速；切不可合闸、拉闸数次，断续启动电机，以免开关产生电弧烧伤刀闸，对人身安全也是危险的；电机绕组会不断地受到启动电流的冲击，使电机过热，降低使用寿命。操作闸刀开关时，人应站偏一点不要对正开关，以保证人身安全。

（2）泵启动后，约 1min 就可将闸阀打开到需要的开启位置上。

（3）泵启动出水后，如果出水压力和流量有问题，可能是电机的旋转方向反了。停机后改变任意两相电缆线的相序，10min 后再次启动电机进行观察，直到泵运行正常可以投入使用为止。

（4）启动泵时电机的启动电流很大，电流表的表针打到头是正常情况，时间很短，表针是允许短时过载的。

（5）泵启动后应注意观察泵的运转情况：

1）泵有无杂声和振动。

2）水泵的流量和出水压力是否正常。

3）电机的电压和电流是否稳定，三相电压与电流是否平衡，电流是否超过电机的额定电流。

4）测温仪表工作是否正常。

5）控制柜的电器元件是否有杂声和振动。

6）检查地面输水管道是否有漏水，影响工作环境。

以上如有不正常情况，应立即停机，检查原因，排除故障后方可再次启动泵和投入使用。

（6）泵需要作第二次启动时，与第一次启动的间隔时间应在 10min 以上，作第三次启动时需间隔 1~2h，避免电机过热。

2. 污水泵的运行

污水泵启动后一切情况正常便可正式投入运行。

(1) 作好泵的运行记录

用户需备设备履历簿，作为泵运行的现场记录，以供运行人员交接班、泵出故障后的事故分析以及维护、修理用。

正常情况下运行记录一日三次，需要记录的内容有：

1) 泵运行的日期，起止时间。

2) 泵的扬程、流量。

3) 泵的杂声和振动情况。

4) 电机的三相电压与电流值。

5) 电机的运行温度。

6) 电机的用电量。

7) 电机和电缆的绝缘电阻值（可定期测量）。

8) 控制柜上电器元件的工作情况：动作、噪声和振动。

9) 控制柜的绝缘电阻（可定期测量）。

10) 变压器的电压和电流。

11) 水井的静水位和动水位变化情况。

12) 井水的温度及操作室的室温与湿度。

(2) 泵运行要注意以下事项：

1) 观察电机的电压与电流变化情况

经常对设备进行观察与监视，尤其新设备，更应注意。如果发现电源电压低：低压 380V 电机低于 360V，高压 6000V 电机低于 5700V；或电机的电流超过额定值 10% 时应立即停机，查明原因，处理后方可再次投入运行。

如果是电网电压过低，就要相应地减小水泵的流量，使电机的负载电流不超过额定值。三相电压要基本平衡。

2) 观察电机的运行温度

泵运行时控制柜上的测温仪表指示出电机的温度。泵刚投入运行，电机慢慢发热，仪表指示的温度慢慢上升。泵运行 4~5h 后，电机的发热趋于稳定，仪表指示的温度也随之稳定。以后如仪表指示的温度有缓慢的上下几度的变化属正常情况，如温度不稳定或变化较大，必须立即停机查明原因。

泵的流量改变时，电机的电流变化，运行温度也随之而变。流量增加，温度会慢慢上升，但升到某一值后又会趋于稳定。流量减小，温度会慢慢下降，稳定在某一数值上。这种变化约与电流的平方成比例。

3) 定期检查设备的绝缘电阻

设备的绝缘电阻应定期检查，需要检查的绝缘电阻有：电机连同电缆线、信号电缆线和控制柜对地的绝缘电阻。

新泵在刚投运的一个月内要每隔一周检查一次；老设备可一个季度检查一次。

如果泵停用较长时间后又投入使用，开机前必须检查绝缘电阻值。

设备的绝缘电阻值不要低于表 20-18 的要求。

组件名称	新设备（MΩ）	老设备（MΩ）
低压电机连同电缆线	2	0.5
高压 6000V 电机连同电缆线	10	6
信号电缆线	2	0.5
低压控制柜	2	0.5
高压 6000V 控制柜	10	6

如果绝缘电阻下降低于上表的最低允许值,应立即停机,检查原因排除故障后方可再用。

4）观察泵的运行工况

泵应运行在额定工况下,流量不要过大也不要过小,泵性能最佳。流量过大,水泵转子会上窜,叶轮扫泵壳,损坏水泵,电机也会过载而过热。流量过小,水泵的轴向力会增加,加大电机止推轴承的负荷。这些都会使电泵的性能变坏,且影响其使用寿命。

5）运行中出现泵组振动加大、异杂声增加、熔断器烧断等不正常情况时,应立即停机,检查原因排除故障。

6）电器开关的操作是否正常,启动设备、保护元件及电气仪表是否有问题,平时要经常注意观察,一个月要作一次全面检查。

7）每天观察一次井内水位的变化情况;防止动水位下降过大而使电泵运行不稳定。静水位可不定期测定。

8）泵用于高井温时出力应降低,以免电机过热而烧坏。

井水的水温比标准规定每超过 5℃,电机的出力应降低 12% 左右,即水泵的流量要相应地降低 12%。

（3）污水泵的管理

污水泵设备要得到长期安全可靠的运行,除了泵的质量要好,合理选型和正确安装以外,更应管好用好设备。因此,泵的使用管理也就成为运行工作中的重要内容。实践证明设备的运行管理工作搞得好,泵才能充分地发挥作用,更好地为工农业生产和生活服务,减少停机事故和节约运行费用。泵出现问题时应及时排除。

三、污水泵的故障与排除方法

污水泵由于产品制造的质量,选型和安装的不正确,操作和维护的不当或者长期使用后零部件的磨损和电机与电缆绝缘材料的老化变质等原因会引起故障。泵出故障后应及时地查明原因加以排除,才能继续使用,否则会造成事故。现将泵常见的故障及其处理方法列举如下。

1. 不能启动或启动困难

故障现象:合上电源开关后,泵不能启动;或者电机启动后转速上不去,水泵不出水或出水量小。

故障原因及处理方法见表 20-19。

表 20-19

故障原因	处理方法
（1）电源电压过低	
1）变压器输出电压低	调节变压器电压
2）供电线路截面太小	换用截面较大的线路

故 障 原 因	处 理 方 法
3）供电线路过长	挪近变压器
（2）电源单相供电	
1）电源开关接触不良	修理触头或更换开关
2）熔断器烧断	换用熔丝或熔片
3）控制柜主回路接线松动	检查并拧紧接线头
4）电力电缆线断相	进行修复
（3）电力电缆压降太大	
1）电缆线过长	截去多余部分
2）电缆线截面太小	换用较大截面的电缆
（4）电机绕组烧坏或断相	大修，更换绕组
（5）电机导轴承抱轴	大修或更换轴承
（6）水泵轴承抱轴	大修或更换轴承
（7）水泵叶轮卡住	大修或更换叶轮
（8）水泵或电机内有异物	拆开机泵，取出异物

2. 不出水或出水量小

故障现象：泵启动后，电机三相电流正常，电源电压也没有问题，水泵不出水或是出水量小。

故障原因及处理方法见表20-20

表 20-20

故 障 原 因	处 理 方 法
（1）水泵反转	改变电缆线任两相相序
（2）泵吸不到水	
1）吸入口滤网堵塞	清理滤网
2）水位低于水泵的吸水口	停机或增加叶轮和扬水管，使水泵潜入水中
（3）扬水管管路漏水量大	检查修理扬水管管路
（4）水泵壳体之间漏水	检查和重新装配水泵
（5）水泵密封口环磨损	修理或更换磨损件
（6）泵轴断裂	大修，更换泵轴
（7）电机与泵的联轴器松脱	重新组装机泵或更换联轴器
（8）扬程超过	换用功率较大的电泵
（9）管路中的积水结冰	化冰后再开机
（10）电源电压过低	见表20-19中（1）
（11）电力电缆压降太大	见表20-19中（3）
（12）电机单相供电	见表20-19中（2）
（13）电机绕组短路	大修，更换绕组
（14）电机转子导条断或开焊	更换转子或进行补焊

3. 振动大

故障现象：泵运行时振动剧烈，手摸输水管道、泵座有明显的振动感觉，并伴有异杂声。

故障原因及处理方法见表20-21。

表 20-21

故　障　原　因	处　理　方　法
(1) 电机止推轴承磨损过大	调节垫片或更换轴承
(2) 电机导轴承磨损过大	更换轴瓦或轴承
(3) 电机扫膛	更换导轴承或车小转子外圆，适当加大气隙
(4) 电机转子不平衡	校正转子动平衡
(5) 联轴器松动	重新组装电泵
(6) 水泵轴瓦磨损过大	更换轴瓦
(7) 叶轮磨损	
1) 水泵和电机组装不当，叶轮在泵壳内的间隙不均匀	重新组装电泵，调正叶轮间隙
2) 电机止推轴承磨损过大	调节垫片或更换轴承
3) 电机过载，水泵转子上下窜动	调节闸阀，减小流量
(8) 水泵叶轮不平衡	校正叶轮平衡
(9) 泵轴弯曲	大修，调直泵轴或更换
(10) 泵座螺钉未拧紧	拧紧螺钉
(11) 机泵组装时轴线未对正	重新组装对准两机轴线
(12) 动水位接近水泵吸入口	停机或增加叶轮和扬水管

4. 用电功率增大

故障现象：泵运行时水泵的扬程和流量为额定工况，但电流表的指针超过电机的额定电流，致使耗用电功率增大。

故障原因及处理方法见表 20-22。

表 20-22

故　障　原　因	处　理　方　法
(1) 流量大，泵转子上窜，叶轮扫泵壳	调节闸阀，减小流量
(2) 水泵轴瓦磨损过大	更换轴瓦
(3) 叶轮扫泵壳	检修、调整叶轮，使叶轮在泵壳内的间隙均匀
(4) 电机和水泵组装不当	重新组装，调正叶轮间隙
(5) 电机止推轴承磨损过大	调节垫片或更换轴承
(6) 电机扫膛	更换导轴承或车小转子外圆，适当加大气隙
(7) 水中含砂量大	重新清洗或换用带机械密封的电泵

5. 突然不转

故障现象：泵在正常使用中突然不转，输水管道不出水。电流表的电流等于零或出现短路电流值。

故障原因及处理方法见表 20-23。

表 20-23

故障原因	处理方法	故障原因	处理方法
(1) 电源停电	恢复供电	(5) 熔断器烧断	更换熔丝或熔片
(2) 电机绕组烧坏	大修、更换绕组		
(3) 电机导轴承抱轴	大修或更换轴承	(6) 水泵轴承抱轴	大修或更换轴承
(4) 继电器失灵，电源开关跳闸	检查调整或更换电器	(7) 叶轮卡住	大修或更换叶轮

6. 电机绝缘电阻下降，阻值偏低

318

故障现象：用兆欧表测电机绝缘电阻，前后测得的数值有明显的下降，低于允许的最小值。

故障原因及处理方法见表 20-24。

表 20-24

故 障 原 因	处 理 方 法
(1) 电机绕组线绝缘损坏	大修，更换绕组
(2) 电机过载，绕组绝缘老化	降低水泵流量，或大修更换绕组
(3) 电缆接头绝缘损坏或性能下降	检查确定后进行修补或重包绝缘
(4) 电力电缆绝缘破损	检查与修补绝缘或更换电缆
(5) 控制柜电器元件或线路绝缘不良	进行检查，修理或更换

7. 电机绝缘电阻为零，但电泵仍能正常运行

故障现象：测电机的绝缘电阻为零，但是泵仍能正常运行，泵设备也并不漏电。

这种情况比较特殊，只有在定子绕组星形接法的电机上才会发生。绕组的中性点即零点的绝缘损坏对地的绝缘电阻为零，电机绕组接地摇不出绝缘电阻来。绕组的绝缘良好，中性点电位为零，所以设备也不漏电；电机的电流也不会增大，泵运行正常。但这是不符合电气安全操作规程的，应将电泵提升，拆开电机，包扎好中性点的绝缘，使定子绕组的绝缘电阻值恢复到正常水平，泵才能重新投入运行。

8. 电流表摆动

故障现象：电泵运行时电流表摆动快，摆幅大。

电网电压的波动会造成电机电流的波动，使电流表缓慢摆动，属正常情况。

故障原因及处理方法见表 20-25。

表 20-25

故 障 原 因	处 理 方 法
(1) 流量大，水泵转子上下窜动	调节闸门，减小流量
(2) 电机止推轴承磨损大	调节垫片或更换轴承
(3) 电机扫膛	更换导轴承或车小转子外圆，适当加大气隙
(4) 叶轮扫泵壳	检修、调整叶轮，使叶轮在泵壳内的间隙均匀
(5) 水泵轴承磨损大	更换轴承
(6) 动水位降到水泵吸入口，间歇出水	停机或增加叶轮和扬水管

9. 电器元件保护脱扣

故障现象：泵正常运行时，电器元件保护脱扣，电源开关跳闸，电泵停转。

故障原因及处理方法见表 20-26。

表 20-26

故 障 原 因	处 理 方 法
(1) 电机过载	调节闸阀，减小流量
(2) 电机单相运转	见表 20-19 中 (2)
(3) 电机扫膛	更换导轴承或车小转子外圆，适当加大气隙
(4) 电源电压过低	见表 20-19 中 (1)
(5) 电力电缆压降过大	见表 20-19 中 (3)
(6) 水泵反转	掉换电力电缆任两相的相序
(7) 叶轮卡住或扫泵壳	调整、大修或更换叶轮
(8) 继电器误动作	检查，调整或更换电器

10. 电机绕组烧坏

故障现象：电机绕组烧坏、短路或碰地，水泵就停止转动而不出水，电流表无电流（绕组烧断）或出现大电流（绕组短路）。

故障原因及处理方法见表 20-27。

表 20-27

故 障 原 因	处 理 方 法
(1) 电机过载而电器开关失灵，不能自动跳闸	调节阀门减小流量，检查电器开关的保护动作性能，进行修理或更换
(2) 电机单相运转	见表 20-19 中（2）
(3) 电源电压过低	见表 20-19 中（1）
(4) 电机绕组匝间、相间或对地短路	大修，更换绕组
(5) 电机扫膛，磨破定子绕组端部	大修，修补绝缘或更换绕组
(6) 电机导轴承抱轴	大修或更换轴承
(7) 电力电缆压降过大	见表 20-19 中（3）
(8) 电泵脱水运转，冷却恶化	增加叶轮和扬水管，安装低水位保护
(9) 泵启动过于频繁	按产品说明书要求操作
(10) 水泵轴承抱轴	大修或更换轴承
(11) 水泵叶轮卡住	调整、大修或更换叶轮
(12) 泵启动后闸阀未打开	停机或迅速打开闸阀
(13) 电机陷入污泥散热不良	重新安装电泵

11. 电机止推轴承磨损快或偏磨

故障现象：电机的止推轴承磨损坏，泵运行会不正常：电流增大，电流表摆动，转子窜动，电泵有杂声或振动。

故障原因及处理方法见表 20-28。

表 20-28

故 障 原 因	处 理 方 法
(1) 电机内部进入砂子	保养电机，清洗零部件
1) 电机零部件装配面的 O 形密封环损坏	调换新密封环
2) 电机装配螺钉的 O 形密封垫圈损坏	调换新密封垫圈
3) 电机引出电缆线出线口的密封垫损坏	调换新密封垫
4) 调节囊破裂	调换新件
5) 机械密封出毛病	大修，更换机械密封或动、静磨块
6) 迷宫帽松动	拧紧螺钉或调换新件
7) 轴油封损坏	换用新油封
(2) 流量大，水泵转子上下窜动	调节闸阀，减小流量
(3) 水泵轴向力过大	调节闸阀，减小流量
(4) 泵组装不当	重新组装

12. 导轴承磨损快或偏磨

故障现象：电机导轴承磨损快或偏磨会影响泵的正常运行，使轴承间隙增大，超过允许值而便电机"扫膛"，电流表摆动。

故障原因及其处理方法见表 20-29。

表 20-29

故 障 原 因	处 理 方 法
(1) 电机定转子不同心	
1) 机壳止口与定子铁心内圆不同心	以止口定位适当车削定子铁心内圆
2) 轴承座止口与内圆不同心	更换轴承座，或以止口定位车内圆，换配轴瓦
(2) 电机内部进入沙子	见表 20-28（1）
(3) 导轴承间隙过大	更换导轴承或轴瓦
(4) 电机转轴弯曲	进行调直或更换转子
(5) 泵组装不当	重新组装，对准两机轴线

13. 电缆接头过热

电机的引出电缆线和电力电缆线的接头焊接不好致使接触电阻加大。泵运行时接头过热，使绝缘迅速老化，甚至烧断接头。拆开电缆接头重新焊接和包扎绝缘。如果是铝电缆的铜铝接头接触不良，必须锯掉，重新压接铜铝接头，再和电机引出电缆线相接后包扎绝缘。

第二十一章 水 泵 站

泵站是增加液体内能的装置系统,它包括水泵及其他附属设备,如管路、计量仪表、各种阀门、抽真空设备、起重设备、配电设备等。泵站的形式很多,但内部的设备基本相同。泵站在城市给水排水中是不可缺少的部分,是整个给排水系统正常运转的枢纽。如图21-1所示。

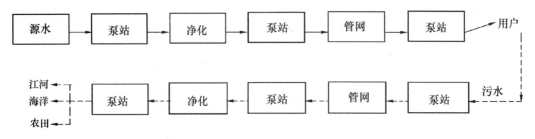

图 21-1 城市给水排水系统工艺基本流程

⟶为给水系统 --⟶为污水排水系统

第一节 水 泵 站 的 分 类

水泵站在城市的给排水系统中可以分为:一级泵站(取水泵站)、二级泵站(送水泵站)、加压泵站、污水泵站、雨水泵站、发电厂的循环泵站,北方城市还有补压井泵站。

一级泵站是把江、河、湖泊、水库或地下水抽送到水厂净水构筑物。如果管路很长或地势较高,中间也可建加压泵站。

二级泵站是把净化后符合饮用水标准的水,加压后送入供水管网、流到用户。若管路较长或地势较高,供水压力不足,其中间也可建加压泵站。北方城市地下水质较好,为弥补管网压力不足,可设补压井泵站,抽取地下水,经消毒后直接输入管网。

循环泵站是工业生产过程中把水重复利用。所建的泵站,是节约水资源、降低生产成本的有效措施。

污水泵站是把城市排出的污水,经管路收集,送到污水处理厂。如果污水管路很长(污水在管道中流动是靠管道的坡度叫重力流),中途也建有提升泵站。污水厂在处理过程,也设有提升泵站;处理后的水排入江河、海洋,也设有污水泵站。

雨水泵站是把城市的雨水进行提升排放。雨水泵站在城市低洼处才设有,地势高的地方排水方便,无需建雨水泵站。

一、取水泵站

1. 地面水源取水泵站

地面水源应符合国家规定的生活饮用水卫生标准才能取水。地面水源泵站应根据河岸的地质情况，河流水位变化的幅度、航道运输情况、河水的漂浮物、取水规模等条件，因地制宜，建造不同形式的取水泵站。

（1）岸边式取水泵站

具备建岸边式取水泵站的条件是岸边的水流较深且是主流，河岸的坡度较陡且地质条件较好，水质好，水位变化幅度不大。泵站是由进水间与泵房组成，按地形条件，可建合建式岸边取水泵站和分建式岸边取水泵站，如图21-2、图21-3。

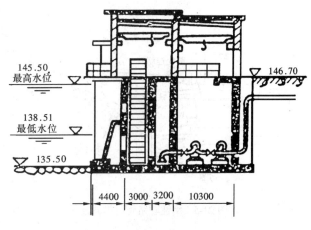

图 21-2　合建式岸边取水构筑物

（2）河床式取水泵站

河床较稳定，河岸平坦，枯水期主流离岸也较远，岸边的水质较差且深度不够，而河

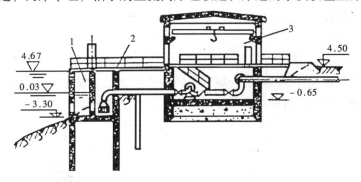

图 21-3　分建式岸边取水构筑物

1—进水间；2—引桥；3—泵房

中又具有足够的水深和较好的水质，具有这种条件的宜建河床式取水泵，如图21-4。它的特点是集水井和泵房建在岸边，不影响河床的水流，不受河水冲刷。进水管一直伸到枯水

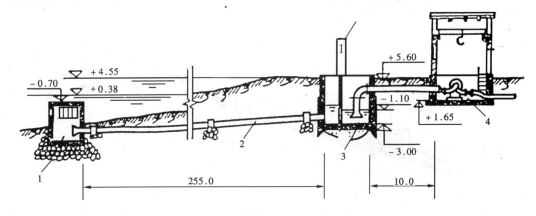

图 21-4　自流管取水构筑物（集水间与泵房分建）

1—取水头部；2—自流管；3—集水间；4—泵房

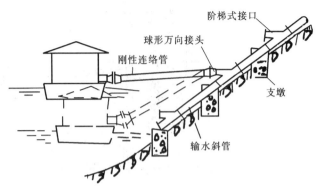

图 21-5　刚性联络管阶梯式连接

期的主流道。较长的进水管不但增加阻力损失，而且检修不便，洪水期河流底部泥沙较多，水质较差。

（3）移动式取水泵站

河流上游的城市，一般河水涨落较大（10～35m），涨落的速度也快（2m/小时左右），河床较稳定，岸边地质条件又好，坡度在10°～28°，漂浮物较少，无冰凌，河岸靠近主流，宜建移动式取水泵站，它可分为浮船式和缆车式，刚性联络管阶梯式连接如图21-5、缆车式取水构筑物布置如图21-6。浮船式的出水管的连接管应有球形万向接头，如图21-7，可随河水的涨落摆动。船必须用缆索、撑杆、锚链锚固。缆车式取水泵站是由泵车、坡道或斜桥、输水管和索引设备等组成。当河水涨落时，泵车由索引设备带动，沿坡道上的轨道上下移动，水管侧一段段装拆。

2. 地下水水源取水泵站

在北方平原，雨水缺少的地区，城镇居民生活用水、工农业生产用水主要是地下水。除个别地方的地下水质不好外，大部分地区的地下水质都比较好。因此，只有符合国家规

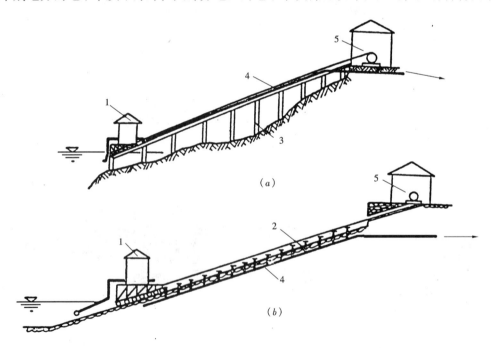

图 21-6　缆车式取水构筑物布置

（a）斜桥式；（b）斜坡式

1—泵车；2—坡道；3—斜桥；4—输水斜管；5—卷扬机房

定的生活饮用水标准的地下水才能开采，供城镇居民生活用水。地下取水的形式有管井、大口井、辐射井、渗渠等。根据地下水源和供水量多少，决定管井的口数，或采用辐射井。一口深井泵站的出水量在 500 ~ 3000m³/日，最大的可达 20000 ~ 30000m³/日，井径一般为 50 ~ 1000mm，井深为 10 ~ 1000m，都是用长轴深井泵或潜水泵取水。

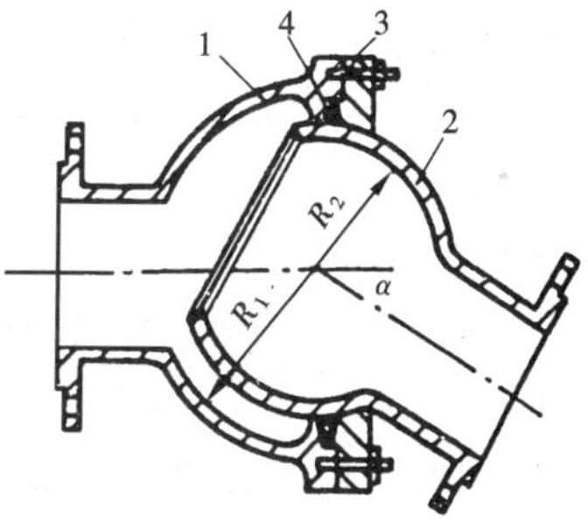

二、送水泵站

1. 送水泵站的形式

送水泵站可根据水厂的地形条件建成地面式、半地下式和地下式 3 种。

（1）地面式泵站

地面式泵站因为无需开挖基础，所以基建费用少，通风透光条件好，交通方便，排水方便，不怕水浸泵房。但有噪声大、隔声困难，需要抽真空设备，进出水管难布置，弯头多等缺点。

（2）地下式泵站

地下基础开挖较深，基建费用大，散热条件差，光线暗，排水不便，防渗漏困难，费用大，出现事故时容易水浸泵房。但噪声小且容易消声，一般不需抽真空设备，进出水管好布置，泵房可以设置看不到的管路。

（3）半地下式泵站

半地下式泵站，其优缺点介于地面式泵站与地下式泵站之间。

2. 泵房的布置

水泵机组在泵房的布置决定泵房建筑面积。机组的距离应不妨碍操作和维修，并且保证运行安全，拆装维修方便，管道短，弯头少，水头损失小，还应考虑扩建的余地。最好布置一定面积的修理平台。一般配电房在泵房的一端，值班室应布置在能看到机组运行的地方，要做好隔声，南方多数值班房都装空调。

水泵机组的排列多采用横向排列，如图 21-8。目前所使用的泵一般都是 sh 型、S 型、SA 型。横向排列，尺寸较小，甚至可双行布置，充分使用泵房。

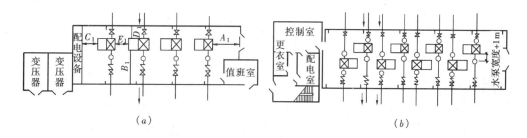

图 21-8　水泵机组的排列

（a）水泵机组横向排列；（b）水泵机组横向双行排列（倒、顺转）

3. 对吸水管和压水管的要求

吸水管和压水管布置安装合理与否，对保证泵站的安全运行、节省投资、减少电耗有很大的关系。对吸水管路的要求是：

图 21-7　球形万向接头

1—外壳；2—球心；

3—压盖；4—油麻填料

（1）每台泵宜设置单独的吸水管。

（2）吸水管应向泵方向逐渐上升千分之五的坡度，使吸水管内的空气容易向泵排出。

（3）吸水管不应存在积聚空气，如图 21-9 所示。连接的锥管应采用偏心锥管，上边为水平。

（4）吸水管在吸水井中的位置如图 21-10、吸水管末端的隔板装置如图 21-11 所示。$h > 0.5 \sim 1.0$m，$D = （1.3 \sim 1.5）d$。隔板是用来防止产生旋涡的。

（5）进水管的流速一般为：当直径小于 250mm 时，$V = 1.0 \sim 1.2$m/s；直径大于 250mm 时，$V = 1.2 \sim 1.6$m/s。

（6）水泵轴线低于吸水井水位时，进水管应安装进水阀门，以便维修时使用。

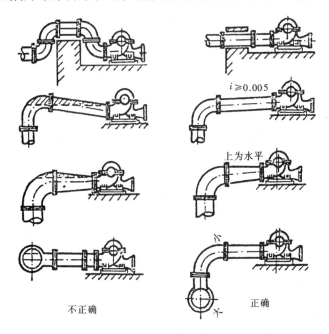

图 21-9　正确和不正确的吸水管安装

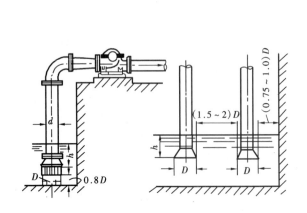

图 21-10　吸水管在吸水井中的位置

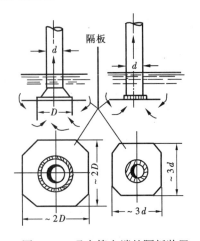

图 21-11　吸水管末端的隔板装置

326

4. 对出水管路的要求

（1）出水压力大于 0.2MPa 时，应安装止回阀，小于 0.2MPa 可以不装止回阀，而且止回阀尽量采用防水锤的止回阀，如液控蝶阀、电磁双速闸阀、液控球阀等。

（2）出水管的流速，当直径小于 250mm 时，$V = 1.5 \sim 2\text{m/s}$；当直径大于 250mm 时，$V = 2.0 \sim 2.5\text{m/s}$。

（3）出水管一般应装有伸缩节，较长的水管还应有支墩支承。

5. 地面式和半地下式泵站应有抽真空设备，地下式和半地下式泵站应有排水设备，排除泵房积水。

三、加压泵站

城市供水面积大，输水管路长，管路末端压力低，或城市地形高低不平，地形较高的用户水压低或没有水，因此，在城市中增设加压泵站，使所有的用户都能得到水。设有加压站可降低供水的电耗，因为不用把所供的水的压力都加到足够的高度。加压泵站有两种形式。一种是直接在输水的干管上串联加压泵，送水泵站与加压泵站同步工作。这种方式可以利用输水管的压力，节省电量，但这种方式要影响输水管的其他用户的供水压力。另一种方式是把输水管的水流入清水池，加压泵再从清水池抽水加压送入管网。这种方式也叫水库泵站，它可以利用清水池蓄水，在供水低峰时可能把清水池灌满，到高峰期就不用与管网争水，因此输水均匀，从而可减小输水干管的直径。当输水干管很长时，供水管直径减少，也节省一笔投资。

四、循环泵站

某些用水量大的生产企业，特别是钢铁企业，都设有循环泵站，把生产用水循环使用，或经简单处理后循环使用。一般设有热水泵站，把生产车间排出的废热水，送到冷却构筑物降温，冷却后的水再经冷水泵站送到生产车间使用。如果冷却构筑物位置较高，冷却后的水能自流到生产车间，则可免去冷水泵站。有些工业的废水含有机械杂质，必须经过处理后，再由冷水泵站送到车间使用，这种企业就不设热水泵。工业生产一般都是连续生产的，所以要求供水必须稳定，安全性要求高，因此，循环泵站的水泵台数较多，即备用机多。由于不同季节用水量不同，所以水泵的型号可以选择多样化，满足不同季节的用水量。由于安全性要求高，所以循环泵站一般都采用自灌式，即水泵的轴线低于吸水井最低水位。

五、排水泵站

排水泵站是提升不清洁的水，即水中含有大量杂质，而且来水不均匀，随着季节变化、逐日、逐时都在变化。

城市中的排水泵站，一般可分为雨水泵站和污水泵站。泵站包括集水池、拦污栅、泵房等。

1. 污水泵站

城市中的污水（生活污水和生产污水）流入排污管道，排污管道是采用重力流，即污水在管道流动是靠管道的坡度，坡度一般在 3‰ ~ 6‰。在平原的大城市，为了避免较深的埋管开挖，污水管道中途设中途污水泵站，所以平原的大城市有许多中途污水泵站，把污水一级级提升送到污水厂处理，经处理过的污水，由污水泵站排入自然水体或灌溉农田或重复使用。

污水泵站一般设有一定容积的集水池，在一定程度上调节来水的不均匀性，减少水泵的频繁开停。污水进入泵前应有拦栅阻拦污水中粗大的固体杂质，防止杂物堵塞叶轮、损坏水泵。污水泵一般扬程较低，集水池的水位又是变化的。因此水泵的扬程尽量在变化范围处于高效区。水泵型号可以选择相同型号或不同型号，适应流量的变化，一般选立式离心泵，占地面积小；密封环不易由于停机时的沉积物卡住叶轮。大型的污水泵站可选用轴流泵。

2. 雨水泵站

雨水泵站是用于下大雨时雨水不能自流排泄而建的泵站。一般低洼的城市都有雨水泵站，防止城市浸水。

一般雨水泵站不设集水池，因为暴雨时，短时间内大量的雨水需要很大的集水池。它是靠雨水管渠断面积大，敷设坡度又小，起一定的调节水量的作用。

雨水泵站大都采用轴流泵，水泵一般不少于 2～3 台，以便适应水量的变化。大型雨水泵站按流入泵站的雨水量选择水泵，型号不宜太多，最好是一种型号。如果必须大小流量搭配时，也不宜超过 2 种。

雨水泵站属防灾设备，每年旱季都应检修好，通常不设备用机。雨水进入水泵前也应设拦污栅，防止杂物打坏或卡死水泵叶轮。

水泵的进水口应防止产生旋涡进空气，造成水泵的汽蚀和振动。

第二节　水锤现象及预防措施

一、水锤现象发生原因

在有压管路系统中，当其流速由于某种原因发生突然变化时，会引起管中压力突然变化的现象，称为水锤现象。

为什么流速突然变化会引起压力变化呢？原因是水流的惯性。如液体原来以某一流速 V 流动，突然使之停止，即在极短的时间内流速变为 0。但后面水流的惯性仍要向前，使压力突然增加，反之当原来是静止的液体，突然使之产生一流速 V，同样惯性水头使压力突然降低，这些都称为水锤现象，增加或降低的压力称为水锤压力。

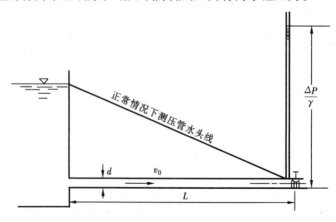

图 21-12　阀门突然关闭时的压力变化

水锤的压力非常大，有时可以引起水管、泵壳破裂。因此，要引起我们足够重视。水锤现象是被称为俄罗斯航空之父的 H.E 儒科夫斯基在调查和研究莫斯科自来水管发生爆裂原因时，发现并加以解决。

我们简单做个实验：在一个固定的水池装一根长为 L、直径为 d 的水管，管端装一个阀门，如图 21-12 所示，阀门开启时水以 V 的流速流出，当阀门突然关闭时，如果认为液体不可压缩，则管中液体如同刚体一样同时静止下来。但实验证明并非如此，事实上只有紧邻阀门边的一层液体停止流动，之后被后来的液体压缩，压力升高，管壁发生膨胀。这种现象使水管内形成高压区和低压区的界面。这界面以速度 c 从阀门处开始向水池传播，这个速度称为水锤波传播速度，实际上这个速度等于声音在液体传播的速度。

二、水锤压力的计算

通过科学家的实验得出下列近似计算水锤压力的公式：

$$\Delta h = \frac{c}{g}(V_1 - V_2)$$

式中　Δh——水锤发生时压力的升高值（m）；

　　　V_1——水管中正常的流速（m/s）；

　　　V_2——阀门关闭后管路中水流速度（m/s）；

　　　g——重力加速度（m/s^2）；

　　　c——水锤波传播的速度，m/s。

水锤波传播的速度 c，在刚性水管为 1435m/s，在弹性钢管为 1000m/s。

如果管路原来有压力，则总的增加压力还应计算，即：

$$h = h_0 + \Delta h = h_o + \frac{c}{g}(V_1 - V_2)$$

例：某水厂的出口压力为 40m，流速为 2.5m/s，水管为钢管。突然停电，止回阀突然关闭，试估算管道产生的水锤压力。

解：

$$h = h_0 + \frac{c}{g}(V_1 - V_2)$$

$$= 40 + \frac{1000}{9.8}(2.5 - 0) = 295\text{m 水柱} = 29.5\text{kg/cm}^2 \approx 2.95\text{MPa}$$

若耐压只有 1MPa 的设备，就有可能破裂。泵房的设备破裂，严重时会造成水浸泵房。

三、水锤的破坏

水锤按破坏作用可分为正常水锤和非正常水锤。启动、停机操作得当，开阀时间较长，流速变化不小，使水管的压力 Δh 增加不大，甚至不超过关死扬程，对管路及设备不起破坏作用称正常水锤。如果阀门开关速度很快，使流速突然变化很大，造成压力增加很大，使管路或设备被破坏，这种水锤称非正常水锤。过去，由于用于防止水锤的止回阀用得少，而且供电不正常，有些水厂经常受到水锤破坏的威胁。

四、水锤的预防措施

1. 延长开关阀门的时间

大型阀门利用传动机构，使阀门开关速度变慢，流速变化较小。止回阀采用具有防水锤作用，如液控蝶阀、液控球阀、双速闸阀、微阻缓闭止回阀等，这些止回阀具有慢关装置，但必须调节好，使其达到防水锤目的。

2．在管路凸起处装排气、补气阀门，使水管出现负压时能进气，有空气时能自动排气。

3．手动操作开停机时，应按操作规程，缓慢开启或关闭出水阀门。

4．在管路安装空气室、安全阀或调压塔可以消除或减小水锤压力。

5．在管路中安装水锤消除器。

6．加强电气设备和阀门的维护，减少突然停电的机会和阀门破坏。

五、水锤消除器

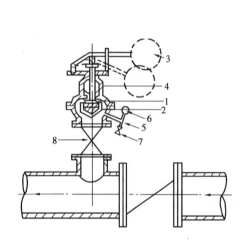 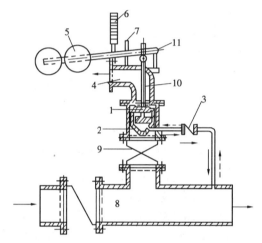

图 21-13　下开式水锤消除器
1—阀板；2—分水锥；3—重锤；
4—排水口；5—三通管；6—压力表；
7—放气门；8—闸阀

图 21-14　自动复位下开式水锤消除器
1—活塞；2—缸体；3—阀瓣上钻有小孔的单向阀；
4—排水管；5—重锤；6—缓冲器；7—保持杆；
8—管道；9—闸阀（常开）；10—活塞联杆；
11—支点

水锤消除器是利用水泵停机后，水的惯性继续流动造成低压，使消除器自动打开阀门，待水回流后能排出一部分水，使水锤压力降低。图 21-13 为下开式水锤消除器，它的工作过程：正常供水时，管内的压力作用在阀板 1 上，向上托起重锤 3，使阀板密封。突然停机时，管内压力下降，作用在阀板的压力小于重锤下压的力，使阀板落到分水锥上，管与排水口 4 相通。当管内水倒流，止回阀关闭，管内压力升高时，一部分水从排水口排出，降低水锤压力，使设备得到保护。此种水锤消除器结构简单，造价低，动作灵敏，能有效消除水锤的破坏。缺点是不会自动回复，需要人工进行回复。

图 21-14 为自动复位下开式水锤消除器，工作过程是：突然停机后，管道压力降低，水锤消除器缸体外的水经闸阀 9 向下流入管道 8，缸体内的水经单向阀 3 流回管道 8。此时活塞 1 下部压力下降，在重锤 5 的作用下活塞下降到锥体内，排水口 4 打开，当水锤压力到来时一部分水可从排水口 4 流出。另有一部分水经单向阀板的小孔倒流入锥体内（阀板的小孔直径根据水锤波消失所需时间而定，一般由试验求得），随着时间的延长，水锤逐渐消失，缸体内的水慢慢增加，上托活塞，直至复位。为了使重锤平稳，另设缓冲器 6。这种消除器能自动复位，用阀板小孔延时，可以有效地消除二次水锤。

第三节　泵站的附属设备

一、阀门的种类及结构

1. 阀门的类型

水泵机组的作用主要是输送液体，它必须与管路相连才能发挥作用。阀门是流体输送系统中不可缺少的控制部件，通过改变其流道面积的大小来控制流量、压力和流向，还具有导流、截流、调节、节流、防止倒流、分流或溢流卸压等功能。

阀门的种类很多，有多种分类方法，可按用途、工作压力、工作温度、阀体材料等分类，见表 21-1、表 21-2、表 21-3。

阀门按用途分类　　　　　　　　　　　　　　表 21-1

阀　类	截断阀类	调节阀类	止回阀类	分流阀类	安全阀类
用　途	截断或接通介质流等	调节介质的流量、压力等	阻止介质倒流	分配、分离或混合介质	超压安全保护
包括的阀门	闸阀、截止阀、隔膜阀、旋塞阀、球阀、蝶阀等	调节阀、节流阀、减压阀	各种止回阀	蒸汽疏水阀	各种安全阀

阀门按工作压力分类　　　　　　　　　　　　表 21-2

阀　类	真空阀	低压阀	中压阀	高压阀	超高压阀
压力范围（MPa）	工作压力低于标准大气压	$PN \leqslant 2.0$	$2.5 \leqslant PN \leqslant 6.3$	$10.0 < PN \leqslant 80.0$	$PN \geqslant 100.0$

阀门按工作温度分类　　　　　　　　　　　　表 21-3

阀　类	高温阀	中温阀	常温阀	低温阀
温度范围（℃）	$t > 450$	$120 < t \leqslant 450$	$-40 < t \leqslant 120$	$t < -40$

按阀体材料分类，可分为非金属阀门（陶瓷阀门、玻璃阀门、塑料阀门等）、金属阀门（铜合金阀门、铬合金阀门、钛合金阀门、铸铁阀门、碳钢阀门等）和金属阀体衬里阀门（衬铅阀门、衬胶阀门、衬塑料阀门等）。

目前常见的通用分类法，是按原理、作用和结构来划分为闸阀、蝶阀、球阀、止回阀、安全阀以及一些特殊功能的阀门，这也是国内、国际上最常用的分类方法。机泵运行时，通常要与阀门的启闭相配合，而泵房里经常设置的阀门有蝶阀、闸阀及止回阀，本章着重介绍这几种阀门。

2. 阀门的基本参数

（1）公称通径

公称通径是指阀门与管道连接处通道的名义直径，用 DN 表示，如 $DN300$、$DN400$ 等。它表示阀门规格的大小，$DN300$ 即指阀门的公称通径是 300mm。

（2）公称压力

公称压力是指与阀门及管件的机械强度有关的、设计给定的压力，也是阀门能够承受

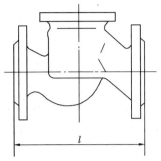

图 21-15　直通式阀门的结构长度

的最大工作压力，用 PN 表示。如 $PN1.0$，即指阀门的设计给定压力为 1.0 兆帕（MPa）。

（3）结构长度

结构长度是阀门选用及安装的重要参数，常见的直通式阀门的结构长度 l 是指阀门两个连接端面之间的距离，直通式阀门的结构长度如图 21-15 所示。

3. 阀门型号

从阀门的型号上，我们应能了解阀门的类型、阀体材料、结构形式和驱动方式等。参照 JB308—1975 标准的规定，阀门的型号由如下 7 个单元组成。

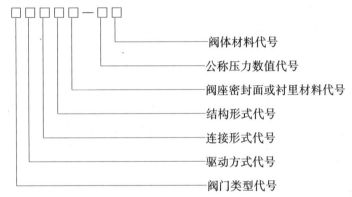

型号中的公称压力数值取以兆帕为单位的阀门公称压力值的 10 倍。各代号代表的意义如表 21-4、表 21-5、表 21-6 所示，其他可参见有关手册。

阀门类型代号　　　　　　　　　　　　　　　　　　表 21-4

类型代号	Z	J	L	U	Q	D	G	X	H	A
类型	闸阀	截止阀	节流阀	柱塞阀	球阀	蝶阀	隔膜阀	旋塞阀	止回阀	安全阀

阀门的驱动方式、连接形式代号　　　　　　　　　表 21-5

代号	0	1	2	3	4	5	6	7	8	9
驱动方式	电磁动	电磁—液动	电—液动	蜗轮	正齿轮	伞齿轮	气动	液动	气—液动	电动
连接形式		内螺纹	外螺纹		法兰		焊接	对夹	卡箍	卡套

阀体材料代号　　　　　　　　　　　　　　　　　　表 21-6

代号	A	C	K	L	Q	T	V	Z
材料	钛及钛合金	碳钢	可锻铸铁	铝合金	球墨铸铁	铜及铜合金	铬钼钒钢	灰铸铁

例如阀门型号：Z945T-10Q，我们可知这是一个法兰连接的铜密封面电动暗杆闸阀，阀体材料是球墨铸铁。

4. 蝶阀的结构和特点

蝶阀是用圆形蝶板作启闭件并随阀杆转动以实现启闭动作的阀门，具有结构简单、流阻较小、启闭迅速、体积质量小的优点，应用广泛，可实现截断、调节等功能，在低压大口径供水管道上逐渐取代闸阀，如图 21-16 所示。但在高压差、高温工况下实现密封比较困难，因此这方面的应用受到一定限制。

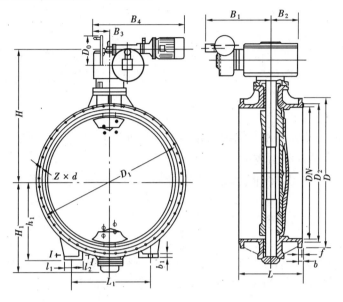

图 21-16　蝶阀

按其驱动方式不同，又可分液控蝶阀、电动蝶阀及气动蝶阀等；按其结构不同，又可分为对称轴蝶阀、偏心轴蝶阀等，自来水行业经常使用的对夹式中线蝶阀、法兰式单偏心蝶阀、法兰式双偏心蝶阀等，大家可在相关资料和使用过程中深入了解，这里不详细讲解。

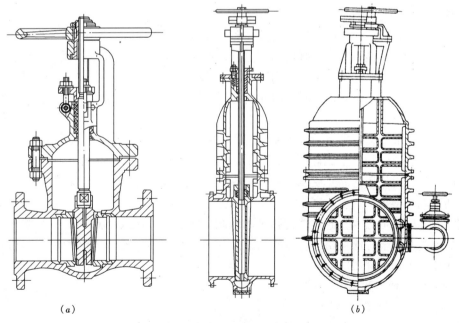

图 21-17　闸阀的结构
(a) 明杆；(b) 暗杆

5. 闸阀的结构和特点

闸阀是用闸板作启闭件并沿阀座轴线垂直方向移动以实现启闭动作的阀门，按阀杆结构和运动方式可分为明杆闸阀和暗杆闸阀。明杆与暗杆不同的是明杆阀上的传动螺纹在阀体外部，如图 21-17 所示。

闸阀适用的压力、温度及口径的范围很大，通常用于控制流体的通断，不宜用于调节，因为闸板处于部分开启位置时会受流体冲蚀和撞击而引起密封面破坏，还会产生振动和噪声。

（1）闸阀的主要优点

1）闸阀全开时流动阻力小。闸阀阀体内部介质通道是直通的，介质流经闸阀时不改变其流动方向，因而流动阻力较小。

2）启闭扭矩小，启闭时闸板运动方向与介质流动方向垂直，与截止阀相比，闸阀的启闭较省力。

3）介质流向一般不受限制。

（2）闸阀的主要缺点

1）形体和质量较大，启闭时间长。由于开启时须将闸板完全提升到阀座通道上方，关闭时又将闸板全部落下挡住阀座通道，所以闸板的启闭行程很大，其高度也相应增大、启闭时间较长。

2）密封面易磨损。启闭时闸板与阀座相接触的两密封面之间有相对滑动，在介质作用下易产生磨损，从而破坏密封性能，影响使用寿命。

3）连接螺母易松脱。阀板与阀轴之间通常是由一个铜制螺母连接，启闭时这个连接螺母都会与阀轴摩擦，螺纹磨损后，加上阀板自身的重量，连接螺母容易松脱而造成闸阀无法开启。

6. 球阀的结构和特点

球阀是用带圆形通孔的球体作启闭件并随阀杆转动以实现启闭动作的阀门。在各种阀门中球阀的流体阻力最小，且具有启闭迅速、密封性好的优点。它的适用范围很广，工作压力从高真空到高压（已达 40MPa），工作温度一般为 – 25 ~ 180℃，最大口径已达 3m。

球阀通常由一个球体和两个阀座组成密封副。按结构的密封机理，球阀可分为浮动球球阀和固定球球阀。浮动球球阀如图 21-18（a）所示，主要靠介质压力将球体压紧在出口端阀座上，形成浮动状的密封，其使用压力和通径受到一定的限制，公称通径一般不大于 200mm。固定球球阀如图 21-18（b）所示，由安装在阀体上的上下两个轴承支持，球体的位置固定，密封作用是靠介质压力和弹簧或板簧使阀座压向球体而实现的，因而启闭力矩比浮动球阀小得多，适用于高压和大口径场合。

按流通方向又可分为直通式球阀和多通球阀。普通的直通式球阀主要用于截断流体，部分偏心球阀和调节球阀可用于流体的调节。多通球阀包括三通式球阀和四位三通阀等，可用于流体的换向和介质的分配。

7. 止回阀的种类和结构

（1）止回阀的分类及特点

水泵的出口管道上通常都会设置止回阀，止回阀的作用是自动阻止流体倒流。它的特点是止回阀的阀瓣在流体压力作用下开启，流体从进口侧流向出口侧。当进口侧压力低于

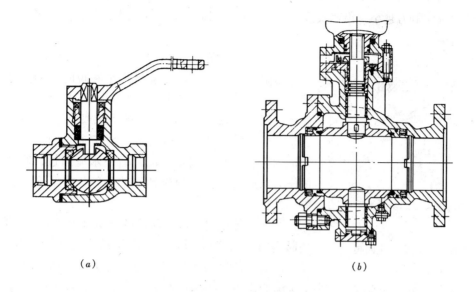

(a)   (b)

图 21-18　球阀的结构
(a) 浮动球球阀；(b) 固定球球阀

出口侧时，阀瓣在流体压差和本身重力等因素作用下自动地将通道关闭，阻止流体倒流。

止回阀的结构主要分为升降式、旋启式、蝶式和隔膜式四类。下面分别予以说明。

(2) 升降式止回阀的结构和特点

升降式止回阀可分为直通式和立式，如图 21-19 和 21-20 所示。直通式升降止回阀的阀瓣沿阀座通道中心线作升降运动，动作可靠，但流体阻力较大，适用于较小口径。立式升降止回阀的介质进出口通道方向与阀座通道方向相同，为了使阀瓣能靠自重关闭，必须安装在垂直管路上，其流体阻力比直通式小。

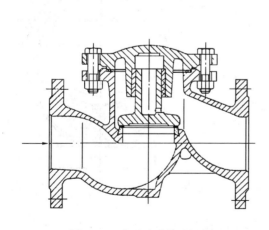

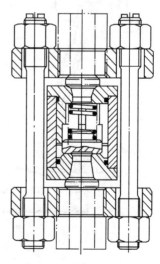

图 21-19　直通式升降止回阀　　　　　　图 21-20　立式升降止回阀

(3) 旋启式止回阀的结构和特点

旋启式止回阀根据阀瓣的数目可以分为单瓣式、双瓣式和多瓣式，如图 21-21 所示。

这种止回阀流体阻力越小，单瓣式适用于小口径，双瓣式适用于较大口径，大口径一般采用多瓣式结构。

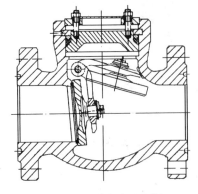

图 21-21　旋启式止回阀

（4）微阻缓闭止回阀

微阻缓闭止回阀是在旋启式止回阀的基础上增加了平衡锤和阀瓣关闭缓冲机构，如图 21-22 所示。它由阀体、阀盖、阀瓣组件、平衡锤、活塞组件、单向阀、微量调节阀等组成。当管道内有水流通过时，靠入口水流的推动作用，阀瓣自动开启使水流通过，阀体内的压力水通过单向阀流进活塞的后腔，将活塞从活塞腔内推出。

当水流停止时，由于阀瓣的自重和倒流水的作用，使阀瓣快速自动关闭。但是由于活塞处于推出位置，顶住阀瓣，使阀瓣不能将阀口全部关闭，留下 20% 左右的开启截面积使水流通过，减小了水锤的压力。活塞后腔的水不能从单向阀卸回阀体，只能通过微量调节阀缓缓流出，从而使活塞慢慢退回，阀瓣跟随缓慢关闭。这样，阀瓣分成快速和缓慢两步关闭过程，达到了既防倒流又消除水锤的作用。

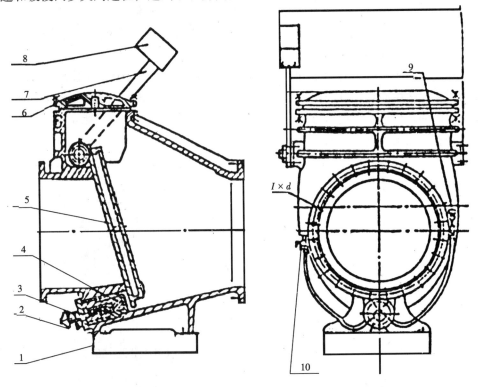

图 21-22　微阻缓闭止回阀

1—阀体；2—开度调节器螺母；3—开度调节器；4—活塞组件；5—阀瓣组件；

6—阀盖；7—平衡杆；8—平衡锤；9—微量调节阀；10—单向阀

（5）蝶式止回阀的结构和特点

蝶式止回阀的形状及结构与蝶阀相似，如图 21-23 所示，结构简单，流体阻力小，主要区别是：蝶阀作为截断阀必须由外力驱动，而蝶式止回阀是自动阀门。

（6）隔膜式止回阀的结构和特点

隔膜式止回阀是发展较快的一种止回阀，其优点是防水锤性能好，制造简单，造价低，噪声小，但其使用温度和压力等参数受到隔膜材料的限制。包括圆盘隔膜式、锥形隔膜式、胀圈隔膜式止回阀等。

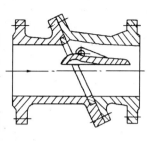

图 21-23　蝶式止回阀

（7）液控双速止回阀

液控双速止回阀实际上是一种特殊形式的闸阀，但它兼有止回阀的特点，这里把它作为止回阀的一种来讲，如图 21-24 所示。该阀可安装于各级泵站，取消水泵机组常设的止回阀、电动闸阀、水锤消除器，在电控设备的配合使用下，可实现自控、远控和集中控制，并可实现泵阀操作一步化，同时能在电网事故停电时自动关闭。阀门关闭过程为先快后慢，故能消除停泵关阀水锤过压，确保管网设备安全运行。

该阀门由液压缸和闸阀主体两部分构成。液压缸提供动力，通过换向阀改变流体流向，带动阀板升降，使阀体通道开或闭，从而控制管路的通断。液压缸的活塞密封件为 L 型牛革皮碗，经久耐用。液压缸工作

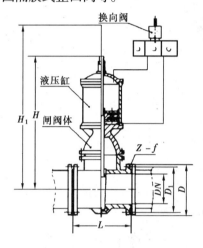

图 21-24　液控双速止回阀

压力可达 1.6MPa。

二、真空泵

大部分地面式或半地下式泵房，排除泵内和进水管的空气都采用真空泵，而且是水环式真空泵为多。

1. 水环式真空泵的结构

小型水环式真空泵由泵体、叶轮、泵盖、进排气管、供水管、泵轴、密封装置等组成，如图 21-25。作为启动水泵的真空泵，一般不带气水分离器，因为耗水量不大，只有大型水环式真空泵为了节省用水，带气水分离器，把水留下来供真空泵冷却循环使用，空气从排气口排出，带气水分离器的水位要控制一定高度，过高形成的工作容积小，抽气量少；过低冷却不好，容易发热，损坏设备，一般控制在泵壳直径的 2/3 高度为宜。

2. 水环式真空泵的工作原理

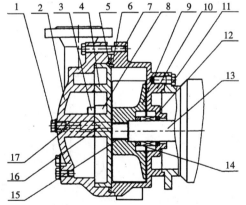

图 21-25　水环式真空泵

1—旋塞；2—泵盖；3—挡板；4—分配板；5—O 形橡胶圈；
6—定位销；7—螺栓；8—阀板；9—叶轮；10—泵体；
11—螺栓；12—机械密封；13—轴；14—垫圈；
15—防松套；16—汽蚀孔接杆；17—汽蚀孔垫片

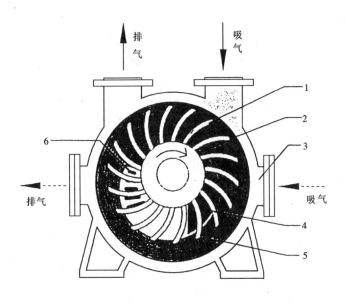

图 21-26　水环式真空泵工作原理
1—叶轮；2—轮毂；3—泵体；4—吸气口；5—液环；6—柔性排气口

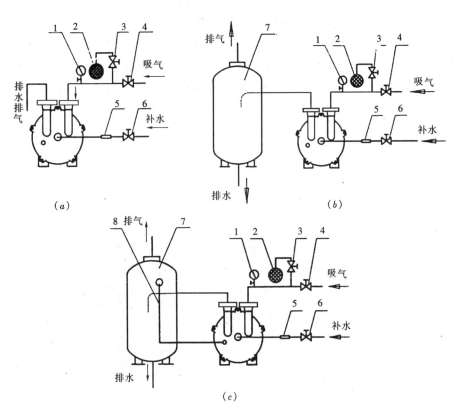

（a）

（b）

（c）

图 21-27　水环式真空泵安装
（a）不带汽水分离器；（b）带汽水分离器；（c）带汽蚀保护装置
1—真空表；2—安全网；3—旁通阀；4—吸气阀；5—流量计；
6—供水阀；7—气水分离器；8—汽蚀保护导管

如图 21-26 所示，叶轮偏心地安装在泵体内，启动前泵内注入一定高度的水，当叶轮旋转时，水受离心力的作用在泵体内形成旋转水环，叶片及两端的侧板（又叫分配器）形成密封的空腔。在叶轮的前半周（此处与进气管相通），空腔的体积由小变大，形成吸气过程。叶轮的后半周（此处与排气管相通），空腔的体积由大变小，形成压缩过程，把吸进的空气压出去，随之排出一部分水。为了保持恒定的水环，在运行中必须连续向泵内供水。水除形成水环外还带走一部分热量，所以泵体温度的高低可用水量来调节。

3. 水环式真空泵的操作及运行应注意事项·

水环式真空泵按图 21-27 相对位置安装，按电机要求的电压、电流配好线及相应的其他电气设备进行安装。启动前向泵内注入工作水，点动电机，确定电机的转向。

（1）开机步骤

1）关闭吸气阀 4，打开旁通阀 3；

2）打开供水阀 6，调整到需要的水量；

3）启动电动机；

4）慢慢关闭旁通阀 3，同时慢慢打开吸气阀 4，使泵调整到所需的工作数据下运行。

（2）运行时应注意的事项：

1）水环式真空泵是靠水环工作，但水不能太多或太少。若水的温度过高，会降低吸气能力，一般水温控制在 25～30℃为宜；

2）用机械密封的真空泵，泵内不能没有水或水中含有许多杂质，否则容易损坏机械密封；

3）由于泵内叶轮与分配板之间的间隙很小，故不允许有渣浆、砂粒等杂物吸入泵内，所以吸气管必须装有滤网，防止杂物进入；

4）尽量减小排气管的阻力，阻力增加会造成功率的增加，影响泵的正常工作。

（3）停机：

水环式真空泵可以随时停机，但为了延长使用寿命，并使下次启动便于进行，建议按下列操作程序：

1）关闭供水阀 6，停止向泵内供水；

2）打开旁通阀 3，关闭吸气阀 4；

3）切断电源。

应当特别注意：如果泵较长时间停机，则应把泵内积水放干，并注入防锈剂，以防止长时间不用生锈，从而影响泵的寿命。

三、射流泵

1. 射流泵的工作原理

射流泵是利用高速喷射液体的动能而工作的一种提水工具。液体的喷射速度很高（一般流速大于 30m/s），在其周围形成低压，利用低压便可以抽送空气、水或其他粉状、小粒状物质。

这种泵结构简单，工作可靠，安装操作方便，没有机械运动部件。因此，使用寿命长，但它的效率低，最高效率只有 35%，需要压力水，流量偏小。对具有压力水的泵房，若抽气量少，用射流泵作为抽吸泵内空气是一种简便的工具。

2. 图 21-28 为射流泵的工作原理、其工作参数为：

（1）工作流量 $Q_工$——喷嘴喷出的流量

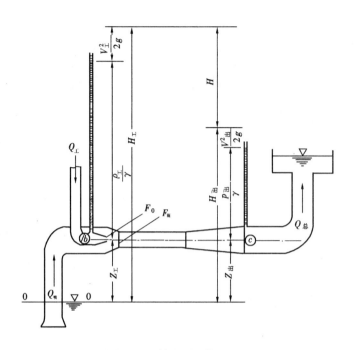

图 21-28 射流泵工作原理图

(2) 吸入流量 $Q_{吸}$——被射流泵带出的流量

(3) 流出扩散室的总流量 $Q_{总} = Q_{工} + Q_{吸}$

(4) 工作水头 $H_{工}$——喷射水流的压力

(5) 吸入水流所获得的水头 $H_{出}$

(6) 射流泵所消耗的水头 $H = H_{工} - H_{出}$

(7) 射流泵的流量比 $q = \dfrac{Q_{吸}}{Q_{工}}$

(8) 射流泵的水头比 $h = \dfrac{H_{出}}{H}$

(9) 射流泵的面积比

$$f = \frac{F_{混}}{F_0}$$

式中　$F_{混}$——混合室的截面积；

　　　F_0——喷孔的截面积。

3. 射流泵的结构

射流泵由内喷嘴、混合室、扩散室，吸入室、吸水管、出水管组成，如图 21-29 所示。

(1) 喷嘴的直径 d_0 按下式计算：

$$d_0 = 0.543 \frac{\sqrt{Q_{工}}}{H_{工}^{1/4}} \quad (\text{m})$$

喷嘴的锥角一般为 $15° \sim 45°$。

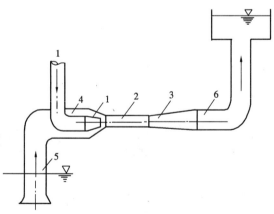

图 21-29 射流泵结构部件图
1—喷嘴；2—混合室/喉管；3—扩散室/管；
4—吸水室；5—吸水管；6—出水管

（2）混合室一般为圆柱形，直径为 $d_混$

$$d_混 = \sqrt{f} \cdot d_0$$

混合室的长度 $\qquad\qquad L_混 = （7.5 \sim 12） d_0$

（3）扩散室为圆锥形，扩散的锥角一般采用 $5° \sim 10°$，扩散室长度

$$L_扩 = 7 （d_出 - d_混）$$

式中 $\quad d_出$——出水管直径。

4. 射流泵的性能

根据理论分析和实验表明，当射流泵的面积比 f 一定时，流量比 q 和水头比 h 之间的关系为一下降曲线，即射流泵的扬程随流量的增加而减小，与离心泵的扬程—流量曲线相似，如图 21-30。

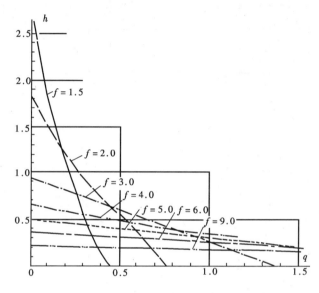

图 21-30 不同 f 值时的 $q \sim h$ 关系曲线

射流泵的效率低，只有 $15\% \sim 35\%$，原因是水流在混合室中相互混合过程中，会造成冲击、摩擦、涡流等能量损失。它与面积比 f 和流量比 q 的关系，如图 21-31 所示，从图 21-31 求出最大效率时的 $f—q$，$f—h$，$f—\eta$ 三条曲线，如图 21-32。这些曲线提供给我们选择或设计射流泵的依据。

射流泵不但可以用来抽取泵内的空气，而且在制水过程中，氯的投加和碱铝的投加也得到广泛的应用。特别是氯的投加，几乎都用射流泵。

四、流量计的种类及工作原理

流量计的种类较多，目前应用在工业上的流量仪表大致上分为三类：速度式流量计、容积式流量计和质量式流量计

在给排水工艺上，速度式流量计的使用较多。它以测量流体在管道内的流速 V 作为测量依据，在已知管道截面积 A 的条件下，流体的体积流量 $Q_N = VA$。属于这一类的流量仪表有：压差式流量计、涡轮流量计、超声波流量计、电磁式流量计等。

1. 文丘里流量计（压差式流量计）

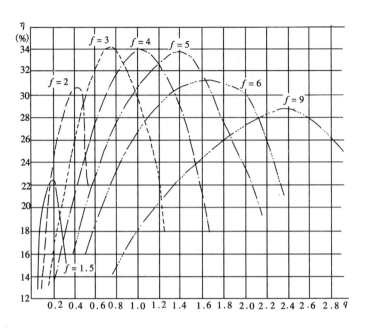

图 21-31　不同 f 值时的 $q \sim \eta$ 关系曲线

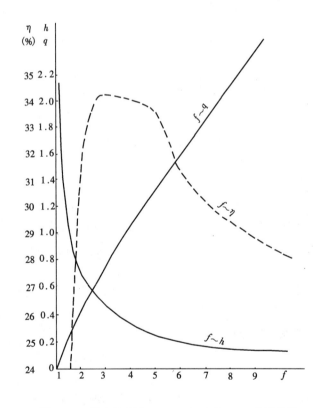

图 21-32　最大效率时 $f \sim q$、$f \sim h$ 和 $f \sim \eta$ 关系曲线

（1）节流现象及其原理图

如图 21-33 所示，连续流动着的流体，当遇到安插在管道内的节流装置时，由于节流

装置的截面积比管道的截面积小，形成流体流量面积的突然缩小，在压力（能量）作用下流体的流速增大，挤过节流孔，形成流速收缩。在挤过节流孔之后，流速又由于流通面积的变大而降低，与此同时，在节流装置前后的管壁处的流体静压力产生差异，形成静压力差 ΔP，$\Delta P = P_1 - P_2$，并且 $P_1 > P_2$，此即节流现象，也即节流装置的作用在于造成流速的局部

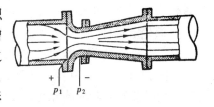

图 21-33　流体流过文丘里管
时的节流现象

收缩，从而产生压差。并且，流过的流量越大，在节流装置前后所产生的压差也就越大，因此可通过测量压差来衡量流体流量的大小。也即通过差压变送器与文丘里管配套使用，使差压信号转换成模拟的电信号输出作为流量测量。

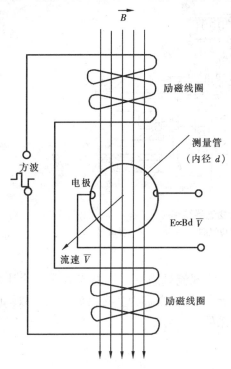

图 21-34　电磁流量计的工作原理

（2）维护

定期对引压管进行排污，使其保持引压畅通，并定期对差压变送器进行精度校准。

2. 电磁流量计

（1）工作原理

电磁流量计测量原理是基于法拉第电磁感应定律。如图 21-34 所示，两只电极沿管径方向穿通管壁固定在测量管上，其电极头与衬里内表面基本齐平。励磁线圈由双向方波脉冲励磁时，将在与测量管轴线垂直的方向上产生一磁通量密度为 B 的工作磁场。此时，如果具有一定电导率的流体流经测量管，将切割磁力线感应出电动势 E。电动势 E 正比于磁通量密度 B、测量管内径 d 与平均流速 $\overline{V}$ 的乘积，电动势 E（流量信号）由电极检出并通过电缆送至转换器。转换器将流量信号放大处理后，可显示流量、总量，并能输出脉冲、模拟电流等信号，用于流量的控制或调节。

（2）特点

1）只要流体具有一定的导电性，就不受温度、压力、密度、黏度和电导率变化等条件影响测量体积流量。

2）测量管内无阻碍流动部件，无压损，直管段要求较低（前 $5D$ 后 $3D$）。

3）测量精度较高，可以测定正反方向流体的流量并且响应速度快。

（3）正常使用的条件和维护

1）被测体介质必须具有导电性，并且必须充满管道。

2）电磁流量计测量系统必须良好接地，在流量计附近应避免强电磁场干扰。

3）传感器沉浸水下或者易受水淹的场所，接线盒内需用密封胶填塞，接线盒内受潮会严重影响测量精度。

4）定期使用校验器对转换器进行校验，定期在"零"流量状态下对测量系统进行零

位检验。

3．涡轮流量计

（1）涡轮流量变送器的工作原理

如图 21-35 所示，在由永久磁铁和线圈组成的信号检测器的磁场中，放置一由导磁材料制造的带有螺旋叶片的叶轮，当流体流经变送器时，冲击叶轮旋转，导磁的叶片周期性的改变着信号检测器中磁路的磁阻值，使通过感应线圈的磁通量随之变化。这样在感应线圈的两端即感生出电脉冲信号。对变送器而言，在一定的流量范围内，该电脉冲的频率 f 与流经变送器的介质的体积流量 Q 成正比，即：

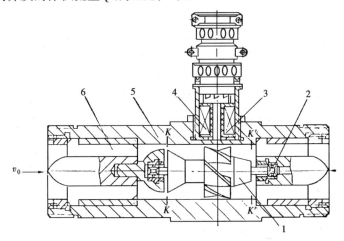

图 21-35　涡轮流量计变送器结构
1—涡轮；2—支承；3—永久磁铁；4—感应线圈；5—壳体；6—导流器

$$f = K \cdot Q$$

此脉冲信号经前置放大后即可送至显示仪表，实现流量测量。其中 K 值是一个比例常数。在全量程中，当取 K 的某一固定值时（经标定后），则称为变送器的仪表常数。而标定过程中，对不同流量值下的 K 值称之为仪表系数。

（2）特点

精度高、反应快、轻巧、结构简单、安装维修使用方便，易于做到耐高压和大管径。

（3）使用与维护

1）关于仪表常数 K

从变送器工作原理可知，变送器输出的脉冲频率与流过变送器的体积流量成正比，即 $f = KQ$。K 在变送器中的一般情况下，除受流体黏度影响外，几乎只与其几何参数有关，因而一台变送器设计、制造、组装之后，其仪表常数即已确定，而这个值要经过标定才能确切的得出。用户如要重新标定，除非在确知流量情况下进行修改。

2）变送器应水平安装，并使流体流过变送器的方向与壳体外面的流向标志相一致（特别是在检修变送器内部时，零件取出后再次装入壳体的方向不得弄错）。

3）调节流量时一是应当缓慢，二是应采用下游侧的阀门（一般上游侧阀门全开），这样一方面保证避免水击，另一方面也能保证流体充满变送器内腔，否则无法测准。

4）由于变送器在工作时，叶轮要做高速旋转，因而在润滑情况良好时也仍有磨损产生。这样，在使用过一定的时间之后，因磨损而致使涡轮流量变送器不能正常工作，就应更换轴或轴承，并经重新标定后才能使用。

4. 超声波流量计

应用声波测量流量的方法，主要是由于声波在静止流体中的传播速度与流动流体中的传播速度不同，即对于固定坐标来说，声波传播速度与流体的流速有关。因而可以通过测量声波在流动介质中的传播速度等方法，求出流速和流量。

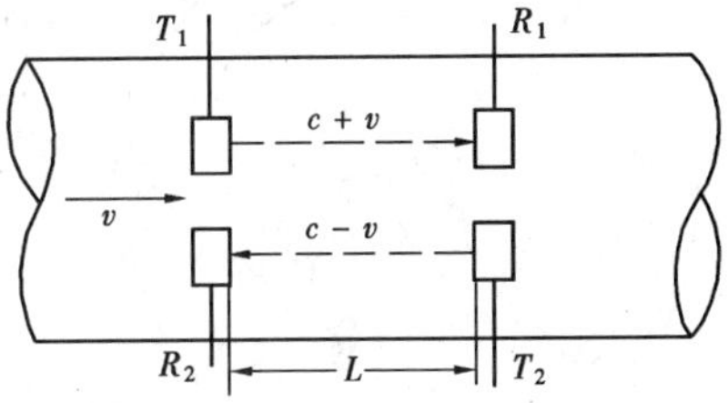

如图 21-36 所示，设声波在静止流体中的传播速度为 c，流体的流速为 v，传播距离为 L，当换能器 T_1、T_2 发出声波时，经 t_1、t_2 时间后，接收器 R_1、R_2 分别接收到声波，并存在如下关系：

$$t_1 = \frac{L}{c + v} ; t_2 = \frac{L}{c - v}$$

图 21-36　超声测速原理

考虑到在工艺管道中，流速远较声速小得多，即 $c \gg v$，因此两者的时差为 $\Delta t = t_2 - t_1 \approx \frac{2Lv}{c^2}$。

当声波在流体中的传播速度已知时，测出时差便于求出流速，进而求出流量。这种测量方法称为时差法，此外还有频差法和多普勒效应法等。

频差法是通过顺流和逆流时超声脉冲的重复频率差去测量流量。

多普勒效应法是，对液体中心浮游物连续发射超声波，根据多普勒效应原理，测量与流速有关反射波的频率移动。

超声波流量计有多种的测量方法。利用超声波的传播特点还能做成其他类型的超声波流量计，比如相位差法、波束位移法等。在应用上，根据不同的测量场合选择不同的流量计，多普勒超声波流量计比较适合于对污水或混浊度较高的流体，而时差法和频差法比较适用于对清水及测量精度比较高的流体流速测量。

在使用过程中，如果是采用夹装式超声波流量计，必须定期对超声波换能器与管道相接触的地方进行清理，首先对原来超声波换能器的安装位置准确的做好记号，再拿下换能器，擦净管道接触面和换能器表面，涂上硅脂或凡士林再重新安装在原来的位置。对带有自校功能的超声波流量计，应定期进行自校检查，判断仪表的内部时序电路和数据运算处理器的准确性。

五、压力表、真空表、水位计

1. 压力表、真空表

弹簧管式压力表是工艺上应用最广泛的一种测压仪表。一般分为单圈弹簧管和多圈弹簧管的结构，单圈弹簧管的结构如图 21-37 所示。

多圈弹簧管是为了增大弹簧管受压变形时的位移量，其基本原理与单圈弹簧管相同。

造成椭圆形截面积的弹簧管，在被测压力 P 的作

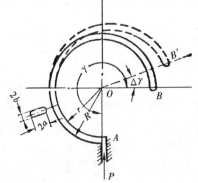

图 21-37　单圈弹簧管的结构

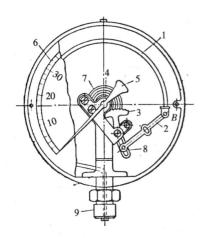

图 21-38　弹簧管压力表

1—弹簧管；2—拉杆；3—扇形齿轮；4—中心齿轮；5—指针；6—面板；7—游丝；8—调整螺栓；9—接头

用下将趋向圆形，使弯成弧形的弹簧管随之产生向外挺直的扩张变形，其自由端随即产生弹性变形位移，并由拉杆带动扇形齿轮转动，指针通过中心齿轮在扇形齿轮的带动下旋转而在刻度盘上显示出被测压力的大小。由于自由端的位移与被测压力之间具有比例关系，因此，弹簧管压力表的刻度尺是线性的。

在图 21-38 中，游丝 7 是用来克服因扇形齿轮和中心齿轮的间隙所产生的位移变差。改变调整螺栓 8 的位置即改变机械传动的放大系数，可以实现压力表量程的调整。

为了保证弹性元件能在弹性变形的安全范围内可靠地工作，在选择压力表量程时必须考虑到留有足够的余地。一般，在被测压力较稳定的情况下，最大压力值应不超过满量程的 3/4；在被测压力波动较大情况下，最大压力值应不超过满量程的 2/3。为了保证测量精度，被测压力最小值不低于全量程的 1/3 为宜。

压力表在使用一段时间后，指示值误差会逐渐增大，它主要与弹性元件的热处理质量有关。如果该误差并不大，可以通过定期校验，予以调整解决。

2. 水位计

为了适应工艺对象的特点，满足生产过程中水位测量的要求，相应建立起各种的水位测量方法，如直读法、浮力法、静压法、电容法、超声波法等。不同的测量方法配备不同的水位计。

目前，应用在给排水的水位测量以静压法、电容法、超声波法等较为广泛。

（1）应用静压原理测量物体

这种方法是通过测液柱静压的方法对液位进行测量的。其原理如图 21-39 所示，P_A 为密闭容器中 A 点的静压（气相压力），P_B 为 B 点的静压，H 为液体高度，γ 为液体的密度，根据流体静力学原理可知，A、B 两点的压差为

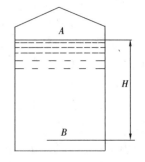

图 21-39　静压法液位测量原理

$$\Delta P = P_B - P_A = H\gamma$$

如果图 21-39 为敞口容器（或水池），则 P_A 为大气压，则 B 点的表压力 P 为

$$P = P_B - P_A = H\gamma$$

在测量中如果 γ 为常数，则在密闭容器中 A、B 两点的压差与液位高度 H 成正比；而在敞口容器中则 P 与 H 成正比。也就是说测出 P 或 ΔP 就可以知道敞口容器或密闭容器中的液位高度。因此凡是能够测量压力或压差的仪表只要量程合适皆可测量液位。

通过压力测量液位的方法，有应变式压力传感器、光刻电阻式压力传感器、电感式压力传感器、压力电容式液位计、压力扩散硅液位计等。

（2）超声波物位计

当外力作用于晶体液面时，由于晶体端受力（压缩或拉伸），在晶体两个端面上就有电荷出现，并且两端面上的极性相反。如果用导线将晶体两端面上的电极连接起来，就会有电流通过，见图 21-40。当外力消失时，被中和的电荷又会立即分开，形成与原来方向相反的电流。如果作用于晶体端面上的外力是交变的，这样一压一松就可以产生交变电场。此种现象称为压电效应。反之，将交变电压加在晶体两个端面的电极上，便会产生逆压电效应现象，沿着晶体厚度方向产生与所交变电压同频率的机械振动，向附近介质发射声波。

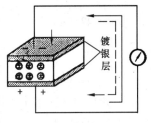

图 21-40　压电效应示意图

超声波液位计就是基于上述物理现象，用压电晶体作探头（即换能器）发射出声波，声波遇到两相界面被反射回来，又被探头所接收。根据声波往返所需要的时间而测出物位的高度。作为换能器的探头又可分为发射型、接收型和发射-接收型 3 种，其结构形式如图 21-41 所示。

一般把频率高于 20kHz 的声波称为超声波。声频越高，则发射的声束越尖锐，方向性也越强。但是可测距离也相应地降低。因此，超声波物位计所使用的声波频率并非一定要高于 20kHz，要根据具体工作条件而定。

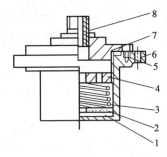

图 21-41　探头结构

1—晶片；2—托板；3—弹簧；4—隔板 5—橡胶垫片；6—外壳；7—顶盖；8—插头

（3）测量原理

超声换能器在控制电路的控制下定时发射一个超声波，超声波通过空间传播至水面反射回超声波计数电路，通过计数电路计得的定标脉冲的个数可得到超声波从发射到接收的时间 t，运算电路再根据 t 和设置的常数计算出液位的高度。根据这一原理我们可以用图 21-42 中的几种方法去测量液位的高度。　　（20℃ 时超声波在空气中传播的速度 $c = 340\text{m/s}$，在水中的传播速度 $c = 1480\text{m/s}$）。

图中的 3 种测量方法的液位计算公式：

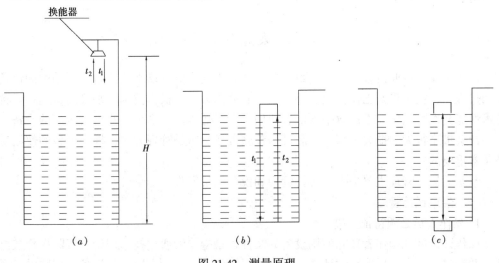

图 21-42　测量原理

图 21-42（a）

$$h = H - \frac{(t_1 + t_2) \times c}{2}$$

式中 c 为超声波在空气中的传播速度。

图 21-42（b）

$$h = \frac{(t_1 + t_2) \times c}{2}$$

式中 c 为超声波在水中的传播速度。

图 21-42（c）

$$h = t \times c$$

式中 c 为超声波在水中的传播速度。

六、泵房起重设备

泵房的起重设备是为了方便安装和维修的水泵、电机和阀门等重量较大的设备，它是根据泵房内设备的质量和泵房的结构来选择的。

泵房的起重设备安装好后，应经劳动部门授权单位验收合格后才能使用，并建立档案，定期检定。水厂维修班要定期保养，使用时应固定操作人员，建立规章制度和操作规程，目的是为了安全，避免事故发生。

泵房常用的起重设备有下列几种：

1. 简易起重设备

适用于设备重量在 1t 以下，常用的有：

（1）单轨小车或手动葫芦；

（2）单轨小车或电动葫芦。

因为单轨，所以很简单，但不能保证所有重物安装位置与葫芦垂直，使用不是很方便，一般适用于小水厂。

2. 双轨单梁悬挂吊机

适用于 5t 以下的设备重量，因为悬挂，不用轨道梁，但房顶梁要加强，吊机的高度尺寸大，比较适用地下式或半地下式泵房，此种吊机的稳定性较差。

3. 双轨双梁桥式吊机

适用于 5t 以上的设备重量，轨道一般固定在立柱的轨道梁上，因为是双梁，所以重物吊起后移动比较平稳。一般电动葫芦都有两种速度工作时比较安全。

第四节　泵站的运行管理

供水企业的主要设备是水泵机组，它的状态直接影响到供水的质量。泵站中的设备在使用过程中，由于受到工作介质、环境条件、使用方法、操作技术水平等的影响，设备的技术性能会发生退化、工作效率降低、使用寿命缩短等。特别是一些价值较高的设备，缩短寿命会带来很大的损失。因此，制订一整套设备运行的管理方法，提高设备的使用寿命是非常重要的。

泵站的运行管理主要是生产运行管理和设备维护管理。

一、生产运行管理

1. 操作人员必须持证上岗

操作证是准许操作者独立使用设备的文件，是操作者通过技术理论和实际操作技能培训，并经过考核合格后取得的证件。只有取得操作证，才可上岗操作设备。特殊设备还应由主管部门进行培训，合格后方可独立操作设备。

2. 操作人员必须遵守各项操作规程

水泵及其附属设备的启动与停机都有一定的操作程序和操作规程，操作人员必须严格按照有关的操作规程进行有关设备的操作，严禁违章操作。操作人员对各个设备的操作规程必须做到清清楚楚，并能了解每一步操作后设备正常的运行状态，对不正常的运行状态要能够及时判断，并能进行紧急处理。

3. 做好生产运行记录报表

每日生产报表是重要的生产数据报表，是生产情况的真实记录。除在线仪表和电脑自动生成的报表外，值班人员要按有关规定及时填写好有关生产数据报表，报表填写要做到真实、完整、清楚。有关的设备运行记录表、设备巡检记录表、设备保养记录表等也要认真填写。

4. 做好水泵的经济运行

每台水泵都有其额定的技术参数，对应一定的高效运行区间。水泵在高效区内运行，效率高，能耗低，有利于节能；反之，水泵在高效区之外运行，效率低，能耗高，不利于节能。因此，应合理调度、安排和调整水泵开机的台数和不同性能机组的组合进行供水，尽可能保证水泵在高效区内运行，以降低供水生产成本，提高经济效益。

5. 建立健全各项规章制度

(1) 岗位责任制度：明确每个岗位的职责和要求，并建立相应的考核、激励制度，有利于做到职责明确，各尽其责，并充分调动人员的工作积极性，做好泵站生产工作。

(2) 交接班制度：值班人员应如实把本班生产情况、设备运行情况、维护保养情况详细记录在生产值班记录册上，重要事情要主动告诉接班人，然后双方对有关生产设施、工具进行检查、交接、确认后，在值班记录册上签字。若接班人发现设备异常但记录册上记录不清楚，交班人应补记，并进行处理，否则接班人可拒绝接班。若接班人不了解设备情况而签字接班，则设备发生问题，由接班人负责。交接班必须面对面进行。接班人必须提前到岗准备接班，如接班人迟到，交班人必须等到接班人当面接班后方可离开，一班制，虽然没有交接班，但也要做好有关值班记录。

(3) 设备巡检、保养制度：规定设备有关巡检、保养具体要求和作法。

(4) 操作人员培训制度：除持证上岗的制度外，厂部的有关技术人员对操作人员要有计划地进行定期培训，不断提高他们的专业知识水平和操作技能水平，以对生产和设备的运行管理发挥应有的促进作用。培训可采取理论和实操相结合、厂内和厂外相结合的方式。

二、设备维护管理

1. 值班人员对站内设备具应做到"三好"、"四会"

"三好"是管理好设备、使用好设备、维护好设备。

(1) 管理好设备：值班人员应保护好站内设备，防止外界其他因素可能对设备造成的损坏，确保设备的安全，对于不具备操作资格的人员不准许使用和操作设备，严格遵守和执行设备的各项管理制度。

(2) 使用好设备：使用机泵设备时，严格按照有关操作规程开、停机，不超速、超负荷使用设备，不能使设备带病工作，发现问题应及时采取措施。

（3）保养好设备：值班人员应了解和掌握机泵设备的有关日常维护保养内容和规程，要按要求做好设备的日常维护保养工作。要经常保持设备的整洁、清洁，做到设备不漏水、不漏油、不漏气、不漏电，要使设备经常保持良好的状态，随时可以投入使用。

四会是会原理、会检查、会排除一般故障、会应急处理。

（1）会原理：值班人员应熟悉和了解机泵设备的性能、结构和工作原理，明了有关操作规程要求的内涵，这是正确使用和维护设备的基础。

（2）会检查：值班人员要会测试和分析机泵设备的性能变化情况，能检查和判断设备的正常现象和异常现象，会鉴定设备出现故障的原因，以便及时对设备出现的问题采取相应的对策。

（3）会排除一般故障：对于机泵设备出现的一般故障，值班人员应能及时进行处理、维修，会拆装设备并熟悉拆装时应注意事项，正确使用拆装工具，会对设备进行适当的调整。对于设备定期维修或大的修理，应配合专业维修人员进行修理工作，保证修理质量达到要求。

（4）会应急处理：对于设备出现的意外、紧急情况，要会采取果断的应急处理措施，防止对设备的损害和事故的发生。必要时要研究和制定有关的应急处理预案。

2. 确定设备责任人

对重要机泵设备要确定设备"责任人"，以加强对该类设备的管理，可在设备表面适当位置加以明确标示。设备责任人对所负责的设备的日常保养负主要责任，并将保养情况在有关设备保养记录表中进行记录。设备责任人应对所负责的设备的性能、原理及运行情况进行深入的了解，加强值班巡检，以便及时发现问题及时处理。

3. 设备的值班巡检

机泵设备运行工作时，值班人员应按要求做好设备的值班巡检，巡检主要巡视检查设备的运行状态是否正常，巡检周期一般每小时1次。值班人员应按照泵站有关值班巡检记录表中要求的部位和内容，对比标准要求，对设备进行巡检，并做好相关记录，特别要注意对重点设备的巡视检查。对巡检时发现的异常现象和问题，能处理的要及时处理，不能处理的应采取必要的防止措施，报告上级主管安排处理。对生产中设备的运行情况包括运行工况、异常现象、故障及处理措施（包括专业维修班组进行的维修等）应详细在设备运行记录册中进行记录。巡查工作必须按时、到位、认真负责，不得走过场、敷衍大意。

4. 设备的日常维护保养

机泵设备的日常维护保养是保证泵站正常、安全供水的重要条件，是保持设备良好性能和精度、延长设备使用寿命的不可或缺的工作。

日常维护保养工作由值班人员进行，是对设备在每班工作前、后以及运转中进行检查维护保养。维护保养的内容包括：清洁、润滑、防锈、防漏、紧固、排水、调节填料等工作。清洁是指除去设备表面的油污、尘埃等，设备铭牌要清晰；保持设备周围场地、环境干净、整洁、无积水及油污，维修工具摆放整齐，机房里不得摆放与设备运行无关的东西。润滑是指对设备需要润滑的部位检查、补充润滑油或脂，防止缺油、油质变坏等引起设备损坏。防锈是对设备可能生锈的部位采用防锈措施，如刷防锈油漆、涂防锈油脂等。防漏是对设备不正常漏水、漏气、漏油的地方采取适当的措施加以调整等。紧固是对设备上松动的螺栓、零件、附件等重新锁紧、固定。排水是指对有关设备，如真空罐、集水槽等检查排水。调节填料主要是对水泵的轴端密封盘根进行调节，防止大的泄漏，又要注意防止压得太紧引起过热现象。

日常维护保养应按照有关技术规程和要求进行，日常维护保养有关项目的具体实施，泵站应制定详细的安排计划，落实具体时间和实施人员。各实施人员应按要求认真负责地做好有关维护保养工作。已经明确"责任人"的设备，责任人应对该设备的日常维护保养特别留心，并负有主要责任。对设备日常维护保养情况，保养人员应在泵站内设备运行记录册保养内容一栏中进行记录备案。

5. 设备的专业维护与管理

除了泵站值班人员对设备进行值班巡检、日常维护保养、一般故障处理外，有关专业维修人员也要做好设备的维修巡检、报告故障的处理和定期维护与保养工作，有关专业技术人员也要进行设备的技术巡检，安排计划检修，制定有关设备技术规范，检查和指导各项设备管理制度的落实。

第二十二章　离心泵机组性能曲线的绘制

安装好的新泵，刚使用其性能是否达到水泵出厂性能指标；使用一段时间后，水泵的性能是否下降；不同季节水泵机组的效率变化如何，这些都必须对机组进行测量，所以对机组的测量是使用单位经常要做的工作。测量的目的：

1. 检查在线使用的水泵与原产品性能的差距；
2. 找出效率高的工况；
3. 检查在线使用仪表的准确度；
4. 检查运行中的水泵各参数的对应关系；
5. 为改造水泵提供数据资料。

第一节　测量工作的要求

一、测量前的准备工作

1. 测量人员应具有一定的专业知识，应经过培训。测量时，应有总指挥，对每人所测量的项目要做好规定，最好是每人测量一个参数，因为这些参数要同时测量。

2. 测量前对测量的仪表要检查校对，保证量值的正确。

3. 测量前对管路的联通阀门要检查，确认阀门关闭是否严密，有无泄漏现象，如利用清水池容积测量流量时，进入清水池的阀门应关严。

4. 测量时间一般选在供水量较稳定的时间，最好是夜间零点至凌震4点，最迟不超过5点。在测量时间内，要求调度尽量不要开停机，以免影响测量的精度。

5. 测量前应做好现场的照明，道路应无障碍物，开好工作票。

二、性能测量的一些规定

1. 离心泵测量是从关死扬程开始，一般要测到额定流量的115%。混流泵和轴流泵则从全开阀门开始，到额定流量的85%。

2. 测量点在整条曲线上应分布均匀，离心泵一般有13个不同流量点，最少不少于7个点，混流泵轴流泵为15个不同流量点，可在平日使用的流量、扬程、范围内适当增加测量点。每个测量点必须持压力稳定后方可测量，每个测量点历时15min，最少不少于10min，每个测量点最好记录3个数据，即开始、中间、结果，然后取平均值。

3. 每个测量点都应在统一指挥下测量流量、真空度、压力、转速和功率，以获得较准确的精度。

4. 更换测量点时，应由总指挥下令，由专人缓慢调节出水阀，直至预定的流量。待压力、流量稳定后再测量。

5. 开始测量的关死扬程，即流量为零，记录真空表和压力表的数值。关死扬程的时间不能太长，以免温度升高。

第二节　流量、扬程、功率、转速的测量

一、流量的测量

流量可用流量计或清水池的容积测量。流量计的种类很多，但精度变化较大，不同的流速精度也不同，用清水池的容积还是比较准确，但必须认真测量清水池的尺寸，应扣除隔墙柱子体积以及清水池渗漏的数量。用仪表测量时，应由主管仪表人员认真调整，尽量做到精确。用流量计测量只记录起始读数和终止读数，两数之差便是该段时间的流量。但记录人员必须精神集中，严格按指挥的口令，使时间差尽可能小，最好用秒表计时。

二、扬程的测量和计算

扬程的测量一般是用压力表和真空表，但在线的表，由于工作时经常受到波动水流冲击，指针摆动，造成精度下降，所以在线的表一定要经过校验合格后才能用，最好是用校验过的新表。读数也要按指挥的口令，按时记录，在测量时间内一般记三个数字，进行平均。扬程的计算：

根据公式　　　　$H = (P_2 - P_1) + (Z_2 - Z_1) + \dfrac{V_2^2 - V_1^2}{2g}$

式中　H——水泵扬程（MPa）；

　　P_2——泵出口压力表读数（MPa）；

　　P_1——泵进口真空表读数（MPa）；

　　Z_2——压力表中心与泵轴线中心距离（m）；

　　Z_1——真空表中心与泵轴线中心距离（m）；

　　V_2——泵出口流速（m/s）；

$$V_2 = \frac{Q}{A_2}$$

　　V_1——泵进口流速（m/s）；

$$V_1 = \frac{Q}{A_1}$$

　　A_1——泵进口断面积（m²）；

　　A_2——泵出口断面积（m²）；

　　Q——每个测量点水泵流量（m³/s）。

液体的密度与温度有关，重力加速度与海拔高度有关，除海拔高度特别高外，一般 $g = 9.81\text{m/s}^2$，$r = 1000\text{kg/m}^3$，1MPa = 102m。公式运用时应注意单位的一致。

三、功率的测量

电机的输入功率要从在线的功率表读出数值是困难的，因为在线的功率表的倍数较大，十几分钟难于看出刻度。而用功率表转速盘的转数来测量功率还是比较精确的。也可以用电流、电压和电机的功率因数，计算出输入功率。

1. 用功率表转盘计算输入功率公式：

$$N_\text{d} = 3600 \times \frac{10}{t} \times N_\text{T} \times \frac{N_\text{C}}{n} = \frac{36000 N_\text{T} N_\text{C}}{nt}$$

式中　N_d——电机输入功率（kW）；

　　3600——每小时 3600s；

　　N_T——电压互感器的比率；

　　N_C——电流互感器的比率；

　　n——电度表的转数 $[r/(kW \cdot h)]$；

　　t——电度表圆盘 10 转测定的时间（s）。

电度表圆盘的转速是随功率的增加而加快，因此，计算出圆盘的转速，便可折算出功率的大小。如果圆盘转动的速度较快，也可用 20 转作为测定时间，目的是求出每秒能转多少圈。按这样的转速一个小时能转多少圈得 $3600 \times \dfrac{10}{t}$，再把每小时转的圈数给 n 除，得 $\dfrac{36000}{nt}$，表示每小时耗多少度电即是所需要的功率多少千瓦。

为了准确起见，测圆盘的转速一定要用秒表，并且多测几次，或把圈数增加，求出的转速误差较小。

2. 用电压、电流、功率因数计算功率

三相电机输入功率的计算公式：

$$N_入 = \sqrt{3}\,UI\cos\varphi \cdot N_T \cdot N_C \cdot 10^{-3} \quad (kW)$$

式中　U——电压（V）；

　　I——电流（A）；

　　$\cos\varphi$——电机的功率因数；

　　N_T——电压互感器的比率；

　　N_C——电流互感器的比率。

功率的测量应由熟悉电气设备的人员负责，在线的仪表应校正，或用精度较高的仪表。如果有较先进的仪表，能在间隔时间内测出平均值的仪表更好。

四、机泵转速的测量

转速的测量比较容易,在联轴器或电机的轴上贴一条感光胶条,用手持光电计数器,对准胶条,距离 0.2m 左右,按动开关,待计数器数字稳定不变时,便是该轴旋转速度(转/分)。

测量到的转速与铭牌上的转速一般不一致，因为实际运转的电机转速与额定转速总是不相等的。如果相差不是很大，而且我们只是了解在线运行的机组的一般情况，因此不需要因为转速的偏差对性能曲线进行修整。如果是新泵的现象验收，就必须按额定转速用离心泵的比例定律，对各参数进行修正。

把所测量的数据，经计算后填入水泵测量表 22-1。

水　泵　测　量　表　　　　　　　　　　　　　　　　　　　　　　表 22-1

序号	流量 (m^3/h)	出口压力 (m)	进口真空度 (m)	$\dfrac{V_2^2 - V_1^2}{2g}$ (m)	总扬程 (m)	转速 (r/min)	电机输入功率 (kW)	水泵有效功率 (kW)	机组综合效率 $(\%)$	配水单耗 $[kW \cdot h/(km^3 \cdot MPa)]$	
	水泵型号：			水泵编号：			测试日期：				
1											
2											

序号	流量 (m³/h)	出口压力 (m)	进口真空度 (m)	$\dfrac{V_2^2 - V_1^2}{2g}$ (m)	总扬程 (m)	转速 (r/min)	电机输入功率 (kW)	水泵有效功率 (kW)	机组综合效率 (%)	配水单耗 [kW·h/ (km³·MPa)]
	水泵型号：			水泵编号：				测试日期：		
3										
4										
				…						
12										
13										

第三节　水泵性能曲线的绘制

通过测量的数据，可以计算得到水泵的有关性能数据。

水泵的有效功率 N_e 可由下式计算：

$$N_e = \frac{\gamma QH}{102}$$

式中　N_e——水泵有效功率（kW）；

γ——水的密度，取 $1000kg/m^3$；

Q——水泵流量，（m^3/s）；

H——水泵总扬程，（m）。

水泵机组的综合效率 η_t 由下式计算：

$$\eta_t = \frac{水泵的有效功率}{电机输入的功率} = \frac{N_e}{N_d} \times 100\%$$

水泵配水单耗 E_c 计算如下：

$$E_C = \frac{N_d}{QH}$$

式中　E_C——水泵配水单耗 [kW·h/（km³·MPa）]；

N_d——电机输入功率（kW）；

Q——水泵流量（km³/h）；

H——水泵总扬程（MPa）。

水泵性能曲线包括流量—扬程曲线、流量—功率曲线、流量—效率曲线等。

水泵性能曲线的绘制可用三角板、铅笔、橡皮、曲线板、方格纸手工绘制，也可用电脑绘制。以流量为横坐标，扬程、功率、效率分别为纵坐标，把整理好的数据，分别在坐标图上用光滑曲线连接起来。如图 22-1。

例：24SA—10J 水泵性能测试的有关数据见表 22-2，有关性能曲线见图 22-1。

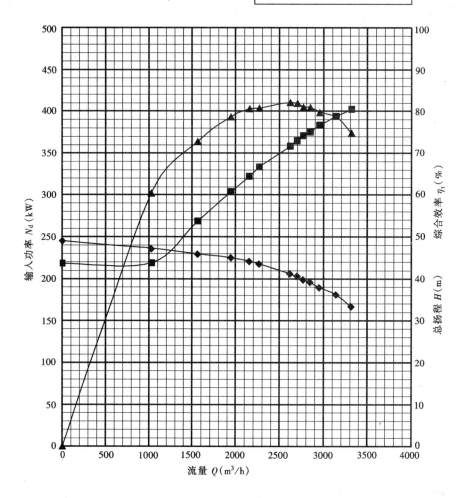

图 22-1　24SA—10J 水泵性能曲线

24SA—10J 水泵性能测试记录表　　　　　　表 22-2

流量 Q (m^3/h)	3316	3143	2952	2848	2768	2700	2621	2268	2157	1946	1563	1028	0
流量 Q (L/s)	921.11	873.06	820	791.11	768.89	750	728.06	630	599.17	540.56	434.17	285.56	0
水泵的总扬程 H (m)	33.24	36.13	37.84	39.11	39.77	40.59	41.15	43.47	44.12	45.01	45.88	47.2	49.01
电机输入功率 N_d (kW)	401.94	393.51	382.37	374.82	370.45	364.72	357.88	332.95	321.84	303.42	268.42	218.65	217.93

水泵有效功率 N_e（kW）	300.17	309.25	304.2	303.34	299.79	298.46	293.72	268.49	259.17	238.53	195.29	132.14	0
机组综合效率 η_t（%）	74.681	78.588	79.557	80.929	80.926	81.832	82.072	80.64	80.527	78.615	72.755	60.434	0
配水单耗 E_C $[kW \cdot h / (km^3 \cdot MPa)]$	371.95	353.46	349.15	343.24	343.25	339.45	338.45	344.47	344.95	353.34	381.8	459.64	

第四部分 水泵站电气设备

第二十三章 电 工 基 础

第一节 直 流 电 路

一、电路的组成

电路就是电流的通路，它是为了某种需要由一些电气元件或设备按一定方式组合而成的。

电路的形式有多种，但一般都是由电源、负载和中间环节三个部分组成。以手电筒的电路示意图 23-1 为例。

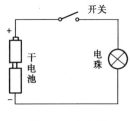

图 23-1 手电筒
的电路示意图

手电筒是一种最简单的用电设备，其中干电池把化学能转变为电能，源源不断地向电路提供电能；电珠把电能转变为光能，满足了使用者的照明需求；而导线和开关是连接和控制电路必不可少的元器件。我们通常把干电池这种在电路中供给电能的设备称之为电源，把电珠这种将电能转变为其他形式能量的设备称之为负载，而把导线、开关等连接电源与负载的部分称之为中间环节。

电路不仅可以实现电能的传输和转换，还能实现信号的传递和处理，例如收音机、电视机等电路。但不论哪种功能的实现，都是通过电流、电压和电动势来实现的，所以在分析与计算电路之前，我们首先来认识一下电路的几个基本物理量。

二、电路的几个基本物理量

1. 电流

（1）电流的本质

要了解电流的本质，首先必须了解物质内部的结构。

自然界中的各种物质都是由分子或者原子组成的；而分子也是由原子组成的；原子则是由带正电荷的原子核和带负电荷的电子组成。电子有规律地分布在原子核的周围，绕着原子核高速运动。在通常情况下，电子所带的负电荷量与原子核所带的正电荷量相等，故整个原子不显电性。

原子最外层的电子，由于受原子核的吸引力较弱，容易脱离原子核的束缚而在物质内部自由运动，这些电子称为自由电子。在电场或其它外力（如化学力）作用下，这些自由电子可以按一定规则运动。我们把电子等带电离子有规则的定向运动称之为电流。

（2）电流的方向

我们习惯上规定正电荷运动的方向或负电荷运动的相反方向为电流的方向。电流的方向是客观存在的，但在分析较为复杂的电路时，往往难于事先判断某支路中电流的实际方向；为此，在分析与计算电路时，可事先任意假定某一方向为电流的正方向。规定与之方向一致的电流为正值，反之，为负值。如图23-2所示。

（3）电流的大小

电流的大小是以单位时间内通过导体横截面的电荷量来衡量，即：

$$i = \frac{dq}{dt} \qquad (23-1)$$

其中 dq 是在时间 dt 内通过导体横截面的电荷量。若在 1 秒钟内流过导体横截

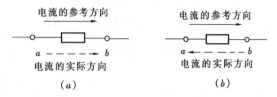

图 23-2 电流的参考方向

（a）电流为正；（b）电流为负

面的电量为 1 库仑，则导体内的电流就是 1 安培，用 1A 表示。根据实际需要，电流单位也可用千安（kA）、毫安（mA）、微安（μA）来表示。$1kA = 10^3A$，$1mA = 10^{-3}A$，$1\mu A = 10^{-6}A$。

电路中经常遇到各种类型的电流。如果电流的大小和方向都不随时间变化，则称为恒定电流，简称直流，用大写字母 I 表示。随时间变化的电流用小写字母 i 表示。

2. 电压

为了认识电压这个物理量，我们需要建立电位的概念。

（1）电位

我们知道水在重力的作用下总是从水位高的地方流向水位低的地方，水流经的各点都有各自的水位值，水位值的确定是相对某个参考点而言的，例如以海平面为零水位点，若某点比它高多少，该点的水位就是多少。一旦参考点变化了，水位也随之发生变化。要比较两点水位的高低，必须以同一点作为参考才有意义。同样，带电粒子在电场力的作用下总是从电位高的地方"流向"电位低的地方形成电流（带负电荷的粒子虽然是从电位低的地方向电位高的地方运动，但电流方向仍然从高指向低）。电场中任何一点都有一定的电位，其具体的大小也是相对某参考点而言的，一旦参考点变化，其电位也随之发生变化。通常我们以大地作为零电位点。电位的单位是伏特（简称伏），用 V 表示。

如图23-3所示，图中电路中有两个电源，自左而右分别是 3V、6V。当选择不同零电位参考点时，得到的各点电位如表23-1。

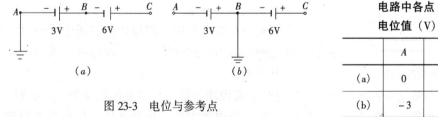

图 23-3 电位与参考点

（a）A点为零电位；（b）B点电位为零

电路中各点
电位值（V）   表 23-1

	A	B	C
(a)	0	+3	+9
(b)	-3	0	+6

（2）电位差（电压）

图23-3电路中各点的电位随着参考点改变而改变，但任意两点间的电位差却是不变

的。我们把电路中任意两点之间的电位差称为电压，在数值上它也等于单位正电荷在电场力的作用下从一点移到另一点时所作的功，即：

$$u_{ab} = u_a - u_b = \frac{W_{ab}}{q} \tag{23-2}$$

式中　　u_{ab}——a、b 两点之间的电压；

　　u_a、u_b——a 点、b 点的电位；

　　W_{ab}——电场力移动电荷所做的功；

　　q——电荷所带的电量。

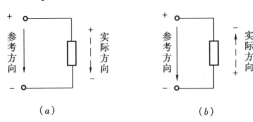

图 23-4　电压的参考方向

(a) 电压为正；(b) 电压为负

在国际单位制中，电压的单位也是伏特。在工程上我们还经常用千伏（kV）、毫伏（mV）等单位。$1kV = 10^3V$，$1mV = 10^{-3}V$。

电压的正方向规定为由高电位指向低电位端，即为电位降低的方向。在分析计算电路时，必须事先假定电压的参考方向，参考方向可以任意选定并用箭头或"+"、"−"号表示，也可用双下标表示。当电压的实际方向与参考方向一致时，电压为正值，否则为负值，如图 23-4 所示。

同一个电路中电压和电流的参考方向可以任意假定，互不相关。但是为了分析电路的方便，常常采用关联参考方向，即把电路元件上的电压参考方向和电流参考方向假定相同，如图 23-5 所示。

（3）电动势

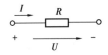

图 23-5　电流和电压关联参考方向

如图 23-6 所示，正电荷在电场力的作用下，不断地从高电位向低电位移动。这样，正电极 a 因正电荷的减少而使电位逐渐降低，负电极 b 因正电荷的增多而使电位逐渐升高，其结果是 a 和 b 两电极的电位差逐渐减小到等于零。与此同时，联接导体中的电流也相应地减小到等于零。

为了维持电流不断地在连接导体中流通，并保持恒定，则必须使 a、b 间的电压 u_{ab} 保持恒定，也就是要使电极 b 上所增加的正电荷经过另一路径流向电极 a。但由于电场力的作用，电极 b 上的正电荷不能逆电场而上，因此必须要有另一种力能克服电场力而使电极 b 上的正电荷流向电极 a。电源就能产生这种力，我们称它为电源力。例如在发电机中，当导体在磁场中运动时，导体内便出现这种电源力；在电池中，电极与电解液的接触也会产生这种电源力。

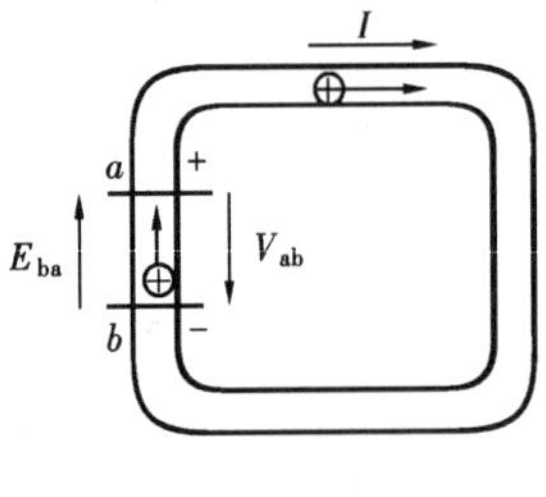

图 23-6　电荷的回路

我们用电动势这个物理量衡量电源力对电荷做功的能力。电源的电动势 e_{ba} 在数值上等于电源力把单位正电荷从电源的低电位端 b 经电源内部（也是导体）移到高电位端 a 所做的功。即：

$$e_{ba} = \frac{W_0}{q} \tag{23-3}$$

电源电动势的方向规定为在电源内部由低电位端指向高电位端，即为电位升高的方向。

（4）电功与电功率

电功与电功率是电路中的两个重要物理量。我们在日常生产生活中常常可以看到电能转变为其他形式的能量的实例。例如电动机把电能转变为机械能，电灯把电能转变为光和热能等等，这些能量的传递和转换都说明电流做了功，我们把电流所作的功称为电功。实验表明，电流作功的多少与电压的高低、电流的大小以及通电时间的长短有关。即：

$$W = U \cdot I \cdot t$$

单位时间内电流作功的大小用电功率 P 表示，即：

$$P = \frac{W}{t} = UI \tag{23-4}$$

电功率的单位为瓦特，简称瓦。由于瓦特的单位比较小，工程中常用千瓦（kW）作单位。电功的单位为焦耳；若电功率单位为千瓦，时间单位为小时，则电功的单位为"千瓦·小时"，简称"千瓦时"（kWh），我们习惯称之为"度"。1度 = 1kWh。

三、欧姆定律

在同一个电路中电压和电流有什么关系呢？我们可以通过一个实验来分析，实验电路如图 23-7 所示。

图中 E 为电源电压，R' 为滑动变阻器，A 为电流表，V 为电压表，R 为电阻元件。

我们改变滑动电阻器 R' 的触头位置以改变电阻

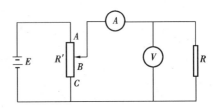

图 23-7　欧姆定律实验电路

R 两端的电压和流过 R 的电流，并将每次电压表和电流表的读数记录下来如表 23-2 所示。

欧姆定律实验数据　　　　　　　　　　　　　　　　　　　　　　　　　表 23-2

序号	1	2	3	4	5
电压（V）	10	8	6	4	2
电流（A）	0.5	0.4	0.3	0.2	0.1

实验数据表明，流过电阻元件 R 中的电流 I 与加在其两端的电压 U 成正比，即

$$\frac{U}{I} = R \tag{23-5}$$

这就是欧姆定律及其表达式。式中的比例常数 R 即为电阻元件 R 的电阻值，简称电阻。

欧姆定律是分析与计算电路的基本定律之一，是研究同一电路内电流、电压、电阻之间关系的重要依据。

电阻的单位是欧姆，简称欧，用 Ω 表示。若加在某电阻元件两端的电压为 1V 时，流过电阻的电流为 1A，则这个电阻的阻值就是 1Ω。在计量大电阻时，可用千欧（kΩ）或兆欧（MΩ）作单位。1kΩ = 10^3Ω，1MΩ = 10^6Ω。

四、电阻的串联与并联

1. 电阻的串联

如图 23-8（a）所示，把若干个电阻一个接一个依次相联接入电路的方式，称为电阻的串联。图中电阻 R_1 与 R_2 即为串联关系，这个电路称为串联电路。

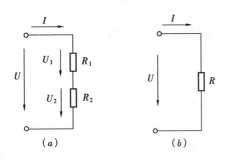

图 23-8　电阻的串联及其等效电阻
（a）电阻的串联；（b）等效电阻

串联电路有以下特点：

（1）流过各电阻的电流相等。

（2）总电压等于每个电阻上的电压降之和。

对于图 23-8（a）所示的电路有：$U = U_1 + U_2$。

（3）电路中的总电阻等于各串联电阻之和。

对于图 23-8（a）所示的电路有：

$$R = R_1 + R_2 \qquad (23\text{-}6)$$

（4）串联电路有分压作用，即各电阻上的电压大小与该电阻的阻值成正比。

由（2）、（3）可得图 23-8（a）的等效电路图 23-8（b），图中：

$$I = \frac{U}{R} = \frac{U}{R_1 + R_2}$$

故有

$$U_1 = IR_1 = U \cdot \frac{R_1}{R_1 + R_2}$$

$$U_2 = IR_2 = U \cdot \frac{R_2}{R_1 + R_2}$$

2. 电阻的并联

如图 23-9 所示，把几个电阻接在同一电路相同的两点之间的方式，称为电阻的并联。图中 R_1、R_2 即为并联关系，这个电路称为并联电路。

并联电路有以下特点：

（1）并联电阻两端的电压相等。

（2）并联电路中的总电流，等于各并联电阻中的电流之和。

对于图 23-9（a）所示电路，即：$I = I_1 + I_2$。

（3）并联电路中总电阻的倒数等于各并联电阻的倒数之和。

对于图 23-9（a）所示电路，即：

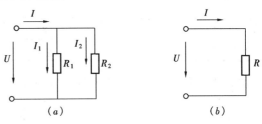

图 23-9　电阻的并联及其等效电阻
（a）电阻的并联；（b）等效电阻

$$\frac{1}{R} = \frac{1}{R_1} + \frac{1}{R_2}$$

或

$$R = \frac{R_1 R_2}{R_1 + R_2} \qquad (23\text{-}7)$$

显然，并联回路中的总电阻值小于并联电阻中最小的电阻值（读者可自行证明）。

特殊地，如果几个并联的电值阻值相等，即 $R_1 = R_2 = R_3 \cdots = R_n$，则 $\frac{1}{R_总} = \frac{1}{R_1} \cdot n$，故

有 $R_{总} = \dfrac{R_1}{n}$。

由（2）、（3）可得到图 23-9（a）电路的等效电路图 23-9（b）。

（4）并联回路有分流作用，每个并联电阻中的电流与该电阻的阻值成反比，即电阻值大，电流小，电阻值小，电流大。

对于图 23-9（a）所示的电路，即：

$$I_1 = \frac{R_2}{R_1 + R_2} I$$

$$I_2 = \frac{R_1}{R_1 + R_2} I$$

3. 电阻的混联

在有的电路中，既有电阻的串联，也有电阻的并联，这种电路称为混联电路。它的计算可以按照上述电阻串联和并联的特点进行分析。下面以一个简单混联电路为例对此加以说明。

例：如图 23-10（a）所示，$R_1 = 10\Omega$，$R_2 = 2\Omega$，$R_3 = 3\Omega$，$R_4 = 5\Omega$，电源电压 $U_{ab} = 125V$。求：I_1、I_2、I_3、U_{am}、U_{mn}。

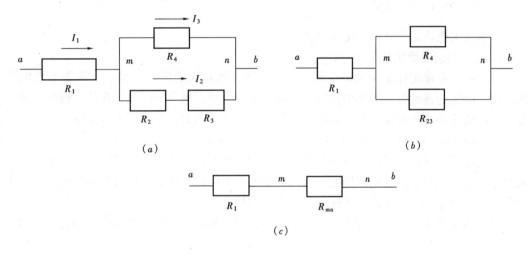

图 23-10　例题电路

分析计算过程如下：

（1）R_2、R_3 在电路 mn 段是串联关系，两者可视为一个电阻，其阻值 $R_{23} = R_2 + R_3 = 5\Omega$。以上电路可简化为图 23-10（$b$）所示。

（2）在图 23-10（b）中，电阻 R_{23} 与 R_4 是并联关系，若用一个电阻 R_{mn} 替代，其阻值为：

$$R_{mn} = \frac{R_{23} \cdot R_4}{R_{23} + R_4} = \frac{5 \times 5}{5 + 5} = 2.5\Omega$$

电路又可简化为图 23-10（c）所示。

（3）在图 23-10（c）中，R_1 与 R_{mn} 串联，若用一个电阻替代，其阻值 $R_{总} = R_1 + R_{mn} = 10 + 2.5 = 12.5\Omega$

(4) 故有 $I_1 = \dfrac{U}{R_{总}} = \dfrac{125}{12.5} = 10A$

(5) 由于 R_{23} 与 R_4 阻值相等，故两者平分电流 I_1，有 $I_2 = I_3 = 5A$

(6) $U_{am} = I_1 \cdot R_1 = 10 \times 10 = 100V$

(7) $U_{mn} = I_1 \cdot R_{mn} = I_2 \cdot R_{23} = I_3 \cdot R_4 = 25V$

五、克希荷夫定律（也称基尔霍夫定律）

在电路的分析计算中，除了应用欧姆定律外，对于那些具有多个分支，较为复杂的电路，还需要引入克希荷夫电流定律和电压定律。

在阐述定律之前，首先介绍电路中几个常用的术语，参见图 23-11 所示。

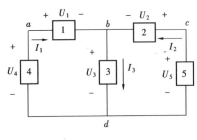

图 23-11　电路举例

支路：电路中每个分支称为一个支路。区分一个支路的方法是：每个支路只流过一个电流。图中电路有 *bad*、*bd*、*bcd* 三个支路。

节点：我们把由三个或三个以上支路相联形成的公共点称为节点，图中电路有 *b*、*d* 两个节点。

回路：由一个以上支路所组成的闭合电路称为回路，图中共有三个回路，分别是 *abda*、*bcdb* 和 *abcda*。

克希荷夫电流定律和电压定律分述如下：

1. 克希荷夫电流定律

克希荷夫电流定律是用来确定同一节点上各支路电流之间的关系，也称为节点电流法。由于电流的连续性，电路中任何一点都不能有电荷的堆积，因此，在任一瞬时，流入节点的电流之和等于流出该节点的电流之和。这就是著名的克希荷夫电流定律。

对于图 23-11 中的节点 *b*，有 $I_1 + I_2 = I_3$，或 $I_1 + I_2 - I_3 = 0$，即 $\sum I = 0$。

上式说明，在任一瞬时，一个节点的电流的代数和恒等于零。如果规定流入节点的电流为正方向，流出节点的电流则取负方向。如果在实际计算中，有些支路中的电流出现负值，说明所规定的电流方向与实际的电流方向相反。

克希荷夫电流定律通常应用于节点，但也可把它推广应用到包围部分电路的假定闭合面。如图 23-12 所示。

在这个电路中，假定的闭合面包围的是一个三角形电路，它有三个节点 *A*、*B*、*C*，应用克希荷夫电流定律，则有：

$$I_A = I_{AB} - I_{CA}$$

$$I_B = I_{BC} - I_{AB}$$

$$I_C = I_{CA} - I_{BC}$$

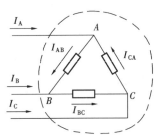

图 23-12　克希荷夫
电流定律的推广应用

以上各式相加得：

$$I_A + I_B + I_C = 0$$

即：
$$\sum I = 0 \qquad\qquad (23-8)$$

可见通过任一闭合面的电流的代数和也恒等于零。

2. 克希荷夫电压定律

克希荷夫电压定律是用来确定回路中各段电压间的关系，也称为回路电压法。

如果从回路中任一点出发，以顺时针或逆时针方向绕回路一周，则在这个方向上所有的电位升之和等于电位降之和，这就是克希荷夫电压定律。

如图 23-13 所示，它是图 23-11 中的一个回路 $abcda$。

图中的电源电压，各段的电流、电阻电压降的方向均已标出，按回路绕行方向可以列出：

$$U_5 + U_1 = U_2 + U_4$$

或
$$U_5 + U_1 - U_4 - U_2 = 0$$

即
$$\Sigma U = 0 \tag{23-9}$$

说明在回路中各段电压的代数和等于零。这里规定，凡是与绕行方向一致的电压取正号，反之取负号。

克希荷夫电压定律通常都应用于闭合回路，但也可以推广应用于开口回路。如图23-14所示。把开口回路 AOB 假定为一个闭合回路 $AOBA$，按逆时针方向列出电压的方程式：

$$U_A - U_B - U_{AB} = 0$$

于是有
$$U_{AB} = U_A - U_B$$

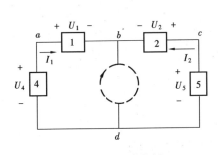

图 23-13　电路举例

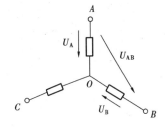

图 23-14　克希荷夫
电压定律的推广应用

克希荷夫定律不但适用于直流电路，也适用于交流电路；不仅适用于电阻电路，也适用于由其它电气元件构成的电路。

第二节　正弦交流电路

前面我们分析的是直流电路，其直流和电压的大小与方向是不随时间变化的。在日常的生产生活中，人们遇到更多的是交流电，交流电的特点是电流和电压的大小与方向随时间而变化。其中我们把按照正弦规律变化的交流电称之为正弦交流电。

正弦交流电电压和电流变化的波形图以及与电路的对应关系如图 23-15 所示。图中实线箭标为规定的电流和电压的正方向；虚线箭标代表电流的实际方向；"＋"、"－"代表电压的实际方向。当电压或电流的波形图处于正半周时，表示电压或电流与电路中规定的正方向一致；当电压或电流的波形图处于负半周时，表示实际的电压或电流与电路规定的正方向相反。

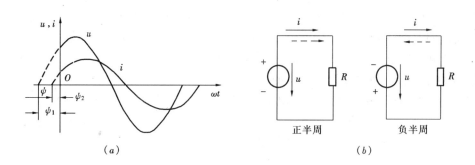

(a)   (b)

图 23-15　正弦交流电

（a）交流电的波形图；（b）交流电正方向和实际方向

一、正弦交流电的特征

1. 正弦函数及其三要素

在三角函数中我们都知道，正弦函数可以由有向线段旋转得到。如图 23-16 所示，有向线段 OA 以原点为圆心，ω 为角频率，ψ 为计时起点时的相位（简称初相位），逆时针旋转。其在纵轴上的投影沿时间轴展开，得到的图形就是一条正弦曲线，其数学表达式如下：

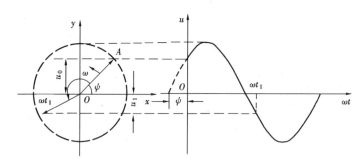

图 23-16　用旋转有向线段的方法得到正弦量

$$u = U_{\mathrm{m}}\sin(\omega t + \psi)$$

其中 u 为 OA 在纵轴上投影的瞬时值；U_{m} 为 OA 的长度，在数值上等于 u 的最大值，也称为幅值。通过对波形图和表达式的分析，我们可以得出这样的结论：任意一个正弦函数可以用幅值、频率（角频率）、初相位惟一确定。因此，上述三者也被称为正弦函数的三要素。

正弦交流电的电流和电压都是正弦函数，对应的表达式分别为：

$$u = U_{\mathrm{m}}\sin(\omega t + \psi_{\mathrm{u}})$$
$$i = I_{\mathrm{m}}\sin(\omega t + \psi_i) \tag{23-10}$$

其中 u、i 分别为电压和电流的瞬时值，U_{m}、I_{m} 为电压和电流的最大值，ω 为角频率，ψ_{u}、ψ_i 分别为电压和电流的初相位。下面我们分别对描述正弦交流电特征的各种要素进行介绍。

2. 频率与周期

从上述分析中我们知道，正弦量变化的快慢可以用角频率 ω 来表示，单位是弧度/

秒。除此之外，我们还可以用周期和频率来表示。

正弦量循环变化一次所需的时间称为周期，用符号 T 来表示，单位为秒。每秒循环变化的次数称为频率，用符号 f 表示，单位为赫兹（Hz）。

三者的关系如下：

$$f = \frac{1}{T}$$

$$\omega = \frac{2\pi}{T} = 2\pi f \tag{23-11}$$

通常我们使用最多的是频率。我国电力工业所用交流电的频率为 50Hz（也称工频），这是目前世界上使用最普遍的频率。美国、日本等则为 60Hz。

3. 有效值

正弦交流电电流和电压的大小是随时间变化的，在电路分析中，计算每一个瞬间电流或电压的大小既困难又没有实际意义。我们更多关心的是电路作功的能力。为此，我们引入了有效值来表示交流电的大小。当某交流电流 i 通过一电阻，在一定的时间内所产生的热量，与某直流电流 I 通过该电阻，在相同时间内产生的热量相等，则直流电流 I 的大小就是交流电流 i 的有效值。

通过实验及计算都可以得到：

$$I = \frac{I_{\mathrm{m}}}{\sqrt{2}}$$

$$U = \frac{U_{\mathrm{m}}}{\sqrt{2}} \tag{23-12}$$

我们平常所说的交流电流、电压、电动势的数值，如不特别加以注明，都是指有效值。例如，我们所说照明用电电压 220V，就是指交流电压的有效值。

4. 初相位和相位差

当两个正弦量的幅值和频率都相同时，则这两个正弦量的波形完全相同，但它们在时间轴上的位置却有可能不一样，也就是说两者到达零点或最大值的时间不同。这就取决于两者计时起点（$t = 0$）的相位，即初相位。如图 23-17 所示，这是初相位 ψ 分别等于 0 和大于 0 的两个正弦量。

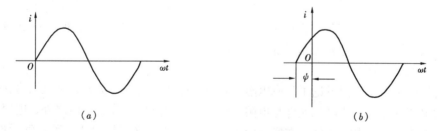

图 23-17　初相位不同的两个正弦量
（a）$\psi = 0$；（b）$\psi > 0$

在后续的章节中，我们会发现，对于同一个正弦交流电路，电压 u 和电流 i 的频率总是相同的，但初相位不一定相同，即两者存在相位差。如图 23-18 描述了正弦交流电路中电压和电流的三种相位关系。

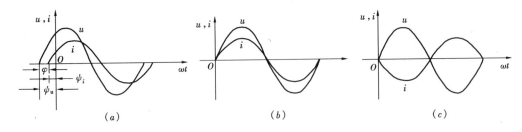

图 23-18　正弦交流电压和电流的相位关系
（a）u 超前 i；（b）u、i（同相）；（c）u、i（反相）

我们把 $\psi_u - \psi_i$ 称为两者的相位差。当 $\psi_u > \psi_i$ 时，我们称 u 超前于 i，或 i 滞后于 u；当 $\psi_u = \psi_i$ 时，我们称 u 与 i 同相；当 $\psi_u - \psi_i = 180°$ 时，我们称 u 与 i 反相。

5．正弦电流和电压的相量表示

前面已经提到，任何一个正弦量都可以由一个有向线段旋转得到。有向线段的长度等于该正弦量的幅值；它的初始角（与横轴正方向的夹角）等于正弦量的初相位；它旋转的角速度等于正弦量的角频率。可见，有向线段具有正弦量幅值、角频率和初相位这三个要素，它与正弦量存在一一对应的关系，即任何一个正弦量可以由一个有向线段惟一确定。

由于在正弦电路中，各正弦量的频率是相同的。故我们可将角频率这个要素略去，只需要有向线段的长度和初始角即可。因此，一个正弦量可用一个有向线段（无需旋转）惟一表示。

我们把用来表示正弦量的有向线段称为相量，并在其所表示的符号上加"·"或"－"。例如，"$\dot{U}$"、"$\bar{I}$"。

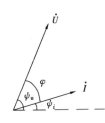

图 23-19　相量图

我们把图 23-18（a）中的两个正弦量用相量表示在同一个图中，则得到图 23-19。在这个图中我们可以清晰地看出各正弦量的大小和相位关系，这种图形被称为相量图。例如在图 23-19 中，相量 I 比相量 U 滞后 φ 角。

同频率的正弦量之间的各种运算，可由相量的平移或旋转等简单直观的方法求得。所以，在正弦交流电量的各种运算过程中，我们经常要借助相量图。

二、纯电阻电路

在直流电路中，我们讨论了只有电阻存在时的电压电流变化关系，这是因为在直流电路中影响电流变化的主要电气元件是电阻。但在交流电路中，除了电阻之外，电容和电抗也是影响电流的重要电气元件。在实际应用中，大多数电路都是由这三种电气元件组成。为了便于理解，我们首先从只有单一电气元件存在的电路开始进行分析。

我们把只有电阻这种电气元件存在的交流电路称为纯电阻电路。例如由白炽灯组成的照明电路就可视为纯电阻电路。

如图 23-20 所示的电路中，假设在电阻上加上正弦电压，即：

$$u = U_{\mathrm{m}}\sin\omega t \qquad\qquad (23\text{-}13)$$

通过实验可以证明，欧姆定律在任何一个瞬间仍然成立，即：

$$i = \frac{u}{R} = \frac{U_{\mathrm{m}}}{R}\sin\omega t = I_{\mathrm{m}}\sin\omega t \qquad\qquad (23\text{-}14)$$

可见，电流也是一个正弦量，其波形图如 23-20（b）所示。

1. 纯电阻电路中电压与电流的相位关系

从式（23-13）、式（23-14）和图 23-20（b）可以看到，纯电阻电路中，电压与电流的相位相同，即同相。用相量图表示如 23-20（c）所示。

2. 纯电阻电路中电压与电流有效值的关系

由式（23-14）可知：

$$I_{\mathrm{m}} = \frac{U_{\mathrm{m}}}{R} \qquad\qquad (23\text{-}15)$$

等式两边同除以$\sqrt{2}$得：

$$I = \frac{U}{R} \qquad\qquad (23\text{-}16)$$

即：在纯电阻电路中，电流的有效值等于电阻两端电压的有效值除以电阻。

3. 纯电阻电路的功率

电路在某一瞬时的功率，称为瞬时功率，在数值上等于电压瞬时值和电流瞬时值的乘积。纯电阻电路中瞬时功率的计算公式为：

$$P = ui = U_{\mathrm{m}}\sin\omega t \cdot I_{\mathrm{m}}\sin\omega t = U_{\mathrm{m}}I_{\mathrm{m}}\sin^2\omega t$$
$$= \frac{U_{\mathrm{m}}I_{\mathrm{m}}}{2}(1 - \cos2\omega t) = UI - UI\cos2\omega t$$
$$(23\text{-}17)$$

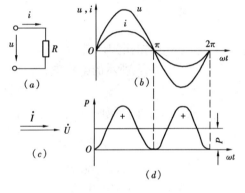

图 23-20　纯电阻电路及其电量图
（a）纯电阻电路图；（b）电压与电流的波形图；
（c）电压与电流的相量图；（d）功率波形图

瞬时功率变化规律如图 23-20（d）所示，其频率是电压（电流）频率的两倍。从式（23-17）和图 23-20（d）我们还可以看出，P没有负值。这说明电阻在任何瞬间都是消耗能量。由于瞬时功率是随时间不断变化的，计算起来很不方便，因此，我们取它在一个周期内的平均值来表示电功率的大小，称为平均功率，用 $P_{平均}$ 表示。由式（23-17）可得：

$$P_{平均} = UI = I^2R = \frac{U^2}{R} \qquad\qquad (23\text{-}18)$$

我们平常所讲的功率以及功率表测得的功率均指平均功率，习惯上又称之为有功功率。

三、纯电感电路

如图 23-21（a）所示，只有电感元件存在的交流电路称为纯电感电路。

1. 电感元件的特性

什么是电感元件？我们生活中遇到的日光灯整流器、变压器线圈及滤波电感线圈等，如果忽略线圈的电阻，均可视为电感元件。

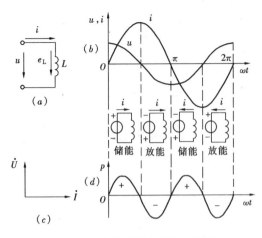

图 23-21　纯电感电路及其电量图

我们知道，当导线中有电流通过时，就会在其周围产生磁场。在电工技术中，通常把导线绕成线圈形式，以增强线圈内部的磁场，满足某种实际工作的需要。这样的线圈称为电感线圈。

当电感线圈通以电流时，在其内部和周围将产生磁场；当电流发生变化时，穿过线圈的磁通也随之变化，而磁通的变化将会使线圈两端产生感应电压。感应电压的大小只取决于瞬时电流的变化率和电感线圈的自身特性，与电流本身的大小无关。而感应电压的方向总是与阻碍电流变化的方向一致，即当电流增加时，感应电压总是试图阻止电流的增加；当电流减小时，感应电压总是试图阻止电流减小。上述变量关系的数学表达式如下：

$$e = - L \frac{\mathrm{d}i}{\mathrm{d}t} \tag{23-19}$$

2. 纯电感电路的电压与电流关系

如图 23-21（a）所示的电路中，若在线圈中通过正弦交流电流，设：

$$i = I_\mathrm{m}\sin\omega t$$

则线圈两端产生的感应电压的大小由式（23-19）可得：

$$e = - L \frac{\mathrm{d}i}{\mathrm{d}t} = - L \frac{\mathrm{d}I_\mathrm{m}\sin\omega t}{\mathrm{d}t} = - \omega L I_\mathrm{m}\cos\omega t$$

$$= \omega L I_\mathrm{m}\sin\ (\omega t - 90°)$$

令 $X_\mathrm{L} = \omega L$，上式可简化为：

$$e = X_\mathrm{L} I_\mathrm{m}\sin\ (\omega t - 90°) \tag{23-20}$$

可见，感应电压 e 是一个和电流 i 同频率的正弦量，但在相位上，感应电压 e 滞后电流 i 90°。

在上述电路中，由克希荷夫电压定律可知，电感的感应电压 e 与电路外加电压 u 的大小相等，方向相反。即 $u = -e$，故有：

$$u = - e = - X_\mathrm{L} I_\mathrm{m}\sin\ (\omega t - 90°)\ = X_\mathrm{L} I_\mathrm{m}\sin\ (\omega t + 90°) \tag{23-21}$$

显然：

$$U_\mathrm{m} = X_\mathrm{L} I_\mathrm{m} \tag{23-22}$$

因此，在纯电感电路中，电压 u 超前于电流 i 90°。且对于电流电压的最大值和有效值，欧姆定律仍然适用。

我们将 X_L 称为电抗，也称感抗，单位为欧姆。它与频率成正比。频率越高，感抗越大，对电流的阻碍作用也就越大。因此，在高频电路中电感元件相当于开路。而对于直流电路来说，由于频率 $f = 0$，故 $X_\mathrm{L} = 0$，即在直流电路中电感元件相当于短路。上述现象我们可以通过实验证明。在图 23-22 所示的电路中分别接上直流电压，工频交流电压和高频交流电压，且三者的有效值相等。我们可以发现，通直流电压的灯最亮，工频电压的次之，而接高频电压的灯将很暗。

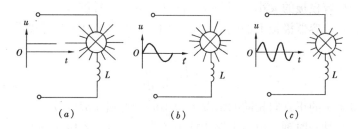

图 23-22　电感线圈感抗实验

（a）接直流电；（b）接工频交流电；（c）接高频交流电

3. 纯电感电路的功率

纯电感电路的瞬时功率为：

$$p = ui = U_{\mathrm{m}}\sin(\omega t + 90°) \cdot I_{\mathrm{m}}\sin\omega t \tag{23-23}$$
$$= U_{\mathrm{m}}I_{\mathrm{m}}\cos\omega t\sin\omega t = UI\sin2\omega t$$

其波形图如图 23-21（d）所示。瞬时功率 P 的曲线也是正弦曲线，但其频率是电压电流频率的两倍。由于曲线的正半周与负半周完全对称，故纯电感电路的平均功率等于零。这说明在忽略线圈的电阻后，纯电感电路是不消耗能量的。但在整个电流变化的过程中，电感线圈与电路之间是不断地进行能量的转换，所以瞬时功率并不为零。如图 23-21（d）所示，在第 1 和第 3 个 1/2 周期内，P 为正值，表示线圈从电路中吸收电能，变为磁场能，储存在线圈中；而在第 2 和第 4 个 1/2 周期内，P 为负值，表示线圈向电路中反送能量，即将线圈中的磁场能转化成电能送回电路中。这种能量互换的规模，我们用无功功率 Q_{L} 来衡量。我们规定无功功率等于瞬时功率 P 的幅值。即：

$$Q_{\mathrm{L}} = UI = I^2 X_{\mathrm{L}} \tag{23-24}$$

无功功率的单位为乏（VR）或千乏（kVR）。

四、纯电容电路

如图 23-23（a）所示，只有电容元件存在的交流电路称为纯电容电路。

1. 电容元件的特性

电容是一种储存电荷的元件。电容器极板（由绝缘材料隔开的两块金属导体）上所储存的电荷量 q 与所加的电压成正比，即：

$$q = Cu \tag{23-25}$$

式中的比例常数 C 称为电容量，简称为电容。

电容的单位是法拉，简称为法（F）。当电容器充上 1V 的电压时，极板上若储集

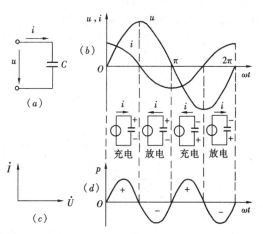

图 23-23　纯电容电路及其电量图

（a）纯电容电路；（b）电压与电流的波形图；（c）电压与电流的相量图；（d）功率波形图

了 1 库仑的电量，则该电容器的电容就是 1 法拉。由于法拉的单位太大，工程上多采用微法（μF）或皮法（pF）。$1\mu F = 10^{-6}F$，$1pF = 10^{-12}F$。电容器的电容是反映其容纳电荷能力的物理量，它与电容极板的大小、间距及其间介质的介电常数有关。

试验发现，当电容器极板上的电荷量 q 或两极板间的电压 u 发生变化时，电路中就会产生电流，即

$$i = \frac{dq}{dt} = C \frac{du}{dt} \tag{23-26}$$

上式是在 u 和 i 的正方向相同的情况下得出的，否则要加负号。

上式表明：在某一时刻，电容电路中的电流与该时刻电容电压的变化率成正比，与该时刻的电压本身的大小无关。

2．纯电容电路电流与电压的关系

若在电容器两端加上正弦交流电压 $u = U_m \sin\omega t$，则有：

$$i = C \frac{d(U_m \sin\omega t)}{dt} = CU_m\omega\cos\omega t = \omega CU_m \sin(\omega t + 90°)$$

令 $X_C = 1/\omega C$，上式可简化为：

$$i = \frac{U_m}{X_C} \sin(\omega t + 90°)$$

显然有：

$$I_m = \frac{U_m}{X_C} \tag{23-27}$$

i 和 u 的波形图如图 23-23（b）所示。可见在纯电容电路中，i 和 u 是同频率的正弦量。在相位上，电压 u 滞后电流 i 90°。且对于电流电压的最大值和有效值而言，欧姆定律仍然适用。电流和电压的相量图如图 23-23（c）所示。

我们把 X_C 称为容抗，单位为欧姆。容抗的大小与频率 f 及电容 C 成反比。在电容 C 不变的情况下，频率越低，容抗越大，对电流的阻碍作用也就越大。因此，在直流电路中电容元件相当于开路。而对于高频电路来说，X_L 趋于 0，即在高频电路中电容元件相当于短路。上述现象我们可以通过实验证明。在图 23-24 所示的电路中分别接上直流电压、工频交流电压和高频交流电压，且三者的有效值相等。我们可以发现，通直流电压的灯不亮，工频电压的较亮，而接高频电压的灯将很亮。

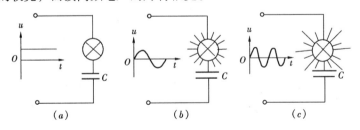

图 23-24　电容容抗的实验

（a）接直流电；（b）接工频交流电；（c）接高频交流电

3．纯电容电路的功率

与纯电感电路一样，纯电容电路的瞬时功率 P 为：

$$P = ui = U_\text{m}\sin\omega t I_\text{m}\sin\left(\omega t + 90°\right) = UI\sin 2\omega t \tag{23-28}$$

其曲线如图 23-23（d）所示。显然，纯电容电路的平均功率 $P = 0$，即不消耗功率。它也有能量的转换，即电源的电能和电容的电场能量的互相转换，其能量转换的规模用无功功率 Q_C 表示，

$$Q_\text{C} = UI = I^2 X_\text{C} = \frac{U^2}{X_\text{C}} \tag{23-29}$$

五、电阻、电感与电容的串联电路

在实际的电路中，几乎找不到上面所介绍的"纯电阻"、"纯电容"、"纯电感"电路。人们遇到更多的是电阻、电感和电容的组合电路。比如电动机、变压器、接触器等等的线圈回路，忽略电容的影响即可视为电阻与电感的串联电路。电子线路中的阻容耦合放大器、振荡器、微分电路等就是电阻和电容串联的电路。下面我们以一般的电阻、电感与电容的串联电路（简称 RLC 电路）为例，讨论这些组合电路的特点。

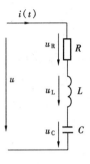

图 23-25　RLC 串联电路

1. RLC 串联电路中电流与电压的关系

电阻、电感与电容元件串联的交流电路（简称 RLC 串联电路）如图 23-25 所示。我们知道在串联电路中，各电气元件上通过的是同一个电流。电流及各个电压的正方向如图中实线箭标所示。

设瞬时电流：

$$i = I_\text{m}\sin\omega t$$

则电阻元件上的瞬时电压 u_R 与电流同相，即：

$$u_\text{R} = I_\text{m}R\sin\omega t = U_\text{Rm}\sin\omega t$$

电感元件上的瞬时电压 u_L 比电流超前 90°，即：

$$u_\text{L} = I_\text{m}X_\text{L}\sin\left(\omega t + 90°\right) = U_\text{Lm}\sin\left(\omega t + 90°\right)$$

电容元件上的瞬时电压 u_C 比电流滞后 90°，即：

$$u_\text{C} = I_\text{m}X_\text{C}\sin\left(\omega t - 90°\right) = U_\text{Cm}\sin\left(\omega t - 90°\right)$$

上述电气元件上的瞬时电压的代数和就应等于电源电压。由于同频率的正弦量相加，得到的仍为同频率的正弦量，只是相位可能有所不同。故有：

$$u = u_\text{R} + u_\text{L} + u_\text{C} = U_\text{m}\sin\left(\omega t + \varphi\right)$$

式中　U_m——电源电压的幅值；

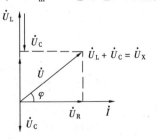

图 23-26　RLC 串联电路
电压与电流相量图

φ——电源电压与电流之间的相位差。

前面我们曾提到，正弦量的叠加可以通过相量间的加减法则来实现。用这种方法来求幅值 U_m 和相位差 φ 最为直观和简便。

图 23-26 所示的相量图中，$\dot{U}_\text{R}$、$\dot{U}_\text{L}$、$\dot{U}_\text{C}$、$\dot{U}$ 分别是表示电压 u_R、u_L、u_C 和电源电压 u 的相量。

它们之间的关系满足直角三角形的三边关系，我们把这个三角形称为电压三角形。在这个直角三角形中，各边长在

数值上就等于各电压的幅值 U_m、U_{Rm} 和（$U_{Lm} - U_{Cm}$）。上述各幅值也可以用相应的有效值来代替，则有：

$$U = \sqrt{U_R^2 + (U_L - U_C)^2} = \sqrt{(IR)^2 + (IX_L - IX_C)^2} = I\sqrt{R^2 + (X_L - X_C)^2}$$

$$(23\text{-}30)$$

我们把电压与电流的有效值（或幅值）之比称之为电路的阻抗，用 z 表示。即：

$$z = \sqrt{R^2 + (X_L - X_C)^2} = \sqrt{R^2 + \left(\omega L - \frac{1}{\omega C}\right)^2} \qquad (23\text{-}31)$$

它的单位也是欧姆，也具有对电流阻碍的性质。

可见，z、R、（$X_L - X_C$）三者之间的关系也可用一个直角三角形表示，这个三角形被我们称为阻抗三角形。显然，阻抗三角形与电压三角形相似。

至于电源电压与电流之间的相位差也可从上述两个直角三角形得出，即：

$$\varphi = \text{arctg}\,\frac{U_L - U_C}{U_R} = \text{arctg}\,\frac{X_L - X_C}{R} \qquad (23\text{-}32)$$

由上式可知，φ 角的正负和大小是由电路中各种电气元件的大小关系决定的。如果 $X_L > X_C$，则 $\varphi > 0$，即此时在相位上电流 i 比电压 u 滞后 φ 角，这种电路是感性的。如果 $X_L < X_C$，则 $\varphi < 0$，即此时在相位上电流 i 比电压 u 超前 φ 角，这种电路是容性的。当然，也可以使 $X_L = X_C$，则 $\varphi = 0$，即此时电流 i 与电压 u 同相，这种电路是阻性的。这种情况下，电路中虽然存在电感和电容，但两者的能量正好相互补偿，不需要电源供给它们无功功率。从电压角度看，此时电抗压降等于零。我们把电路的这种工作状态称为电压谐振或串联谐振。

2. RLC 串联电路的瞬时功率、有功功率与无功功率

上节得到了电压和电流的变化规律与相互关系后，便可计算出瞬时功率来。

$$p = ui = U_m I_m \sin\omega t \sin(\omega t + \varphi) \qquad (23\text{-}33)$$

因为：

$$\frac{U_m I_m}{2} = UI$$

所以，上式整理为：

$$p = 2UI\sin\omega t\sin(\omega t + \varphi) = UI\cos\varphi - UI\cos(2\omega t + \varphi) \qquad (23\text{-}34)$$

瞬时功率的平均值，即有功功率为：

$$P = \frac{1}{T}\int_0^T p\,\mathrm{d}t = \frac{1}{T}\int_0^T [UI\cos\varphi - UI\cos(2\omega t + \varphi)]\mathrm{d}t = UI\cos\varphi \qquad (23\text{-}35)$$

上式表明 RLC 串联电路要消耗一定的能量。而我们知道，纯电感和纯电容在电路中是不消耗能量的。因此，此处的有功功率应等于消耗在电阻元件上的有功功率。为此，我们对瞬时功率的表达式作进一步分析，式（23-34）可整理为

$$p = UI\cos\varphi(1 - \cos 2\omega t) + UI\sin\varphi\sin 2\omega t \qquad (23\text{-}36)$$

通过与式（23-17）、式（23-23）和式（23-28）比较，我们可以发现上式中的第一项与电阻的瞬时功率计算公式相近，第二项则与电感和电容的瞬时功率计算公式相近。

为了证实上述猜想，我们换一个角度来分析。在电压三角形中，电阻上的电压有效值 U_R 等于 $U\cos\varphi$，电感和电容上的电压相量和的有效值（$U_L - U_C$）等于 $U\sin\varphi$。

由式（23-17）可得，电阻上的瞬时功率为：

$$P_R = U_R I(1 - \cos2\omega t) = UI\cos\varphi(1 - \cos2\omega t)$$

由式（23-23）和式（23-28）我们知道，电感上的瞬时功率等于 $U_L I\sin2\omega t$；电容上的瞬时功率等于 $U_C I\sin2\omega t$。由于 U_L 和 U_C 在相位上相差180°，致使两者的瞬时功率在符号上正好相反。其物理意义是：当电感吸收能量的时候，电容正释放能量；反之，当电感释放能量时，电容正吸收能量。两者互相补偿，不足部分与电源进行能量交换。因此，电感和电容与电源进行能量交换的规模为二者瞬时功率之差。即：

$$P_{LC} = U_L I\sin2\omega t - U_C I\sin2\omega t = (U_L - U_C)I\sin2\omega t$$
$$= U\sin\varphi I\sin2\omega t = UI\sin\varphi\sin2\omega t$$

我们可以看到，P_R 和 P_{LC} 正是式（23-34）中的第一项和第二项。

综上所述，RLC 串联电路的瞬时功率由两部分组成，一部分是电阻的瞬时功率；另一部分是电感和电容与电源进行能量交换的瞬时功率。其中消耗在电阻上的瞬时功率 P_R 的平均值（即有功功率）为 $UI\cos\varphi$，它就等于整个 RLC 串联电路中的有功功率 P。电感和电容与电源进行能量交换的瞬时功率 P_{LC} 的平均值等于零，其最大值用无功功率 Q 表示，Q 就等于 $UI\sin\varphi$。

事实上，上述结论可以推广到一般负载的正弦交流电路，即对于一般负载的正弦交流电路，电路中既包含消耗在电阻上的有功功率，又包含了用于电感（或电容）与电源进行能量交换的无功功率。其中有功功率等于 $UI\cos\varphi$，无功功率等于 $UI\sin\varphi$，φ 为电路端电压和电流的相位差。

3. RLC 串联电路的视在功率与功率因数

通过上面的介绍我们可以看到，在交流电路中，平均功率（或称有功功率）一般并不等于端电压和电流有效值的乘积，如将两者的有效值相乘，则得出所谓视在功率，用 S 表示。即：

$$S = UI \tag{23-37}$$

视在功率的单位为伏安或千伏安。它表明了交流电气设备能提供或取用功率的能力。

有功功率 P、无功功率 Q 和视在功率 S 三者所代表的意义不同，但三者之间存在一定的关系，即：

$$S = \sqrt{P^2 + Q^2} \tag{23-38}$$

显然，它们的大小关系也可以用一个直角三角形来表示，我们称之为功率三角形。如果将电压三角形的各边同乘 I，就可得到功率三角形。因此，功率三角形与电压三角形和阻抗三角形是相似的。但要注意，功率三角形和阻抗三角形各边所代表的参数都不是正弦量，不能用相量表示。

功率三角形反映出一定的物理意义是：在包含电感（或电容）的电路中，电路中既包含消耗在电阻上的有功功率，又包含了用于电感（或电容）与电源进行能量交换的无功功率。而要维持电路的这种状态，电源必须提供大于有功功率和无功功率的视在功率。

在实际生产中，有功功率才是人们真正希望得到的。为此我们引入一个新的概念——功率因数 $\cos\varphi$。它表示负载所消耗的有功功率和电气设备提供的视在功率的比值。当两种负载消耗的有功功率相等时，功率因数越低的负载，其需要的无功功率越多，要求电气设备提供的视在功率越多。例如，白炽灯、电炉等设备的功率因数等于1，说明它们只消耗有功功率。异步电动机的功率因数一般在 0.7～0.9 左右，说明这种设备在工作时需要一定数量的无功功率。日光灯的功率因数则比较低，一般为 0.45～0.6 左右。对于发电厂而言，功率因数不为零意味着在输出有功功率的同时必须也输出一定量的无功功率，这就使发电机的容量不能得到充分地利用，因此，我国电力部门规定电力用户的功率因数不应低于 0.9，否则不予供电。

在实际供电线路中，功率因数低的根本原因是线路上接有大量的电感性负载。它们通过线路与发电设备进行大量的能量交换，使线路中电流增加，造成功率因数下降。为了提高功率因数，通常在感性负载两端并联电容。具体电路及各电量相量关系如图 23-27 所示。

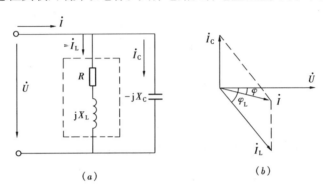

图 23-27　功率因数的提高
（a）电路；（b）相量图

并联电容后，感性负载的电流 I_L 未变化，但由于电容上流过了 I_C，两者存在相位差，其相量和，即总回路中的电流 I，与电源电压的相位差 φ 变小了，从而使 $\cos\varphi$ 变大了。这里所讲的提高功率因数是指提高电源或电网的功率因数，而不是指提高某个感性负载的功率因数。另外，应该注意，并联电容以后有功功率并未改变，因为电容是不消耗电能的。

如果电容值选择适当，还可以使 $\varphi = 0$。当然，如果电容过大，也会使 I_C 电流过大，这时总电流相量 I 超前于电压相量 U，造成过补偿。过补偿过大，也可使功率因数变小。因此，必须合理地选择补偿电容的容量。

六、三相交流电源

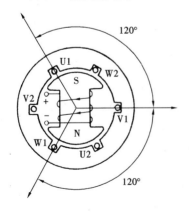

图 23-28　三相交流发电机原理图

事实上，在工农业生产中，应用更为广泛的是三相交流电。发电和输配电一般都采用三相制。而在用电方面，最主要的负载——交流电动机绝大多数利用的也是三相交流电。三相交流电路比单相交流电路具有更多的优越性。

1. 三相交流电的产生

三相交流电是如何产生的呢？如图 23-28 所示，这是三相交流发电机的原理图。

它的主要组成部分是电枢和磁极。电枢是固定的，也称为定子。定子铁心由硅钢片叠制而成，内圆周表面冲有槽，用以放置三相电枢绕组。这三个绕组匝数相同，绕法一样，分别记为 U1V2 和 W1W2，如图 23-29 所示。它们的首端分别为 U1、V1 和 W1，末端为 U2、V2 和 W2。各绕组的始端之间或末端之间彼此相隔 120°。

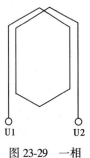

图 23-29 一相电枢绕组

磁极是传动的，也称为转子。转子铁心上绕有励磁线圈，通入直流电后形成磁场。转子由原动机拖动，并按顺时针方向作匀速转动，因转子磁场被定子导体切割，在三相绕组里产生频率相同、幅值相等，相位互差 120° 的正弦电压 u_U、u_V 和 u_W。若取 U 相绕组的感应电压为参考量，即 U 相电压的初始相位为零，则可写出三相电压的瞬时值为

$$u_U = U_m \sin \omega t$$
$$u_V = U_m \sin (\omega t - 120°)$$
$$u_W = U_m \sin (\omega t + 120°)$$

(23-39)

三相电压波形图和相量图，如图 23-30 所示。

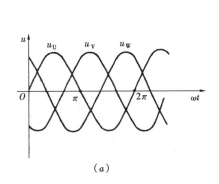
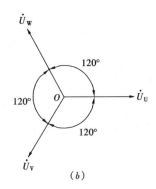

图 23-30 三相电压波形图和相量图

（a）波形图；（b）相量图

显然，上述对称的三相电压的瞬时值之和或相量和均为零。

$$u_U + u_V + u_W = 0$$
$$\dot{U}_U + \dot{U}_V + \dot{U}_W = 0$$

(23-40)

2. 星形联结的三相电源

把三相电源的末端 U2、V2 和 W2 联在一起成为一个公共端点，这一联接点称为中性点或零点，用 N 表示。这种联结方式称为星形联结，简称 Y 联结。从中性点引出的导线称为中性线或零线，如中线接地则该线又可称地线。U1、V1 和 W1 引出的导线称为端线，在低压供电系统里也叫火线。

这种用四根导线向外电路提供三相电能的方式，称为三相四线制（如图 23-31 所示）。通常这种供电方式在供压配电系统中采用。

每相始端与末端间的电压，即端线与中性

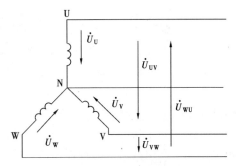

图 23-31 三相四线制电源

377

线间的电压，称为相电压，其有效值用 U_U、U_V、U_W 或一般地用 $U_相$ 表示。而任意两始端间的电压，即端线与端线间的电压称为线电压，其有效值用 U_{UV}、U_{VW}、U_{WU} 或一般地用 $U_线$ 表示。

下面我们来分析一下星形联结时的电压关系：

相电压的正方向，选定为自始端指向末端，如 U_U 是自 U1 端指向 U2 端（也即中性点 N）；线电压的正方向，如 U_{UV} 是自 U 端指向 V 端。如图 23-31 所示。

在上面规定的参考方向下，根据基尔霍夫电压定律可知，线电压与其对应的相电压的关系为：

$$\dot{U}_{UV} = \dot{U}_U - \dot{U}_V$$

$$\dot{U}_{VW} = \dot{U}_V - \dot{U}_W$$

$$\dot{U}_{WU} = \dot{U}_W - \dot{U}_U$$

通常发电机的三相电压是对称的，即它们的有效值相等（$U_U = U_V = U_W = U_相$），而相位互差120°。若以 U_U 为参考相量，借助相量图可以简便地求出线电压和相电压之间的数值和相位关系，如图 23-32 所示。

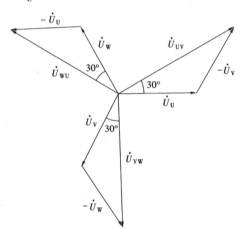

从图中可以看出，各线电压在相位上分别超前于其相电压30°。它们之间的数量关系，可由相量图中的几何关系求出，即：

$$U_{UV} = 2U_U\cos30° = \sqrt{3}\,U_U$$

$$U_{VW} = 2U_V\cos30° = \sqrt{3}\,U_V \qquad (23\text{-}41)$$

$$U_{WU} = 2U_W\cos30° = \sqrt{3}\,U_W$$

因为相电压对称，所以线电压也是一组对称的三相电压：

图 23-32　线电压与相电压关系

$$U_{UV} = U_{VW} = U_{WU} = U_线$$

线电压与相电压有效值之间一般可写成：

$$U_线 = \sqrt{3}\,U_相 \qquad (23\text{-}42)$$

我们平时经常听到 380V 和 220V，其实就是分别指低压供电系统中的线电压和相电压，它们之间正是√3倍的关系。

三相电源除有星形联结之外，还可以将三个绕组按照始末端相连的方法联成一个闭合的三角形，组成三相三线制电路，称为三角形联结，这种方法很少采用，这里不予讨论。

七、三相负载的联结

在日常生产生活中，我们可以发现，有些负载只需联结在某端线与中性线之间进行单相供电即可工作，例如一般的家用电器、照明电灯等，我们称之为单相负载。有些负载需要联接在三个端线之间进行三相供电才能正常工作，例如三相交流电动机，我们称之为三相负载。在三相负载中，若各相负载的阻抗值均相等时，则称之为三相对称负载，三相交流电动机就是这种负载。

三相负载在电路中的联结方式通常有两种：星形联结和三角形联结。下面我们分别进行介绍。

1. 三相负载的星形接法

如图 23-33 所示，三相负载的星形接法与三相电源的星形接法相似，即将每相负载的末端 U2、V2、W2 联结在一起，并与三相电源的中性线相连，而首端 U1、V1、W1 分别接到三相电源的三根端线上。此时，若略去联结导线电阻，每相负载上的相电压就等于电源的相电压。由上节可知，$U_线 = \sqrt{3}\,U_相$。

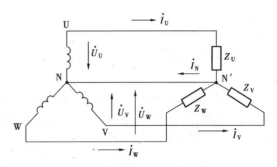

图 23-33 三相负载的星形联结电路

在三相电路中，每相负载中的电流叫相电流，用 $I_相$ 表示。每根端线中的电流叫线电流，用 $I_线$ 表示。负载星形联结时，相电流即为线电流，即：$I_相 = I_线$。

设每相负载的阻抗分别为：Z_U、Z_V、Z_W，每相电压为 U_U、U_V 和 U_W，根据欧姆定律可以计算出各负载上的相电流：

$$I_U = \frac{U_U}{Z_U}, \quad I_V = \frac{U_V}{Z_V}, \quad I_W = \frac{U_W}{Z_W}$$

根据基尔霍夫电流定律，中线电流应为：

$$\dot{I}_N = \dot{I}_U + \dot{I}_V + \dot{I}_W$$

当三相负载对称时，即 $Z_U = Z_V = Z_W$，则各相电流有效值大小相等，相位相差 120°。各相电压与相应的相电流之间的相位差也是相等的，即等于 ϕ。它们的相量图如图 23-34 所示。

根据相量图分析可得：

$$\dot{I}_N = \dot{I}_U + \dot{I}_V + \dot{I}_W = 0 \tag{23-43}$$

这一点，也可直接从对称三相电流的波形图上看出，如图 23-35 所示，三个相电流在任何瞬间，其瞬时值的代数和始终为零。

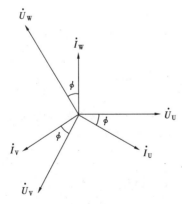

图 23-34 三相对称感性负载星形
联结的电压及电流相量图

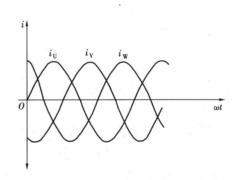

图 23-35 三相对称负载的电流波形图

对称负载的三相电路中，中线上没有电流通过，中线可以去掉。这就是三相三线制电路。三相三线制在动力供电中具有广泛的应用，生产上常采用的三相异步电动机就是对称的三相负载，可将中线省掉。至于电力网上的其他单相负载，如单相电动机、照明电路等由于它们的容量较小，而且供电线路装设时也尽量做到把各单相负载均匀地分配到三相电路上，因而对电力网来说，仍可视为三相负载是对称的。故高压输电线均采用三相三线制。

当三相负载不对称时，中线就不能省略。否则将导致各相负载的相电压分配不均匀，有时会出现很大的差别，使有的相电压超过设备的额定相电压，造成用电设备的损坏。而有的相电压过低不能正常工作。

2. 三相负载的三角形接法

如图 23-36 所示，是负载三角形联结的电路。从图上看出，每相负载分别接在电源的相应两根端线之间，所以负载的相电压等于电源的线电压。即：$U_{相} = U_{线}$。

$$\dot{I}_U = \dot{I}_{UV} - \dot{I}_{WU}$$

$$\dot{I}_V = \dot{I}_{VW} - \dot{I}_{UV}$$

$$\dot{I}_W = \dot{I}_{WU} - \dot{I}_{VW}$$

负载三角形联结时，相电流与线电流是不相等的，可按基尔霍夫电流定律求得。即若已知负载的电压和阻抗，根据欧姆定律可求得各相负载的相电流为：

$$\overline{I}_{UV} = \frac{\overline{U}_{UV}}{Z_{UV}}, \quad \overline{I}_{VW} = \frac{\overline{U}_{VW}}{Z_{VW}}, \quad \overline{I}_{WU} = \frac{\overline{U}_{WU}}{Z_{WU}}$$

当负载对称时，则三个相电流大小相等，相位互差 120°。相量图如图 23-37 所示。

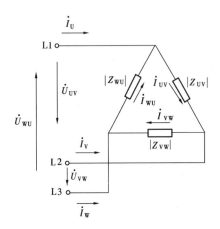

图 23-36 三相负载的三角形联结电路

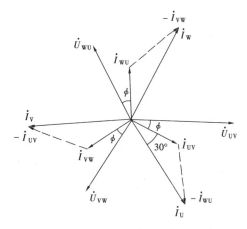

图 23-37 三相对称负载三角形联结的电压电流相量图

由相量图 23-37 通过几何关系可以证明：

$$I_U = \sqrt{3}\,I_{UV}, \quad I_V = \sqrt{3}\,I_{VW}, \quad I_W = \sqrt{3}\,I_{WU}$$

通式：

$$I_{线} = \sqrt{3}\,I_{相}$$

由此可知，在对称负载三角形联结的电路中，三个线电流也是对称的，其有效值等于相电流的$\sqrt{3}$倍；在相位上，线电流比相应的相电流滞后30°。

八、三相交流电路的功率

不论负载是星形联结还是三角形联结，总的有功功率必定等于各相有功功率之和。当负载对称时，每相的有功功率是相等的。因此三相总的有功功率为：

$$P = P_U + P_V + P_W = 3U_{相} I_{相} \cos\varphi_{相}$$

当负载是星形联结时：

$$U_{线} = \sqrt{3} U_{相}$$

$$I_{线} = I_{相}$$

当负载是三角形联结时：

$$I_{线} = \sqrt{3} I_{相}$$

$$U_{线} = U_{相}$$

如将上述关系代入，则都可以得出：

$$P = \sqrt{3} U_{线} I_{线} \cos\varphi_{相}$$

同理，三相对称交流电路无功功率为：

$$Q = \sqrt{3} U_{线} I_{线} \sin\varphi_{相}$$

总的视在功率为：

$$S = \sqrt{P^2 + Q^2} = \sqrt{3} U_{线} I_{线}$$

第二十四章 电 气 控 制 基 础

生产设备大多数是由电动机拖动的，因此在生产过程中需要对电动机进行控制，实现电动机的起动、停止、正反转、调速及制动等。

对电动机的控制，最初是采用一些手动电器（如开关、按钮等），我们把这种控制方式称为手动控制。后来发展为采用由继电器、接触器及按钮等有触点的控制电器组成的继电接触器控制系统。这种系统虽然存在着动作频率低、触点容易坏、体积大等缺点，但由于结构简单、抗干扰能力强、价格便宜、维修方便，因此在工矿企业中被广泛采用。随着设备功能要求的不断提高，出现了无触点数字控制系统，它通用性强、可靠性高，具有广阔的应用前景。

本章仅讨论继电接触器控制系统。

第一节 常 用 控 制 电 器

一、低压开关

低压开关主要用作隔离、转换以及接通和分断电路用，多数作为电路的电源开关。低压开关一般为非自动切换电器，常用的类型有刀开关、转换开关和自动空气开关等。

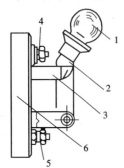

图 24-1 刀开关典型结构
1—手柄；2—动触刀；3—静夹座；
4—进线座；5—出线座；6—绝缘底板

1. 刀开关

普通刀开关是一种结构简单且应用最广泛的低压电器。刀开关的典型结构如图所示 24-1。

它由操作手柄 1、动触刀 2、静夹座 3、进线座 4、出线座 5 和绝缘底板 6 组成。推动手柄使动触刀插入静夹座中，电路就会被接通。刀开关的种类很多，常见的有闸刀开关、铁壳开关等。

2. 转换开关

转换开关又称组合开关，它由几层动、静触头分别装在绝缘件内组装而成，如图 24-2 所示，动触头安装在附有操作手柄的转动方轴上，旋转并改变操作手柄的位置，就改变了若干对触头通或断的状态。

3. 自动空气开关

自动空气开关又称自动空气断路器，是低压配电系统和电力拖动系统中非常重要的一种电器，它集控制和多种保护功能于一身，除能完成接通和分断电路外，尚能对电路或电气设备发生的短路、严重过载及失压等进行保护，同时也可用于不频繁地启动电动机。

自动空气开关的工作原理，如图 24-3 所示。

当开关接通电源后，电磁脱扣器、热脱扣器及欠压脱扣器若无异常反应，开关运行正常。当线路发生短路或严重过电流时，短路电流超过瞬时脱扣整定值，电磁脱扣器6产生足够大的吸力，将衔铁8吸合并撞击杠杆7，使搭钩4绕转轴座5向上转动与锁扣3脱开，锁扣在反力弹簧16的作用下，将三副主触头分断，切断电源。

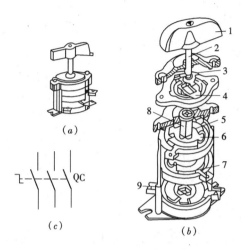

图 24-2 转换开关的结构

（a）外形；（b）结构；（c）符号
1—手柄；2—转轴；3—弹簧；4—凸轮；
5—绝缘垫板；6—动触片；7—静触片；
8—绝缘针；9—接线柱

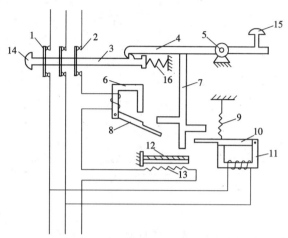

图 24-3 自动空气开关原理示意图

1—动触头；2—静触头；3—锁扣；4—搭钩；5—转轴座；6—电磁脱扣器；7—杠杆；8—电磁脱扣器衔铁；9—拉力弹簧；10—欠压脱扣器衔铁；11—欠压脱扣器；12—热双金属片；13—热元件；14—接通按钮；15—停止按钮；16—压力弹簧

当线路发生一般性过载时，过载电流虽不能使电磁脱扣器动作，但能使热元件13产生一定的热量，促使双金属片12受热向上弯曲，推动杠杆7使搭钩与锁扣脱开将主触头分断。

欠电压脱扣器11的工作过程与电磁脱扣器恰恰相反。当线路电压正常时，电压脱扣器11产生足够的吸力，克服拉力弹簧9的作用将衔铁10吸合，衔铁与杠杆脱离，锁扣与搭钩才得以锁住，主触头方能闭合。当线路上电压全部消失或电压下降到某一数值时，欠压脱扣器吸力消失或减小，衔铁被拉力弹簧拉开并撞击杠杆，主电路电源被分断。

二、主令电器

主令电器是在自动控制系统中发出指令或信号的操纵电器。由于它是专门发号施令，故称为"主令电器"。

1. 按钮开关

按钮开关是一种结构简单、应用广泛的主令电器。按其静态时触头分合状态，可分为常开按钮（起动按钮）、常闭按钮（停止按钮）和复合按钮。按钮开关的结构和符号如图24-4所示。

常闭按钮：未按下时，触头1、2是闭合的，按下时触头被断开；当松开后，按钮复位闭合。

常开按钮：未按下时，触头3、4是断开的，按下时，触头3、4接通；当松开后，按钮在复位弹簧的作用下复位断开。

复合按钮：是将常闭和常开按钮组合为一体。未按下时，触头1、2是闭合的，触头

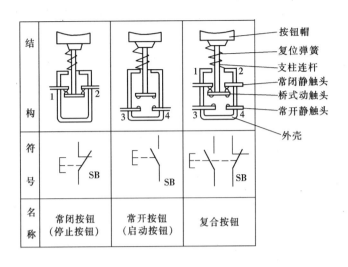

结构			按钮帽 复位弹簧 支柱连杆 常闭静触头 桥式动触头 常开静触头 外壳
符号	E-⊢ SB	E-⊢ SB	E-⊢⊢ SB
名称	常闭按钮 （停止按钮）	常开按钮 （启动按钮）	复合按钮

图 24-4　按钮开关结构和符号

3、4 是断开的。按下时触头 1、2 首先断开，继而触点 3、4 闭合；当松开后，按钮首先将触头 3、4 断开，继而触头 1、2 闭合。

2.位置开关

位置开关又称行程开关或限位开关，是利用生产设备某些运动部件的碰撞而动作的。运动部件经过预定的一段位移后碰撞到位置开关使它的触头状态发生改变，接通或断开相关控制电路，从而实现运动机构按一定位置或行程自动停止、自动反向运动或变速运动等功能。

位置开关的型号有多种，但其基本结构大致相同，区别仅在于位置开关动作的传动装置不同而已，一般分为直线运动的和旋转运动的两类。前者的结构与按钮相似，后者具有能转动的杠杆与滚轮。位置开关的结构如图 24-5 所示。

三、熔断器

熔断器又称保险器，是一种保护电器。熔断器中的熔体是用电阻率较高、低熔点的材料制成的。线路在正常工作情况下熔体不熔断，一旦发生严重过载或短路故障时，通过熔断器的电流达到或超过了某一规定值，熔体就会立即熔断，从而切断电路保护设备。图 24-6 是常见的几种熔断器。

四、接触器

接触器是用来频繁接通或断开主电路及大容量控制电路的控制电器。其主要控制对象是电动机。

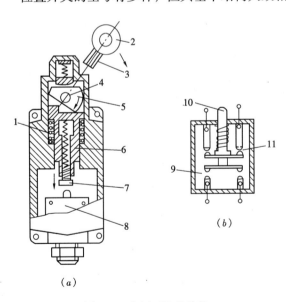

图 24-5　位置开关的结构

1—复位弹簧；2—滚轮；3—杠杆；4—转轴；5—凸轮；6—撞块；7—调节螺钉；8—微动开关；9—动合触点；10—触杆；11—动断触点

接触器是利用电磁吸力的原理工作的。它的触头的动作是由励磁线圈电流来控制的。触头能通断较大电流，而控制励磁线圈的只需小电流。

接触器由电磁系统、触头、灭弧装置及辅助部件等组成。按励磁线圈电流种类分，有直流和交流接触器两大类。图24-7所示为交流接触器。

1. 电磁系统：电磁系统由励磁线圈及铁心组成。铁心包括动铁心和静铁心，动铁心又称为衔铁。电磁系统实际是一个电磁铁，如图24-8（a）所示。当励磁线圈接上交流电源后，静铁心被磁化，吸合衔铁，与衔铁连接在一起的触头系统动作。

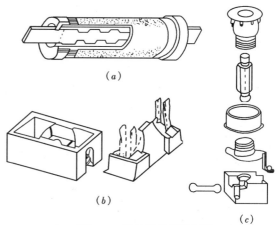

图24-6　常见的几种熔断器

（a）管式熔断器；（b）插式熔断器；（c）螺旋式熔断器

铁心由硅钢片叠成，铁心端面处安装短路环，如图24-8（b）所示，其目的是使环内

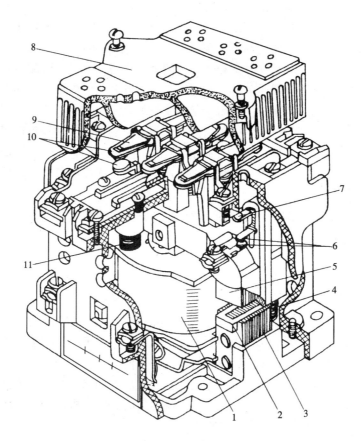

图24-7　交流接触器

1—励磁线圈；2—短路环；3—静铁心；4—缓冲弹簧；5—动铁心；6—辅助常开触头；

7—辅助常闭触头；8—灭弧罩；9—触头压力弹簧片；10—主触头；11—反作用弹簧

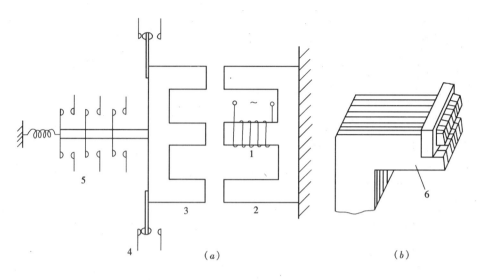

图 24-8　接触器原理示意图

1—励线铁心；2—静铁心；3—衔铁（动铁心）；4—辅助触头（常开和常闭）；5—主触头；6—铁心

环外两部分磁通不同时为零，衔铁吸合时稳定而不振动。

2．触头系统：按通断能力，触头分为主触头和辅助触头，主触头用于通断电流较大的主电路，体积较大，一般由三对常开触头组成；辅助触头用以通断电流较小的控制电路，体积较小，一般由两对常开触头和两对常闭触头组成。常开和常闭触头是由衔铁通过杠杆连同动作的。当电磁线圈通电时，常闭触头首先断开，继而常开触头闭合；电磁线圈断电时，常开触头首先恢复断开，继而常闭触头恢复闭合。两种触头在改变工作状态时，先后有个时间差，尽管这个时间差很短，但对分析电路的控制原理是很重要的。

3．灭弧装置：额定电流在 20A 以上的接触器的主触头外面，都安装灭弧罩。因为接触器在触头断开时，会在动触头和静触头之间产生电弧，必须迅速切断或熄灭，以避免损坏触头。

4．辅助部件：其它辅助部件包括：反作用弹簧、缓冲弹簧、触头压力簧片、底座、支架和接线柱等。

五、继电器

继电器是一种根据电量或非电量（如电压、电流、转速、时间、温度等）的变化，接通或断开控制电路，实现自动控制和保护电力拖动装置的电器。

继电器一般不用来直接接通或断开有较强电流的主电路，而主要是用于反映控制信号，因此同接触器比较，继电器触头的分断能力很小，一般不设灭弧装置。

继电器的种类很多，其工作原理和结构也各有不同，但一般来说，继电器是由输入机构、中间机构和执行机构三大部分组成。输入机构是反映和接入继电器的输入量，并传递给中间机构，将它与设定值进行比较，当达到额定值时，中间机构就使执行机构中的触头动作，产生输出量，从而接通或断开被控电路。

按照输入信号的性质，继电器分为：电压继电器、电流继电器、速度继电器、压力继电器等。按照工作原理分为：电磁式继电器、感应式继电器、热继电器、晶体管式继电器等。

1．电压继电器和电流继电器

电压继电器和电流继电器结构都与接触器相仿，属于电磁式继电器。它靠加到励磁线圈上的电压大小或通过励磁线圈的电流大小来控制触头动作，只是尺寸小，反应灵敏，动作迅速，触头对数多些。电压继电器的励磁线圈匝数多、阻抗大，可直接跨接在电源电压两端；电流继电器的线圈匝数少，阻抗小，串联接入主电路，通过电流较大，不影响主电路的工作，只是当电流大于整定值时，衔铁吸合、触头动作，进而切断主电路，此即过流保护。

2．中间继电器

中间继电器也属于电磁式继电器。它是将一个输入信号变成一个或多个输出信号的继电器。它的输入信号为线圈的通电和断电，输出信号是触点的动作，不同动作状态的触头分别将信号传给几个元件或回路。一般当其他继电器触点的数量或容量不够时，可利用中间继电器来切换多条电路。

3．热继电器

热继电器是利用电流的热效应而动作的。主要用于电动机的过载保护、断相保护及其他电气设备发热状态的控制。热继电器的基本结构由加热元件、主双金属片、动作机构、触头系统、电流整定装置、复位机构和温度补偿元件等组成。电流通过加热元件产生的热量，促使主双金属片弯曲变形，从而推动动作机构完成触头动作。复位机构有手动和自动两种形式。

热继电器的原理如图24-9所示。

4．时间继电器

凡是感测系统获得输入信号后需要延迟一段时间，然后它的执行系统才会动作输出信号，进而操纵控制电路的电器叫做时间继电器。它被广泛用来控制生产过程中按时间原则制定的工艺程序。

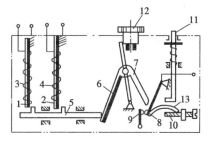

图24-9　热继电器原理和符号
1、2—主双金属片；3、4—加热元件；5—导板；6—温度补偿片；7—推杆；8—动触头；9—静触头；10—螺钉；11—复位按钮；12—凸轮；13—弓簧

时间继电器的种类很多，常用的主要有电磁式、电动式、空气阻尼式和晶体管式等。

以上控制电器的电气符号参见表24-1。

电器图常用图形符号表　　　　　　　　　表24-1

名　称	符　号	名　称	符　号
直　流	——— 或 — — —	机械联结	— — — — 或 ===
交　流	∿	延时动作	⊏ 或 ⟜
交直流	⌇	自动复位	— — ◁ — — —
接　地	⏚	两器件间的机械联结	— ▽ —
接机壳或底板	⏚ 或 ⊥	推动操作	⊏ — — — —

続表

名　称	符　号	名　称	符　号
杠杆操作		桥式全波整流器	或
可拆卸的手柄操作			
电动机操作	 M		
转速控制	 n		
紧急开关		插头和插座	
故　障		带开关的滑动触点电位器	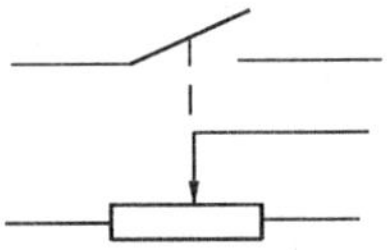
导线对地绝缘击穿		三角形连接的三相绕组	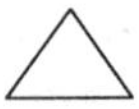
		星形连接的三相绕组	
永久磁铁		中性点引出的星形连接的三相绕组	
导线的连接	或 或	电机一般符号＊用字母代替	
导线的不连接		三相鼠笼式异步电动机	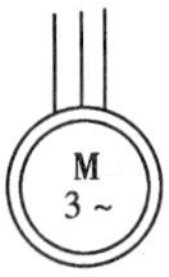 M 3～
导线的直接连接		三相绕线式异步电动机	 M 3～
接通的连接片	或		
断开的连接片		并励直流电动机	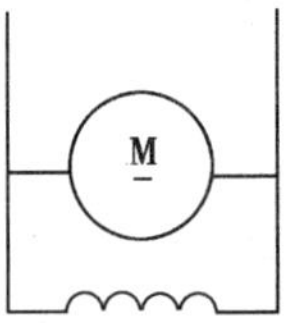 M
半导体二极管			

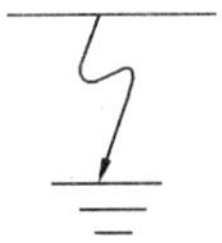

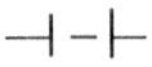

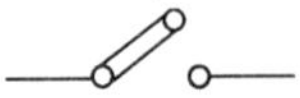

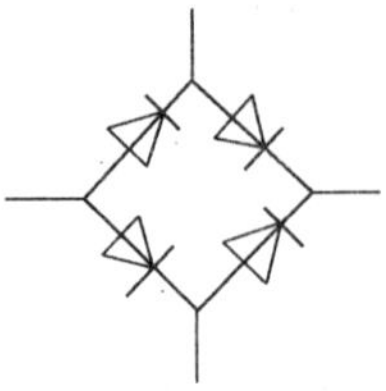

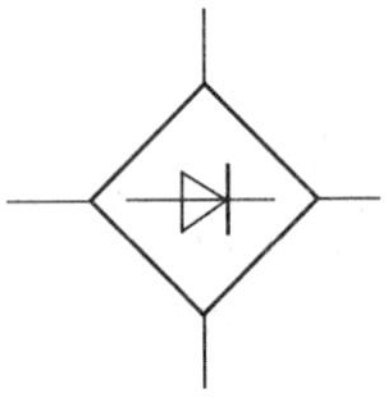

388

名　称	符　号	名　称	符　号
复励直流电动机		避雷器	
串励直流电动机		动合触头（常开）开关的一般符号	或
单相双绕组变压器	或	动断触头（常闭）	
三相变压器星形-三角形连接	或	中间断开的双向触头	
		延时闭合的动合触头	或
		延时断开的动合触头	或
电抗器轭流圈	或	延时闭合的动断触头	或
		延时断开的动断触头	或
电流互感器	或	延时闭合延时断开的动合触头	
灯		延时闭合和延时断开的动断触头	
熔断器		有弹性返回的动合触头	

名　称	符　号	名　称	符　号
无弹性性返回的动合触头		热敏自动开关动断触头	
有弹性返回的动断触头		接触器的（常开）动合触头	
左边弹性返回右边无弹性返回的中间断开双向触头		接触器的（常闭）动断触头	
手动开关一般符号		接触器的主触头	
旋钮开关、旋转开关（闭锁）		负荷（隔离）开关	
带动合触点的按钮开关		自动释放的负荷开关	
带动断触点的按钮开关		隔离开关	
带动合、动断触点的按钮		断路器	
位置（限制）开关的动合触头		三极开关一般符号	或
位置（限制）开关的动断触头		三极负荷开关	
双向机械操作的位置开关		三极断路器（自动空气断路器）	

名　称	符　号	名　称	符　号
三极高压断路器		热继电器的动断触点	
继电器、接触器线圈一般符号	或	转速继电器	n
缓放继电器线圈			
缓吸继电器线圈		压力继电器	p
缓吸、缓放继电器线圈			
热继电器的驱动器件（热元件）		温度继电器	θ θ 或 t'

第二节　电气控制原理图

生产设备电气控制线路图通常包括原理图及安装图。原理图主要用来表示各电器元件间相互作用关系，是生产中用来分析和排除电气故障的主要依据，本节主要对原理图进行阐述。安装图是绘制了各电器元件的实际位置供安装检修使用的图，这里不作介绍。

在绘制、识读电气控制线路原理图时，应遵循以下原则：

1. 原理图一般分电源电路、主电路、控制电路、信号电路及照明电路绘制。

电源电路画成水平线，三相交流电源相序 L1、L2、L3 由上而下依次排列画出，中线 N 和保护地线 PE 画在相线之下。直流电源则正端在上，负端在下画出。电源开关要水平画出。

主电路是指受电的动力装置及保护电器，它通过的是电动机的工作电流，电流较大。主电路要垂直电源电路画在原理图的左侧。

控制电路是指控制主电路工作状态（例如通、断或故障）的电路。信号电路是指显示主电路工作状态的电路。这些电路通过的电流都较小，画原理图时，这些电路要跨接在两相电源线之间，依次垂直画在主电路的右侧，且电路中的耗能元件（如接触器和断路器的线圈、信号灯等）要画在电路的下方，而电器的触头画在耗能元件的上方。

如图 24-10 所示点动控制线路中，三相交流电源线 L1、L2、L3 依次水平画在图的上方，电源开关画在图的左侧；由熔断器 FU、接触器 KM 的三对主触头和电动机 M 组成的主电路垂直电源线画在图的左侧；由启动按钮 SB、接触器线圈 KM 组成的控制电路跨接在 L1、L2 两相电源线之间，垂直画在主电路的右侧，且耗能元件 KM 的线圈画在电路的下方，启动按钮 SB 则画在上方。图中没有专门的信号电路。

2．原理图中，各电器的触头位置都按电路未通电或电器未受外力作用时的常态位置画出。分析原理时，应从触头的常态位置出发。

3．原理图中，各电器元件不画实际的外形图，而采用国家规定的统一国标符号画出，见表 24-1。

4．原理图中，同一电器的各个元件不按它们实际位置画在一起，而是按其在线路中所起作用分画在不同电路中，但它们的动作却是相互关联的，必须标以相同的文字符号。如图 24-10 所示，接触器 KM 的线圈画在控制电路中，而三对常开主触头则画在主电路中。若线圈得电，主触头随即动作，因此均标以相同的文字符号 KM，来表示它们属于同一接触器。若图中同类的电器较多时，需要在电器文字符号后面加上数字以示区别，如 KM1、KM2 等。

5．原理图中，对有直接电联系的导线交叉点，要用小黑圆点表示，无直接电联系的导线交叉点则不画小黑圆点。

第三节　电气控制电路的基本环节

控制电路是由一些基本环节组成的，主要有点动环节、自锁环节、联锁环节、保护环节等，下面以三相异步电动机控制线路为例，分别介绍这些基本环节。

一、点动环节

图 24-10 所示为三相异步电动机单向点动控制线路。

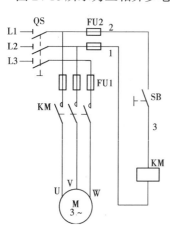

图 24-10　三相异步电动机
单向点动线路

图中三相电源按相序排列标记为 L1、L2、L3，电源开关为 QS，主电路中电动机三个引出端用 U、V、W 表示，电机通过接触器主触头 KM 接电源，FU1 为熔断器，作短路保护。

控制电路通过熔断器 FU2 接电源，接触器线圈 KM 与按钮开关 SB 串联。

单向点动操作顺序为：

1．合上电源开关 QS，引入电源。

2．启动：按下点动按钮 SB→接触器 KM 线圈得电→KM 主触头闭合→电动机 M 得电启动。

3．停止：松开 SB→KM 线圈失电→KM 主触头断开→电动机 M 断电停车。

二、自锁环节

若要求电动机启动后能连续运转时，采用上述点动控制线路就不行了，除非启动按钮 SB 始终不断开。这显然是不符合生产实际。为实现这一要求，就要采用图 24-11 所示的接触器自锁控制线路。

图中 SB2 为起动按钮，当按下 SB2，接触器 KM 线圈得电，其常开主触头闭合接通电源使电动机 M 起动，与此同时接触器的辅助常开触点闭合，把 SB2 短接。松开 SB2 后，仍然使 KM 得电，起动后的电动机能继续运行。这种将接触器的常开辅助触点并联在起动按钮两端，闭锁其励磁线圈所在电路的环节，称为自锁（或自保）。

按钮 SB1 是停止按钮，它有一对常闭触头。若需停车，则按下 SB1，使接触器 KM 线圈断电，电动机停止运行。

图中的热继电器 FR 作为电动机过载保护。

三、联锁环节

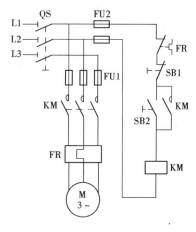

图 24-11　三相异步电动机单向起动线路

图 24-12 所示为电动机正反转起动线路。其中图
（a）、（b）、（c）是三种不同方式的控制电路，实现同一个联锁（又称互锁）环节。所谓联锁就是两个控制电器利用它们各自触头锁住对方。电动机正反转是通过改变电动机电源的相序实现的。

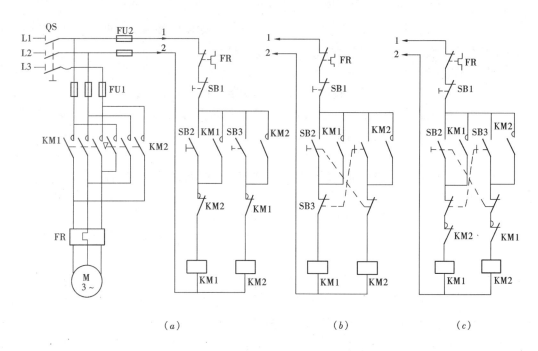

（a）　　　　　　　　　　　　　（b）　　　　　　　　　（c）

图 24-12　三相异步电动机正反转控制线路
（a）辅助触头作联锁；（b）按钮作连锁；（c）复合连锁

1. 接触器辅助触点作联锁

无论电动机正转还是反转，每一部分控制电路都有自锁环节，不再重复。联锁的实现是通过在正转控制电路中串联了反转接触器的常闭辅助触点，在反转控制电路中串联了正

转接触器的常闭触点。这两个常闭辅助触点分别牵制了对方的动作。由接触器辅助触点作联锁是一种电气联锁，在控制电路中起联锁作用的接触器触头称为联锁触头。

图 24-12（a）中电动机正反转的操作顺序为：

（1）合上电源开关 QS；

（2）正转运行：

电动机 M 得电正转。

（3）反转运行：

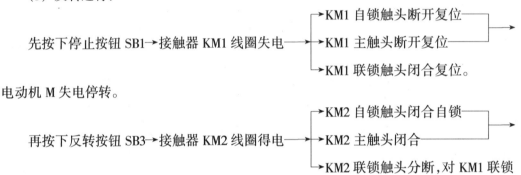

电动机 M 失电停转。

电动机 M 得电反转。

2. 按钮作联锁

图 24-12（b）所示的正反转联锁控制电路是用复合按钮的常闭触头替代接触器的常闭触头，这是一种机械联锁，复合按钮 SB2 和 SB3 都有常开和常闭触头。SB1 为停止按钮，SB2 为正转按钮，SB3 为反转按钮。其原理比较简单，读者可自行分析。

3. 复合联锁

图 24-12（c）控制电路是电气联锁与机械联锁并存的电路，称为复合联锁。

四、保护环节

为了保证电动机和电气设备的正常运行，主电路与控制电路中经常接入各种保护装置，例如熔断器、热继电器等，构成保护环节。主要有短路保护、过载保护、失压欠压保护等。

1. 短路保护环节

在主电路与控制电路中的熔断器 FU 都是用来作短路保护。熔体串联在被保护的电路中，当电动机和电路工作正常时，熔体不熔断；当电路出现短路或电动机短路过载时，熔体中因流过很大的故障电流而迅速熔断，切断电路，起到了保护作用。

2. 过载保护环节

电动机长时间过载需用热继电器 FR 作过载保护。FR 的热元件串联在主电路中，常闭触点串联在控制电路中。当电动机长时间过载时，热继电器就会动作，其常闭触点断开，断开控制电路，使接触器线圈断电，电动机停转，实现了电动机过载保护。

由于热继电器的热惯性比较大，即热继电器的双金属片受热膨胀弯曲需要一定的时间，即使热元件流过几倍的额定电流，热继电器也不会立即动作，故电动机短时过载不能用热继电器保护。

另外需要注意的是，对于三相异步电动机控制线路来说，熔断器也不能用作过载保护。这是因为通常电动机的启动电流很大（全压启动时的启动电流能达到额定电流的 4 ～ 7 倍），若用熔断器作过载保护，选择熔断器的额定电流就应等于或略大于电动机的额定电流。这样的话，电动机在启动时，由于启动电流大大超过了熔断器的额定电流，使熔断器在很短的时间内熔断，造成电动机无法启动。

3. 欠压与失压保护环节

欠压保护是指当线路电压下降到某一数值时，电动机能自动脱离电源停转，避免电动机在欠压下运行。而失压保护是指电动机在正常运行中，由于某种原因引起突然断电时，能自动切断电动机电源，当重新供电时，保证电动机不能自动启动。在实际生产中，欠压保护和失压保护都是很有必要的。

具有自锁的控制电路都有欠压与失压保护作用。电源电压正常时，按下起动按钮，接触器 KM 线圈得到其额定电压而通电动作，常开辅助触头闭合自锁，电动机起动并正常运行。当电源电压由于某种原因突然严重下降或断电时，KM 的电磁吸力急剧下降或消失，衔铁释放，其常开主触头和自锁的辅助触头断开，电动机停转。这样一来，若电源恢复正常，电动机需要再按起动按钮后方能起动和运行，防止了电动机自行起动运行，避免了人身或设备事故的发生。

第四节　电气控制基本线路

实际生产中遇到的控制线路往往不是某个单一的基本环节，而是由若干个基本环节组成的电路。下面我们介绍几种生产中常见的控制线路。

一、电动机星形—三角形（Y—△）降压启动控制线路

前面介绍的各种控制线路，启动时加在电动机定子绕组上的电压就是电动机的额定电压，都属于全压启动，也称直接启动。在电源变压器容量不够大的情况下，直接启动将导致电源变压器输出电压大幅度下降（因为异步电动机的启动电流比额定电流大很多），不仅会减小电动机本身的启动转矩，而且会影响同一供电线路中其他设备的正常工作。因此，较大容量的电动机需要采取降压启动。

通常规定：电源容量在 180kVA 以上，电动机容量在 7kW 以下的三相异步电动机可采用直接启动。凡不满足直接启动条件的，均须采用降压启动。

降压启动是指利用启动设备将电压适当降低后加到电动机的定子绕组上进行启动，待电动机启动运行后，再使其电压恢复到额定值正常运转，由于电流随电压的降低而减小，所以降压启动达到了减小启动电流之目的。但同时，由于电动机转矩与电压的平方成正比，所以降压启动也将导致电动机启动转矩大为降低。因此，降压启动需要在空载或轻载下启动。

常见的降压启动方法有四种:定子绕组串接电阻降压启动、自耦变压器降压启动、星形—三角形降压启动、延边三角形降压启动。下面我们介绍最为常见的星形—三角形降压启动。

星形—三角形降压启动是指电动机启动时，把定子绕组接成星形，以降低启动电压，限制启动电流；待电动机启动后，再把定子绕组改接成三角形，使电动机全压运行。我们知道，如果启动时把定子绕组接成星形，则加在每相绕组上的启动电压只有三角形接法的

$1/\sqrt{3}$，启动时的线电流只有三角形接法的 1/3，启动转矩也只有三角形接法的 1/3。

　　星形—三角形降压启动的控制方法也有多种，生产中遇到最多的是时间继电器自动控制的 Y—△ 降压启动方法。图 24-13 所示为时间继电器自动控制 Y—△ 降压启动线路图。时间继电器 KT 作控制 Y 形降压启动时间和完成 Y—△ 自动换接用。

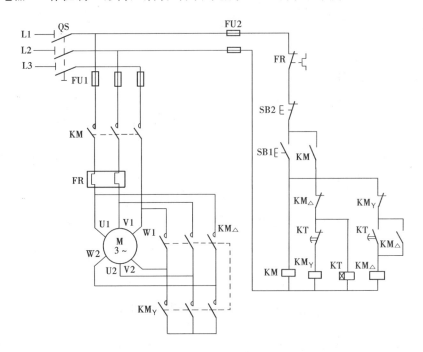

图 24-13　时间继电器自动控制 Y—△ 降压启动线路

线路的工作原理如图 24-14。

先合上电源开关 QS。

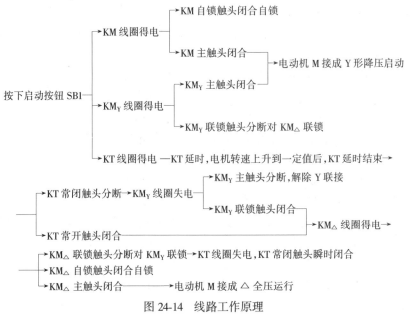

图 24-14　线路工作原理

停止时，按下 SB2 即可。

二、位置控制与自动往返控制线路

在生产过程中，常遇到一些机构的运动要受到行程或位置控制，或者需要其在一定范围内自动往返循环等。如电动阀门、桥式起重机、吸泥行车等的操作。而实现这种控制要求所采用的主要电器就是我们前面介绍过的位置开关（又称限位开关）。

如图 24-15 所示是行车的位置控制线路，水厂电动阀门的控制线路与之相似。

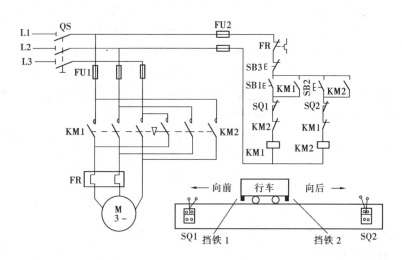

图 24-15　位置控制线路

我们可以发现，这个控制线路只是在电动机正反转控制线路的基础上增加了两个位置开关 SQ1 和 SQ2。当电动机正转带动设备向前运转时，机构上的挡铁随之运动，到达预定

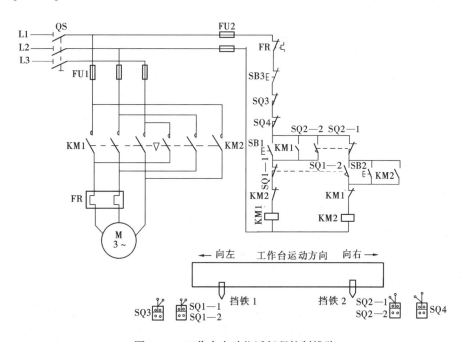

图 24-16　工作台自动往返行程控制线路

位置后，挡铁与设在预定位置上的限位开关 SQ1 发生碰撞，SQ1 常闭触头分断，KM1 线圈失电，电动机 M 停转，设备随之停止运行。此时，即使再按下 SB1，由于 SQ1 常闭触头已分断，接触器 KM1 线圈也不会得电，保证了设备不会超过 SQ1 所在的位置。

设备向另一方向运行的位置控制原理同上。

有些生产设备要求能在一定的范围内自动往返运动，这就需要电气控制线路能对电动机实现自动转换正反转控制。如图 24-16 所示就是由位置开关控制的自动往返控制线路。

在这个控制线路中设置了四个位置开关，其中 SQ1、SQ2 用来自动换接电动机正反转控制电路，实现设备自往返行程控制；SQ3、SQ4 用来作限位保护，以防 SQ1、SQ2 失灵，设备超过限定位置而造成事故。值得注意的是，这里我们利用了位置开关 SQ1 和 SQ2 的复合触点，即常闭点 SQ1—1、常开点 SQ1—2 和常闭点 SQ2—1、常开点 SQ2—2。

如图 24-17，以一个单循环运行过程为例，对该控制线路的工作原理进行阐述：

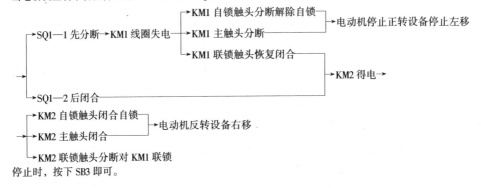

图 24-17　控制线路的工作原理

第二十五章 泵房变配电设备

第一节 变 压 器

一、变压器的作用和分类

1. 变压器的作用

变压器是一种用来改变交流电压大小（升压或者降压），传输电能的交流电气设备，也可以用来变换交流电流、交流阻抗等。在电力系统中，发电机输出的电压，由于受发电机绝缘水平的限制，通常为 6.3kV、10.5kV，最高不超过 20kV，用这样低的电压进行远距离的传输是非常困难的。因为在输送一定功率的电能时，电压越低，则电流越大，消耗在输电线路电阻上的功率就越多，因此必须利用升压变压器将发电机的输出电压升到几万伏或者几十万伏，以便降低输送电流，从而减少线路上的能量损耗，达到远距离输送电能的目的。而通过高电压输送的电能到达负荷区时，由于负荷区的用电设备大多是低压用电设备，故必须通过降压变压器降低电压。因此，在供用电系统中需要大量的降压变压器，将输电线路输送的高电压变换成各种不同等级的电压，从而满足各类用电设备的需要。

2. 变压器的分类

为了适应不同的使用目的和工作条件，变压器的类型很多，可按下述方式进行分类。

（1）按变压器相数：可分为单相变压器和三相变压器。

（2）按绕组数量：可分为单绕组变压器、双绕组变压器、三绕组变压器和多绕组变压器。

（3）按冷却方式：可分为油浸式变压器、风冷式变压器、自冷式变压器和干式变压器。

（4）按变压器的特殊用途：可分为电力变压器、电焊变压器、电炉变压器、整流变压器、矿用变压器、调压器和仪用互感器。

二、变压器的原理和结构

1. 变压器的工作原理

变压器是利用电磁感应原理把某一电压值的交流电转变成频率相同的另一电压值的交流电的电气设备。

变压器主要由绕组和铁芯两部分组成，图 25-1 所示为一简单的单相变压器。在闭合的铁心上，绕有两个互相绝缘的绕组，其中与电源连接、接受电网电能的一侧叫一次侧绕组，匝数为 N_1，与用电设备连接、输出电能的一侧叫二次侧

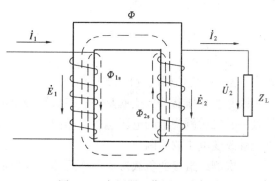

图 25-1 变压器工作原理示意图

绕组，匝数为 N_2。

当一次侧绕组接通交流电源 U_1 时，则该绕组将有一个交流电流 I_1 流过，从而在铁心中产生交变磁通 Φ，交变磁通 Φ 在闭合铁心形成的磁路中同时穿过一、二次侧绕组，根据电磁感应原理可知，变化的磁通通过线圈时就会产生感应电动势，因此两个绕组将分别产生感应电动势 E_1 和 E_2，这时，如果二次侧绕组接通负载，就会有电流 I_2 流入负载，这样变压器就把从电源接受的电功率传输给了负载。

根据电磁感应定律可以导出：

一次侧绕组感应电动势的最大值为：

$$E_{1m} = \omega \Phi_m N_1 = 2\pi f \Phi_m N_1 \tag{25-1}$$

二次侧绕组感应电动势的最大值为：

$$E_{2m} = \omega \Phi_m N_2 = 2\pi f \Phi_m N_2 \tag{25-2}$$

感应电动势按正弦规律变化，其有效值等于最大值除以 $\sqrt{2}$，所以一次侧绕组感应电动势为：

$$E_1 = \frac{E_{1m}}{\sqrt{2}} = \frac{2\pi}{\sqrt{2}} f \Phi_m N_1 = 4.44 f \Phi_m N_1 \tag{25-3}$$

二次侧绕组感应电动势为：

$$E_2 = \frac{E_{1m}}{\sqrt{2}} = \frac{2\pi}{\sqrt{2}} f \Phi_m N_2 = 4.44 f \Phi_m N_2 \tag{25-4}$$

式中　f——电源频率（一般为工频 50Hz）；

　　　Φ_m——磁通最大值；

　　　N_1——一次侧绕组匝数；

　　　N_2——二次侧绕组匝数。

由式（25-3）和式（25-4）可得出：

$$\frac{E_1}{E_2} = \frac{N_1}{N_2} \tag{25-5}$$

由于变压器一、二侧绕组的漏电抗和电阻均较小，可忽略不计，因此，也近似认为：

$U_1 \approx E_1$；$U_2 \approx E_2$，则

$$\frac{U_1}{U_2} = \frac{E_1}{E_2} = \frac{N_1}{N_2} = K \tag{25-6}$$

式中　K——变压器的变比。

因此，变压器的变比就是一、二次侧绕组的匝数比。由于一、二次侧绕组匝数不同，导致一、二次侧绕组的电压也各不相同，匝数多的电压高，匝数少的电压低，这就是变压器能够改变电压的原因。

二次侧绕组接通负载形成回路后即产生负载电流 I_2，负载电流 I_2 和变压器二次侧绕组匝数 N_2 的乘积就是二次侧磁势。该磁势对铁心中的磁通的作用是去磁的，主磁通因而

减少。据式（25-3）可知，相应的一次侧绕组感应电动势随之减少，则电源电压 U_1 和感应电动势 E_1 存在差值，该差值的作用使一次侧绕组电流 I_1 增大。可见此时一次侧绕组电流不仅包括励磁电流，还包括电流 I_2'（二次侧绕组电流变换到一次侧的电流值）以维持铁心中的主磁通保持不变。二次侧负载电流越大，这个电流 I_2' 也越大，则 I_1 也越大。因此，变压器通过这种电磁转换关系把电源的电能传输给负载。一般来说变压器的空载电流 I_0 很小，可忽略不计，则变压器存在磁势平衡关系：

$$I_1 N_1 = I_2 N_2 \tag{25-7}$$

则
$$\frac{I_1}{I_2} = \frac{N_2}{N_1} = \frac{1}{K} \tag{25-8}$$

可见，变压器一、二次侧绕组电流之比，等于二次侧绕组匝数与一次侧绕组匝数之比，也就是变比 K 的倒数。

2. 变压器的结构

变压器一般都是由铁心、绕组、分接开关、油箱、冷却装置、保护装置和出线装置等组成。图 25-2 为应用最广泛的油浸双绕组自冷式变压器的结构图。

（1）铁心：变压器的铁心是变压器的磁路部分，通常由 0.35～0.5mm 的硅钢片叠成，硅钢片导磁性能良好，且片与片之间涂有绝缘漆。三相变压器的铁心都做成三柱式，如图

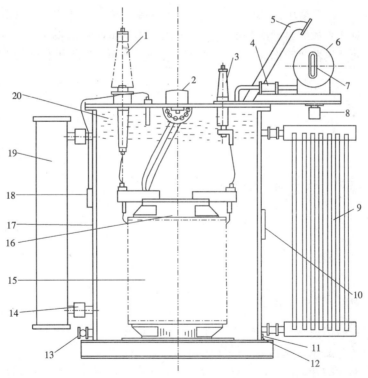

图 25-2　变压器结构图

1—高压套管；2—分接开关；3—低压套管；4—气体继电器；5—安全气道（防爆管）；6—油枕（储油柜）；7—油表；8—呼吸器；9—散热器；10—铭牌；11—接地螺栓；12—油样活门；13—放油活门；14—活门；15—绕组；16—铁心；17—油箱；18—温度计；19—净油器；20—变压器油

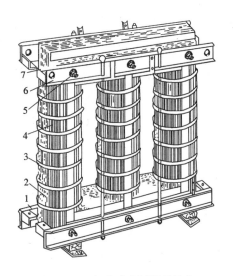

图 25-3　三相芯式变压器的铁心
1—下夹件；2—铁心磁回路；3—铁柱绑扎；4—拉紧
螺杆；5—铁轭螺杆；6—上夹件；7—接地片

25-3 所示，直立部分叫铁心柱，在每根柱上同时套着该相的高、低压绕组。水平部分叫铁轭，铁心柱和铁轭形成闭合磁路。

（2）高、低压绕组：绕组是变压器的电路部分，分为高压绕组和低压绕组，常采用同心式和交叠式两种形式。采用同心式绕组时，低压绕组靠近铁心，高压绕组套在低压绕组外面，如图 25-4 所示；大型变压器多采用交叠式绕组，即低压绕组和高压绕组交替放置，如图 25-5 所示。高低压绕组之间以及低压绕组和铁心之间都留有一定的绝缘间隙和散热通道（油道），采用绝缘纸筒隔开，绝缘距离的大小取决于绕组的电压等级和散热通道所需要的间隙。大功率变压器绕组一般采用覆有高强绝缘物的扁铜线或者铝线绕成，小功率变压器绕组多采用高强度漆包线绕制而成。

（3）油箱：油箱是变压器的外壳，内装铁心、绕组和变压器油。变压器油不仅加强了绝缘作用，还对铁心和绕组起冷却作用。容量较大的变压器油箱表面还焊接有散热器，变压器油在油箱和散热器之间形成对流，并通过散热器表面与外界进行热交换以达到冷却的目的。

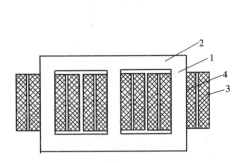

图 25-4　三相芯式变压器
1—铁心柱；2—铁轭；3—高压绕组；4—低压绕组

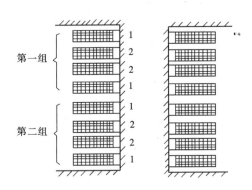

图 25-5　交迭式（饼式）绕组
1—低压绕组；2—高压绕组

（4）油枕：油枕是变压器运行中补油和储油的装置，装于油箱的顶盖上方，通过连接管与油箱相连通。变压器油箱是充满变压器油的，变压器油的体积随着变压器运行温度的变化以及环境温度的变化而热胀冷缩，而不完全充满变压器油的油枕则通过连接管起着调节作用。另外，油枕还大大减少变压器油与空气的接触面积，从而减少油的氧化和水分的进入，保持变压器油良好的绝缘强度。

变压器油枕的容积，一般为油箱容积的 1/10，在油枕的一侧还装有油位指示器，用来监视油位和油色。

（5）吸湿器：又称呼吸器，内装干燥剂（硅胶），外界的空气通过吸湿器进入油枕，干燥剂吸收空气中的水分和杂质，从而保持变压器油的绝缘强度。

（6）气体继电器：气体继电器是变压器内部的一种保护装置，装于油箱与油枕之间的连接管道里。当变压器发生绝缘击穿、匝间短路、铁心事故时将产生气体，气体通过连接管道聚集在气体继电器里面，达到一定的程度时，气体继电器发出报警或者跳闸信号，跳闸信号与外部控制电路共同作用及时切断变压器的电源，以防止故障继续扩大。

（7）防爆管：防爆管也是变压器的一种安全保护装置，装于变压器大盖上面，与大气相通，管口用玻璃或者酚醛板膜片密封。当变压器内部发生短路故障时，油箱压力突然剧增，此时防爆管口的玻璃或者酚醛膜片首先被冲破，气体和变压器油从防爆管口喷出，使油箱内压力得以泄放，从而避免发生油箱变形甚至爆炸的事故。

（8）散热器：散热器由装于变压器油箱四周的散热管和散热片组成。当变压器运行时，变压器油箱的上层油温和下层油温存在差异，变压器油便通过散热器形成循环对流，高温油通过散热器与外界进行热交换而冷却后回流到油箱内，从而降低变压器的运行温度。

（9）高、低压绝缘套管：高、低压绝缘套管是把变压器的高压绕组和低压绕组的引出线从油箱内引出至油箱外和外电路连接的主要部件，保证了变压器绕组对地（变压器外壳和铁心）的绝缘强度。多数绝缘套管采用瓷质绝缘套管，干式变压器的绝缘套管则多采用树脂浇注成型。

（10）分接开关：分接开关是变压器高压绕组改变抽头的装置。变压器的高压绕组有±5%的抽头，通过调节分接开关的位置，增加或者减少高压绕组的匝数，从而调整输出电压的大小。分接开关分为无励磁调压开关和有载调压开关两种形式。无励磁调压开关是在变压器退出运行、与电网断开情况下，变换变压器高压绕组分接头，改变高压绕组匝数来进行调压的。有载调压开关则在变压器负载运行时，能直接变换高压绕组分接头，调节输出电压。

（11）温度计：温度计是装在油箱大盖上用来测量变压器运行时上层油温的计量器具。

三、铭牌和技术数据

每台变压器上面都有一个铭牌，它是制造厂家向用户提供有关变压器的型号、额定值和其他一些数据的说明。

1．变压器的型号

变压器的型号由字母和数字两部分组成，字母部分表示变压器的相数、冷却介质、导线材料等特征；数字部分则分别表示变压器的容量（千伏安）和高压绕组额定电压等级（千伏）。变压器型号中字母部分符号含义如下表25-1。

如 SFP-6300/35，表示变压器的类别是三相强迫油循环风冷铜线绕组，额定容量为6300kVA，高压绕组额定电压为35kV。

又如 S9-1000/10 则表示三相油浸自冷、铜线、第 9 设计系列、额定容量为 1000kVA，高压绕组额定电压为 10kV 的变压器。

2．变压器的技术数据

为了使变压器安全、经济地运行，并保证一定的使用寿命，变压器生产厂家规定了变压器的额定数据。

型号中符号排列的顺序	内 容	类 别	符 号	型号中符号排列的顺序	内 容	类 别	符 号
1（或末位）	线圈耦合方式	一般	—	5	绕组数	双绕组	—
		自耦升压或自耦降压	0			三绕组	S
2	相数	单相	D			双分裂绕组	F
		三相	S	6	导线材料	铜线	—
3	冷却方式	油浸自冷	J 或者—			铝线	L
		干式浸渍空气自冷	G	7	调压方式	无励磁调压	—
		干式浇注绝缘	C			有载调压	Z
		油浸风冷	F	8	设计序号	用 1，2，3……等数字表示，半铜半铝加 B	
		油浸水冷	S				
4	油循环方式	自然循环					
		强迫循环	P				

（1）额定容量

变压器的额定容量是指变压器在铭牌规定的额定工作条件下，以额定电压、额定电流连续运行时所输送的视在功率的保证值，单位为 kVA 或者 MVA。

额定容量 S_e 与额定电压 U_e、额定电流 I_e 有如下关系：

单相变压器：
$$S_e = U_e I_e \tag{25-9}$$

三相变压器：
$$S_e = \sqrt{3}\, U_e I_e \tag{25-10}$$

对于三相变压器，U_e、I_e 分别是指二次侧绕组的线电压和线电流。

我国现行的变压器额定容量是按 R10 系列组合（近似取 1.26 倍数递增），即 10，20，30，40，50，63，80，100，125，160，200，250，315，400，500，630，800，1000，1250，1600，2000（kVA）……。而我国过去的容量规范是按 R8 系列组合（近似取 1.35 倍数递增），即 20，30，50，75，100，135，180，240，320，420，560，750，1000，1350，1800（kVA）……。

（2）一、二次侧绕组额定电压 U_{e_1}、U_{e_2}

国产的降压变压器，其一次侧绕组额定电压 U_{e_1} 等于电网的额定电压。二次侧绕组额定电压 U_{e_2} 则是指在变压器空载的情况下，当一次侧绕组加上额定电压时二次侧绕组测量的空载电压值。在三相变压器中，额定电压指的是线电压。

（3）一、二次侧绕组额定电流 I_{e_1}、I_{e_2}

变压器的一、二次侧绕组额定电流 I_{e_1}、I_{e_2} 是指在变压器额定容量和允许温度下，一、二次侧绕组长期允许通过的电流。在三相变压器中，额定电流指的是线电流。其计算方法如下：

单相变压器：
$$I_{e_1} = S_e / U_{e_1} \tag{25-11}$$

$$I_{e_2} = S_e / U_{e_2} \tag{25-12}$$

三相变压器：
$$I_{e_1} = \frac{S_e}{\sqrt{3}\,U_{e_1}}$$
(25-13)

$$I_{e_2} = \frac{S_e}{\sqrt{3}\,U_{e_2}}$$
(25-14)

（4）短路电压 U_d（%）（百分阻抗）

将变压器的二次侧绕组短路，一次侧绕组施加电压并慢慢增大，直到二次侧绕组产生的短路电流等于二次侧绕组额定电流值时，一次侧绕组所施加的电压就是短路电压，通常用额定电压的百分比来表示：

$$U_d\% = U_d / U_{e_1} \times 100\%$$
(25-15)

（5）空载电流 I_o（%）

变压器的二次侧绕组开路，一次侧绕组上施加额定电压时，一次侧绕组流过的电流值就是空载电流 I_o，通常用额定电流的百分比来表示：

$$I_o\% = I_o / I_{e_1} \times 100\%$$
(25-16)

空载电流的大小取决于变压器的容量、磁路结构、硅钢片质量等，它一般为一次侧绕组额定电流的 3%~8% 左右。

（6）空载损耗 P_o

空载损耗是指变压器二次侧绕组开路，一次侧绕组施加额定电压时变压器的损耗，它近似等于变压器的铁损（因为变压器二次侧绕组开路时变压器的铜损很小），其大小可以通过空载试验测出。

（7）短路损耗 P_d

变压器的运行温度为 75℃时，变压器的一、二次侧绕组流过额定电流时在绕组的电阻中所消耗的功率就是短路损耗。短路损耗可以从短路实验中测出，因为短路实验时加的电压很低，变压器的铁损很小可以忽略不计，所以短路损耗近似等于变压器的铜损。

四、联结组别

1. 三相变压器绕组连接方式和特点

三相变压器是由三个单相绕组组成，就一相而言，其工作状况和单相变压器完全相同。三相变压器有很多连接方法，最基本的连接法有星形(Y)和三角形(△)连接两种。

星形连接法就是将三个绕组的尾端 U2、V2、W2 相连构成中性点，三条引出线则由三个绕组的首端 U1、V1、W1 处引出，特点是线电压为相电压的 $\sqrt{3}$ 倍，线电流等于相电流。

三角形连接法有两种：一种为正相序接法，即 U1 与 V2，V1 与 W2，W1 与 U2 相连接，三条引出线自首端 U1、V1、W1 处引出；另一种为反相序接法，即 U1 与 W2，V1 与 U2，W1 与 V2 相连接，三条引出线自首端 U1、V1、W1 处引出。三角形接法的特点是线电压等于相电压，线电流等于相电流的 $\sqrt{3}$ 倍。

2. 变压器绕组的极性

变压器铁心中主磁通发生变化时，其一、二次侧绕组感应出的感应电动势具有一定的极性关系。在某一时刻，一次侧绕组的某一端头的瞬时电动势为正值时，相应的二次侧绕组中必有一个端头的瞬时电动势也为正值，则将这两个端头称为同极性端或者同名端，并在端头旁边加"·"表示，反之则称为异极性端或者异名端。两个绕组端头的极性取决于两个绕组的绕向以及对绕组始末的规定。

3. 变压器的联结组别

三相变压器的一、二次侧绕组采用不同连接方法时，其一、二次侧绕组线电势存在一定的相位关系，通常采用"时钟表示法"来表示这种相位关系，即把一次侧绕组线电势向量作为时钟的长针，把二次侧绕组线电势向量作为时钟的短针，长针固定指向 12 点，短针所指的钟点就是变压器的联结组别。

三相变压器联结组别的表示方法为：

$$\boxed{1}/\boxed{2}—\boxed{3}$$

其中　$\boxed{1}$——一次侧绕组接线方法

$\boxed{2}$——二次侧绕组接线方法

$\boxed{3}$——联结组别

如 Y/Y_0—12（Yyn0）联结组别是指变压器一次侧绕组接成 Y 型，二次侧绕组接成 Y_0（Y 型且从中性点引出一条中性线），其原理图、向量图和时钟表示图分别如图 25-6 所示。

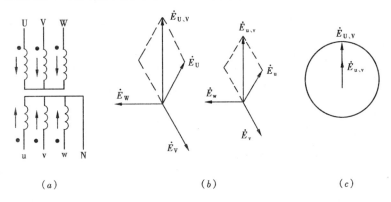

（a）　　　　　　　　　（b）　　　　　　　　　（c）

图 25-6　Yyn0 三相变压器的联结组

（a）原理图；（b）向量图；（c）时钟表示图

我国双绕组三相电力变压器常采用以下三种标准联结组别：

（1）Y/Y_0-12 型（Yyn0）：三相四线供电，适应于二次侧电压为 400/230V 的配电变压器，供动力负载和照明负载使用。

（2）$Y/\triangle$-11 型（Yz11）：用于一次侧电压在 35kV 及以下，二次侧电压高于 400V 的降压变压器。

（3）$Y_0/\triangle$-11 型（Ynz11）：用于一次侧中性点直接接地的超高压电力系统。

五、运行和常见故障分析

1. 变压器的运行

变压器是一种静止的电气设备，结构比较简单，重要部件浸在油中，因此运行可靠性较高。但是为了保证变压器的安全运行，电气运行人员必须掌握有关变压器运行的基本知识，加强运行过程中的巡视和检查，在变压器发生故障时能正确判断事故的原因和性质，采取迅速而正确的措施以防止事故扩大。平时还需要做好经常性的维护和检修工作及按期进行预防性试验，以便及时发现和消除绝缘缺陷。

(1) 允许温度和温升

1) 允许温度：变压器运行时各部分的温度是不相同的，绕组温度最高，其次是铁心，绝缘油的温度最低。为了便于监视运行中变压器各部分温度的情况，规定以上层油温来确定变压器运行中的允许温度。变压器的允许温度主要决定于绕组的绝缘材料。我国电力变压器大部分采用 A 级绝缘，即浸渍处理过的有机材料，如纸、木材、棉纱等。对于 A 级绝缘的变压器，在正常运行中，当周围空气温度最高为 40℃ 时，变压器绕组的极限工作温度为 105℃。由于绕组的平均温度比油温高 10℃，同时为了防止油质劣化，所以规定变压器上层油温最高不超过 95℃。而在正常情况下，为使绝缘油不致速氧化，上层油温不应超过 85℃；对于采用强迫油循环风冷的变压器最高不超过 80℃；对于采用强迫油循环水冷的变压器最高不超过 75℃。

若变压器的温度长时间超过允许值，则变压器的绝缘容易损坏。当绝缘老化到一定程度时，在运行振动和电动力作用下，绝缘容易破裂，变压器容易发生电气击穿而造成故障。

当变压器绝缘的工作温度超过允许值后，由于绝缘的老化过程加快，其使用寿命缩短。使用年限的减少一般可按"八度规则"计算，即温度每升高 8℃，使用年限将减少 1/2。

例如绝缘工作温度为 95℃ 时，使用年限为 20 年；绝缘工作温度为 105℃ 时，使用年限为 7 年；绝缘工作温度为 120℃ 时，使用年限为 2 年。

可见，变压器的使用年限主要决定于绕组的运行温度。因此，变压器必须在其允许的温度范围内运行，以保证变压器的使用寿命。

2) 温升：变压器温度与周围空气温度的差值叫变压器的温升。变压器在额定负荷时对各部分温升作出的规定为允许温升。

对 A 级绝缘的变压器，周围最高温度为 40℃ 时，国家标准变压器上层油面温升的限值是 55℃，但是为了不使变压器油迅速老化变质，规定变压器上层油面温升一般不超过 45℃。对于其他绝缘等级的变压器，其温升可以适当增加。不同绝缘材料的耐热等级也不同，一般分为六级，具体如表 25-2。

绝缘材料耐热等级　　　　　　　　　　表 25-2

绝缘耐热等级	A	E	B	F	H	C
耐热温度（℃）	105	120	130	155	180	220

(2) 允许的过负荷运行方式

变压器的过负荷能力，是指它在较短的时间内，所能输出的最大容量。在不损害变压器绝缘和降低变压器使用寿命的条件下，它能大于变压器的额定容量。因此，变压器的额定容量和过负荷能力具有不同的意义。

变压器的过负荷能力，可分为在正常情况下的过负荷能力和事故情况下的过负荷能力。变压器正常过负荷能力可以经常使用，而事故过负荷能力只允许在事故情况下使用（例如运行中的若干台变压器中有一台损坏，又无备用变压器，则其余变压器允许按事故过负荷运行）。变压器存在较大的缺陷（例如，冷却系统不正常，严重漏油等）时，不准过负荷运行。

1）正常过负荷运行

油浸式变压器正常过负荷运行，参照以下规定：

①全天满负荷运行的变压器，不宜过负荷运行；

②变压器日平均负荷率 k（$k = P_p/P_e$，P_p 为变压器一昼夜内的平均负荷；P_e 为变压器的额定负荷）小于 1 时，允许在负荷高峰时过负荷运行。过负荷运行时，应密切监视变压器运行温度，当油浸自冷式变压器上层油温达到 95℃时，应立即减负荷；

③变压器负荷达到额定容量的 130% 时，即便运行温度未达到最高温度限值时，亦应立即减负荷。

④变压器过负荷运行，必须在冷却系统工作正常时方可进行。

⑤干式变压器的正常过负荷运行条件应遵照制造厂的规定。

2）事故过负荷运行

当变（配）电所发生事故时，为保证对重要设备的连续供电，变压器允许短时间过负荷的能力，称为事故过负荷能力。事故过负荷会引起变压器绕组绝缘温度超过允许值，使绝缘老化速度比正常条件下快得多，因而会缩短变压器的使用年限。但考虑到事故发生的机会少，而且变压器平时往往欠负荷运行，因此短时间的过负荷不会引起绝缘的显著损坏。

①油浸变压器事故过负荷的允许值，按照不同的冷却方式和环境温度掌握。油浸自然循环式变压器事故过负荷允许值，参照表 25-3 规定运行。

油浸自然循环冷却变压器事故过负荷允许运行时间   表 25-3

过负荷倍数	环 境 温 度				
	0℃	1℃	20℃	30℃	40℃
1.1	24 小时 00 分	24 小时 00 分	24 小时 00 分	19 小时 00 分	7 小时 00 分
1.2	24 小时 00 分	24 小时 00 分	13 小时 00 分	5 小时 50 分	2 小时 45 分
1.3	23 小时 00 分	10 小时 00 分	5 小时 30 分	8 小时 00 分	1 小时 30 分
1.4	8 小时 30 分	5 小时 10 分	3 小时 10 分	1 小时 45 分	0 小时 55 分
1.5	4 小时 45 分	3 小时 10 分	2 小时 00 分	1 小时 10 分	0 小时 35 分
1.6	3 小时 00 分	2 小时 05 分	1 小时 20 分	0 小时 45 分	0 小时 18 分
1.7	2 小时 05 分	1 小时 25 分	0 小时 55 分	0 小时 25 分	0 小时 09 分
1.8	1 小时 30 分	1 小时 00 分	0 小时 30 分	0 小时 13 分	0 小时 06 分
1.9	1 小时 00 分	0 小时 35 分	0 小时 18 分	0 小时 09 分	0 小时 05 分
2.0	0 小时 40 分	0 小时 22 分	0 小时 11 分	0 小时 06 分	+

②干式变压器事故过负荷运行允许值应遵照制造厂的规定。

（3）允许的短路电流和不平衡电流

1）变压器的允许短路电流应根据变压器的阻抗与系统阻抗来确定。但不应超过额定电流的 25 倍，当可能超过 25 倍时，应采取限制短路电流的措施，短路电流的持续时间不得超过表 25-4 的规定。

短路电流倍数	20 以上	20 ~ 15	15 以下
持续时间（s）	2	3	4

2）变压器三相负荷允许不平衡度

联结组别为 Yyn0 和 Yzn11 的配电变压器三相负荷不平衡时，将影响变压器铁心三相柱磁通的不平衡，可导致低压侧中性点偏移造成三相电压不平衡，出现相电压偏高或偏低，影响用电安全。因此，对 Yyn0 和 Yzn11 联结组别的变压器，运行中应监视三相电流的平衡程度。规程规定，联结组别为 Yyn0 和 Yzn11 的配电变压器，中性线电流的允许值分别为变压器额定电流的 25% 到 40%。

（4）允许运行电压

变压器在电力系统中运行，由于系统运行方式的改变以及负荷变化，电网电压总有一定的波动，所以加在变压器一次绕组上的电压也可能有波动。当电网电压小于变压器分接头电压时，对于变压器本身没有什么损害，只是可能降低一些出力。但当电网电压高于变压器额定电压很多时，则对变压器运行会产生不良影响。

当变压器的电源电压增高时，变压器的励磁电流增加，造成变压器铁心损耗加大而过热。同时，由于励磁电流的增加，会使变压器实际出力降低。另外，对 Yyn0 接线的变压器，当励磁电流增加时，磁通密度增大，磁路饱和，会引起一、二次绕组电动势波形发生畸变，产生的高次谐波对变压器绝缘有一定的危害。

因此，变压器的电源电压一般不得超过额定值的 ±5%。不论电压分接头在任何位置，如果电源电压不超过 ±5%，则变压器二次绕组可带额定负荷，如电源电压波动超过 ±5% 时，则应考虑相应降低额定容量。

（5）变压器并列运行

将两台或多台变压器的一次侧以及二次侧同极性的端子之间，通过同一母线分别互相连接，这种运行方式叫变压器的并列运行，如图 25-7 所示。

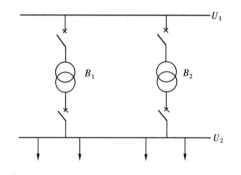

图 25-7 变压器并列运行示意图

1）变压器并列运行的目的

①提高变压器运行的经济性。当负荷增加到一台变压器的容量不够时，则可并列投入第二台变压器，而当负荷减少到不需要两台变压器同时供电时，可将一台变压器退出运行。这样，可尽量减少变压器本身的损耗，达到经济运行的目的。

②提高供电可靠性。当并列运行的变压器中有一台损坏时，只要迅速地将其从电网中切除，其他变压器仍可正常供电。检修某台变压器时，也不影响其他变压器正常运行，这样减少了故障和检修时的停电时间。

2）变压器并列运行的条件

①联接组（组别）标号相同；

②电压及变比基本相等；

③短路阻抗基本相等：短路阻抗不同的变压器，可适当提高短路阻抗高的变压器的二次电压；

④配电变压器容量比一般不应超过3：1。

3）并列运行条件分析

变压器并列运行条件是为保证：

①变压器并列组在空载时，绕组内不会产生环流。

②变压器并列组在负载时，负荷能合理分配，做到负荷分配与容量成正比。

当并列变压器联接组不同时，二次侧对应相的线电压之间会有相位差。相位差形成的电压作用于变压器绕组会产生高于额定电流几倍的环流，以致烧毁变压器。

当并列变压器变比不等时，并列变压器二次侧会有电压差，而在绕组内产生环流。产生环流的大小取决于变化相差的程度。产生环流过大会影响变压器容量的合理利用。

并列变压器短路阻抗不等时，变压器空载时绕组不会产生环流，但在变压器负载时，并列变压器的二次侧电压会有差别，会影响并列变压器的负荷分配，短路阻抗小的变压器承载负荷要大于短路阻抗大的变压器，形成短路阻抗小的变压器已达到额定容量或过负荷，而短路阻抗大的变压器容量未充分利用。在实际运行中为避免短路阻抗不相等，而使变压器并列运行时出现上述情况，运行中可将短路阻抗大的变压器的二次电压调高，以调整负荷分配。如果并列变压器容量不相同时，容量大的变压器短路阻抗小于容量小的变压器短路阻抗10%以下时，可允许并列运行，使负荷分配合理。

一般对配电变压器并列运行，要求变压器容量比不宜超过3：1，也是为了避免因容量相差，短路阻抗随之相差而使负荷分配不合理。

(6) 变压器运行中出现的不正常现象

1）变压器运行中如漏油、油位过高或过低，温度异常，音响不正常及冷却系统不正常等，应设法尽快消除。

2）当变压器的负荷超过允许的正常过负荷值时，应按规定降低变压器的负荷。

3）变压器内部音响很大，很不正常，有爆裂声；温度不正常并不断上升；储油柜或安全气道喷油；严重漏油使油面下降，低于油位计的指示限度；油色变化过快，油内出现碳质；套管有严重的破损和放电现象等，应立即停电修理。

4）当发现变压器的油温较高，而其油温所应有的油位显著降低时，应立即加油。加油时应遵守规定。如因大量漏油而使油位迅速下降时，应将瓦斯保护改为只动作于信号而且必须迅速采取堵塞漏油的措施，并立即加油。

5）变压器油位因温度上升而逐渐升高时，若最高温度时的油位可能高出油位指示计，则应放油，使油位降至适当的高度，以免溢油。

(7) 变压器运行中的检查

1）检查变压器上层油温是否超过允许范围。由于每台变压器负荷大小、冷却条件及季节不同，运行中的变压器不能仅以上层油温不超过允许值为依据，还应根据以往运行经验及在上述情况下与上次的油温比较。如油温突然增高，则应检查冷却装置是否正常，油循环是否破坏等，来判断变压器内部是否有故障。

2）检查油质，应为透明、微带黄色，由此可判断油质的好坏。油面应符合周围温度的标准线，如油面过低应检查变压器是否漏油等。油面过高应检查冷却装置的使用情况，是否有内部故障。

3）变压器的声音应正常。正常运行时一般有均匀的嗡嗡电磁声。如声音有所改变，应细心检查处理。

4）检查套管是否清洁，有无裂纹和放电痕迹，冷却装置应正常。工作、备用电源及油泵应符合运行要求等等。

5）天气变化时，对室外变压器应重点进行特殊检查。大风时，检查引线有无剧烈摆动，变压器顶盖、套管引线处应无杂物；大雪天，各部触点在落雪后，不应立即熔化或有放电现象；大雾天，各部有无火花放电现象等等。

2. 变压器的常见故障和原因分析

变压器在运行中常见的故障是绕组、套管和电压分接开关的故障，而铁心、油箱及其他附件的故障较少。下面将常见的几种主要故障分述如下。

（1）绕组故障

主要有匝间短路、绕组接地、相间短路、断线及接头开焊等。产生这些故障的原因有以下几点：

1）在制造或检修时，局部绝缘受到损害，遗留下缺陷。

2）在运行中因散热不良或长期过载，绕组内有杂物落入，使温度过高绝缘老化。

3）制造工艺不良，压制不紧，机械强度不能经受短路冲击，使绕组变形绝缘损坏。

4）绕组受潮，绝缘膨胀堵塞油道，引起局部过热。

5）绝缘油内混入水分而劣化，或与空气接触面积过大，使油的绝缘水平下降或油面太低，部分绕组露在空气中未能及时处理。

由于上述种种原因，在运行中一经发生绝缘击穿，就会造成绕组的短路或接地故障。匝间短路时的故障现象是变压器过热油温增高，电源侧电流略有增大，各相直流电阻不平衡，有时油中有吱吱声和咕嘟咕嘟的冒泡声。轻微的匝间短路可以引起瓦斯保护动作；严重时差动保护或电源侧的过流保护也会动作。发现匝间短路应及时处理，因为绕组匝间短路常常会引起更为严重的单相接地或相间短路等故障。

（2）套管故障

这种故障常见的是炸毁、闪络和漏油，其原因有：

1）密封不良，绝缘受潮劣化；

2）呼吸器配置不当或者吸入水分未及时处理。

（3）分接开关故障

常见的故障是表面熔化与灼伤，相间触头放电或各接头放电。主要原因有：

1）连接螺丝松动；

2）带负荷调整装置不良和调整不当；

3）分接头绝缘板绝缘不良；

4）接头焊锡不满，接触不良，制造工艺不好，弹簧压力不足。

（4）铁心故障

铁心故障大部分原因是由于铁心柱的穿心螺杆或铁轮的夹紧螺杆的绝缘损坏而引起的，其后果可能使穿心螺杆与铁心迭片造成两点连接，出现环流引起局部发热，甚至引起铁心的局部熔毁。也可能造成铁心迭片局部短路，产生涡流过热，引起迭片间绝缘层损坏，使变压器空载损失增大，绝缘油劣化。

运行中变压器发生故障后，如判明是绕组或铁心故障应吊芯检查。首先测量各相绕组的直流电阻并进行比较，如差别较大，则为绕组故障。然后进行铁心外观检查，再用直流电压、电流表法测量片间绝缘电阻。如损坏不大，在损坏处涂漆即可。

(5) 瓦斯保护故障

瓦斯保护是变压器的主保护，轻瓦斯作用于信号，重瓦斯作用于跳闸。下面分析瓦斯保护动作的原因及处理方法：

1) 轻瓦斯保护动作后发出信号。其原因是：变压器内部有轻微故障；变压器内部存在空气；二次回路故障等。运行人员应立即检查，如未发现异常现象，应进行气体取样分析。

2) 瓦斯保护动作跳闸时，可能变压器内部发生严重故障，引起油分解出大量气体，也可能二次回路故障等。出现瓦斯保护动作跳闸，应先投入备用变压器，然后进行外部检查。检查油枕防爆门，各焊接缝是否裂开，变压器外壳是否变形；最后检查气体的可燃性。

变压器自动跳闸时，应查明保护动作情况，进行外部检查。经检查不是内部故障而是由于外部故障或人员误动作等引起的，则可不经内部检查即可投入送电。如差动保护动作，应对该保护范围内的设备进行全部检查。

此外，变压器着火也是一种危险事故，因变压器有许多可燃物质，处理不及时可能发生爆炸或使火灾扩大。变压器着火的主要原因是：套管的破损和闪络，油在油枕的压力下流出并在顶盖上燃烧；变压器内部故障使外壳或散热器破裂，使燃烧着的变压器油溢出。发生这类事故时，变压器保护应动作使断路器断开。若因故断路器未断开，应用手动来立即断开断路器，拉开可能通向变压器电源的隔离开关，停止冷却设备，进行灭火。变压器灭火时，最好用泡沫式灭火器，必要时可用砂子灭火。

第二节 高压断路器

高压断路器具有比较完善的灭弧结构和足够的开断能力，能在正常情况下带负荷开断和关合电路；在严重过负荷和短路故障时，在继电保护装置的配合下，能在尽可能短的时间内自动将故障电路从电网上切除，减轻电力设备的损坏程度，并能够配合自动重合闸进行多次关合和断开动作。

为了实现电力的开断和关合功能，断路器必须具有下述组成部分：

(1) 开断、关合电路部分：主要由导电杆、触头系统和灭弧室组成。

(2) 操动和传动部分：主要由能源操动机构和传动机构组成。

(3) 绝缘部分：用于开断、关合电路部分对地绝缘的绝缘部件，如绝缘拉杆、绝缘套等。

高压断路器在分断电路电流时，触头之间经常会出现电弧，直到电弧熄灭后，电路才真正被切断。根据断路器所使用灭弧介质的不同，断路器可分为以下类别：

(1) 油断路器：又分为多油断路器和少油断路器，它们都是以变压器油作为灭弧介质，触头在变压器油中开断、接通。

（2）压缩空气断路器：利用压缩空气来吹灭电弧的断路器。

（3）真空断路器：触头在真空中开断、接通，在真空条件下灭弧的断路器。

（4）SF6 断路器：利用 SF6 气体吹灭电弧的断路器。

（5）固体产气断路器：利用固体产气材料在电弧高温作用下分解出的气体来熄灭电弧的断路器。

（6）磁吹断路器：在空气中由磁场将电弧吹入灭弧栅中，使之拉长、冷却进而熄灭电弧的断路器。

一、电弧的形成和灭弧方法

1. 电弧的形成

在电路中，断路器在切断电路电流时，触头之间经常出现电弧，触头间的电弧实质上是由于中性质点游离而引发的一种气体放电现象。从电弧的形成过程看，中性质点的游离放电可分为四个阶段。

（1）强电场发射

当触头分开时，由于触头间距离很小，即使触头间电压不一定很高，此时触头间仍会产生很强的电场强度。当电场强度超过 $3 \times 10^6 V/m$ 时，在强电场作用下，金属触头阳极表面的自由电子会被电场力拉出来，成为在触头间隙中呈游离状态的自由离子。

（2）热电发射

在触头分开瞬间，由于触头间压力迅速减小，因而接触电阻增大，电流流过时发热加剧，在电极上出现强烈的炽热点。此外，弧隙中正离子被迅速吸向阴极，使阴极表面温度升高。当阴极表面达到一定高温时，便发射电子，使弧隙中的电子数目增加。

（3）碰撞游离

从阴极表面发射出来的自由电子，在电场力的作用下向阳极做加速运动，途中与介质的中性质点（原子或分子）相碰撞，使得这些中性质点碰撞游离为正离子和自由电子，这样的碰撞游离连续不断地进行，结果导致触头间隙中充满正离子和自由电子，在外加电压的作用下，电子奔向阳极，正离子奔向阴极，产生电流，从而形成电弧。

（4）热游离

在电弧燃烧时，电弧表面温度可达 3000～4000℃以上，弧心温度更可达 10000℃以上。处于高温下的介质分子和原子产生强烈的热运动而发生互相碰撞，游离出正离子和自由电子，称为热游离。热游离是电弧能够维持燃烧的主要原因。实际上，在间隙击穿产生电弧后，由于触头间电压降减小，而触头的拉开距离反而增大，导致触头间电场强度大大减小，强电场发射基本停止。随着电场强度的减小，电场对电子运动的加速作用减弱，碰撞游离也基本停止。这时，电弧的稳定则主要依靠热游离来维持。

总之，断路器触头刚分离的瞬间，阴极在强电场和高温的作用下，发生强电场发射和热电发射，使弧隙中的自由电子数目不断增多，自由电子在触头电压作用下高速运动，与介质的中性质点发生碰撞游离，导致介质被击穿并形成电弧。在电弧形成后，由于弧柱温度很高，介质发生热游离，使得电弧得以维持和发展，这就是触头分断时，弧介质被击穿而产生电弧的大致过程。

2. 灭弧方法

电弧燃烧过程中，弧隙中产生电子和正离子的游离过程的同时，还发生着带电质点减少的去游离过程。游离和去游离是两个相反的过程。在稳定燃烧的电弧中，游离和去游离过程处于一种动平衡状态，如果游离大于去游离，电弧将继续维持；如果去游离大于游离，则电弧将愈来愈小，直至熄灭。因此，灭弧的实质就是使弧隙中的去游离过程大于游离过程。

高压断路器触头分断时产生的交流电弧中电流每半周过零一次，此时电弧自然熄灭。以后电弧会不会重燃，则取决于弧隙是否重新被击穿。弧隙的击穿主要有热击穿和电击穿。

热击穿：是指电流过零很短时间内，弧隙中的温度仍然很高，在弧隙电压的作用下，弧隙中仍存在很小的残余电流。所以，这时弧隙中存在散失能量（由高温散热引起）和输入能量（残余电流引起）这两个过程。若输入能量大于散失能量，则游离过程大于去游离过程，电弧就会重燃，这种现象就叫热击穿。反之，如果在电流过零时加强弧隙冷却，使去游离过程大于游离过程，则不会产生热击穿而引起电弧重燃。

电击穿：是指电流过零后，若弧隙温度降低充分则热击穿不会出现，但是弧隙的绝缘能力要恢复到正常绝缘状况仍需一定时间，即存在一个弧隙介质强度的恢复过程（此恢复过程主要与弧隙的冷却条件有关）。同样，弧隙电压也存在一个电压恢复过程（其恢复过程主要与电路参数有关）。如果弧隙恢复电压高于介质绝缘强度的恢复值，弧隙仍将被击穿，称为电击穿。

可见，交流电弧的熄灭，关键在于电流过零后，要加强冷却，使热游离无法维持，防止发生热击穿；另一方面则要使弧隙介质绝缘强度的恢复速度始终大于弧隙电压的恢复速度，防止发生电击穿。

根据以上灭弧原理，高压断路器中交流电弧的熄灭方法，主要有以下两种。

（1）吹弧

在断路器中广泛使用气体或油流吹动电弧，其作用是一方面增强对流，冷却电弧，减弱热游离。另一方面则通过吹弧将弧隙中的原有带电粒子吹散，迅速恢复弧隙介质的绝缘强度。常见的吹弧方式有横吹（图25-8）与纵吹（图25-9）两种。

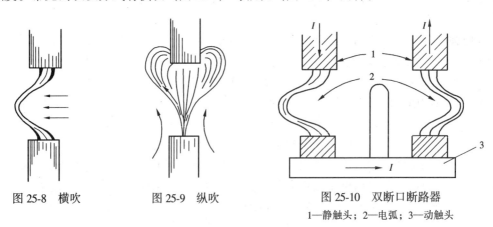

图25-8　横吹　　　　图25-9　纵吹　　　　图25-10　双断口断路器
　　　　　　　　　　　　　　　　　　　　　1—静触头；2—电弧；3—动触头

（2）多断口熄弧

断路器设备常制成每相有两个或两个以上的串联断口，如图25-10所示。在相等的触头行程下，多断口比单断口拉弧更长，电弧拉长的速度也更快，加速了弧隙电阻的增大。

同时，由于加在每个断口上的电压降低，使得弧隙的恢复电压降低，因此灭弧效果更好。

另外，采用优质绝缘介质如 SF6 等气体，采用难熔金属材料作触头，加大流动气体压力等方法也是熄弧的重要方法。

二、特性参数介绍

1. 额定电压

额定电压是指断路器正常工作时的工作电压，以千伏为单位。我国断路器的额定电压等级有：3、6、10、20、35、60、110、220、350、500（kV）。

2. 最高工作电压

由于输电线路存在电压损失，线路首段的初始电压高于额定电压，另外在实际运行中，由于系统调压的需要，电网的电压允许在一定范围内变动，因此断路器有可能在高于额定电压的情况下长期工作。按照国家标准，额定电压在 220kV 及以下的电气设备，最高工作电压为 1.15 倍的额定电压，330kV 及以上的电气设备的最高工作电压为 1.1 倍的额定电压。

3. 额定电流

额定电流是指断路器可以长期通过的工作电流，以安培为单位。我国断路器的额定电流等级有：200、400、630、（1000）、1250、（1500）、1600、2000、3150、4000、5000、6300、8000、10000、12500、16000、20000（A）。

4. 额定开断电流（又称额定断路开断电流）

额定开断电流指在额定电压下断路器能可靠开断的最大短路电流，以千安培为单位。用短路电流周期分量的有效值表示。额定开断电流表明断路器的灭弧能力，决定了断路器灭弧装置的结构和尺寸。我国断路器额定开断电流等级有：1.6、3.15、6.3、8、10、12.5、16、20、31.5、40、50、63、80、100（kA）。

5. 额定断流容量 S_{de}

额定断流容量是表征断路器灭弧能力的参数，以兆伏安为单位，它与额定开断电流关系为：

$$S_{de} = U_{de} \times I_{de} \tag{25-17}$$

其中 U_{de}——额定电压（kV）；

$\qquad$ I_{de}——额定开断电流（kA）；

$\qquad$ S_{de}——额定断开流容量（MVA）。

6. 热稳定电流（又称短时耐受电流）

热稳定电流是指在某一规定的短时间 t 内断路器能够承受的冲击短路电流的有效值，以千安培为单位。规定的短时间 t 通常取 1、2、3、5s，一般规定以 3s 为标准，故称与 3s 对应的短时间耐受电流为断路器额定短时耐受电流。其值应和断路器的额定开断电流相等。短时耐受电流也将影响断路器触头和导电部分的结构和尺寸。

7. 动稳定电流（又称峰值耐受电流）

动稳定电流是指断路器在合闸位置时所能耐受的最大峰值电流，以千安培为单位。一般规定其值应为额定开断电流的 2.5 倍，其值的大小决定了断路器导电部分和支持部分所需的机械强度，以及触头的结构形式。

8. 额定短路关合电流（又称额定短路接通电流）

额定短路关合电流是指断路器在额定电压下能正常接通的最大短路电流（峰值），以千安培为单位。断路器在接通此电流时，不应发生触头的熔焊或严重烧损。断路器的额定短路关合电流应等于其峰值耐受电流。

9. 分闸时间（又称固有分闸时间）

分闸时间是指断路器接到分闸指令起，到首先分离相的触头刚分开为止的一段时间。其长短主要和操动机构的机械特性有关，受开断电流大小的影响较小，可以看成一个定值。

10. 合闸时间（又称固有合闸时间）

合闸时间是指自断路器的机构接到合闸指令起，到各相触头均有接触时为止的一段时间。其长短主要取决于操动机构和传动机构的机械特性。合闸时间现已缩短到 100ms 左右。

三、典型断路器介绍

1. SN10-10 型少油断路器

对于 3～66kV 电压等级来说，无论户内或者户外使用，少油断路器都是一种常见、应用广泛的高压断路器。

(1) 型号及技术参数

$$\boxed{1}\boxed{2}\boxed{3}\text{-}\boxed{4}\boxed{5}/\boxed{6}\text{-}\boxed{7}$$

式中　$\boxed{1}$——表示设备名称，S 为少油断路器

$\boxed{2}$——表示使用环境，W 为户外型，N 为户内型

$\boxed{3}$——表示设计序号

$\boxed{4}$——表示额定工作电压，以数字表示，单位是千伏

$\boxed{5}$——表示其他特征，在 SN 型老产品中，用 G 代表改进型，现行产品 SN10-10 型中用罗马数字Ⅰ、Ⅱ、Ⅲ等代表断流能力级别

$\boxed{6}$——表示额定电流，用数字表示，单位是安培

$\boxed{7}$——表示分断能力，用以千安培为单位的单相额定开断电流来表示

例如：SN10-10/630-16 表示室内少油断路器，设计序号为 10，额定电压为 10kV，额定电流为 630A，额定开断电流为 16kA。

SN10-10 型少油断路器的技术参数见表 25-5。

部分少油断路器主要技术数据　　　　表 25-5

型　号	SN10-10Ⅰ		SN10-10Ⅱ		SN10-10Ⅲ	
	SN10-10/630-16	SN10-10/1000-16	SN10-10/1000-31.5	SN10-10/1250-31.5	SN10-10/2000-40	SN10-10/3000-40
额定电压(kV)	10	10	10	10	10	10
额定电流(A)	630	1000	1000	1250	2000	3000
额定开断电流(kA)	16	16	31.5	31.5	40	40
额定关合电流(kA)	40	40	80	125	125	125
额定动稳定电流(峰值)(kA)	40	40	80	125	125	125

型 号	SN10-10 I		SN10-10 II		SN10-10 III	
	SN10-10/ 630-16	SN10-10/ 1000-16	SN10-10/ 1000-31.5	SN10-10/ 1250-31.5	SN10-10/ 2000-40	SN10-10/ 3000-40
额定热稳定电流(峰值)(kA)	16(4s)	16(4s)	31.5(4s)	31.5(4s)	40(4s)	40(4s)
合闸时间(s)	≤0.2	≤0.2	≤0.2	≤0.2	≤0.2	≤0.2
固有分闸时间(s)	≤0.06	≤0.06	≤0.06	≤0.06	≤0.07	≤0.07
机械寿命次数	3000	3000	3000	3000	3000	3000
每台重量(含机构)(kg)	240	240	260	330	380	440
配用操作机构型号	CD10-I 或 CT8-I		CD10-II 或 CT8-II		CD10-III 或 CT8-III	

(2) 结构

少油断路器由三个独立油箱组成，一般配有 CD_{10} 电磁式或者 CT7、CT8 弹簧式操作机构，其外形结构如图 25-11 所示，由导电部分、灭弧系统、传动机构及钢框架组成；其剖面图如图 25-12 所示。

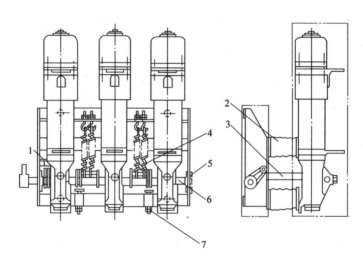

图 25-11 SN10-10 I、II 型高压少油断路器外型图
1—分闸限位器；2—支持绝缘子；3—绝缘拉杆；4—分闸大簧；
5—轴承；6—主轴；7—合闸缓冲器

1) 导电部分：图中所示上、下接线板分别与主电路的电源和负荷相连接。动触头系统由动触杆、触头以及滚轮式的中间触头组成。静触头系统由静触指、指形触头和弧触指组成。

2) 灭弧系统：包括大绝缘筒、变压器油、油标管、注油螺栓、放油螺栓、上帽、逆止阀、灭弧室、油气分离器。

3) 传动部分：包括主轴、绝缘拉杆、转轴、合闸弹簧缓冲器、分闸弹簧、分闸油缓冲器、分闸定位器等。

少油断路器的结构特点是断路器油箱带电，对地绝缘主要依靠瓷瓶、瓷筒等固体绝缘材料，使用变压器油用作灭弧介质，因此油量少、结构简单、制造方便、价格便宜。

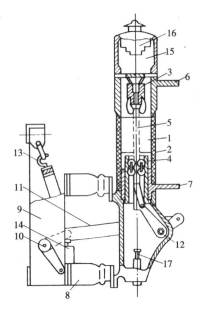

图 25-12　SN10-10 少油断路器剖面图

1—灭弧室；2—大绝缘筒；3—静触头；4—中间
触头；5—动触杆；6—上接线板；7—下接线板；
8—瓷瓶；9—底座；10—主轴；11—绝缘拉杆；
12—转轴；13—分闸大簧；14—合闸弹簧缓冲
器；15—缓冲空间；16—油气分离器；17—分闸
油缓冲器

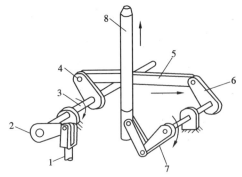

图 25-13　传动机械示意图

1—拉杆；2—主动拐臂；3—主轴；4—从动拐臂；
5—绝缘拉杆；6—外拐臂；7—内拐臂；8—动触杆

(3) 合闸及分闸过程

1) 合闸过程

如图 25-13 所示，操动机构通过传动机械把力传到框架的主动拐臂上，使主轴 3 转动一个角度，主轴上的从动拐臂 4 使绝缘拉杆向前运动，使得油箱的外拐臂 6 向前转动一个角度，进而推动动触杆 8 向上运行，使动触头插入静触头内。此时主轴上的另两个从动拐臂碰上并压缩合闸弹簧缓冲器，直到合闸最终位置时由操动机构扣住，使断路器保持在合闸位置。同时，主轴上另外两个从动拐臂分别拉伸两个分闸弹簧并储能，为下次分闸做好准备。

2) 分闸过程

当操动机构由于手动或者电动脱扣时，在先前储能的分闸弹簧迅速收缩以及合闸缓冲器内被压缩弹簧迅速反弹这两种力量的共同作用下，框架主轴 3 逆时针转动，带动三个绝缘拉杆 5 向后运动，使动触杆 8 往下运动，动触头脱开静触头而分闸。分闸至一定位置时，动触杆底部碰上分闸缓冲器，由缓冲器缓冲分闸运动的惯性。分闸的最后时刻，分闸弹簧的拉力使框架主轴上的两个从动拐臂压紧在分闸定位器上，使断路器保持在分闸位置。

(4) 灭弧过程

少油断路器使用变压器油作为灭弧介质，其灭弧室采用三聚氢胺玻璃丝压成的耐弧材料制成不同形状的六片隔弧片相连而成，采用纵横气吹和机械油吹联合作用的灭弧方式。当少油断路器带负荷分断时，动静触头之间燃起电弧，高温的电弧使油分解成大量气体。这种混合气体包含约 70% 左右的冷却效果极好的氢气。随着灭弧室内气体压力的迅速升高，推动静触头上方的逆止阀钢球向上运动堵塞了回油孔，随着导电杆的往下退，高压气体通过少油断路器灭弧室的特殊结构，以很高的速度通过不同部位对已被拉长的电弧进行横吹和纵吹，发挥很好的横吹和纵吹效应，电弧被拉长并迅速冷却；导电杆继续下退，被排挤的变压器油进入灭弧室，形成机械油吹，最终使电弧熄灭。完成了横吹、纵吹的油气，通过灭弧室的排气通道向上冲出油面，进入室气室内的油气分离器进行油气分离，分离后的气体则通过排气孔排出断路器外。

少油断路器依靠变压器油作为灭弧介质，同时又作为绝缘介质，因此油质和油量都要注意观察，在分合一定次数的大电流后，油质劣化则必须更换新油，特别是分断短路故障后，一般要检查油质和油量，因此少油断路器不适宜用于大电流频繁操作的场合。

（5）运行检查

正常情况下，有人值班的配电所每班巡视检查一次，早晚最大负荷时各检查一次；无人值班的每周至少巡检一次。在开关自动跳闸后和温度急剧变化的特殊情况下，应增加检查次数。

此外，断路器每开断一次短路故障后，应进行外部检查；对有重合闸的，重合闸投入成功则进行外部检查，投入失败则须解体检查。

运行中的检查项目：

1）各连接点应无松动、脱落、发热现象。

2）瓷绝缘应无闪烙放电痕迹，表面光洁完好，无裂纹、断裂、破损现象。

3）指示灯指示应正确，操作保险应完好。

4）分合闸指示应正确。

5）负荷电流是否正常。

6）运行中应无异常声响（放电声）或者异常气味（放电产生的臭氧味，过热产生的绝缘物挥发出的异常气味或糊味）。

7）油位、油色是否正常，有无渗漏现象。

8）传动部分应无异常，如销轴脱落、传动杆裂纹等。

9）操作机构应无异常，合分闸回路完好；控制电源，合分闸电源正常。

2. 真空断路器

真空断路器是随着真空技术以及材料的发展而发展的。随着真空技术的发展，20世纪50年代开始，美国才制成了第一批适用于切合电容器组等特殊场合的真空负荷开关，但受材料的限制导致开断电流较小。在20世纪60年代初期，由于冶金技术的发展，解决了开断大电流用的触头材料，使得真空断路器获得新的发展，进入了高电压、大容量的领域。由于具有一系列明显的优点，从20世纪70年代开始，真空断路器在国际上得到迅速发展，尤其在35kV等级以下，更是处于占优势的地位。

（1）型号及技术参数

$$\boxed{1}\boxed{2}\boxed{3}-\boxed{4}/\boxed{5}-\boxed{6}$$

其中　$\boxed{1}$——表示设备名称，Z为真空断路器

$\boxed{2}$——表示使用环境，W为户外型，N为户内型

$\boxed{3}$——表示设计序号

$\boxed{4}$——表示额定工作电压，以数字表示，单位是千伏

$\boxed{5}$——表示额定电流，用数字表示，单位是安培

$\boxed{6}$——表示分断能力，用以千安培为单位的单相额定短路开断电流来表示。

真空断路器的型号很多，其设计序号从 3 直到 43，但其中只有设计序号为 6、23、39、42（kV）的电压等级不是 10kV 外，其余均为 10kV。虽然型号很多，但结构上大同小异，这里仅以 ZN2-10 为例，其技术参数如表 25-6。

真空断路器 ZN2-10 I 型的技术参数 表 25-6

额定电压	10kV	额定短路电流开断次数	50 次
最高工作电压	11.5kV	合闸时间	≤0.075s
额定电流	1250A	分闸时间	≤0.065s
额定短路开断电流	31.5kA	机械寿命	10^4 次
动稳定电流	80kA	额定电流开断次数	10^4 次
3s 热稳定电流	31.5kA		
机械特性调整参数	触头行程：11 ± 1mm		触头超行程：8 ± 2mm
	每相回路电阻：≤25μΩ		合闸速度：0.6～1.1m/s
	分闸速度：≤1.0～1.4m/s		三相触头合、分闸同期性：≤2ms

（2）结构

真空断路器的总体结构除具有真空灭弧室外，其余与油断路器无多大差别，它是由真空灭弧室（又称真空开关管）、支撑部分以及操动机构组成，如图 25-14 所示。

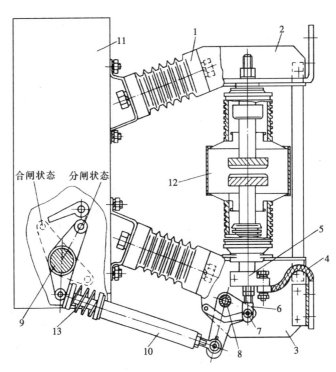

图 25-14 ZN2-10 型真空断路器总体结构图
1—绝缘子；2—上出线端；3—下出线端；4—软联结；5—导电夹；6—万向杆端
轴承；7—轴销；8—杠杆；9—主轴；10—绝缘拉杆；11—机构箱；12—真空灭弧
室；13—触头弹簧

（3）真空灭弧室（真空开关管）

真空灭弧室是真空断路器中的一个最重要的部件，图 25-15 显示它的结构原理。真空

420

灭弧室是由静触头、动触头、屏蔽罩、外壳、波纹管、动导电杆、静导电杆等组成。真空灭弧室的外壳是由绝缘筒、静端盖、动端盖以及波纹管组成的密封容器。灭弧室的静导电杆与静触头相固定，其中部穿过静端盖并与之焊成一体。动导电杆的一端与动触头相固定，其中部与波纹管的一个端口焊成一体，而波纹管的另一端口与动端盖的中孔焊接。由于波纹管可以轴向伸缩，从而保证动触头杆带动动触头实现

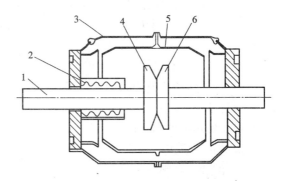

图 25-15　真空灭弧室的结构原理
1—动触杆；2—波纹管；3—外壳；
4—动触头；5—屏蔽罩；6—静触头

断路器的分合动作。真空灭弧室内部通常抽成约 10E-4Pa 左右的高真空。真空的绝缘强度很高，触头在真空条件下开合时产生的真空电弧具有电压低、能量小、熄灭时间短等特点，因此触头在真空管里开合，具有熄弧能力强，触头行程小，寿命长等一系列优点。

1）外壳

外壳是真空灭弧室的密封容器，由绝缘筒、动端盖、静端盖、波纹管组成。绝缘筒一般采用硬质玻璃、高氧化铝陶瓷以及微晶玻璃等无机绝缘材料，具有不透气、不吸水、机械强度高、绝缘性能好、软化温度高等优点，动静端盖则采用不锈钢、无氧铜等金属制成。

此外，现在也经常采用另外一种外壳结构形式，即以金属材料制成外部圆筒，并以无机绝缘材料制成绝缘端盖。此时金属圆筒又起到屏蔽罩的作用。

波纹管是既保证灭弧室完全密封，又实现灭弧室外操动触头作分合运动不可缺少的元件。其常用材料有不锈钢、磷青铜、铍青铜等。以不锈钢性能最好。波纹管在轴向上允许收缩，其允许伸缩量决定了断路器的触头最大开距。通常。波纹管的疲劳寿命也决定了真空灭弧室的机械寿命。

2）屏蔽罩

灭弧室内，触头周围以及波纹管外面均设有屏蔽罩。屏蔽罩的常用材料为无氧铜、不锈钢和玻璃。触头周围的主屏蔽罩可以防止电弧生成物污染绝缘筒，避免绝缘筒的绝缘强度降低和绝缘破坏。另外电弧生成物在屏蔽罩表面会凝结，不容易返回电弧间隙，有利于弧隙介质绝缘强度的迅速恢复。同时屏蔽罩还能起到使灭弧室内部电压均分分布的作用。而波纹管外面屏蔽罩则能保护波纹管免遭电弧生成物的烧损。

3）触头

触头是灭弧室内最为重要的元件，真空灭弧室的开断能力和电气寿命主要是由触头的材料和形状决定的。触头的材质要求具有开断能力大、耐压水平高、耐电弧、含气量低、抗熔焊、截流水平低等特点，一般选用多元合金制成。

（4）特点

真空断路器的工作原理和结构决定了下列优点：

1）结构简单，维修工作量小，真空灭弧室与触头不需要检修。

2）熄弧能力强，燃弧时间短。

3）触头电磨损小，电寿命长，触头密封在真空条件下不受外界不良环境的影响。

4）环境污染小。触头开断在密封的灭弧室里进行，电弧生成物不会污染周围环境，操作时无严重噪音，没有易燃易爆介质，无爆炸和火灾危险。

5）适合频繁操作和快速切断场合，特别适合于切断电容性负荷。

（5）运行与维护

操作简单、使用方便和维修工作量小是真空断路器的突出优点，因此日常使用过程中的运行、维护项目也较少，具体如下：

1）断路器的分、合闸指示是否正常；

2）有关仪表和继电保护装置是否正常；

3）有无异常声响和异常气味；

4）检查绝缘子、绝缘杆、绝缘件等是否清洁干燥；

5）操动机构是否动作灵活、润滑是否充分；

6）各连接部件是否坚固，无松脱现象；

7）防止真空断路器过电压，检查防护措施是否有效；

另外真空断路器真空度的检查也要根据使用的场合、操作的频繁程度、短路开断电流情况来合理安排。真空度的检查可以使用真空度测试仪准确测试，或者采用工频耐压法，即在分闸的断路器触头间施加一定的工频电压，耐压1min，无击穿则合格。

3. SF6 断路器

SF6 断路器是以 SF6 气体作为灭弧和绝缘介质的断路器。

SF6 是一种无色、无味、无毒、不可燃的惰性气体，密度是空气的 5.1 倍。SF6 的特性是其分子能在电弧间隙的游离气体中强烈地吸附自由电子，在同样的电场强度下发生碰撞游离的机会较少，因而具有极好的绝缘和灭弧能力。与空气相比较，SF6 的绝缘能力高近 3 倍，灭弧能力高 100 倍。SF6 断路器可采用简单的灭弧结构以缩小断路器的外形尺寸，却具有较强的开断能力，因此 SF6 断路器具有体积小、重量轻、开断性能好的优点；另外电弧在 SF6 断路器中燃烧时电弧电压低，燃弧时间短，所以断路器开断触头烧损轻微，可以频繁操作，具有运行稳定，安全可靠，寿命长的优点。总之，SF6 断路器近年来在中压、高压及超高压领域中应用越来越广泛，特别在高压、超高压断路器的领域中占有很大比重。

但是 SF6 气体的电气性能受电场均匀程度、水分杂质、温度、压力的影响很大，因而 SF6 断路器对工艺及密封要求甚严，对材质、气体质量要求很高。

（1）型号及技术参数

$$\boxed{1}\boxed{2}\boxed{3}-\boxed{4}\boxed{5}/\boxed{6}-\boxed{7}$$

其中　$\boxed{1}$——表示设备名称，L 代表六氟化硫断路器

$\boxed{2}$——表示使用环境，W 为户外型，N 为户内型

$\boxed{3}$——表示设计序号

$\boxed{4}$——表示额定工作电压，以数字表示，单位是千伏

$\boxed{5}$——表示其他特征，储能方式（Ⅰ：手动；Ⅱ：电动；Ⅲ：电磁）

⑥——表示额定电流，用数字表示，单位是安培

⑦——表示分断能力，以千安培为单位的单相额定短路开断电流来表示

例如：LN2-10/1250-25 则表示户内型 SF6 断路器，其设计序号为 2，额定电压为 10kV，额定电流为 1250A，额定短路开断电流为 25kA。

SF6 断路器可以做成各种电压等级、各种开断容量，并能较长时间不必检修。如果密封可靠，可长年维护。表 25-7 列举了几种 SF6 断路器的技术数据。

SF6 断路器技术数据　　　　　　　　　　　　　　　　表 25-7

型号	额定电压 (kV)	最高工作电压 (kV)	额定电流 (A)	额定短路开断电流 (kA)	额定关合电流（峰值）(kA)	4s 热稳定电流 (kA)	电寿命（开断额定短路电流次数）	机械寿命（操作次数）	额定绝缘水平 (kV)		SF₆ 气体工作压力20℃ (MPa)	
									工作耐压 1min	雷电冲击全波	额定	最低
LW-10	10	11.5	200 400 630	6.3、8、12.5、16	16、20、31.5、40	6.3、8、12.5、16	30、15	3000	42	75	0.35	0.25
LN₂-10	10	12	1250	25	63	25	10	10000	42	75	0.55	0.5
LN₂-35	35	40.5	1250	16	40	16	8	10000	80	185	0.65	0.59
LW-35	35	40.5	1600	25	63	25	10	3000	80	185	0.45	0.4

（2）结构和工作原理

以 LN2-10 型 SF6 断路器为例，其结构示意图如图 25-16 所示。SF6 断路器由三个单相的断路器组装而成，三个单相断路器共同安装在一个底箱上，底箱内部有传动机构。断路器的分、合闸动作如下。

合闸时，在操作机构的驱动下，推杆 8 使主轴 13 做逆时针转动，推动三个单相断路器中的导电杆 4 同时向上运动，动、静触头接通，同时拐臂 16 撞上合闸缓冲器 17 使合闸动作结束，同时分闸弹簧 16 被拉长储能为分闸做准备。

分闸时，在操动机构和分闸弹簧 6 的驱动下，推杆 8 使主轴 13 作顺时针转动，拉三相导电杆 4 同时向下运动，使动、静触头发生分离，直到拐臂 16 撞上分闸缓冲器 14 为止。

灭弧原理是采用旋弧纵吹式和压气式相结合的高效灭弧方式。动、静触头分断产生电弧，电弧从弧触指转移到环形电极上时，电弧电流通过环形电极流过线圈并产生磁场，电弧相当于通电导体，在磁场中受到力的作用，电弧旋转起来，同时电弧的高温使 SF6 气体被加热，灭弧室内压

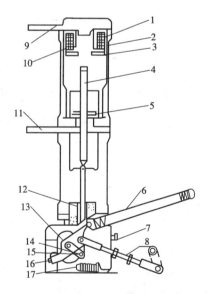

图 25-16　LN2-10 型 SF6 断路器单相结构示意图
1—线圈；2—弧触指；3—环形电极；4—动触头；5—助吹装置；6—分闸弹簧；7—自封阀盖；8—推杆；9—上接线座；10—静触指；11—下接线座；12—吸附器；13—主轴；14—分闸缓冲器；15—主拐臂；16—拐臂；17—合闸缓冲器

力升高,在喷口形成强劲的气流使电弧冷却。电弧在电流过零时熄灭,于是介质绝缘强度迅速恢复,实现了断路。助吹装置 5 的作用是断路器在切断较小电流时,气压不足,由它产生增加吹弧的压力,以保证足够强的灭弧能力。

(3) 运行和维护

SF6 断路器的优点是绝缘可靠,只要不漏气一般不会发生绝缘缺陷。SF6 断路器均装有漏气报警装置,由真空压力表、中间继电器、警报灯和信号灯组成。运行中断路器因漏气引起压力降低到报警限值时将发出警报,值班人员应及时处理泄漏并补气。另外定期做微水量测试,防止水分超标。只要满足压力和含水量的要求,SF6 断路器的绝缘一般不会发生问题。

第三节 高压隔离开关

高压隔离开关是一种没有灭弧装置的高压控制电器,严禁带负荷进行分、合闸操作。由于它在分闸后具有明显的断开点,因此通过高压隔离开关分闸可使处于检修或者停用状态的电气设备与电网进行隔离,确保运行和检修的安全。

一、型号

$$\boxed{1}\boxed{2}\boxed{3}-\boxed{4}\boxed{5}/\boxed{6}$$

其中　$\boxed{1}$——表示设备名称,G 为隔离开关

$\boxed{2}$——表示使用环境,W 为户外型,N 为户内型

$\boxed{3}$——表示设计序号,有 6、9、19 等

$\boxed{4}$——表示额定工作电压,以数字表示,单位是千伏

$\boxed{5}$——表示其他特征,G 为改进型;D 为带接地刀闸;K 为快分式;T 为统一设计;C 为瓷套管出线

$\boxed{6}$——表示额定电流,用数字表示,单位是安培

例如:GN19-10C/400 代表隔离开关,户内式,设计序号为 19,额定电压为 10kV,带瓷套管出线,额定电流为 400A。

二、结构

现以常用的 GN19-10 型高压隔离开关为例,如图 25-17 所示,其结构由以下几部分组成。

1. 导电部分:由静触头、动触头、接线座组成。两条铜板组成的接触条 3,也叫做动触头,合闸时夹持住静触头 2。两条铜板的夹紧弹簧 4 可以调节动、静触头之间的接触压力,同时两条铜板在流过相同方向电流时产生相互吸引的电动力,从而也增大了动、静触头之间的接触压力,提高了运行可靠性。在接触条两端安装有镀锌钢片 6 叫磁锁,当流过短路故障电流时,磁锁磁化后产生相互吸引的力量,也加强了动、静触头的接触压力,提高了隔离开关的动热稳定性。

2. 绝缘部分:由支持瓷瓶 12 和操作瓷瓶 13 组成。

3. 传动部分:由主轴、拐臂、操作绝缘子组成。

4. 支持底座：由钢架组成，底座应接地。

三、用途

1. 隔离电源：室外型隔离开关用作将供电线路与用户分开的第一断路隔离开关；室内型隔离开关往往与高压断路器配套使用，将待检修的电气设备或线路与有电的电网隔离，确保检修工作的安全进行。有的隔离开关还附有接地闸刀，供检修时将出线端接地，代替挂接临时接地线的技术措施，以保证检修人员的人身安全。

2. 有条件地接通或分断小负荷电源：

（1）可以分、合电压互感器和避雷器回路。

（2）分、合励磁电流不超过 2A 的空载变压器和电容电流不超过 5A 的空载线路。

四、操作运行与维护

高压隔离开关都配有手力操作机构，一般采用 CS6-1 型。操作时要先拔出定位销，分、合闸动作要果断、迅速，一气呵成，操作完毕后切记要用定位销销住。

使用绝缘拉杆操作单极隔离开关时，合闸时的顺序是先合两边相后中间相，分闸时则刚好相反。

由于隔离开关没有灭弧装置，因此严禁带负荷进行分、合闸操作。但若发生带负荷分、合闸的误操作时，

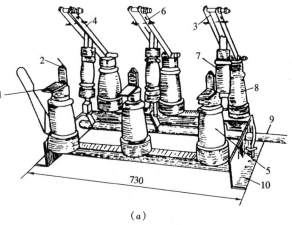

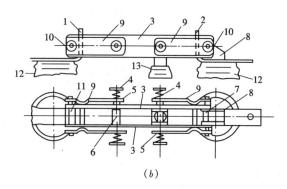

图 25-17　GN19-10 型高压隔离开关
（a）外观图
1—连接板；2—静触头；3—接触条；4—夹紧弹簧；5—支持瓷瓶；6—镀锌钢片；7—拉杆绝缘子；8—支持瓷瓶；9—传动主轴；10—底架
（b）载流部分结构
1、2—静触头；3—接触条；4—弹簧；5—杆；6—套管；7、11—轴；8—轴承；9—钢片；10—缺口；12—支特绝缘子；13—操作绝缘子

切记：带负荷误合闸后，不得立即拉开；带负荷分闸时，若已拉开则不得重合。（若刚拉开一点发觉有火花产生时可立即合上）

隔离开关在运行中常见的故障是触头发热，原因是接触不良所致，因此值班人员应该每班巡视一次，主要是观察运行电流表是否正常；导电部分是否接触良好，无过热变色现象；绝缘部分则无闪络放电痕迹；操动机构无扭曲变形、销轴脱落等异常现象。

高压隔离开关的检修工作主要是触头接触面不良状况的处理，触头间接触压力的调整，触头间涂上中性凡士林可以减少摩擦阻力及防止触头氧化；三相不同期的检查及调整；开距的检查及调整；绝缘、支持瓷瓶的检查及相应的电气试验等。

第四节　高压负荷开关

高压负荷开关是一种性能介于隔离开关和断路器之间的控制电器。它在断开位置时具有明显的断开点，因此也可起电气隔离作用。由于它具有灭弧装置，因此可以分、合额定电流之内的负荷电流。但是其灭弧装置非常简单，因此不具备像断路器一样的分断短路电流的能力。在某些不重要的地方和部位，高压负荷开关和高压熔断器配合使用，则可作为断流能力有限的断路器使用，此时负荷开关用于分、合正常情况下的负荷电流，而高压熔断器则用来切断短路故障电流。

一、型号

$$\boxed{1}\boxed{2}\boxed{3}-\boxed{4}\boxed{5}\boxed{6}/\boxed{7}$$

其中　$\boxed{1}$——表示设备名称，F为负荷开关

$\boxed{2}$——表示使用环境，W为户外型，N为户内型

$\boxed{3}$——表示设计序号

$\boxed{4}$——表示额定工作电压，以数字表示，单位是千伏

$\boxed{5}$——表示其他特征，R为带熔断器，G为改进型

$\boxed{6}$——表示额定电流，用数字表示，单位是安培

$\boxed{7}$——补充其它特征，S表示熔断器装在开关的上端

例如：FN5-10R/400表示负荷开关，户内型，设计序号为5，额定电压为10kV，带熔断器型，额定电流为400A。

二、分类和结构

负荷开关根据灭弧方式的不同可分为：压气式、产气式、真空式、SF6式、油浸式等种类，现以FN2-10型压气式户内型负荷开关为例介绍负荷开关的结构。如图25-18所示，FN2-10型负荷开关由以下几部分组成。

1. 导电部分：由主闸刀、主静触头、弧闸刀、弧静触头以及出线连接板等组成。合闸时弧触头先接触，然后主触头才闭合；合闸后，主触头流过大部分电流，弧触头则流过小部分电流；分闸时，主触头先断开，由于弧触头未断开故不会发生燃弧，待主触头完全断开后弧触头才断开，此时才出现燃弧。可

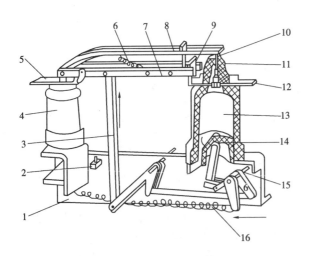

图25-18　FN2-10型负荷开关结构图

1—框架；2—分闸缓冲器；3—绝缘拉杆；4—支持绝缘子；
5—出线；6—弹簧；7—主闸刀；8—弧闸刀；9—主触头；
10—弧触头；11—喷口；12—出线；13—气缸；14—活塞；
15—主轴；16—跳闸弹簧

见弧闸刀与弧静触头在分、合闸动作时起保护主触头免受电弧烧损的作用。

2. 灭弧部分：由气缸、活塞、喷口等组成。

3. 传动部分：由转轴、拐臂、绝缘子拉杆、分闸缓冲器等组成。

4. 绝缘部分：由支持绝缘子、绝缘拉杆、气缸瓷瓶等组成。

5. 底座部分：由钢制框架组成。

三、工作原理

负荷开关分闸时，在操作机构和分闸弹簧16的共同作用下，主轴15顺时针转动，一方面通过曲柄滑块使活塞14向上移动将气体压缩，另一方面通过传动系统向上推动绝缘拉杆3，使主闸刀7先打开，然后推动弧闸刀8与弧静触头10分离，此时气缸13中被活塞压缩的空气通过喷口11吹灭电弧。合闸时操作机构通过主轴15及传动机构，使主闸刀7和弧闸刀8同时顺时针转动，弧触头先闭合，主触头后闭合。合闸的同时，分闸弹簧16被拉长储能为下次分闸做好准备。

四、运行和维护

运行中的负荷开关，其巡视项目主要有检查负荷电流是否在额定范围内；各部分有无过热现象；瓷绝缘子有无放电痕迹；开关是否有异常气味或者异常声响等。

负荷开关的维修应该定期进行，主要项目有：清扫检查各部，特别检查绝缘件有无破损、裂纹及放电；检查操作机械传动部分有无生锈、坚固件松动及传动失灵等，必要时加以润滑；检查负荷开关合闸时三相触点是否同期接触；检查灭弧装置是否完好；定期进行预防性试验，试验项目则根据负荷开关的形式，分别参照隔离开关、断路器有关试验项目执行。

第五节 互 感 器

一、概述

在电力系统的实际运行中，我们经常需要测量线路或者用电设备的运行电压和负荷电流，需要对线路或者用电设备进行完善的继电保护。由于绝缘的要求以及测量仪表和继电器制造工艺等方面的原因，用电气测量仪表无法直接测量高电压和大电流，继电器也无法直接接入系统。为此，使用电压互感器可以将系统中的高电压变换为标准的低电压，使用电流互感器可以将高压系统中的电流以及低压系统中的大电流变换为小电流。由于采用了互感器，测量仪表和继电保护装置不用直接与高电压连接，从而保证了操作人员和设备的安全。另外由于互感器的二次侧输出为统一的标准值，电压互感器的二次侧标准额定电压为100V，电流互感器的二次侧标准额定电流为5A或1A，从而使得仪表和继电器的制造可以实现标准化，简化制造工艺，降低成本。

互感器与变压器都是利用电磁感应原理工作的，其结构亦是由铁心、一次线圈、二次线圈及结构物组成。电压互感器工作原理与变压器相同；电流互感器工作原理与变压器不同的是其铁心内的交变主磁通是由一次线圈通过的电流产生的，交变主磁通在二次线圈内感应出相应的二次电流。

二、电压互感器

电压互感器的基本构造与普通变压器相同，主要由一次绕组、二次绕组、铁心组成，并且一次绕组匝数多，二次绕组匝数少，使用时一次绕组与被测量电路并联，二次绕组与测量仪表或者继电器等电压线圈并联。电压互感器工作原理与变压器相同，都是利用电磁感应原理工作的，在使用过程中，电压互感器输出容量接近于空载运行，其本身的短路阻抗也很小，相当于一个空载运行的降压变压器，在允许负荷范围内，电压互感器可以得到比较准确的电压比。

1. 型号

$$\boxed{1}\boxed{2}\boxed{3}\boxed{4}\boxed{5}-\boxed{6}$$

其中 $\boxed{1}$——表示设备名称，J 为电压互感器

$\boxed{2}$——表示相数，D 为单相，S 为三相

$\boxed{3}$——表示绝缘形式，J 为油浸式，G 为干式，Z 为浇注式，C 为瓷箱式

$\boxed{4}$——表示结构形式，B 为带补偿绕组，W 为五柱三绕组，J 为接地保护

$\boxed{5}$——表示设计序号

$\boxed{6}$——表示额定电压，以数字表示，单位是千伏

例如：JSJW-10 表示三相五柱三绕组油浸式电压互感器，额定电压为 10kV；JDZ-10 表示单相双绕组浇注式绝缘电压互感器，额定电压为 10kV。

2. 有关技术参数

（1）变比：指电压互感器一次与二次绕组额定电压的比值 $K = U_{1n}/U_{2n}$。

（2）准确度：

根据工作原理，电压互感器的一次电压变换到二次电压时会产生相角差，相角差和负荷与短路阻抗形成电压差，因此电压互感器的测量误差分为变比误差和角误差，电压互感器的准确度是以最大变比误差和角误差来区分的。国家标准规定，电压互感器的准确度等级分为 5 级，具体见表 25-8。

标准准确级及其误差限值　　　　　　　　　　　表 25-8

准确级	电压范围（%）	负荷范围（%）	误差限值	
			电压误差（%）	相位差（分）
0.1			±0.1	±5
0.2			±0.2	±10
0.5	（80%~120%）×U_{1n}	（25%~100%）×S_{2n}	±0.5	±20
1			±1.0	±40
3			±3.0	—

注：U_{1n} 为额定电压，S_{2n} 为额定二次负荷。

应用时应根据电压互感器的用途以及二次负荷性质来选用适当准确度等级的电压互感器。一般情况下电度计量专用的电压互感器选用 0.5 级，测量仪表配套使用的电压互感器选用 1 级或者 0.5 级，用于继电保护用的电压互感器应选用不低于 3 级的准确度。

3. 电压互感器的使用

（1）电压互感器的一、二次接线应保证极性正确；

（2）电压互感器的一、二次线圈都应装设熔断器，以防止发生短路故障。电压互感器的二次线圈不得短路，否则电压互感器将因过热而烧毁；

（3）电压互感器的二次线圈、铁心和外壳都必须可靠接地，使得在线圈绝缘内损坏时，二次线圈对地电压不会升高，以保证人身和设备安全；

（4）电压互感器二次线圈的电压降一般不得超过额定电压的 0.5%，接用 0.5 级电能表时不得超过 0.25%。

4．电压互感器的运行和巡视检查

（1）瓷套管是否清洁、完整，绝缘介质有无损坏、裂纹和放电痕迹；

（2）充油电压互感器的油位是否正常，油色是否透明（不发黑），有无严重的渗、漏油现象；

（3）一次侧引线和二次侧连接部分是否接触良好；

（4）电压互感器内部是否有异常响声，有无放电声和剧烈振动声，当外部线路接地时，应注意响声是否正常，有无焦臭味；

（5）电压互感器的保护接地是否良好，若有断开或锈蚀，应及时进行更换，防止二次侧绝缘击穿时，一次侧高压窜入二次回路，造成人身和设备事故；

（6）高压侧导线接头有无过热，低压电路的电缆和导线有无损伤和锈蚀，低压侧熔断器及限流电阻是否完好；

（7）观察接至测量仪表、继电器和自动装置及回路的熔断器熔体有无熔断，电压互感器一、二次侧熔体有无熔断，表计指示是否正常。

三、电流互感器

电流互感器是按电磁感应原理工作的，主要由一次绕组、二次绕组和铁芯组成，一次绕组匝数很少，单匝或者多匝式串接在被测量电路中，二次绕组匝数很多，与测量仪表或者继电器的电流线圈相串联。

流过一次线圈的电流产生交变主磁通，交变主磁通在二次线圈内感应出相应的二次电流。所有电流互感器的二次侧标准额定电流都为 5A，零序电流互感器的二次侧标准额定电流为 1A。

1．型号

$$\boxed{1}\boxed{2}\boxed{3}4—5/6—\boxed{7}$$

其中　$\boxed{1}$——表示设备名称，L 为电流互感器；

$\boxed{2}$——表示特征，D 为单匝贯穿式，F 为复匝贯穿式，M 为母线式，Q 为线圈式，R 为套管式（装入式）；

$\boxed{3}$——表示特征，C 为瓷绝缘，D 为差动保护用，G 为改进型，J 为树脂浇注绝缘，W 为户外式，Z 为浇注绝缘；

$\boxed{4}$——表示特征，B 为保护用，J 为加大容量，L 为铝线式，Q 为加强式；

$\boxed{5}$——表示额定电压，用数字表示，单位是千伏；

$\boxed{6}$——表示准确度；

$\boxed{7}$——表示特殊用途，GY 表示高原地区用，TA 表示干热带地区用，TH 表示湿热带地区用，W 表示污秽地区用。

例如：LQJ-10 表示线圈式树脂浇注绝缘电流互感器，额定电压为 10kV。

2. 相关技术数据

(1) 变流比：电流互感器的变流比就是指一次绕组的额定电流与二次绕组额定电流之比 $K = I_{1n}/I_{2n}$

(2) 准确度：和电压互感器相似，电流互感器的测量误差也存在变比误差和角误差。电流互感器的准确度是以最大变比误差和角误差来区分，具体见表25-9。

电流互感器的准确度和误差限制   表 25-9

准确度	一次电流范围	二次负荷范围	误差限值	
			变比误差（%）	角误差（分）
0.2	（100% ~ 120%）I_{1n}	（25% ~ 100%）S_n	± 0.2	± 10
0.5	（100% ~ 120%）I_{1n}	（25% ~ 100%）S_n	± 0.5	± 30
1	（100% ~ 120%）I_{1n}	（25% ~ 100%）S_n	± 1	± 60
3	（50% ~ 120%）I_{1n}	（50% ~ 100%）S_n	± 3.0	不规定
10	（50% ~ 120%）I_{1n}	（50% ~ 100%）S_n	± 10.0	不规定
0	（600% ~ 1500%）I_{1n}	S_n	− 10	不规定

注：S_n 为电流互感器的容量，指电流互感器允许接入的二次负荷视在功率。实际使用中电流互感器准确度的选用应根据负载性质来确定，一般情况下0.2级属精密测量用，电能计选用0.5级，电流表计选用1级，继电保护选用三级，差动保护选用D级。

3. 电流互感器的使用

(1) 电流互感器的一次绕组串联在被测电路中，因此一次绕组对地必须采用与线路的高电压相适应的绝缘支持物，以保证二次回路的设备和人身安全。

(2) 二次绕组在运行中严禁短路，否则会在二次绕组侧产生可达几千伏的尖峰波电压，严重威胁设备和人员安全。

(3) 二次绕组侧不允许装设熔断器或闸刀开关。

(4) 运行过程中应注意防止电流互感器长期过负荷运行，在日常运行中定期检测互感器二次回路的负荷阻抗，防止因二次回路连接处松动、氧化、腐蚀，使负荷阻抗超过限值的测量误差。

4. 电流互感器的运行和巡视检查

电流互感器的运行检查项目与电压互感器相类似，一般都是检查互感器有无过热现象，内部有无放电声等异常声响，有无异常气味甚至冒烟，瓷质部分是否清洁完整及无破损、放电现象，注油电流互感器的油面是否正常且无漏油渗油现象等。

5. 零序电流互感器

零序电流互感器是用来检测零序电流的，其一次侧绕组就是被保护系统的三相导线，二次绕组感应零序电流。所有零序电流互感器的二次侧绕组标准额定电流为1A。在中性点不直接接地系统中，零序电流互感器与接地继电器等构成单相接地保护装置。当系统发生单相接地故障时，一次侧三相电流矢量和不为零，从而产生零序电流，零序电流互感器二次侧绕组感应出相应电流驱动接地继电器动作，达到零序保护的目的。

第六节　高压成套配电装置

高压成套装置就是指将各种电气设备，如断路器、互感器、电磁操作机构、机电保护机构相应的二次仪表、接线端子等按照一定的一、二次接线方案组装在一个金属柜内，一般统称为高压开关柜。由于该柜在电力系统中实现的功能不同，柜内所含设备也大不相同，一般有主进线柜、电压互感器柜、母联柜、所变柜、出线柜等。

高压成套配电装置一般分为户内式和户外式两种，户内式常用的有 GG 型高压固定配电柜，GFC 型高压封闭式手车柜，换代的产品有 KGN 型铠装固定式开关柜，JYN 型封闭间隔型手车柜，KYN 型铠装手车柜等。户外式常见的有移动变电室和户外手车柜等。

现在的高压成套配电装置都具有机械的或者电气的连锁装置，以实现"五防"的功能：

（1）防止带电荷操作隔离开关，即只有当与之串联的电断路器处于断开位置时才可以操作隔离开关。

（2）防止误分、合断路器，如移开式手车柜在手车未进入工作位置或者实验位置时，断路器不能合闸。

（3）防止带电挂接接地线或带电合接地隔离开关。

（4）防止带接地线合闸或者接地隔离开关未拉开即合断路器。

（5）防止误入带电设备间隔，即断路口、隔离开关未断分，则该高压开关柜的门打不开。

下面以福州第一开关厂生产的 KYN4-10（F）为例作简要介绍，其结构示意图如图 25-19 所示。

KYN4-10（F）型金属封闭铠装型移开式开关设备用于 3～12kV 单母线系统，作为一

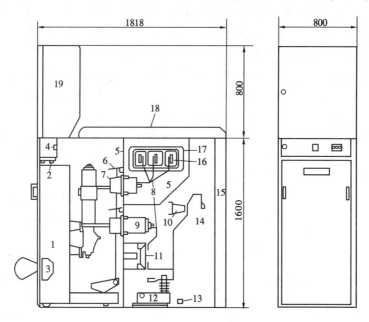

图 25-19　KYN4-10（F）结构示意图

1—断路器手车；2—二次插头；3—接地开关操作；4—接线端子；5—隔板；6—金属遮板；7—绝缘支座；8—支母线；9—套管式电流互感器；10—电压检测器；11—支柱式电流互感器；12—接地开关；13—接地母线；14—电缆终端；15—电缆室；16—主母线；17—母线支持座；18—压力释放装置；19—继电器箱

般接受和分配电能的户内式开关柜。整个开关柜由固定的外壳和装有滚轮可移动的手车两部分组成。

1. 外壳：外壳是用钢板弯制后铆接而成。外壳内部用钢板分成手车室、母线室、电缆室和继电器仪表室。各室之间的隔板各自独立接地，所以属于金属铠装开关设备。

外壳的上部位是继电器仪表室，用于装设指示仪表、信号继电器、二次端子或插座等二次设备。

手车室、母线室和电缆室在同一个壳体之内，各单元用钢板分割而成，而手车的前端面就是整个开关柜前板的一部分。在手车室的前上部还设有一个控制小室，在其中设有二次插头、带电抽取装置的显示器、信号灯、中控按钮、二次接线端子等。

2. 手车：手车使用钢板弯制焊接而成，底部装有四只滚轮。断路器和操作机构均安装在手车上，断路器通过隔离插头分别与母线和电缆出线相连接，控制电缆则通过插销（或二次插头）引入手车。

当手车从柜的正面堆入柜时，位置依次为隔离、试验和工作位置。这几个位置完全靠手车上的机械联锁的定位以保证手车在柜内的位置正确，手车的插入和抽出必须借助于特定的杠杆以达到操作上的可靠性。手车在工作位置时，上、下隔离插头闭合。手车有机械联锁机构，只有断路器处于分闸状态时，手车才能推进和拉出该位置。手车在试验位置时，上、下隔离插头断开，但控制电缆则通过二次插头引入手车，可实现断路器的调试工作。手车在隔离位置时，手车全部拉出，手车与控制电缆连接的二次插头也呈断开状态。

3. 绝缘：开关柜与断路器中带电部分主要靠空气介质作为绝缘，并加上适当的绝缘体（17）等支撑着，当手车从工作位置拉到隔离位置时，开关柜上的固定触头座即被金属遮板（6）遮盖着。该金属遮板具有自动升降功能，在手车重新推入工作位置时，金属遮板能够自动回归到开启位置。

4. 接地和接地开关：开关柜的后下部设置有接地端子，当开关柜并排排列后，沿排列的宽度方向可布设接地母线排，该接地端子或接地母线排与开关柜骨架各功能单元开关设备的接地端子相联接，手车则通过底部接地触头与柜体骨架底部接地回路联结起来，形成一个完整的接地系统。接地开关与手车装有机械联锁，只有在手车拉至隔离位置时方可操作接地开关。接地开关采用手力操作弹簧，借助弹簧能量的释放实现快速的合闸。接地开关柜的操作孔在柜前的左下边，以上、下手柄操作。

5. 带电显示装置：带电显示装置是与接地开关同时使用，或者直接作为主母线绝缘支座，从而可对主母线是否带电进行监察，以使接地开关合闸前能预先确定馈出线路是否带电。带电显示装置安装于开关柜正面的右上方。

第二十六章　三相交流异步电动机

电动机是将电能转化为机械能，拖动各种机械的动力设备。电动机的用途广、种类多。按其采用的电流种类的不同可分为直流电动机和交流电动机。交流电动机又主要分为同步电动机和异步电动机。

异步电动机的结构简单，制造容易，运行可靠，价格低廉，具有良好的使用性能。其缺点是调速特性和功率因数差。对于调速要求不高的生产机械，采用一部电动机再辅以机械变速装置，一般都可满足要求。对于调速要求高的生产机械，如连续平滑调速或调速范围很大时，可采用异步电动机串级调速和变频调速装置等。而异步电动机具有的功率因数差的缺点，则可用其他措施补偿，因此异步电动机在日常的工农业生产及日常生活中得到广泛应用。

异步电动机根据电源相数的不同又可分为单相异步电动机和三相异步电动机；按照转子结构又可分为绕线式异步电动机和鼠笼式异步电动机；根据定子绕组工作电压的高低又可分为高压异步电动机和低压异步电动机（380V 及以下）；按其不同的工作性能，异步电动机又有高起转矩、高转差、高转速异步电动机等类型。在一般的工厂企业里用得最多的就是三相异步电动机。单相低压电动机一般用于医疗器械和家用电器中。

第一节　三相交流异步电动机的结构

三相交流异步电动机主要是由静止的定子和旋转的转子这两大部分组成，外加端盖和风扇等附件，定子和转子之间存在一定的气隙，图 26-1 即为 Y 系列鼠笼式转子三相异步电动机的结构图。

一、定子

异步电动机的定子由定子铁心、定子绕组和机座等组成。

定子铁心是电机磁路的一部分，由 0.5mm 厚的硅钢片冲压成冲片，再经叠装压紧而成。小型电机冲片一般冲成椭圆，大中型电机冲片则冲成扇形，再将扇形冲片造压成椭圆的铁心。冲片之间涂有绝缘漆，或经氧化处理形成氧化膜，用于减少涡流损耗。定子铁心内圆周上，冲有均匀分布的槽口，用以嵌放定子绕组。定子绕组是三相完全对称，在空间互差 120°电角度，每相绕组引出两个端头。高压大、中型异步电动机定子绕组常采用 Y 接，只有三条引出线；而低压中、小型异步电动机则通常把定子绕组的六个出线端全部引出来，根据使用电源情况可接成 Y 接或 Δ 接，具体接法如图 26-2 所示。

机座的作用是固定定子铁心和定子绕组，并起到电动机的固定支架作用。以两个装有轴承的端盖支撑着转子，转子即安放在机座的内圆空腔中。电动机一般都采用铸铁机座，并根据不同的冷却方式采用不同的机座形式。如小型封闭式电动机，其定子铁心紧贴机座

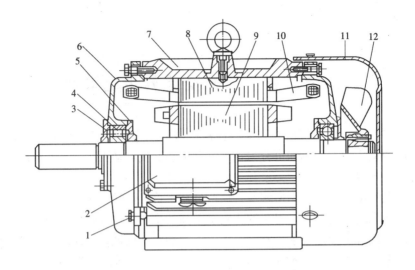

图 26-1　Y 系列（IP44）电动机结构图

1—紧固件；2—接线盒；3—轴承外盖；4—轴承；5—轴承；6—端盖；7—机座；
8—定子铁心；9—转子；10—定子绕组；11—风罩；12—风扇

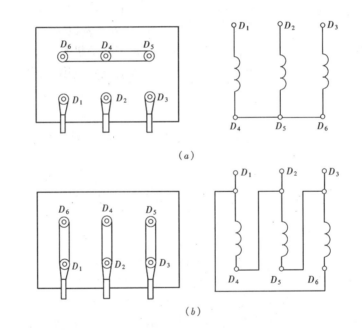

图 26-2　三相绕组引出线的连接方式

（a）Y 形连接；（b）△形连接

内壁，电动机运行中损耗的热量通过铁心传递给机座，再由机座表面散发出去。为了增加散热面积，机座表面常设有许多散热筋片，防护式异步电动机的机座上开有通风孔，外面的空气可以直接冷却电机内部。而对于大中型异步电动机，一般采用钢板焊接的机座。

二、转子

电动机的转子主要包括转子铁心、转子绕组和转轴三部分，另外还有固定在转轴上用来散热的风扇等。

转子铁心也是电动机主磁通磁路的一部分，一般也是用厚度为 0.35 ~ 0.5mm 的硅钢片叠制而成，铁心硅钢片外圆冲有均匀分布的槽孔，用以嵌放转子绕组。铁心固定在转轴或者转子支架上。

转子绕组可分为绕线型和鼠笼型两种结构。绕线式转子绕组结构图如图 26-3(a)所示，它和定子绕组一样也是极数相同的对称三相绕组。该对称三相绕组接成 Y 形，并接到非轴伸端转轴上的三个集电环上(也称滑环)。集电环用钢或青铜制成，三

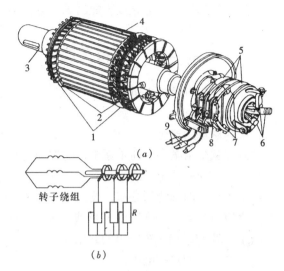

图 26-3　绕线式转子结构
(a)转子结构；(b)外加变阻器的连接
1—镀锌钢丝箍；2—三相转子绕组；3—转轴；4—转子铁心；5—滑环；6—转子绕组出线头；7—电刷；8—刷架；9—电刷外接线

相集电环的环与环之间以及环与转轴之间都相互绝缘。集电环上放置电刷，通过电刷使绕线式转子绕组与外接起动或调速装置连接，如图 26-3(b)所示。中等容量以上的绕线式电动机装有提刷短路装置。在电动机启动完毕而又不需要调速时，可扳动手柄，将电刷提起，并将三个集电环短接起来，从而可以减少电动机的摩擦、损耗和电刷的磨损。鼠笼式转子绕组是在转子铁心槽内插入铜条，将全部铜条两端焊在两个铜端环上，这种转子绕组

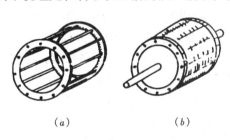

图 26-4　鼠笼转子
(a)笼型绕组；(b)笼型转子

的形状呈鼠笼状，故称为鼠笼式转子绕组，如图 26-4 所示。目前中小容量异步电动机的转子绕组一般采用熔化的铝浇铸在转子铁心槽内而制成，即将转子铁心放置在模具内，把转子铁心槽内的导体和两端短路环连同风扇一起用铝铸成整体。鼠笼式转子一般采用斜槽结构，采用斜槽的目的是削弱谐波磁场，从而降低电动机的电磁噪声和附加转矩，从而降低振动以及改善起动特性。

转轴由成型圆钢加工而成，其作用是支承转子铁心并传递转矩，需要一定的强度和刚度。

三、气隙

异步电动机的定转子之间存在气隙，异步电动机的气隙较小，一般为 0.5 ~ 2mm，气隙的大小对异步电动机的运行性能有很大影响。气隙大则磁阻大，因而产生同样大小的旋转磁场需要较大的励磁电流。励磁电流是无功电流，会降低电动机的功率因数。气隙愈小，则定转子之间的相互感应作用愈好，可以降低电动机的空载电流，提高电动机的功率

因数，但是，气隙过小又会导致装配困难、运行不可靠等缺点。

第二节　三相交流异步电动机的工作原理

三相交流异步电动机之所以能够转动，实现能量的变换，其前提是定、转子空间建立起旋转磁场。

一、旋转磁场的产生

旋转磁场就是沿某一方向不断旋转的磁场。

三相异步电动机的定子绕组是三相对称绕组，即三相绕组的线圈数和匝数相同，且在空间上沿定子铁心内圆均匀分布，彼此相差120°电角度（电角度 = 极对数 P × 机械角度）。三相对称绕组的联接方法可采用 Y 形或 △ 形。如图 26-5 所示，三相对称绕组 A-X，B-Y，C-Z 采用 Y 形联结，当三个绕组的起始端 A、B、C 联结于三相对称电源上时，则在三个绕组中将会产生三相对称电流：

绕组 $A - X$:　　　　　$i_A = I_m \sin\omega t$　　　　　　　　　　　（26-1）

绕组 $B - Y$:　　　$i_B = I_m \sin(\omega t - 120°)$　　　　　　　（26-2）

绕组 $C - Z$:　　　$i_C = I_m \sin(\omega t + 120°)$　　　　　　　（26-3）

三相对称电流的波形图如图 26-6 所示，其中每相电流均将产生磁场，三相绕组电流将共同产生一个合成磁场，下面将以几个不同瞬时的情况分析该合成磁场的特点。

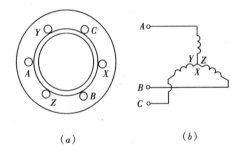

图 26-5　三相定子绕组

为分析方便，我们假定电流的正方向时从首端 A、B、C 流入（用⊗表示）末端 X、Y、Z 流出（用⊙表示）。当电流的实际方向与假定的正方向相同时，其值为正，否则为负。磁场的方向则依据右手螺旋法则来确定。

当 $\omega t = 90°$ 时，由式（26-1），式（26-2），式（26-3）可知 $I_A = I_m$，$I_B = I_C = - I_m/2$，电流方向如图 26-7（a）所示。A 相绕组电流方向为 A 端流入，X 端流出；B 相绕组电流方向为 B 端流出，Y 端流入；C 相绕组电流为 C 端流出，Z 端流入。按照右手螺旋法则可知合成磁场的方向垂直向下，与电流达到正最大值的 A 相绕组电流产生磁场的方向重合。当 $\omega t = 90° + 120°$ 时，由式（26-1）、式（26-2）、式（26-3）可知 $I_B = I_m$，$I_A = I_C = - I_m/2$，即 A 相绕组电流从 X 端流入，A 端流出；B 相绕组电流则从 B 端流入，Y 端流出；C 相绕组电流则从 Z 端流入，C 端流出。同理，按照右手螺旋法则可知合成磁场的方向在空间逆时针转过 120°电角度，其方向与电流达到正最大值的 B 相绕组电流产生磁场的方向重合，具体如图 26-7（b）所示。

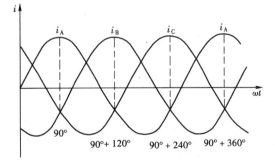

图 26-6　三相电流波形

同理分析可知，$\omega t = 90° + 240°$，$\omega t = 90° + 360°$时刻的合成磁场方向如图 26-7（c）、（b）所示。

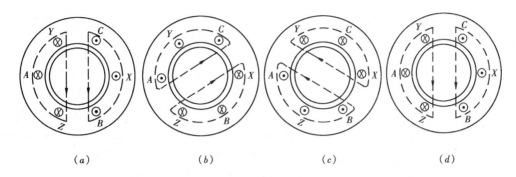

图 26-7　两极旋转磁场示意图

（a）$\omega t = 90°$	（b）$\omega t = 90° + 120°$	（c）$\omega t = 90° + 240°$	（d）$\omega t = 90° + 360°$
$i_A = I_m$	$i_B = I_m$	$i_C = I_m$	$i_A = I_m$
$i_B = i_C = -I_m/2$	$i_A = i_C = -I_m/2$	$i_A = i_B = -I_m/2$	$i_B = i_C = -I_m/2$

从以上分析可知，定子三相对称绕组输入三相对称电流时，该三相绕组电流产生一个随时间在空间旋转的磁场，即旋转磁场。该旋转磁场具有以下特点：

1. 旋转磁场的方向总是与电流达到正的最大值的那一相绕组产生的磁场方向重合。所以旋转磁场的方向与三相绕组通入电流的相序有关，并且总是从电流领先的一相绕组向电流滞后的一相绕组的方向转动。图 26-7 所示三相定子绕组通入电流相序为 $A \rightarrow B \rightarrow C$ 时，旋转磁场为逆时针方向转动，因而可见，如果任意改变两相绕组通电的相序，则旋转磁场的方向也随之改变。

2. 图 26-7 所示为极对数 $P = 1$ 的情况下，电流相位变化 120°，旋转磁场在空间也转过120°；电流变化一周期即 360°电角度，旋转磁场在空间也转过一周。由此可见，旋转磁场在空间的转速与电流的变化频率有关。即在 $P = 1$ 时，电流每秒变化 f 周，则旋转磁场每分钟的转速为 $n_0 = 60f$。实际上，旋转磁场在空间的转速与交流电的频率 f，定子绕组的磁极对数 p 有关，这个速度通常称为同步转速，表示为

$$n_0 = 60f/p \tag{26-4}$$

式中　n_0——旋转磁场的同步转速（r/min）；

　　　f——定子通入交流电频率（Hz）；

　　　p——电机定子绕组的磁极对数，$p = 1，2，3，\cdots$。

我国工业用交流电频率为50Hz，故根据式（26-4）可得如下表所列结果。

磁极对数 p	1	2	3	4	5	6	$\cdots$
磁极数 $2p$	2	4	6	8	10	12	$\cdots$
同步转 n_0（r/min）	3000	1500	1000	750	600	500	$\cdots$

二、电动机的工作原理

三相交流异步电动机的定子铁心上装有三相对称绕组，当流过三相对称电流时，即在定、转子之间的气隙内建立了旋转磁场，以同步转速 n_0 进行旋转。设旋转磁场的转动方

向为逆时针转动，如图26-8所示，此时静止的转子与旋转磁场间存在相对运动，即可认为磁场不动而转子是以 n_0 的转速作顺时针方向旋转，因此转子绕组在切割磁力线。根据电磁感应原理可知转子导体内将产生感应电动势，并进而产生感应电流。根据右手定则，可以判定图26-8所示转子上半部分导体中的感应电流方向是指向纸内的，下半部分导体中的感应电流则指向纸外。由于载流导体在磁场中要受到电磁力的作用，电磁力的方向依据左手定则来判定。如图26-8所示可见转子上半部分导体将受到指向左方向的电磁力，下半部分导体则受到指向右方的电磁力，两者共同作用使转子绕组受到一个逆时针方向的电磁转矩，从而带动异步电动机的转子朝着旋转磁场的方向旋转，其旋转速度为 n。此时若转子与负载相连接，则转子上受到的电磁转矩将克服负载转矩而做功，从而实现了电能向机械能的变换，这就是三相交流异步电动机的工作原理。

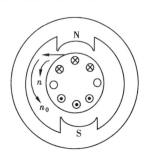

图 26-8　三相异步电动机的工作原理

三相异步电动机的工作原理充分体现了"电生磁、磁变生电、电磁生力"的客观规律。

在电动机的旋转过程中，如果要改变电动机转动的方向，则只要任意改变三相交流电源的两相相序，则旋转磁场将反向，电动机即可实现反转。

当异步电动机在正常的电动运转状态下工作时，电动机转子的转速 n 是永远小于旋转磁场的转速 n_0 的。因为若 $n = n_0$，转子绕组与旋转磁场之间就没有相对运动，转子绕组不再切割磁力线，则转子导体中无法产生感应电动势，转子电流也随即消失，也就无法产生电磁转矩，因而转子也就无法实现转动。实际上，转子总是要受到一些风阻和摩擦的，转子速度必将要慢下来，总是低于旋转磁场的同步转速的，所以这种电动机叫做异步电动机，也称做感应电动机。转子转速 n 与同步转速之间的相差程度用转差率 S 来表示，即：

$$S = (n_0 - n)/n_0 \times 100\% \tag{26-5}$$

一般电动机在额定转速时的转差率 $S_N = 1.5\% \sim 6\%$。电动机的转差率是一个重要的参数，在分析运行特性时非常重要，其变化范围为 $0 \sim 1$。

第三节　三相交流异步电动机的铭牌

每台电动机上都有一块铭牌，用以标明异步电动机的型号及各主要技术数据。在使用电动机时，应首先了解铭牌数据，按其规定的条件使用，若随意使用电动机，将会降低电动机的使用性能和使用寿命。

图26-9所示为一台三相交流异步电动机的铭牌实例，其内容含义解释如下。

一、型号

型号是表明电动机防护形式、转子类型、机座大小和极数等特征而引用的一种品种代号，一般由产品代号，规格代号和特殊环境代号等三部分组成。

1. 产品代号：产品代号表示电动机的类型、性能、用途等。过去的"J系列"电动机中，"J"表示交流电动机，现已废止不用。1982年我国统一设计的更新换代产品"Y系列"电动机中，"Y"表示异步电动机。异步电动机常用产品代号如表26-1所示。

```
                          三相异步电动机
        型号：Y450-8              频率：50Hz
        功率：450kW              功率因数：0.82
        定子：6000V  55.7A       接线：Y
        防护等级：IP23            环境温度：40℃
        转速：741r/min           绝缘等级：F
        技术条件：JB/DQ3134—85    重量：3740kg
        序号：Y943451            日期：1994 年 9 月
                    中华人民共和国湘潭电机厂
```

图 26-9　异步电动机铭牌

异步电动机常用代号　　　　　　　　　　　　　　　表 26-1

新型号	老型号	型号说明	新型号	老型号	型号说明
Y	J，JO，JS，JK	笼形异步电动机	YH	JH，JHO	高转差率异步电动机
YR	JR，JRO	绕线式转子异步电动机	YD	JD，JDO	变极多速异步电动机
YQ	JQ，JQO	高启动转矩异步电动机	YK	JK	大中型高速异步电动机

2. 规格代号：规格代号包括用数字表示的机座中心高度（mm）；用字母 L、M、S 分别表示的长机座、中机座和短机座；用数字 1，2 分别代表的短铁心和长铁心；用数字表示的电机定子绕组磁极数 $2p$。

3. 特殊环境代号：用于特殊环境的异步电动机在型号的最后部分用字母标以环境特殊代号，具体见表 26-2。

例如：Y160M1-2 代表普通异步电动机，其机座中心高为 160mm，中机座，短铁心，磁极数为 2。该电机的磁极对数为 $p=1$，则其同步转速为 $n_0 = 60 \times 50/1 = 3000 \text{r/min}$，其额定工作时的转速要略低于同步转速，为 2930r/min，额定转差率 $S_n = (3000 - 2930)/3000 = 0.023$ 左右。

特殊环境代号的含义　表 26-2

G	高原用	H	船用
T	热带用	W	户外
TH	温热带用	F	化工防腐
TA	干热带用		

二、额定数据

1. 额定功率 P_N：指电动机在额定情况下运行时，电动机转轴上输出的机械功率，单位是千瓦。

2. 额定电压 U_N：指电动机在额定情况下运行时，加在电动机定子绕组上的线电压，单位为伏或者千伏。如果铭牌上有两个额定电压值，则表示该电动机的定子绕组可以有两种不同的接线方法，在不同接法时其额定电压值也不同。额定电压一般为 230/380V，大型电机是 6kV 或 10kV。

3. 额定电流 I_N：指电动机在额定电压、额定功率、额定频率下运行时定子绕组的线电流值，单位为 A。

4. 额定频率 f_N：我国工业用电的频率规定为 50Hz，所以国内用异步电动机的额定频率 f_N 均为 50Hz。

5. 额定转速 n_N：指电动机在额定电压、额定频率、额定功率下运行时的电机转速，单位为转/分，额定转速总是略低于电动机的同步转速。

6. 额定功率因数：指电动机在额定工况下运行时的功率因数。

7. 额定效率 η：指电动机在额定工况下运行，满载时转轴输出的机械功率 P_2（P_N）与输入电动机定子绕组的电功率 P_1 之比，用百分数表示，即：

$$\eta = P_2/P_1 \times 100\% = P_N/P_1 \times 100\% \tag{26-6}$$

三、温升

温升是指电动机发热时温度高出环境温度的数值。环境温度根据产品技术条件规定，一般不超过40℃。电机允许温升是指电动机在额定负荷下运行时，电动机发热高出环境温度的允许值。电动机各部分的最高允许温升略有不同。

四、绝缘等级

绝缘等级是指电动机内部所采用绝缘材料的耐热等级，由此等级可知电动机的允许温升。允许温升和绝缘等级的关系如表26-3所示：

电机允许温升和绝缘等级关系　　　　　　　　　　表 26-3

绝缘等级	A	E	B	F	H	C	
绝缘材料容许温度（℃）	105	120	130	155	180	180以上	
电机允许温升（℃）	60	75	80	100	125	125	

五、接线方式

接线方式是指电动机定子的三相绕组接入额定电压时的连接方式，一般有星形（Y）接法和三角形（△）接法。

六、工作方式

我国电机一般分成三种工作方式：即长期连续工作方式（S1），短时工作方式（S2）和周期断续工作方式（S3），一般为长期连续工作方式（S1）。

七、防护等级

为适应不同的使用环境，电机的外壳规定了多种防护等级，其标志为英文字母 IP 加两位数字表示。两位数字分别表示一种防护性能，如电机仅考虑一种防护，则另一位数字用"X"表示。

第一位数字表示第一种防护性能，是对固体异物进入电动机内部以及人体某部位触及内部带电部分或运动部分的防护等级，共分为 7 级，具体见表26-4所示。

第二位数字表示第二种防护性能，是对水进入电动机内部的防护级别，共分为 9 级，具体见表26-5所示。

第一种防护性能（即第一位数字）　　　　　　　　表 26-4

防护等级	简　　称	防　护　性　能
0	无防护	没有专门的防护
1	防护大于 50mm 的固体	能防止直径大于 50mm 的固体异物进入壳内 能防止人体的某一大面积部分（如手）偶然或意外地触及壳内带电部分或运动部分，但不能防止有意识地接近这些部分
2	防护大于 12mm 的固体	能防止直径大于 12mm 的固体异物进入壳内 能防止手指触及壳内带电部分或运动部分[①]

防护等级	简 称	防 护 性 能
3	防护大于 2.5mm 的固体	能防止直径大于 2.5mm 的固体异物进入壳内 能防止厚度（或直径）大于 2.5mm 的工具、金属线等触及壳内带电部分或运动部分①②
4	防护大于 1mm 的固体	能防止直径大于 1mm 的固体异物进入壳内 能防止厚度（或直径）大于 1mm 的工具、金属线等触及壳内带电部分或运动部分
5	防尘	能防止灰尘进入达到影响产品正常运行的程度 完全防止触及壳内带电部分或运动部分①
6	尘密	安全防止灰尘进入壳内 完全防止触及壳内带电部分或运动部分①

① 对用同轴外风扇冷却的电机，风扇的防护应能防止其风叶或轮辐被试指触及。在出风口，试指插入时，其直径为 50mm 的护板应不能通过。

② 不包括泄水孔，泄水孔不应低于第 2 级的规定。

第二种防护性能（即第二位数字）　　　　　表 26-5

防护等级	简 称	防 护 性 能
0	无防护	没有专门的防护
1	防滴	垂直的滴水应不能直接进入产品的内部
2	15°防滴	与铅垂线成 15°角范围内的滴水应不能直接进入产品内部
3	防淋水	与铅垂线成 60°角范围内的淋水应不能直接进入产品内部
4	防溅	任何方向的溅水对产品应无有害影响
5	防喷水	任何方向的喷水对产品应无有害影响
6	防海浪或防强力喷水	强烈的海浪或强力喷水对产品应无有害的影响
7	浸水	产品在规定的压力和时间下浸在水中，进水量应无有害影响
8	潜水	产品在规定的压力下长时间浸在水中，进水量应无有害的影响

例如：电机防护等级 IP44 表示能防止直径大于 1mm 的固体异物进入机内，任何方向的溅水对产品无有害影响。

八、技术条件

技术条件指电动机制造和检验所依据的技术标准的编号。"GB"为国家标准，"JB"为一机部部颁标准，后面的数字表示技术标准的编号。

九、噪声限值 L_W

电动机的噪声限值分为 N 级（普通级）、R 级（一级）、S 级（优等级）和 E 级（低噪声级）等四个等级，相邻两个等级之间相差 5dB。

第四节　三相交流异步电动机的功率

三相异步电动机在拖动负载运行时，必须通过定子绕组从电源吸取电功率，称为三相异步电动机的输入功率 P_1，其计算公式为：$P_1 = \sqrt{3} U_1 I_1 \cos\varphi$。其中 U_1 为电动机三相绕组的线电压，I_1 为电动机三相绕组的线电流，$\cos\varphi$ 为电动机的功率因数。定子中存在着一部分功率损耗，即消耗于定子电阻上的铜耗 P_{Cu1} 和消耗于定子铁心中的铁耗 P_{Fe}，余下的大部分电功率借助于气隙旋转磁场由定子传送到转子，这部分功率就是异步电动机的电磁

功率 P_{dc}，即 $P_{dc} = P_1 - (P_{Cu1} + P_{Fe})$。异步电动机中的电磁功率 P_{dc} 传送到转子以后，必产生转子电流，有电流在转子绕组内通过，在转子电阻上又发生了转子铜耗 P_{Cu2}。在气隙旋转磁场传递电磁功率的过程中，气隙旋转磁场与转子铁心总是存在着相对运动。旋转磁场切割着转子铁心，理应引起转子的铁心中的铁耗。但实际上由于异步电动机在正常运行时，转差率很小，即气隙旋转磁场与转子铁心相对运动很小，以致转子铁心中磁通变化频率很低，通常仅 $1 \sim 3Hz$，所以转子的铁耗可以略去不计。这样，从定子传递到转子的电磁功率 P_{dc} 仅须扣除消耗于转子电阻上的转子铜耗 P_{Cu2}，便是使转子产生旋转运动的全部机械功率 P_j，即 $P_j = P_{dc} - P_{Cu2}$。但是全部机械功率 P_j 并不是电动机轴上输出的机械功率。因为电动机存在机械损耗 p_j 和附加损耗 p_{fz}。机械损耗包括轴承摩擦损耗、绕线式电机的电刷和集电环的摩擦损耗、风扇和旋转部件与空气摩擦形成的损耗等，其数值一般根据经验公式或者实验曲线求出。附加损耗是由于定子形成的旋转磁场存在高次谐波以及定、转子铁心开槽形成的，其大小与定、转子之间的气隙大小及制造工艺有关。一般而言，小型

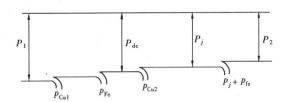

图 26-10　三相异步电动机功率流程图

异步电动机满载时附加损耗可达输出功率的 $1\% \sim 3\%$，而大型异步电动机约为输出功率的 0.5% 左右。全部机械功率 P_j 补偿了机械损耗 p_j 和附加损耗 p_{fz} 后就是电动机转轴上输出功率 P_2，即 $P_2 = P_j - (p_j + p_{fz})$。上述异步电动机的功率变换过程，可以用图 26-10 所示的功率流程图来形象表示。

如果异步电动机的转差率较大，则转子频率 f_2 较大，那就应该考虑转子铁耗。铁耗包括涡流损耗和磁滞损耗两部分。铁心中的涡流，除引起损耗之外，还与主磁场相作用产生拖动转矩和机械功率，正如转子上的导条中的电流一样。转子铁心内的磁滞现象也会形成微弱的磁滞转矩和机械功率。

第五节　三相异步电动机的工作特性

三相异步电动机的工作特性是指异步电动机在额定电压和额定频率下运行时，电动机的转速 n，定子电流 I_1，功率因数 $\cos\varphi$，输出转矩 M_2，效率 η 与电动机轴输出功率 P_2 之间的关系，即 $U_1 = U_{1e}$，$f_1 = f_{1e}$ 时，n、I_1、$\cos\varphi$、M_2、$\eta = F(P_2)$ 的变化规律，如图 26-11 所示。这些特性曲线可以通过异步电动机加负载直接测得，也可利用电动机的等值电路法计算绘出。工作特性反映了异步电动机的运行情况，是合理使用异步电动机的依据。

一、转速特性 $n = f(P_2)$

异步电动机空载运行时，转子转速 n 接近于同步转速 n_0。随着负载的增加，转速 n 要降低，转子线圈与旋转磁场的转速差增大，则转子感应电势要随之增大，转子电流也相应增大，从而产生增大的电磁转矩，从而实现在较低转速下电磁转矩与负载转矩新的平衡状态。由此可见，异步电动机随着轴输出机械功率 P_2 的增加，转子转速将下降，转差率将随之增大。反映在曲线上则是以同步转速 n_0 为最高点，随着 P_2 增加，转速 n 值随略

斜向下曲线逐渐降低。一般的异步电动机的额定负载时其转差率 S_e 约为 $1.5\% \sim 6\%$。

二、定子电流特性 $I_1 = f(P_2)$

异步电动机空载运行时，转子电流近似为零，定子电流主要是励磁电流。随着负载的增加，转速下降，则转子线圈与旋转磁场的转速差也增大，转子感应电势随之增大，转子电流相应增大，使得定子电流的负载分量也相应增大，以补偿转子电流所产生的磁势，从而维持磁势平衡，因此定子电流 I_1 几乎与轴输出功率 P_2 成正比地增大。

异步电动机随负载变化而自行调整输入功率及输入电流大小的性能，称为电动机的自适应能力。

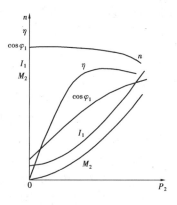

图 26-11　异步电动机的工作特性

三、功率因数特性 $\cos\varphi_1 = f(P_2)$

异步电动机需要从电源处吸收无功电流以建立磁场，使得其功率因数部是滞后的。空载运行时，异步电动机的定子电流主要用来励磁，功率因数很低，一般不超过 0.2，随着负载的增加，有功功率增加，功率因数相应提高；接近额定负荷时，功率因数有最高值 $\cos\varphi_e$。若负载继续增加，由于转差率 s 变大，使得转子电流中的无功功率相对增加，定子电流中与其平衡的无功分量也随之增加，因而电动机的功率因数在 P_2 超过额定值后逐渐减小。

四、转矩特性 $M_2 = f(P_2)$

异步电动机的输出转矩 $M_2 = P_2/\omega$，其中 ω 为转轴的机械角速度，单位为弧度/秒。由于电动机随负载的增加，其转速 n 略有降低，但变化很小，即 ω 变化不大，且异步电动机空载运行时，其输出转矩为零，故 $M_2 = f(P_2)$ 特性曲线为一条过原点的近似直线。

五、效率特性 $\eta = f(P_2)$

异步电动机的效率 η 指的是异步电动机的输出功率 P_2 与输入功率 P_1 之比，表达式为 $\eta = P_2/P_1 \times 100\%$。异步电动机空载运行时，由于 $P_2 = 0$，故效率为零；从空载运行至额定负荷运行时，由于异步电动机的主磁通及转速变化很小，铁耗、机械损耗和附加损耗变化也很小，故可认为是不变损耗。而电动机定、转子铜耗与电流的平方成正比，电流是随输出功率改变的，因此可认为是可变损耗。当不变损耗等于可变损耗时，电动机的效率具有最大值（通常中、小型异步电动机大约在 $P_2 = 0.75P_e$ 时达到最大效率值）。此后，若负载连续增大，由于定、转子铜耗增加很快，故电动机的效率也随之下降。故异步电动机的效率曲线表现为空载时效率为零，然后随负载的增加而逐渐增大，在 $0.75P_e$ 的负荷时达到最大值，然后随着负载的继续增加而逐渐减小。

第六节　异步电动机的启动

异步电动机从接通电源开始，从静止状态一直加速到稳定运行的全过程就叫启动过程。从异步电动机的固有启动特性可知其具有启动电流大和启动转矩小的特性。启动电流过大，对电动机本身和供电电网都产生许多不利影响；对于经常启动的异步电动机，过大的启动电流将造成电动机发热严重，从而影响使用寿命；大的启动电流在绕组上产生很大的电磁力，使得绕组容易发生变形；启动瞬间，绕组线圈匝间容易发生过电压而导致短路等故障；另外过大的启动电流会使线路压降增大，引起电网电压的显著下降，从而使正在同一电网上运行的其他电器设备的正常工作受到影响。而异步电动机起动转矩小的特性决定其无法适用那些要求满载启动的生产机械的启动要求，如电梯、起重机等。因此，异步电动机启动方法的关键在于限制启动电流，增大启动转矩，从而改善电动机的启动性能。

根据电动机结构的不同、容量的大小以及现场启动条件等，电动机可有不同的启动方法，下面就三相鼠笼式异步电动机和三相绕线式异步电动机的启动方法分别介绍。

一、三相鼠笼式异步电动机的启动方法

三相鼠笼式异步电动机的启动方法可分为直接启动和降压启动两种。

1. 直接启动

直接启动又称全压启动，就是指通过一些直接启动设备，将电动机的定子绕组直接接到额定电压等级的电源上进行启动。直接启动具有启动设备简单、操作方便、启动转矩大、启动时间短等优点，其缺点是启动电流大。一般异步电动机直接启动的定子启动电流为额定电流的 5～7 倍，有的大功率电动机重车启动时高达 8～12 倍。过大的启动电流使得电网电压显著下降，不仅会影响电动机自身的启动过程，而且影响到同一电网上其他用电设备的正常工作。一般而言，异步电动机直接启动时电网电压降不得超过电网额定电压的 10%～15%。实际上，电机启动时引起的电网电压降的大小与电机的启动电流大小和电源变压器的容量大小有关，在工程实践中，可根据下面的经验公式来判断电源容量是否允许电动机直接启动：

$$K_\mathrm{I} = I_\mathrm{1Q}/I_\mathrm{e} \leqslant 3/4 + P_\mathrm{H}/4P_\mathrm{e} \tag{26-7}$$

其中　　K_I——电动机启动电流倍数；

　　I_1Q——电动机的定子启动电流（A）；

　　I_e——电动机的定子额定电流（A）；

　　P_H——电源的总容量（kVA）；

　　P_e——电动机的额定功率（kW）。

如果电动机是由专用的电源变压器供电，则允许直接启动的电机容量可以不受上述经验公式限制。一般规定：若电动机不频繁启动，它的功率不大于供电变压器容量的 30%；若电动机是频繁启动，则其功率不大于供电变压器容量的 20% 时允许直接启动。

2. 降压启动

如果三相鼠笼式异步电动机的容量较大，不允许直接启动时，则可采用降压启动。降压启动常用的方法有：定子绕组串电阻或电抗启动、星形-三角形启动、变压器降压启动、延边三角形启动、晶闸管三相交流调压启动（智能软启动）。

（1）定子绕组串电阻或电抗启动

这种启动方式是指在电动机启动时，在定子绕组内串入电阻或电抗，从而降低了定子绕组所承受的电压，待转速达到一定时，再将电阻器或电抗器短路，电动机全压运行。定子绕组串电阻或电抗启动电路原理图见图 26-12 和图 26-13。

串电阻或串电抗启动时，电压降低后，启动电流成正比地减少，因而可以达到降低启动电流的目的。但由于启动转矩和电压的平方成正比，因此，电压的降低导致启动转矩成平方倍地降低，使得电机启动转矩变小，因此串电阻或电抗启动一般只用在电机轻载启动场合。

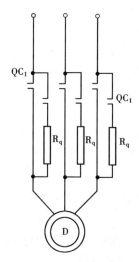

图 26-12　电阻器启动

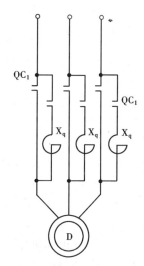

图 26-13　电抗器启动

串电阻启动方式的优点是设备简单，造价低；缺点是启动过程中所串电阻消耗能量大，因而常用于中、小容量电动机的空载或轻载启动。串电抗启动方式的优点是启动过程中所串电抗消耗能量小，缺点是电抗成本高，因而常用于高压电动机的轻载启动场合。

（2）自耦减压变压器启动

自耦减压变压器启动是利用自耦变压器降低电压后加到电动机的定子绕组上，以减小电动机的启动电流。待转速恒定后，再将电动机与自耦变压器脱离，电动机在额定电压下工作。

自耦变压器降压原理图见图 26-14。

设自耦变压器的变压比为 K，即 $K = U_1/U_2$，则 $U_2 = U_1/K$，降低后的电压 U_2 加在电动机的定子绕组上，此时电动机的启动电流即为 I_2。设电动机全压启动电流为 I_Q，则由于电动机启动电压的降低导致 $I_2 = I_Q/K$。

根据自耦变压器的工作原理可知，$I_2/I_1 = K$，因此，经自耦变压器降压后，电动机启动时，自耦变压器的一次电流 $I_1 = I_2/K = 1/K \times I_Q/K = I_Q/K^2$，可见，采用自耦减压启动时的启动电流为直接启动电流的 $1/K^2$ 倍。

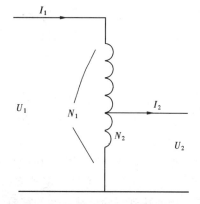

图 26-14　自耦变压器降压原理图

由于启动转矩与电压平方成正比，电动机定子绕组上的电压降低为直接启动的 $1/K$，可见自耦变压器降压启动后，启动转矩降低为直接启动时的 $1/K^2$。

因此可见，电动机在得到同样启动转矩的情况下，用自耦变压器降压启动方式时，线

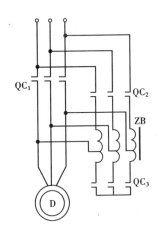

图 26-15　自耦变压器启动

路上出现的启动电流较小，这是其主要特点。

自耦变压器备有不同的电压触头，如 40%、60%、80% 的额定电压触头，也有 65%、85% 的额定电压触头，以供选择不同的启动电压，电动机采用自耦减压变压器启动的电路原理图如图 26-15 所示。

这种启动方式可适用于正常运行时 Y 接或 △ 接的高压或低压电动机，其启动特点是启动力矩较大，启动电流较小，缺点是结构复杂，维护麻烦，价格昂贵，不允许频繁启动。

(3) 定子 Y-△ 启动

定子 Y-△ 启动方式是指电动机启动时，电动机定子绕组接成星形，实现降压启动，转速升高到额定转速时，再改接成三角形运行。这种方式只适用于定子绕组具有 6 个出线端子且电机正常运行时定子绕组接线方式为三角形接法的低压鼠笼形异步电动机。

定子 Y-△ 启动时，电动机定子绕组为星形连接，使加在每相绕组上的电压降至额定电压的 $1/\sqrt{3}$。同时，启动电流减少为三角形接法直接启动时的 1/3，由于启动转矩与电压的平方成正比，所以启动转矩减少为三角形接法直接启动的 1/3。

定子 Y-△ 启动方式的优点是启动设备最简单，除切换开关外无需增加任何其他启动设备，启动电流小，另外就是在电动机轻载运行时，可接成星形方式运行以节约电能；其缺点是应用有条件限制，启动力矩小，只能用于空载或轻载起动，定子 Y-△ 启动方式的电路原理见图 26-16。

(4) 延边三角形启动

延边三角形启动适用于九个电线端子的电动机。启动时，定子绕组的一部分接成 △ 形，另一部分接成 Y 形接在 △ 形的延长边上，故称为延边三角形启动。当电机转速达到额定转速时，电机定子绕组接成 △ 形方式，该启动方式的原理图参见图 26-17 和图 26-18。

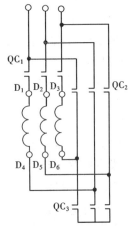

图 26-16　Y-△ 启动

当定子绕组的三角形部分与延边部分的线圈匝数的比值不同时，定子每相绕组的电压也高低不同。一般而言，电源线电压为 380V，电机采用延边三角形启动时，定子每相绕组的电压降为 250～300V 之间。当 "Y" 与 "△" 抽头比例为 1:1 时，每相绕组的相电压为 0.71 的线电压，当抽头比例为 2:1 时，每相绕组的相电压约为 0.66 的线电压，当抽头比例为 1:2 时，每相绕组的相电压约为 0.78 的线电压，可见，定子绕组 "Y" 部分线圈匝数越多，电动机每相绕组的电压越低，因而达到不同负载特性的需要。

延边三角形启动的特点是定子绕组有若干个抽头，启动电流小，但比接成星形启动时大，启动转矩较大，因而具有自耦变压器及星－三角两种降压启动方式的优点（经济且适用于频繁启动）。缺点是只适用于定子 △ 接法的电动机，且由于抽头多导致转换开关复杂。

446

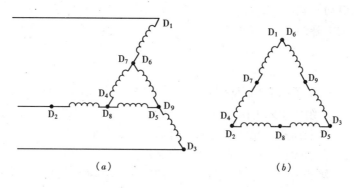

图 26-17　延边三角形启动原理图

(a) 启动时；(b) 运行时

（5）晶闸管三相交流调压起动（智能软启动）

大功率异步电动机采用定子串饱和电抗器，Y/△ 转换，自耦变压器降压启动等方式时，均需要利用接触器切换电压实施启动降压，因而无法避免启动瞬时电流尖峰冲击；启动过程中，接触器带载切换，易造成触点的拉弧、损坏等方面的问题，为了合理地解决异步电动机在启动过程中出现的上述问题，可采用晶闸管三相交流调压启动，即智能软启动。

晶闸管三相交流调压启动是指在电动机定子回路中串入三对反并联晶闸管，利用三对晶闸管的电子开关特性，通过控制晶闸管的触发脉冲，来控制晶闸管的导通时间，从而最终改变加到定子绕组上的三相电压大小，因而可以满足不同的负载启动特性。电动机在启动过程中，晶闸管的导通角逐渐增大，晶闸管的输出电压也逐渐增加，电动机从零开始加速，直到晶闸管全导通，从而实现电动机的无级平滑启动。

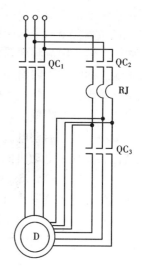

晶闸管三相交流调压启动采用单片机控制，整个启动过程为数字化程序软件控制，启动时启动电流以恒定的斜率平稳增大，对电网无冲击电流，因而不会造成大的电压降，可以保证电网电压的稳定；其启动转矩、电流、电压、时间均可按负载的不同而设定。因而可以减少电动机转矩对负载的冲击，实现电动机与负载的最佳匹配，保护驱动机构；采用单片机对启动过程实现全数字自控监控，控制精度高，实现了节能的目的；

图 26-18　延边三角形启动

另外其结构简单，重量轻，无噪声，占地小，采用的无触点控制更使其使用寿命良好。特别适用于启动频繁，负载变化大或长期运行于轻载状态的异步电动机的使用。

二、绕线式异步电动机启动的方法

绕线式异步电动机的转子不再是笼形，而是与定子绕组一样的三相绕组，转子三相绕组可以经过三个滑环与外电路进行连接。绕线式异步电动机的启动方法有两种：转子串变阻器启动和转子串频敏变阻器启动。

1. 转子串变阻器启动

绕线式异步电动机的转子电路中串入变阻器，启动开始时变阻器置于最大阻值位置，随着电动机转速的上升逐段减小变阻器直至完全切除，即通过短接装置将转子绕组进行短接，启动过程全部完成。转子串变阻器启动接线示意图如图 26-19 所示。

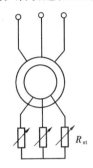

图 26-19　转子回路串联变阻器

绕线式异步电动机转子串变阻器启动，一方面可使转子电流减小，使定子电流相应减小，达到限制启动电流的目的；另一方面由于转子绕组中串入电阻改变了功率因数，使启动转矩有所增大，因而改善了启动性能，允许在重载下启动。其缺点是启动时变阻器是逐段切除的，在切除过程中，启动转矩会突然上升，转矩变化不平滑，从而产生机械冲击力，另外，该起动方法需要较多辅助设备，结构复杂，维修量较大。

2. 转子串频敏变阻器启动

由于绕线式异步电动机转子串变阻器启动存在转矩不平滑，有机械冲击力的缺点，故采取频敏变阻器代替一般变阻器进行启动，因为频敏变阻器的电阻值随着电机转速的上升而自动减小，因此电动机能够平稳启动。

频敏变阻器实际上是一个特殊的三相铁心电抗器，由绕组和铁心构成，一般它有一个三柱式铁心，每个铁心柱上绕着一个绕组，三相绕组接成星形连接，当绕组接到交流电源上时，交变磁通在铁心中产生很大的涡流损耗，频敏变阻器的等效阻抗值随频率的变化而明显变化。

将频敏变阻器串入绕线式电动机的转子回路中，如图 26-20 所示，启动之初，转子电流频率最大，频敏变阻器表现为阻抗最大，从而限制启动电流。同时转子回路功率因数也由于阻抗最大而表现为较高，因此可以得到较大的启动转矩。随着转速的增加，电机转差率 s 逐渐减小，转子电流频率逐渐降低，频敏变阻器的等效阻抗随之减小，则转子回路阻抗也减小，致使启动电流与功率因数变化不大，可近似得到恒转矩启动的特性，实现了电动机的平滑启动。启动完毕后，频敏变阻器被短路切除。

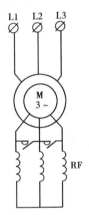

图 26-20　转子回路串联频敏变阻器

用频敏变阻器取代启动变阻器，具有启动特性好（启动平滑），控制设备少，结构简单，制造容易，运行可靠，维护方便等有优点，但启动转矩较小，一般可启动电动机的功率为 2.2 ~ 2240kW。

第七节　异步电动机的调速方法

三相异步电动机的转速公式为：

$$n = 60f(1 - s)/p \tag{26-8}$$

从上式可见，改变供电频率 f、电动机的极对数 p 及转差率 s 均可达到改变转速的目的。从调速时的能耗观点来看，有高效调速方法与低效调速方法两种：高效调速指调速时转差率不变，因此无转差损耗，如多速电动机、无换向器电动机、变频调速以及能将转差损耗回收的调速方法（如串级调速等）。有转差损耗的调速方法属低效调速，如转子串电阻调速，电磁离合器调速，液力耦合器调速和定子调压调速。一般来说转差损耗随调速范围扩大而增加，如果调速范围不大，能量损耗是很小的。

一、变极调速

变极调速就是改变定子的极对数，可使异步电动机的同步转速 $n_0 = 60f/p$ 改变，从而达到调速目的。

变极调速一般采用笼型转子，因为笼型转子极对数能自动地随定子极对数而变。

变极调速的方法是电动机定子的每相绕组均由两个或者多个相同的线圈组成，通过这些线圈不同的串联或者并联接法。可以产生不同的极对数，从而改变了电动机的转速，为有级调速。其特点如下：

1. 具有较硬的机械特性，稳定性良好；

2. 无转差损耗，效率高；

3. 接线简单、控制方便、价格低；

4. 有级调速，级差较大，不能获得平滑调速；

5. 可以与调压调速、电磁转差离合器配合使用，获得较高效率的平滑调速特性。

本方法适用于不需要无级调速的生产机械，如金属切削机床、升降机、起重设备、风机、水泵等。

二、变频调速方法

变频调速就是改变电动机定子电压的频率，从而改变其同步转速的调速方法，该方法可以获得很大的调速范围，为无级调速，并有足够硬度的机械特性，是一种理想的调速方法。

变频调速系统的重要设备是提供变频电源的变频器，变频器都采用晶闸管等开关元件，可分成交流-直流-交流变频器和交流-交流变频器两大类，目前国内大多使用交流-直流-交流变频器。

变频调速时，为使励磁电流和功率因数基本保持不变，应保持磁通 ϕ 不变。如果磁通 ϕ 大于正常运行时的额定磁通，将引起磁路过分饱和，从而迫使励磁电流增加，降低功率因数；如果磁通 ϕ 比额定磁通小，则电机容许的输出转矩将降低，电动机功率得不到充分利用而造成浪费。另外根据电机理论可知，在忽略电机定子漏阻抗的情况下，保证电机定子电压 U_1 与频率 f_1 的比值为定值，则磁通 ϕ 不变，所以在变频调速时，电机定子电压 U_1 必须随着定子频率 f_1 的变化而成比例地变化，从而保持磁通 ϕ 不变，保持电机励磁电流和功率因数基本不变。

异步电动机变频调速方法的特点如下：

1. 效率高，调速过程中没有附加损耗；

2. 应用范围广，可用于笼型异步电动机；

3. 调速范围大，特性硬，精度高；

4. 技术复杂，造价高，维护检修困难。

本方法适用于要求精度高、调速性能较好场合。

三、串级调速方法

串级调速方法是指绕线式异步电动机转子回路中串入可调节的附加电势来改变电动机的转差，从而达到调速的目的。电动机大部分转差功率被串入的附加电势所吸收，再利用一些附加的设备，把吸收的转差功率返回电网或者转换能量加以利用。根据串入的附加电势与转子电势的相位关系的不同，串级调速可分为低同步串级调速和超同步串级调速。根据转差功率吸收利用方式，串级调速可分为电机串级调速、机械串级调速及晶闸管串级调速形式，多采用晶闸管串级调速，其特点为：

1. 可将调速过程中的转差损耗回馈到电网或生产机械上，效率较高；

2. 装置容量与调速范围成正比，投资省，适用于调速范围在额定转速 70%～90% 的生产机械上；

3. 调速装置故障时可以切换至全速运行，避免停产；

4. 晶闸管串级调速功率因数偏低，谐波影响较大；

本方法适合于风机、水泵及轧钢机、矿井提升机、挤压机上使用。

四、绕线式电动机转子串电阻调速方法

绕线式异步电动机转子串入附加电阻，使电动机的转差率加大，电动机在较低的转速下运行。串入的电阻越大，电动机的转速越低。此方法设备简单，控制方便，可靠性高、投资少、功率因数高、不产生高次谐波；但转差功率以发热的形式消耗在电阻上，属有级调速（若串接液体电阻也可实现无级调速），机械特性较软。

五、定子调压调速方法

当改变电动机的定子电压时，可以得到一组不同的机械特性曲线，从而获得不同转速。由于电动机的转矩（在一定的转差率下）与定子电压的平方成正比，因此最大转矩下降很多，其调速范围较小，使一般笼型电动机难以应用。为了扩大调速范围，调压调速应采用转子电阻值大的笼型电动机，如专供调压调速用的力矩电动机，但是这种高转子电阻值的笼型异步电动机调压调速转子损耗大，且在额定电压时转差大、效率低。由于损耗大，导致电机温升应引起注意。因而定子调压调速方法只限于小容量的笼型异步电动机，大容量的则适合用于绕线式异步机，以便通过转子外串电阻或者串联频敏电阻，把热量引到电机外部进行冷却。为了扩大稳定运行范围，当调速在 2:1 以上的场合应采用反馈控制以达到自动调节转速目的。

调压调速的主要装置是一个能提供电压变化的电源，目前常用的调压方式有串联饱和电抗器、自耦变压器以及晶闸管调压等几种。晶闸管调压方式为最佳。调压调速的特点：

1. 调压调速线路简单，易实现自动控制；

2. 调压过程中转差功率以发热形式消耗在转子电阻中，效率较低。

调压调速一般适用于 100kW 以下的生产机械。

六、电磁调速电动机调速方法

电磁调速电动机由笼型电动机、电磁转差离合器和直流励磁电源（控制器）三部分组成。直流励磁电源功率较小，通常由单相半波或全波晶闸管整流器组成，改变晶闸管的导通角，可以改变励磁电流的大小。

电磁转差离合器由电枢、磁极和励磁绕组三部分组成。电枢和后者没有机械联系，都能自由转动。电枢与电动机转子同轴联接称主动部分，由电动机带动；磁极用联轴节与负载轴对接称从动部分。当电枢与磁极均为静止时，如励磁绕组通以直流，则沿气隙圆周表面将形成若干对 N、S 极性交替的磁极，其磁通穿过气隙与电枢。当异步机拖动电枢旋转时，电枢处在 N 极和 S 极交变磁场中转动，因而产生感应电势，这个感应电势将在电枢中产生涡流，涡流与磁场相互作用产生力，这个力作用于电枢，产生一转矩，其方向与电枢旋转方向相反，它是与带动电枢旋转的拖动转矩相平衡的制动转矩；这个力同样作用于磁极，产生一转矩，其方向与电枢旋转方向相同，从而带动生产机械沿电枢旋转方向转动，但生产机械的转速恒低于电枢的转速，这是一种转差调速方式，变动转差离合器的直流励磁电流，便可改变离合器的输出转矩和转速。电磁调速电动机的调速特点：

1. 装置结构及控制线路简单、运行可靠、维修方便；

2. 调速平滑、无级调速；

3. 对电网无谐波影响；

4. 速度越低、效率也低。

本方法适用于中、小功率，要求平滑的、短时低速运行的生产机械。

七、液力耦合器调速方法

液力耦合器是一种液力传动装置，一般由泵轮和涡轮组成，它们统称工作轮，放在密封壳体中。壳中充入一定量的工作液体，当泵轮在原动机带动下旋转时，处于其中的液体受叶片推动而旋转，在离心力作用下沿着泵轮外环进入涡轮时，就在同一转向上给涡轮叶片以推力，使其带动生产机械运转。液力耦合器的动力传输能力与壳内相对充液量的大小是一致的，因此在工作过程中，改变充液率就可以改变耦合器的涡轮转速，作到无级调速，其特点为：

1. 功率适应范围大，可满足从几十千瓦至数千千瓦不同功率的需要；

2. 结构简单，工作可靠，使用及维修方便，且造价低；

3. 尺寸小，能容大；

4. 控制调节方便，容易实现自动控制。

本方法适用于风机、水泵的调速。

第八节　电动机的运行与维护

一、电动机投入运行前的检查工作

新投入运行或长期停用或检修后的电动机，在投入运行之前，都应该做如下的检查工作：

1. 新安装的电动机应根据铭牌上的电压等级和接法，检查电动机的接线是否正确。

2. 使用兆欧表检查电动机定子绕组相间及对地的绝缘电阻，绕线式电机还须摇测转子绕组（含滑环）相间及对地的绝缘电阻值。

3. 检查启动设备的接线是否正确、牢靠，动、静触头接触是否良好，油浸启动设备是否缺油，油质是否正常，检查绕线式异步电动机滑环上的电刷表面是否与滑环接触良好，导线有无接地，电刷提升机构是否灵活，电刷压力是否正常。

4. 检查传动装置有无缺陷，如联轴器的螺丝、销子是否紧固，皮带连接是否合适等。

5. 转动电动机转轴，检查转动是否灵活，对于滑动轴承的电动机，应检查轴向窜动量是否超标。

6. 检查电动机轴承的润滑情况，确认润滑油的使用是否正确，质量是否符合要求。

7. 检查电动机的旋转方向是否与机械设备规定运转方向一致。

8. 检查电动机的冷却条件是否符合铭牌规定要求。

9. 检查电动装置及生产机械附近有无杂物。

10. 检查电源电压是否正常，电压的变动范围应在其额定电压的 −50% ～ +10% 之间，三相电压的差别不大于 5%。

11. 新安装的电动机还应检查底角螺栓是否拧紧，机座接地是否良好。

经过上述检查工作后，电动机才能启动，并密切观察空载运行情况。

二、电动机启动时的注意事项

1. 电动机启动时应严格按照启动设备的操作规程进行操作。

2. 电动机接通电源启动时，如果电动机不转，或者启动很慢、转速较低以及声音不正常时，要立即切断电源，并仔细查找原因，对于新安装或重新接线后的电动机，启动时应注意电动机的旋转方向是否正确。

3. 启动多台电动机时，应尽量按容量从大到小一台一台启动，不能同时启动以免启动电流过大使断路器跳闸动作。

4. 电动机允许连续起动数次有一定限制，防止启动频繁，启动电流使电动机急剧发热而损坏绝缘，影响电动机的使用寿命。一般规定，对于小型鼠笼式异步电动机，冷态时连续启动的次数不得超过 3～5 次，热态时连续启动次数不得超过 2 次；对于中型电动机，允许在冷态时最多连续启动 2 次，热态下只允许启动 1 次，且启动间隔时间不得小于 5min（30kW 及以上）。

电动机启动后，应空转一段时间，在此期间，应注意轴承、升温电机，声音是否正常，有无振动，有无局部过热等。只有在确认一切正常后，才可投入运行。

三、电动机运行中的监视项目

1. 监视电源电压：电动机电源电压偏高或偏低，均会增加损耗，导致电动机过热，因此一般规定电源电压的波动必须在额定值的 −5%～10% 范围之内，如果电压波动过大，则必须减少负载以免电动机温升过高，另外电源三相电压不平衡也会引起电动机发热，一般规定三相电压不平衡不得超过 5%。

2. 监视电动机的电流值：电动机的运行电流不得超过额定电流，且三相电流的不平衡度（任意两相电流的差值与额定电流的比值）不得超过 10%，否则容易引起电机过热和振动，应立即停机处理。

3. 监视电动机的温度和温升：电动机在正常运行时其工作温度不应该超过规定温度值或允许温升。当测定的电机温度值在规定范围内，但温度比平时运行时上升很多或温度长时间持续上升，均须检查发现电动机可能出现异常的原因。一般情况下，电源电压过高或过低，电动机过负荷运行，电动机缺相运行，绕组匝间、相间短路或接地故障，冷却不良，环境温度偏高等因数均会导致电动机的温度不正常。

4. 监视电动机的运行声音：电动机运行时的声音主要有轴承噪声、电磁噪声、转子噪声和其他声音。正常的轴承声音连续，没有忽高忽低的金属性声音。正常的电磁噪声平稳而均匀，在切断电源后立即消失。转子噪声一般是指风扇声、电刷摩擦声，常发生在电动机的启动和停机时段。若在电机运行时发现有摩擦声、尖叫声等不正常声音应立即停机检查。

5. 监视电动机的振动情况：电动机的振动主要分为电磁振动和机械振动。电磁振动在切断电源后立即消失，而机械振动则在切断电流后并不消失，原因可能是由于电机底座或底脚螺栓松动、电机转子平衡不好、电机与负荷机械的连接出现问题等。当电动机出现异常的振动时，应该立即停机检查。

6.电动机运行时发出烧焦的气味或者内部冒烟时，说明电动机的绝缘情况遭到破坏，须立即停机检查和修理。

7.对于绕线型异步电动机，应该观察滑环、电刷之间有无打火现象及接地现象，当发现有火花时，应清理滑环表面，用零号砂纸磨平滑环，校正电刷弹簧压力，定期检查电刷与滑环间的接触与磨损情况，定期清理碳刷粉末等。

8.电动机及其周围应保持清洁，不允许有水滴、油滴或者杂物进入电动机内部。

9.定期检查机壳接地或接零是否良好。

第九节　电动机的常见故障分析和处理

异步电动机的故障一般可分为电气故障和机械故障两种。电气故障主要包括电源、线路、电动机绕组本身及启动设备的故障。机械故障则包括基础和安装方面存在问题引起的故障，电动机本身的机械结构发生故障，负荷设备本身故障以及电动机与负荷设备间的传动装置的故障等。下面介绍电动机在运行中常出现故障的分析和处理方法：

一、电源接通后电动机不转

1.电源缺相：检查电源回路，开关设备有无接触不良。

2.端子电压低：检查电动机的启动方式是否合适，采取措施改善启动电流引起的电压降。

3.定子绕组接线错误：检查端子接地情况。

4.启动器接线错误：检查启动器回路情况。

5.定子绕组一相断线：接通绕组或更换绕组。

6.绕线式电动机转子断线，鼠笼式电动机转子断条：接通或更换绕组，处理断条。

7.轴承故障：更换轴承。

8.电机转动部分与固定部分发生摩擦：检查气隙，风扇部分，重新找正中线或重新装配调整。

9.过负荷：减轻负荷。

二、电机转速达不到要求速度，加速度小

1.电源缺相，电机缺相运转：检查电源回路，开关设备有无接触不良。

2.端子电压低：检查电动机启动方式是否合适，采取措施改善启动电流引起的电压降。

3.定子绕组接线错误：检查是否将三角形接法错接成星形接法，检查端子接线情况。

4.启动器接线错误：检查启动器回路接线情况。

5.定子绕组匝间短路或相间短路：消除短路故障。

6.定子绕组断相：检查控制器和启动电阻器。

7.过负荷：减轻负荷。

三、电机加速度太大

1. 启动器接法错误：检查启动器回路接线情况。

2. 启动电阻器的第一档电阻太小：检查电阻值。

3. 液体启动变阻器发生闪烙：搅拌电解液，使电解液符合技术要求。

4. 转子绕组匝间短路或相间短路：消除短路故障。

四、空载运行时温升异常高

1. 电源电压大于110%额定值，励磁电流和铁损增加：改善电源电压。

2. 电源电压不平衡：改善电源电压。

3. 冷却水量或冷却风量不足：采取措施加强冷却效果。

五、负载运行时温升异常高

1. 过负荷：减轻负荷。

2. 电源缺相：检查电源回路，开关设备有无接触不良。

3. 转子回路有一相断开：检查控制器和启动电阻器。

4. 电源电压低于90%额定电压：改善电源电压。

5. 电源电压不平衡：改善电源电压。

6. 冷却风量或冷却水量不足：采取措施加强冷却效果。

7. 轴承缺油或损坏：加油或更换。

8. 环境温度过高：减轻负荷，加强通风，冷却。

9. 绕组匝间、相间、对地短路：更换绕组。

10. 传动装置对心不准：检查对心程度。

11. 电动机轴弯曲、变形：检查电动机轴。

12. 转子扫膛：检查定、转子气隙。

六、电流波动

1. 电源电压波动大：改善电源电压。

2. 鼠笼形转子不正常：检查导条是否有裂痕，更换转子线圈。

七、三相电流不平衡

1. 三相电源电压不平衡：改善电源电压。

2. 定子绕组匝间、相间短路：更换绕组。

3. 定子绕组一相断线或接地：接通线圈，消除接地故障。

4. 一相电源断线：检查电源，开关设备有无接触不良。

八、启动时有不正常的嗡嗡声

1. 启动时有一相电源断开：检查电源，开关设备有无接触不良。

2. 定子绕组接线错误：检查端子接线情况。

3. 定子绕组匝间或相间短路：消除短路故障。

4. 转子回路有一相断开：检查控制器和启动电阻器。

5. 转子绕组匝间或相间短路：消除短路故障。

九、运转时有不正常的嗡嗡声

1. 运转中有一相电源断开：检查电源，开关设备有无接触不良。

2. 定子绕组接线错误：检查端子接线情况。

3.定子绕组匝间短路：消除短路故障。

十、轴承温度高

1.轴承损坏或内部有异物进入：检查清洗，更换。

2.润滑脂过多或润滑油过少或油质劣化或混入异物：补充清洗更换润滑脂或润滑油。

3.电动机与负荷机械间的传动装置对心不好：调整对心度。

4.电动机轴承弯曲、变形：检查电动机轴。

5.转子不平衡：检查转子。

十一、运行中的电动机发生下列情况之一时，应立即断开电源

1.运行中发生人身事故。

2.电动机内部冒烟，有火花，开关过热。

3.发生缺相运行。

4.电动机剧烈振动，发热，转速急剧下降。

5.电动机内部发生机械撞击或扫膛。

6.电动机温度超过允许值，且转速下降。

7.轴承声音异常，温度超过允许值。

8.电动机所带的传动装置或机械发生故障。

9.绕线式异步机的滑环严重灼烧，滑环与电刷产生严重火花，电刷剧烈振动。

第二十七章 安 全 用 电

在供用电工作中，必须特别注意电气安全。如果稍有麻痹或疏忽，就可能造成严重的人身触电事故，或者引起火灾甚至爆炸，给国家和人民带来极大的损失。

第一节 触电的有关知识

触电是指人体触及带电体，或人体接近带电体并在其间形成电弧，对人体造成伤害。

一、触电事故的类型

按照对人体的伤害不同，触电可分为电击和电伤两种类型。电击是指电流通过人体，破坏人体内部组织，影响呼吸、心脏及神经系统的正常工作，甚至危及生命。大部分触电死亡事故都是电击造成的。电伤是指电流的热效应、化学效应和机械效应对人体外部造成伤害，如电弧烧伤、电烙印、皮肤金属化等。

按照触及带电体的方式和电流通过人体的途径的不同，触电又可分为三种情况：单相触电、两相触电和跨步电压触电。

1. 单相触电

单相触电是指在地面或其他接地导体上人体触及单相带电体的触电事故。

单相触电的危险程度与电网运行方式有关，一般情况下，接地电网的单相触电比不接地电网的危险性大得多。其原因在后续的章节中将会提及。

2. 两相触电

两相触电是指人体同时触及两相带电体的触电事故。这时，不管电网中性点是否接地，人体都将承受线电压。显然，与单相触电相比，双相触电更加危险。

3. 跨步电压触电

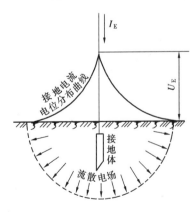

图 27-1 接地点周围电位分布情况化。

如图 27-1 所示，当带电体接地并有电流流入地下时，电流在接地点周围的土壤中将产生电压降，人的两脚之间出现的电位差，即为跨步电压。由此引起的触电事故称为跨步电压触电。

由于高压故障接地点或有大电流流过的接地装置附近都有可能出现较高的跨步电压，因此，要求在检查高压设备接地故障时，室内不得接近接地故障点 4m，室外不得接近故障点 8m。进入上述范围的人员必须穿绝缘靴。

二、电流对人体的伤害

电流通过人体时，人体内部组织将产生复杂的变对于雷击和高压触电，较大的安培数量级的电流通过人体所产生的热效应、化学效应和机械效应，将使人的肌体遭受严重的电灼伤、组织炭化坏死及其他难以恢复的永久性伤害。对于低压触电，在数十至数百毫安电流作用下，使人的肌体产生病理生理性反应，轻的有针刺感，或出现痉挛、血压升高、心律不齐以致昏迷等暂时性的功能失常，重的可引起呼吸停止、心跳骤停、心室纤维性颤动等危及生命的伤害。

对于工频交流电，按照通过人体的电流大小不同，人体呈现的状态不同，可将电流划分为三级。

1. 感知电流、摆脱电流与致命电流

（1）感知电流：引起人的感觉的最小电流称为感知电流。人对电流最初有轻微麻感。实验表明，成年男性平均感知电流有效值约为 1.1mA；成年女性约为 0.7mA。

感知电流一般不会对人造成伤害，但是当电流增大时，感觉增强，反应变大，可能造成坠落等间接事故。

（2）摆脱电流：随着感知电流不断地增大，触电者会因肌肉收缩，发生痉挛而紧握带电体，不能自行摆脱电源。我们把人触电后能自行摆脱带电体的最大电流称为摆脱电流。一般成年男性的平均摆脱电流为 16mA，成年女性约为 10.5mA。

摆脱电流是人体可以承受而一般不会造成危险的电流。若通过人体的电流超过摆脱电流且时间过长会造成昏迷、窒息，甚至死亡。

（3）致命电流：在较短时间内危及生命的电流称为致命电流。电击致死的主要原因大都是电流引起心室颤动造成的。因此，可以认为引起心室颤动的电流即是致命电流。电流达到 50mA 以上，对人就有致命危险。而达到 100mA 时，一般要致人死命。

2. 安全电流及其相关因素

安全电流就是人体触电后最大的摆脱电流。安全电流值，各国规定并不完全一致。我国规定为 30mA（50Hz），但是触电时间按不超过 1s 计。因此，这个安全电流值也称为 30mA·s。

安全电流不仅与电流的大小有关，还与以下因素有关：

（1）电流通过人体的持续时间：持续时间在 0.2s 以下或以上，电流对人体的伤害有很大的差别；

（2）电流的种类与频率的高低：试验表明，50～60Hz 的工频电流对人体的危害最为严重；

（3）电流通过人体的途径：电流对人体的伤害程度，主要取决于心脏受损的程度。试验表明，电流从手到脚特别是从一手到另一手对人最为危险；

（4）触电者身体健康状况。

三、安全电压

安全电压指人体较长时间接触而不致发生危险的电压。其数值与人体可以承受的安全电流及人体电阻有关。

我国国家标准《安全电压》（GB 3805—1983）规定的安全电压等级如表 27-1 所示。表内的额定电压值，是由特定电源供电的电压系列。这个特定电源是指用安全隔离变压器或具有独立绕组的变压器与供电干线隔离开的电源。表中所列空载上限值，主要考虑到某些重载的电气设备，其额定电压虽符合规定，但空载电压往往很高，如超过规定的上限值，仍不能认为符合安全电压标准。

安全电压（据 GB 3805—1983） 表 27-1

安全电压（交流有效值）（V）		选 用 举 例
额定值	空载上限值	
42	50	在有触电危险的场所使用的手持式电动工具等
36	43	在矿井、多导电粉尘等场所使用的行灯等
24	29	可供某些具有人体可能偶然触及的带电体设备选用
12	15	
6	8	

四、防止触电的措施

触电可能发生在多种不同的情况下，但最常见的是偶然触及或接近带电体（称为直接触电）和触及正常不带电而意外带电的导电体（称为间接触电）两种情况。

直接触电的防护主要是采用对带电导体绝缘，加隔离栅栏或保护罩，保证安全距离等措施。

间接触电的防护主要是采用保护接零、保护接地，等化对地电压分布，自动切断电源等措施。在后续的章节中我们将专门对各种接地保护进行介绍。

此外，正确使用各种安全用具，悬挂各种警告牌，装设必要的信号装置等都是防止触电行之有效的安全措施。

第二节 触 电 急 救

触电的现场急救，是触电抢救过程中关键的一步。如果处理及时和正确，则因触电而呈假死的人有可能获救；反之，就会带来不可弥补的后果。因此《电业安全工作规程》（DL 408—1991）将"学会触电急救"规定为电气工作人员必须具备的条件之一。

一、脱离电源

触电急救，首先要使触电者迅速脱离电源，并且越快越好。脱离电源的方法有：

1. 如触电者触及低压带电设备，救护人员应设法迅速切断电源，如拉开电源开关或拔除电源触头；或用绝缘钳剪断电线，断线时应注意要单独切断触电回路的电线，不可将几根电线同时断开，以免引起相间短路；或使用绝缘工具、干燥的木棒、干燥的衣服等不导电物体拉开触电者或挑开电线。救护人最好一只手进行以上操作。

2. 如触电者触及高压带电设备，应立即通知有关部门停电；或带上高压绝缘手套，穿绝缘靴，用相应等级的绝缘工具按顺序拉开开关；或通过抛掷金属导体，使线路短路接地，迫使开关柜保护装置动作，断开电源。

在救护过程中，还应注意要防止触电人脱离电源后再发生摔伤事故。即使触电人在平地，也应注意触电人倒下的方向，避免触电人头部摔伤；夜间还应注意照明问题。

二、急救处理

当触电者脱离电源后，应立即根据具体情况，迅速对症救治，同时赶快通知医生前来抢救。

1. 如果触电者神志尚清醒，则应使触电者安静休息，严密观察，暂时不要站立或走动。

2. 如果触电者已神志不清，则应使触电者仰面平躺，且确保气道通畅，然后呼叫伤员或轻拍其肩部，以判定伤员是否意识丧失。禁止摇动伤员头部呼叫伤员。

3. 如果触电者已失去知觉，停止呼吸或呼吸困难，但心脏还在跳动，应在通畅气道后，立即施行口对口人工呼吸。

4. 如果触电者失去知觉，呼吸和心跳都已停止，则在通畅气道后，立即同时进行口对口的人工呼吸和胸外按压心脏的人工循环。如果现场只有一人抢救时，可交替进行人工呼吸和人工循环，先胸外按压 4~8 次，然后口对口（鼻）吹气 2~3 次，如此循环反复进行。

应当注意，在急救过程中，人工呼吸和人工循环的措施必须坚持进行。在医务人员未来接替救治前，不应放弃现场抢救，更不能只根据没有呼吸或脉搏擅自判定伤员死亡。

三、人工呼吸法

人工呼吸法又分为仰卧压胸法、俯卧压背法和口对口（鼻）吹气法等，这里只介绍现在公认简便易行且效果较好的口对口（鼻）吹气法。

1. 首先迅速解开触电者的衣服、裤带等，使其胸部能自由扩张，不妨碍呼吸。

2. 使触电者仰卧，不垫枕头，头先侧向一边，清除其口腔内的血块、假牙及其他异物。如舌根下咽，应将舌头拉出，使气道畅通。如触电者牙关紧闭，救护人应以双手托住其下颌骨的后角处，大拇指放在下颌角边缘，用手将下颌骨慢慢向前推移，使下牙移到上牙之前；然后将其头部扳正，使之尽量后仰，鼻孔朝天，使气道畅道。

3. 如图 27-2 所示，救护人位于触电者头部的左侧或右侧，用一只手捏紧鼻孔，不使漏气；用另一只手将下颌拉向前下方，使嘴巴张开。

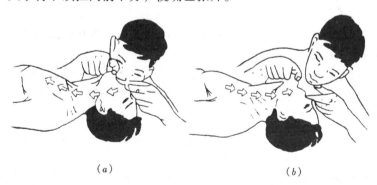

（a）　　　　　　　　　　　（b）

图 27-2　口对口吹气人工呼吸法

（a）吹气；（b）换气

4. 救护人作深呼吸后，紧贴触电者嘴巴，向他大口吹气。如果扳不开嘴，亦可捏紧嘴巴，紧贴鼻孔吹气。吹气时，要使胸部膨胀。

5. 救护人吹气完毕后换气时，应立即离开触电者的嘴巴（或鼻孔），并放松紧捏的鼻，让其自由排气。

按照上述要求对触电者反复地吹气、换气，每分钟约 12 次，每次 5s 钟（吹气 3s，换气 2s）。对幼小儿童施行此法时，鼻子不要捏紧，可任其自由漏气，而且吹气不能过猛，以免肺部受损。

四、胸外按压心脏的人工循环法

胸外按压心脏的人工循环法是通过用人工有节律的按压方法替代心脏自然收缩和舒张，从而达到维持血液循环的目的。其具体操作过程如下：

1. 与上述人工呼吸法的要求一样，使气道畅通。

2. 使触电者仰卧，姿势与上述口对口方法相同，但后背着地处的地面必须平整牢固，如硬地或木板之类。

3. 救护人位于触电者一侧，最好是跨腰跪在触电者的腰部。如图 27-3 所示，两手相叠（对儿童可只用一只手），手掌根部放在心窝上方，胸骨的下三分之一部位，垂直均衡地用力向下按压，压出心脏里的血液。

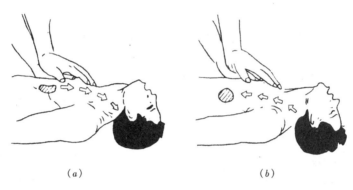

（a）   （b）

图 27-3　人工胸外按压心脏法

（a）向下按压；（b）放松回流

4. 按压后，掌根迅速放松，使触电者胸部自动复原，心脏扩张，血液又回到心脏里来。

按照上述要求反复地对触电者的心脏进行按压和放松，每分钟约 60 次，1 次 1 秒钟。按压时定位要准确，用力要适当。

在实施人工呼吸和心脏按压时，救护人应密切观察触电者的反应。只要发现触电者有苏醒征象，如眼皮闪动或嘴唇微动，就应中止操作几秒钟，让触电者自行呼吸和心跳。

第三节　保护接地与保护接零

电气设备由于绝缘老化，或被过电压击穿，或由于磨损致使设备的金属外壳带电，将引起电气设备损坏或人身触电事故。为了防止这类事故的发生，最常用的简便易行的防护措施是保护接地与接零。对于中性点不接地的三相三线制配电系统，电气设备宜采用保护接地；对于中性点直接接地的三相四线制配电系统，电气设备宜采用保护接零。

一、保护接地

如图 27-4（a）所示，对于中性点不接地的系统，电网与地之间没有直接的电联结，即电网对地是绝缘的。带电部分意外碰上电气设备外壳时，故障电流将通过人体和电网与大地之间的电容构成回路。一般情况下，这个电流是不大的；但是，如果电网分布很广，或者电网绝缘强度显著下降，这个电流可能会达到危险程度。这就有必要采取安全措施。

为此，我们通常将电气设备的金属外壳或构架通过接地装置与大地联结，这就称为保护接地（如图 27-4（b）所示）。采用保护接地后，当电网带电部分意外碰上电气设备外壳时，由于接地电阻 R_0 很小，则通过人体的电流将很小。如果限制 R_0 在适当的范围内，就能保障人的安全。

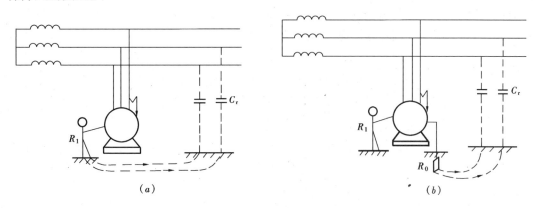

图 27-4　保护接地
（a）没有保护接地的情况；（b）采用保护接地的情况

二、保护接零

在 1000V 以下的三相四线配电系统中，变压器的中性点已良好接地，此时若电气设备外壳没有任何安全装置的话将非常危险。因为当有一相带电部分意外碰上设备外壳时，事故电流将经过人体和变压器的工作接地构成回路。

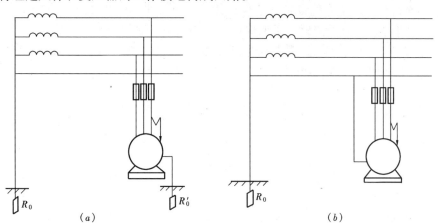

图 27-5　保护接零
（a）中性点接地系统外壳接地的情况；（b）中性点接地系统保护接零的情况

在这种情况下，电气设备若采用保护接地也是不安全的。如图 27-5（a）所示，当设备外壳带电时，人体处在和保护接地装置并联的位置，这时虽然大部分事故电流经过保护接地电阻和工作接地电阻形成回路，只有少部分通过人体，但这部分电流对人体而言也是非常危险的。

通常，对于中性点接地的系统，我们采用保护接零作为安全措施，即把电气设备的外壳接到零线上去，如图 27-5（b）所示。此时如果有一相碰上设备外壳，则通过设备外壳形成相线对零线的单相短路。而短路电流总是比较大的，能使线路上的保护装置迅速动作，从而把故障部分断开电源，消除隐患，保障安全。

三、重复接地

上述保护接零也不是绝对的安全。例如，从带电部分碰连外壳起，到保护装置动作，虽然时间很短，但如果在这很短的时间内有人触电，仍然十分危险的。又如，若零线中间某点断裂，断点后接零的电气设备也是非常危险的。为此，我们通常在设备接零处再加一接地装置，这个接地就叫重复接地（如图 27-6 所示）。

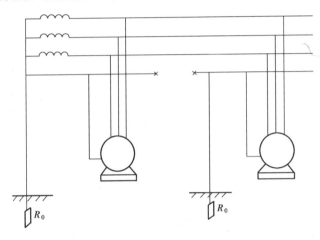

图 27-6　重复接地

采用保护接地与保护接零时，除了要注意两者所采用的场合不同之外，还应该注意：

1. 同一系统中，不能有的设备采取保护接地，有的采取保护接零，否则当采取保护接地的设备发生单相接地故障时，采取保护接零的设备将带上危险的电压。

2. 采用保护接零时，零线上严禁装熔断器和开关，防止它们动作后，接零被破坏。

3. 接零、接地保护导线要粗，接点要可靠，接地电阻一般规定不超过 4Ω。

第四节　防　　雷

一、雷电及其危害

雷电是一种大气中的放电现象。雷云在形成过程中，某些云积累起正电荷，另一些云积累起负电荷，随着电荷的不断增加，电压逐渐升高。当带不同电荷的雷云接近到一定程度时，将发生剧烈的放电，出现耀眼的闪光。由于放电时温度高达 20000℃，空气受热急剧膨胀，发出振耳的轰鸣，这就是闪电和雷鸣。

有时雷云很低，在地面凸出物上感应出异性电荷，造成与地面凸出物之间的放电。这就是通常所说的雷击。这种对地面凸出物直接的雷击叫做直击雷。

除直击雷之外，雷电感应（或称为感应雷）也有很大的破坏作用。雷电感应是落雷时电磁作用的结果，分为静电感应和电磁感应两种。静电感应，是由于雷放电前在地面凸出物的顶部感应出大量异性电荷，在雷云与其他部位放电后，这些电荷顿时失去束缚，以光速向凸出物四周运动，呈现很高的电压。电磁感应，是指放电时巨大的雷电流在周围空间形成急速变化的强电磁场，这种电磁场在附近的金属导体上感应出很高的电压。

雷击放电具有时间短，电流大且频率高，电压高的特点，具有很大的破坏力，破坏作用也是多方面的。其电磁效应方面的危害表现在：将毁坏电气设备的绝缘，造成大面积，长时间的停电，引起火灾和爆炸，造成人身触电伤亡事故。其热效应方面的危害表现在：雷电流通过导体，将在极短的时间内产生巨大的热量，可能造成导体熔化，飞溅物引起火灾或爆炸。其机械效应方面的危害表现在：雷电的静电作用力、电动力、雷击时气浪的破坏作用。

二、防雷的措施

1. 直击雷的防护

由于直击雷具有极大的破坏力，因此在一些重要设施，如电力系统、仓库、机场等都必须采取防护措施。

防护直击雷的主要措施是安装避雷针、避雷线、避雷网、避雷带。这些避雷装置由接闪器、引下线和接地装置组成。高耸的针、线、网、带就是接闪器，它与雷云之间的电场强度高于附近地面被保护设施与雷云之间的电场强度，接闪器承受直接雷击，巨大的雷电流通过阻值很小的引下线和接地装置泄入大地，使被保护设施免受直击雷。

2. 雷电感应的防护

对于雷电感应的防护，在电力系统中应与其他过电压同样考虑；对具有爆炸危险的建筑物也应考虑，其他建筑物一般不考虑。

为了防止静电感应，对于金属屋顶的建筑物，应将屋顶妥善接地；对于钢筋混凝土屋顶，应将屋面钢筋焊成边长 6～12m 的网格，连成通路并接地；对于非金属屋顶，应在屋顶上加装边长 6～12m 的网格，并接地。建筑物内的金属设备、金属管道、结构钢筋等，均应接地，接地装置可与其他的接地装置共用，接地电阻不应大于 5～10Ω。

为了防止电磁感应，金属管道或金属结构物相距小于 100mm 时，应该用金属线跨接。

3. 雷电侵入波的防护

当架空线路或管道遭受雷击（雷电感应）时，将产生高电压。高电压将以波的形式沿着线路管道传到与之联接的设施上，称为雷电侵入波，危及设备与人身安全。

雷电侵入波的主要防护措施是装避雷器。避雷器装于被保护设施的引入端，避雷器上端接线路，下端接地。正常时，避雷器保持绝缘状态，不影响系统的运行；当雷电侵入波袭来时，避雷器的间隙击穿而接地，起保护作用；雷电侵入波通过后，避雷器的间隙又恢复绝缘状态。

第五节　电气火灾及预防

低压电力网导线及各种电气设备的绝缘材料都具有可燃性，一旦温度超过它们的燃点，便会燃烧起来，并可能引起周围的可燃、易爆的物质燃烧或爆炸，造成火灾。

一、电气火灾的原因

引起电气火灾的原因有很多，主要有：

1. 电力网中的火灾大都是由短路引起的。短路时导线中的电流剧增，产生的大量热量引起火灾。短路多发生在两导线接触、导线穿墙、用金属物件联接导线接头等处。

2. 线路或电气设备长期过负荷运行，电流长期超过允许电流，可能使线路上的导线绝缘燃烧，或可能使变压器及油断路器的油温过高，在电火花或电弧作用下燃烧并爆炸。

3. 导线接头处接触电阻过大，电气设备连续运行或过载时，该处过热引起燃烧。如电动机的起动器、电阻器、蓄电池、家用电器及电表等的导线与接线柱接触不良或虚接，时间一长该处不断打火，严重时烧毁绝缘、熔化接线柱引起火灾。

4. 周围空间有爆炸性混合物或气体时，直流电动机换向器上的火花或静电火花都可能引起爆炸或火灾。

5. 使用电气设备或家用电器违反国家规定。例如电炉、电烙铁等使用后忘记切断电源，时间长了可能引起火灾。

二、预防电气火灾的措施

预防电气火灾的措施有两个方面。一方面是妥善处理电力网和电气设备周围的易燃易爆物料，使它们远离可能引起火灾的地方；另一方面是消灭引起电气火灾的火源。根据以上分析造成火灾的主要原因，有针对性地加以防范，主要措施是：

1. 根据使用场所条件，合理选择电气设备的型式，如防爆型、防潮型等。

2. 电力网合理布线，严格遵守规定的导线间距、穿墙方式。

3. 采用正确的继电保护措施，如短路保护、过流保护等。

4. 导线、电气设备及保护电器等容量合适。

5. 定期对电气设备、线路、变压器油等绝缘检查。

6. 减少接触电阻。

7. 监视电气设备的运行情况，防止超负荷运行。

8. 预防静电放电。

三、电气火灾灭火注意事项

一旦发生电气火灾，最好首先能切断电源，然后灭火并及时报警。若不切断电源可能会扩大事故并造成救火者触电。另外，失火的电气设备可能充有大量的油，可导致爆炸，使火势蔓延，灭火时要特别注意。

带电灭火时，应使用二氧化碳、四氯化碳等灭火器。这些灭火器的灭火剂均不导电，可直接扑灭带电设备的失火。但使用二氧化碳灭火器时，要防止冻伤和窒息。因为灭火器内的二氧化碳是液态的，喷射出来后迅速扩散，大量吸热，形成温度很低（可达 $-78.5℃$）的雪花状干冰。使用四氯化碳灭火器时，要防止中毒，因为四氯化碳受热时，与空气中的氧气作用，会生成有毒的气体，因此在使用时，门窗要打开，有条件时最好戴上防毒面具。

切记不能使用一般泡沫灭火器灭电气火灾，因为其灭火剂具有导电性，而且对电气设备的绝缘有一定的腐蚀性。更不能用水进行灭火。

第五部分　给　水　处　理

第二十八章　给　水　处　理　概　述

给水工程主要是向城镇居民和工业企业不间断地供应符合国家规定指标的饮用水，它包括水源、取水、净水、输配水服务等有关的全过程。而给水处理是整个给水工程的一个重要组成部分，它包括投加混凝剂、消毒剂，混合、反应、沉淀（澄清）、过滤各道工序以及有关的设备。净水厂的任务就是通过精心管理，操作好现有设备，使水源水或受一定污染的原水经净化后，保证达到国家《生活饮用水水质标准》所规定的水质要求，同时还要在水厂供水能力范围内保证供应所需水量，在经济上可行的情况下，还要使水质不断改善。

第一节　水　质　标　准

我国现行的饮用水水质标准是由卫生部批准，1986 年 10 月 1 日正式实施的"生活饮用水卫生标准"（GB 5749—1985），此标准分为四大类，共 35 项指标，详见表 28-1。

（1）感官性状和一般化学指标：包括色、浑浊度、臭和味、肉眼可见物、pH、总硬度、铁、锰、铜、锌、挥发酚类、阴离子合成洗涤剂、硫酸盐、氯化物、溶解性总固体 15 个指标。

（2）毒理学指标：包括氰化物、氟化物、砷、硒、汞、镉、铬（六价）、铝、银、硝酸盐、氯仿、四氯化碳、苯并（a）芘、滴滴涕、六六六 15 个指标。

（3）细菌学指标：包括细菌总数、总大肠菌群、游离性余氯 3 个指标。

（4）放射性指标：包括总 α 放射性、总 β 放射性 2 个指标。

以下就一些常规指标作出解释。

一、感官性状指标和一般化学指标

色度：水的色度分真色和假色。水中存在的悬浮物质所造成的颜色称假色，除去这些悬浮物后呈现的颜色称真色。色度通常由水生物腐殖质以及工业废水污染所造成的，故色度也是衡量水质污染程度的主要指标之一。水质标准中规定色度不超过 15 度是指水的真色。

浑浊度：浑浊度大小与水中的悬浮物质、胶体物质的含量有关。浑浊度的降低意味着水中有害物质、细菌和病毒的相应减少，因此，自来水厂应供应浑浊度尽可能低的水。

臭和味：原水中如有藻类、有机物、溶解气体、矿物质或原水受工业废水污染，均会产生异臭或异味。测定水中臭气没有标准的单位表示，一般常以水样在 40℃ 及 60℃ 时测者的感觉用文字定性描述并以臭气强度表示。臭气强度分为 6 级。味也没有规定的标准单位，在强度上与臭一样也分为6级，见表28-2。

生活饮用水卫生标准 表28-1

项 目		标 准
感官性状和一般化学指标	色	色度不超过15度，并不得呈现其他异色
	浑浊度	不超过3度，特殊情况不超过5度
	臭和味	不得有异臭、异味
	肉眼可见物	不得含有
	pH	6.5～8.5
	总硬度（以碳酸钙计）	450mg/L
	铁	0.3mg/L
	锰	0.1mg/L
	铜	1.0mg/L
	锌	1.0mg/L
	挥发酚类（以苯酚计）	0.002mg/L
	阴离子合成洗涤剂	0.3mg/L
	硫酸盐	250mg/L
	氯化物	250mg/L
	溶解性总固体	1000mg/L
毒理学指标	氟化物	1.0mg/L
	氰化物	0.05mg/L
	砷	0.05mg/L
	硒	0.01mg/L
	汞	0.001mg/L
	镉	0.01mg/L
	铬（六价）	0.05mg/L
	铅	0.05mg/L
	银	0.05mg/L
	硝酸盐（以氮计）	20mg/L
	氯仿*	60μg/L
	四氯化碳*	3μg/L
	苯并（a）芘*	0.01μg/L
	滴滴涕*	1μg/L
	六六六*	5μg/L
细菌学指标	细菌总数	100个/mL
	总大肠菌群	3个/L
	游离余氯	在与水接触30分钟后应不低于0.3mg/L。集中式给水除出厂水应符合上述要求外，管网末梢水不应低于0.05mg/L
放射性指标	总α放射性	0.1Bq/L
	总β放射性	1Bq/L

异臭强度分级 表28-2

分 级	嗅觉强度	表 观
0	无	完全感觉不到
1	很弱	一般感觉不到
2	弱	用水者注意时能察觉
3	显著	容易察觉，并对用水不满
4	强	引起注意，不愿饮用
5	很强	气味强烈，不能饮用

肉眼可见物：水中如含有肉眼可见的水生物及令人厌恶的物质，不仅使人有不快之感，而且更危险的是这些物体往往成为一些致病菌、病毒的掩护体，这些病原体包藏在里面，不易被杀灭，通过水将导致传染病流行。因此，饮用水中不得含有肉眼可见物。

pH值：表示水中氢离子的浓度，是衡量溶液酸碱性的一个重要指标。pH=7溶液呈中性，pH>7溶液呈碱性，pH<7溶液呈酸性。人体需要适当的pH值以协助调节体内酸碱度的平衡。人体的血液pH值为7.35~7.45，适宜的饮用水pH值最好在7~8之间，pH值低于6.5或高于9.2时的水是不能饮用的。

总硬度：是指水中钙、镁离子的含量。总硬度又分为碳酸盐硬度（暂时硬度）和非碳酸盐硬度（永久硬度）两种。一般情况下，水的硬度过低会引起人体钙、镁代谢紊乱，导致心血管疾病；硬度过高的水不宜饮用，除影响洗衣服、锅炉易结垢外，主要对人的健康不利，会引起暂时性胃肠功能紊乱。

铁：指水中亚铁和高铁的总含量。铁在天然水中普遍存在，铁是人体必需的营养素。水中含铁量高不仅增加水的浊度，使水有特殊的色、嗅、味，污染衣服，影响工业产品质量，还会使水管中易于生长铁细菌，加速水管锈蚀。含铁量高的水口感不好，煮饭泡茶还会发黑。

锰：是人体需要的微量元素之一。水中含锰量如超过0.15mg/L时就会产生金属涩味，洗衣服和固定设备易产生污染斑点，锰的化合物也会在管内壁上逐渐沉积，在水压波动时会造成"黑水"现象。

铜：铜是人体必需的元素，在新陈代谢中参与细胞的生成、增殖和某些酶系统的活化过程。水中含铜量如超过0.15mg/L时就会产生明显的金属涩味，含铜量超过1mg/L的水可使衣服、器皿及白色瓷器染成绿色。

二、毒理学指标

氟化物：氟化物在自然界中广泛存在，是人体正常组织成分之一，人每日自食物及饮水中应摄入一定量的氟，但当饮用水中含氟量达8~12mg/L，长期饮用会引起骨骼损伤，3~6mg/L会引起氟骨症，超过10mg/L会引起残废，此外，氟化物过量还会引起氟斑牙和龋齿。

砷：水中的砷化物有剧毒。水中含砷量高，除地质因素外，主要来自工业废水和农药的污染，并主要以砷化物形式存在。砷化物进入人体后，一部分积蓄于肝、胃、肠中，会使中枢神经系统发生紊乱，导致毛细血管扩张。砷化物还能抑制酶的活性，干扰代谢过程。

铅：铅并非机体所必需的元素，它是蓄积性毒物，当人体摄入量超过一定数值时会引起铅中毒，损害神经系统及血液系统，造成神经衰弱与贫血。

三、细菌学指标

细菌总数：指的是1mL水样在普通琼脂培养基中，在37℃条件下，经过24h培养后生长的所有细菌菌落的总数。被污染的水，每毫升水中细菌可达几十万个。经过净化消毒处理后，病原菌被杀灭，普通的细菌也大为减少。细菌总数可作为评价水质清洁程度和考核净化效果的指标。

大肠菌群：大肠菌群是一群在37℃条件下，培养24h能发酵乳糖、产酸产气、需氧或兼性厌氧的革兰氏阴性无芽胞杆菌。大肠菌群生长在人和其他动物的肠道内，如在水样内被检出则说明该水体受到了粪便污染，所以大肠菌群是鉴别这类污染的指标。

游离性余氯：余氯包括游离性余氯和化合性余氯两种。而游离性余氯具有持续杀菌能力，可防止管道中污染，保证供水质量。

四、放射性指标

随着工业的发达，有时水源会受到放射性物质的污染，放射性物质一经检出，应及时上报卫生部门追究根源，以便采取措施，防止继续受到污染。一般经常规给水处理后，放射性物质的浓度可以降低，但并不能完全消除。

第二节 给 水 水 源

一、水源的分类

自然界的水处在不断循环的过程中，通过降水、径流、渗透和蒸发等方式循环不止，这个过程中形成了各种水源。

降水到达地面之后，除自然蒸发外，一部分流入江、河、湖、海、水库或池塘，成为地表水；另一部分则渗入地层成为地下水，地下水又分为潜水、承压水和泉水。

不论是地表水还是地下水，其所含杂质的性质和数量，均与水在循环过程中所经历的周围环境有关，并形成各自特点。

地表水（江、河、湖、水库）的共同特点：含矿物质较少，水的硬度较低，但受污染的机会多，水的浑浊度高，细菌含量亦高，不易进行卫生防护。

地下水（潜水、承压水、泉水）的共同特点：矿物质含量较高，水的硬度较地表水高，直接受污染的机会少，水的浑浊度低，细菌含量也较少，取水点易进行卫生防护。

二、各种地表水源的水质特点

不同的水源，水中杂质种类和数量各不相同。即使同一水源，其杂质成分与含量也随时间、地点和气象而变化，以河水为例，河道的上游和下游、夏季和冬期、晴天和雨天，水质差别很大。

1. 江河水的水质特征

（1）水中悬浮物和胶体杂质含量较多，浊度较高，变化也大。

（2）江、河水含盐量（各种阴阳离子的含量）和硬度（钙、镁离子含量）较低，其溶解杂质的含量比地下水和海水低。

（3）江、河水最易受到污染，因而色、臭、味变化多端，卫生安全性差，不经消毒不能饮用。

2. 湖泊（水库）水的水质特征

湖泊（或水库）水主要由河水补给，水质与河水类似。但由于湖泊（水库）水的流动性小，贮存时间长，因而其水质又另具以下特点：

（1）湖泊（水库）水经长时间沉淀，悬浮物含量少，浊度较低，通常水质清澈。但遇风浪时，由于湖（库）底泥沙或沉积物泛起，便使水质恶化。

（2）由于水的流动性小而透明度高，便给水中浮游生物特别是藻类的繁殖创造了良好条件，使水产生色、臭、味。

（3）由于湖泊（水库）水不断得到补给又不断地蒸发浓缩，因而其含盐量往往比河水高。

3. 海水的水质特征

海水含盐量特别高，这是与其他一切天然水源所不同的一个显著特点。海水须淡化处理后才可以作为生活饮用水。此外，海水对金属腐蚀性大，海生动植物（如海虹）易堵塞取水口或管道。这些在取用海水时，都须加以充分注意。

三、水源的卫生防护

水源污染产生的危害是非常严重的，必须对水源采取保护措施。由于地表水源和地下水源的情况不同，水源卫生防护的要求是不一样的。对地表水来说，在取水口四周至少100m的范围内，应设置明显的标志，在该范围内不准停靠船舶、游泳和捕捞等，以免污染水源。在取水口的上游1000m到下游100m范围内（潮汐河道分不出上下游时应另行考虑），不得排入工业废水和生活污水；在沿岸防护范围内，不得建筑有害的化学品仓库和垃圾站、化粪池和有毒物品码头，不准用工业废水和生活污水灌溉和施用剧毒农药等。对地下水源，在单井和井群的影响范围内，不许用污水灌溉和施用剧毒农药，不得修建渗水厕所、堆放废渣等。

第三节　水　中　的　杂　质

不论是地表水还是地下水，都不可避免的含有各种杂质，纯水是不存在的。水中的杂质主要来自天然污染和人为污染。天然污染，是指在水源形成过程中所受到的污染，包括大气、溶解矿物、暴雨径流、动植物腐烂等。例如，雨水在降落过程中溶入空气中的氧（O_2）及二氧化碳（CO_2）等气体，并挟带了大气中的尘埃及微生物等；水在地面径流时，挟带了泥沙、垃圾等杂质；地下水在地层渗流过程中溶解了大量矿物质，如钙、镁、铁等。这些都还属于天然污染。人为污染主要来自农业（包括化肥、农药等）、工业（指工业生产产生的"三废"）、生活（包括生活污水和生活垃圾）等方面的污染。人为污染使水中的杂质更加复杂，危害也更大。

从水的净化角度而言，天然水中的杂质可按其在水中的存在状态分为三类：悬浮物、胶体杂质和溶解杂质，其分类情况见表28-3。

水中杂质分类 表28-3

分散颗粒	溶解物（低分子、离子）	胶体颗粒	悬　浮　物	
颗粒尺寸	0.1nm、1nm、10nm、100nm、1μm、10μm、100μm、1mm			
分辨工具	质子显微镜可见	超显微镜可见	显微镜可见	肉眼可见
分散系外观	透　明	光照下浑浊	浑　浊	

注：1毫米（mm）= 10^3 微米（μm）；1微米（μm）= 10^3 毫微米（nm）。

一、悬浮物

悬浮物颗粒尺寸较大，它在水中的状态受颗粒本身的质量影响较大。悬浮物在动水中呈悬浮状态。在静水中，比重较大的颗粒易于在重力作用下自然下沉；比重较小的颗粒，可浮于水面。易于下沉的一般是大颗粒泥沙及矿物质废渣等无机物。能够上浮的一般是体积较大、比重小于水的有机悬浮物。

二、胶体

胶体颗粒尺寸较小，它在水中的状态取决于颗粒本身的质量和表面特性（表面电荷及水化膜），胶体颗粒在水中相当稳定，虽经长时间静置也不会自然沉降；当光线照射时即被散射而使水呈浑浊现象。天然水中的胶体颗粒一般均带有负电荷，如黏土类胶体。

悬浮物和胶体杂质对光线有反射和散射作用，它们是使水产生浑浊现象的主要根源，这两类杂质是生活饮用水水质净化的主要对象。对于粒径大于 0.1mm 的泥沙颗粒去除较易，通常能自然下沉，对于粒径较小的悬浮杂质和胶体颗粒，须投加混凝剂后才能去除。

三、溶解杂质

水中溶解杂质是各种低分子和离子。它们的尺寸一般均小于 1nm，光线照射时能全部透过，因此水中尽管含有很多溶解杂质，水的外观仍是清澈透明的。以低分子状态存在于水中的主要是氧（O_2）、二氧化碳（CO_2）和其他含量较微的气体；以离子状态存在于水中的基本上都是无机盐类溶解于水的结果。如钙（Ca^{2+}）、镁（Mg^{2+}）、铁（Fe^{3+}）、钠（Na^+）等阳离子和重碳酸根（HCO_3^-）、硫酸根（SO_4^{-2}）及氯离子（Cl^-）等阴离子。溶解杂质不可能用任何机械方法或凝聚方法去除，它们稳定地、均匀地分散在水中。从当前给水净化工艺而言，水中溶解杂质尚不属于去除对象。但它们是某些工业给水的主要处理对象。随着水源污染日益严重，有毒溶解杂质的去除，已成为生活饮用水净化的研究课题。

第四节　给水处理方法概述

天然水源的水质与用户对水质的要求总存在着不同程度的差距。给水处理的任务就是通过必要的处理方法改善水质使之符合生活饮用或工业使用要求的水质标准。给水处理方法要根据水源水质和用户对水质的要求来确定。在给水处理中，某种处理方法除取得某一特定的处理效果外，有的往往也直接或间接地兼收其他处理效果。通常给水处理方法有常规处理方法：混凝、沉淀（澄清）、过滤、消毒和特殊处理方法：除臭、除味、降铁、软化和淡化除盐等。

一、常规处理方法

1. 混凝、沉淀：处理对象主要是造成水浑浊的悬浮物及胶体杂质。处理方法是在原水中投入化学药剂，经过混凝（混合与反应）使水中悬浮物及胶体杂质形成易于沉淀的絮凝体，最后经过沉淀池沉淀，使水澄清。澄清池是将混凝、沉淀两道工序综合于一体的构筑物。

2. 过滤：过滤是利用具有孔隙的粒状滤料，截留和吸附水中细小的杂质，使经过混凝沉淀的水进一步澄清，并使水的浊度达到生活饮用水的标准。

3. 消毒：处理对象是水中致病微生物。通常在过滤后进行。主要消毒方法是在水中投加氯气、漂白粉或其他消毒剂，如臭氧、二氧化氯等。在饮用水消毒方法中，使用氯气最为普遍。

二、特殊处理方法

1. 除臭、除味：去除臭味的方法取决于水中臭味的来源。例如，有机物产生的臭味，可用活性碳吸附、投加氧化剂进行氧化或曝气充氧去除；因藻类繁殖而产生的臭味，可以在水中投加硫酸铜去除藻类；因溶解盐所产生的臭味，可以通过除盐的方法去除。

2. 除铁：处理对象是水中溶解性二价铁（Fe^{2+}）。除铁方法主要有：天然锰砂接触氧化和自然氧化。前者通过设置曝气装置进行充氧氧化，再经锰砂滤池过滤。后者通常设置曝气装置、反应、沉淀和砂滤池。二价铁经氧化后转化成三价铁沉淀物而被截留。

3. 软化：处理对象是水中的钙、镁离子。软化方法主要有：离子交换法和药剂软化法。前者在于使水中钙、镁离子与交换剂的离子互相交换以达到去除目的；后者系在水中投加药剂如石灰、苏打使钙、镁离子转化为沉淀物，从水中分离出去。

4. 淡化和除盐：去除对象是水中各种溶解性盐类，包括阴阳离子。将含盐量高的水如海水、"苦咸水"处理到符合生活饮用水标准的过程，称为水的淡化。制取高纯度水（纯水）的过程称水的除盐。淡化和除盐的方法有：蒸馏法、离子交换法、电渗析法及反渗透法。

根据不同水源水质和处理后的水质要求，上述各种处理方法可以单独使用，也可以几种方法结合使用，以形成不同的水处理工艺流程。在给水处理中，通常是数种方法结合使用。

第五节　给水处理工艺流程

水处理工艺应根据水源水质和用户对水质的要求来确定。大致有以下几种工艺流程。

一、常规水处理工艺流程

原水投入药剂后，经过混合、反应使水中悬浮物及胶体杂质形成易于沉淀的大颗粒絮凝体，然后通过沉淀池进行重力分离，再经滤池截留细小的杂质后，加氯消毒，最后供应给用户。可用流程图表示如下：

上述流程中，混合池、反应池、沉淀池可用澄清池代替。

二、低浊度水处理工艺流程

如果地表水的浑浊度较低（例如经常在 100 度以下），并且无藻类繁殖时，可向原水中加入混凝剂以后，不经过常规工艺中的反应池和沉淀池，直接进入滤池。滤后水加氯消毒后经泵站送入管网，其流程为：

这一工艺也可以称为微絮凝直接过滤工艺。

三、高浊度水处理工艺流程

对于高浊度水，为了降低混凝剂的用量和达到预期的处理效果，可在混凝沉淀前采用自然沉淀的方法，将原水中大量的泥沙沉掉一部分，所用构筑物可以是预沉池，也可用沉砂池。其净化流程为：

这一工艺也可以称为二次沉淀工艺。

四、地下水处理工艺流程

当使用地下水作为饮用水水源时，如地下水水质符合生活饮用水标准时，可直接用作饮用水，但为了保证卫生安全，往往需要加氯消毒才可以饮用。其净化流程可表示为：

第二十九章 给水处理工艺

第一节 混 凝

一、混凝概述

取一杯浑浊的河水或放一把泥土到一杯清水中去，就可以观察到水的沉淀现象。首先会发现一些粗大的颗粒迅速下沉到杯底，上层水开始变清，然而过一定时间后，水不再进一步变清，或者变清得十分缓慢，即使再静置更长的时间，也不会清澈透亮。但是如果在水中加一些混凝剂并且加以搅拌，就会发现水中出现许多由细小颗粒互相吸附结成的较大的颗粒，并在水中迅速沉降下来，水也就很快变清了。

在给水处理中，向原水投加混凝剂，以破坏水中胶体颗粒的稳定状态，在一定水力条件下，通过胶粒间以及和其他微粒间的相互碰撞和聚集，从而形成易于从水中分离的絮体物质的过程，称为混凝过程。这个过程从作用原理可以分成"混合"和"絮凝"两个阶段。

1. 混合

混合包括投药和混合两个步骤，主要任务是将药剂迅速而均匀地分散到水中去，使水中胶体脱稳并开始形成极微小的絮粒。

2. 絮凝

絮凝俗称反应，水在反应池中通过水力的作用使微小的絮粒充分碰撞接触，形成较大的颗粒即矾花。

混凝是净化处理的第一道工序，混凝效果直接影响沉淀、过滤效果，甚至会影响出厂水水质。

二、混凝剂和助凝剂

1. 混凝剂

为了促使胶体颗粒相互凝聚而加入的化学药剂称为混凝剂。应用于饮用水处理的混凝剂应满足以下要求：混凝效果良好，对人体健康无害，使用方便，货源充足，价格低廉。

常用的混凝剂可分为两大类：一类是铝盐混凝剂；一类是铁盐混凝剂。各种混凝剂特性见表29-1。

常用混凝剂 表 29-1

项目	质量指标	特性与使用注意事项
精制硫酸铝	1. 氧化铝（%）≥15.7； 2. 氧化铁（%）≤0.7； 3. 游离硫酸（%）：无； 4. 水不溶物（%）≤0.3； 5. 砷（%）：无； 分子式 $Al_2(SO_4)_3 \cdot 18H_2O$	1. 较易溶于水，一般可用浸泡、喷淋等方法溶解； 2. 原水 pH 值在 6.5~8 范围较适用； 3. 对设备的腐蚀性较大，需耐酸防腐处理； 4. 贮存仓库应干燥，地面需酸处理； 5. 水温在 20℃ 以上较适用

项 目	质 量 指 标	特 性 与 使 用 注 意 事 项
粗制硫酸铝	1. 氧化铝（%）≥14.5； 2. 氧化铁（%）≤1.0； 3. 游离硫酸（%）≤2； 4. 水不溶物（%）≤30； 5. 砷（%）≤0.01； 分子式 $Al_2(SO_4)_3$	1. 特性与使用注意事项与精制硫酸铝相同； 2. 粗制硫酸铝无结晶水，沉渣多
液体硫酸铝	1. 氧化铝（%）≥6； 2. 氧化铁（%）＜0.2； 3. 游离硫酸（%）＜0.8； 4. 水不溶物＜1	1. 特性与使用注意事项与精制硫酸铝相同； 2. 质量较差，运输不便，贮存困难，宜就地生产供应； 3. 液体使用方便
聚合氯化铝（液体）	1. 氧化铝（%）≥10； 2. 比重（20℃）≥1.2； 3. 碱化度（%）50～80； 4. 水不溶物（%）＜1.0； 5. pH 值（原液）3.5～4.5； 通式 $[Al_2(OH)_nCl_{6-n}]_m$	1. 有固体、液体两种，目前常用的以液体为多； 2. 液体运输不便，贮存难，不宜贮存过久； 3. 净化效果较高，特别适用于原水浊度较高的水厂； 4. 对水温的适应性比硫酸铝强； 5. 对设备腐蚀性比硫酸铝低，但仍应作耐酸防腐处理； 6. 液体使用方便
三氯化铁	1. 三氯化铁（%）≥90； 2. 氯化亚铁（%）≤4； 3. 水不溶物（%）≤6； 分子式 $FeCl_3$	1. 有固体和液体两种，目前供应的一般均是无结晶水固体； 2. 易溶解、渣滓少； 3. 易潮解、腐蚀性强，包装应密封； 4. 对设备腐蚀性大，必须作耐酸防腐处理，贮存仓库应干燥，地面需耐酸防腐处理； 5. 处理低浊度水效果较差，矾花密度大，易沉淀，不受水温影响； 6. pH 值在 6.5～8.5 之间均适宜

2. 助凝剂

当单独使用混凝剂不能取得良好混凝效果时，需投加某些辅助药剂以提高混凝效果，这种辅助药剂称为助凝剂。各种助凝剂的一般介绍见表 29-2。

常 用 助 凝 剂 表 29-2

名 称	分 子 式	一 般 介 绍
氯	Cl_2	1. 当处理高色度水及用作破坏水中有机物，或去除嗅味时，可在投混凝剂前先投氯，以减少混凝剂用量； 2. 用硫酸亚铁作混凝剂时，为使二价铁氧化成三价铁可在水中加氯
生石灰	CaO	1. 用于原水碱度不足； 2. 用于去除水中的 CO_2，调整 pH
活化硅酸	$Na_2O \cdot XSiO_2 \cdot YH_2O$ 俗称水玻璃或泡花碱	1. 适用于硫酸亚铁与铝盐混凝剂，可缩短混凝沉淀时间，节省混凝剂用量； 2. 原水浑浊度低，悬浮物含量少及水温较低（约在 14℃ 以下）时使用，效果更为显著； 3. 可提高滤池滤速； 4. 必须注意加注点； 5. 要有适宜的酸化度和活化时间

项 目	分子式	一 般 介 绍
骨胶		1. 骨胶有粒状和片状两种，来源丰富，骨胶一般和三氯化铁混合使用； 2. 骨胶投加量与澄清效果成正比，且不会由于投加量过大，使混凝效果下降； 3. 骨胶与三氯化铁配合使用时，净水效果比较好； 4. 投加量少，投加方便
海藻酸钠	$(NaC_6H_7O_6)x$ 简写 SA	1. 原料取自海草、海带根或海带等； 2. 生产性试验证实 SA 浆液在处理浊度稍大的原水（200 度左右）时助凝效果好，用量仅为水玻璃的 1/15 左右，当原水浊度较低时（50 度左右）助凝效果有所下降，SA 投量约为水玻璃的 1/5； 3. SA 价格较贵，产地只限沿海

三、混合

1. 混合

混合是指原水与混凝剂充分均匀混合的工艺过程。不同性质的混凝剂对混合过程中的水力条件要求略有不同。

混凝剂加入原水后，要求迅速均匀地扩散到水中，这是因为混凝剂在水中的水解速度极快，能迅速形成絮体微粒，如不迅速与水均匀混合，势必使部分水中混凝剂较多，部分水中却很少，不能均匀全面地吸附水中杂质。同时，当混凝剂与水混和时，胶体杂质的脱稳也随之完成，并借颗粒的布朗运动和水流紊动进行凝聚，水流若继续剧烈紊动，就将阻碍吸附作用的进行。因此，混合时不但要求水流紊动剧烈，而且混合过程要快速完成，一般要求混合时间为 10~30s，至多不超过 2min。

2. 混合设备

为达到快速混合的目的，有两种方法：一种是水力方法；另一种是机械方法。水力方法又分管式混合和池式混合两种，机械方法有水泵混合和机械搅拌混合两种。介绍如下：

（1）管式混合

管式混合是利用水厂进水管的水流通过管道或管道零件（弯头、渐缩管等），或在管道内部设置阻流物，产生局部阻力，使水流产生剧烈紊动，从而使水体与混凝剂混合。常见的有管道混合和静态混合器混合。

静态混合器混合时，水流通过管道内设置的多节固定式分流板时，使水流产生交叉、旋涡态水流，使混凝剂与水体充分快速混合。水流通过混合器时将产生一定的水头损失，同济大学设计的静态管道混合器，水头损失约在 0.5m 左右。静态混合器见图 29-1。

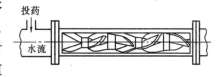

图 29-1　静态混合器

管道混合时，管道内水流流速应控制在 1.2~1.5m/s 之间。

（2）池式混合

池式混合有以下几种：

1）隔板混合池：一般为设有三块隔板的狭长水槽，两道隔板间距为槽宽的 2 倍，利用水体在隔板间曲折行进产生水流紊动，使水体和混凝剂混合。水流在混合池中停留时间不超过 2min。隔板混合池见图 29-2。

2）水跃式混合池：利用 3m/s 以上的水流冲过水坝产生的水跃进行混合。水跃混合池见图 29-3。

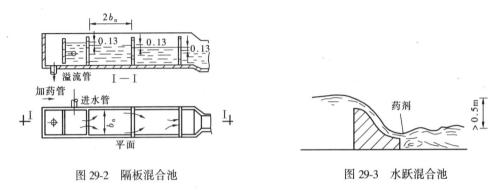

图 29-2　隔板混合池　　　　　　　图 29-3　水跃混合池

以上两种混合方式即为水力方法混合，都将产生一定的水头损失。

（3）水泵混合

将混凝剂加入水泵吸水管或集水井喇叭口处，通过水泵叶轮的高速转动，达到混合目的。当混凝剂加入水泵吸水管内时，为防止空气进入水泵，混凝剂投加系统中应安装一个装有浮球阀的水封箱。

（4）机械混合

混合池内安装搅拌浆，浆板有多种形式可产生不同功率。为加强混合效果，还可在池内四周池壁上设置固定挡板。机械混合池的形式见图 29-4。

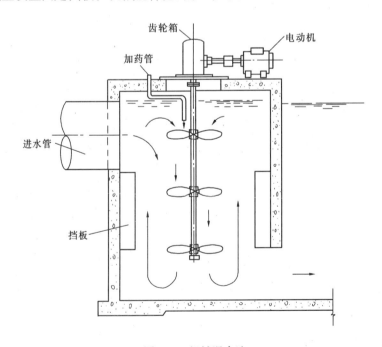

图 29-4　机械混合池

四、反应

1. 反应

混凝剂加入原水中，与水体充分混合后，水中大部分胶体杂质失去稳定性。脱稳的胶体颗粒在一定的水力条件下相互碰撞、凝聚，逐渐形成可以用沉淀方法去除的絮体（矾花），这一过程叫做絮凝或反应。相应的设备称作絮凝池或反应池。

在反应过程中，絮体（矾花）的尺寸逐渐增大。由于大的矾花在流动过程中易破碎，所以应控制水流速度，使流速呈递减趋势，即减速反应。反应池还要有一定的容积，使水有足够的停留时间，保证絮体的形成。一般地，反应时间为 10～30min。

2. 反应设备——反应池

反应池的形式很多，常见的有以下几种：

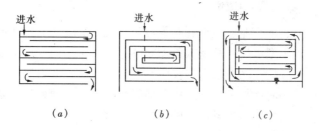

图 29-5　隔板式反应池

（a）往复式；（b）回流式；（c）往复—回流组合式

（1）隔板式反应池：水流以一定的速度在隔板之间流动，从而完成反应过程。反应池的隔板间距前面小后面大，即起始流速大，末端的流速小从而达到流速逐渐减小的要求。隔板反应池一般的设计流速为进口流速 0.6m/s，出口流速 0.2m/s，停留时间一般为 20～30min，若原水浊度低，水温低，则需较长的停留时间。隔板式反应池对原水水质的适应性强、构造简单、运行稳定；缺点是停留时间较长。适用于大型水厂。根据水在隔板中流动的形式，隔板反应池可分为往复式及回流式两种，见图 29-5。

（2）折板反应池：折板反应池是利用在池中加设的扰流装置，达到反应所需的搅动。折板反应池有多种布置形式，有平流式和竖流式，按水流在折板间上下流动的情况，又可分为单通道式和多通道式。单通道式是水流在每一对折板间上下（或来回）流动。多通道式是将反应池分割为

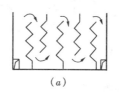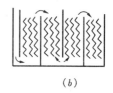

图 29-6　折板反应池

（a）单通道；（b）多通道

若干小室，在一小室内并行布置一定数量的折板，水流由一小室流入另一室，见图 29-6。

（3）机械搅拌反应池：机械搅拌反应池是利用桨板搅动水流。为使桨板转速可以在较大幅度内变换，一般采用无级变速传动装置，桨板转速可根据水量、水温、加注凝聚剂的品种进行调整。按照轴的位置，机械搅拌反应池可以布置成水平轴搅拌和垂直轴搅拌两种形式，见图 29-7。

（4）孔室旋流反应池：孔室旋流反应池是将反应池用砖墙分隔成若干小室，各室之间由孔口联通，使水流在各室中逐级串联，孔口的布置既要使水流从边线方向流入小室，在

477

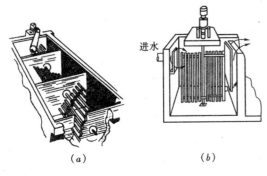

图 29-7　机械搅拌反应池

（a）水平轴式；（b）垂直轴式

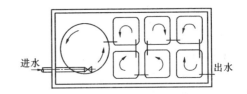

图 29-8　孔室旋流反应池

池内产生旋流，又要上、下、左、右错开布置以免短流。反应池的构造简单，但反应效果不太理想。一般适用于小型水厂。其形式见图 29-8。

（5）网格或栅条反应池：网格或栅条反应池是指水在反应池内通过网格或栅条时形成许多小涡流，利用这些小涡流扰动，使水中胶体颗粒产生碰撞从而相互絮凝。由于网格或栅条形成的能耗比较均匀，使水体各部分的微絮粒可获得较一致的碰撞机会，因而所需絮凝时间相对较少。反应池的形式见图 29-9。

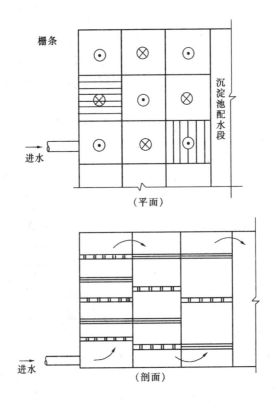

图 29-9　网格（栅条）反应池

第二节 沉 淀

一、沉淀概述

沉淀过程就是让原水或经过加药、混凝后的水，通过沉淀设备，依靠重力作用，使水中的泥沙或矾花颗粒沉降下来，使水由浑变清。利用沉淀工艺以达到净水目的，早在古代已为人们所熟知和应用。例如，在水中投加明矾后加以搅拌，静置一段时间后水质逐渐变清，这就是沉淀现象。在现代净水技术中，沉淀仍旧是被广泛应用的水处理工艺。

水中固体颗粒依靠重力作用，从水中分离出来的过程称为沉淀。按照水中固体颗粒的性质，有以下两种沉淀方式：

1. 自然沉淀

自然沉淀的特点是，颗粒在沉淀过程中不改变其大小、形状和密度。对于泥沙含量较高的水源，为降低混凝剂的投加量，在混凝处理以前首先使大量固体颗粒在预沉淀池中下沉，这种工艺属于自然沉淀。

2. 混凝沉淀

在沉淀过程中，颗粒由于相互接触凝聚而改变其大小、形状和密度，这种过程称为混凝沉淀。当原水的固体颗粒较小，特别是含有较多的胶体颗粒时，必须先经过混凝处理，使之形成较大的絮凝体再进行沉淀，这种工艺属于混凝沉淀。

二、平流沉淀池

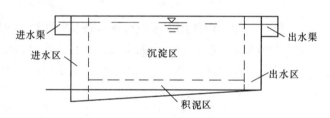

图 29-10 平流沉淀池结构

平流沉淀池是应用较久的一种净水构筑物，它是一个长方形池子，可用砖石或钢筋凝土建造。它结构简单，造价较低，操作管理方便，处理效果稳定且具有较大潜力。其缺点是占地面积较大，一般适用于大中型水厂。

平流沉淀池根据其作用分成进水区、沉淀区、积泥区和出水区四个部分，如图 29-10。

1. 进水区

进水区的作用是将反应池内已混凝的原水引入沉淀区。

进水区应满足以下要求：

（1）进水均匀地分布在沉淀池整个断面内，防止因分布不均而产生股流和偏流。

（2）减少进水的紊动，有利于絮粒沉淀和防止积泥被冲起。

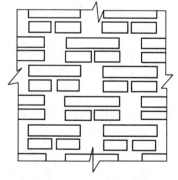

图 29-11 砖砌穿孔墙

通常的作法是将反应池和沉淀池间的间隔墙做成穿孔墙，孔的形状最好是喇叭形，最上面一排孔需在水面下 12～15cm，即使水位变化，孔也在水面以下；最下一排孔应在沉淀池积泥高度以上 30～50mm，以防冲起池底的积泥。穿孔墙可用砖砌，构造见图 29-11。穿孔墙孔口处流速一般应小于 0.2m/s。

2. 沉淀区

沉淀区是沉淀池的主体，沉淀作用就在这里进行。其主要尺寸确定如下：

池深：平流式沉淀池的池深往往取决于：

（1）水厂净水构筑物的高程布置。根据净水厂的地形标高、所采用的滤池形式以及清水池的有效水深和可能埋置的深度等因素来决定。一般平流式沉淀池有效水深采用 2.5～3.5m。

（2）应考虑池底积泥深度和水面超高，积泥深度为 0.3～0.5m，超高一般为 0.3m。

（3）池深不宜太浅，过浅易受风力、太阳照射的影响，影响沉淀效果。

考虑到上述因素，池深一般可选用 3～4m。

池长：池长决定于水平流速和停留时间，用公式表达如下：

池长 L（m）= 3.6 × 平均水平流速 V（mm/s）× 停留时间 T（h）。

池宽：由流量、水平流速和池深决定。计算公式如下：

$$池宽\ B（m）= \frac{计算流量\ Q（m^3/h）}{3.6 × 平均水平流速\ V（mm/s）× 水深\ H（m）}$$

为取得较好的沉淀效果，根据经验，沉淀池长度与宽度之比不得小于 4:1，长度与深度之比不得小于 10:1。

3. 积泥区

积泥区的作用是积存下沉的污泥，以便用人工或机械设备及时排除。及时排泥是沉淀池运转中极为重要的工作，否则积泥厚度升高，会缩小沉淀区过水断面，相当于增大水平流速，缩短实际沉淀时间，从而降低沉淀效果，恶化沉淀池出水水质。而频繁排泥不仅操作管理麻烦，且耗水率大。

沉淀池排泥方式有斗底排泥、穿孔管排泥和机械排泥等几种方式。机械排泥装置利用排泥泵或虹吸方法将池底积泥排出池外，排泥比较彻底，工人劳动强度小，可连续或间断排泥，是平流沉淀池普遍使用的一种排泥方式。

4. 出水区

出水区的作用是将沉淀后的水引出，送往滤池。其出口布置应尽量满足以下要求：

（1）尽可能收集上层清液。

（2）在池宽方向均匀集水。

（3）集水速度应尽量避免扰动已经沉淀的絮体。

三、斜板（管）沉淀池

斜板（管）沉淀池，是在沉淀池内设置许多间隔较小的平行倾斜板或直径较小的平行倾斜管的新型沉淀池。特点是沉淀效率高、池子容积小和占地面积小。特别适用于中小型水厂和用地较紧张的水厂，对于老厂改造、提高水质也有显著的效果。

1. 斜板（管）沉淀池的分类

斜板沉淀池按其水流方向，可以分为上向流、平向流、下向流三种。见图 29-12。

上向流也叫"异向流"，特点是清水向上流出，污泥向下沉淀，水流上升和污泥下沉

方向相反。平向流也叫"侧向流"特点是水流
从水平方向通过斜板，污泥则向下沉淀，水流
方向和污泥下沉方向成垂直。下向流也叫"同
向流"，特点是水流和污泥下沉方向相同。

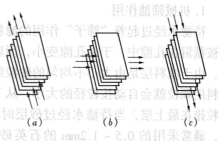

斜管沉淀池只有异向流和同向流两种。同
向流斜管沉淀池因构造复杂，造价较高，所以
采用不多。

图 29-12　斜板（管）沉淀池基本原理图
(a) 上向流；(b) 侧向流；(c) 下向流

2. 斜板（管）沉淀池的基本原理

(1) 根据平流式沉淀池去除分散性颗粒的
沉淀原理，沉淀池在一定的流量和颗粒沉降速度的条件下，其沉淀效率与沉淀池的平面面
积成正比。因此，如在同一池子中在高度上分成四个间隔，使水池平面面积增加 4 倍，则
在理论上可以提高沉淀效率 4 倍（实际上由于各种其他因素的影响，不可能达到 4 倍），
在沉淀池设置斜板（管），即增加了沉淀池平面面积，提高了沉淀效率。

(2) 加设斜板（管），使颗粒沉淀距离缩短，减少了沉淀时间。

(3) 增加斜板（管）后，改善了水力条件，提高了水流稳定性，使絮粒与水容易分
离，有利于絮粒沉降。

3. 上向流斜板（管）沉淀池的构造和流程

(1) 构造：斜板（管）沉淀池由配水区、整流区、斜板（管）区、集水区、积泥区等
部分组成。见图 29-13。

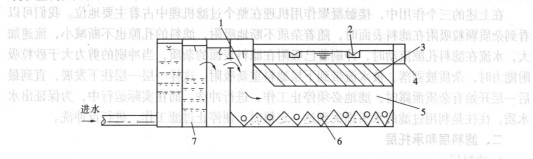

图 29-13　斜板（管）沉淀池构造图
1—配水区；2—集水槽；3—斜板（管）；4—出水渠；5—整流区；6—积泥区；7—反应区

(2) 净水流程：投加混凝剂后的原水，通过反应池，混凝生成矾花，由配水区及整流
区，均匀配水整流，进入斜板（管）下部，泥与水在斜板（管）内迅速分离，清水从上部
经集水区通过集水槽送出池外，矾花沉淀在斜板（管）内，并沿斜板（管）壁滑下落入积
泥区，定期排出池外。

第三节　过　　滤

一、过滤的基本原理

有一定浑浊度的待滤水，进入滤池后，流经滤料层则变清，这主要是由于滤料层借助
物理化学作用去除了水中的悬浮物和细菌。其作用如下：

1. 机械筛滤作用

待滤水经过起着"筛子"作用的滤料层时，水中的悬浮杂质颗粒大于滤料层孔隙的首先被截留在孔隙中，于是孔隙变小，而后进入的较小的杂质颗粒相继被这"筛子"截留下来，由于滤料层是由大小不均匀的砂粒组成，在滤池经过反冲洗后，由于水力筛分作用，滤料层颗粒就会自动按粒径的大小，从下到上顺序排列，最粗的砂粒排在最下层，最细的砂粒排在最上层，当待滤水经过砂层时，上部砂层截留更多的杂质。然而，有人做过实验，通常采用的 0.5～1.2mm 的石英砂滤料，水力筛分后，表层的滤料孔隙尺寸约为 $80\mu m$，而经过混凝沉淀预处理的待滤水的悬浮物颗粒尺寸一般在 2～30μm 之间。这说明待滤水经过砂层变清，机械筛滤作用不是主要作用原理。它的作用只是在滤池过滤后期时比较明显。

2. 沉淀作用

将滤料层视作重重迭起的无数的小沉淀池，水中的微小杂质可以在小沉淀池中得以沉淀，使水得到净化。

3. 接触凝聚作用

把滤料层中排列得很紧密的砂粒的表面或已经被杂质包围的砂粒表面，看成是一个很好的接触介质，待滤水中未被截留的悬浮杂质颗粒的胶体稳定性早已失去，电性斥力也已消失或降低。当待滤水进入滤池，经过滤料层时，在水流动力的作用下，待滤水中的悬浮杂质颗粒，通过弯弯曲曲的滤料层的水流孔道时，由于分子引力的作用，被吸附在滤料的表面，使水变清。

在上述的三个作用中，接触凝聚作用机理在整个过滤机理中占着主要地位。我们可以看到杂质颗粒吸附在滤料表面时，随着杂质不断地吸附，滤料的孔隙也不断减小，流速加大，水流在滤料孔隙流动时，冲刷着已吸附在滤料表面的杂质，当冲刷的剪力大于砂粒吸附能力时，杂质被剥落，被水流带到下层滤料重新吸附。这样一层一层往下发展，直到最后一层开始有杂质泄露时，滤池必须停止工作，进行冲洗。而在实际运行中，为保证出水水质，往往是利用过滤的水头损失到达一定值时，便停止过滤工作，进行反冲洗。

二、滤料层和承托层

1. 滤料层

滤料是滤池的最基本组成部分。好的滤料应具有截留悬浮物的容量大，滤后水的浊度低，反冲洗时容易下沉等性能。这三种性能是不容易兼顾的，因而要权衡考虑。要达到这三种性能，就必须选择合适的滤料。

滤料的选择条件：

凡具有适当级配，足够机械强度和稳定的化学性质的分散粒状材料都可以作为滤料。因此，石英砂、无烟煤、矿石料以及其他人工制造的如陶粒、塑料粒、聚苯乙烯珠等均可作为滤料。目前应用最广泛的还是石英砂。

2. 承托层

(1) 承托层的作用

1) 支承滤料，保证滤料不进入配水系统和出水系统中；

2) 均匀收集滤后水；

3) 当滤池反冲洗时，起辅助均匀配水作用。

(2) 承托层的要求

为保证承托层正常工作，起到上面三个作用，必须满足下列几个要求：

1）承托层要稳定，在反冲洗高速水流的冲击下，不发生水平或垂直移动。

2）在整个滤层面积上，承托层每一层的孔隙要保持均匀。这就要求在铺装承托层时，必须分层铺装，每层砾石应均匀平整，厚度相等。由于承托层粒度较大，一般不用水力分级来分层，而是用规定的筛子筛分后，人工进行仔细铺装。

3）与滤料一样，承托层材料必须有足够的机械强度和化学稳定性，其形状以接近球形为好；对薄、扁或条形状（长径与短径之比大于3）的颗粒应尽量避免。

三、普通快滤池

1. 构造

见图 29-14。

2. 过滤过程

过滤时，开启进水支管 2 与清水支管 3 的阀门，关闭冲洗支管阀门 4 和排水阀门 5。浑水经进水总管 1，支管 2 从浑水渠 6 进入滤池，经滤池排水槽均匀分配到砂面上，进入滤料层 7、承托层 8 后，由配水系统的配水支管 9 汇集起来，再经配水干管 10、清水支管 3、清水总管 12 流往清水池。浑水流经滤料层时，水中杂质被截留。随着滤料层中杂质截留量增加，滤料层中水头损失也相应增加，当水头损失增至一定程度以致滤池产水量锐减，或由于滤后水水质不符合要求时，滤池便停止工作，进行冲洗。

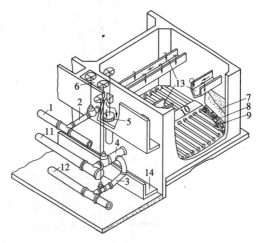

图 29-14　普通快滤池构造剖视图

1—进水总管；2—进水支管；3—清水支管；4—冲洗水支管；5—排水阀；6—浑水渠；7—滤料层；8—承托层；9—配水支管；10—配水干管；11—冲洗水总管；12—清水总管；13—排水槽；14—废水渠

3. 冲洗过程

冲洗时，关闭进水支管 2 停止进水，当滤池砂面水深降至 20cm 左右时，关闭清水支管 3 的阀门。开启排水阀 5 与冲洗支管 4 阀门。冲洗水即由冲洗水箱经冲洗总管 11、支管 4、经配水系统干管、支管及支管上的许多孔眼流出，由下而上穿过承托层及滤料层，均匀地分布于整个滤池平面上，滤料层在由下而上均匀分布的冲洗水流中处于悬浮状态。滤料得到清洗。冲洗废水流入排水槽 13，再经浑水渠 6、排水管和废水渠 14 排入下水道。冲洗一直进行到滤料基本冲洗干净为止。冲洗结束后，过滤重新开始，从过滤开始到冲洗结束这段时间称作快滤池的工作周期。从过滤开始到过滤结束称为过滤周期。

四、V 形滤池

V 形滤池是法国 Degremont 水与废水处理公司独创的水处理设备，全称为 Aquazuv V 形滤池。它的滤池结构、滤料组成及其冲洗方式与一般普通快滤池相比有独到之处，这种滤池在我国广州、深圳、珠海、青岛、南京、西安、重庆、沈阳、上海等地均被采用。

1. V 形滤池的构造及工作过程

V 形滤池的池体构造见图 29-15。

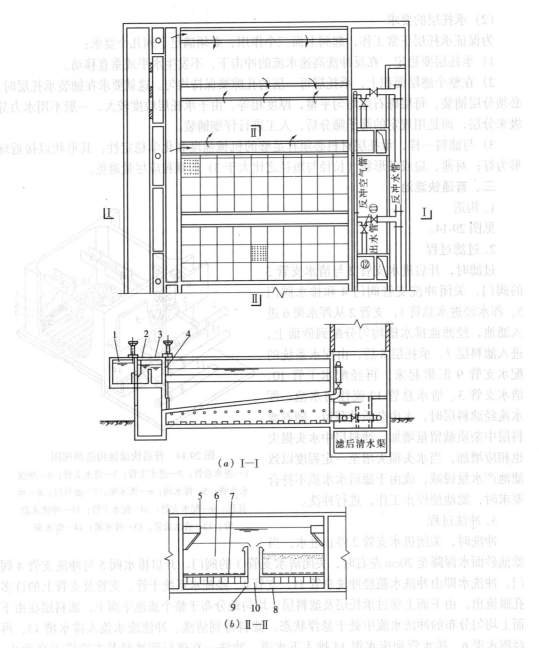

图 29-15　V 形滤池构造

1—进水总渠；2—气动隔膜阀；3—溢流堰；4—侧孔；5—V 形水槽；6—滤
料层；7—长柄滤头；8—滤板下的空间；9—方孔；10—气、水分配槽

　　工作过程：待滤水通过进水总渠 1 经气动隔膜阀 2，流过溢流堰 3，经滤池两侧的两个侧孔 4 进入 V 形水槽 5，经滤层 6 过滤后，水由长柄滤头 7 进入滤板下的空间 8，然后经由方孔 9 汇集于池中央的气、水分配槽 10 内，经滤后水出水调节控制阀后，流入出水井 12，并经堰口溢流出水，送至清水池。

　　V 形滤池的冲洗原理是：先用气水同时反冲洗，使砂粒受到振动并相互摩擦，附着在

484

砂粒表面的污泥随即被脱离下来。然后停止气冲洗，单独用水进行漂洗，使剥离下来的污泥随水最终进入排水槽。此外，在冲洗时滤池少量进水，待滤水通过与排水槽相对设置的V形槽底部的小孔进入滤池，对滤池水面进行扫洗，将冲上来的污泥扫向排水槽。

2.V形滤池的基本特点

V形滤池对传统的滤层结构和冲洗方式作了改进和提高，归纳为下列几个方面的特点：

(1) 用较粗较厚的单层均匀颗粒的砂滤层

由于V形滤池采用了不使滤层膨胀的气水同时冲洗，避免了滤层水力自然分级现象，因此不仅在过滤开始时，即使在冲洗之后，滤层的粒径在全部深度方向依然是均匀的。这种匀质滤料有利于杂质的逐层下移，增加了杂质的穿透深度，大大提高了滤层的有效厚度的截污能力，实现了深层截污。在同样的进水水质、滤速等条件下，水头损失增长速度缓慢，因此可以延长过滤周期、降低能耗和动力成本。换言之，在保证同样的出水水质条件下，可以提高过滤速度即增加过滤水量。

(2) 采用不使滤层膨胀的气水同时反冲兼有待滤水的表面扫洗

这种砂层不膨胀或微膨胀的冲洗避免了水力自然分级现象，可以保证不搅乱原来砂层的均匀度和冲洗效果。不会形成对流，避免了泥球的形成。

反冲时待滤水对滤池水面进行表面扫洗，可以消除由于池面局部死角而造成漂洗起来的杂质又重新回复到滤层。这样加快了冲洗速度，可以减少反冲水的用量，同时由于冲洗时不停止进水，所以不会使其他滤格的流量或滤速有突然增加而使负荷过于变化。

(3) 采用气垫分布空气和专用长柄滤头进行气水分配

长柄滤头上有很多细缝隙，见图29-16。缝隙宽度视滤料尺寸而异，滤头下接一根管

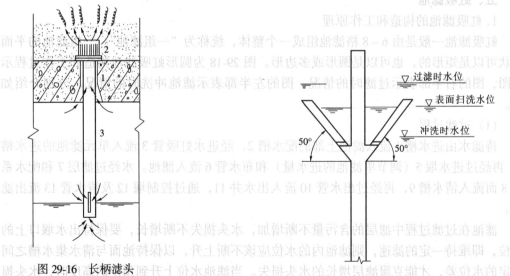

图 29-16 长柄滤头

1—预埋套管；2—滤帽；3—滤杆

图 29-17 V形槽

段，插入清水廊道内，距底板200mm左右。在管段上面设有小孔，管段下端有一条缝隙，气冲时，空气聚集在滤板下部形成气垫层，并由管段上的小孔进入长柄滤头，气量加大后，气垫层厚度随之加厚，大量空气由缝隙进入长柄滤头，气垫层厚度基本停止增大，反

冲洗水则由管底和缝隙下部进入，两者充分混合后，再由滤头缝隙喷出，均匀分布在滤池面上，由于滤头的细缝比最细的砂粒粒径还小（一般 0.25～0.4mm），滤头周围不需铺设砾石支承层，仅需少量粗砂，其高度略高于滤头在滤板上的突出部分就行。粗砂层粒径采用 1.2～2.0mm，厚度约为 100mm。

（4）采用在池的两侧壁的 V 形槽进水和池中央的尖顶堰口排水

采用沿滤池两侧长度方向与中央排水槽相对平行设置的 V 形槽进水，同时又是冲洗时扫洗水的配水槽，见图 29-17。V 形槽底部开孔，在过滤期间淹没在水中，在冲洗期间扫洗水全由底部小孔排出。只在池中央设置一条排水槽，采用尖顶堰口，使反冲水和扫洗水均匀溢入。这都是为适应 V 形滤池特有的冲洗方式而设计的，与传统滤池既有排水支槽又有排水总槽有所不同。

3. V 形滤池的优缺点

优点：（1）气水反冲洗效果好，且使冲洗水量大为减少；

（2）由于均匀粒径滤料，反冲后不会导致水力分层；

（3）滤料层由于粒径大厚度大的特点，因此截污能力强，滤料深度方向能充分发挥作用，滤速大、周期长；

（4）冲洗时可用部分待滤水作为表面漂洗；

（5）滤池水位稳定，避免砂层下部产生负压；

（6）不需进水调节阀。

缺点：主要是滤池结构复杂，施工安装要求高，反冲洗操作较繁复，对冲洗泵、鼓风机（或压缩机）、气路管道和阀门质量要求较高。目前，由于经济上、设备质量上等原因还没有普遍被采用。

五、虹吸滤池

1. 虹吸滤池的构造和工作原理

虹吸滤池一般是由 6～8 格滤池组成一个整体，统称为"一组滤池"。一组滤池的平面形状可以是矩形的，也可以是圆形或多边形。图 29-18 为圆形虹吸滤池构造和工作过程示意图，图的右半部表示过滤时的情况，图的左半部表示滤池冲洗时的情况，分别介绍如下。

（1）过滤过程

待滤水由进水槽 1 流入滤池上部的配水槽 2，经进水虹吸管 3 流入单元滤池的进水槽 4，再经过进水堰 5（调节单滤池的进水量）和布水管 6 流入滤池。水经过滤层 7 和配水系统 8 而流入清水槽 9，再经过出水管 10 流入出水井 11，通过控制堰 12 及清水管 13 流出滤池。

滤池在过滤过程中滤层的含污量不断增加，水头损失不断增长，要保持出水堰口上的水位，即维持一定的滤速，则滤池内的水位应该不断上升，以保持池面与清水集水槽之间一定的水位差，才能克服滤层增长的水头损失。当滤池水位上升到预定的高度时，水头损失达到了最大允许值（1.5～2.0m）时，滤层就需要进行冲洗。

（2）冲洗过程

虹吸滤池的重要特点之一是反冲洗配水系统为小阻力，省去了冲洗水塔或冲洗水泵，每格滤池的冲洗用水来自其余几格滤池的过滤水，所以冲洗水头为出水堰上水位与排水槽水位的高差，见图 29-18 的左半部分。冲洗时，首先破坏进水虹吸管 3 的真空，使该格池不再进水，由于滤池仍在继续过滤，故滤池水位开始下降，开始时下降很快，但很快就下降缓慢。当水位下降到反冲洗排水槽 17 顶部时，反冲洗即开始，利用真空系统 14 抽出排水虹吸管 15 中的空气，使它形成虹吸，开始排水。其他格滤后水从底部配水系统 8 经过清水槽 9 进入到被冲洗格的底部配水室，并自下而上经过底部配水室均匀地流过滤层 7，使滤层膨胀，处于悬浮状态；冲洗下来的污物随上升水流依次

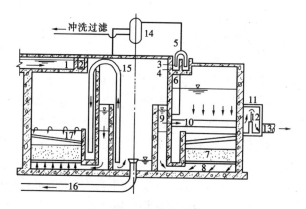

图 29-18　虹吸滤池构造图

1—进水槽；2—配水槽；3—进水虹吸管；4—进水槽；5—进水堰；
6—布水管；7—滤层；8—配水系统；9—清水槽；10—出水管；
11—出水井；12—控制堰；13—清水管；14—真空系统；
15—排水虹吸管；16—排水管；17—反冲洗排水槽

进入排水槽 17、集水渠、排水虹吸管 15 排出池外，当滤池冲洗干净后，破坏冲洗排水虹吸管 15 的真空，冲洗即告停止，然后再启动进水虹吸管 3，滤池恢复进水，开始过滤。

2. 虹吸滤池的运行特点

虹吸滤池与普通快滤池比较起来，在运行上有下列几个特点：一是由于虹吸滤池需要其他格滤后水来进行反冲洗，这就要求滤后水位高于滤层面，这样也就避免了像无出水控制堰的普通快滤池那样，滤层可能在负压下过滤的状态，不会由于这个原因而产生气阻现象；二是基本上自动的在恒速下过滤，在运行中尽管每格池中水位不同而且瞬息在变，但由于各进水堰口高程相同，故总进水量合格滤池基本相同，在没有进行反冲洗时，就能保证该格滤速接近恒速；三是过滤工况可由滤池水位直接反应出来：水位低，意味着过滤开始不久，滤层含污量尚少；水位高时，说明滤层含污量较大，意味着接近过滤终期，需要反冲洗，根据这种水位的变化规律，很容易实现过滤和反冲洗的水力自动化控制。

第四节　消　毒

为了保障人民的身体健康，防止介水传染病的传播，生活饮用水中不应含有致病微生物，其中主要是细菌性病原微生物和病毒性微生物。

在给水处理中，消毒工艺的目的是消灭或灭活致病细菌、病毒和其他致病微生物。水中的细菌大多数黏附在悬浮颗粒上，水经过混凝、沉淀和过滤等工艺可去除大多数细菌和病毒，而消毒是保证水质的最后一关。

我国《生活饮用水卫生标准》规定，在 37℃培养 24h 的水样中，细菌总数不超过 100 个/mL，大肠菌群不超过 3 个/L，游离性余氯在接触 30min 后不低于 0.3mg/L，管网末梢水不低于 0.05mg/L。

消毒方法有物理法和化学法两类：物理方法包括加热、紫外线和超声波等。化学方法则采用投加药剂，如氯、臭氧、二氧化氯等。给水处理中最常用的是氯消毒法。

一、氯消毒

1. 氯的主要性质

（1）物理性质

氯（Cl_2）是一种黄绿色并具有强烈刺激性气味的窒息性气体，有剧毒。原子量 35.45，分子式 Cl_2，分子量 70.9，密度为 $2.486kg/m^3$（空气的密度约为 $1kg/m^3$）。在 1 个大气压下，温度为 0℃时，每升氯气质量为 3.22 克，约为空气质量的 2.5 倍。

氯气是一种易液化的气体，在常压下降温至零下 33.6℃或常温下加压至 6~8 个大气压，氯即转化成液体，习惯上称为"液氯"，液氯是黄色透明液体。每升液氯的质量为 1468.4 克，约为水的 1.5 倍。同样质量的液氯体积比氯气小 456 倍，因此，为便于储存和运输，自来水厂消毒时使用的氯气都要在工厂中加压成液氯。

（2）化学性质

氯是一种很活泼的元素，在自然界中并不存在，但在许多化合物中却分布很广泛。在常温下，干燥氯气不与铁、铜、镍、铂、银和金等金属发生化学反应，但可与铝、砷、汞、硒、碲、锡和钛等金属直接反应。当温度高于 65℃时，氯气能与铁等起反应。湿氯因为它水解形成盐酸和次氯酸，因此对一般金属有极强的腐蚀性，仅金、铂、银和钽能抵抗。因此，液氯钢瓶内不能受潮或进水。贮于钢瓶中的液氯须预先经过干燥处理，使含水量控制在 0.06% 以下。

2. 氯消毒原理

（1）水中无氨氮存在时

氯气加入水中后，产生一系列化学变化。氯很快的产生水解，生成次氯酸（HOCl），其反应式如下：

$$Cl_2 + H_2O \longrightarrow HOCl + HCl$$

次氯酸是一种弱电解质，它按下式分解成 H^+ 和 OCl^-：

$$HOCl \longrightarrow H^+ + OCl^-$$

对于消毒机理，近代认为，次氯酸（HOCl）起了主要消毒作用。

次氯酸根离子（OCl^-）带负电荷，而细菌表面同样带负电荷，由于电斥力作用，它很难靠近细菌表面，因而消毒效果很差。次氯酸（HOCl）是分子量很小的中性分子，不带电荷，能很快地扩散到细菌表面，并透过细胞壁与细胞内部的酶起作用，破坏酶的功能。"酶"是一种蛋白质成分的催化剂，它存在于所有细胞中，数量虽然很少，但对于吸收葡萄糖，促进新陈代谢作用，维持细胞生存，起了极其重要的作用。次氯酸（HOCl）破坏酶从而达到杀菌的作用。生产实践表明，pH 值越低，消毒作用越强，充分证明次氯酸（HOCl）是消毒的主要因素。

当水中无氨氮存在时，加氯消毒后，水中存在的氯气（Cl_2）、次氯酸（HOCl）和次氯酸根（OCl^-）的总和称为"游离性余氯"。

游离性余氯消毒能力较强，但维持时间不长，遇水中有酚存在时，易产生"氯酚臭味"。（强烈厌恶气味，类似苯的味道）

（2）当水中存在氨氮时

以上讨论是基于水中没有氨氮成分。实际上，很多地表水源中，由于有机污染而含有一定的氨氮。氯加入这种水中，产生如下的反应：

$$Cl_2 + H_2O \longrightarrow HOCl + HCl$$

$$NH_3 + HOCl \longrightarrow NH_2Cl + H_2O$$

$$NH_2Cl + HOCl \longrightarrow NHCl_2 + H_2O$$

$$NHCl_2 + HOCl \longrightarrow NCl_3 + H_2O$$

从上述反应可见：水中存在次氯酸 HOCl、一氯胺 NH_2Cl、二氯胺 $NHCl_2$、三氯胺 NCl_3，它们在平衡状下的含量比例决定于氨、氯的相对浓度、pH 值和温度。一般来讲，当 pH 值大于 9 时，一氯胺 NH_2Cl 占优势；当 pH 值为 7.0 时，一氯胺 NH_2Cl 和二氯胺 $NHCl_2$ 同时存在，近似等量；当 pH 值小于 6.5 时，主要为二氯胺 $NHCl_2$；而三氯胺 NCl_3 只有在 pH 值低于 4.5 时才存在。

当水中有氨氮存在时，加氯消毒后，水中存在的一氯胺 NH_2Cl、二氯胺 $NHCl_2$、三氯胺 NCl_3 的总和称为"化合性余氯"。

氯胺消毒时，因氯胺与有机物不起作用，故不产生异味，遇水中有酚类物质存在时，也不会产生"氯酚臭味"。

氯胺的杀菌速度比游离性余氯慢，故净水消毒时，需要较长的接触时间，才能达到预期的效果（一般地，氯胺消毒时要求氯与水的接触时间不少于 2h）。

水中存在的游离性余氯（或称自由性余氯）和化合性余氯（或称结合性余氯）的总和称为总余氯。

3. 生产中实际加氯量的控制

对于生活饮用水处理来说，控制加氯量是一个很重要的问题，加氯量过多不仅是浪费，而且会使水产生氯臭，给人们一种不愉快的感觉；加氯量不足，则达不到消毒杀菌的效果。水中加氯，不但能杀死细菌，而且氯还和水中的有机物起作用，使水的色度、浊度、臭味得到进一步改善。加氯量的多少，除了要满足对水的消毒以及氧化有机物外，还应考虑维持一定的余氯，用以抑制水中残存细菌的再度繁殖、防止水在管网中再度受到污染。

投加到水中的氯，一部分用于杀死细菌和氧化有机物，这部分氯称为需氯量；氯在生产过程中还会损耗一部分，再结合生产要求所需的出厂水余氯量要求范围（取其高值），即得出生产中实际的"加氯量"。计算公式如下：

加氯量（mg/L）＝需氯量＋氯损耗量＋余氯要求量

二、用氯安全

氯气既然是具有强烈刺激的窒息性有毒气体，对人身的生理组织有害，特别是对呼吸系统和眼粘膜伤害很大，能引起气管痉挛或产生肺水肿而导致窒息死亡，因此，在使用氯气时，应特别重视安全问题。

1. 氯瓶的安全贮存

（1）液氯钢瓶必须贮存在专用仓库内。

（2）仓库外应设有"危险"、"禁止烟火"和"高压气体贮存"的标志。仓库内禁止放置易燃品、油脂类物品、氨及乙烯等气体。仓库内不得有火种。严禁在仓库内吸烟。

（3）仓库内设有排风、灭火和防毒面具等设施。灭火设备、防毒面具、氨水和合适的检修工具，应放在仓库外适当的地方，便于取用。每次使用后要及时放回或补充。

（4）液氯钢瓶入库前应检查并记录以下内容：安全附件是否齐全；用10%的氨水检查瓶阀是否漏氯，并检查瓶阀是否滑牙；钢瓶是否有合格证，称重核对是否有超装液氯；瓶身是否有损伤或其他不安全因素。

（5）氯瓶在仓库内卧放，头朝一方，放置整齐，并留出吊运间距和通道，有防止滚动的措施。空瓶和满瓶必须分开放置，严禁混放。氯（氨）瓶应挂上"满瓶"、"空瓶"等标志，以便识别。

（6）钢瓶存放时正确的摆放位置应是两个出氯阀的连线平行于地面，此时，钢瓶内两个出氯弯管的管口都不处于钢瓶的最下方，不会与沉积在钢瓶下方的污物相接触，可避免管口被堵塞的情况发生。

（7）液氯钢瓶应执行先到先用的原则，储存期不得超过3个月。

（8）值班人员每3~4小时巡查氯库一次，检查氯瓶的使用情况，重点检查有无泄漏和腐蚀。如发现异常情况及时报告，并组织人员处理和抢修。

2．氯瓶的安全使用

（1）从事液氯工作的操作人员、仓库保管人员，必须进行专业技术教育和定期考核，掌握一定的安全知识并严格遵守有关氯瓶安全管理的规章制度。

（2）水厂应设专人负责运输、贮存和使用中的安全管理工作。

（3）加氯设备应定期维修，确保各连接部位不漏气，各零部件、仪表要完好。

（4）用水喷淋的氯瓶，应严格防止出氯总阀淋水而腐蚀。

（5）确保瓶内气体不能全部用尽。一般要求使用后必须留有0.05~0.1MPa（0.5~1.0kgf/cm²）的余压，以免抽真空后倒吸水进入瓶内腐蚀钢瓶。

（6）开启瓶阀时，要使用合适的专用工具，慢慢试开半转，经检验不漏气后，再调整瓶阀开度，投入正常使用。

（7）气瓶瓶阀如发现有冻结时，应移到较暖地方或用温水解冻，严禁用火烤。气瓶的易熔塞在64~68℃就会熔化，所以不能用60℃以上的热物去接触易熔塞。

（8）每2年对氯瓶进行技术检查，主要内容是内外表面、壁厚、容积残余变形测定；有无严重腐蚀和强度缺陷；有无裂缝和渗漏或明显的变形。经技术检查后认为不宜继续使用的氯瓶要立即予以更换。

（9）漏氯中毒的紧急处理：

1）发生漏氯时切不可惊慌，否则呼吸急促，容易中毒。检漏时应用10%的氨水进行检查，不可用鼻子寻找漏氯点。

2）严禁将漏气瓶乱拉乱抬。

3）氯气比空气重，泄漏后大量的氯气聚集在地面附近，因而逃生时人应逃往上风高处，不可站在低洼处。漏氯范围内及附近地点不可停留闲人。

4）参加抢修的人员对氯气应具有一定的安全知识。抢救抢修人员必须佩戴有效的防毒面具。

5）根据漏气具体情况采取相应措施，对于氯瓶漏氯应将漏氯点移到最高点，严禁液态氯流出。

6）如已发现有中毒者，应立即联系附近医院，在等候医生到来时，应进行紧急救护工作，如给以2%苏打水解毒饮料及施行人工呼吸。

三、其他消毒方法

消毒方法有物理法和化学法两类：物理方法最常见的是紫外线消毒法。化学方法最有代表性的有二氧化氯和臭氧消毒法。现简述以上三种消毒法。

1. 紫外线消毒

紫外线消毒杀菌的原理，目前看法还不一致，较普遍的看法是：细菌受紫外线的照射后，紫外光谱的能量被细菌的重要组成部分核酸所吸收，使核酸的结构破坏，从而使细菌死亡。

紫外线杀菌设备主要有两种形式：浸水式和水面式。浸水式是将灯管置于水中，能较好的利用辐射能，杀菌效果较好，但结构复杂。水面式的结构简单，但由于反光罩吸收紫外线以及光线的散射，杀菌效果不如浸水式。

紫外线消毒的优点有：

（1）消毒速度快，效率高。据实验，经紫外线照射几十秒钟即能杀菌。一般大肠杆菌的平均去除率可达98%。细菌总数的去除率可达96.6%。此外还能去除加氯法难以杀死的某些芽孢和病毒。

（2）不影响水的物理性质和化学成分，不增加水的臭和味。

（3）操作简单，便于管理，易于实现自动化。

紫外线消毒的缺点为：不能解决管网中水被二次污染的问题、电耗较大、水中悬浮杂质防碍光线透射等。

2. 二氧化氯消毒

二氧化氯（ClO_2）为黄色气体，有辛辣味，是一种高效的氧化剂，其能力要远优于Cl_2，对那些用Cl_2消毒不能或很难消灭去除的水中的有机物、细菌、病毒的孢子等都有着突出的消毒杀菌效果。不像氯消毒那样，二氧化氯消毒后不仅不产生一些对人体有害的氯化有机物，而且还可以消除水中异味。最重要的是二氧化氯在水中相对余氯来说要稳定得多，这确保了在较长距离的供水或较长时间的供水时水中不会被二次污染。

二氧化氯可由亚氯酸钠和盐酸反应制得，反应式如下：

$$5NaClO_2 + 4HCl \longrightarrow 4ClO_2 + 5NaCl + 2H_2O$$

二氧化氯也可由氯与亚氯酸钠反应而成：

$$2NaClO_2 + Cl_2 \longrightarrow 2ClO_2 + 2NaCl$$

二氧化氯对经水传播的病原微生物，包括病毒、芽孢以及水路系统中的异养菌、硫酸盐还原菌和真菌均有很好的消毒效果，特别是对地表水中大肠杆菌的处理效果更为突出。

综合二氧化氯消毒剂的特点，可归纳如下：

（1）不会生成有害物质，尤其对有机污染严重的水体消毒时，杀菌效果更为突出，其氧化降解产物无毒害作用；

（2）较自由氯杀菌能力强，一般为氯化消毒效果的2.5倍，因而，同等条件下的投量也较氯化法用量少；

（3）二氧化氯具有强氧化作用，可用于除臭、去色、氧化铁、锰等物质，而且效果稳定；

（4）二氧化氯制备工艺简单，投加方便，且成本较臭氧低，从总体水处理工艺上看，二氧化氯可作为沉淀水、澄清水或过滤水的氧化消毒剂，因而它很有可能取代氯消毒剂；

（5）二氧化氯性质非常活泼，无论气态或液态时常会由于未知原因而发生爆炸，其储存运输也较困难，一般情况下，是现制备现使用，从而一定程度上阻碍了其大力推广应用。

3. 臭氧消毒

（1）臭氧的消毒机理

臭氧由三个氧原子组成，在常温常压下为无色气体，有特臭。臭氧极不稳定，分解时放出新生态氧：

$$O_3 = O_2 + [O]$$

$[O]$ 具有强氧化能力，对具有顽强抵抗力的微生物如病毒、芽孢等有强大的杀伤力。臭氧杀菌效率极高，除氧化能力强以外，可能由于渗入细胞壁能力强，亦有可能由于臭氧破坏细菌有机体链状结构而导致细菌死亡所致。

（2）臭氧消毒的优缺点

臭氧消毒不受水中氨氮和 pH 值的影响，并能氧化水中有机物，对于水的除铁除锰和去除臭、味和色度，均有较好的效果。但臭氧消毒的基本建设投资大，耗电量也较大。而且，经臭氧化的水一般不能在管网中继续保持杀菌能力，为此，出厂水中常投少量的氯。由于臭氧化去除了包括作为母体的有机物，所以后加氯不致形成有机卤代物。

臭氧不能贮存，只能边生产边使用。

492

参 考 文 献

1. 金大鹰主编．机械制图．北京：机械工业出版社，2002

2. 左宗义、冯开平主编．工程制图．广州：华南理工大学出版社，2002

3. 云建军、宋杰主编．工程制图及计算机绘图．北京：电子工业出版社，2001

4. 王旭、王裕林编著．管道工识图教材．上海：上海科学技术出版社，2002

5. 张大群主编．污水处理机械设备设计与应用．北京：化学工业出版社，2003

6. 国家技术监督局．技术制图与机械制图．北京：中国标准出版社，1996

7. 哈尔滨工业大学余宁主编．机械基础．哈尔滨：哈尔滨工业大学出版社，2002

8. 陈海魁主编．机械基础．北京：中国劳动社会保障出版社，2001

9. 全国化工设备设计技术中心站机泵技术委员会编．工业泵选用手册．北京：化学工业出版社，1998

10. 武汉水利电力大学陈固编．水泵学．北京：水利电力出版社，1993

11. 朱澈主编．水泵运行工．北京：中国建筑工业出版社，1995

12. 袁承训主编．液压与气压传动．北京：机械工业出版社，2000

13. 华中科技大学许福玲、陈尧明主编．液压与气压传动．北京：机械工业出版社，2003

14. 何兆凤编．公差配合与技术测量．北京：中国劳动社会保障出版社，2001

15. 建设部人事教育司组织编写．管道工．北京：中国建筑工业出版社，2002

16. 王寒栋、李敏主编．泵与风机．北京：机械工业出版社，2003

17. 黄希贤、曹占友主编．泵操作与维修技术问答．北京：中国石化出版社，2001

18. 机械工程手册（第二版）．北京：机械工业出版社，1996

19. 徐泽林主编．泵站机电设备维修工与泵站运行工．郑州：黄河水利出版社，1995

20. 张也影、王悦民、施祖荫合编．水力学及水力机械．上册．北京：人民教育出版社，1961

21. 姜乃昌主编．金锥主审．水泵及水泵站．北京：中国建筑工业出版社，1993

22. 徐景贵主编．城市供水企业设备管理手册．北京：中国建筑工业出版社，1997

23. 离心泵设计基础编写组编．离心泵设计基础．北京：机械工业出版社，1974

24. 中国城镇供水协会编．机泵运行工．1998

25. 范玉久主编．化工测量及仪表．北京：化学工业出版社，1984

26. 化工测量及调节仪表编写组编．化工测量仪表．上海：上海人民出版社，1977

27. 中国城镇供水协会编．供水仪表工．1998

28. 中国城镇供水协会编．变配电运行工．1998 年 12 月

29. 李清新主编．电工技术．北京：机械工业出版社，2000

30. 劳动部培训司组织编写．电力拖动控制线路．北京：中国劳动出版社，1994

31. 秦曾煌主编．电工学．北京：高等教育出版社，1982 年 10 月

32. 郭仲礼主编．高压电工实用技术．北京：机械工业出版社，2000 年 10 月

33. 郭仲礼主编．低压电工实用技术．北京：机械工业出版社，1998 年 6 月

34. 龚顺缢主编．袖珍电工手册．北京：机械工业出版社，2000 年 9 月

35. 孙方汉主编．变电所运行调试及故障处理．沈阳：辽宁科学技术出版社，2002

36. 阎士琦主编 . 常用电气设备故障诊断技术手册 . 北京：中国电力出版社，2002

37. 包承忠主编 . 净水工 . 北京：中国建筑工业出版社，1994

38. 洪党民、王乃新、王静争编著 . 中小自来水厂管理维护手册 . 北京：中国建筑工业出版社，1990